国际焊接工程师培训教程

第三册　焊接结构及设计

机械工业哈尔滨焊接技术培训中心（WTI）编

钱　强　主编

中国科学技术出版社

·北　京·

图书在版编目（CIP）数据

国际焊接工程师培训教程．第三册，焊接结构及设计 / 机械工业哈尔滨焊接技术培训中心（WTI）编；钱强主编．-- 北京：中国科学技术出版社，2023.3

ISBN 978-7-5046-9886-5

Ⅰ.①国… Ⅱ.①机… ②钱… Ⅲ.①焊接 – 技术培训 – 教材

Ⅳ.①TG4

中国版本图书馆 CIP 数据核字（2022）第 221402 号

《国际焊接工程师培训教程》

编委会

本册编委会

注：编审人员详细情况见《第四册　焊接生产及应用》中“《国际焊接工程师培训教程》全四册编审人员”一览表。

序

随着全球经济一体化的不断发展，通过消除各国之间包括人员资质在内的技术壁垒，可以大大促进我国制造业的国际合作。焊接是机械工程行业在全球最早实现资质统一的专业，国际焊接学会（IIW）于 1998 年建立了国际统一的焊接人员培训与资格认证体系，截至目前，已实现国际焊接工程师（IWE）、国际焊接技师（IWS）等 7 类焊接人员全球范围内的培训、考试及资格认证的统一。

我国于 2000 年获得 IIW 的授权，在全国范围内推广和实施国际焊接培训及资格认证体系。成立于 1984 年的机械工业哈尔滨焊接技术培训中心，在中德政府开展合作项目期间成功引入德国及欧洲焊接人员培训与资格认证体系，为我国获得国际授权奠定了坚实基础。作为首家授权培训机构，获得授权 20 年来，机械工业哈尔滨焊接技术培训中心共举办各类国际资质人员培训班 600 多期，培训认证 IWE 等 7 类国际资质人员 25000 多人，除西藏自治区，全国各省（自治区、直辖市）均有人员参加学习。据国际焊接学会国际授权委员会（IIW–IAB）统计，我国国际资质人员培训认证累计人数居全球第二，其中 IWE 累计认证人数居全球第一。

我国推广国际化的焊接培训与资格认证体系，可以提高焊接专业人员的水平，培养一批了解、熟悉并掌握国际焊接标准和最新技术的人才，促进我国高校及职业院校焊接人才培养与国际接轨，为我国焊接企业开展国际企业认证提供人才保证，助力我国制造业高质量发展。

《国际焊接工程师培训教程》作为 IWE 培训使用的内部培训教程，经过 20 余年的编写与修订，很好地满足了 IWE 培训的需要。该培训教程此次正式出版，必将促进国际焊接培训认证体系在我国的推广。借此机会感谢积极支持和推广国际化焊接培训与资格认证体系的各界人士！感谢参与此书编审工作的全体人员！

中国机械工程学会　监事长

IIW 授权（中国）焊接培训与资格认证委员会（CANB）执委会主席

宋天虎

2021 年 12 月

前　　言

国际焊接学会（IIW）于1998年建立了国际统一的焊接人员培训与资格认证体系，截至目前，已实现国际焊接工程师（IWE）、国际焊接技术员（IWT）等七类焊接人员全球范围内的培训、考试及资格认证的统一。其中，IWE是ISO 14731标准中所规定的最高层次的焊接技术和质量监督人员，是焊接相关企业获得国际质量认证的关键要素之一，他们可以负责焊接结构设计、工艺制定、生产管理、质量保证、研究和开发等方面的技术工作，在企业中起着极其重要的作用。

我国于2000年得到IIW的授权，开始在全国推广和实施国际焊接培训认证体系。为满足IWE、IWT等培训及认证的需求，编委会组织编写了国际焊接资质人员系列培训教程。这套《国际焊接工程师培训教程》是根据IIW最新培训规程IAB-252R5-19要求编写的，共四册，总计300余万字。本教程系统地讲授了焊接相关基础理论，介绍了与焊接技术及生产相关的国际标准（ISO）、欧洲标准（EN）、美国标准（ASME）、德国标准（DIN）和中国标准（GB）及相关规程，且标准介绍与理论和生产实际相互融合；密切结合生产实际，突出实用性；汇集了国际先进的焊接技术、科研成果及焊接生产实践经验。

本套IWE培训教程由机械工业哈尔滨焊接技术培训中心（WTI）组织编写，除WTI的专家和教师，还邀请了参与在校生IWE联合培养的哈尔滨工业大学等高校的教授和来自制造业各领域的焊接工程专家参与编审工作。在此向参与编审工作的所有人员表示衷心的感谢！

编者在教程编写中援引了大量参考文献，包括我们的长期合作伙伴德国焊接培训与研究所（GSI SLV）的相关培训资料，这里向文献的所有原作者表示衷心的感谢！

本培训教程除用于IWE的培训使用，还可作为IWT培训教材使用，也可作为从事焊接工作的各类人员的参考书籍。

书中不当之处在所难免，欢迎学员和读者指正并提出宝贵意见。

编　者

2021年12月

目　录

CONTENTS

第1章

结构设计力学基础

编写：杨芙　审校：徐林刚

结构在工程中承担支撑荷载的作用，结构设计时不仅要考虑所用的材料和强度，还要考虑结构形式所能达到的性能。本章从结构特点和应用、结构支座和结点、结构荷载、静力学基础等介绍结构设计的力学基础知识，为后续材料强度理论基础知识作铺垫。

1.1 结构特点和应用

1.1.1 结构的概念及组成

工程中用以担负预定任务、支撑荷载的建筑物都可称为结构，例如图 1.1 所示的厂房建筑中板、梁、柱、屋架等组成的体系，铁路桥梁和公路桥梁等都属于结构。

研究结构的重点是确定结构的承载能力，包含研究荷载等因素在结构中所产生的内力（强度计

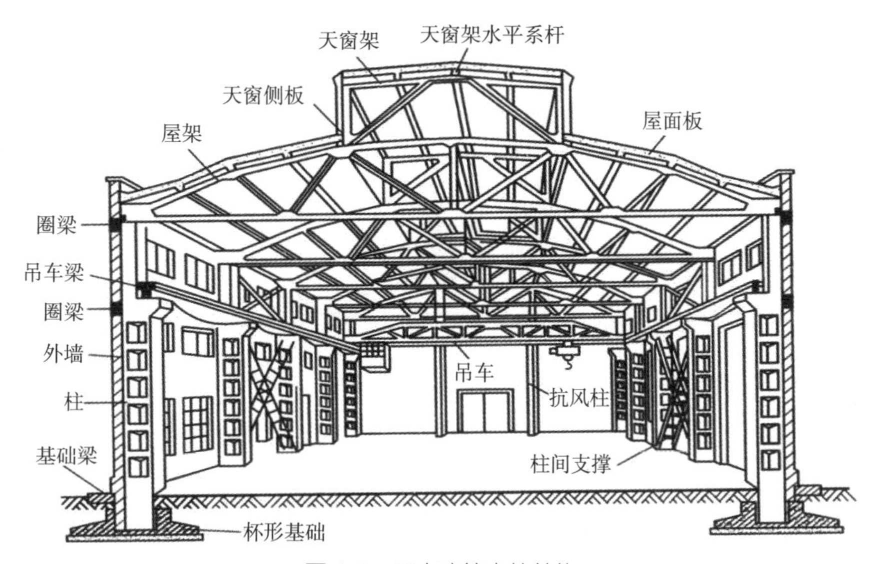

图 1.1　厂房建筑中的结构

算）；计算荷载等因素所产生的变形（刚度计算）；分析结构的稳定性（稳定性计算）和探讨结构的组成规律及合理形式。

进行强度、稳定性计算的目的在于保证结构满足安全性和经济性的要求。计算刚度的目的在于保证结构各部分不会发生过大的变形，进而影响正常使用。研究组成规律的目的在于保证结构各部分不至于发生相对的刚体运动，从而能保证结构承受荷载后维持结构的平衡。探讨结构的合理形式是为了有效地利用材料，使其性能得到充分发挥。

结构部件：由部件构成，通过部件连接形成了结构部件。例如支撑结构是由支座、钢条、钢带、阶梯等部件组成。

部件：由零件构成，是多个零件组成的较大单元。例如支座是由底脚、肋板、人孔、型钢、铆接板等构成。

构件：不同生产等级中的较小单元。

每一个部件都是整个结构的基本组成要素，因此，每一单独的部件都应按整体的一部分对待，确定结构的部件应考虑以下几个方面：

（1）单个部件的荷载是由外界作用于结构上的荷载所产生的。

（2）构件的形状。

（3）材料承受化学和机械荷载的能力，例如防腐和耐磨。

（4）材料的等级和性能。

1.1.2 结构的形式

结构按其几何特征可分为杆件结构、薄壁结构和实体结构三种类型。

1.1.2.1 杆件结构

杆件结构是工程中最常见的结构，它是由若干根长度远大于其他两个尺度（截面的宽度和高度）的杆件所组成的结构。如果组成结构的所有杆件轴线都位于某一平面内，并且荷载也作用于此同一平面，则这种结构称为平面杆件结构，否则便是空间杆件结构。平面杆件结构又可分为梁、拱、桁架、刚架和组合结构。

梁：在竖向荷载作用下不产生水平推力，其轴线通常为直线，变形以弯曲变形为主。梁可以是单跨或多跨的，如图 1.2 所示。

拱：轴线为曲线，其力学特点是在竖向荷载作用下能产生水平推力，故又称为推力结构，三铰拱的结构简图如图 1.3 所示。

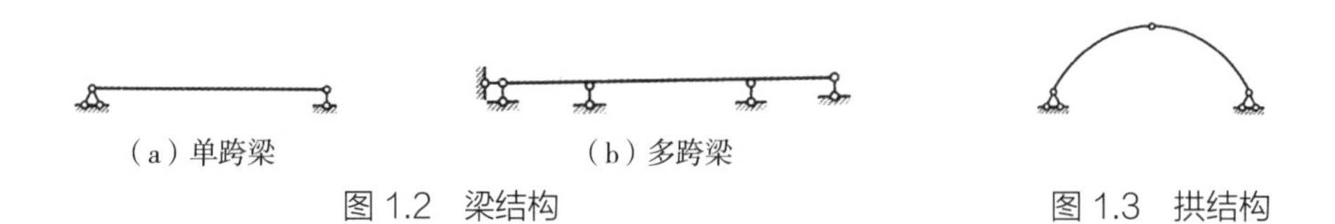

（a）单跨梁　（b）多跨梁

图 1.2　梁结构

图 1.3　拱结构

桁架：由多根直杆相互连接而成，且所有结点都是铰结点，其受力特点是各杆只受轴力。桁架桥的结构简图如图 1.4 所示。

刚架：一般由直杆组成，结点中主要含有刚结点，如图 1.5 所示。各杆均有可能产生弯矩、剪力和轴力，但主要以受弯为主。

组合结构：由多根杆件组成，其中含有组合结点，各杆中有以承受弯矩为主的杆件，也有只承受轴力的杆件。

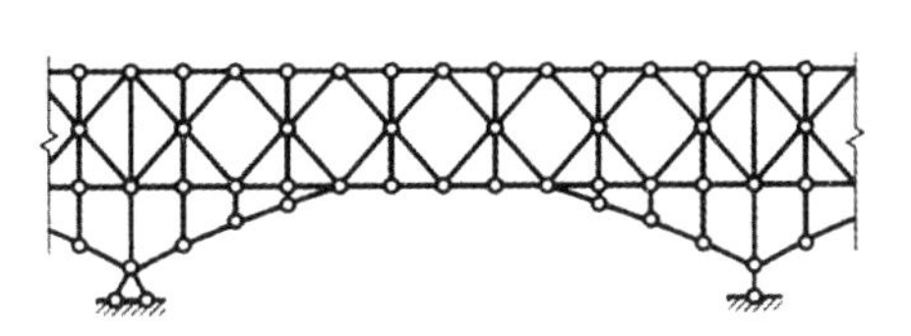

图 1.4　桁架结构

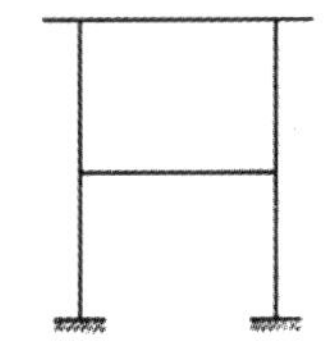

图 1.5　刚架结构

1.1.2.2 薄壁结构

薄壁结构的厚度远小于其他两个尺度的结构。当它为一平面板状物体时，称为薄板；当它具有曲面外形时，称为薄壳。若干块薄板或薄壳可组成各种薄壁结构。

1.1.2.3 实体结构

实体结构是 3 个方向上的尺度大约为同量级的结构。

1.1.3 钢结构特点

钢结构是以钢材（钢板和型钢等）为主制作的结构，和其他材料的结构相比，钢结构有如下特点。

1.1.3.1 强度高，重量轻

钢材比混凝土、砌体和木材的强度和弹性模量要高出很多倍，因此，钢结构的自重常较轻。例如在跨度和荷载都相同时，普通钢屋架的重量只有钢筋混凝土屋架的 1/4 ~ 1/3，若采用薄壁型钢屋架，则轻得更多。由于自重小、刚度大，钢结构常被用于建造大跨度和超高、超重型的建筑物。由于重量轻，钢结构也便于运输和吊装，且可减轻下部结构和基础的负担。

1.1.3.2 材质均匀，可靠性高

钢材的内部组织均匀，非常接近于各向同性体，且在一定的应力范围内，属于理想弹性工件，符合工程力学所采用的基本假定。因此，钢结构的计算方法可依据力学原理，计算结果准确可靠。

1.1.3.3 塑性、韧性好

钢材具有良好的塑性，钢结构在一般情况下，不会发生突发性破坏，而是在事先有较大变形作预兆。此外，钢材还具有良好的韧性，能很好地承受动荷载。这些都为钢结构的安全应用提供了可靠保证。

1.1.3.4 工业化程度高，安装方便，施工工期短

钢结构是用各种型材（工字钢、槽钢、角钢）和钢板，经切割、焊接等工序制造成钢构件，然后运至工地安装。一般钢构件都可在金属结构厂进行机械化程度高的专业化生产，故精确度高、制造周期短。在安装上，由于是装配化作业，故效率高、建造周期短。

1.1.3.5 拆迁方便

钢结构强度高，故适宜于建造重量轻、连接简便的可拆迁结构。

1.1.3.6 密闭性好

焊接的钢结构可以做到完全密闭，因此适宜于建造要求气密性和水密性好的气罐、油罐和高压容器。

1.1.3.7 耐腐蚀性差

一般钢材在湿度大和有侵蚀性介质的环境中容易锈蚀，因此要采取除锈、刷油漆等防护措施，而且还必须定期维修，故维护费用较高。

1.1.3.8 耐火性差

当辐射热的温度低于 100℃时，即使长期作用，钢材的主要性能变化也很小，其屈服点和弹性模量均变化不大，因此其耐热性能较好。但当温度超过 250℃时，其材质变化较大，当结构表面长期受辐射热达 150℃以上，或在短时间内可能受到火焰作用时，必须采取隔热和防火措施。

1.1.4 结构应用

钢结构的应用范围除必须根据钢结构的特点做出合理选择外，还必须结合具体情况进行综合考虑。

1.1.4.1 重型厂房结构

设有起重量较大的起重机或起重机运转繁重的车间，如冶金工厂的炼钢车间、轧钢车间，重型机械厂的铸钢车间、水压机车间，造船厂的船体车间等。

1.1.4.2 受动力荷载作用的厂房结构

设有较大锻锤或其他动力设备的厂房以及对抗震性能要求较高的结构。

1.1.4.3 大跨度建筑的屋盖结构，大跨度桥梁

飞机制造厂的装配车间、飞机库、体育馆、大会堂、剧场、展览馆、公路桥梁、铁路桥梁、公路及铁路两用桥等，宜采用网架、拱架、斜拉桥以及悬索等结构体系。

1.1.4.4 多层、高层和超高层建筑

工业或民用建筑中的多层框架和旅馆、饭店、住宅等高层或超高层建筑，宜采用框架结构体系、框架支撑体系、框架剪力墙体系。

1.1.4.5 塔桅结构

电视塔、卫星发射塔、环境气象监测塔、无线电天线桅杆、输电线塔、钻井塔等。

1.1.4.6 容器、储罐、管道

大型油库、气罐、煤气柜、煤气管、输油管等，多采用板壳结构。

1.1.4.7 可拆卸、装配式房屋

商业、旅游业和建筑工地用活动房屋，多采用轻型钢结构，并用螺栓或扣件连接。

1.1.4.8 其他构筑物

高炉、热风炉、锅炉骨架、起重架、起重桅杆、运输通廊、管道支架等。

1.1.4.9 在地震地区抗震要求较高的工程结构

对于抗震要求高的重要建筑物也宜采用钢结构。

1.2 结构支座和结点

1.2.1 支座

把结构与基础连接起来的装置称为支座，平面结构的支座一般可简化为活动支座、固定支座和紧固支座 3 种类型。

1.2.1.1 活动支座

桥梁中使用的滚轴支座及摇轴支座都属于活动支座，如图 1.6 所示。它允许结构在支承处绕圆柱

铰 A 转动和沿平行于支承平面 m–n 的方向移动，有两个运动自由度。支座的垂直反力 F_V 将通过铰 A 中心并与支承平面 m–n 垂直，只有一个支座反力。反力的作用点和方向都是确定的，只有它的大小是一个未知量。

根据这种支座的位移和受力的特点，可以绘出计算简图，如图 1.7 所示。在计算简图中，可以用一根垂直于支承面的链杆 AB 来表示。此时，结构可绕铰 A 转动，链杆又可绕 B 转动。在图 1.8 所示的三跨梁式桥中，中间支座就可简化为活动支座。

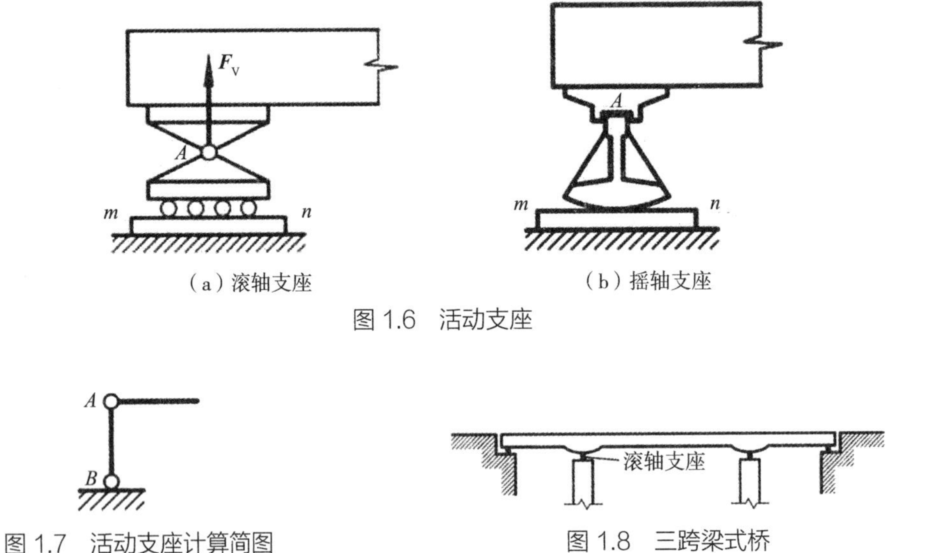

（a）滚轴支座　　（b）摇轴支座

图 1.6　活动支座

图 1.7　活动支座计算简图

图 1.8　三跨梁式桥

1.2.1.2 固定支座

这种支座的构造如图 1.9 所示，它容许结构在支承处绕铰 A 转动，但 A 点不能做水平和垂直移动，故有一个移动自由度，两个未知的支座反力。支座反力 F 将通过铰 A 中心，但大小和方向都是未知的，通常可用沿两个确定方向的分反力，即水平反力 F_H 和垂直反力 F_V 来表示。这种支座的计算简图如图 1.10 所示。

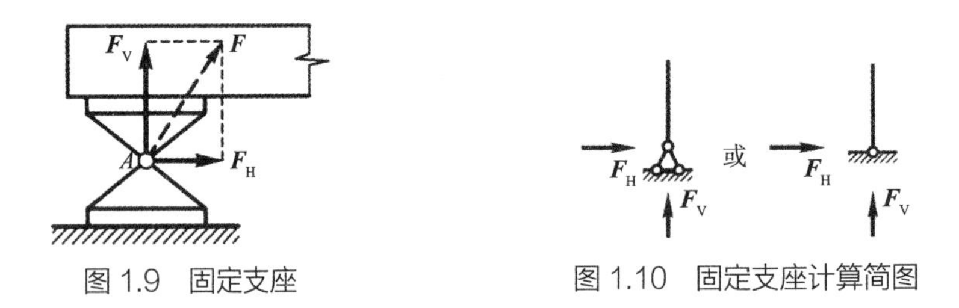

图 1.9　固定支座

图 1.10　固定支座计算简图

在图 1.11 所示的杯式基础中，当柱插入基础杯口深度不大，并在柱与杯之间填入的充填物又比较柔软时，柱可绕基础发生微小相对转动，但不能有任何移动。这样的柱与基础的连接即可简化为固定支座。图 1.12 所示的屋架与柱的连接，也可简化为固定支座。

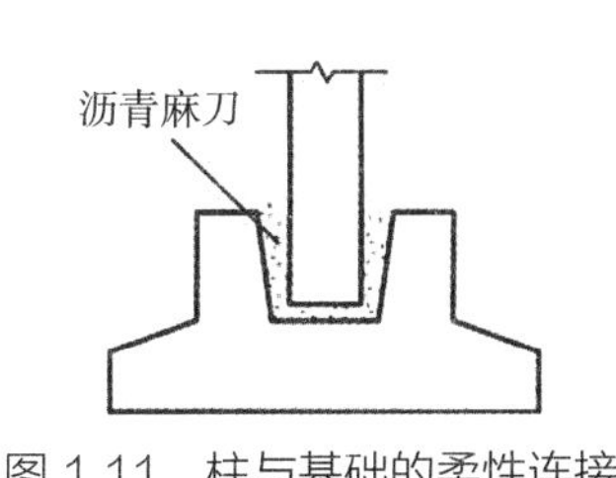

图 1.11　柱与基础的柔性连接

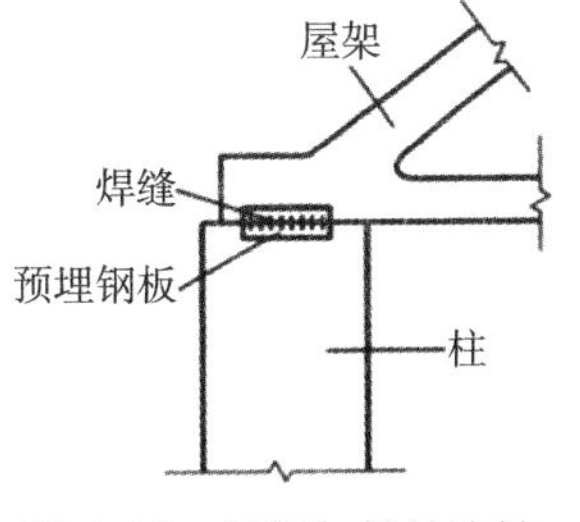

图 1.12　屋架与柱的连接

1.2.1.3 紧固支座

紧固支座不容许结构在支承处发生任何移动和转动，如图 1.13 所示。它的大小、方向和作用点位置都是未知的，通常用水平反力 $\boldsymbol{F}_H$、垂直反力 $\boldsymbol{F}_V$ 和反力矩 $\boldsymbol{M}$ 来表示，如图 1.14 所示，故紧固支座没有自由度，有 3 个未知的支座反作用力。对于杯式基础，当柱插入基础杯口较深，并在两者之间用刚性材料填缝时，柱与基础之间既不能发生位移，也不能发生转动，这样的连接便可简化为紧固支座，如图 1.15 所示。

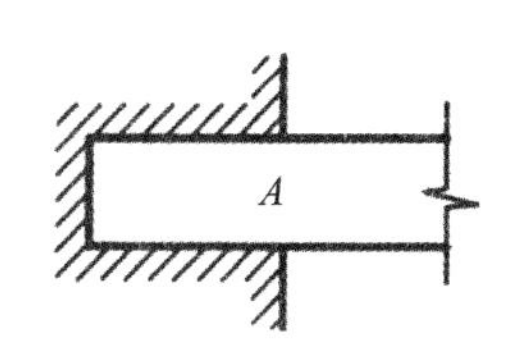

图 1.13　紧固支座

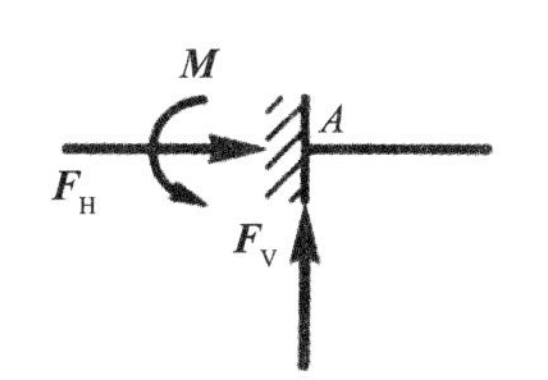

图 1.14　紧固支座计算简图

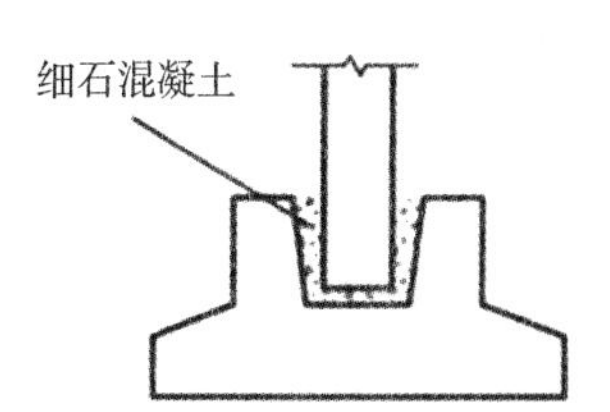

图 1.15　紧固支座实例

各支座之间的关系见表 1.1。

表 1.1　支座之间的关系

支座种类	活动支座	固定支座	紧固支座
图示	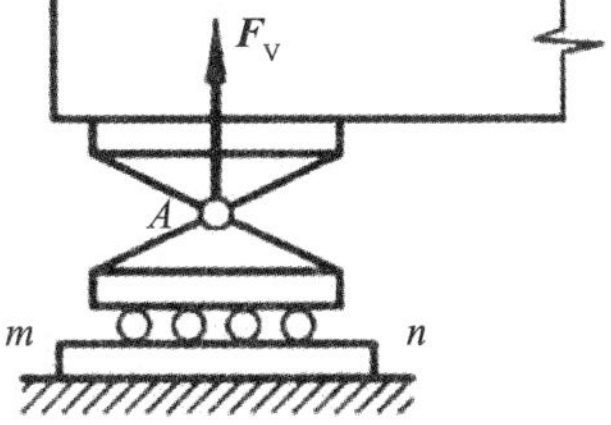	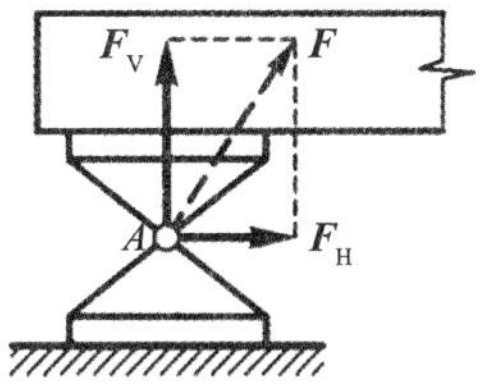	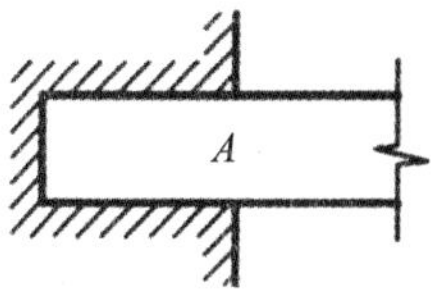
简图	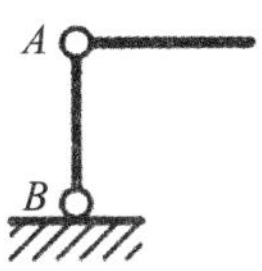	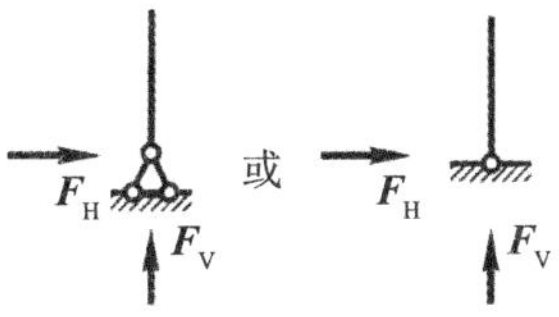	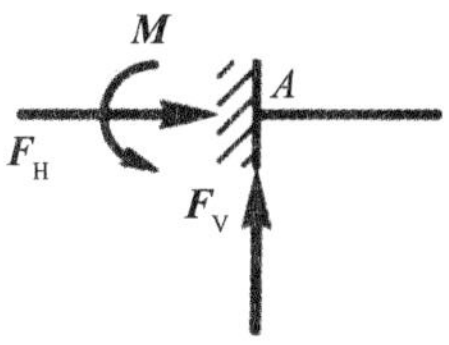
自由度	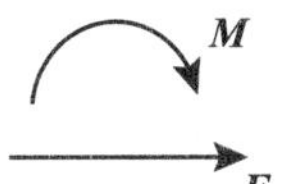		无

续表

支座种类	活动支座	固定支座	紧固支座
支座反力	A B F_V	F_H F_V	M A F_H F_V
特征值	1	2	3

1.2.2 结点

结构中杆件相互联结处称为结点。在计算简图中，结点通常简化为铰结点、刚结点和组合结点几种。

1.2.2.1 铰结点

铰结点的特征是各杆端不能相对移动但可相对转动，可以传递力但不能传递力矩。木屋架的端结点构造如图 1.16 所示。此时，各杆端虽不能任意转动，但由于联结不可能很严密牢固，杆件之间有微小相对转动的可能。实际上，结构在荷载作用下杆件间所产生的转动也相当小，所以该结点应视为铰结点，如图 1.17 所示。图 1.18 所示的是钢桁架结点，该处虽然是把各杆件焊接在结点板上使各杆端不能相对转动，但在桁架中各杆主要是承受轴力，因此计算时仍常将这种结点简化为铰结点，如图 1.19 所示。由此所引起的误差在多数情况下是可以允许的。

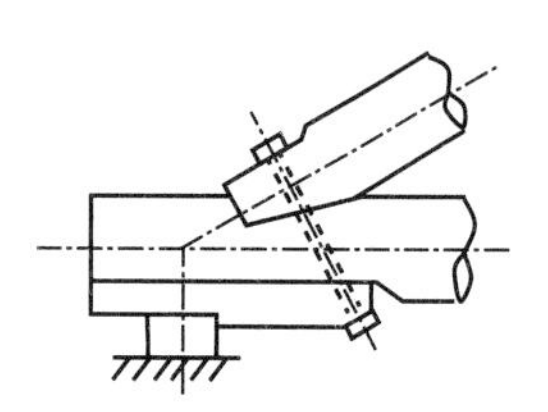
图 1.16　木屋架端结点

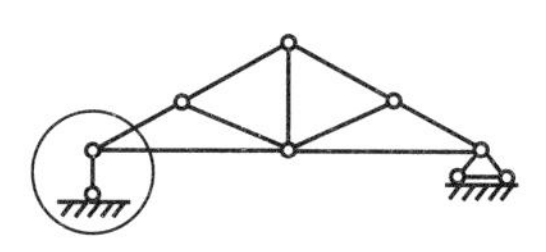
图 1.17　铰结点简图

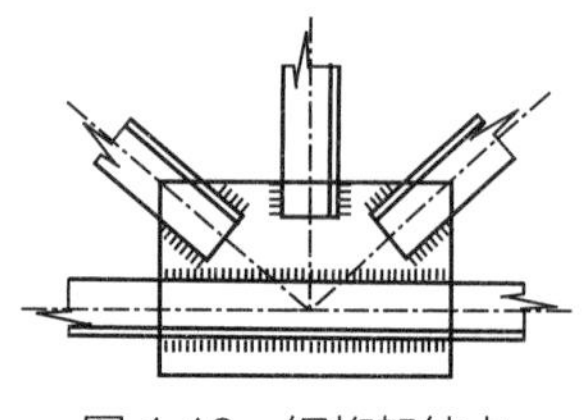
图 1.18　钢桁架结点

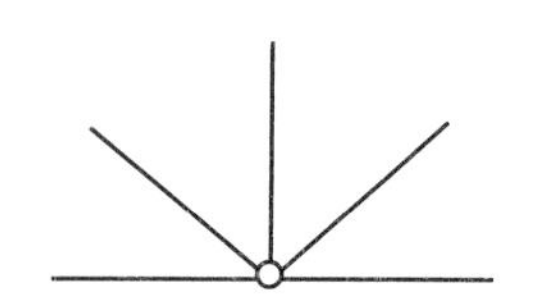
图 1.19　钢桁架结点简图

1.2.2.2 刚结点

刚结点的特征是各杆端不能相对移动也不能相对转动，可以传递力也能传递力矩。钢筋混凝土刚架的结点，上、下柱和横梁在该处用混凝土浇筑成整体，钢筋的布置也使得各杆端能够抵抗弯矩，这种结点应视为刚结点，如图 1.20 所示。当结构发生变形时，刚结点处各杆端的切线之间的夹角将保持不变。

1.2.2.3 组合结点

这是部分刚结点、部分铰结点的结点。在如图 1.21 所示结点中，左边直杆件的连接为刚结点，中间杆件与直杆件的连接则为铰结点。

（a）刚结点　（b）刚结点简图
图 1.20　钢筋混凝土结点

（a）连接方式　（b）组合结点简图
图 1.21　组合结点

1.3 结构荷载

1.3.1 荷载种类

作用于结构上的荷载，按其作用时间的长短可分为恒载和活载两类。恒载是指永久作用在结构上的荷载，如自重以及固定在结构上的附属物传来的重量。活载是指暂时作用于结构上的荷载，如车辆、起重机、人群、风、雪等。活载还可划分为可动荷载和移动荷载两类。可动荷载是指在结构上能占有任意位置的活载（如风载、雪载），而移动荷载则为一系列互相平行、间距保持不变且能在结构上移动的活载（如车辆、起重机）。

根据承载作用的性质，荷载又可分为静力荷载和动力荷载。静力荷载是指逐渐增加的，不致使结构产生显著的冲击或振动，因而可略去惯性力影响的荷载。静力荷载的大小、方向和作用点都不随时间而变化。反之，动力荷载是一种随时间迅速变化的荷载，它将使结构受到显著的冲击和振动，发生不容忽视的加速度。例如动力机械运转时产生的荷载、冲击波的压力等均为动力荷载。

荷载按其分布情况也可以划分为集中荷载和分布荷载。

除荷载外，还有其他一些因素也可以使结构产生内力或位移，例如温度变化、支座沉陷、制造误差、材料收缩及松弛、蠕变等。

1.3.2 荷载设计

荷载设计时，首先要考虑结构承载状况。承载状况是按相关的标准和规程中的规定来确定，或是根据经验予以确定，也就是说按结构应达到的工作要求确定。

在结构设计时，应考虑下列荷载及它们的相互关系：①重力荷载；②交通荷载；③静荷载，包括设备的自重，在仓库储存的货物，人的自身重量等；④动荷载，包括机器运转时的震动，汽车在桥梁上通过，起重机的侧向力和制动力等；⑤温度荷载，温度的波动或不均匀变化所产生的荷载；结构基础的安置荷载（有计划或非计划的）。

荷载的设计值 F_d 由安全系数 γ_F 和结构参数 ψ 及荷载大小 F_k 决定：

$$F_d=\gamma_F\cdot\psi\cdot F_k \tag{1-1}$$

在支撑结构中，由设计荷载作用产生的状态参数（截面参数应力、拉伸变形、弯曲变形），称为设计应力 S_d。

1.3.3 关于荷载的标准

荷载的相关标准见后续标准。

1.4 结构设计前期准备

1.4.1 结构设计目的

结构设计的目的就是按照所提出的要求，把各个单独部件通过焊接连接成一个整体。进行结构设计的结果是产生了结构，这种结构是经过技术加工和处理过的产物，是由多个部件连接构成的，常常能够达到单个部件不能达到的更高的要求。

进行结构设计时不仅要考虑所用的材料和元素，还要考虑结构本身所能达到的性能。

1.4.2 影响结构设计的因素

1.4.2.1 外部功能

设计结构时应考虑尽可能充分利用其能达到的功能，也就是说按客户所提出的要求检验结构设计。强调提出应有质量保证。

1.4.2.2 工作条件

结构的工作条件包括缺口效应、荷载循环次数、应力状况等几个方面。

1.4.2.3 材料选择

按所需要的结构截面尺寸和形式选择所需要的材料。

1.4.2.4 参数选择

根据承载安全性和适用性选择参数。

1.4.2.5 结构制作

结构制作时应考虑部件的数量，结构的检验、防腐保护要求，制作误差，标准件的应用和运输可能性等几个方面因素。

1.4.2.6 其他

包括：①标准、规定、规程、材料标准；②制造费用；③结构在运行过程中的维护费用；④交付时间。

在上述这些因素中，除了考虑自身的影响外，还要考虑它们之间的影响。

对于结构设计师来说，起重和运输的可能性以及生产场地和安装时的设备情况都必须在生产之前做到心中有数。

1.5 静力学基础

静力学主要研究物体在力的作用下处于平衡的规律，建立各种力系的平衡条件，静力学还研究力的简化和物体受力的基本方法，这些知识对于研究物体运动状态的变化也有一定的帮助。

1.5.1 力的定义

力是物体间相互的机械作用，这种作用使物体的机械运动状态发生变化。物体之间的机械作用，大致可分为两类：一类是接触作用，例如，机车牵引车厢的拉力，物体之间的挤压力等；另一类是“场”对物体的作用，例如，地球引力场对物体的引力，电场对电荷的引力或斥力等。尽管各种物体间相互作用力的来源和性质不同，但在力学中将撇开力的物理本质，只研究各种力的共同表现，即力对物体产生的效应。力对物体产生的效应一般可分为两个方面：一方面是物体运动状态的改变；另一方面是物体形状的改变。通常把前者称为力的运动效应，后者称为力的变形效应。静力学中把物体都视为刚体，因而只研究力的运动效应，即研究力使刚体的移动或转动状态发生改变这两方面的效应。材料力学则研究的是力的变形效应。

1.5.2 力的三要素及力的表示方法

力对物体的作用效应取决于力的大小、方向、作用位置。这个作用位置也就是两个物体间的接触面位置，当两物体间的接触面（作用面）相对于物体表面显得十分微小时，则可将这个接触面视为一个点。因此，把力的大小、方向、作用点称为力的三要素。

由于力是具有大小和方向的量，故力是矢量。在文字表述中，用黑体的大写英文字母表示力矢量，例如$\boldsymbol{F}$、$\boldsymbol{W}$、$\boldsymbol{F}_N$等，用白体的大写英文字母表示力的大小，如F、W、F_N分别表示力矢量$\boldsymbol{F}$、$\boldsymbol{W}$、$\boldsymbol{F}_N$的大小。在物体的受力图上，如图1.22所示，可以用一条有向线段来表示力矢量$\boldsymbol{F}$：线段AB的长度（AB两点间的距离）表示力$\boldsymbol{F}$的大小；线段AB的起点A或终点B表示力$\boldsymbol{F}$的作用点；线段AB与水平面（线）之间的夹角α表示力$\boldsymbol{F}$的作用线方位，箭头表示力$\boldsymbol{F}$的指向。

因为力对物体的作用效应决定于力的三要素，所以即使这两个力的大小相同，如图1.23中所示的两个相互平行的力$\boldsymbol{F}_1$和$\boldsymbol{F}_2$，也会因两者的作用点不同而使得它们对物体的作用效应不同，即$\boldsymbol{F}_1 \neq \boldsymbol{F}_2$。

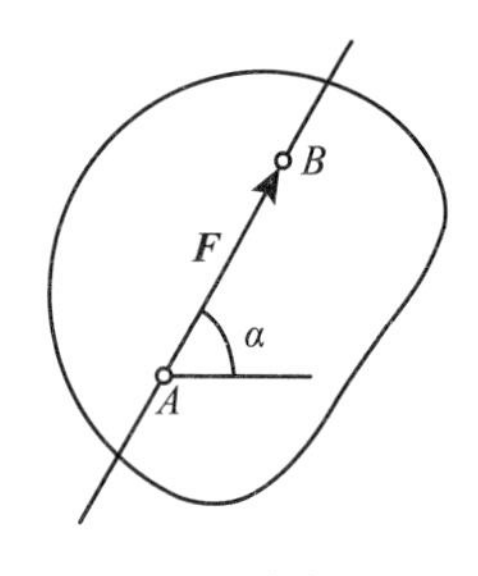

图1.22 力的表示

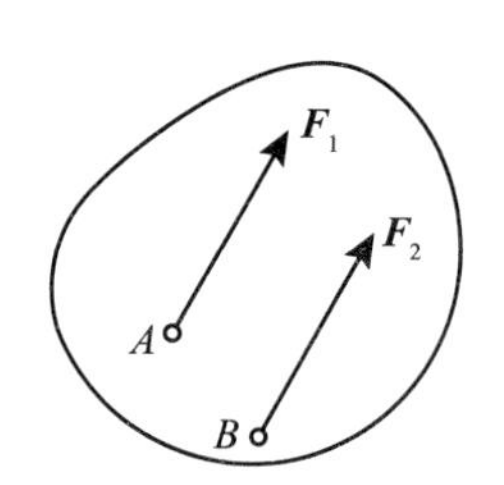

图1.23 力的对比

1.5.3 力的基本类型和单位

作用于物体上的力有两种基本类型。当物体间的接触面相对于物体表面显得很小时，可将其接触面视为一个点，作用于物体某点上的力，称为集中力，例如图1.24（a）中重物A对物体C的作用力即为集中力，用$\boldsymbol{F}$表示，如图1.24（b）所示，其单位为N或kN。当力在物体上的作用位置不能视为一个点时，此作用于物体上的力称为分布力，用$\boldsymbol{q}$表示，其单位为N/m^2或kN/m^2。

在工程中，常需计算单位宽度上的分布力对物体的作用效应，这种单位宽度上的分布力称为均布荷载，如图1.24（a）中重物B对物体C的作用力，可简化为如图1.24（b）所示的均布荷载，其单位为N/m或kN/m。

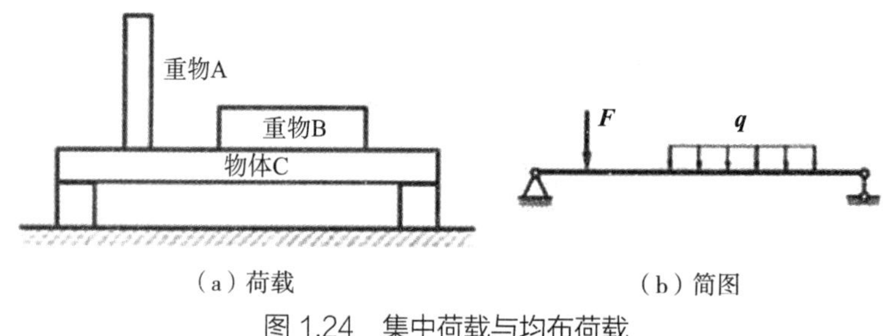

（a）荷载　（b）简图
图1.24 集中荷载与均布荷载

1.5.4 力系、合力与分力

作用于同一物体或物体系上的一组力称为力系，例如，图 1.25（a）所示物体上所作用的两个共点力是一个力系。同一物体上受若干个力的作用，这若干个力也是一个力系。

如果某力对物体的作用效应与一个力系相同，则该力即为与其等效之力系的合力，即力系的合力就是力系的等效力。如图 1.25（a）所示 $\boldsymbol{F}_1$ 和 $\boldsymbol{F}_2$ 力系，可由力的平行四边形法则求出它的合力 $\boldsymbol{F}$，则 $\boldsymbol{F}$ 也是该力系的等效力。

可以用力的平行四边形法则或三角形法则将两个共点力合成为一个仍作用于该点的合力，当然也能用平行四边形法则或三角形法则将一个力分解为两个分力。

正交分解（两个分力的作用线相互垂直）是对力进行分解的常用方法，如图 1.26 所示。

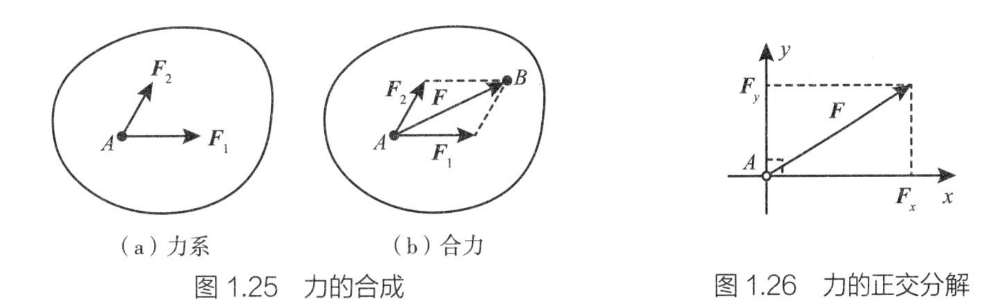

（a）力系　（b）合力

图 1.25　力的合成

图 1.26　力的正交分解

1.5.5 力矩

1.5.5.1 力矩的概念

考察图 1.27 所示扳手转动螺母的情形。当在扳手上的 A 点施加力 $\boldsymbol{F}$ 时，扳手就会连同螺母一起绕螺母的中心点 O 转动，并且，当力 $\boldsymbol{F}$ 的作用方向发生改变时，扳手连同螺母的转动方向也发生改变。由杠杆原理可知，力 $\boldsymbol{F}$ 使物体绕某定点 O 的转动效应，与力 $\boldsymbol{F}$ 的大小和力作用线到 O 点的垂直距离 d 成正比。在力学中，将量度力使物体绕某点转动效应的物理量，称为力对点之矩，简称为力矩。力矩的表达式为

$$M_O(F)=\pm Fd \tag{1-2}$$

式（1-2）表明，力矩的大小是力 $\boldsymbol{F}$ 的大小和力 $\boldsymbol{F}$ 作用线到转动中心点 O 之间垂直距离 d 的乘积，其中 d 称为力臂，转动中心点 O 称为矩心。

1.5.5.2 力矩的方向

表示物体转动方向的正负号取法为：当力使物体绕 O 点逆时针方向转动时取“+”号，顺时针方向转动时取“–”号。图 1.27（b）中力 $\boldsymbol{F}$ 对 O 点之矩为正，图 1.27（a）中力 $\boldsymbol{F}$ 对 O 点之矩为负。

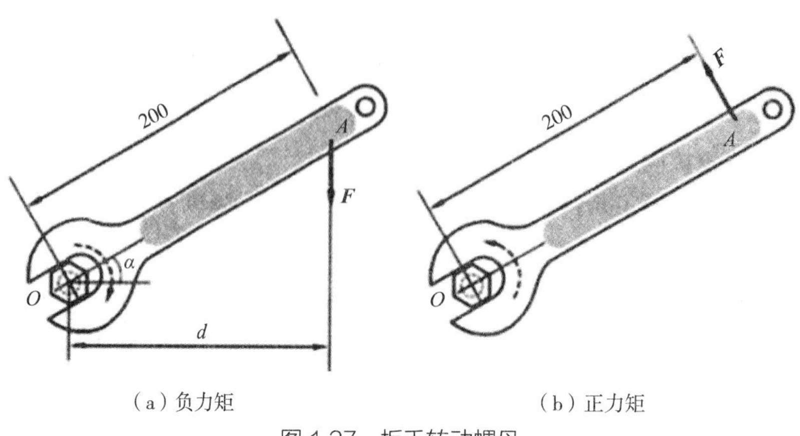

（a）负力矩　　（b）正力矩

图 1.27　扳手转动螺母

1.5.6 力偶

1.5.6.1 力偶的概念

在日常的生产、生活及实际工程中，经常会有物体在力系作用下只发生转动的情形。例如用绞盘起吊物体时，如图 1.28 所示，操作者在绞杠 *AB* 上施加两个等值、反向、作用线平行的水平力 ***F*** 和 ***F′***，绞杠 *AB* 在这对力的作用下绕螺杆轴线转动。在力学中，将大小相等、方向相反但不共线的一对平行力，称为一个力偶，用（*F*，*F′*）表示。力偶中二力作用线之间的垂直距离 *d* 称为力偶臂。

力偶只能使它所作用的物体产生转动。力偶对物体的转动效应取决于力偶的三要素，即力偶的大小、转向、作用平面。

1.5.6.2 力偶矩

描述力偶对物体转动效应的物理量，称为力偶矩，用 ***M*** 表示。力偶矩的表达式为

$$M= \pm Fd \tag{1-3}$$

式中，“±”表示力偶的转向，并规定逆时针方向转动时取“+”号，反之取“–”号。

力偶矩的大小等于力偶中一力的大小与力偶臂的乘积。力偶矩的单位与力矩相同。在物体的受力图中，力偶可以用一对等值、反向、平行而不共线的力表示，也可以用带箭头的弧线表示，如图 1.29 所示。

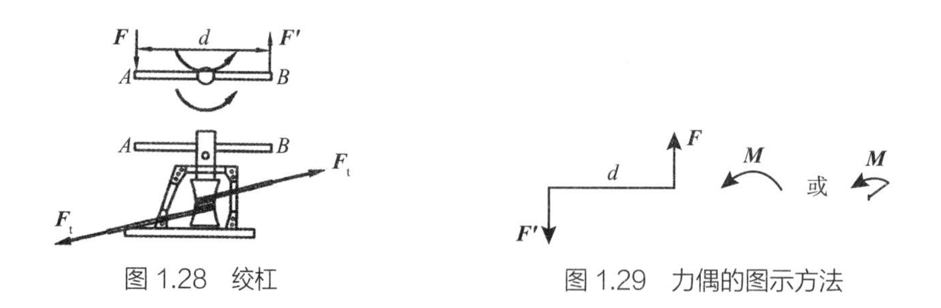

图 1.28　绞杠　　图 1.29　力偶的图示方法

1.5.7 力系的合成与平衡

力系的合成就是求力系的合力。力系的平衡，是通过对力系合成结果的分析，建立作用在处于平衡状态物体或物体系上的力系所必须满足的条件，并根据力系的平衡条件解决力系作用下物体或物体系的平衡问题，即力系的平衡问题。

1.5.7.1 平面汇交力系的合成与平衡

平面汇交力系是指各力的作用线位于同一平面内并且汇交于同一点的力系。

在工厂起吊钢梁时，作用于梁上的力有梁的重力 $\boldsymbol{W}$、绳索对梁的拉力 $\boldsymbol{F}_A$ 和 $\boldsymbol{F}_B$，如图 1.30 所示，这 3 个力的作用线都在同一个直立平面内且汇交于 C 点，故该力系是一个平面汇交力系。

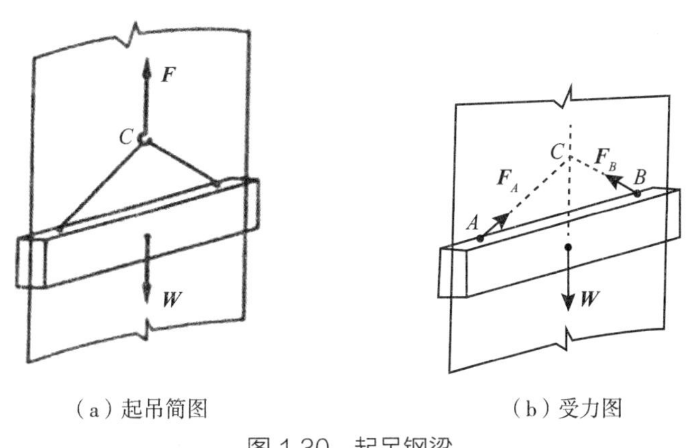

（a）起吊简图　　　（b）受力图

图 1.30　起吊钢梁

1. 力系的合成

可以用平行四边形法则或力三角形法求两个共点力的合力。如图 1.31（a）所示，当物体受到由 $\boldsymbol{F}_1$、$\boldsymbol{F}_2$、…、$\boldsymbol{F}_n$ 所组成的平面汇交力系作用时，可以连续采用力三角形法，得到如图 1.31（b）所示的几何图形：先将 $\boldsymbol{F}_1$、$\boldsymbol{F}_2$ 合成为 $\boldsymbol{F}_{R1}$，再将 $\boldsymbol{F}_{R1}$、$\boldsymbol{F}_3$ 合成为 $\boldsymbol{F}_{R2}$，以此类推，最后得到整个力系的合力 $\boldsymbol{F}_R$。若省去中间过程则得到如图 1.31（c）所示的几何图形。这是一个由力系中各分力和合力所构成的多边形，称为力多边形。由图 1.31（c）显然可得

$$\boldsymbol{F}_R=\boldsymbol{F}_1+\boldsymbol{F}_2+\cdots+\boldsymbol{F}_n=\sum \boldsymbol{F} \tag{1-4}$$

式（1-4）表明，平面汇交力系的合力等于力系中各分力的矢量和，合力的作用线通过各分力的汇交点。由几何法求汇交力系合力时，力多边形的矢序规则是：各分力首尾相接构成一个有缺口的多边形，合力是从第一个分力的起点指向最后一个分力的终点，构成这个多边形的封闭边。可以证明，力系合力的大小和方向与作力多边形时各分力的先后顺序无关。

2. 平面汇交力系的平衡

由以上对力系的合成结果可知，平面汇交力系的合成结果为作用线通过力系汇交点的合力。如

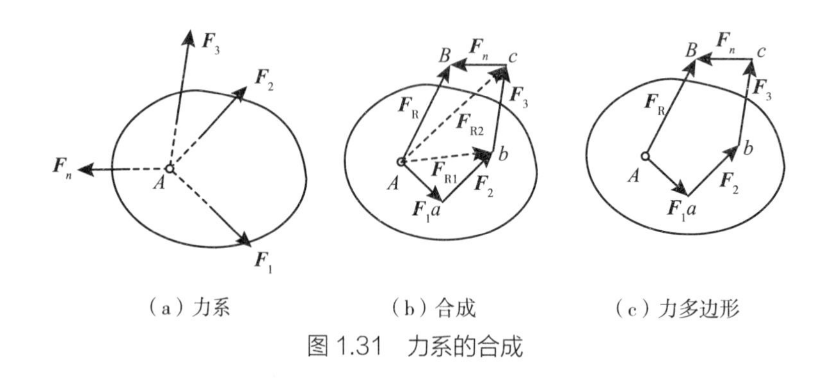

（a）力系　（b）合成　（c）力多边形

图 1.31 力系的合成

果力系平衡，则力系的合力必定等于零，即由各分力构成的力多边形必定自行封闭（没有缺口）。因此，平面汇交力系平衡的几何条件是：该力系的力多边形自行封闭。其矢量表达式为

$$\sum \boldsymbol{F}=0 \tag{1-5}$$

用几何法解平面汇交力系的平衡问题时，要利用作图工具按一定的比例先画出力多边形中已知力的各边，后画未知力的边，构成封闭的力多边形，再按相同的比例在力多边形中量取未知力的大小和方位角。

1.5.7.2 平面力偶系的合成与平衡

当物体或物体系上的同一平面内受到若干个力偶共同作用时，将这作用于物体或物体系同一平面内的若干个力偶，称为平面力偶系。

1. 平面力偶系合成

若物体或物体系同平面内作用有 n 个力偶，则同样可以得到这 n 个力偶的合力偶矩为

$$\boldsymbol{M}_{\mathrm{R}}=\boldsymbol{M}_1+\boldsymbol{M}_2+\cdots+\boldsymbol{M}_n=\sum \boldsymbol{M} \tag{1-6}$$

式（1-6）表明，平面力偶系的合成结果为一个仍作用于该力偶系所在平面内的合力偶，其合力偶矩等于该力偶系中各分力偶矩的代数和。

2. 平面力偶系的平衡

由于平面力偶系的合成结果为一个合力偶，故平面力偶系的平衡条件是该力偶系的合力偶矩等于零，即

$$\sum \boldsymbol{M}=0 \tag{1-7}$$

式（1-7）称为平面力偶系的平衡方程式。此方程式可以用来解决只有一个未知力偶的平面力偶系平衡问题。

1.5.7.3 平面构件的平衡

平面构件要保持平衡需要满足以下三个条件：①作用于构件上所有水平方向的作用力之和为零，即 $\sum \boldsymbol{F}_{\mathrm{H}}=0$；②作用于构件上所有垂直方向的作用力之和为零，即 $\sum \boldsymbol{F}_{\mathrm{V}}=0$；③作用于构件上所有力对构件上任意一点的力矩之和为零，即 $\sum \boldsymbol{M}=0$。

1.5.8 静定结构

1.5.8.1 静定结构特征

静定结构是一个无多余约束的几何不变体系，这就是静定结构的几何特征。从受力方面讲，静定结构的所有约束力和内力均可由静力学平衡条件解出，或者说，结构中的未知力个数不超过由静力平衡条件建立起来的平衡方程式个数，这就是静定结构的受力特征。

求静定结构的工具是平衡方程式，而且仅仅利用平衡方程就可以求出结构的全部支座反力和内力。

1.5.8.2 超静定（静不定）结构特征

超静定结构是有多余约束的几何不变体系，仅由静力平衡条件并不能计算出其全部约束力和内力的结构。

超静定结构的支座反力和内力未知数数目通常会多于平衡条件提供的平衡方程式数目，必须补充位移条件才能求解。

多余约束是相对于杆件体系维持几何不变所需必要约束而言的，就结构的经济合理性要求而言，多余约束就并不是多余的了。一般情况下，超静定结构具有比静定结构更合理的受力特性，在工程中比静定结构获得更广泛的应用。

1.5.8.3 静定结构的判定

结构是否为静定，可按式（1–8）计算

$$n = a+z-3s \tag{1–8}$$

式中：a——支座反力的数量；

z——构件之间反作用力的数量；

s——构件的数量。

判定方法：$n>0$，n 次超静定结构；$n=0$，静定结构；$n<0$，可移动结构。

1.5.8.4 示例

【例 1】分析图 1.32 中的结构是否为静定结构。

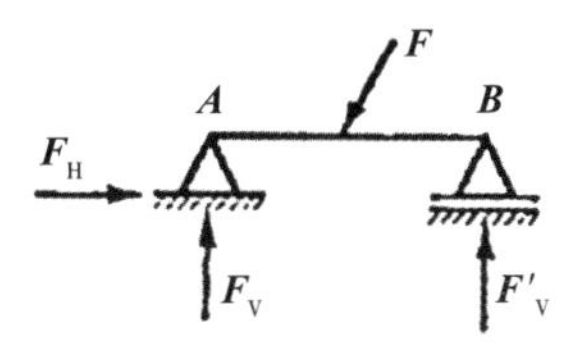

图 1.32　结构受力简图

【解】在本题中，左侧支座为固定支座，有 2 个支座反力，右侧支座为活动支座，有 1 个支座反

力，共有 3 个支座反力。构件为 1 个，构件之间没有反作用力。按式（1-8）计算

$$n=3+0-3\times1=0$$

$n=0$，说明本结构是静定结构。

【例 2】分析图 1.33 中的结构是否为静定结构。

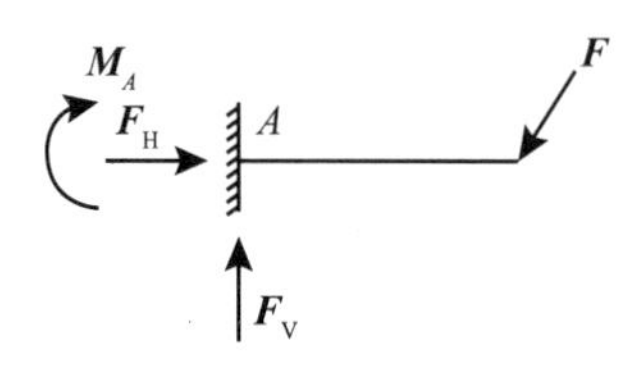

图 1.33　结构受力简图

【解】在本题中，左侧支座为紧固支座有 3 个支座反力。构件为 1 个，构件之间没有反作用力。按式（1-8）计算

$$n=3+0-3\times1=0$$

$n=0$，说明本结构是静定结构。

【例 3】分析图 1.34 中的结构是否为静定结构。

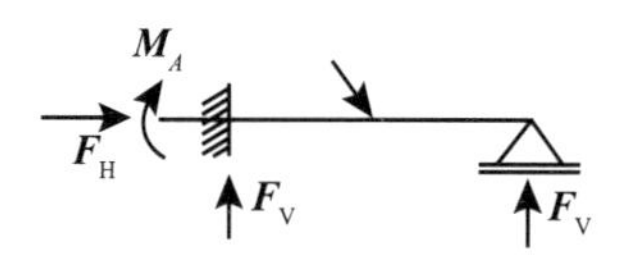

图 1.34　结构受力简图

【解】在本题中，左侧支座为紧固支座有 3 个支座反力，右侧支座为活动支座，有 1 个支座反力，共有 4 个支座反力。构件为 1 个，构件之间没有反作用力。按式（1-8）计算

$$n=4+0-3\times1=1$$

$n=1$，说明本结构是超静定结构，且为一次超静定结构。

【例 4】分析图 1.35 中的结构是否为静定结构。

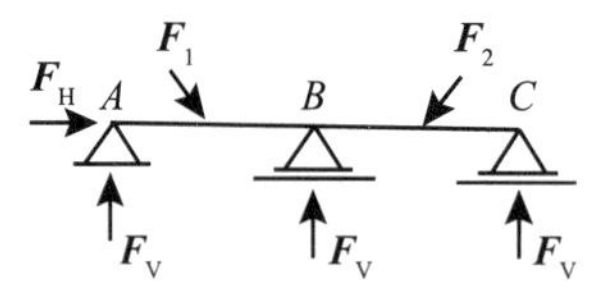

图 1.35　结构受力简图

【解】在本题中，左侧支座为固定支座有 2 个支座反力，中间支座为活动支座，有 1 个支座反力，右侧支座为活动支座，有 1 个支座反力，共有 4 个支座反力。构件为 1 个，构件之间没有反作用力。按式（1-8）计算

$$n=4+0-3\times1=1$$

$n=1$，说明本结构是超静定结构，且为一次超静定结构。

1.6 杆件的内力与内力图

1.6.1 内力

1.6.1.1 内力的概念

任何杆件，当它没有受到外力作用时，杆件内部各质点分子间就已存在着相互作用力，正是由于这种相互作用力的存在，才使得杆件具有固定的几何形状。当杆件受到外力作用而发生变形时，原来存在于杆件内质点分子间的相互作用力就会发生变化，这种由于外力的作用而引起的杆内质点分子间相互作用力的改变量，称为内力。

内力是由外力引起的，且随着外力的增大而增大，当内力达到或超过杆件的承载能力时，杆件就会丧失工作能力或被破坏，因此内力与杆件的强度密切相关。内力是与变形同时产生的，但它又有试图抵抗变形、保持杆件形状的特性，但杆件抵抗变形的能力是有限的，当变形达到某一限度时，杆件就会丧失工作能力或被破坏，故内力与变形密切相关。

1.6.1.2 内力的分析方法

内力分析可以采用截面法。为了确定构件在外力作用下某截面上的内力，首先在待求截面处用一个假想的 *m*–*m* 平面将构件切分为两部分，如图 1.36（a）所示；然后将构件从截面处分开，取出其中一部分作为研究对象，进行受力分析，如图 1.36（b）所示。构件原本是平衡体，用截面切开后的任何一部分仍保持平衡。在截面左侧部分，外力有 $\boldsymbol{F}_1$ 和 $\boldsymbol{F}_2$，截面右侧部分外力有 $\boldsymbol{F}_3$ 和 $\boldsymbol{F}_4$，两部分各自平衡。那么，在各自的截面上必有相应的作用力与外力保持平衡，截面上的作用力即为内力，它是由截面的一侧物体对另一侧物体产生的作用。根据均匀连续性假设，截面上每一点处都有内力，因此各点处的内力组成了分布力系。由作用与反作用定律可知，构件两部分截面上对应同一点处的内力为等值、反向的关系，因此截面两侧的内力特点完全相同，取截面任何一侧研究都可以得到相同作用效应的内力。

当受力分析完成后，对切开的平衡体进行平衡计算，即可求得截面的内力大小和方向。

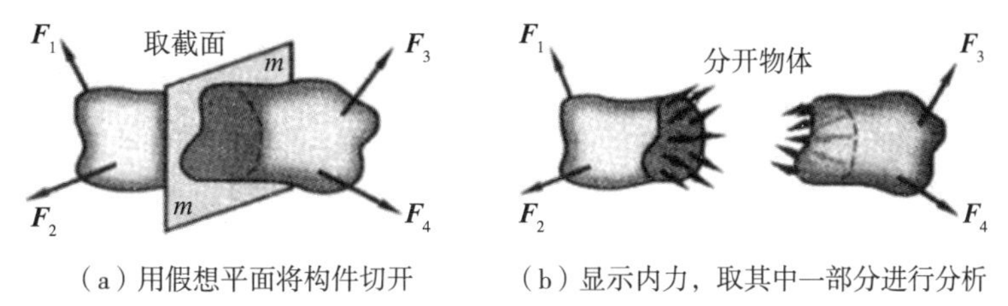

（a）用假想平面将构件切开　　（b）显示内力，取其中一部分进行分析

图 1.36　截面法

1.6.1.3 内力分量

当杆件受到不同的外力作用时，杆件中的内力也是各不相同的。若外力一定，内力也随之可定。

如图 1.37（a）受空间一般力系作用时，杆件中任意截面上的分布内力也处于任意分布状态，其 K-K 横截面上的内力分布如图 1.37（b）所示。若将横截面上的这些分布内力按空间一般力系的合成方法进行合成，则可以得到如图 1.37（c）所示沿坐标轴方向的三个内力分量 $\boldsymbol{F}_x$、$\boldsymbol{F}_y$、$\boldsymbol{F}_z$ 和绕坐标轴旋转的三个内力偶矩分量 $\boldsymbol{M}_x$、$\boldsymbol{M}_y$、$\boldsymbol{M}_z$。

其中：$\boldsymbol{F}_x$——表示横截面上轴线方向内力，称为轴力；

$\boldsymbol{F}_t$（$\boldsymbol{F}_x$、$\boldsymbol{F}_z$）——表示横截面上的切向（即垂直于杆轴线方向）内力，称为剪力；

$\boldsymbol{M}$（$\boldsymbol{M}_y$、$\boldsymbol{M}_z$）——表示绕横截面形心主轴（y 轴和 z 轴）转动的内力偶矩，称为弯矩；

$\boldsymbol{M}_x$——表示作用面与横截面重合的内力偶矩，称为扭矩。

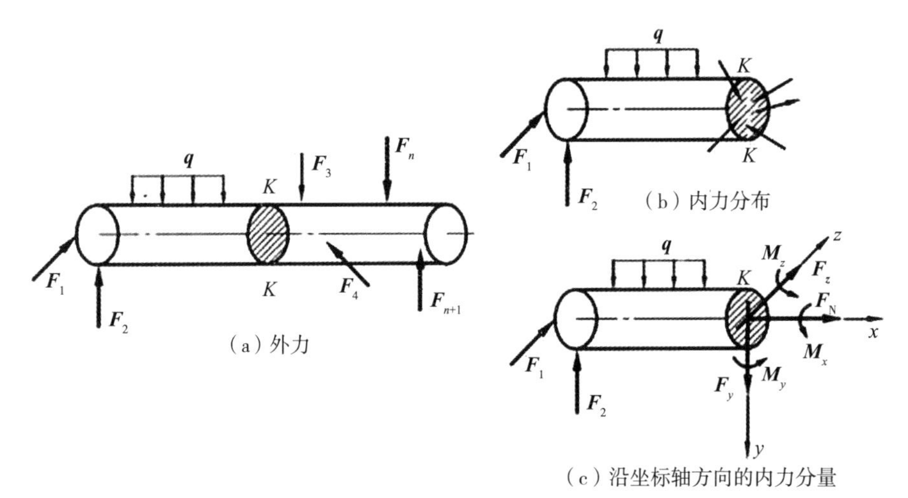

图 1.37　杆件受力分析

1.6.1.4 内力与应力的关系

知道内力的大小还不能判断构件的强度是否足够。经验表明，有两根材料相同的拉杆，一根较粗，一根较细，在相同的轴向拉力 $\boldsymbol{F}$ 作用下，内力相等，当外力 $\boldsymbol{F}$ 增大时，细杆必先断。这是由于内力仅代表内力系的总和，而不能表明截面上各点受力的强弱程度。为了解决强度问题，不仅需要知道构件可能沿哪个截面破坏，而且还需要知道截面上哪个点处最危险。这样，就需要进一步研究内力在截面上各点处的分布情况，因而引入了应力的概念。

图 1.38（a）所示为任一受力构件，在 m–m 截面上任一点 K 的周围取一微小面 ΔA，并设作用在该面积上的内力为 $\Delta\boldsymbol{F}$，那么 $\Delta\boldsymbol{F}$ 与 ΔA 的比值，称为 ΔA 上的平均应力，并用 $\boldsymbol{p}$ 表示，即

$$\boldsymbol{p}=\frac{\Delta\boldsymbol{F}}{\Delta A} \tag{1-9}$$

应力 $\boldsymbol{p}$ 是矢量，如图 1.38（b）所示，通常沿截面的法向与切向分解为两个分量。沿截面法向的应力分量 $\boldsymbol{\sigma}$ 称为正应力；沿截面切向的应力分量 $\boldsymbol{\tau}$ 称为切应力。它们可以分别反映垂直于截面与切于截面作用的两种内力系的分布情况。

从应力的定义可见，应力具有以下特征。

（1）应力定义在受力物体的某一截面上的某一点处，因此，讨论应力时必须明确是哪一个截面

上的哪一个点处。

（2）在某一截面上一点处的应力是矢量。对于应力分量，通常规定，正应力的方向是离开截面的为正，指向截面的为负；切应力对截面内部（靠近截面）的一点产生顺时针方向的力矩时为正，反之为负，图 1.38（b）所示的正应力为正，切应力为负。

（3）应力的基本单位为帕斯卡，即 Pa，1 Pa = 1 N/m^2。应力常用的单位为 MPa，1 MPa = 10^6 Pa。

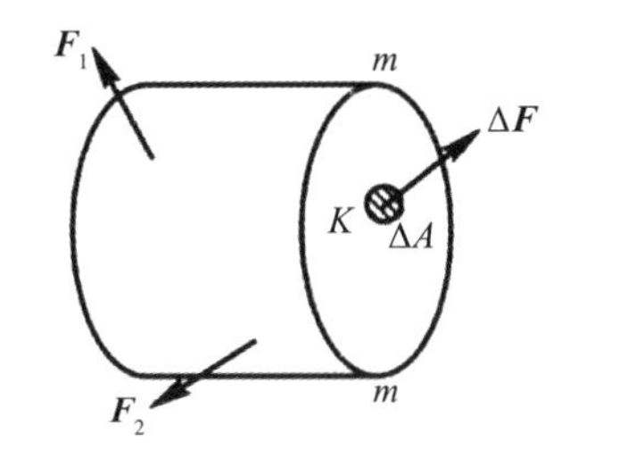

（a）在任一点 K 处取一微小面 ΔA

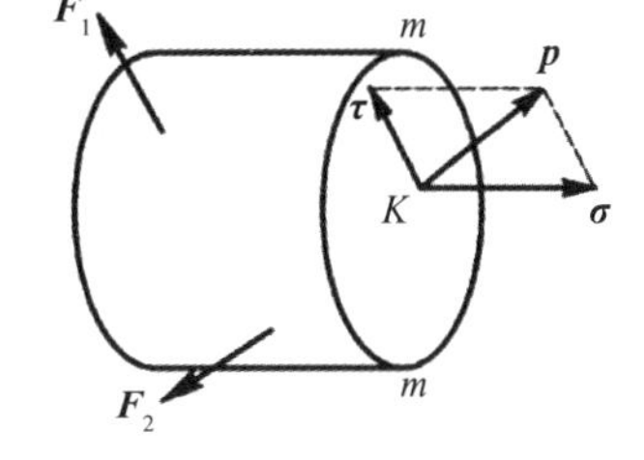

（b）σ 为正应力，τ 为切应力

图 1.38　截面上任一点的应力

1.6.2 轴向拉压杆的内力与轴力图

1.6.2.1 轴向内力

轴向拉压杆是指只受轴向拉力或轴向压力作用的直杆。轴向拉压杆的变形特征是，纵向只产生沿轴线方向的伸长或缩短，横向只会收缩或膨胀。

如图 1.39（a）所示，分别在 A、B、C 处受轴向外力 $\boldsymbol{F}_1$、$\boldsymbol{F}_2$、$\boldsymbol{F}_3$ 作用并处于平衡状态的等截面直杆，为了揭示和计算杆段 AB 各横截面上的内力，在 AB 段取任意截面 1–1，并取截面 1–1 左侧的杆件部分为脱离体，作受力图，如图 1.39（b）所示。

由于截面 1–1 左段杆件上只有与杆轴线重合的外力，故截面上与此外力构成平衡力系的内力必然是与横截面法线重合的轴向力 $\boldsymbol{F}_{a1}$，由受力图中力系（属于共线力系）的平衡条件计算 $\boldsymbol{F}_{a1}$ 的大小。

由 $\sum \boldsymbol{F}_x = 0$，$F_{a1} - F_1 = 0$ 得到：$F_{a1} = F_1$。

不管截面 1–1 取自 AB 段内何处，其轴力值均不会改变。此结果表明 AB 段杆件各横截面上的轴力的大小都等于 F_1。

同理，也可以求得如图 1.39（c）所示 2–2 截面上的轴力 $\boldsymbol{F}_{a2}$ 的大小，即 $F_{a2} = F_1 + F_2$。

由此可知，轴向拉压杆件各横截面上的内力是与杆轴线重合的轴力，用“$\boldsymbol{F}_a$”表示，且轴力 $\boldsymbol{F}_a$ 以拉力为正，压力为负。

1.6.2.2 轴力图

表示整个杆件（或结构）各截面轴力变化规律的图形，称为轴力图。作图步骤为：

（1）列出杆件各杆段中任意截面的轴力方程。

（2）建立轴力图坐标系，根据轴力方程所确定的轴力与截面位置间函数关系，在轴力图坐标系中绘制出轴力图。在轴力图中必须注明各杆段轴力的值、单位、正负号。

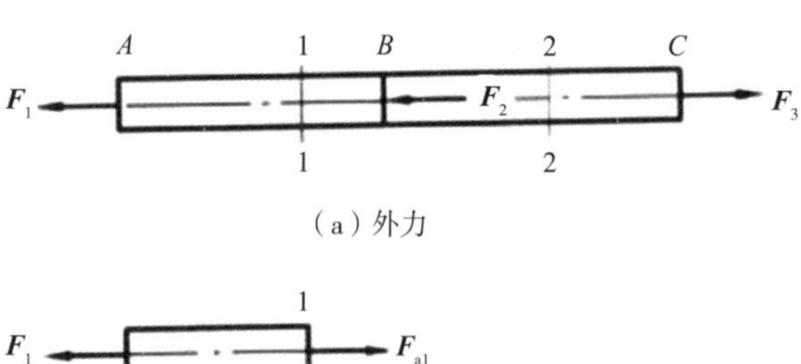

（a）外力

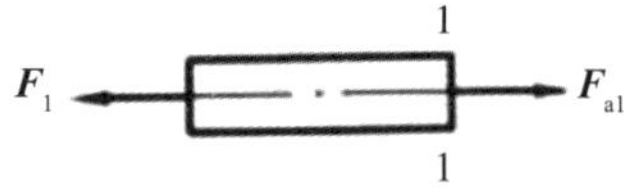

（b）1–1截面内力

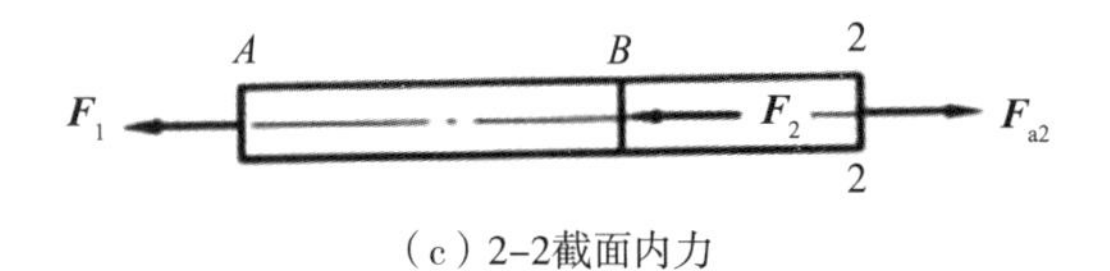

（c）2–2截面内力

图 1.39　轴向拉压杆内力

【例】计算图 1.40 所示杆件的轴力并做出轴力图。

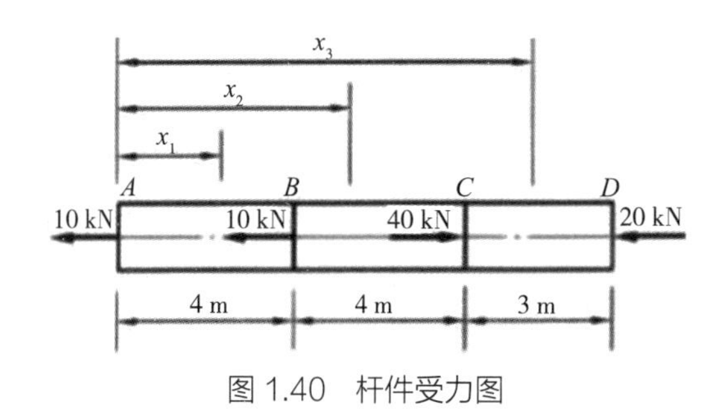

图 1.40　杆件受力图

【解】第一步：用简捷法分段建立各杆段任意截面轴力的函数关系式（即轴力方程式），并求出各控制截面的轴力值。

AB 段　$F_a(x_1)=10\ \text{kN}$

由此函数关系知 *AB* 段内各截面的轴力均为拉力，其值为 10 kN。

BC 段　$F_a(x_2)=10+10=20\ \text{kN}$

该段内各截面的轴力均为拉力，其值为 20 kN。

CD 段　$F_a(x_3)=10+10-40=-20\ \text{kN}$

该段内各截面的轴力均为压力，其值为 –20 kN。

第二步：建立坐标系并按内力图规定作轴力图，如图 1.41 所示。

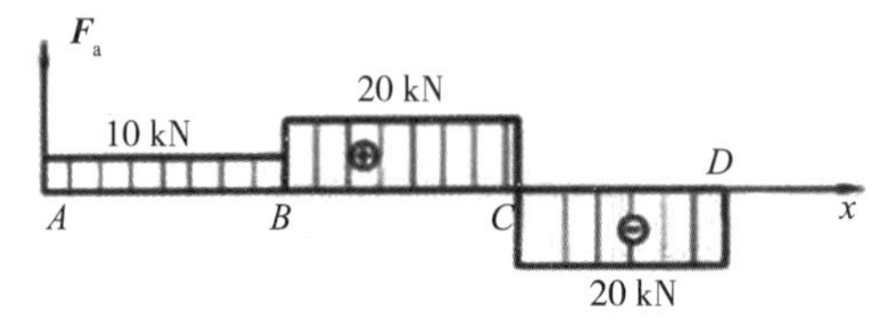

图 1.41　杆件 *x* 方向轴力图

1.6.3 平面弯曲梁的内力与内力图

1.6.3.1 弯曲的概念及实例

如图 1.42 所示，当直杆受到垂直于杆轴线的外力或外力偶作用时，杆件的轴线将由直线变为曲线，这种变形称为弯曲变形。以弯曲变形为主的杆件称为梁。在工程实际中，存在着大量的受弯构件，例如，桥式起重机的大梁［图 1.43（a）］、火车轮轴［图 1.44（a）］和汽轮机叶片［图 1.45（a）］等，这些杆件的计算简图分别如图 1.43（b）、图 1.44（b）和图 1.45（b）所示。

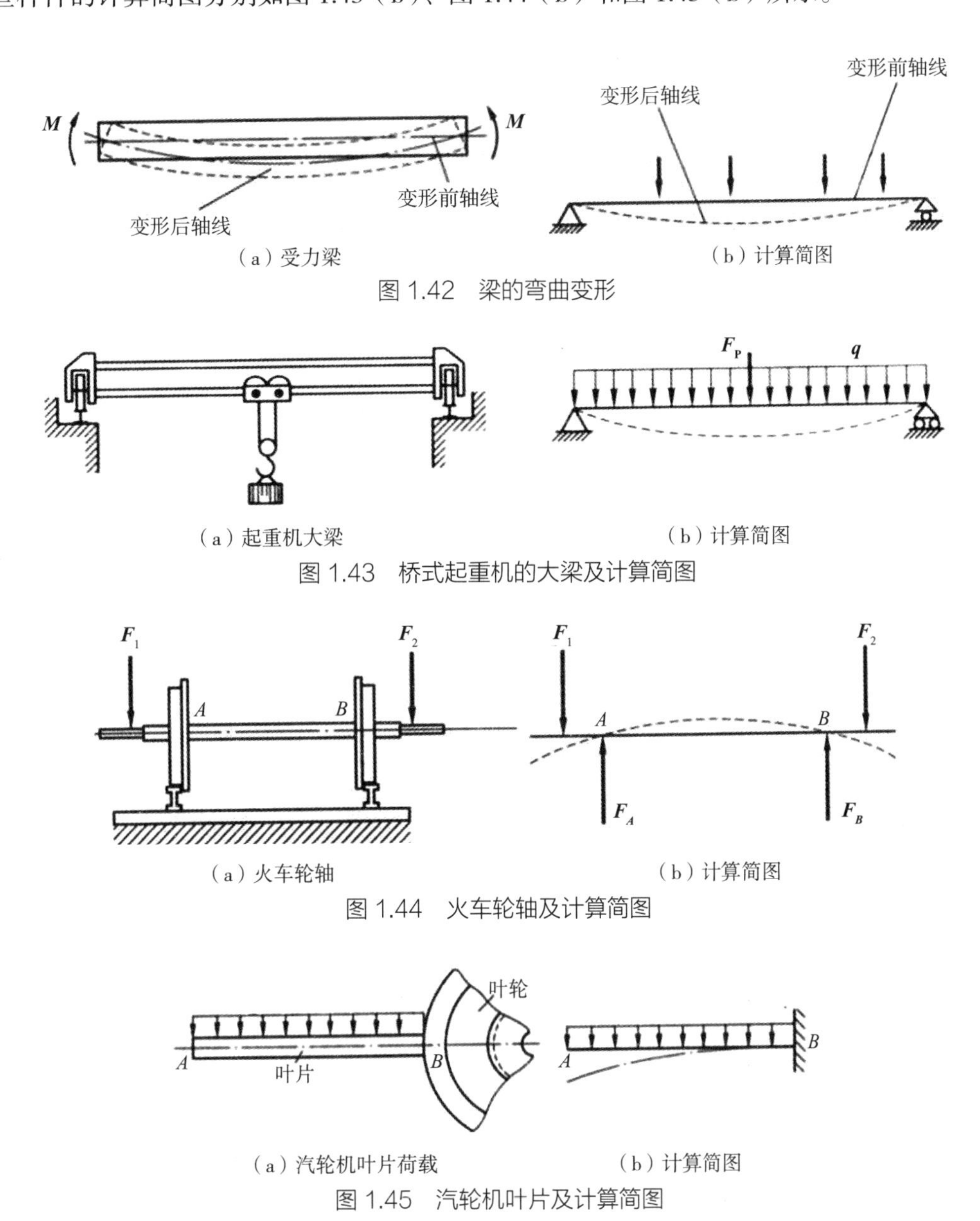

（a）受力梁　（b）计算简图

图 1.42　梁的弯曲变形

（a）起重机大梁　（b）计算简图

图 1.43　桥式起重机的大梁及计算简图

（a）火车轮轴　（b）计算简图

图 1.44　火车轮轴及计算简图

（a）汽轮机叶片荷载　（b）计算简图

图 1.45　汽轮机叶片及计算简图

工程中的大部分梁，其横截面至少有一个对称轴，如图 1.46 所示，因而整个杆件至少有一个包含轴线的纵向对称面。当作用于杆件上的所有外力都位于纵向对称面内时，弯曲变形后的轴线将在其纵向对称面内弯成一条连续光滑的平面曲线，如图 1.47 所示，这种弯曲变形称为平面弯曲或对称弯曲；若梁没有纵向对称面，或者梁虽有纵向对称面，但外力不作用在对称面内，这种弯曲称为非对称弯曲。平面弯曲是工程实际中最常见的情况，也是最基本的弯曲变形。这里以平面弯曲为主介绍梁弯曲时内力、应力及变形的计算。为便于分析，通常用梁的轴线代表平面弯曲的实体梁。

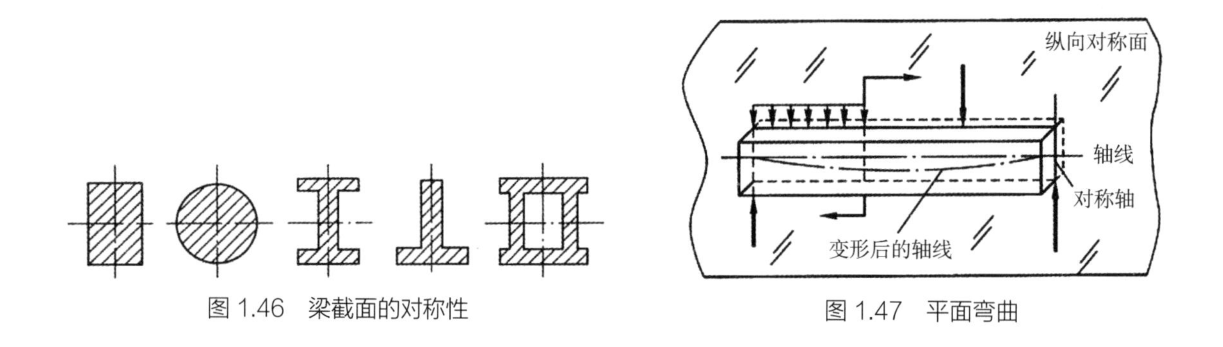

图 1.46　梁截面的对称性　　图 1.47　平面弯曲

1.6.3.2 静定梁的基本形式和超静定梁

如果梁的一端为紧固支座，另一端为自由端，则称为悬臂梁，如图 1.48（a）所示；若梁的一端是固定铰支座，另一端是活动铰支座，则称为简支梁，如图 1.48（b）所示；若梁受一个固定铰支座与一个可动铰支座支承，且梁的一端或两端伸出支座以外，则称为外伸梁，如图 1.48（c）所示。上述 3 种梁，都仅有 3 个约束力，可由平面任意力系的 3 个独立的平衡方程求出，因此称这种梁为静定梁。

工程中，有时为了提高梁的承载能力、减小变形等需要，会在静定梁的基础上增加支承，如图 1.49 所示，这时梁的支座反力数目就要多于独立的平衡方程数目，仅利用平衡方程就无法确定所有支座反力，这种梁称为超静定梁。超静定梁的计算不在本书讨论范围之内。

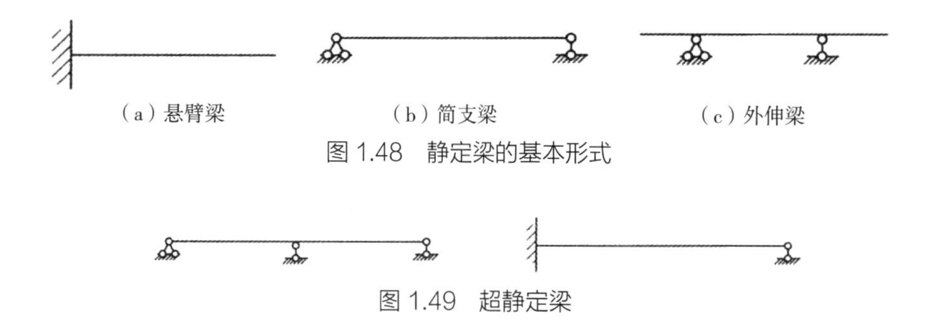

图 1.48　静定梁的基本形式

图 1.49　超静定梁

1.6.3.3 梁横截面内力的计算

为了进行梁的强度和刚度计算，首先必须确定梁在外力作用下任一横截面上的内力。梁横截面内力计算的基本方法是截面法。

如图 1.50（a）所示简支梁 AB，梁跨度为 z，受集中荷载 $\boldsymbol{F}$ 作用，两端约束反力 $\boldsymbol{F}_A$、$\boldsymbol{F}_B$ 可由平衡方程求得。为求距 A 端 x 处横截面 $m\text{-}m$ 上的内力，用截面法沿截面 $m\text{-}m$ 假想地将梁分成两部分，取其中任一部分为研究对象。首先取左段为研究对象，受力如图 1.50（b）所示。因为原来的梁处于平衡状态，取出梁的左段应仍处于平衡状态，所以根据平衡情况，作用于左段梁上的力在 y 方向上的总和应等于零，则说明在横截面 m–m 上一定有一个 y 方向的内力 $\boldsymbol{F}_S$，且由 $\sum \boldsymbol{F}_y=0$，得 $F_S=F_A$，$\boldsymbol{F}_S$ 称为横截面 m–m 上的剪力，它是与横截面相切的分布内力系的合力。

同时，左段梁上各力对截面 m–m 形心 C 之矩的代数和为零，由此得出在截面 m–m 上必有一个力偶 $\boldsymbol{M}$，由 $\sum M_C=0$，得 $M=F_Ax$，$\boldsymbol{M}$ 称为截面 m–m 上的弯矩，它是与横截面垂直的分布内力系的合力偶矩。由此可知，梁弯曲时横截面上一般存在两种内力——剪力和弯矩。

如取截面右侧为研究对象，如图 1.50（c）所示，用相同的方法也可求得截面 m–m 上的 $\boldsymbol{F}_S$ 和 $\boldsymbol{M}$。比较图 1.50（b）和图 1.50（c），不难发现，m–m 截面两侧的内力方向相反。

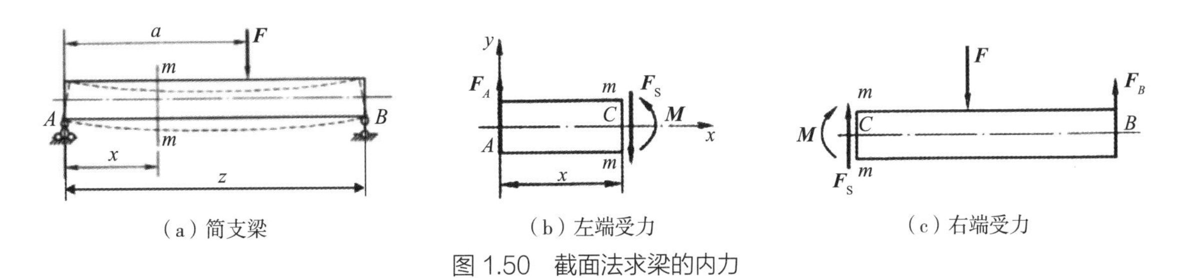

图 1.50　截面法求梁的内力

为了使内力在截面两侧的梁段上计算的结果保持一致，对剪力和弯矩的正负号采用如下规定。

剪力符号：使分离体截面内侧一小微段有顺时针方向转动趋势的剪力为正；反之为负。或者说，当剪力使得作用梁段横截面间产生左上右下相对错动时取正号；反之，取负号，如图 1.51（a）所示。

弯矩符号：使分离体截面内侧一小微段有下凸变形趋势的弯矩为正；反之为负。如图 1.51（b）所示。

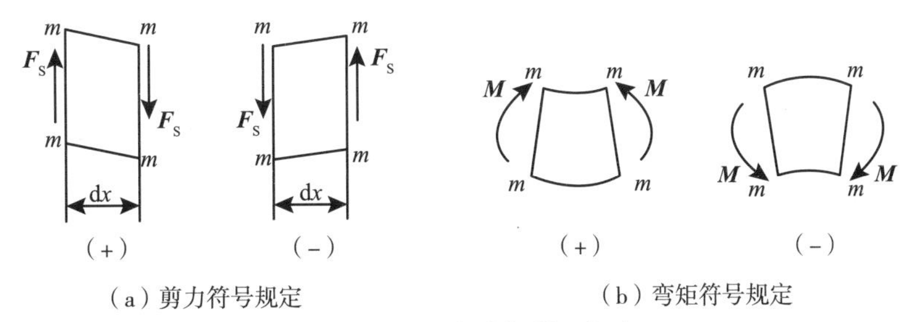

图 1.51　剪力与弯矩符号规定

由于任一横截面上的内力必须与截面某一侧的外力相平衡，不难得出，截面内力与外力的关系如下：任一横截面上的剪力的代数值等于该横截面一侧所有外力在垂直于梁轴线方向上的投影的代数和，且当外力对截面形心之矩为顺时针转向时，在该横截面上产生正剪力，反之产生负剪力。即

$$F_S=\sum_{i=1}^{n}(F_i)_{\text{一侧}} \tag{1-10}$$

任一横截面上的弯矩的代数值等于该横截面一侧所有外力对该截面形心之矩的代数和，当外力对截面形心之矩使截面内侧一小微段有下凸变形趋势时，产生正弯矩，反之为负。即

$$M=\sum_{i=1}^{n}(M_{ci})_{一侧} \tag{1-11}$$

1.6.3.4 示例

【例 1】 计算图 1.52 所示梁上 A、B、C、D 截面上的内力。

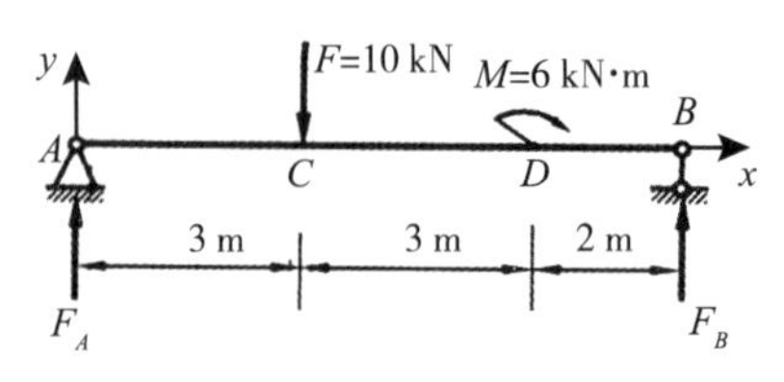

图 1.52 简支梁外力图

【解】（1）根据梁的受力图，计算梁的支座反力。

由 $\sum M_A=0$，即 $F_B\times 8\ \text{m}-6\ \text{kN}\cdot\text{m}-10\ \text{kN}\times 3\ \text{m}=0$

解得 $F_B=4.5\ \text{kN}$

由 $\sum F_y=0$，即 $F_A+F_B-10\ \text{kN}=0$

解得 $F_A=5.5\ \text{kN}$

（2）计算 A 截面右侧内力 F_A'。取截面 A 以左部分为研究对象，受力图如图 1.53 所示。

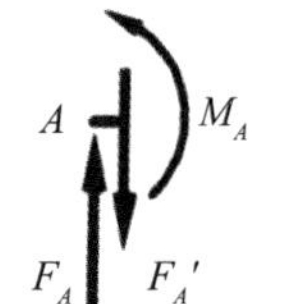

图 1.53 A 点右侧内力

由 $\sum F_y=0$，即 $F_A-F_A'=0$

解得 $F_A'=F_A=5.5\ \text{kN}$

由 $\sum M_A=0$，即 $M_A-F_A\times 0=0$

解得 $M_A=0$

（3）计算 C 截面左侧内力 F_{C1}。C 截面左侧和右侧的内力不同，应分别计算。取 C 截面左侧以左部分为研究对象，受力图如图 1.54 所示。

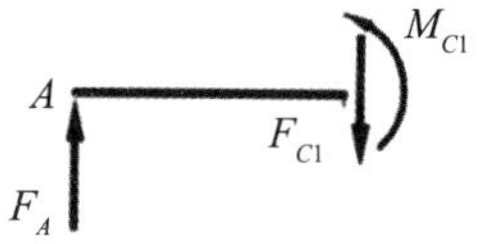

由 $\sum F_y=0$，即 $F_A-F_{C1}=0$

解得 $F_{C1}=F_A=5.5\ \text{kN}$

由 $\sum M_{C1}=0$，$M_{C1}-F_A\times 3\text{m}=0$

解得 $M_{C1}=16.5\ \text{kN}\cdot\text{m}$

图 1.54 C 点左侧内力

（4）计算 C 截面右侧内力 F_{C2}，先设此力方向后下。取 C 截面右侧以左部分为研究对象，受力图如图 1.55 所示。

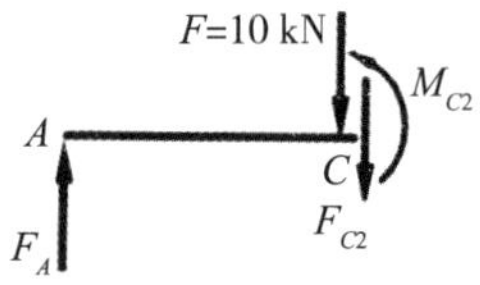

由 $\sum F_y=0$，即 $F_A-F-F_{C2}=0$

解得 $F_{C2}=F_A-F=5.5\ \text{kN}-10\ \text{kN}=-4.5\ \text{kN}$

由 $\sum M_{C2}=0$，$M_{C2}-F_A\times 3\ \text{m}+10\ \text{kN}\times 0=0$

解得 $M_{C2}=16.5\ \text{kN}\cdot\text{m}$

图 1.55 C 点右侧内力

（5）计算 D 截面左侧内力 F_{D1}。D 截面左侧和右侧的内力不同，应分别计算。取 D 截面左侧以左部分为研究对象，受力图如图 1.56 所示。

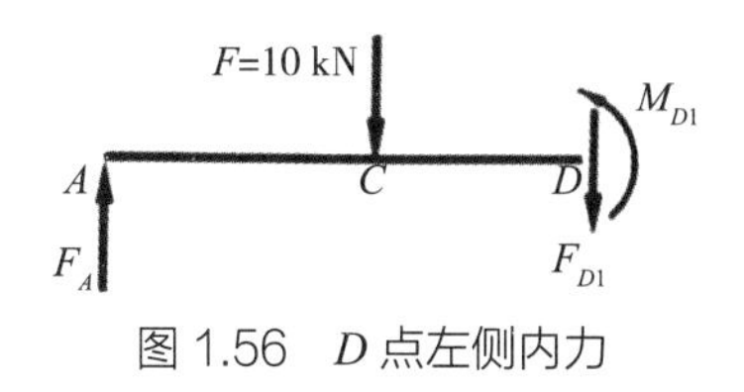

图 1.56　D 点左侧内力

由　$\sum F_y=0$，即 $F_A-10\text{ kN}-F_{D1}=0$

解得　$F_{D1}=F_A-10\text{ kN}=-4.5\text{ kN}$

由　$\sum M_{D1}=0$，$M_{D1}-F_A\times 6\text{ m}+10\text{ kN}\times 3\text{ m}=0$

解得　$M_{D1}=3\text{ kN}\cdot\text{m}$

（6）计算 D 截面右侧内力 F_{D2}。取 D 截面右侧以右部分为研究对象，受力图如图 1.57 所示。

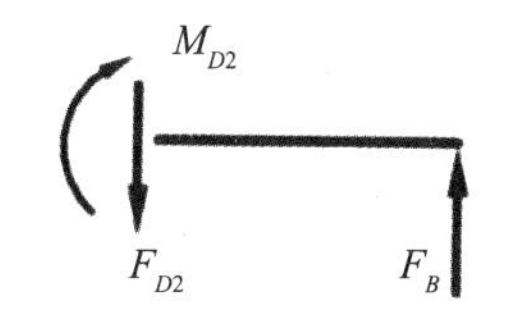

图 1.57　D 点右侧内力

由　$\sum F_y=0$，即 $-F_{D2}-F_B=0$

解得　$F_{D2}=-F_B=-4.5\text{ kN}$

由　$\sum M_{D2}=0$，$M_{D右}-F_B\times 2\text{ m}=0$

解得　$M_{D2}=9\text{ kN}\cdot\text{m}$

（7）计算 B 截面左侧内力 F_B'。取 B 截面以右部分为研究对象，受力图如图 1.58 所示。

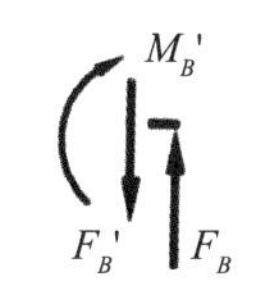

图 1.58　B 点左侧内力

由　$\sum F_y=0$，即 $-F_B'-F_B=0$

解得　$F_B'=-F_B=-4.5\text{kN}$

由　$\sum M_B'=0$，$M_B'-F_B\times 0=0$

解得　$M_B'=0$

【例 2】图 1.59 所示悬臂梁承受集中力 $\boldsymbol{F}$ 及集中力偶 $\boldsymbol{M}$ 作用。试确定截面 C 及截面 D 上的剪力和弯矩。

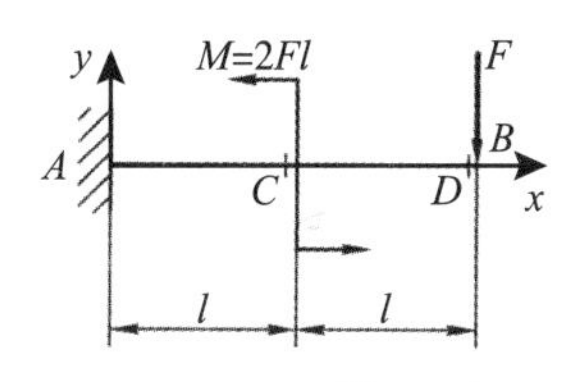

图 1.59　悬臂梁受力图

【解】（1）确定截面 D 上的剪力和弯矩。

从截面 D 处将梁截开，取右段为研究对象，如图 1.60 所示。假设 D、B 两截面之间的距离为 Δl，由于截面 D 与截面 B 无限接近，且位于截面 B 的左侧，故所截梁段的长度 $\Delta l\approx 0$。在截开的横截面上标出待求剪力 $\boldsymbol{F}_{SD}$ 和弯矩 $\boldsymbol{M}_D$ 的正方向。

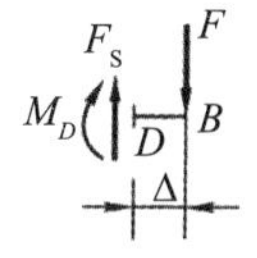

图 1.60　D 截面受力

由　$\sum F_y=0$，即 $F_{SD}-F=0$　解得　$F_{SD}=F$

由　$\sum M_D=0$，$M_D-F\times\Delta l=0$　解得　$M_D=0$

（2）确定截面 C 上的剪力和弯矩。

用假想截面从截面 C 处将梁截开，如图 1.61 所示，取右段为研究对象，在截开的截面上标出待求剪力 $\boldsymbol{F}'_S$ 和弯矩 $\boldsymbol{M}_C$ 的正方向。

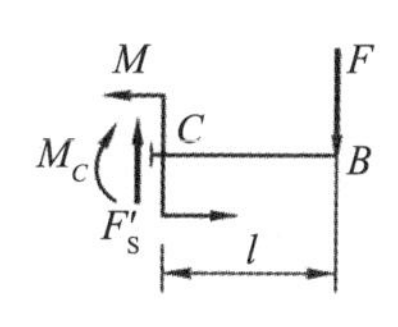

图 1.61　C 截面受力

由 $\sum F_y=0$，即 $F'_S-F=0$ 解得 $F'_S=F$

由 $\sum M_C=0$，$M_C-M+F\times l=0$ 解得 $M_C=M-Fl=2Fl-Fl=Fl$

【例 3】梁 ABD 受力及尺寸如图 1.62 所示。试计算横截面 1–1、2–2、3–3 上的剪力与弯矩。

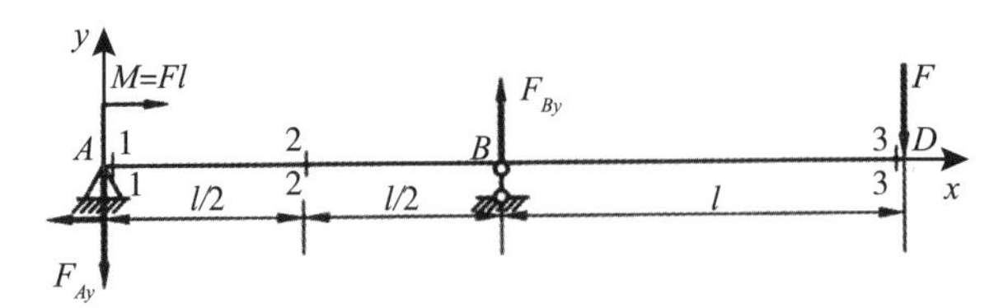

图 1.62 梁 ABD 受力及尺寸

【解】（1）计算支座反力。

由静力平衡方程可求出 A、B 两支座处的约束反力：

由 $\sum M_A=0$，即 $F_{By}\cdot l-F\cdot 2l-M=0$ 解得 $F_{By}=3F$；

由 $\sum F_y=0$，即 $F_{By}-F_{Ay}-F=0$ 解得 $F_{Ay}=2F$。

（2）用截面法确定各截面的内力。

分别用横截面 1–1、2–2、3–3 将杆 ABD 截分为左右两部分；再分别取各截面的左侧或右侧梁段为研究对象，分析受力，如图 1.63 所示。

由公式 $F_S=\sum_{i=1}^{n}(F_i)_{一侧}$ $M=\sum_{i=1}^{n}(M_{ci})_{一侧}$

求得各横截面上的剪力和弯矩分别为

$$F_{S1}=-F_{Ay}=-2F,\ M_1=M=Fl$$

$$F_{S2}=-F_{Ay}=-2F,\ M_2=M-F_{Ay}\frac{l}{2}=0$$

$$F_{S3}=F,\ M_3=F\times 0=0$$

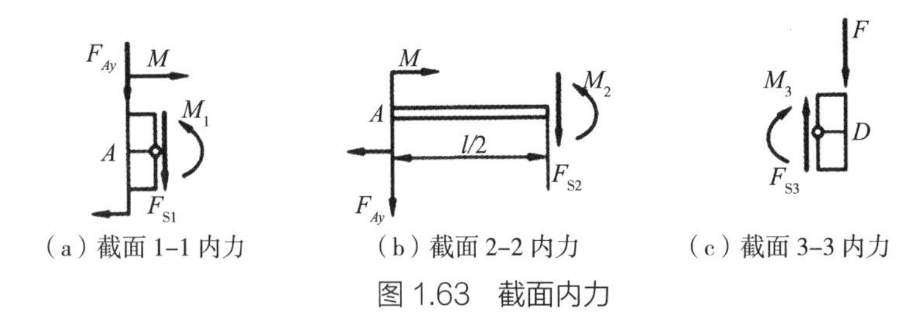

（a）截面 1–1 内力　（b）截面 2–2 内力　（c）截面 3–3 内力

图 1.63 截面内力

1.6.3.5 梁的内力方程与内力图

根据梁的内力计算结果可以看出，在一般情况下，梁的不同截面上的内力是不同的，即剪力和弯矩是随截面位置而变化的。在进行梁的强度计算时，需要知道各横截面上剪力和弯矩中的最大值及其所在截面的位置，因此就必须知道剪力、弯矩随截面而变化的规律。以横坐标 x 轴表示横截面在梁轴线上的位置，将各横截面上的剪力和弯矩表示为 x 的函数，即 $F_S=F_S(x)$，$M=M(x)$，这两个函数表达式分别称为梁的剪力方程和弯矩方程。

建立剪力方程和弯矩方程时，先要根据梁上的外力（包括荷载和约束力）作用状况，确定控制面，从而确定要不要分段，以及分几段建立剪力方程和弯矩方程。确定了分段之后，先在每一段中任意取一横截面，假设这一横截面的坐标为 x，再从这一横截面处将梁截开，并假设所截开的横截面上的待求剪力 $F_S(x)$ 和弯矩 $M(x)$ 都是正方向，最后分别应用力的平衡方程和力矩的平衡方程，即可得到剪力 $F_S(x)$ 和弯矩 $M(x)$ 的表达式，这就是所要求的剪力方程 $F_S(x)$ 和弯矩方程 $M(x)$。这一方法和过程实际上与前面所介绍的确定指定横截面上的剪力和弯矩的方法和过程是相似的。所不同的是，现在的指定横截面是坐标为 x 的横截面。需要特别注意的是，在剪力方程和弯矩方程中，x 是变量，而 $F_S(x)$ 和 $M(x)$ 则是 x 的函数。

为了便于直观而形象地看到内力的变化规律，通常将剪力和弯矩沿梁长的变化情况用图形来表示，这种表示剪力和弯矩变化规律的图形分别称为剪力图和弯矩图。

绘制剪力图和弯矩图有两种方法。第一种方法是根据剪力方程和弯矩方程画图：先在 F_S–x 和 M–x 坐标系中选择图线的分段范围即剪力方程和弯矩方程的定义域，然后按照剪力和弯矩方程的类型，描点作图（当内力方程为直线方程时，取两个端点作图；当内力方程为曲线方程时，可取三点作图）。

绘制剪力图和弯矩图的第二种方法是：先在 F_S–x 和 M–x 坐标系中标出控制面上的剪力和弯矩数值，然后再应用荷载集度、剪力、弯矩之间的微、积分关系，确定控制面之间的剪力和弯矩图线的形状，描点作图。此方法不必建立剪力方程和弯矩方程。

本节介绍第一种方法，主要步骤如下：第一步，根据荷载及约束力的作用位置，确定控制面，从而确定分段范围；第二步，应用截面法分段建立剪力方程和弯矩方程；第三步，由内力方程确定控制面上的剪力和弯矩的代数值；第四步，建立 F_S–x 和 M–x 坐标系，并将控制面上的剪力和弯矩值标在上述坐标系中，得到若干相应的点；第五步，根据各段的剪力方程和弯矩方程的类型，连接各控制面上的点，绘成剪力方程和弯矩方程的函数曲线，即为需要的剪力图与弯矩图。（当内力方程为直线方程时，只需两个控制面上的点描线；当内力方程为曲线方程时，除两个控制面上的点外，还需在控制面内再取一个点描线，这个点一般取曲线的极值点）。

1.6.3.6　示例

【例 1】 如图 1.64（a）所示简支梁 AB，试建立剪力方程和弯矩方程，画剪力图和弯矩图。

【解】（1）以整体为研究对象，由静力平衡方程先求出 A、B 两支座处的约束反力。

$$\sum M_A=0,\ F_{By}\cdot l-F\cdot a=0\quad F_{By}=\frac{Fa}{l}$$

$$\sum M_B=0,\ F_{Ay}\cdot l-F\cdot b=0\quad F_{Ay}=\frac{Fb}{l}$$

（2）分段建立剪力方程与弯矩方程。

由于梁在 C 点处有集中力作用，AC 和 CB 两段的剪力方程和弯矩方程均不相同，故需将梁分为两段，分别写出剪力方程和弯矩方程。

AC 段：为方便计算，取 *A* 点为坐标原点。在距离 *A* 点 x_1 处取一横截面，见图 1.64（a），以 x_1 截面左侧梁段为研究对象，分析受力，如图 1.64（b）所示，写出 x_1 截面的剪力方程与弯矩方程分别为

$$F_S(x_1)=F_{Ay}=\frac{Fb}{l}\ (0<x_1<a)$$

$$M(x_1)=F_{Ay}x_1=\frac{Fb}{l}x_1\ (0\leqslant x_1\leqslant a)$$

CB 段：为方便计算，取 *B* 点为坐标原点。在距离 *B* 点 x_2 处取一横截面［见图 1.64（a）］，以 x_2 截面右侧梁段为研究对象，分析受力，如图 1.64（c）所示，写出 x_2 截面的剪力方程与弯矩方程分别为

$$F_S(x_2)=-F_{By}=-\frac{Fa}{l}\ (0<x_2<b)$$

$$M(x_2)=F_{By}x_2=\frac{Fa}{l}x_2\ (0\leqslant x_2\leqslant b)$$

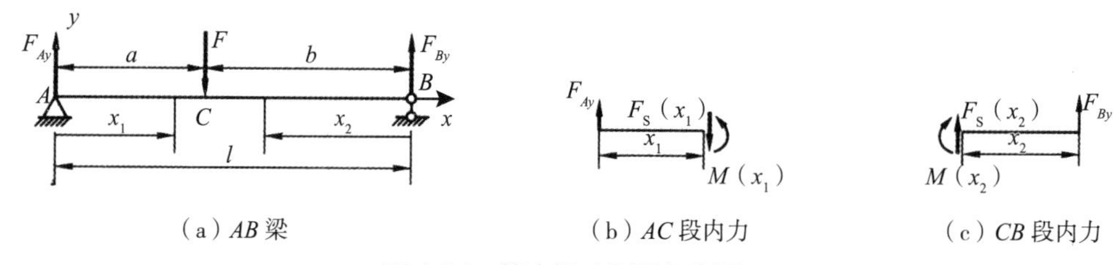

（a）*AB* 梁　（b）*AC* 段内力　（c）*CB* 段内力

图 1.64　简支梁 *AB* 受力分析

（3）画剪力图和弯矩图。

剪力图：由剪力方程计算可知，左、右两段梁的剪力为常数，因此，剪力图均为平行于 *x* 轴的直线，见图 1.65。

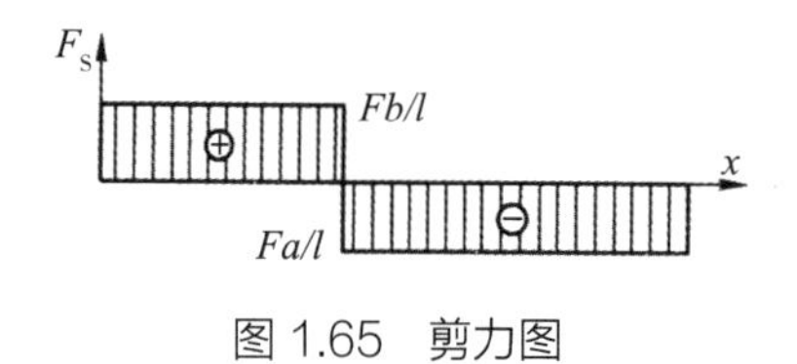

图 1.65　剪力图

弯矩图：由弯矩方程计算可知，左、右两段梁的弯矩方程为斜线方程，因此，弯矩图各为一条斜直线。绘制直线图时，可以取两个点连线，一般取直线的两个端点。用上述线段绘制的图形即为梁的剪力图和弯矩图。绘图时请注意，剪力图的正值图线绘于 *x* 轴上方，弯矩图的正值图线绘于 *x* 轴的下方，即弯矩图绘于梁的受拉侧。

由图 1.65 可见，在集中力 *F* 作用点处，左、右横截面上的剪力值有突变，突变量等于 *F*；而弯矩值不变，说明集中力不影响该点的弯矩大小，但会改变该点两侧的弯矩图的变化规律，因此，在集中力作用点处，弯矩图有折角。简支梁 *AB* 的弯矩图如图 1.66 所示。

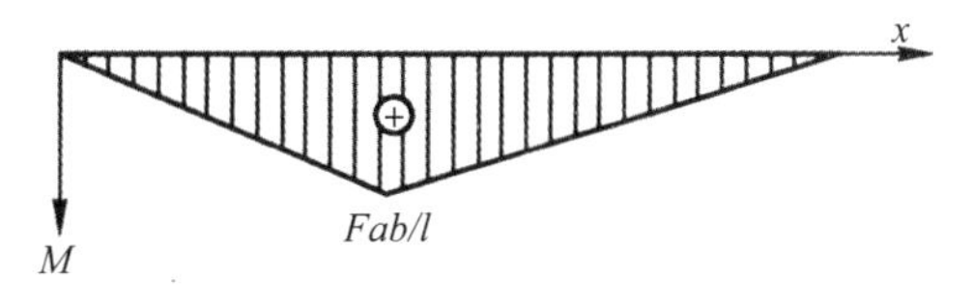

图 1.66　弯矩图

【例 2】简支梁受集度为 q 的均布荷载作用，如图 1.67 所示。写出梁的剪力方程和弯矩方程，并作出梁的剪力图和弯矩图。

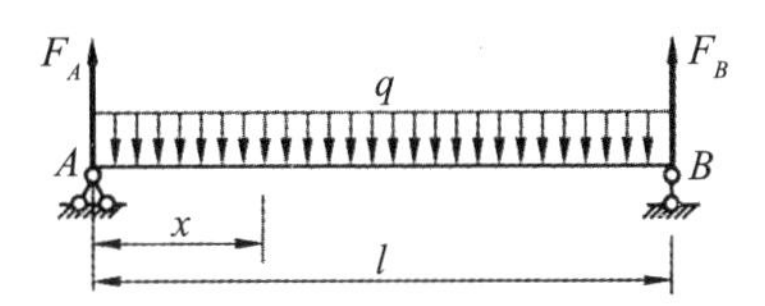

图 1.67　受均布荷载的简支梁

【解】(1) 由静力平衡方程先求出 A、B 两支座处的约束反力。

$$F_A=F_B=\frac{ql}{2}$$

(2) 写剪力方程与弯矩方程。

梁上荷载只有分布于全梁的均布力，中间没有集中力或集中力偶，因此，内力控制面为 A、B 内侧截面，不用分段。以 A 点为坐标原点，在距 A 点为 x 处取任一横截面，写出 x 横截面的剪力方程和弯矩方程分别为

$$F_S(x)=F_A-qx=\frac{ql}{2}-qx\ (0<x<l)$$

$$M(x)=F_Ax-qx\frac{x}{2}=\frac{qlx}{2}-\frac{qx^2}{2}\ (0\leqslant x\leqslant l)$$

(3) 画剪力图和弯矩图。

由剪力方程与弯矩方程知，剪力图为一条斜直线，见图 1.68 (a)，弯矩图为一条二次抛物线，见图 1.68 (b)。

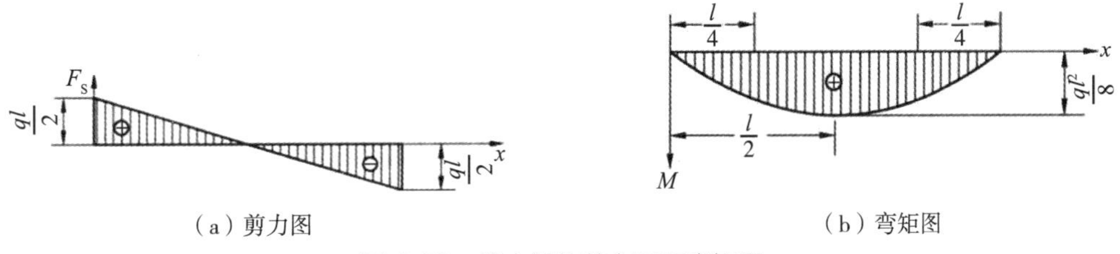

(a) 剪力图　　(b) 弯矩图

图 1.68　简支梁的剪力图和弯矩图

由图 1.68 可知，此梁横截面上的最大剪力值（按绝对值）为 $F_S=\frac{ql}{2}$，发生在两个支座的内侧横截面上；最大弯矩值 $M_{max}=\frac{ql^2}{8}$，发生在跨中横截面上，该横截面上的剪力为零。

可以令$\frac{dM}{dx}=\frac{ql}{2}-qx=0$，求得弯矩抛物线的极值点为$x=\frac{l}{2}$，代入剪力方程与弯矩方程得，该点处横截面的剪力等于零，弯矩为极大值。

综上所述，可得如下结论：在均布力作用的梁段上，剪力图为斜直线。弯矩图为抛物线，在剪力图线与x轴的交点处，截面弯矩值取得极大值或极小值。

【例 3】简支梁受倾斜荷载F作用，如图 1.69 所示。写出梁的轴力方程、剪力方程和弯矩方程，并作出梁的轴力图、剪力图和弯矩图。

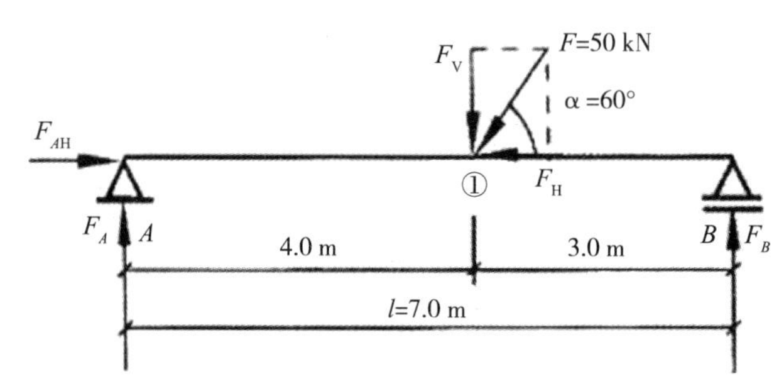

图 1.69　受倾斜荷载作用的简支梁

【解】（1）将倾斜荷载分解为水平和垂直分量，求出剪力和轴力。

剪力分量：$F_V=50\cos 60°=43.5\ \text{kN}$

轴力分量：$F_H=50\sin 60°\approx 25\ \text{kN}$

（2）由静力平衡方程先求出 A、B 两支座处的约束反力。

$$\sum M_A=0,\ F_B\cdot 7-F_V\cdot 4=0\quad F_B\approx 24.9\ \text{kN}$$

$$\sum M_B=0,\ F_A\cdot 7-F_V\cdot 3=0\quad F_A\approx 18.6\ \text{kN}$$

$$\sum F_H=0,\ F_{AH}-F_H=0\quad F_{AH}=25\ \text{kN}$$

（3）写轴力方程、剪力方程与弯矩方程。

轴力方程：

$$F_H(x)=-F_{AH}=-25\ \text{kN}\qquad (0<x<4)$$

$$F_H(x)=0\ \text{kN}\qquad (4<x<7)$$

剪力方程：

$$F_V(x)=F_A=18.6\ \text{kN}\qquad (0<x<4)$$

$$F_V(x)=-F_B=-24.9\ \text{kN}\qquad (4<x<7)$$

弯矩方程：

$$M(x)=F_Ax=18.6x\ \text{kN}\cdot\text{m}\qquad (0\leqslant x\leqslant 4)$$

$$M(x)=F_Ax-F_V(x-4)=18.6x-43.5(x-4)\ \text{kN}\cdot\text{m}\qquad (4\leqslant x\leqslant 7)$$

（4）画轴力图、剪力图和弯矩图。

轴力图：由轴力方程知，在 0~4 m 范围内是固定轴向压力，为一条直线，在 4~7 m 范围内为 0，如图 1.70（a）。

剪力图：由剪力方程知，在 0~4 m 范围内是固定的正剪力，为一条直线，在 4~7 m 范围内为固定的负剪力，也是一条直线，见图 1.70（b）。

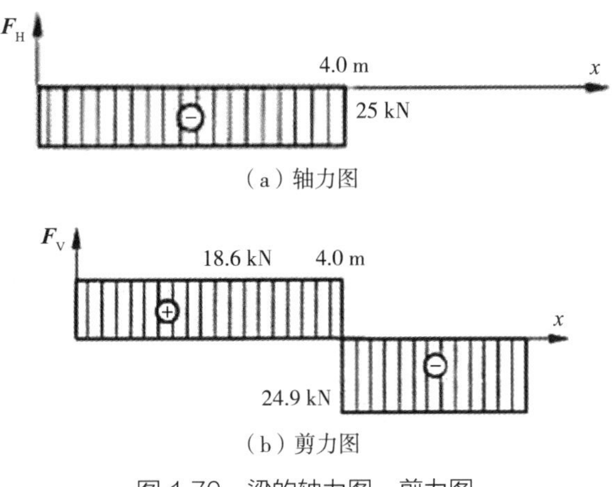

图 1.70　梁的轴力图、剪力图

弯矩图：由弯矩方程知，左、右两段梁的弯矩方程为斜线方程，因此，弯矩图各为一条斜直线，如图 1.71。

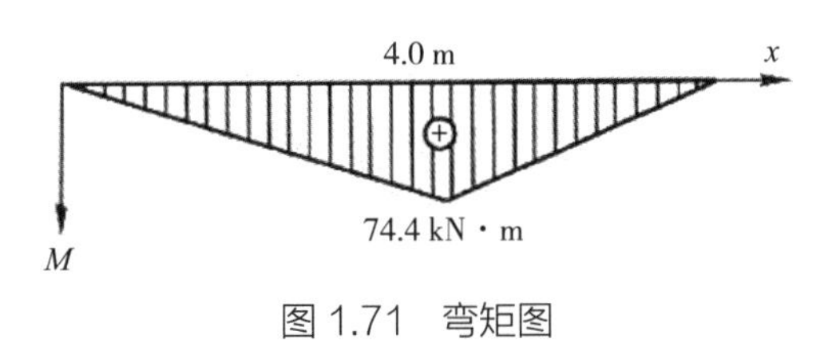

图 1.71　弯矩图

【例 4】简支梁受两个垂直荷载 F 作用，如图 1.72 所示。看图写出梁的剪力方程和弯矩方程，并作梁的剪力图和弯矩图。

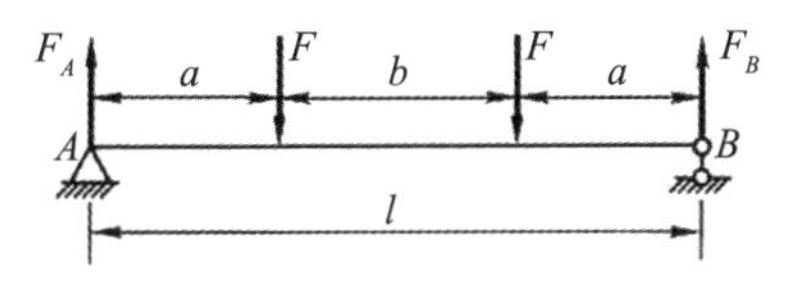

图 1.72　简支梁受力情况

【解】（1）由静力平衡方程先求出 A、B 两支座处的约束反力。

$$\sum M_A=0,\ F_B \cdot l-F \cdot a-F(a+b)=0 \quad F_B=\frac{F(2a+b)}{l}=F$$

$$\sum M_B=0,\ F_A \cdot l-F \cdot a-F(a+b)=0 \quad F_A=\frac{F(2a+b)}{l}=F$$

（2）写剪力方程与弯矩方程。

剪力方程：

$$F_V(x)=F_A=F \qquad (0<x<a)$$

$$F_V(x)=0 \qquad (a<x<a+b)$$

$$F_V(x)=-F_B=-F \qquad (a+b<x<l)$$

弯矩方程：

$$M(x)=F_Ax=Fx \qquad (0\leqslant x\leqslant a)$$

$$M(x)=F_Ax-F(x-a)=Fa \qquad (a\leqslant x\leqslant a+b)$$

$$M(x)=F_Ax-F(x-a)-F(x-a-b)=-F(x-l) \qquad (a+b\leqslant x\leqslant l)$$

（3）画剪力图和弯矩图。

剪力图：由剪力方程知，在0到a范围内是固定的正剪力，为一条直线，在a到$a+b$范围内为0，在$a+b$到l范围内为固定的负剪力，也是一条直线，如图1.73。

弯矩图：由弯矩方程知，左、右两段梁的弯矩方程为斜线方程，中间段为固定值，因此，弯矩图两端各为一条斜直线，中间为水平线，见图1.61（b）。

（a）剪力图　　（b）弯矩图

图1.73　简支梁的剪力图和弯矩图

参考文献

[1] 王焕定. 结构力学[M]. 北京：清华大学出版社，2004.

[2] 周竞欧，朱伯钦，许哲明. 结构力学[M]. 上海：同济大学出版社，2004.

[3] 萧允微，张来仪. 结构力学[M]. 北京：机械工业出版社，2007.

[4] 刘金春. 结构力学[M]. 武汉：华中科技大学出版社，2008.

[5] 陈绍蕃，顾强，西安建筑科技大学. 钢结构：钢结构基础[M]. 中国建筑工业出版社，2018.

本章的学习目标及知识要点

1. 学习目标

（1）了解结构的特点和应用。

（2）了解结构支座的类型和结点形式。

（3）掌握结构荷载的种类、设计及标准。

（4）了解结构设计目的及影响因素。

（5）掌握静力学基础知识及静定结构的判定。

（6）掌握杆件的内力的分析方法及内力图的绘制。

2. 知识要点

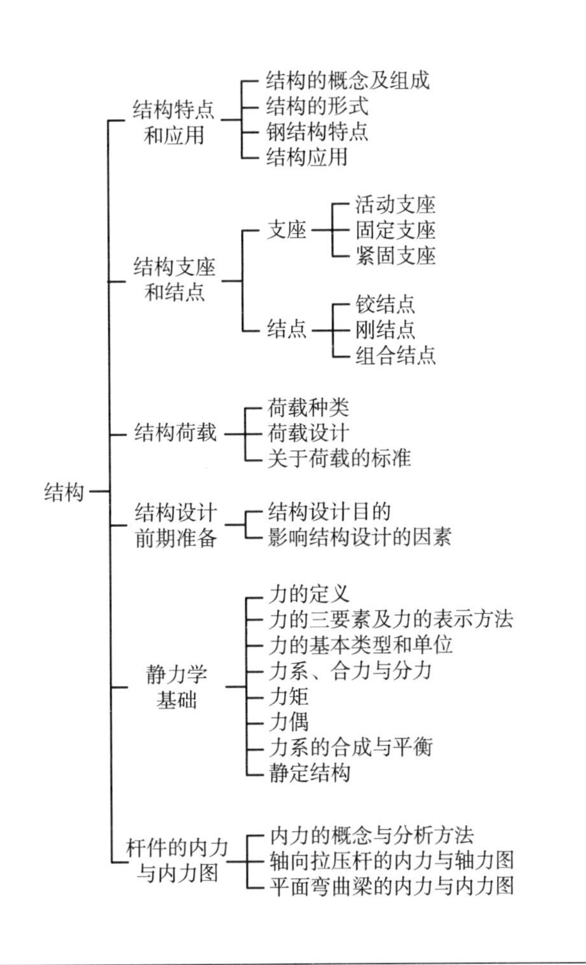
结构
结构特点和应用
结构的概念及组成
结构的形式
钢结构特点
结构应用
结构支座和结点
支座
活动支座
固定支座
紧固支座
结点
铰结点
刚结点
组合结点
结构荷载
荷载种类
荷载设计
关于荷载的标准
结构设计前期准备
结构设计目的
影响结构设计的因素
静力学基础
力的定义
力的三要素及力的表示方法
力的基本类型和单位
力系、合力与分力
力矩
力偶
力系的合成与平衡
静定结构
杆件的内力与内力图
内力的概念与分析方法
轴向拉压杆的内力与轴力图
平面弯曲梁的内力与内力图

第2章

材料强度理论基础

编写：冯剑鑫　审校：钱　强

在相同的几何尺寸条件下，构件的承载能力取决于它的强度、刚度和稳定性。为了保证构件能够安全工作，其需要满足强度条件、刚度要求和稳定性要求。本章主要叙述关于材料强度理论的基础知识，用以解决承载结构的强度校核、结构设计等相关问题。

2.1 概述

为了保证结构能够正常工作，就必须要求组成结构的每一个构件在荷载作用下能够正常工作。为保证构件在荷载作用下的正常工作，必须使它同时满足3个方面的力学要求，即强度、刚度和稳定性的要求。

（1）构件抵抗破坏的能力称为强度。对构件的设计应保证它在规定的荷载作用下能够正常工作而不会发生破坏。例如，钢筋混凝土梁在荷载作用下不会发生破坏。

（2）构件抵抗变形的能力称为刚度。构件的变形必须要限制在一定的限度内，构件刚度不满足要求同样也不能正常工作。例如，起重机梁如果变形过大，将会影响起重机的运行。

（3）构件在受到荷载作用时在原有形状下的平衡应保证为稳定的平衡，这就是对构件的稳定性要求。例如，厂房中的钢柱应该始终维持原有的直线平衡形态，保证不被压弯。

构件设计时，构件的强度、刚度和稳定性与其所用的材料的力学性能有关，而材料的力学性能需要通过试验的方法来测定。一般说来，强度要求是基本的，只是在某些情况下才提出刚度要求。至于稳定性问题，只是在特定受力情况下的某些构件中才会出现。

本节主要叙述关于强度理论的基础知识，用以解决承载结构的强度校核、结构设计等相关问题。如果 S_d 是指作用荷载产生的应力，R_d 是材料允许承受的极限应力。那么二者应满足下述关系：

$$\frac{S_d}{R_d} \leqslant 1 \tag{2-1}$$

2.2 应力的概念及分类

如果荷载在构件的某一截面上呈均匀分布状态，那么，在强度理论中就把通过其单位面积所传递的力称为应力。计算应力的公式即为

$$应力=力/面积 \quad (2\text{–}2)$$

应力单位用 N/mm^2 或 kN/cm^2 表示，$1\ N/mm^2=1\ MPa$，$1\ kN/cm^2=10\ MPa$。

应力按其与截面的作用情况不同，又区分为正应力和切应力。

2.2.1 正应力

当一个作用力垂直作用到横截面上时，则在此面积上产生正应力，用 σ 表示（图 2.1）。即

$$\sigma=\frac{力}{面积}=\frac{F}{A} \quad (2\text{–}3)$$

正应力可由拉伸荷载、压缩荷载和弯曲荷载所产生。

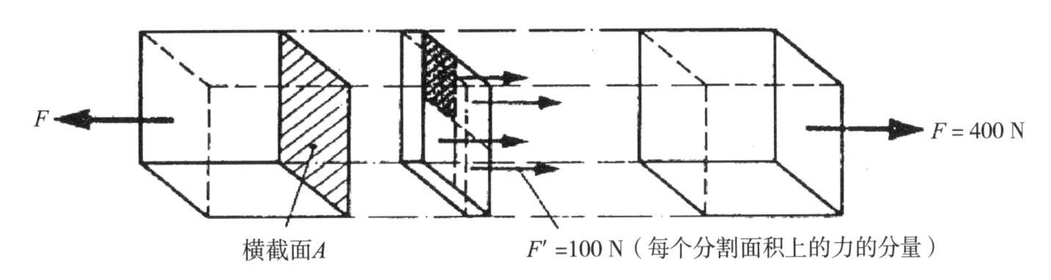

图 2.1　作用在构件横截面上的正应力

2.2.1.1 拉伸和压缩引起的正应力

在构件中由不同形式的内力所引起的应力种类和分布情况往往是不同的。图 2.2 是由拉伸的轴向力 N 引起的正应力及其分布情况。图 2.3 是由压缩的轴向力 N 引起的正应力及其分布情况。它们在所作用的横截面上是均匀分布的。由于荷载的性质不同，两者的作用行为也是不同的。

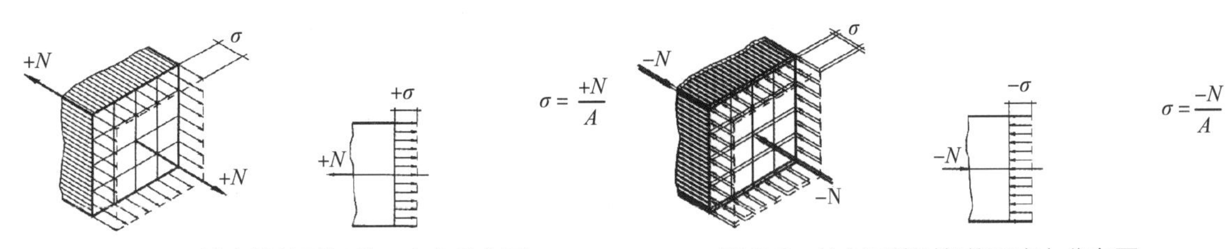

图 2.2　轴向拉伸引起的正应力分布图　　图 2.3　轴向压缩引起的正应力分布图

2.2.1.2 弯曲引起的正应力

在承载梁的横截面上由弯矩引起的正应力及分布情况见图 2.4。以简支梁横截面的水平中性轴为界，上部承受压应力，下部承受拉应力，且呈线性分布。距水平中性轴最远的上下表面层承受最大的正应力。M_y 为该截面上的弯矩。

弯矩 M_y 引起的正应力计算：

$$\sigma = \frac{M_y}{I_y} \cdot z \tag{2-4}$$

式中：I_y 为整个横截面对中性轴 y 的惯性矩；z 为所求位置至中性轴 y 的距离；σ 的单位为 N/mm^2。

抗弯截面模量 W_y：

$$W_y = \frac{I_y}{z_{\max}} \tag{2-5}$$

式中：I_y 为整个横截面惯性矩，$z_{\max}$ 为所求位置至中性轴 y 的最大距离；W_y 的单位为 cm^3。

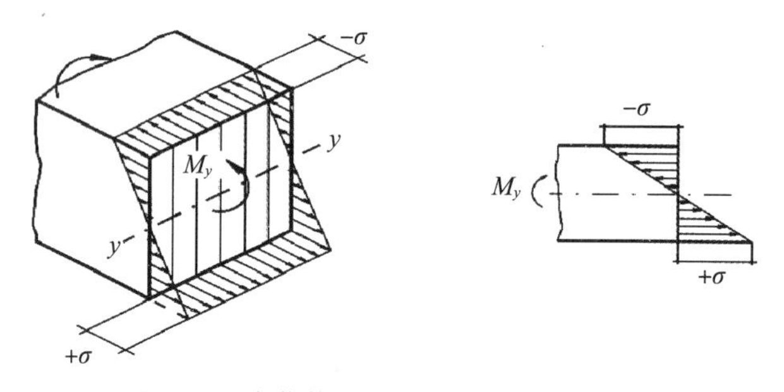

图 2.4　弯曲荷载引起的应力及分布情况

2.2.2 切应力

当一个作用力平行作用到横截面上时，则在此截面中产生切应力，用 τ 表示（图 2.5）。即

$$\tau = \frac{力}{面积} = \frac{F}{A} \tag{2-6}$$

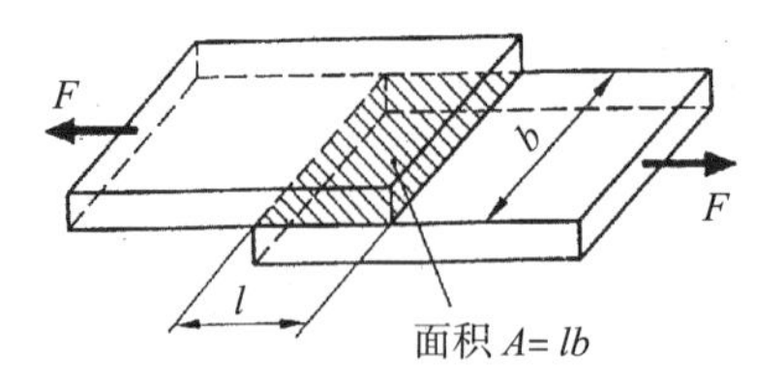

图 2.5　平行作用在搭接构件上的力产生切应力

切应力可由拉伸荷载、压缩荷载、弯曲荷载以及扭转荷载所产生。但是各种荷载产生的切应力计算方法（公式）或同样荷载在同一构件的不同部位、不同方向上的切应力计算方法（公式）也可

能是不同的，拉伸荷载和压缩荷载产生切应力计算符合定义公式，不再进行叙述，下面主要介绍一下弯曲荷载和扭转荷载产生的切应力计算。

2.2.2.1 弯曲引起的切应力

横力弯曲的梁截面上既有弯矩又有剪力，所以横截面上既有正应力又有切应力。横截面切应力的分布要比正应力分布复杂，此处略去推导过程，切应力 τ 的方向与剪力 V_z 的方向相同，对应的矩形截面切应力分布见图 2.6，τ 的单位为 N/mm^2，其计算公式如下：

$$\tau = \frac{V_z \cdot S_y}{I_y \cdot t} \tag{2-7}$$

式中：V_z——横截面剪力；

S_y——横截面上距中性轴为 y 的横线以外部分的面积对中性轴的静矩；

I_y——整个横截面对中性轴 y 的惯性矩；

t——为矩形截面的宽度。

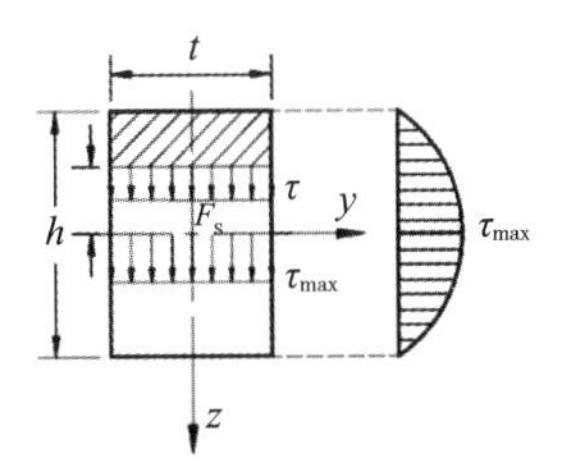

图 2.6　矩形截面梁横截面上的切应力分布

2.2.2.2 扭转引起的切应力

在一对大小相等、方向相反、作用面垂直于杆件轴线的外力偶作用下，直杆的任意两横截面将绕轴线相对转动，这种变形形式就称为扭转。将作用在横截面平面内的这一内力偶矩称为横截面的扭矩，用 M_T 或者 M_x 表示。

在平面假设下，从变形关系、物理关系以及静力学关系得到圆轴截面扭转面上各点的切应力，其方向垂直于该点于圆心的连线，且与该截面上的扭矩转向一致，分布如图 2.7，其大小为：

$$\tau = \frac{M_T}{I_p}\rho \tag{2-8}$$

式中：M_T——圆截面受到的扭矩；

I_p——圆截面对圆心的极惯性矩；

ρ——圆截面极半径。

最大切应力：

$$\tau_{max} = \frac{M_T}{W_p} \tag{2-9}$$

式中：W_p——抗扭截面模量。

实心圆轴的抗扭截面模量 W_p：

$$W_p = \frac{\pi D^2}{16} \tag{2-10}$$

式中：D——圆轴截面直径。

空心圆轴的抗扭截面模量 W_p：

$$W_p = \frac{\pi D^3}{16}\left(1-\alpha^4\right) \tag{2-11}$$

式中：D——空心圆轴截面外径；

α——空心圆轴截面内径 d 与外径 D 的比值$\alpha = \dfrac{d}{D}$。

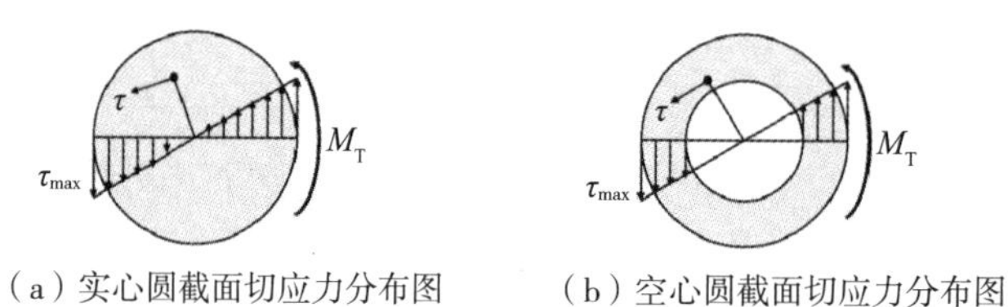

（a）实心圆截面切应力分布图　（b）空心圆截面切应力分布图

图 2.7　不同圆截面切应力分布

2.3 承载构件的截面特征值

在强度计算时，往往会涉及承载构件截面的某种特征值。例如截面面积、截面静矩和惯性矩等。这些参量将会在应力计算的公式中用到，因此要特别留意并学会计算。

2.3.1 静矩 S

定义：平面图形的静矩是相对于某定轴而言的，可理解为平面图形的整个面积与其相对轴线的形心坐标的乘积，如图 2.8 中的 $S_y=A\cdot z_1$ 和 $S_z=A\cdot y_1$。静矩的单位是长度的 3 次方，如 cm^3。

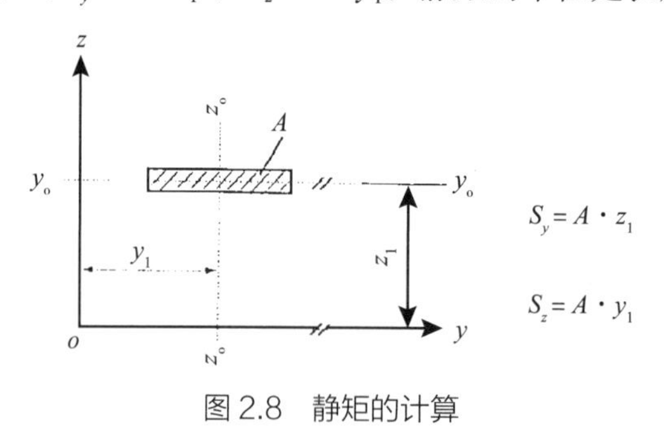

图 2.8　静矩的计算

2.3.2 惯性矩

定义：平面图形的轴惯性矩也是相对于直角坐标系的某定轴而言的。如果在平面图形所在平面内取直角坐标系 yoz，那么在图形坐标为（y，z）的任意一点处取微面积 dA，则可定义

$$I_y = \int_A z^2 \mathrm{d}A \text{ 或 } I_z = \int_A y^2 \mathrm{d}A \tag{2-12}$$

I_y 或 I_z 为整个平面图形对 y 轴或 z 轴的惯性矩。其单位是长度的 4 次方，如 cm^4。

2.3.2.1 不同截面惯性矩的计算

矩形截面相对于自身形心轴的惯性矩有特定的计算公式（图 2.9），截面相对于坐标系主轴的惯性矩的计算可参见图 2.10，而整个截面相对于坐标系主轴 y 轴的惯性矩 $I_y = I_{y_o} + I_y'$。

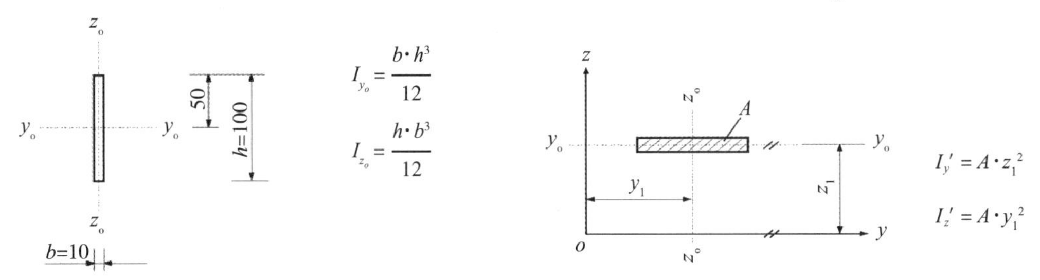

图 2.9　矩形截面相对于自身形心轴的惯性矩　　图 2.10　矩形截面相对于坐标系主轴的惯性矩

圆形截面的截面惯性矩为

$$I_y = I_z = \frac{\pi d^4}{64} \tag{2-13}$$

式中：d——圆截面的直径。

空心圆截面的惯性矩为

$$I_y = I_z = \frac{\pi}{64}\left(D^4 - d^4\right) \tag{2-14}$$

式中：D——圆截面外径；

d——圆截面内径。

箱形截面如图 2.11，惯性矩为

$$I_y = \frac{BH^3 - bh^3}{12} \tag{2-15}$$

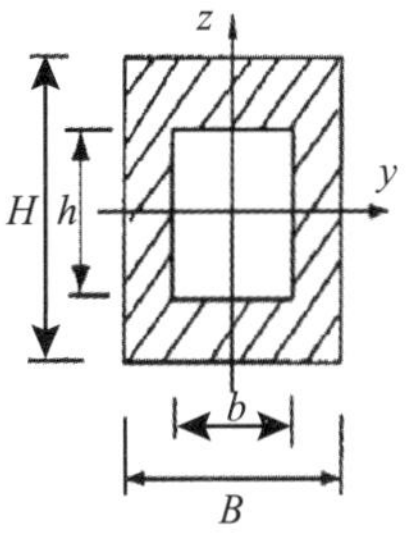

图 2.11　箱形截面形式

2.3.2.2 复杂截面的惯性矩

当一个截面是由若干个简单图形构成时，根据惯性矩的定义，可分别求出每个简单图形对同一

坐标轴的惯性矩，然后再将它们累加起来求其总和，即等于整个截面图形对于该轴的惯性矩。用公式表达为

$$I_y = \sum_{i=1}^{n} I_{yi} \text{ 或 } I_z = \sum_{i=1}^{n} I_{zi} \quad (2\text{-}16)$$

以工字形截面为例，如图 2.12，惯性矩计算应该包括组成工字形截面的两块翼板和腹板的惯性矩，但是因为翼板对自身轴线的惯性矩相对于翼板对 y 轴的惯性矩而言非常小，所以在工程计算中常将工字形构件翼板的惯性矩简化为 $I_y=2A \cdot z^2$（这里 A 为上翼板或下翼板面积，z 为上翼板或下翼板轴线到 y 轴之间的距离），既而工字形构件的惯性矩可简化为

$$I_y = \frac{b \cdot h^3}{12} + 2A \cdot z^2 \quad (2\text{-}17)$$

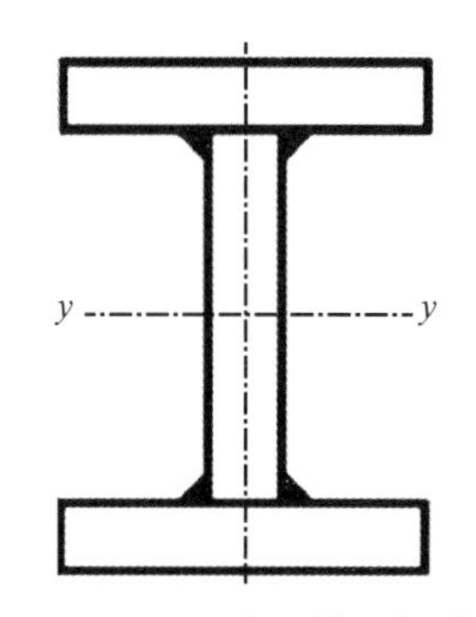

图 2.12 工字形截面构件

2.3.3 梁的合理截面形状选择

截面积相同的条件下，抗弯截面模量 W 越大，梁的承载能力就越好。所以有时尽管材料的实际面积相同，若其截面形状不同也会造成整个截面惯性矩的巨大差异，抗弯截面模量不同，承载能力不同，如图 2.13。图中 A_1，A_2，A_3 代表 3 种形状的截面；I_{y1}，I_{y2}，I_{y3} 分别代表 3 种形状的截面相对于各自中性轴 y 轴的惯性矩。

其结论是：尽管 $A_1=A_2=A_3$，但是 $I_{y1}:I_{y2}:I_{y3}$ 却约为 1∶3∶9。显然，不同截面形状构成对于其抗弯能力影响十分显著，因此，当截面形状不同时，可以用抗弯截面模量 W 和截面积 A 的比值来衡量截面形状的合理性和经济性。

2.4 截面中的应力计算

2.4.1 正应力的计算

承受横力弯曲的简支梁其内力有多种形式，如轴向力 N，剪力 V，弯矩 M_y。在具体应力计算时可分别计算出各种内力产生的应力，然后再根据叠加原理进行主应力计算，从而完成强度分析与校核。

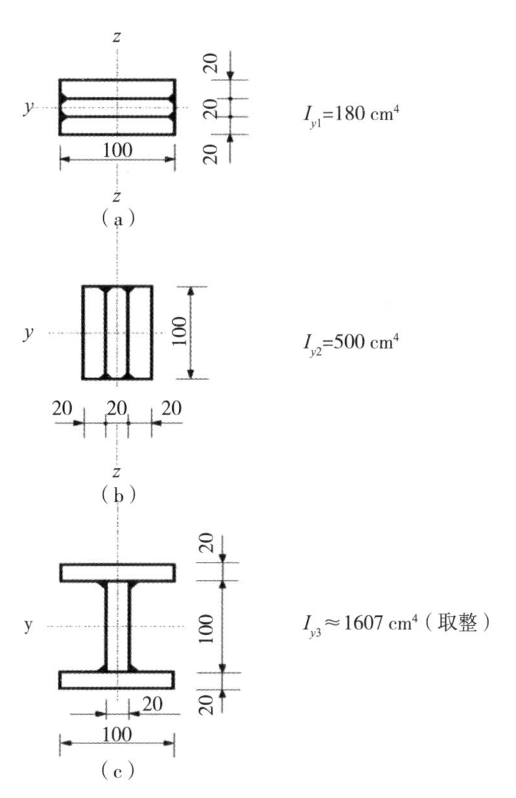

图 2.13　不同截面构成的截面惯性矩对比

轴向力 N 引起的正应力计算：

$$\sigma = \frac{N}{A} \tag{2-18}$$

弯矩 M_y 引起的正应力计算：

$$\sigma = \frac{M_y}{I_y} \cdot z \tag{2-19}$$

由轴向力 N 和弯矩 M_y 引起的总正应力计算（图 2.14）：

$$\sigma = \sigma_N + \sigma_M = \frac{N}{A} + \frac{M_y}{I_y} \cdot z \tag{2-20}$$

2.4.2 切应力的计算

承载梁在外部荷载作用下，不仅产生正应力，还同时产生切应力。根据矩形截面的切应力计算公式，同样可以得到工字形截面的切应力计算公式：

$$\tau = \frac{V_z \cdot S_y}{I_y \cdot t} \tag{2-21}$$

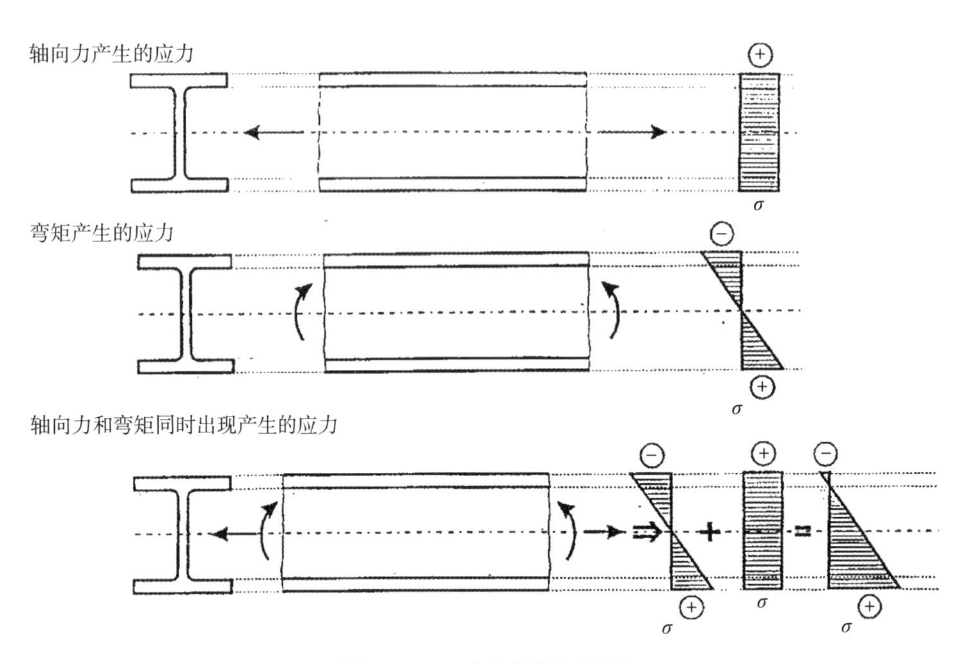

图 2.14　正应力的叠加原理

式（2–21）中：V_z——横截面剪力；

S_y——横截面上所求切应力处所在截面至边缘部分的面积对中性轴的静矩；

I_y——整个横截面对中性轴 y 的惯性矩；

t——横截面在所求剪切应力处宽度。

工字形截面梁横截面上的切应力分布如图 2.15 所示，其中 95%~97% 的切应力由腹板承担，而翼板仅承担了 3%~5%，且翼板上的切应力情况又比较复杂，所以在工程应用上，工字形截面梁横截面上的切应力的可近似计算：

$$\tau_{\mathrm{m}}=\frac{V}{A_{\mathrm{Steg}}} \tag{2-22}$$

式中：V——横截面上作用的剪力；

A_{Steg}——腹板的横截面积；

τ_{m}——横截面上的平均切应力。

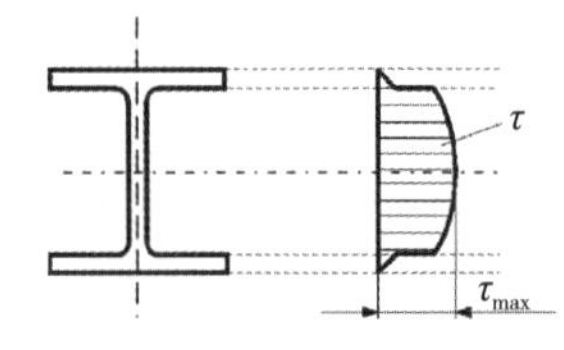

图 2.15　工字形截面梁横截面上的切应力分布

搭接接头切应力的计算：

$$\tau=\frac{F}{A} \tag{2-23}$$

式中，A 为实际承载的截面面积，既可能是焊缝的最小受剪面，也可能是铆钉的横截面。

2.5 应力计算练习

【例 1】计算图 2.16 所示截面的惯性矩I_y。其中 $b=30$ mm，$h=120$ mm。

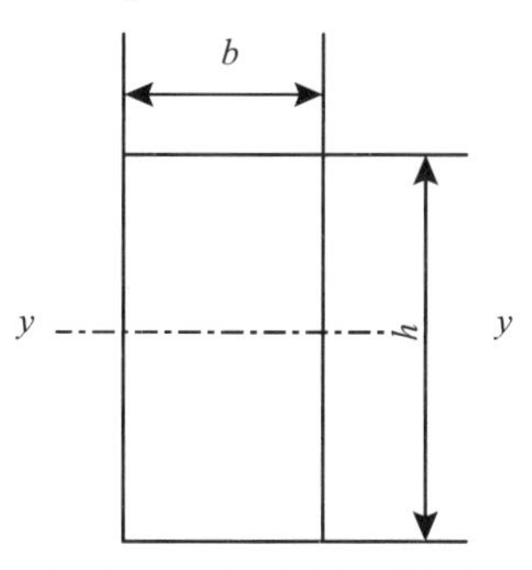

图 2.16　矩形截面惯性矩

【解】$b=30$ mm$=3$ cm，$h=120$ mm$=12$ cm，由$I_y=\dfrac{bh^3}{12}$得

$$I_y=\frac{3\times12^3}{12}=3\times144=432\ \text{cm}^4$$

【例 2】求图 2.17 中矩形截面梁因轴向力 N 引起的正应力。

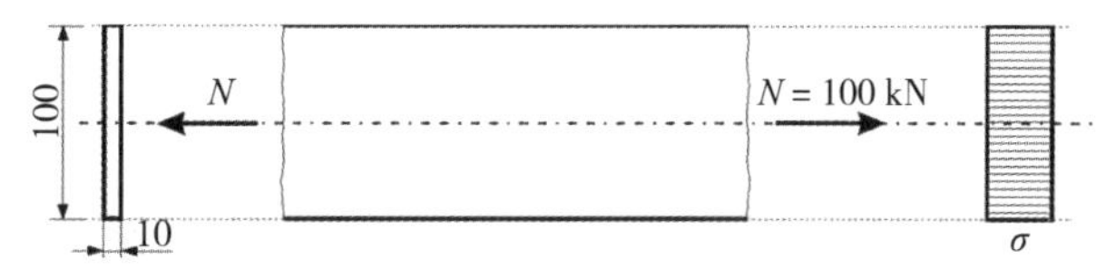

图 2.17　矩形截面梁应力分布

【解】由 $\sigma=\dfrac{N}{A}$ 得

$$\sigma=\frac{100\times10^3}{100\times10}=100\ \text{N}/\text{mm}^2$$

【例 3】如图 2.18，求弯矩 M_y 引起的正应力（分别求 $z=20$ cm 处和 $z_{\max}$ 处的正应力）。

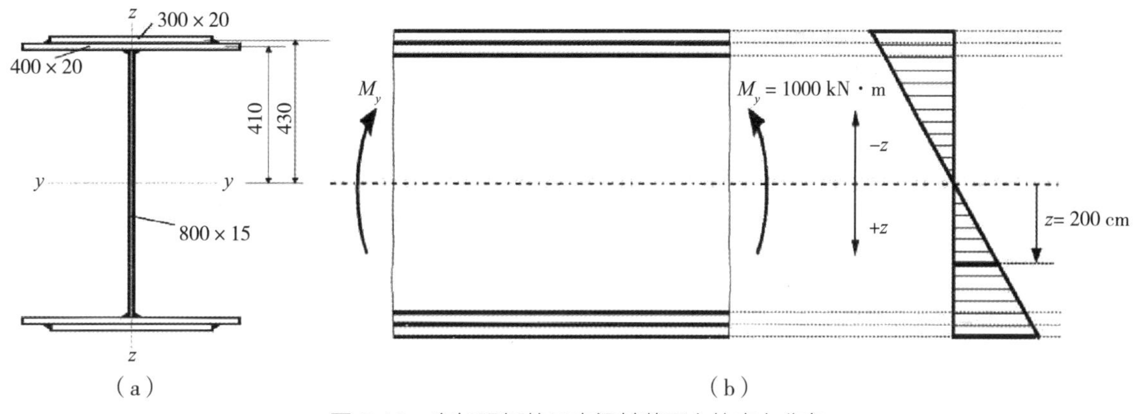

图 2.18　有加强板的工字梁某截面上的应力分布

【解】因该加盖板工字梁截面属于较复杂的多个简单图形组成，可运用公式$I_y = \sum_{i=1}^{n} I_{yi}$来计算整个截面的惯性矩。

根据图形相对于 y–y 轴对称的特点可先按 3 部分来计算，然后再求和。计算时要注意单位的换算。

上下加强板对 y–y 轴的惯性矩：$I_{y1} = 2\times(A_1 \cdot z_1^2) = 2\ (30\times2\times43^2) = 221880\ \text{cm}^4$

上下翼板对 y–y 轴的惯性矩：$I_{y2} = 2\times(A_2 \cdot z_2^2) = 2\ (40\times2\times41^2) = 268960\ \text{cm}^4$

腹板对 y–y 轴的惯性矩：$I_{y3} = \dfrac{b_3 h_3^3}{12} = \dfrac{1.5\times80^3}{12} = 64000\ \text{cm}^4$

因此，整个截面对 y–y 轴的惯性矩：$I_y = I_{y1} + I_{y2} + I_{y3} = 221880 + 268960 + 64000 = 554840\ \text{cm}^4$

另由：

$$\sigma = \frac{M_y}{I_y} \cdot z$$

可得

$$\sigma_{20} = \frac{M_y}{I_y} \cdot z_1 = \frac{1000\times10^3\times100}{554840}\times20 \approx 3604\ \text{N/cm}^2 = 36.04\ \text{N/mm}^2$$

$$\sigma_{\max} = \frac{M_y}{I_y} \cdot z_{\max} = \frac{10^8}{554840}\times44 \approx 7930\ \text{N/cm}^2 = 79.3\ \text{N/mm}^2$$

同样，还可运用抗弯截面模量$W_y = \dfrac{I_y}{z_{\max}}$的关系，得$\sigma_{\max} = \dfrac{M_y}{W_y} = \dfrac{10^8}{\dfrac{554840}{44}} \approx 79.3\ \text{N/mm}^2$。

【例 4】求图 2.19 中所示的加盖板的工字梁横截面上的切应力 τ_1、τ_0、$\tau_{\max}$。

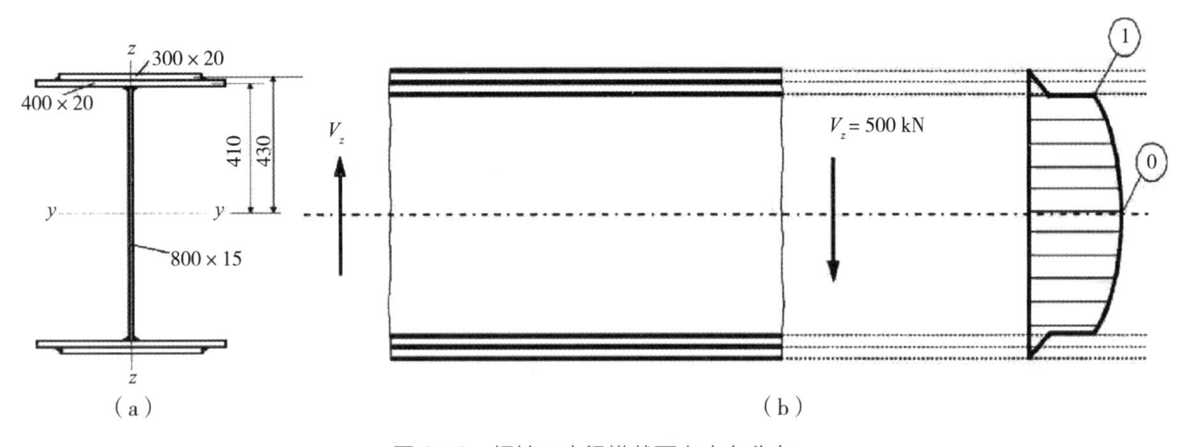

图 2.19　焊接工字梁横截面上应力分布

【解】首先求 τ_1，此时应由横力弯曲梁横截面上的切应力计算公式 $\tau = \dfrac{V_z \cdot S_y}{I_y \cdot t}$ 来求。

由例 3 可知该梁横截面的惯性矩$I_y = I_{y1} + I_{y2} + I_{y3} = 554840\ \text{cm}^4$，由图 2.19（b）又知横截面上的剪力$V_z = 500\ \text{kN}$，并且，对于①点而言，$S_y$ 为上翼板及其加强板相对于 y–y 轴的静矩 S_{y1}，因此有

$$S_{y1} = A_1 \cdot z_1 + A_2 \cdot z_2 = 30 \times 2 \times 43 + 40 \times 2 \times 41 = 2580 + 3280 = 5860\ \text{cm}^3$$

把上面的各数据代入切应力计算公式，得

$$\tau_1 = \frac{V_z \cdot S_{y1}}{I_y \cdot t} = \frac{500 \times 10^3 \times 5860}{554840 \times 1.5} \approx 3520\ \text{N/cm}^2 = 35.2\ \text{N/mm}^2$$

接下来再求 τ_0 和 $\tau_{\max}$。其实 τ_0 即是 $\tau_{\max}$。只需先求得 $z=0$ 处的上半截面的静矩S_{y0}：

$$S_{y0} = S_{y1} + S_{yf} = 5860 + 40 \times 1.5 \times 20 = 7060\ \text{cm}^3$$

然后再将数据代入得

$$\tau_0 = \tau_{\max} = \frac{V_z \cdot S_{y0}}{I_y \cdot t} = \frac{500 \times 10^3 \times 7060}{554840 \times 1.5} \approx 4240\ \text{N/cm}^2 = 42.4\ \text{N/mm}^2$$

由上面的计算结果可知，腹板上的切应力差别不大，其比值为 $\tau_1/\tau_{\max} = 35.2/42.4 \approx 0.83$

因此，工程上有时进行简化计算，即按平均应力计算：

$$\tau_{\max} \approx \tau_{\text{m}} = \frac{V}{A_{\text{Steg}}}$$

【例 5】本图 2.20 中工字形截面梁横截面上的平均切应力，截面尺寸参见图 2.18。

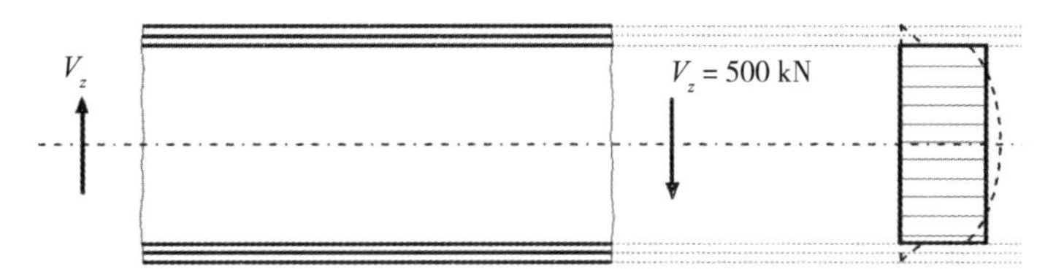

图 2.20　工字形截面梁横截面上简化的切应力分布图

【解】按简化计算公式，可得工字形截面梁横截面上的平均切应力：

$$\tau_{\text{m}} = \frac{V}{A_{\text{Steg}}} = \frac{V_z}{A_{\text{Steg}}} = \frac{500\ \text{kN}}{800 \times 15\ \text{mm}^2} = \frac{5 \times 10^5\ \text{N}}{12000\ \text{mm}^2} \approx 41.7\ \text{N/mm}^2$$

由例 4 的精确计算结果可知 $\tau_{\max} = 42.4\ \text{N/mm}^2$

对比可知，按简化计算的结果和精确计算的结果的相对误差 λ 仅为

$$\lambda = \frac{|41.7 - 42.4|}{42.4} = \frac{0.7}{42.4} \approx 1.65\%$$

这说明，按平均切应力的计算结果相对保守，偏于安全。

2.6 材料拉伸荷载下的力学性能

2.6.1 变形

变形是物体承受荷载时，其外形（尺寸或形状）发生改变的一种可见标志。例如，当杆件受到拉伸时，其尺寸会伸长 ΔL（图 2.21）；相反当其受到压缩时，其尺寸就会变短。在承受弯曲荷载情况时，会同时出现这两种变形，表现为挠曲变形。

在承受拉伸荷载时，构件最初产生弹性伸长，即保持弹性变形。卸载时，弹性变形部分能够得到完全恢复。随着拉伸荷载的逐渐增大，当达到某一临界值时，构件就会产生塑性变形。卸载时，塑性变形部分不能恢复，会永久地保留下来，因而形成残余变形。再进一步增加作用力时，就会产生颈缩现象，直至导致构件的断裂。

2.6.2 应变

单位长度上的伸长量为线应变（通常也可简称为应变），用符号 ε 表示。图 2.21 中 L_0 为杆件的原始长度；L 为拉伸荷载作用下杆件的最终长度；ΔL 为杆件的总伸长量。

正应变就是因正应力产生的构件相对于原始长度而言的单位长度的伸长量。即

$$\varepsilon=\frac{L-L_0}{L_0}=\frac{\Delta L}{L_0}\times 100\ \% \tag{2-24}$$

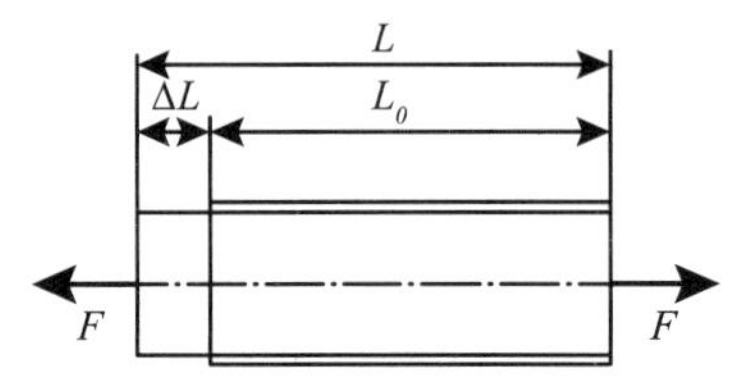

图 2.21　杆件拉伸时的变形

正应变：该点处，某一方向的截面上所分布的法向应力所产生的长度方向的应变称为正应变。

切应变：该点处，某一方向的截面上所分布的剪切力所产生的长度方向的应变称为切应变，也称为剪应变。

2.6.3 低碳钢的拉伸试验

常温静载拉伸实验是测定材料力学性能的基本试验之一，在国家标准 GB/T 228—2002 金属材料室温拉伸试验方法中对其方法和要求有详细规定。对于金属材料，通常采用圆柱形试件，标距长度常选用 $L=5\cdot d$ 的圆形拉伸试样，如图 2.22 所示。在拉伸试验中，该试棒的拉伸应力 - 应变图参见图 2.23。

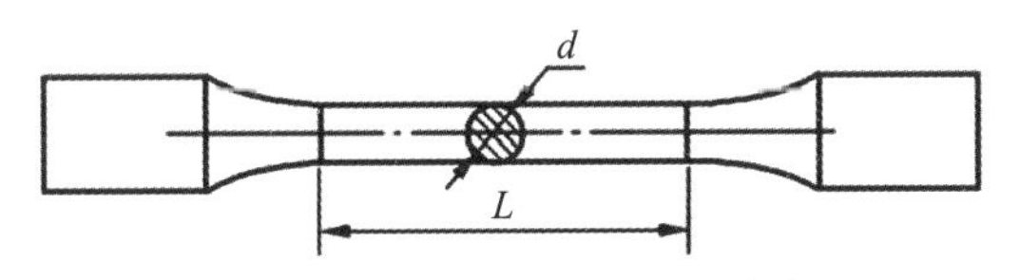

图 2.22　金属材料圆柱形试件

低碳钢是工程中广泛应用的金属材料，其拉伸时的力学性能最为典型，下面将详细进行介绍。将低碳钢试件两端装入试验机上，缓慢加载，使其受到拉力产生变形，利用试验机的自动绘图装置，可以画出试件在试验过程中标距为 L 段的伸长 ΔL 和拉力 P 之间的关系曲线。该曲线的横坐标为 ΔL，纵坐标为 P，称之为试件的拉伸图。拉伸图与试样的尺寸有关，将拉力 P 除以试件的原横截面面积 A，得到横截面上的正应力 σ，将其作为纵坐标；将伸长量 ΔL 除以标距的原始长度 L，得到应变 ε 作为横坐标，从而获得 σ–ε 曲线，称为应力 – 应变图或应力 – 应变曲线，如图 2.23 所示。低碳钢（Q235）的整个拉伸过程主要分为弹性阶段、屈服阶段、强化阶段和局部变形阶段 4 个阶段。

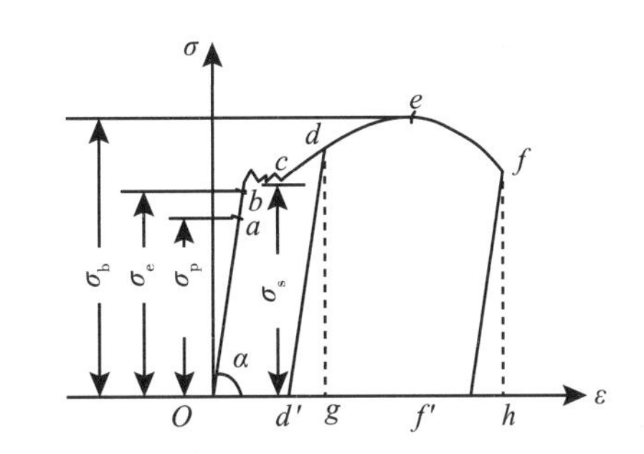

图 2.23　低碳钢（Q235）的应力 – 应变曲线

2.6.3.1　弹性阶段

弹性阶段可分为两段：直线段 Oa 和微弯段 ab。直线段 Oa 表示应力 σ 与应变 ε 成正比关系，故称 Oa 段为比例阶段或线弹性阶段。a 点所对应的应力值称为材料的比例极限，用 σ_p 表示。σ_p 是材料服从胡克定律的最大应力。

即当 $\sigma \leqslant \sigma_p$ 时，

$$\sigma = E\varepsilon \tag{2–25}$$

其中，弹性模量 E 等于直线段 Oa 的斜率，即 $E = \tan\alpha$ 。低碳钢 S235 的比例极限 $\sigma_p \approx 200$ MPa，弹性模量 $E \approx 200$ GPa。

过了 a 点后，图线 ab 微弯而偏离直线 Oa，表示 σ 与 ε 不再成正比例关系，这时将 ab 曲线段称为非线性弹性阶段。只要不超过 b 点，在卸去荷载后，试件的变形能够完全消除，这说明试件的变形是弹性变形，故称 Ob 段为弹性阶段。b 点所对应的应力值称为弹性极限，用 σ_e 表示。在 σ–ε 曲线上，a、b 两点常常很接近，所以工程上对 a、b 两点并不严格区分。

设拉杆变形前的横向尺寸分别为 a 和 b，变形后的尺寸分别为 a_1 和 b_1（图 2.24），则

$$\Delta a = a_1 - a \quad \Delta b = b_1 - b$$

由试验可知，二横向正应变相等，故

$$\varepsilon' = \frac{\Delta a}{a} = \frac{\Delta b}{b} \tag{2-26}$$

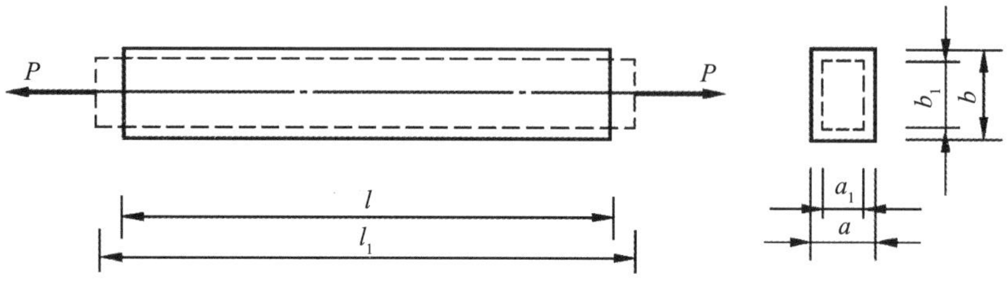

图 2.24　轴向伸长变形示意图

试验结果表明，当应力不超过材料的比例极限时，横向正应变与纵向正应变之比的绝对值为一常数，该常数称为泊松比（Poisson's ratio），用 μ 来表示，它是一个无量纲的量，可表示为

$$\mu = \left|\frac{\varepsilon'}{\varepsilon}\right| = -\frac{\varepsilon'}{\varepsilon} \text{ 或 } \varepsilon' = -\mu\varepsilon \tag{2-27}$$

和弹性模量 E 一样，泊松比 μ 也是材料的弹性常数，随材料的不同而不同，由试验测定。

材料在纯切应力状态下应力与应变间的关系，可以得到切应变 γ 和切应力 τ 之间的线性关系：$\tau = G\gamma$。式中的比例常数 G 称为材料的切变模量，也称剪切弹性模量，其量纲与弹性模量 E 的量纲相同，在国际单位制中，单位常取 MPa 或 GPa。

2.6.3.2 屈服阶段

超过弹性极限后，σ–ε 曲线上的 bc 段呈接近水平线的小锯齿形阶段。这时应力几乎不增加，而变形却迅速增加，材料暂时失去了抵抗变形的能力，这种现象称为屈服或流动。bc 段称为屈服阶段。使材料发生屈服的应力，称为材料的屈服应力或屈服极限（也称为屈服点），用 σ_s 表示。低碳钢 S235 的屈服应力 $\sigma_s \approx 235$ MPa。如果试件表面光滑，则当材料屈服时，在试件表面可观察到与轴线约成 45° 角的倾斜条纹［图 2.25（a）］，称为滑移线。这是因为在试件的 45° 斜面上，作用有最大切应力 τ_{max}，当 τ_{max} 达到某一极限值时，由于金属材料内部晶格之间产生相对滑移而形成了滑移线。材料屈服表现为显著的塑性变形，而工程中的大多数构件一旦出现显著的塑性变形，将不能正常工作（或称失效），所以屈服应力 σ_s 是衡量材料失效与否的强度指标。

2.6.3.3 强化阶段

经过屈服阶段后，材料又恢复了抵抗变形的能力，要使试件继续变形必须再增加荷载。这种现象称为材料的强化或称为应变硬化。这时 σ–ε 曲线又逐渐上升，直到曲线的最高点 e。所以 ce 段称为材料的强化阶段或硬化阶段。e 点所对应的应力 σ_b 是材料所能承受的最大应力，称为强度极限或抗拉强度，它是衡量材料强度的另一个重要指标。低碳钢 S235 的强度极限 $\sigma_b \approx 380$ MPa。在强化阶段中，试件的变形绝大部分是塑性变形，此时试件的横向尺寸有明显的缩小。

屈强比的概念：工程界习惯上把材料的屈服强度和抗拉强度的比值叫作材料的屈强比，即$\frac{\sigma_s}{\sigma_b}$。材料的屈强比对结构的安全性有重要的影响。其值越高，往往构件的安全性变差，即达到屈服点以上时即容易达到强度而断裂。反之，如果屈强比较低，则意味着达到屈服点时承载能力仍有较大的储备，不会轻易断裂。欧洲相关技术规范中，经常使用强屈比概念，指的是材料抗拉强度和屈服强度的比值，含义上和屈强比相反，不同设计中对强屈比有不同的要求。

2.6.3.4 局部变形阶段

在 e 点之前试件产生匀布变形。过 e 点后，在试件的某一局部范围内，横向尺寸突然急剧缩小，形成颈缩现象［图 2.25（b）］。由于试件颈缩处的横截面面积显著减小，荷载读数开始下降，在 σ–ε 曲线中应力随之下降，直至 f 点试件断裂。ef 阶段称为局部变形阶段。

在拉伸过程中，因为试件的横向尺寸不断缩小，所以在 σ–ε 曲线中按试件原始面积求出的应力 $\sigma=F/A$，实质上是名义应力（或为工程应力）。相应地，按试件工作段的原始长度求出的线应变 $\varepsilon=\Delta l/l$，实质上是名义应变（或为工程应变）。对于解决弹性范围内的实际问题，按试件原始尺寸得到的名义 σ–ε 曲线所提供的数据足以满足工程实际的需要。

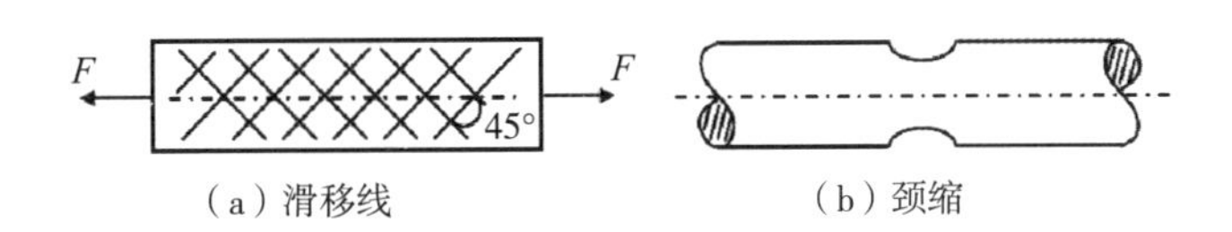

（a）滑移线　　（b）颈缩

图 2.25　滑移线和颈缩

2.6.3.5 材料的特征值

通过试棒的拉伸试验可得到与材料性能相关的一组特征值。它们是：材料的屈服强度 σ_s、抗拉强度 σ_b、延伸率 δ 和断面收缩率 ψ。不同标准中，关于材料屈服强度和抗拉强度也有不同的表示符号，例如：在 DIN EN 10025 中屈服强度使用 R_{eH} 表示，抗拉强度使用 R_m 表示；在 DIN 18800–1 和 EN 1993–1–1 中屈服强度使用 f_y 表示，抗拉强度使用 f_u 表示。

试件拉断后，弹性变形消失，塑性变形 Of' 则保留下来。工程上用试件拉断后保留的变形来表示材料的塑性性能。衡量材料的塑性指标有两个：一个是延伸率（也称伸长率），用 δ 表示；另一个是断面收缩率（也称截面缩减率），用 ψ 表示。它们的计算公式分别为：

$$\delta=\frac{l_1-l}{l}\times100\% \tag{2–28}$$

$$\psi=\frac{A-A_1}{A}\times100\% \tag{2–29}$$

式中：l_1 ——试件拉断后工作段的长度；

l ——试件标距原长；

A_1——试件拉断后颈缩处的最小横截面面积；

A ——试件原始横截面面积。

延伸率 δ 越大，表明材料的塑性性能越好。工程上通常按延伸率的大小把材料分为两大类：$\delta>5\%$ 的材料称为塑性材料或韧性材料，如碳钢、黄铜、铝合金等；而把 $\delta<5\%$ 的材料称为脆性材料，如铸铁、砖石、玻璃、陶瓷等。低碳钢 S235 的延伸率 δ 在 20%~30%，这说明低碳钢是一种塑性性能很好的材料。

断面收缩率 ψ 也是衡量材料塑性性能的重要指标，ψ 越大，材料的塑性性能越好。低碳钢 S235 的断面收缩率 $\psi\approx60\%$。

2.6.4 真实应力 – 应变曲线

名义应力 – 应变曲线（工程应力 – 应变曲线）上的应力和应变是用试样标距部分原始截面积和原始标距长度来度量的，并不代表实际瞬时的应力和应变，它只是一种近似曲线，对实际工程问题起到一个参考作用。名义应力 – 应变曲线与真实应力 – 应变曲线在弹性阶段趋势相同，没有大的差异。然而，在塑性变形阶段，名义应力 – 应变曲线明显低于真实应力 – 应变曲线，且随着变形程度的加大，两者的差异越来越大，如图 2.26。工程上通常采用的名义应力 – 应变曲线偏于安全，从节省材料的角度考虑，尚存在一定的空间。

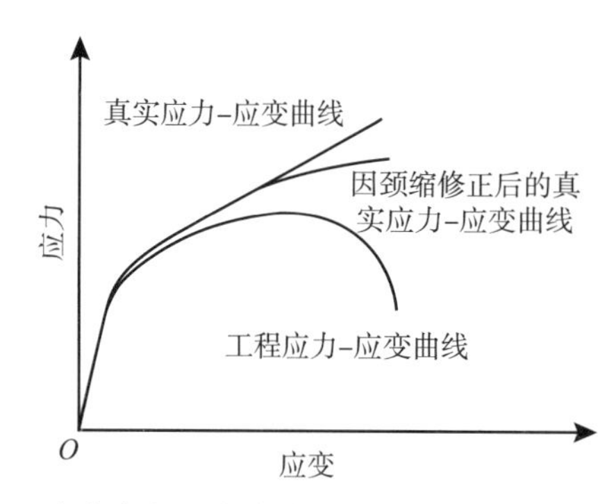

图 2.26　真实应力 – 应变曲线和名义应力 – 应变曲线比较

2.7 材料的许用应力

材料在拉伸（压缩）时，两个强度指标 σ_s 和 σ_b，要保证构件正常工作，应使最大工作应力不超过某一限值，该限值称为材料在拉伸（压缩）时的许用应力，即 $[\sigma]$

$$[\sigma]=\frac{\sigma_s}{n}\text{或}\frac{\sigma_b}{n} \tag{2–30}$$

式中，n 是一个大于 1 的数，称为安全系数。

结构设计时，对于构件的承载能力的限定条件就是最大名义应力值小于等于许用应力值。即

$$\sigma_{max} \leqslant 许用\ \sigma \tag{2-31}$$

也就是材料力学中的强度条件的公式：

$$\sigma \leqslant [\sigma] \tag{2-32}$$

采用安全系数的原因基于以下两个方面：一是由于材料组织不是理想均匀的，荷载估计不十分准确，以及应力计算公式的近似性等因素，强度计算结果与实际情况中的会有一定误差。引入安全系数可以消除这些因素的影响。二是考虑到构件的工作条件和工作环境的重要性，给予结构一定的强度储备，避免构件破坏引起严重的后果。所以，安全系数的选择必须要考虑到构件的具体工作条件。

在静荷载条件下，对于塑性材料，$n = 1.5\sim2.0$；对于脆性材料，$n = 2.0\sim5.0$。

根据强度条件，可以解决强度校核、截面选择、许用荷载计算等强度计算问题。

为了使承载构件不致在应力达到屈服强度时出现明显变形，以确保结构安全，应对其最大荷载水平给予限制。许用应力就是工程上对荷载水平的上限控制指标。建筑工程上常用屈服强度计算许用应力。

在工程界，考虑到各种因素的综合影响，安全系数一般取 1.5 左右。

例如：S235 钢的许用拉伸应力计算如下：

$$许用\sigma = \frac{屈服强度}{安全系数} = \frac{235}{1.5} \approx 160\ \mathrm{N/mm^2}$$

一般钢结构高大建筑的许用应力列于 DIN 18800T1 中，并都是对荷载情况 H（主荷载）而言的。常用钢材的许用应力参见表 2.1。

表 2.1　常用钢材的许用应力

	荷载情况 H	S235 N/mm^2	S355 N/mm^2
拉伸	许用 σ	160	240
压缩	许用 σ	140	210
剪切	许用 τ	92	139

2.8 四大强度理论和莫尔强度理论

构件在复杂应力情况下，最大应力一般都不在横截面上，因此，确定最大应力的大小和方向，建立构件的强度条件，需要用应力分析的方法和强度理论来解决。

单元体的各个面上只有正应力而无切应力，这样的平面称为主平面，主平面上的正应力称为主应力。通常，对任一点总可以找到三个互相垂直的主平面组成的单元体，这三个平面上的主应力分别用 σ_1、σ_2 和 σ_3 表示，按照代数值大小排序，即 $\sigma_1 \geqslant \sigma_2 \geqslant \sigma_3$。

应力状态分为简单应力状态和复杂应力状态，其中只有一个应力不为零的状态称为单向应力状态，两个或者三个主应力都不等于零的应力状态，称为复杂应力状态。复杂应力状态中的三向应力状态也称为空间应力状态（σ_1、σ_2和σ_3均不为0），如图2.27所示。

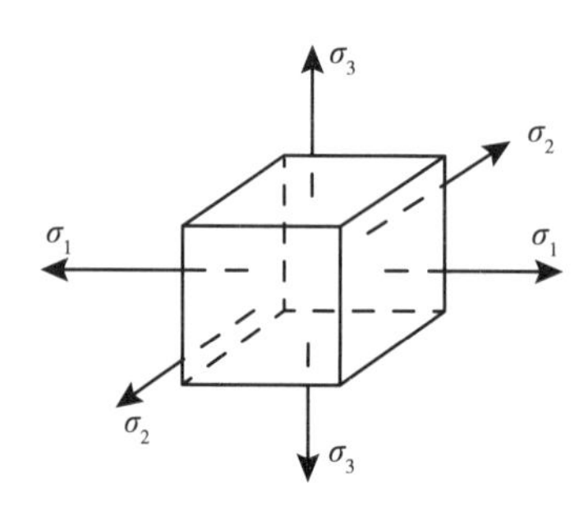

图2.27 三向应力状态

强度理论就是关于材料破坏现象主要原因的假设，即认为不论是简单应力状态还是复杂应力状态，材料某一类型的破坏是由于某一种因素引起的。据此，可以利用简单应力状态的实验结果，来建立复杂应力状态的强度条件。由于材料的破坏按其物理本质可将材料状态分为脆断和屈服两类形式。

（1）脆性断裂：材料无明显的塑性变形即发生断裂，断面较粗糙，且多发生在垂直于最大正应力的截面上，如铸铁受拉、扭，低温脆断等。关于断裂的强度理论为：最大拉应力理论和最大伸长线应变理论。

（2）塑性屈服（流动）：材料破坏前发生显著的塑性变形，破坏断面较光滑，且多发生在最大切应力面上，例如低碳钢拉、扭，铸铁压。关于屈服的强度理论为最大切应力理论和形状改变比能理论。

经验表明，一些细长的杆类构件和薄壁构件在特定的荷载作用下，还可能发生平衡形式的变化，即可能会由于稳定性不够而引起失效（失稳或屈曲）。

2.8.1 脆性断裂

2.8.1.1 第一强度理论——最大拉应力理论

这一理论认为破坏主因是最大拉应力。即在复杂应力状态下，只要材料内一点的最大主拉应力σ_1（$\sigma_1>0$）达到单向拉伸断裂时横截面上的极限应力σ_u，材料发生断裂破坏。

破坏形式：断裂。

破坏条件：

$$\sigma_1 \geqslant \sigma_u \quad (\sigma_1>0) \tag{2-33}$$

强度条件：

$$\sigma_1 \leqslant [\sigma] \quad (\sigma_1>0) \tag{2-34}$$

式中，$[\sigma]$为单向拉伸时材料的许用应力，$[\sigma]=\sigma_b/n_s$。

实验证明，该强度理论较好地解释了石料、铸铁等脆性材料沿最大拉应力所在截面发生断裂的现象，而对于单向受压或三向受压等没有拉应力的情况则不适合。

缺点：未考虑其他两类主应力。

使用范围：适用脆性材料受拉，如铸铁拉伸，扭转。

2.8.1.2 第二强度理论——最大伸长线应变理论

该理论认为材料断裂的主要因素是该点的最大伸长线应变，即在复杂应力状态下，只要材料内一点的最大拉应变 ε_1 达到了单向拉伸断裂时最大伸长应变的极限 ε_u 值时，材料就发生断裂破坏。由广义胡克定律可知

$$\varepsilon_1 = \frac{1}{E}[\sigma_1 - \mu(\sigma_2 + \sigma_3)] \tag{2-35}$$

单向拉伸断裂时

$$\varepsilon_u = \frac{\sigma_b}{E} \tag{2-36}$$

于是破坏条件变为

$$\frac{1}{E}[\sigma_1 - \mu(\sigma_2 + \sigma_3)] \geqslant \frac{\sigma_b}{E}$$

即

$$\sigma_1 - \mu(\sigma_2 + \sigma_3) \geqslant \sigma_b$$

所以，强度条件为

$$\sigma_1 - \mu(\sigma_2 + \sigma_3) \leqslant [\sigma] \tag{2-37}$$

实验证明，该强度理论较好地解释了石料、混凝土等脆性材料受轴向拉伸时，沿横截面发生断裂的现象。但是，其实验结果只与很少的材料吻合，因此已经很少使用。

缺点：不能广泛解释脆断破坏一般规律。

使用范围：适于石料、混凝土轴向受压的情况。

2.8.2 塑性断裂

2.8.2.1 第三强度理论——最大切应力理论

该理论认为材料屈服的主要因素是最大切应力。在复杂应力状态下，只要材料内一点处的最大切应力 τ_{max} 达到单向拉伸屈服时切应力的屈服极限 τ_s，材料就在该处发生塑性屈服。复杂应力状态下最大切应力为

$$\tau_{max} = \frac{\sigma_1 - \sigma_3}{2} \tag{2-38}$$

单向拉伸时

$$\tau_s = \frac{\sigma_s}{2} \tag{2-39}$$

破坏条件为

$$\sigma_1 - \sigma_3 \geqslant \sigma_s \tag{2-40}$$

于是，强度条件为

$$\sigma_1 - \sigma_3 \leqslant [\sigma] \tag{2-41}$$

实验证明，这一理论可以较好地解释塑性材料出现塑性变形的现象。但是，由于没有考虑 σ_2 的影响，故按这一理论设计的构件偏于安全。

缺点：无 σ_2 影响。

使用范围：适于塑性材料的一般情况。形式简单，概念明确，应用广泛。但理论结果较实际偏安全。

2.8.2.2 第四强度理论——最大形状改变比能理论

构件受力后，其形状和体积都会发生一定的变化，同时构件内部也积蓄了一定的变形能，一般包括两部分，即因体积改变和因形状改变而产生的比能。该理论认为材料屈服的主要因素是该点的形状变化改变比能。在复杂应力状态下，材料内一点的形状改变比能 u_d 达到材料单向拉伸屈服时形状改变比能的极限值 u_u，材料就会发生塑性屈服。

在此我们略去了详细的推导过程，直接给出按这一理论建立的，在复杂应力状态下的破坏条件，即

$$\sqrt{\frac{1}{2}[(\sigma_1 - \sigma_2)^2 + (\sigma_2 - \sigma_3)^2 + (\sigma_3 - \sigma_1)^2]} \geqslant \sigma_s \tag{2-42}$$

于是强度条件为

$$\sqrt{\frac{1}{2}[(\sigma_1 - \sigma_2)^2 + (\sigma_2 - \sigma_3)^2 + (\sigma_3 - \sigma_1)^2]} \geqslant [\sigma] \tag{2-43}$$

试验表明，对于塑性材料，此理论比第三强度理论更符合试验结果。

综合以上四个强度理论的强度条件，可以把它们写成如下的统一形式

$$\sigma_r \leqslant [\sigma] \tag{2-44}$$

其中 σ_r 称为相当应力。四个强度理论的相当应力分别为

$$\sigma_{r1} = \sigma_1 \tag{2-45}$$

$$\sigma_{r2} = \sigma_1 - \mu(\sigma_2 + \sigma_3) \tag{2-46}$$

$$\sigma_{r3} = \sigma_1 - \sigma_3 \tag{2-47}$$

$$\sigma_{r4}=\sqrt{\frac{1}{2}[(\sigma_1-\sigma_2)^2+(\sigma_2-\sigma_3)^2+(\sigma_3-\sigma_1)^2]} \tag{2-48}$$

2.8.2.3 修正的最大切应力理论——莫尔强度理论

第三强度理论认为，最大切应力是引起塑性变形的原因。莫尔强度理论认为除最大切应力是引起破坏的原因外，强度也与正应力有关。有些材料的抗拉和抗压强度并不相等，这说明材料的强度与正应力究竟是拉应力还是压应力有关。莫尔强度理论就是以这样一些想法为基础，并依据实验结果而建立的强度理论。

莫尔强度理论认为材料是否破坏取决于三向应力圆中的最大应力圆。

最大切应力强度理论只适用于拉、压屈服极限相等的材料。

对于脆性材料，抗压强度常常比抗拉强度高得多，直接应用最大切应力理论有了困难。为此，莫尔利用极限应力圆和极限线的概念对最大切应力理论作了修正。

在图 2.28 中，分别作拉伸和压缩极限状态的应力圆，这两个应力圆的直径分别等于脆性材料在拉伸和压缩时的强度极限 σ_{bt} 和 σ_{bc}。这两个圆的公切线 *MN* 就是应力圆的极限线。由此可以导出莫尔强度理论的极限条件为

$$\sigma_1-\alpha\sigma_3\leqslant\sigma_{bt},\ \alpha=\frac{[\sigma_{bt}]}{[\sigma_{bc}]} \tag{2-49}$$

引入安全系数后，摩尔强度理论的强度条件为

$$\sigma_1-\alpha\sigma_3\leqslant[\sigma],\ \alpha=\frac{[\sigma_{bt}]}{[\sigma_{bc}]} \tag{2-50}$$

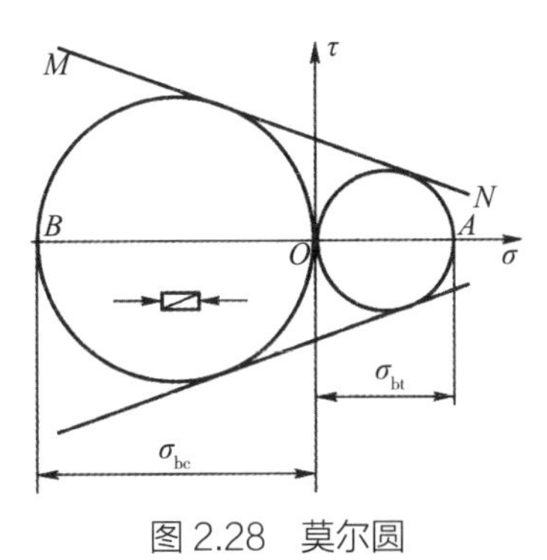

图 2.28　莫尔圆

莫尔强度理论可以用来统一说明材料的脆性断裂和塑性屈服。但它也像最大切应力强度理论一样，没有考虑中间应力 σ_2 对材料强度的影响。

2.8.3 强度理论的选用原则

（1）应用以上四个强度理论时，脆性材料如铸铁、混凝土等一般用第一和第二强度理论；对塑

性材料如低碳钢一般用第三和第四强度理论。

（2）脆性材料或塑性材料，在三向拉应力状态下，应该用第一强度理论；在三向压应力状态下，应该用第三强度理论或第四强度理论。

（3）第三强度理论概念直观，计算简洁，计算结果偏于保守；第四强度理论着眼于形状改变比能，但其本质仍然是一种切应力理论。

（4）在不同情况下，如何选用强度理论，不单纯是个力学问题，还与有关工程技术部门长期积累的经验及根据这些经验制订的一整套计算方法和许用应力值 $[\sigma]$ 有关。

参考文献

[1] GSI.SFI-Aktuell [M]. Duisburg: Gesellschaft für Schweiβtechnik International mbH, 2010.
[2] 刘庆潭. 材料力学 [M]. 北京：机械工业出版社，2003.
[3] 经来旺，陈国平. 工程力学 [M]. 武汉：武汉理工大学出版社，2008.
[4] 罗迎社，喻小明. 工程力学 [M]. 北京：北京大学出版社，2006.
[5] 李欣业，梁建术，郝淑英. 材料力学 [M]. 北京：中国铁道出版社，2006.
[6] 刘鸿文. 材料力学 I [M]. 北京：高等教育出版社. 2004.
[7] 金康宁，谢群丹. 材料力学 [M]. 北京：北京大学出版社，2006.
[8] 陈祝年. 焊接工程师手册 [M]. 北京：机械工业出版社，2006.
[9] 束德林. 工程材料力学性能 [M]. 北京：机械工业出版社，2004.
[10] 田芳，刘财喜，刘芳，等. Q235 钢真实应力 - 应变曲线研究 [J]. 中南林业科技大学学报，2011，31（4）：5.

本章的学习目标及知识要点

1. 学习目标

（1）掌握应力的概念及分类。

（2）掌握正应力及切应力的计算。

（3）了解各种构件截面特征值的计算。

（4）掌握低碳钢（Q235）拉伸荷载下的力学性能。

（5）掌握材料的许用应力计算。

（6）了解四大强度理论和莫尔强度理论及选用。

2. 知识要点

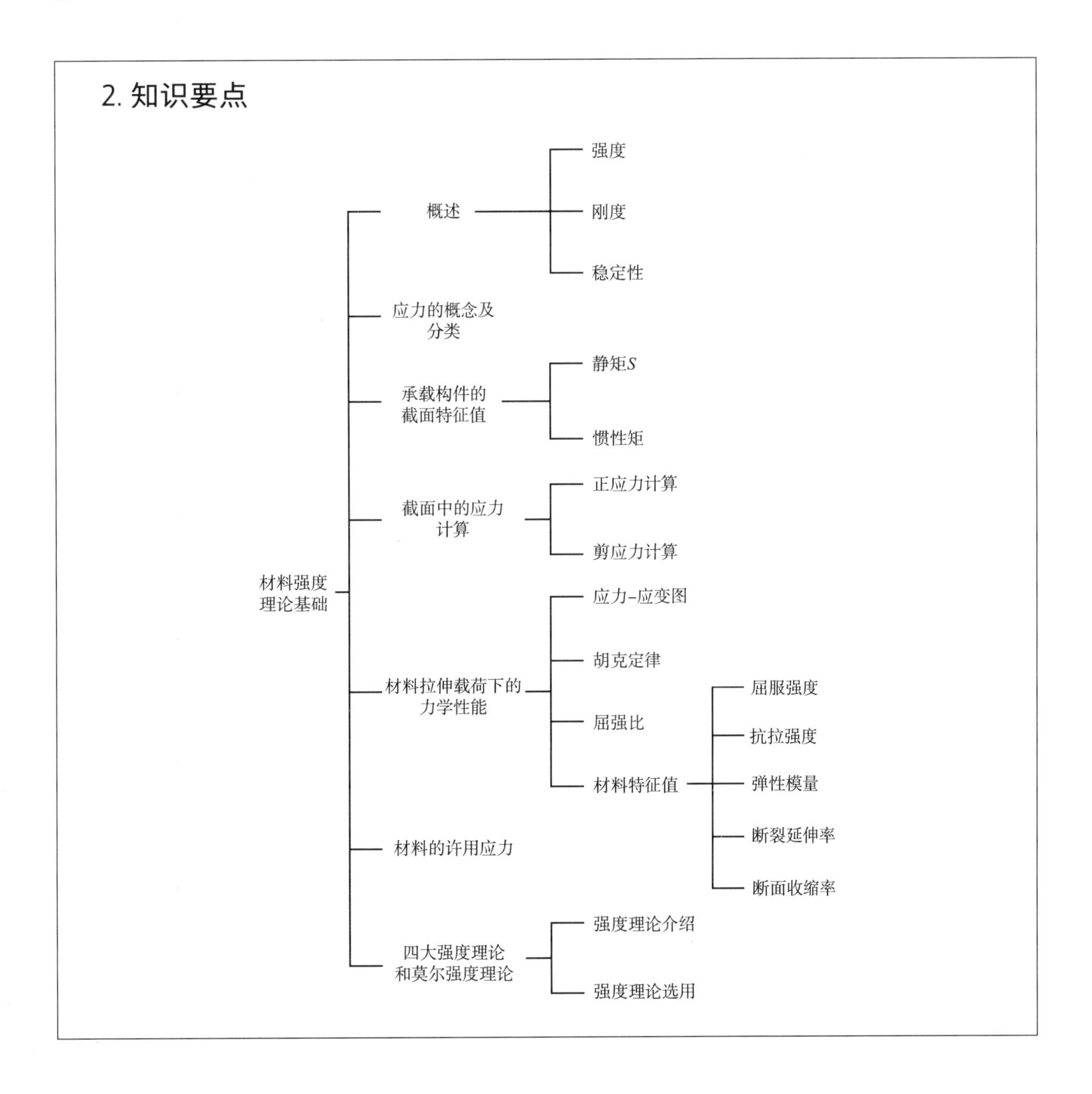
材料强度
理论基础
概述
强度
刚度
稳定性
应力的概念及
分类
承载构件的
截面特征值
静矩S
惯性矩
截面中的应力
计算
正应力计算
剪应力计算
材料拉伸载荷下的
力学性能
应力-应变图
胡克定律
屈强比
材料特征值
屈服强度
抗拉强度
弹性模量
断裂延伸率
断面收缩率
材料的许用应力
四大强度理论
和莫尔强度理论
强度理论介绍
强度理论选用

第3章

焊接接头设计基础

编写：钱　强　审校：张　岩

本章是焊接接头设计的基础，讲述焊接接头、焊缝、坡口 3 个不同概念，焊接接头的分类、特点及应用，熔化焊常用焊接接头的形式和特点，熔化焊坡口标准（ISO 9692），焊缝图示标准（ISO 2553），焊接公差标准（ISO 13920）等内容。

3.1 焊接接头概念、特点及种类

3.1.1 焊接接头概念

焊接接头是用焊接方法在需要连接的部位制造的不可拆卸接头，通常简称接头。在焊接结构中，焊接接头主要承担两方面的作用：第一是连接作用，即把被焊工件连接成一个整体；第二是传导力的作用，即传递工件所承受的荷载。

不同的焊接方法，其制造的接头由不同的部分组成，比如：常规熔化焊接头由焊缝、熔合区、热影响区及其邻近的母材组成；而搅拌摩擦焊接头则由焊核区、热力影响区（TMAZ）、热影响区（HAZ）及其邻近的母材组成，见图 3.1。

影响焊接接头性能的因素可归纳为两个方面。材料冶金方面有：焊接热循环引起的接头组织变化，焊接填充材料引起的焊缝化学成分及生成的焊缝组织变化，焊接过程中热塑性变形产生的材质变化，焊后热处理引起的组织变化，焊后矫形引起的加工硬化等。力学方面有：焊接接头形状的不连续性、焊接各种缺陷、焊接残余应力与变形等。这里主要是从结构的角度来介绍。

常规熔化焊焊接过程中，由于焊接接头的不同区域所经历的焊接热循环不同，各区域最高加热温度、高温停留时间，以及焊后冷却速度的不同，会出现不同的组织，即组织的不均匀性。而这种组织的不均匀性会导致焊接接头性能的不均匀性，见图 3.2。

焊接接头组织的不均匀性导致性能的不均匀性体现在以下方面：一方面是热影响区的强度、延性、韧性及脆性等力学性能的变化；另一方面是焊缝金属力学性能的变化。而焊接接头组织的不均匀性是由于焊接过程中母材热影响区及焊缝的各不同位置经历的焊接热循环不相同，即各点的热循

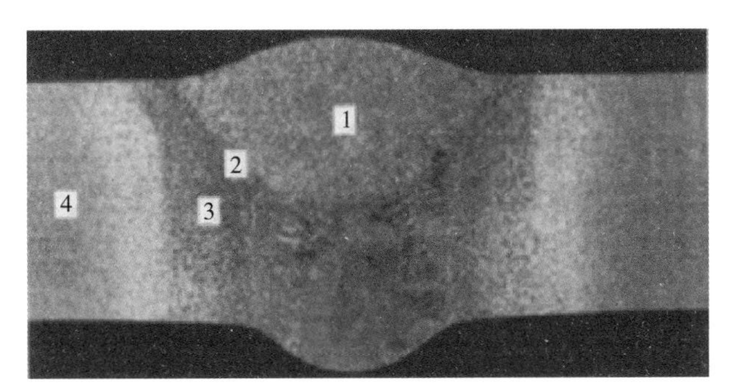

1. 焊缝金属；2. 熔合线；3. 热影响区（HAZ）；4. 母材

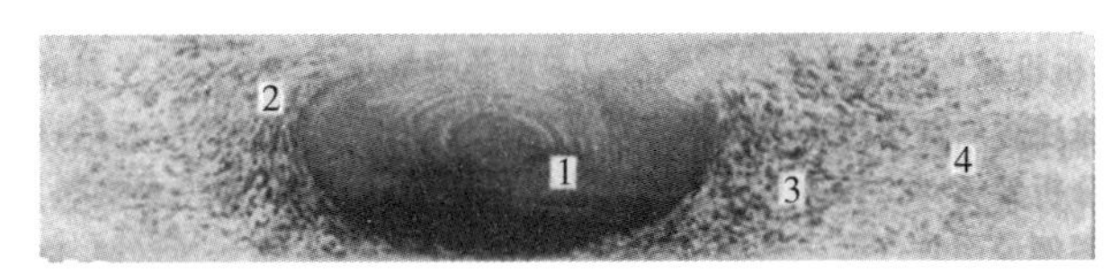

1. 焊核区；2. 热力影响区（TMAZ）；
3. 热影响区（HAZ）；4. 母材

图 3.1　电弧焊焊接接头与搅拌摩擦焊焊接接头

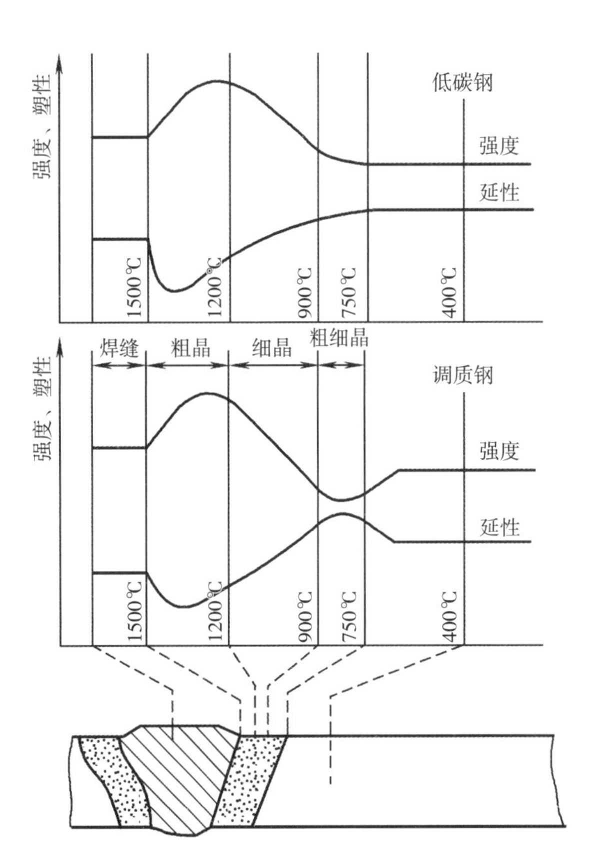

图 3.2　热影响区强度与塑性分布示意图

环参数（最高加热温度、高温停留时间、焊后冷却速度等）不同，而出现不同的组织及性能。

3.1.2 焊接接头的类型

焊接接头的种类和形式有很多，可以从不同的角度进行分类，比如可根据接头的作用不同、焊接方法的不同、接头构造的不同进行分类，见图 3.3。其中依照焊接方法的分类，将在焊接工艺课程中介绍，下面介绍其他分类形式。

从焊接接头的作用角度考虑，可将其分为 3 类。

3.1.2.1 工作（承载）接头

焊缝承受由外力引起的垂直于焊缝长度方向的应力作用，焊缝传递工件所承受的全部荷载，焊缝一旦断裂，结构就会立即失效。这种接头叫作工作（承载）接头，所对应的焊缝被称为工作（承载）焊缝。

3.1.2.2 联系接头

焊缝承受由外力引起的平行于焊缝长度方向的应力作用，焊接接头将主要承担连接作用（此为这类焊缝存在的必要原因），但焊接接头也或多或少地承担传导力的作用，力的传递方向沿着焊缝长度方向，焊缝一旦出问题，结构不会立即失效，这种接头叫作联系接头，所对应的焊缝被称为联系焊缝。

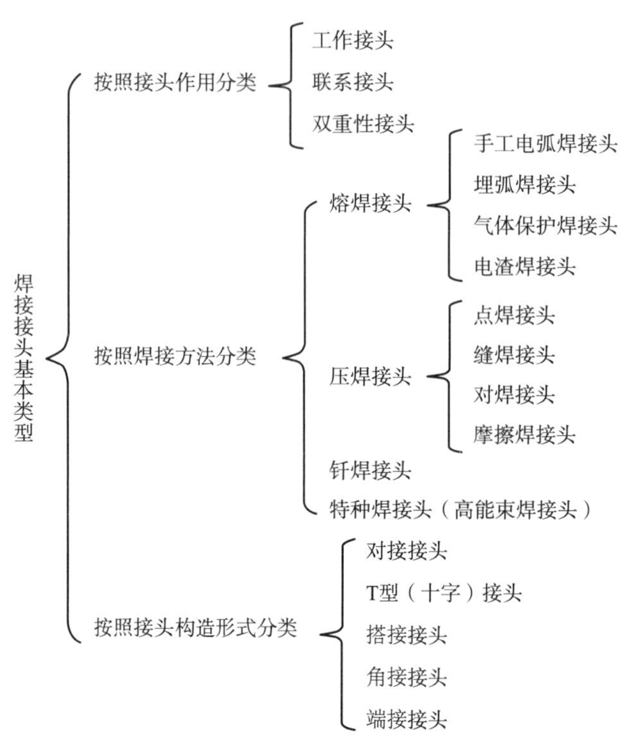

图 3.3　焊接接头的基本类型

3.1.2.3 双重性接头

焊缝既起到连接作用又起到传递一定的工作荷载的作用，这种接头叫作双重性接头，所对应的焊缝就叫双重性焊缝。

这 3 类接头的典型例子如图 3.4 所示。联系焊缝所承受的应力称为联系应力，工作（承载）焊缝承受的应力称为工作应力。具有双重性的焊缝，它既有联系应力又有工作应力。进行焊接结构设计

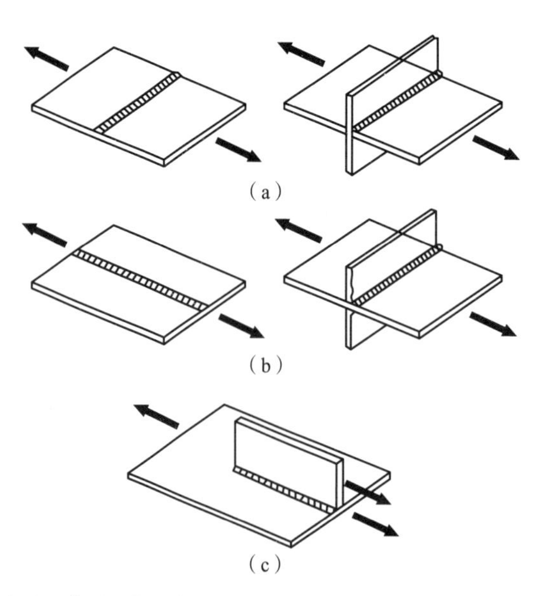

（a）工作（承载）接头　（b）联系接头　（c）双重性接头

图 3.4　按作用分类的三类焊接接头

时，通常联系焊缝无须计算焊缝强度，但必须计算工作（承载）焊缝的强度，双重性接头只计算焊缝的工作应力即可，而不必考虑联系应力。

通常人们根据焊接接头的构造形式的不同，将接头分为对接接头、T 型（十字）接头、搭接接头、角接接头、端接接头五大类基本接头形式，见图 3.5。

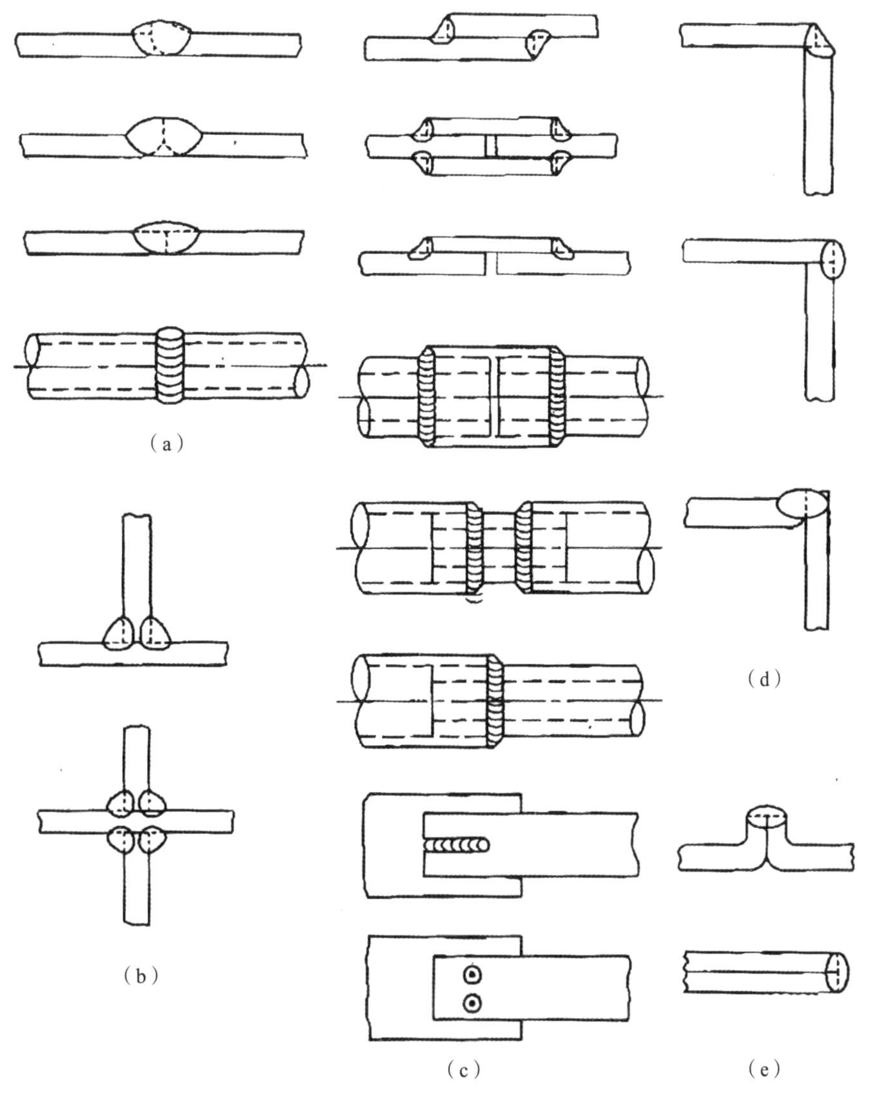

（a）对接接头　（b）T 型（十字）接头　（c）搭接接头　（d）角接接头　（e）端接接头

图 3.5　根据焊接接头的构造形式分类

国际标准 ISO 17659（图示焊接接头的多语种术语）中将焊接接头分为对接接头、平行接头、搭接接头、T 型接头、十字接头、斜 T 型接头、角接接头、端接接头、综合接头和交叉接头这 10 种接头形式（图 3.6）。但这 10 种接头形式也可进一步归为上述的 5 大类基本接头形式。

3.1.3 焊接接头的特点

焊接作为理想的永久连接方法，与其他连接方法相比，具有许多明显的优点。但同时，在许多

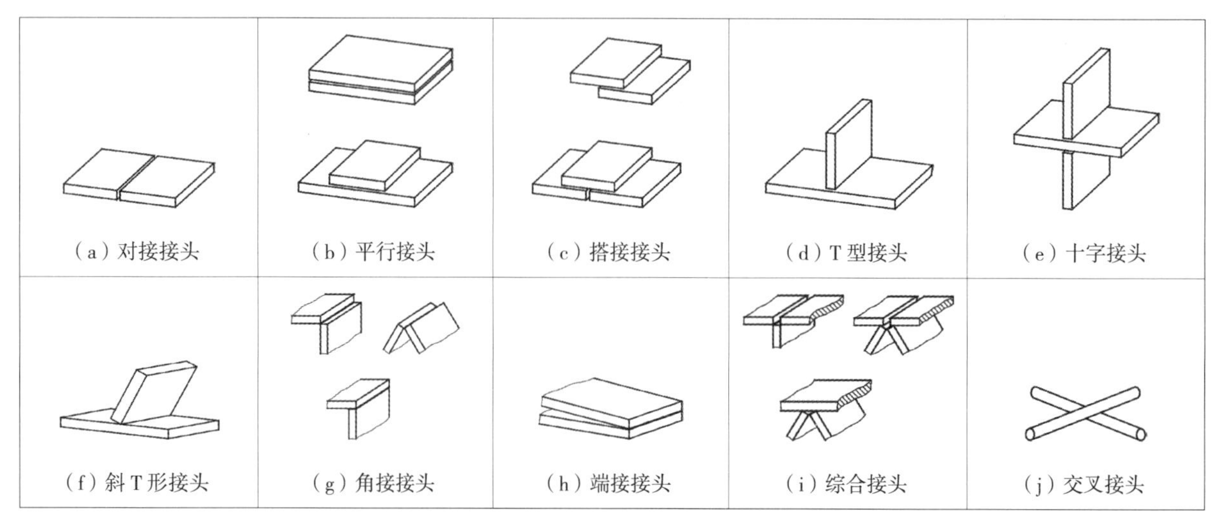

图 3.6　国际标准 ISO 17659 中接头形式

情况下焊接接头又成为焊接结构上的薄弱环节。设计人员选择焊接作为结构的连接方法，不仅要了解焊接接头的明显优点，还需要深刻地把握焊接接头缺点所带来的在设计上需要的相应考虑及应采取的措施。

3.1.3.1 焊接接头的明显优点

（1）理想的性能：焊接接头，特别是全焊透的熔焊接头可根据实际工程需要，实现与母材的等性能（接近等性能），如等强度、等塑性、等韧性，与母材相当的防腐或耐疲劳能力。

（2）接头的可靠性：先进的焊接及检测技术与完整焊接质量保证体系的结合，可确保获得高可靠性的焊接接头，是各种部件连接特别是大型金属结构理想的、不可替代的连接方法。

（3）承载的多向性：与铆接、粘接相比，熔化焊接头特别是全焊透的熔焊接头能很好地承受各方向荷载。

（4）形式的多样性：不同的接头形式，并配以不同的工艺方法和相应的工艺措施，能很好地适应不同结构在材料类型、结构形状尺寸等方面的要求，与其他连接工艺相比具有材料的利用率高、接头所占空间小的特点。

（5）加工的经济性：焊接操作难度较低，容易实现自动化，焊前准备及检测维护简单，修复容易，制造成本相对较低，可以做到几乎不产生废品。

3.1.3.2 焊接接头的突出问题

（1）几何上的不连续性：焊接接头的几何尺寸或（和）形式上可能存在突变，并且接头可能存在各种焊接缺陷，这些均可能减小承载面积，引起应力集中，导致形成裂纹源，进而使接头发生各种破坏。

（2）力学性能上的不均匀性：由焊缝、热影响区及部分母材构成的焊接接头虽然区域不大，但由于存在成分的差别和组织的不均匀性，这会引起力学性能的不均匀性，并且可能存在脆化区、软化区等各种性能劣质区。

（3）焊接应力与变形的存在：焊接过程是一个局部加热的过程，不可避免地，接头会产生焊接应力和变形，当拉伸应力过大时可能会导致焊接裂纹形成或开裂。

3.2 典型焊接接头介绍

3.2.1 熔化焊焊接接头

熔化焊是应用最广泛、最普遍的焊接方法，其使用的接头涵盖了上述五大类接头的基本类型。

3.2.1.1 熔化焊对接接头

熔化焊对接接头是指两被焊工件相对放置在同一平面上，通过熔化焊焊接起来而形成的接头。与其他类型的接头相比，其特点是从受力角度来讲接头力线分布比较均匀、应力集中程度较低，是比较理想的接头形式，也是熔化焊首选并使用最多的接头形式。为保证焊接质量，对接接头焊前的准备及装配质量要求比较高。为了方便施焊往往需要把被焊工件的对接边缘加工成各种形式及不同尺寸的坡口，然后再进行焊接，对接接头常用的坡口形式有单边卷边、双边卷边、I 形、V 形、单边 V 形、带钝边 U 形、带钝边 J 形、双 V 形、带钝边双 U 形以及带钝边双 J 形，如图 3.7 所示。

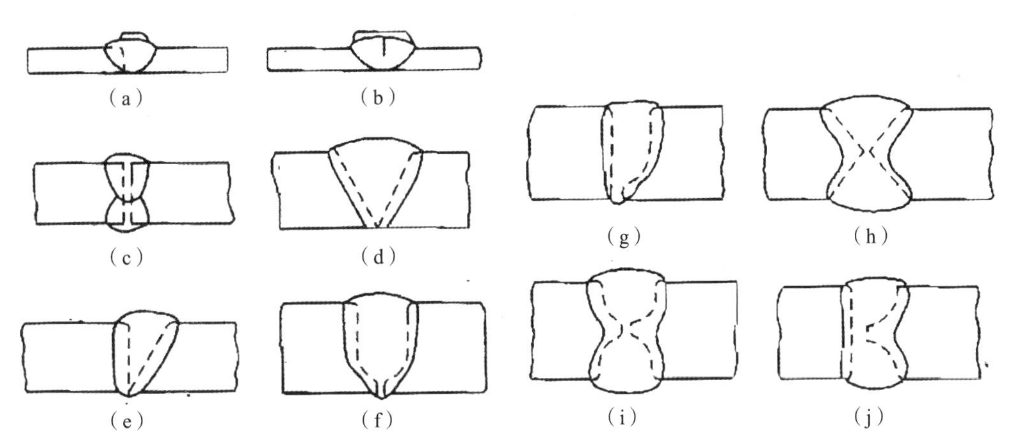

（a）单边卷边　（b）双边卷边　（c）I 形　（d）V 形　（e）单边 V 形　（f）带钝边 U 形　（g）带钝边 J 形
（h）双 V 形　（i）带钝边双 U 形　（j）带钝边双 J 形

图 3.7　不同坡口对接接头举例

3.2.1.2 T 型接头（含三联接头）及十字接头

T 型接头（含三联接头）及十字接头是把相互成一定角度（2 块板常为垂直）的被焊 2 块或 3 块板状工件用角焊缝连接起来的接头，是电弧焊中一种常用的典型接头，其突出特点是能承受各种方向的力和力矩。这种接头有焊透和不焊透、有开坡口和不开坡口之分。不开坡口的 T 型接头及十字接头通常都是不焊透的，此时应尽可能不采用单侧角焊缝，因为这样接头的根部易产生缺口，且弯矩作用下往往根部受拉应力的作用，故承载能力弱。开坡口的T型及十字接头是否焊透要看坡口的形状和尺寸，但一般来讲，开坡口的目的是能焊透。开坡口焊透的T型及十字接头的强度可按对接接头计算，这种情况特别适用于承受动载的结构。T型及十字接头常用的坡口形式有单边V形、带钝边单边V形、双单边V形、带钝边双边V形、带钝边J形、带钝边双J形，如图3.8所示。

3.2.1.3 搭接接头

搭接接头是把两被焊工件部分重叠在一起，或加上专门的搭接件用角焊缝或塞焊缝、槽焊缝连接起来的接头。搭接接头的应力分布不均匀，疲劳强度较低，对于承受动载的接头不宜采用，不是理想的接头类型，但由于其焊前准备和装配工作简单，在结构中仍然得到广泛应用。搭接接头有多种连接形式。不带搭接件的搭接接头，一般采用正面角焊缝、侧面角焊缝或正面、侧面联合角焊缝连接，有时也用塞焊缝、槽焊缝连接，如图3.9所示。塞焊缝、槽焊缝可单独完成搭接接头的连接，但更多的是在搭接接头角焊缝强度不足或反面无法施焊的情况下使用。

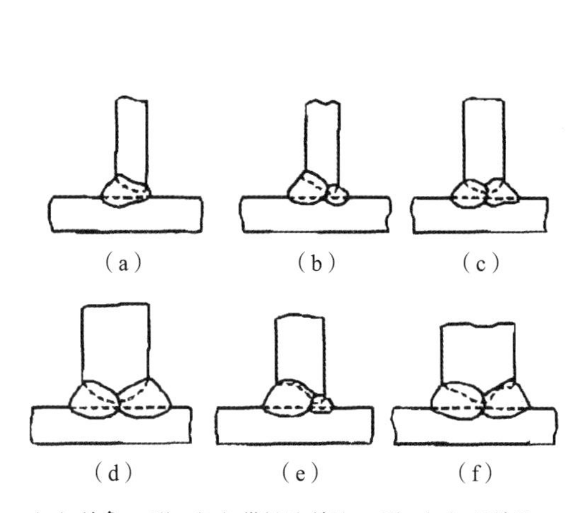

（a）单边V形　（b）带钝边单边V形　（c）双单边V形　（d）带钝边双边V形　（e）带钝边J形　（f）带钝边双J形

图3.8　坡口T形及十字接头举例

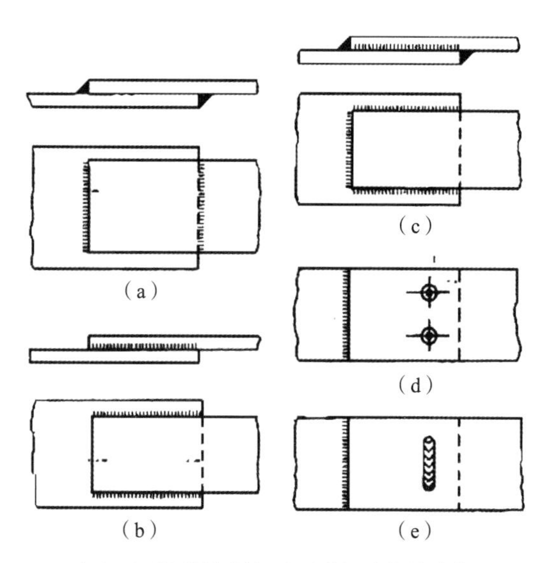

（a）正面角焊缝连接　（b）侧面角焊缝连接　（c）联合角焊缝连接　（d）正面角焊缝＋塞焊缝连接　（e）正面角焊缝＋槽焊缝连接

图3.9　搭接接头举例

3.2.1.4 角接接头

角接接头是两被焊工件端面间构成大于30°、小于135°夹角（常为90°夹角）的接头。角接接头多用于箱形构件上，常见的连接形式如图3.10所示。它的承载能力视其连接形式不同而各异。图3.10（a）最为简单，但承载能力最差，特别是当接头处承受弯曲力矩时，焊根处会产生严重的应力集中，焊缝容易自根部撕裂。图3.10（b）采用双面角焊缝连接，其承载能力可大大提高。图3.10（c）

和图 3.10（d）为开坡口焊透的角接接头，有较高的强度，而且具有很好的棱角，但厚板时可能出现层状撕裂。图 3.10（e）和图 3.10（f）是最易装配的角接接头，不过其棱角并不理想，在棱角影响空间时无法使用。图 3.10（g）可保证为直角的角接接头刚度大，通常要求角钢的厚度要大于板厚。图 3.10（h）焊缝过多，且不易施焊，整体结构过重，为不合理形式。

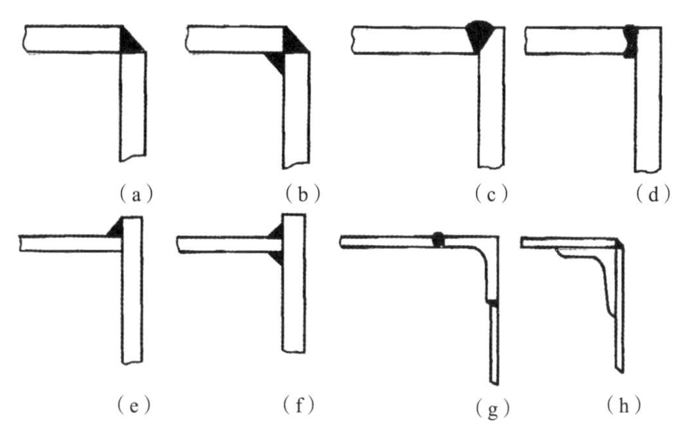

图 3.10 角接接头举例

3.2.1.5 端接接头

端接接头是两被焊工件重叠放置或两被焊工件之间的夹角不大于 30°，在端部进行连接的接头。这种接头通常用于密封。

3.2.2 压焊接头

压焊方法种类很多，生产中常用的压焊方法有电阻焊、摩擦焊等。此外，超声波焊、扩散焊、爆炸焊和冷压焊等也有一定的工程应用。

电阻焊是应用最多的压焊方法，它又有点焊、滚点焊、缝焊、凸焊、高频焊和对焊等。电阻点焊接头的类型如图 3.11 所示。凸焊是点焊的一种变形，它是利用零件原有形面、倒角、底面或预制的凸起点焊到另一零件表面上，其常见的接头类型如图 3.12 所示。

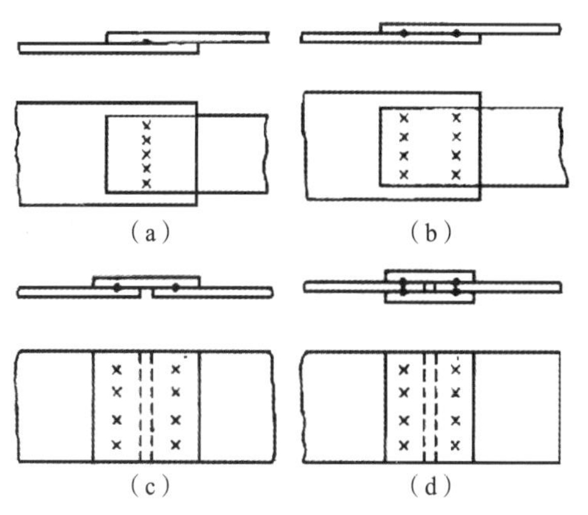

（a）单排点焊接头 （b）双排点焊接头；
（c）单面盖板点焊接头 （d）双面盖板点焊接头

图 3.11 电阻点焊接头的类型

3.2.3 钎焊接头

钎焊连接的接头也是多种多样的，可分为搭接接头、T 型接头、套接接头和舌形与槽形接头。但基本类型是搭接接头。

搭接接头是钎焊连接的最基本的接头形式，因为钎料的强度往往比被钎焊金属的强度要低，所以用搭接接

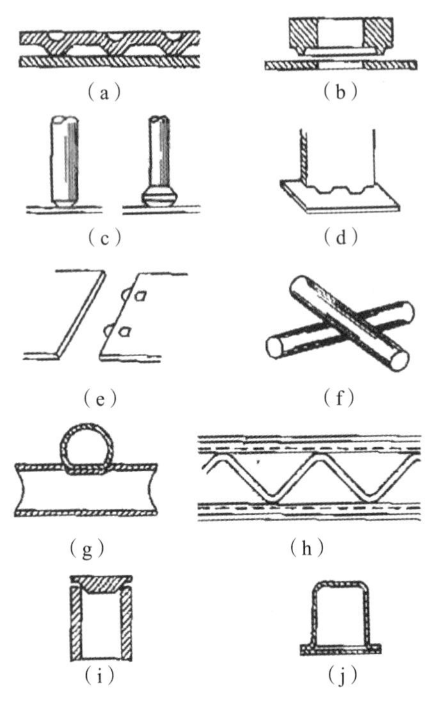

（a）冲压加压多点凸焊 （b）环状凸焊 （c）棒材与平板凸焊
（d）板与板的垂直凸焊 （e）平板对接凸焊 （f）线材交叉凸焊
（g）管材交叉凸焊 （h）蛇形棒材腹杆与型材凸焊
（i）利用棱边凸焊 （j）薄板圆周凸焊

图 3.12 凸焊接头常见类型

头，依靠增大搭接面积，可以在钎缝强度低于被钎焊金属强度的条件下，达到接头（钎缝）与被钎焊金属具有相等的承载能力。此外，搭接接头的装配相对比较简单。对接接头虽然有许多优点，但由于接头强度往往低于被焊金属强度，接头的承载能力很难达到被钎焊金属的承载水平。同时，这种接头形式在装配时，由于保持对中和间隙大小较为困难，一般较少采用。

在实际结构中，需要采用钎焊连接的零件形状和位置是各种各样的，不可能全都设计成典型的搭接接头。这时为了提高钎焊接接头的承载能力，设计的基本原则应该是尽可能地使接头搭接化，如图 3.13 所示。

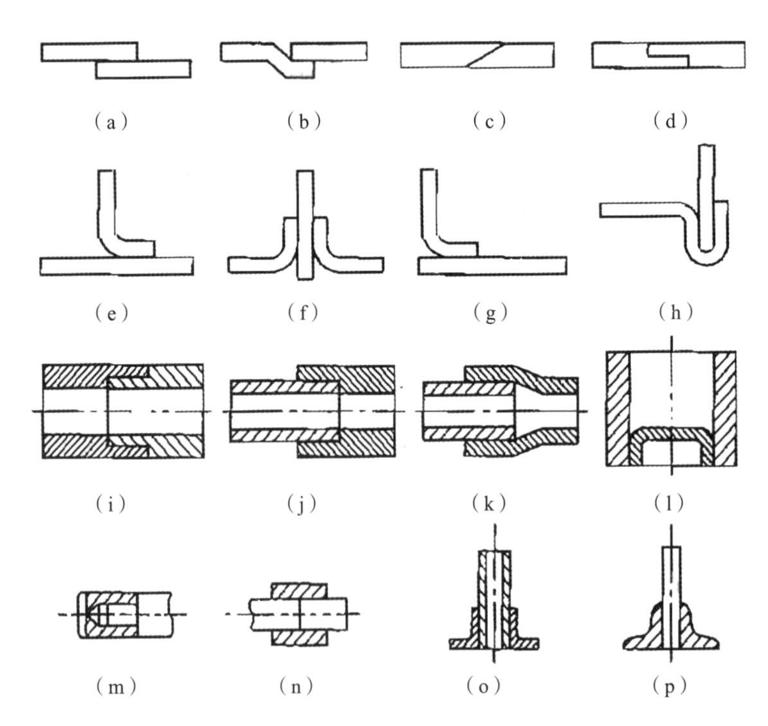

（a）（b）普通搭接接头 （c）（d）对接接头局部搭接化 （e）~（h）丁字接头和角接接头局部搭接化
（i）~（k）管件的套接接头 （l）管与底板的接头形式 （m）（n）杆件连接的接头形式 （o）（p）管或杆与凸缘的接头形式

图 3.13 钎焊接头搭接化设计举例

3.3 焊缝与坡口

要注意区分焊接接头、焊缝、和坡口 3 个不同的概念，国家标准 GB/T 3375—94（焊接术语）中关于焊接接头、焊缝、和坡口的定义如下。

接头（joint）：由两个或两个以上的零件要用焊接组合或已经焊合的接点。检验接头性能时应考虑焊缝、熔合区、热影响区甚至母材等不同部位的相互影响。

焊缝（weld）：焊件经焊接后所形成的结合部分。

坡口（groove）：根据设计或工艺需要，在焊件的待焊部位加工并装配成的一定几何形状的沟槽。

3.3.1 熔化焊对接焊缝与坡口

对接接头所采用的焊缝称为对接焊缝，如图 3.14（a）所示。为了方便施焊，对接焊缝的焊件对接边缘一般需要加工成适当形式和尺寸的坡口。坡口形式的选择主要取决于板厚、焊接方法和工艺过程，同时要考虑到焊接材料的消耗量、焊接的可达性、坡口加工方法、焊接应力与变形的控制及焊接生产效率等影响因素。对接焊缝 V 形坡口的几何形状及名称如图 3.14（b）所示。

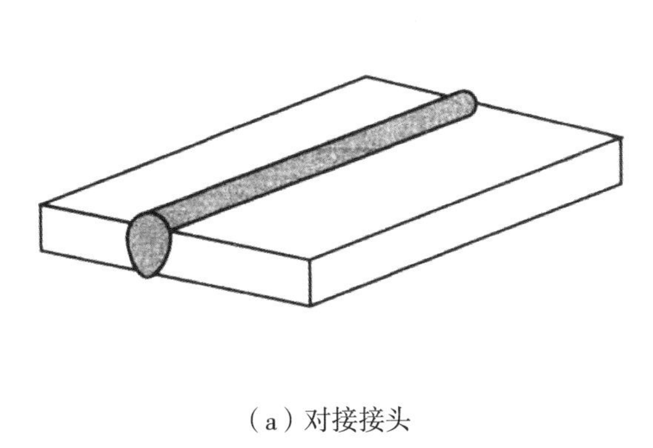

（a）对接接头

（b）对接焊缝 V 形坡口的几何形状及名称

1. 坡口角度；2. 坡口面角度；3. 钝边；4. 根部间隙；5. 坡口面；6. 焊趾；7. 焊缝余高；8. 焊缝表面；9. 焊根；10. 熔深

图 3.14　对接焊缝

常见的对接焊缝坡口形式如图 3.15 所示。为保证厚度较大的焊件能够焊透，常将焊件接头边缘加工成一定形状的坡口。坡口除保证焊透外，还能起到调节母材金属和填充金属比例的作用，由此可以调整焊缝的性能。

焊条电弧焊常采用的坡口形式有不开坡口（I 形坡口）、Y 形坡口、双 V 形坡口等，如图 3.15 所示。焊条电弧焊板厚 6 mm 以上对接时，一般要开设坡口，对于重要结构，板厚超过 3 mm 就要开设坡口。厚度相同的工件常有几种坡口形式供选择，Y 形和 U 形坡口只需一面焊，可焊到性较好，但焊后角变形大，焊材消耗量也大些。双 Y 形和双 U 形坡口两面施焊，受热均匀，变形较小，焊材消耗量也较小。在板厚相同的情况下，双 Y 形坡口比 Y 形坡口节省焊接材料 1/2 左右，但必须两面

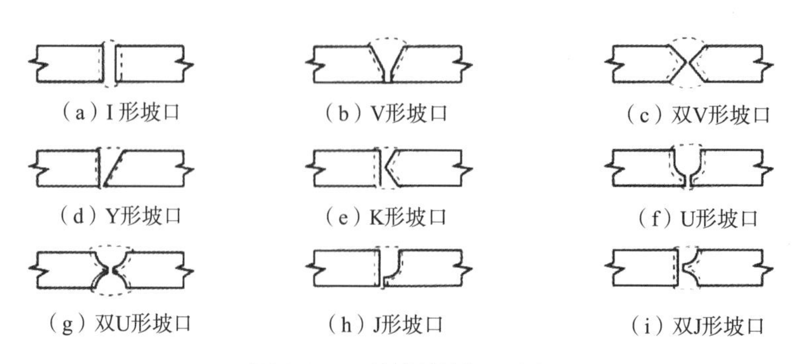

图 3.15　对接焊缝坡口形式

都可焊到，所以有时受到结构形状等的限制。U 形和双 U 形坡口根部较宽，容易焊透，且焊材消耗量也较小，但通常需机械加工，坡口制备成本较高，一般只在重要的受动载的厚板结构中采用。图 3.16 为典型对接焊缝坡口尺寸。

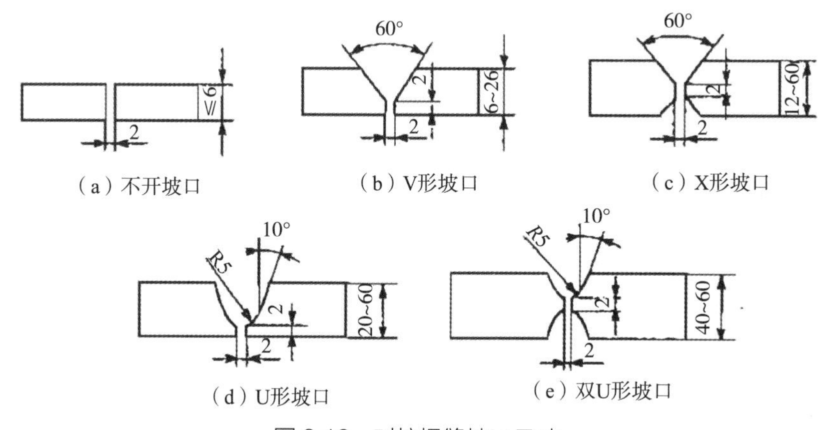

图 3.16　对接焊缝坡口尺寸

3.3.2 熔化焊角接焊缝与坡口

角焊缝截面形状如图 3.17 所示。角焊缝的几何名称如图 3.18 所示。其中，截面为等腰直角三角形的角焊缝是最为常用的。

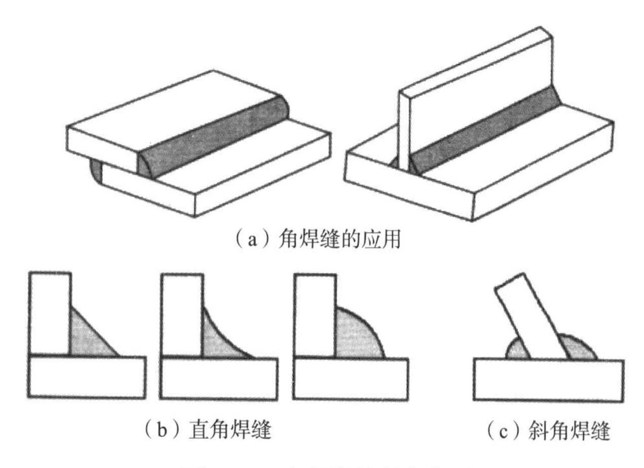

图 3.17　角焊缝的基本类型

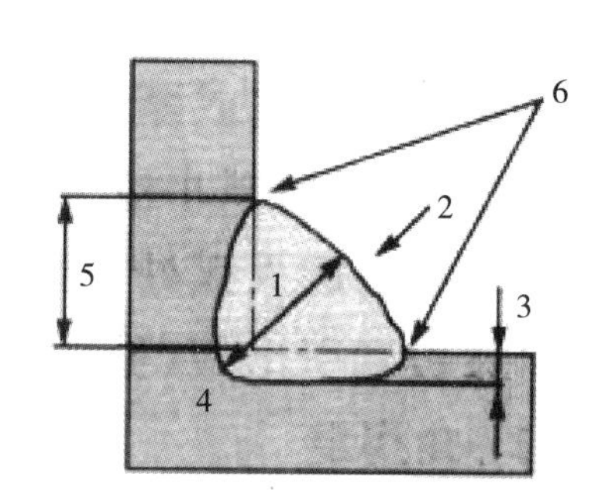

1. 焊缝厚度；2. 焊缝表面；3. 熔深；4. 焊根；5. 焊脚；6. 焊趾

图 3.18　角焊缝的几何名称

对于需要焊透的角焊缝连接，则要开设坡口，图 3.19 所示为角焊缝的典型坡口几何尺寸。

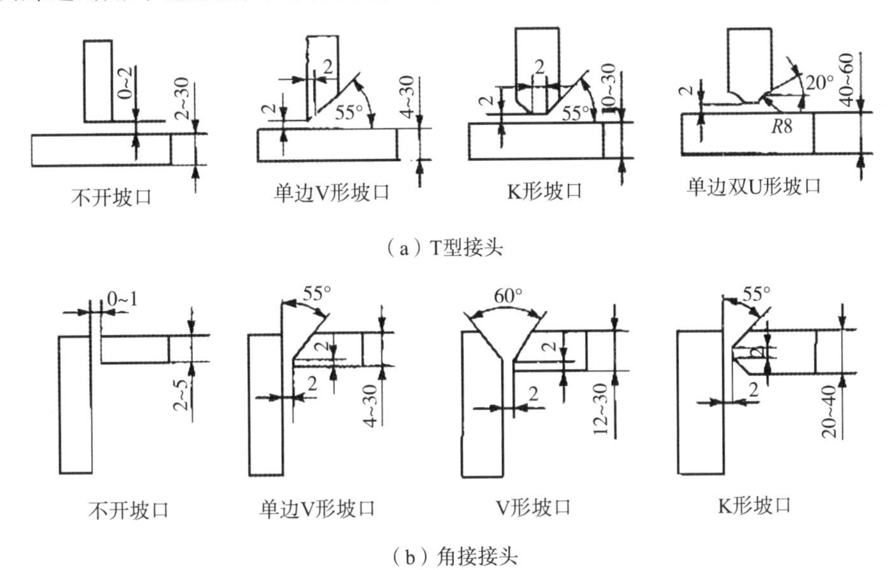

图 3.19　角焊缝的典型坡口形式

3.4 焊接坡口的选择

3.4.1 坡口的选择原则

选择什么样的坡口形式主要取决于被焊接构件的厚度、焊接方法、焊接位置和具体焊接工艺过程等。一般应遵循以下原则：

（1）满足焊接质量要求是选择和设计坡口形式和尺寸的最基本要求。

（2）为便于焊接施工，尽可能采用平焊单面坡口。对于不能翻转的部件和直径较小的容器，为了避免大量仰焊和便于采用单面焊双面成形的工艺方法，宜采用 V 形或 U 形坡口。

（3）为便于坡口加工，V 形或 X 形坡口加工比 U 形或双 U 形坡口容易，应尽可能采用。

（4）尽量选用坡口断面面积小的坡口形式，以降低焊接材料的填充量、减少热输入等。

（5）结合具体结构，选择合适坡口，尽可能降低焊接变形。

3.4.2 相关标准

国际标准 ISO 9692 系列标准中推荐了焊接坡口，含有以下系列。

（1）ISO 9692–1：2013《焊接和相关工艺　接头制备的种类　第 1 部分：手工金属电弧焊、气体保护金属电弧焊和气焊，钢的钨极惰性气体保护电弧焊和镭射光焊接》。

（2）ISO 9692–2：1998《焊接和相关工艺　接头制备的种类　第 2 部分：钢的埋弧焊》。

（3）ISO 9692–3：2016《焊接和相关工艺　接头制备的种类　第 3 部分：铝及铝合金的金属焊

条惰性气体保护焊和钨焊条隋性气体保护焊》。

（4）ISO 9692–4：2003《焊接和相关工艺　接头制备的建议　第 4 部分：包钢》。

我国已于 2008 年将以上标准等同等效转化为国家标准，标准号为 GB/T985.2008。表 3.1~ 表 3.3 的内容节选自 ISO 9692 系列标准的部分内容，便于对照学习和分析。

另外，欧洲一些专业标准中也就这方面的一些细节也做出了规定，如：EN 1708–1：2010《焊接　钢焊接连接点的基本细节　第 1 部分：受压力部件》；EN 1708–2：2000《焊接　钢件的焊接接头基础详细资料　第 2 部分：无内部压力用途部件》；DIN EN 15085–3：2010《轨道应用 – 轨道车辆及部件的焊接 – 设计要求》。

表 3.1　节选自 ISO 9692–1 中表 3.1 和表 3.2

板厚 t / mm	坡口形式	符号	示意图	尺寸				焊接工艺方法 ISO 4063
				角度 α、β /（°）	间隙 b / mm	钝边 c / mm	熔深 h / mm	
单面焊接								
$t \leqslant 4$	I 形	 ‖	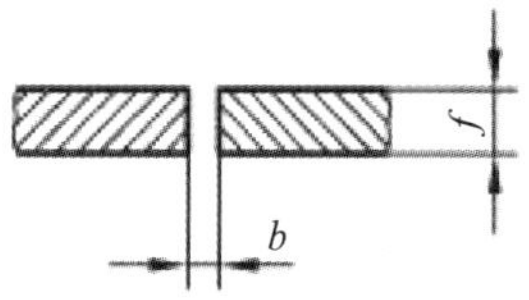	–	$\approx t$	—	—	3、111、13 和 141
$6 < t \leqslant 10$	V 形	 V	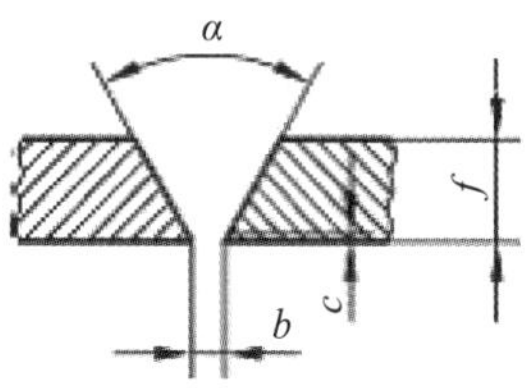	$40 \leqslant \alpha \leqslant 60$	$\leqslant 4$	$\leqslant 2$	—	3、111、13 和 141
$5 < t \leqslant 40$	Y 形	 Y	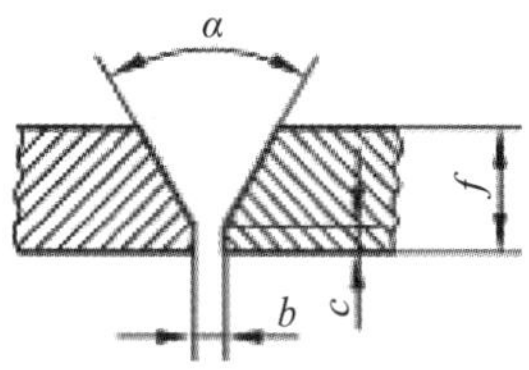	$\alpha \approx 60$	$1 \leqslant b \leqslant 4$	$2 \leqslant c \leqslant 4$	—	111、13 和 141
$t > 12$	U 形	 Y	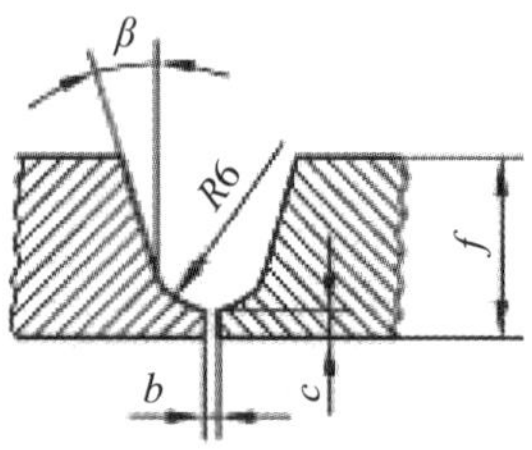	$8 \leqslant \beta \leqslant 12$	$\leqslant 4$	$c \leqslant 3$	—	111、13 和 141

续表

板厚 t /mm	坡口形式	符号	示意图	尺寸：角度 α、β /(°)	尺寸：间隙 b /mm	尺寸：钝边 c /mm	尺寸：熔深 h /mm	焊接工艺方法 ISO 4063
双面焊接								
$t \leqslant 8$	I 形		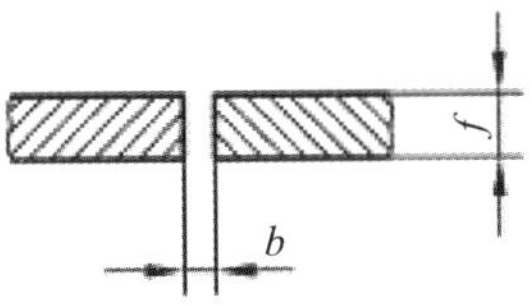	—	$\approx t/2$	—	—	111、141
					$\leqslant t/2$			13
$3 < t \leqslant 40$	V 形		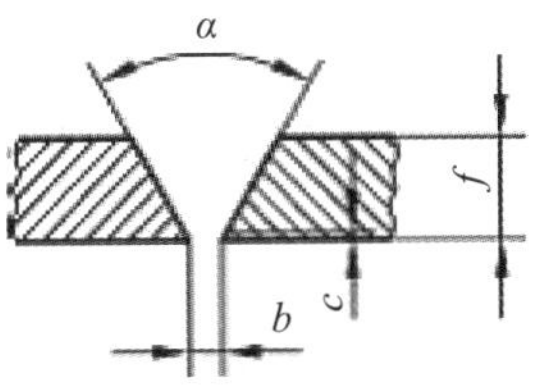	$\alpha \approx 60$	$\leqslant 3$	$\leqslant 2$	—	111、141
				$40 \leqslant \alpha \leqslant 60$				13
$t > 10$	双面 Y 形		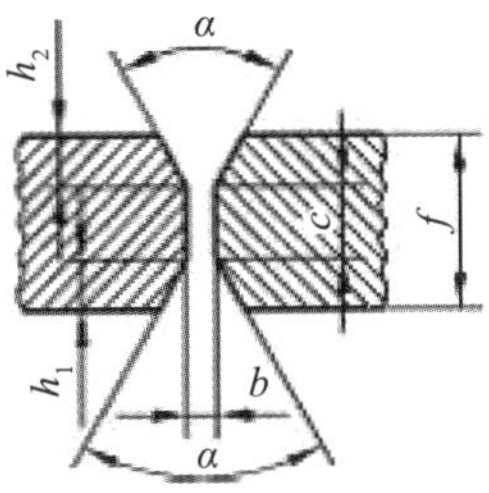	$\alpha \approx 60$	$1 \leqslant b \leqslant 4$	$2 \leqslant c \leqslant 6$	$h_1=h_2=(t-c)/2$	111、141
				$40 \leqslant \alpha \leqslant 60$				13
$t > 10$	双面 V 形		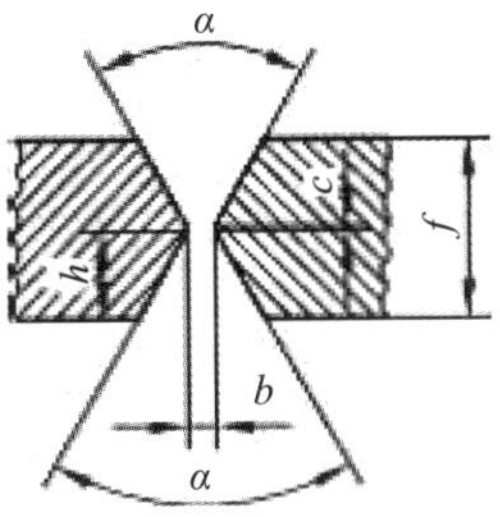	$\alpha \approx 60$	$1 \leqslant b \leqslant 3$	$c \leqslant 2$	$\approx t/2$	111、141
				$40 \leqslant \alpha \leqslant 60$				13
			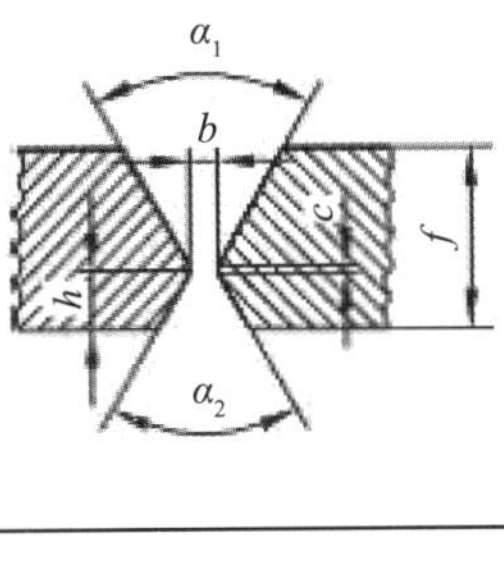	$\alpha_1 \approx 60$ $\alpha_2 \approx 60$			$\approx t/3$	111、141
								13

表 3.2 节选自 ISO 9692-2 中表 3.1 和表 3.2

板厚 t /mm	坡口形式	符号	示意图	尺寸			
				角度 α、β /(°)	间隙 b /mm	钝边 c /mm	熔深 h /mm
单面焊接							
$3 \leq t \leq 12$	I 形	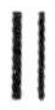 ǁ	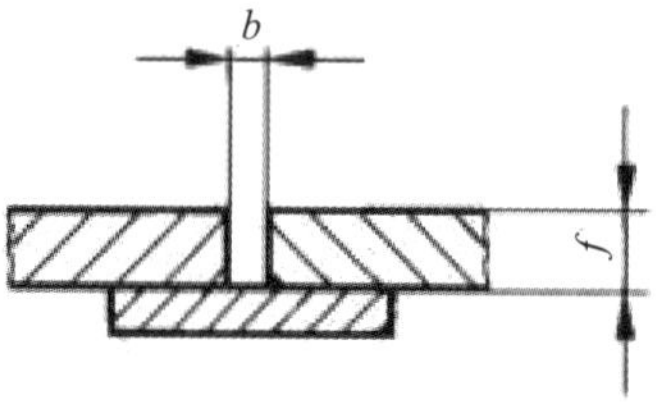	—	$b \leq 0.5t$ 最大 5	—	—
$10 < t \leq 20$	V 形	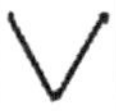 V	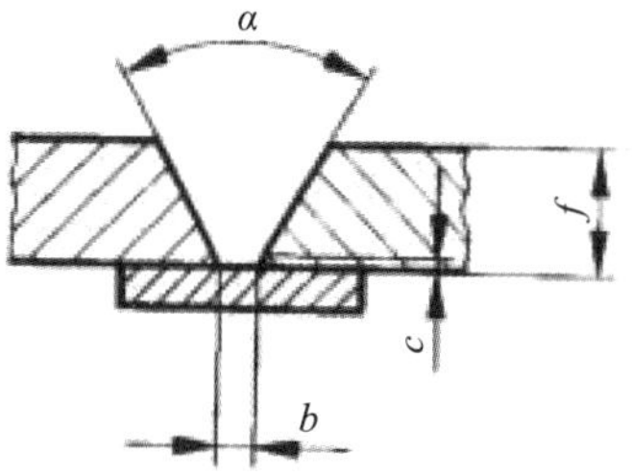	$30 \leq \alpha \leq 50$	$4 \leq b \leq 8$	≤ 2	—
$t > 20$	陡边	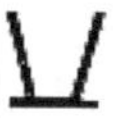	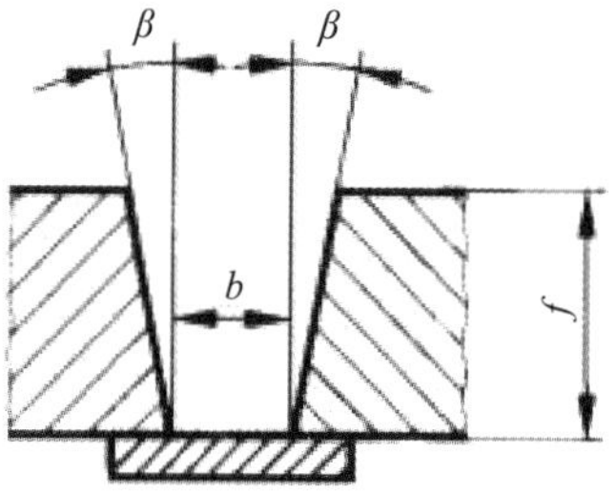	$4 \leq \alpha \leq 10$	$10 \leq b \leq 25$	—	—
$3 < t \leq 16$	HV 形	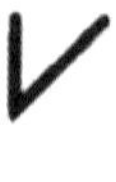	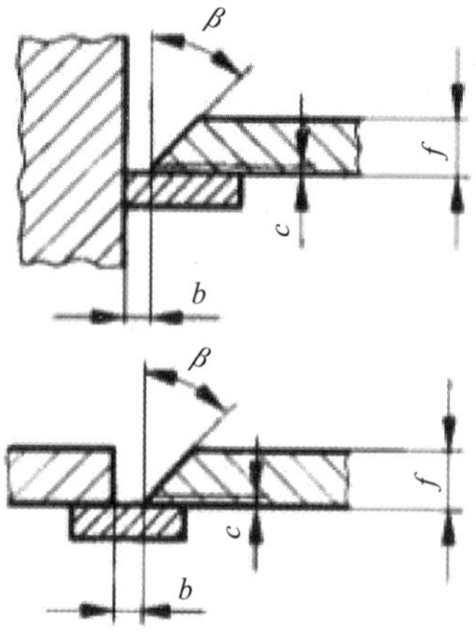	$30 \leq \alpha \leq 50$	$1 \leq b \leq 4$	≤ 2	—

续表

板厚 t /mm	坡口形式	符号	示意图	尺寸			
				角度 α、β /(°)	间隙 b /mm	钝边 c /mm	熔深 h /mm
双面焊接							
$3 < t \leqslant 20$	I 形	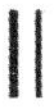 ‖	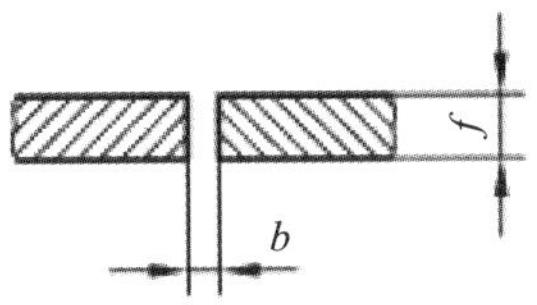	—	$\leqslant 2$	—	—
$10 \leqslant t \leqslant 35$	Y 形	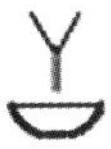	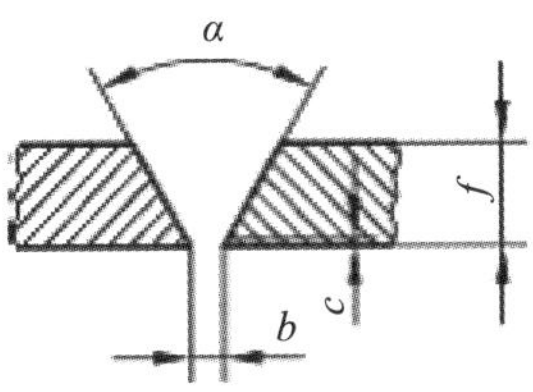	$30 \leqslant \alpha \leqslant 60$	$\leqslant 4$	$4 \leqslant c \leqslant 10$	—

表 3.3　节选自 ISO 9692-3 中表 3.1 和表 3.2

焊缝			接头坡口形式					焊接方法
工件厚度 t /mm	名称	符号	截面图	角度 α、β /(°)	间隙 b /mm	钝边 c /mm	熔深 h /mm	
双面焊接								
$t \leqslant 4$	I 形	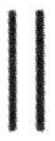 ‖	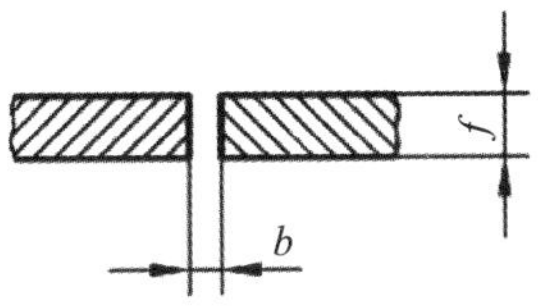	—	$\leqslant 1$	—	—	141
$3 \leqslant t \leqslant 6$	V 形	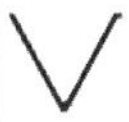 V	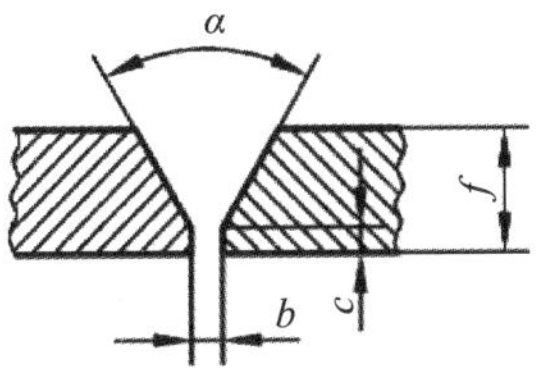	$90 \leqslant \alpha \leqslant 120$	$\leqslant 1$	$1 \leqslant c \leqslant 2$	—	141
$2 \leqslant t \leqslant 20$	V 形，带型材锁边	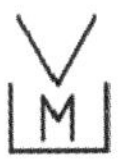	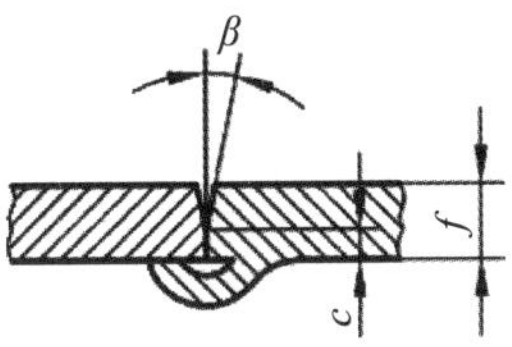	$20 \leqslant \beta \leqslant 40$	$\leqslant 3$	$1 \leqslant c \leqslant 3$	—	131 141

续表

焊缝			接头坡口形式					焊接方法
工件厚度 t / mm	名称	符号	截面图	角度 α、β /(°)	间隙 b / mm	钝边 c / mm	熔深 h / mm	
双面焊接								
$6 \leqslant t \leqslant 10$	I形		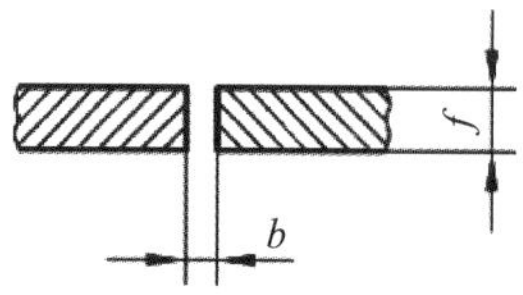	—	$6 \leqslant b \leqslant 8$	—	—	141
$6 \leqslant t \leqslant 15$	X形		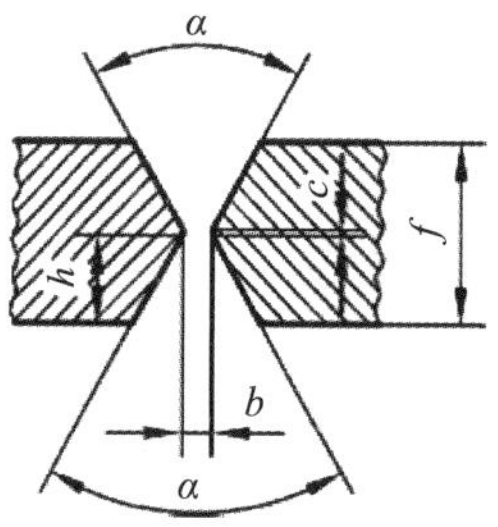	$\alpha \geqslant 60$	$\leqslant 2$	—	—	141
$t > 15$				$\alpha \geqslant 70$				131
$6 \leqslant t \leqslant 15$	有背面焊道的单面Y形对接焊缝		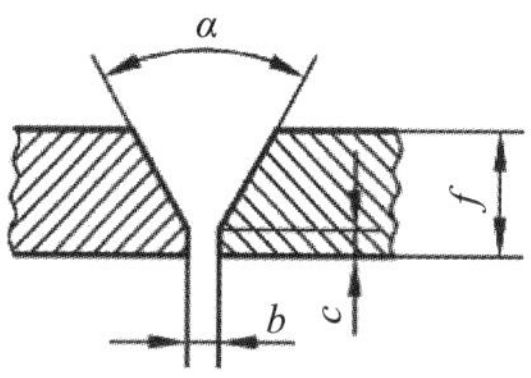	$\alpha \geqslant 60$	$\leqslant 1$	$\leqslant 2$	—	141 131

3.5 焊缝图示（ISO 2553）

3.5.1 概述

在工程技术领域，绘图是很好的示意方法，最易使双方相互理解。图纸可以是一张示意图或是一张准确的施工图纸。为了不致产生误解，并建立统一性，人们有必要制订一些标准。标准要以最新版本为准。

ISO 2553是关于图纸中焊接接头符号表示的标准，本部分根据2019年版本编写。2019年版本认可了全球市场上公认的两种标记方式，即欧洲采用的A系列和美国等国采用的B系列。标准中带有后缀字母“A”的条款、表格和图片仅适用于基于双基准线（即基准线为一根实线和一根虚线）的符号表示体系；带有后缀字母“B”的条款、表格和图片仅适用于基于单基准线（即只有一根实线）的符号表示体系；不带有后缀字母“A”或“B”的条款、表格和图片，两种体系都可以应用。

根据 ISO 2553（2019）标准，焊接接头各组成符号的完整标记举例如图 3.20 所示。

图 3.20（a）参照 A 系列的完整焊接符号示例中，焊接符号标记的为接头箭头侧的相同焊缝。基准线虚线可画在实线的上面也可以画在实线的下面。

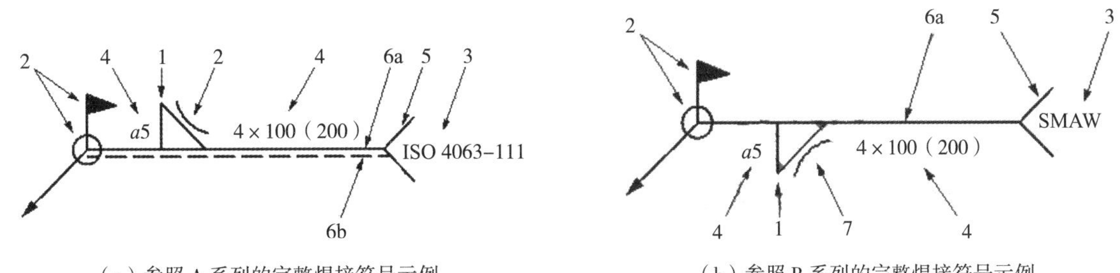

（a）参照 A 系列的完整焊接符号示例　（b）参照 B 系列的完整焊接符号示例

1. 基本符号（角焊缝）;
2. 辅助符号（凹形角焊缝外形，现场焊缝，封闭焊缝）;
3. 补充信息 [焊条电弧焊（SMAW）/ 根据 ISO 4063-111];
4. 尺寸（断续角焊缝公称厚度 5 mm，长 100 mm 的 4 条焊缝，每条焊缝间隔 200 mm）;
5. 尾部（补充说明）；6a. 基准线（实线）；6b. 虚线（标识线）– 仅在体系 A 中；7. 补充符号

图 3.20　完整焊接符号示例

3.5.2 ISO 2553 标记构成

下面部分介绍的标记体系是基于双基准线（即基准线为一根实线和一根虚线）符号表示的“A”系列。

为了便于学习和记忆，可以将标记内容概括为以下 4 个部分（图 3.21）：标记 = 符号标记（2）+ 尺寸标记（1+3）+ 位置标记（1~3 下部的实线和根虚线及箭头）+ 补充说明（4~7）。

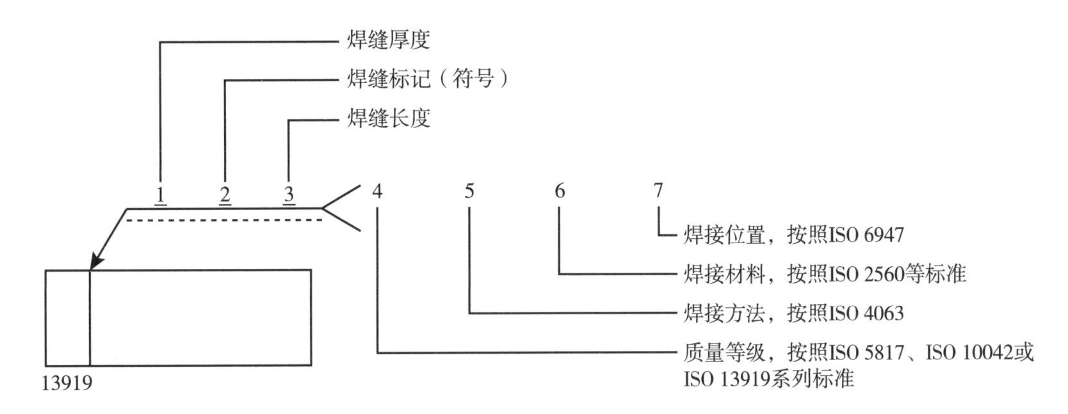

图 3.21　ISO 2553 焊接符号标记构成（以 A 系列为例）

3.5.3 符号标记

不同焊缝的类别可以采用符号来表示，一般符号的形状大体与实际的焊缝相似。焊接接头标记中的符号标记首先采用基本符号或组合符号，再加上辅助符号。

3.5.3.1 基本符号和组合符号

基本符号参见表 3.4，组合符号参见表 3.5。

表 3.4 基本符号

序号	名称	示意图 （虚线代表焊接前的焊接坡口）	符号①
1	I 形坡口对接焊缝	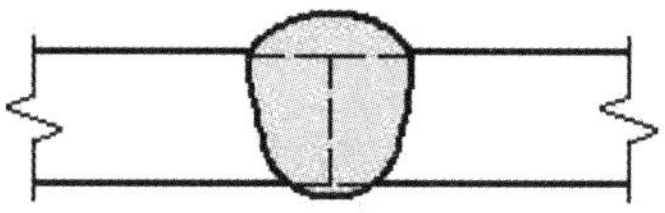	
2	V 形坡口对接焊缝	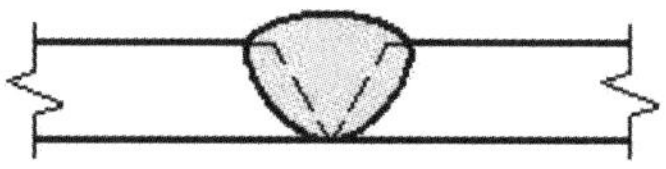	
3	带钝边 V 形焊缝②	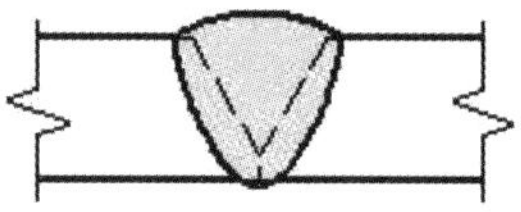	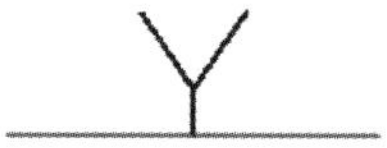
4	单边 V 形焊缝②	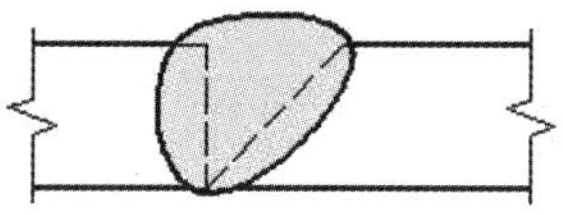	
5	带钝边单边 V 形焊缝	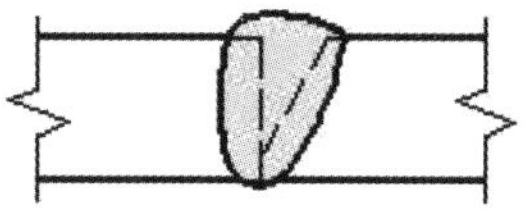	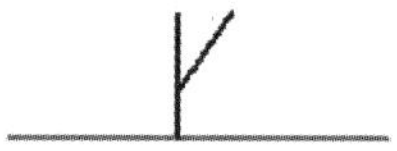
6	带钝边 U 形焊缝	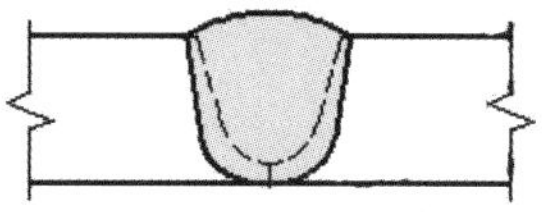	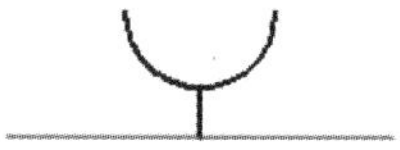
7	带钝边 J 形焊缝	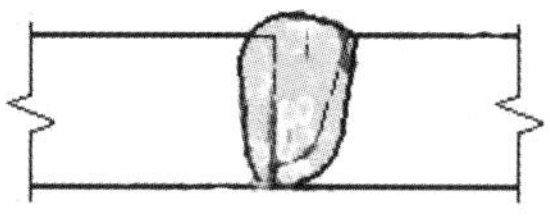	
8	喇叭 V 形焊缝	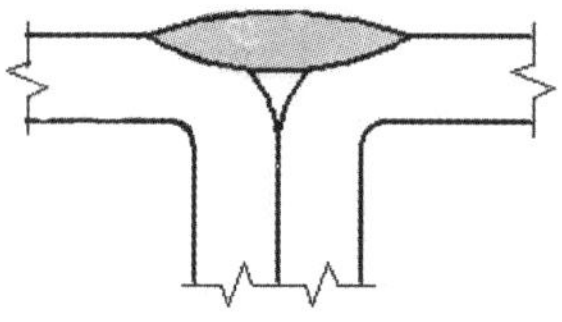	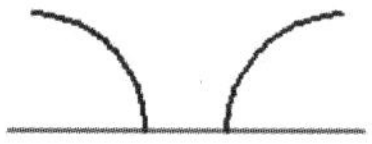
9	单边喇叭形焊缝	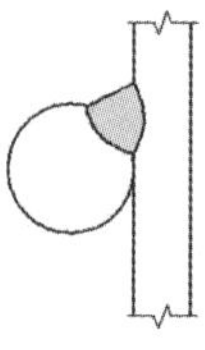	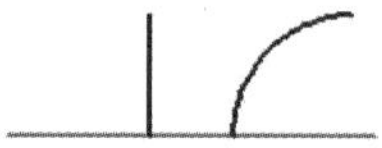

续表

序号	名称	示意图 （虚线代表焊接前的焊接坡口）	符号[①]
10	角焊缝	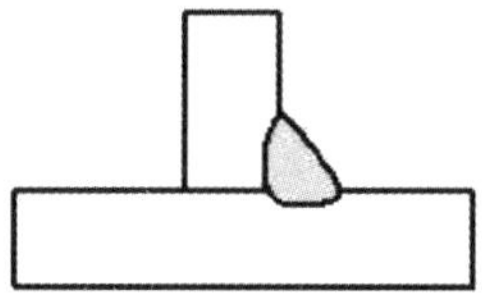	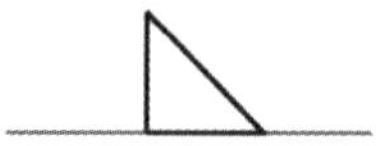
11	塞焊缝或槽焊缝	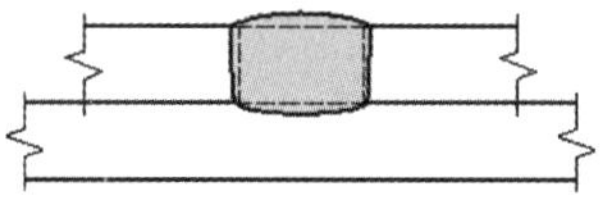	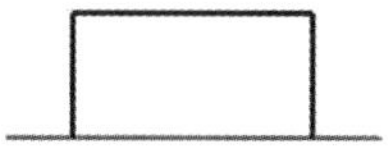
12	电阻点焊缝（包括体系 A 中的凸焊）	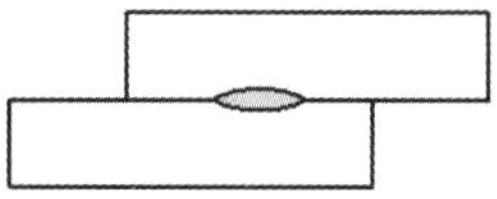	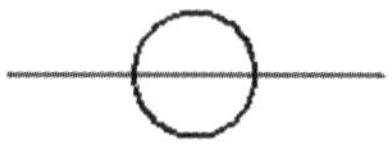
13	熔化点焊缝（包括体系 B 中的凸焊）	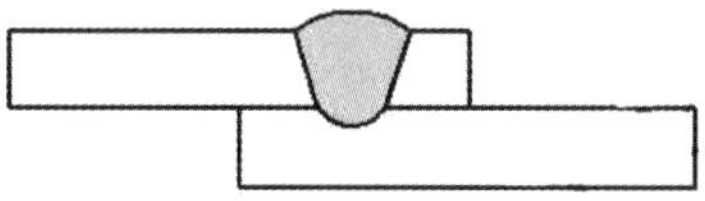	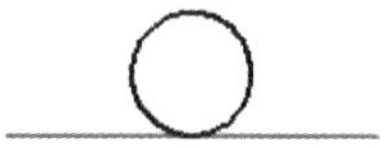
14	缝焊缝	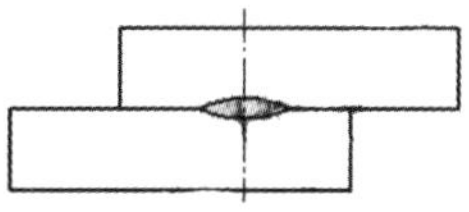	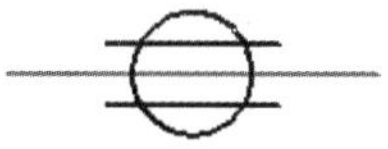
15	熔化缝焊缝	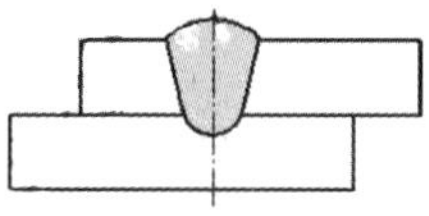	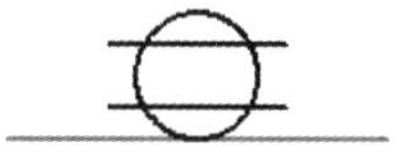
16	螺柱焊	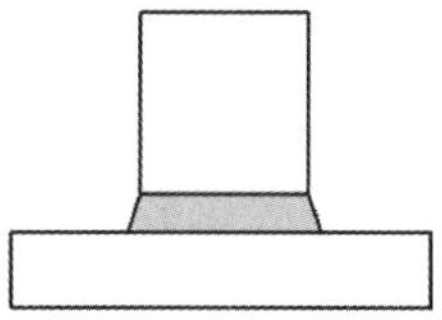	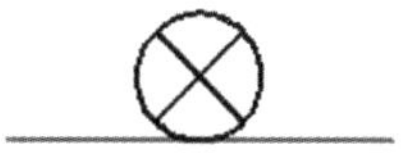
17	陡边 V 形焊缝[②]	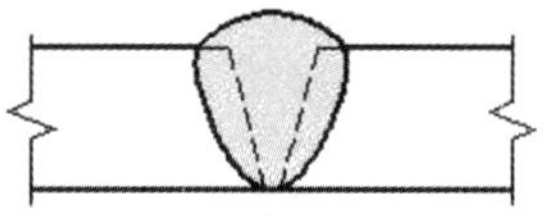	
18	陡边单 V 形焊缝[②]	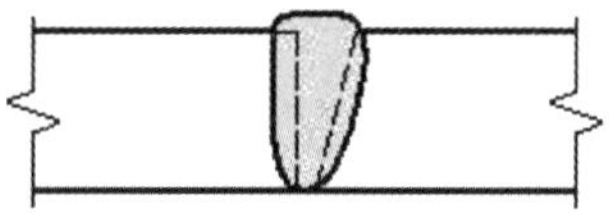	
19	端焊缝[③]	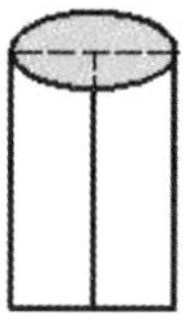	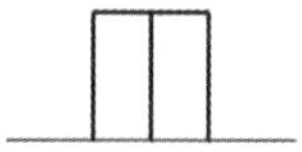
20	卷边对接焊缝 / 角焊缝	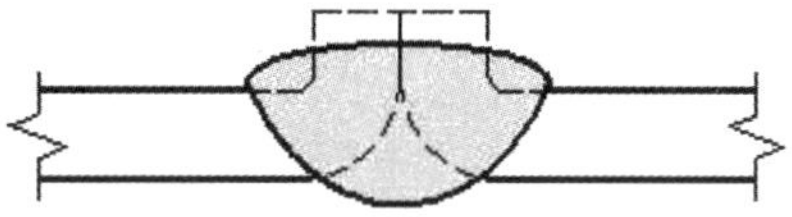	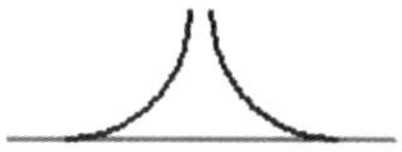

续表

序号	名称	示意图 （虚线代表焊接前的焊接坡口）	符号[①]
21	堆焊缝	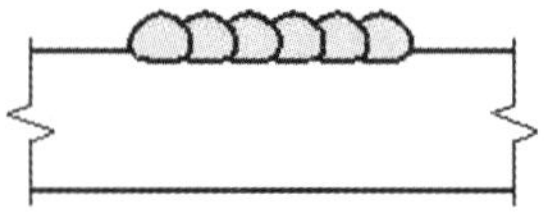	
22	桩焊缝[③]	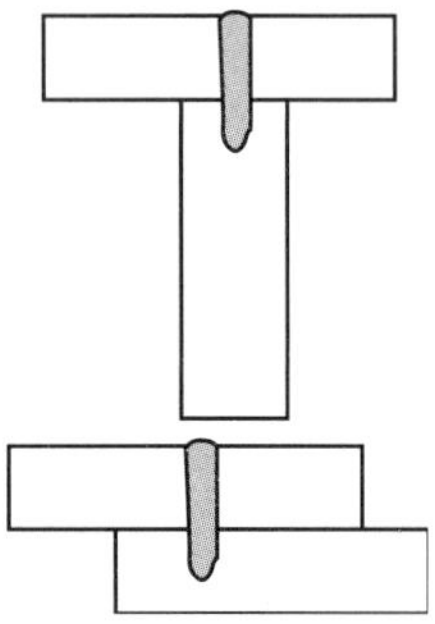	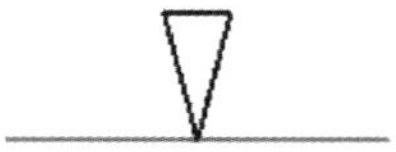

注：①灰线并非符号的一部分，而是用于指出基准线的位置。
②对接焊缝为完全焊透的焊缝，除非焊接符号上的尺寸另外指出，或者参照其他信息比如 WPS。
③可用于超过两个组件的焊接。

表 3.5　表示双面焊缝的组合符号

序号	焊缝类型	示意图[①]	符号[②]
1	双面 V 形对接焊缝	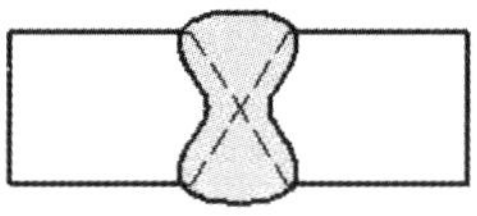	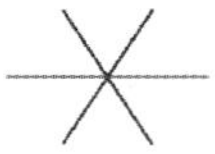
2	双面单 V 形对接焊缝	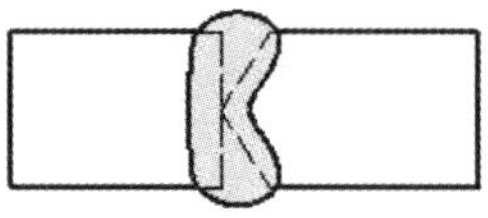	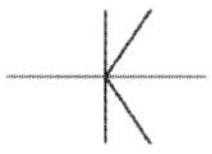
3	双面 U 形焊缝	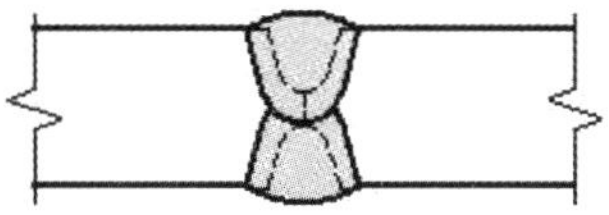	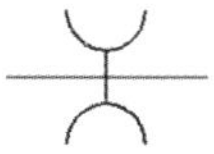
4	（带钝边的）双面单 V 形对接焊缝 以及角焊缝	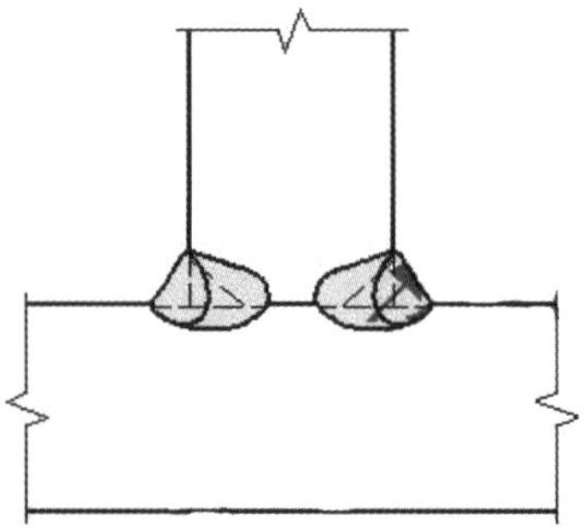	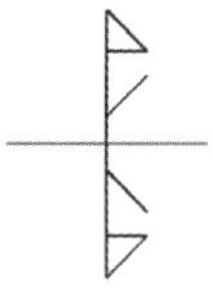

注：①焊缝为部分或完全焊透的焊缝，通过焊接符号（见表 3.4）上的尺寸指出，或者参照其他信息比如 WPS。
②灰线并非符号的一部分，而是用于指出基准线的位置。

3.5.3.2 表面形状的辅助符号

关于所需接头的其他信息可通过使用表 3.6 中的辅助符号来表示。辅助符号可以提供例如关于焊缝形状或焊缝接头应如何焊接的信息。

表 3.6　辅助符号

序号	名称	符号①	应用示例①	说明
1	平面②（磨平）			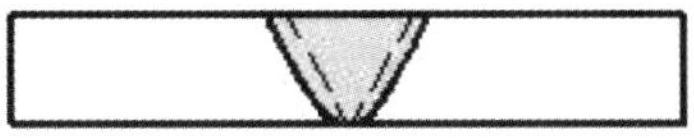
2	凸面②		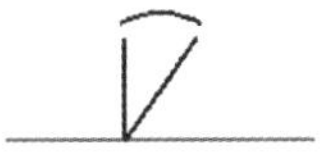	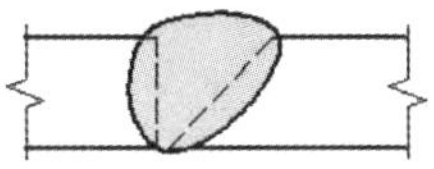
3	凹面②		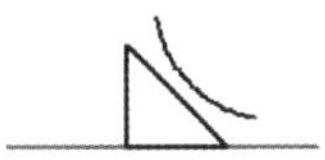	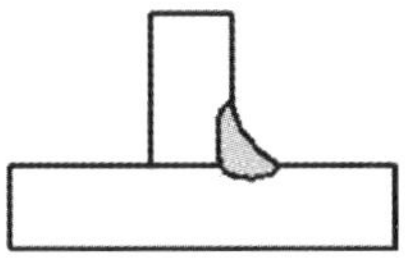
4	圆滑过渡③			无示例
5	封底焊缝④（单边 V 形对接焊缝焊接完之后焊接的焊缝）		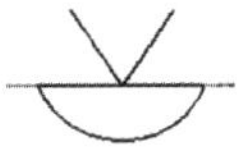	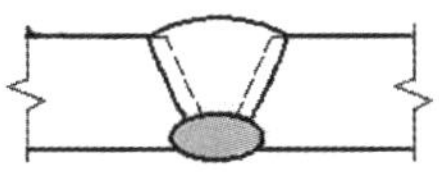
	打底焊缝④（单边 V 形对接焊缝焊接前焊接的焊缝）			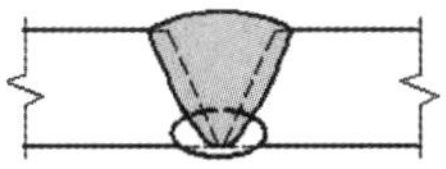
6	根部余高（对接焊缝）⑤		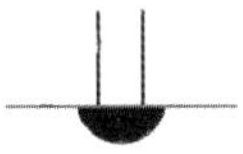	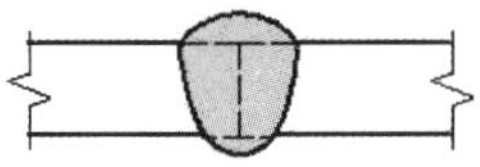
7A	衬垫（未规定）		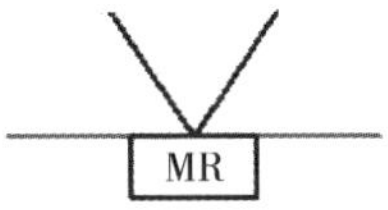 MR	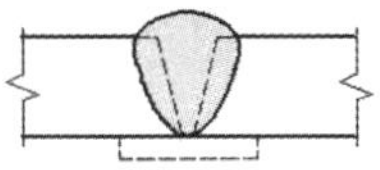
7B	永久衬垫⑥	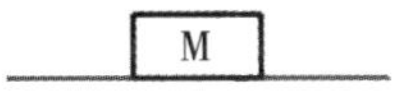 M		
7C	临时衬垫⑥	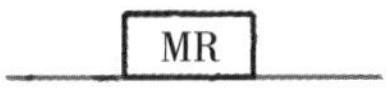 MR		
8	间隔衬垫		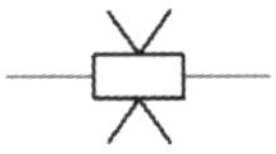	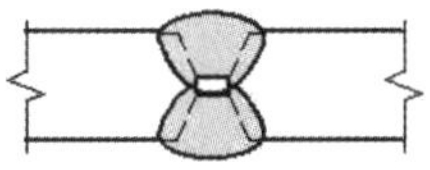

注：①灰线并非符号的一部分，而是用于显示基准线和 / 或箭头线上符号的位置；②需要磨平的焊缝或未经后期焊缝加工的凸面焊缝通过使用平面或凸面的符号来规定。要进行磨平加工的焊缝或经过后期焊缝加工的凸面焊缝或需要一个平面但是是不磨平的焊缝，需要附加信息，比如在焊接符号尾部附加一个注释。参照 ISO 1302，其他符号可用于规定表面加工；③趾部应通过焊接或表面加工进行圆滑过渡处理。加工细节可在工作指导书或 WPS 中规定；④焊道次序可在图纸中指出，例如使用多个基准线，尾部注释或者参照焊接工艺规程；⑤在体系 B 中，也用来标记卷边对接 / 角接焊缝（见原标准 4.5.5.6）；⑥ M：组成最终焊接接头一部分的材料，MR：焊接后要清除的材料。关于材料的其他信息可以包含在尾部或别处。

3.5.3.3 点到点的同类型焊缝

两点之间焊缝的符号可用于标记一个在两点之间的同类型连续焊缝。在这种情况下，该焊缝的起点和终点不在同一个点，因此不应使用封闭焊缝符号。焊缝的终点应明确指出，焊接符号必须清晰地表明所要焊接的接头。

图 3.22 给出了一连续焊缝如何在接头处环绕焊接的示例，但焊缝起点和终点不在同一点，可以用一个焊接符号来标记。

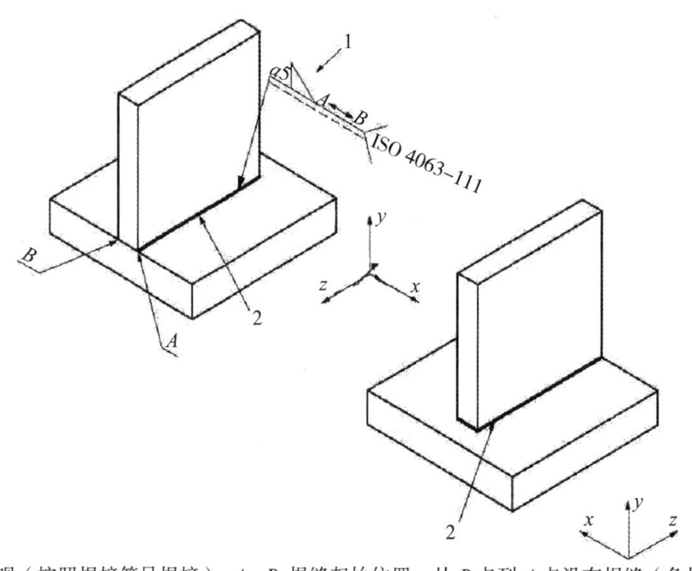

1. 焊接符号；2. 外观（按照焊接符号焊接）；*A*，*B*. 焊缝起始位置；从 *B* 点到 *A* 点没有焊缝（角焊缝不可能）。可使用任何标识来识别焊缝之间的点，例如 *A*，*B* 以及 *x*，*y* 等。

图 3.22　*A*、*B* 两点间焊接的角焊缝焊接符号示例

3.5.3.4 根部余高 – 单面对接焊缝

只有当单面对接焊缝中需要全焊透接头加上规定的最小根部余高尺寸时，才应使用根部余高符号（图 3.23）。

根部余高符号必须置于基本符号相对的位置，并且在基准线的另一面。

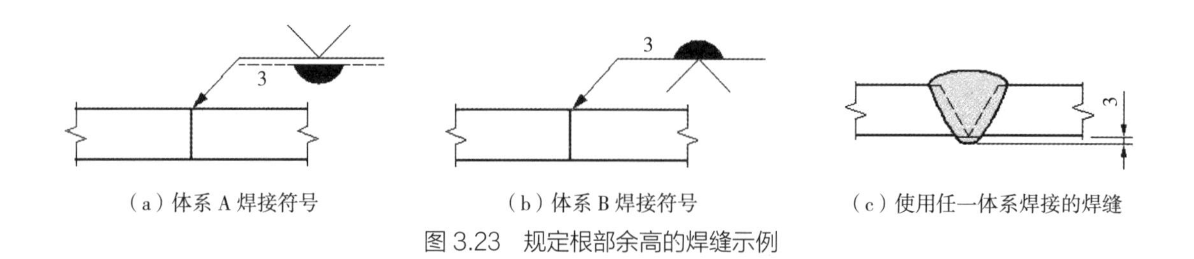

（a）体系 A 焊接符号　（b）体系 B 焊接符号　（c）使用任一体系焊接的焊缝

图 3.23　规定根部余高的焊缝示例

3.5.4 焊缝尺寸标记

尺寸应与基本符号组合标注在基准线的同侧。图纸应清楚地指出测量单位。横截面尺寸必须置于基本符号的左边。字母仅可以与角焊缝横截面尺寸组合使用。

公称焊缝长度尺寸必须位于基本符号的右边。没有标明长度尺寸时，焊缝必须沿着整个接头的长度方向是连续的，使用点到点符号的焊缝除外，这种情况下焊缝仅位于标记点之间的延长线上。对于没有沿着整个接头长度连续的焊缝，其起点和终点不属于焊接符号的一部分，但是应作为图纸的一部分明确指出。

断续焊缝的尺寸应位于基本符号的右边：焊缝的数量，n；每个焊缝的长度，l；焊缝之间的距离，e（括号内）。在焊缝数量 n 与每个焊缝长度 l 之间应放置一个乘法符号。如果焊缝数量没有规定，那么断续焊缝必须沿着整个接头长度焊接（太平洋沿岸国家通常用来标记断续焊缝的方法）。在接头两侧焊接的对称断续焊缝必须包括接头两侧焊缝的所有信息。接头两侧焊接的交错断续焊缝，必须使用符号“Z”穿过基准线来标记。在无错移时，接头一侧的焊缝中心必须与接头另一侧的间隔中心对应。否则，错移应必须在尾部或别处标注。断续焊缝末端附加的焊缝长度必须使用独立的焊接符号规定。断续焊缝末端未焊接的长度必须在图纸中规定。

3.5.4.1 对接焊缝

所需熔深应位于基本符号的左边。若未规定任何横截面尺寸，对接焊缝应为完全焊透。若未规定接头形状或焊接坡口，在图纸上可以通过规定所需焊缝质量来使用一个替代符号表示对接焊缝。当需要一个特定的根部余高时，根部余高的最小尺寸应位于根部余高符号的左边。

在双面对接焊缝中，每个焊缝必须单独规定尺寸（全焊透对称对接焊缝不需要规定尺寸）。

卷边对接焊缝为完全焊透焊缝（卷制边缘被完全熔化）。这些焊缝不需要规定尺寸。单边喇叭形焊缝和喇叭 V 形焊缝见标准原文。

3.5.4.2 角焊缝

角焊缝厚度 a 或者焊脚尺寸 z，应位于基本符号左边、尺寸之前。

对于焊脚尺寸不等的角焊缝，每个焊脚的尺寸都必须包含在内，前面加上字母 z，比如 $z_1 4$ 和 $z_2 8$。如果所需焊脚尺寸不能使用焊接符号清楚地进行标记，那么应在图纸或其他文件中给出附加的示意图或标记。对于接头两侧上焊接的角焊缝，必须规定两个焊缝的尺寸，即便两个焊缝是一样的（对称）。

字母 S 应位于所需深熔焊缝厚度的前面。应该将其放置于公称厚度 a 的前面，如 $S8$ 和 $a5$，其尺寸在表 3.7 中给出。

塞焊缝、槽焊缝、点焊缝、缝焊缝、端焊缝、螺柱焊缝、堆焊缝见标准原文。

表 3.7 主要尺寸（节选原标准部分内容）

序号	焊缝类型	示意图	符号①	注释
1	对接			
1.1	全焊透	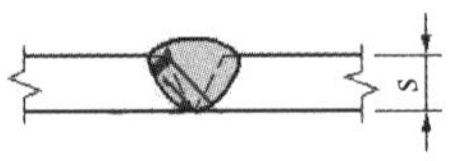 s		S 为熔深 注 1：基本符号左边没有标记尺寸就表明对接焊缝应为全焊透 注 2：基本符号右边没有标记尺寸就表明对接焊缝应为连续的
1.2	部分焊透	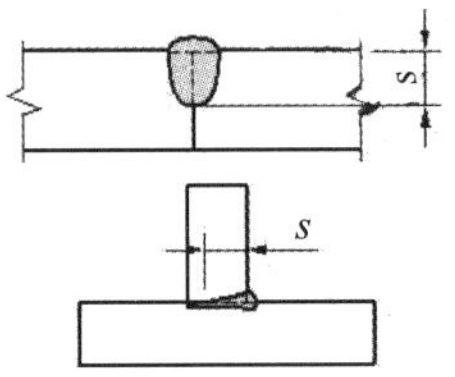 s s	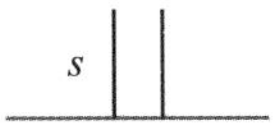 s	S 为熔深 字母 S 被所需尺寸代替 注：基本符号右边没有标记尺寸就表明对接焊缝应为连续的
		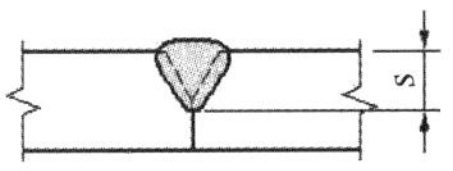 s	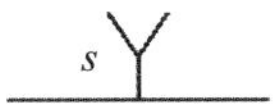 s	
1.3	断续焊缝	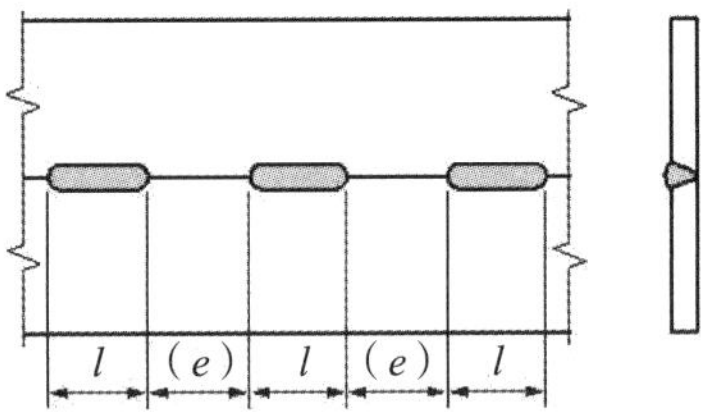 l (e) l (e) l	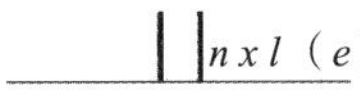 n x l (e)	n 为焊缝数量 l 为公称焊缝长度 e 为焊缝之间距离 n，l 和 e 被所需数值代替 注：基本符号右边没有标记尺寸就表明对接焊缝应为连续的
1.4	对称断续焊缝	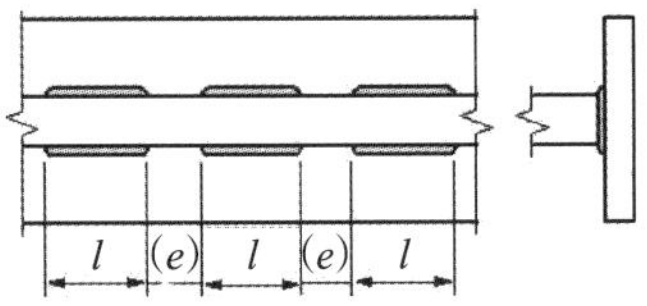 l (e) l (e) l	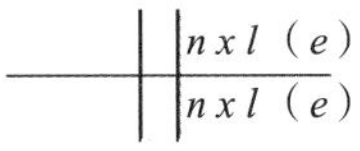 n x l (e) n x l (e)	n 为焊缝数量 l 为公称焊缝长度 e 为焊缝之间距离 n，l 和 e 被所需数值代替 注：基本符号右边没有标记尺寸就表明对接焊缝应为连续的
1.5	交错断续焊缝	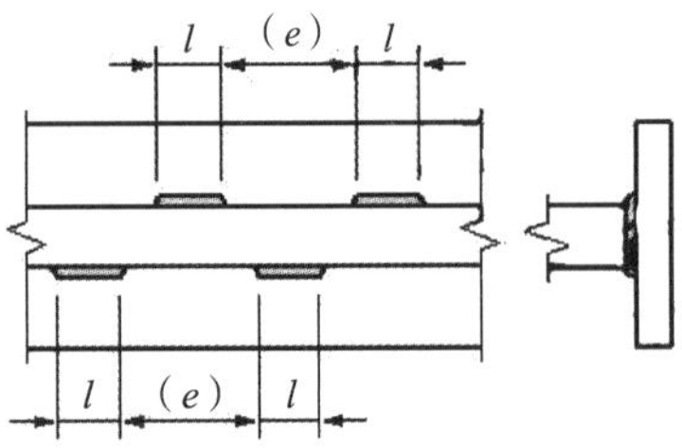 l (e) l l (e) l	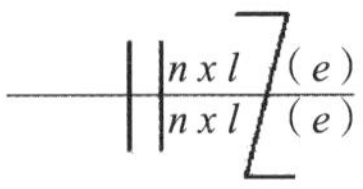 n x l (e) n x l (e)	n 为焊缝数量 l 为公称焊缝长度 e 为焊缝之间距离 n，l 和 e 被所需数值代替 注：基本符号右边没有标记尺寸就表明对接焊缝应为连续的

注：①灰线并非符号的一部分，而是用于显示基准线和 / 或箭头线上符号的位置。

3.5.5 位置标记

3.5.5.1 箭头线

箭头线可与基准线的任一端连接，箭头线必须用于指出所焊接的接头，指向并与图纸上接头组成部分的实线相连接（可见的线），绘制时应与基准线连接并且呈一定角度，以一个闭合的箭头结尾。卷边对接和卷边角接接头的焊缝示意图及焊接符号见表 3.8。

表 3.8　卷边对接和卷边角接接头的焊缝

序号	焊缝类型	体系 A 焊接符号	焊缝示意图	体系 B 焊接符号
卷边对接接头				
1	端焊缝	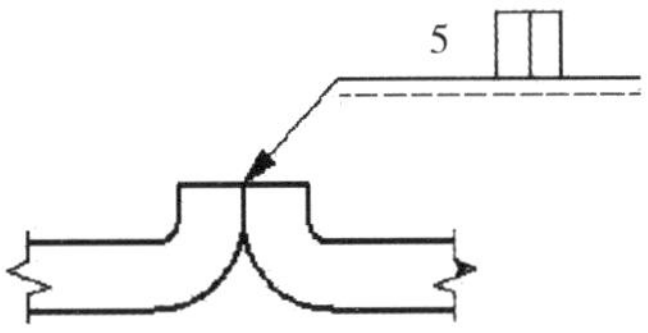 5	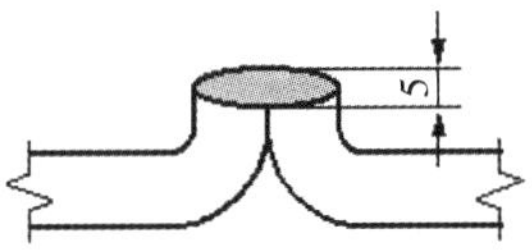 5	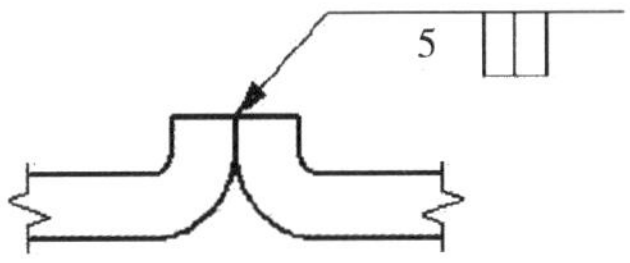 5
2	卷边对接	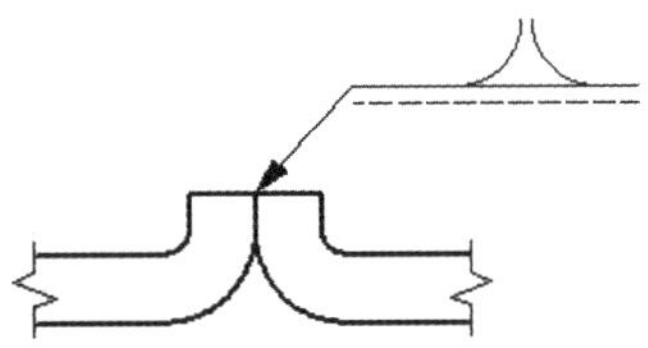	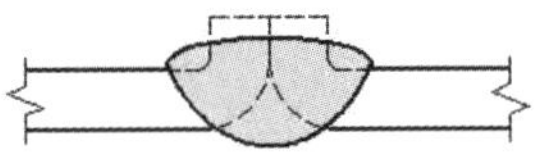	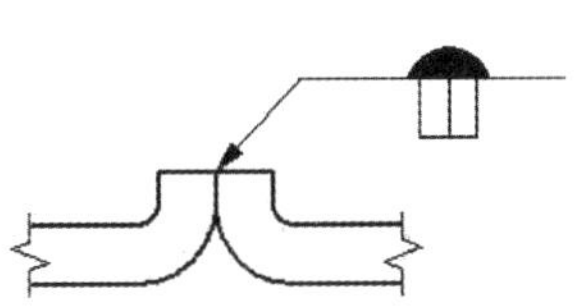
卷边角接接头				
3	端焊缝	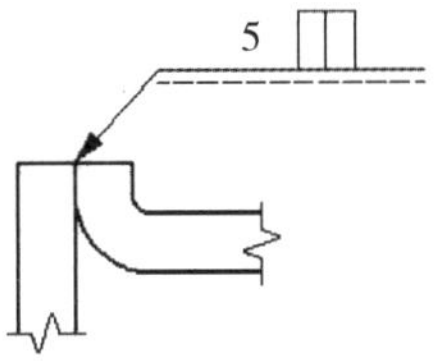 5	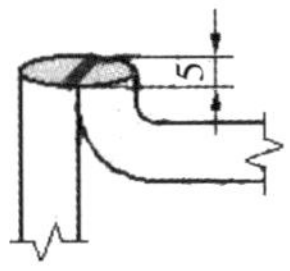 5	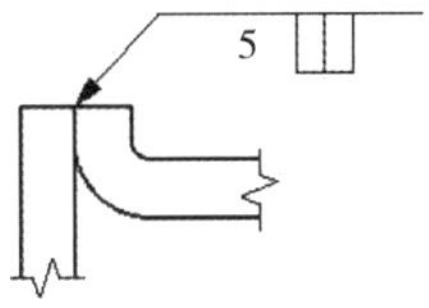 5
4	卷边角接	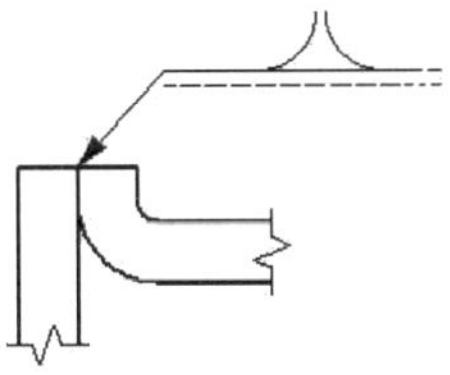	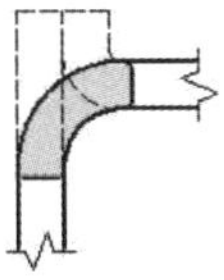	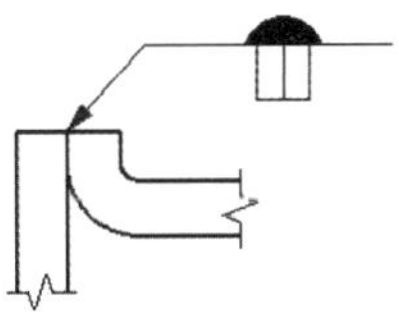

组合箭头线：两个或多个箭头线可以与一个基准线组合起来用于表示同种焊缝的位置（图 3.24）。

3.5.5.2 基准线和焊缝位置

1. 基准线

与基本符号组合起来使用的基准线用于指示在接头哪一面焊接焊缝。

注：基准线可以与图纸边缘平行（整个焊接符号旋转 90°），但是仅在空间不允许基准线与底部

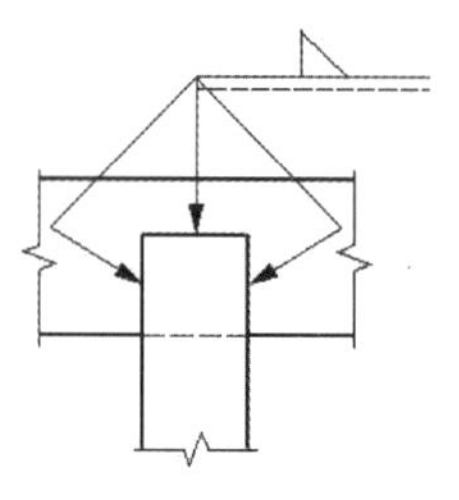
（a）体系 A 焊接符号

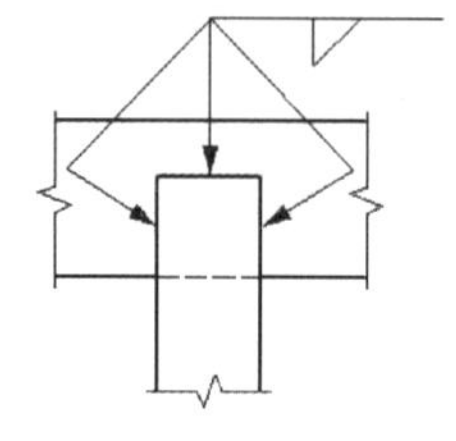
（b）体系 B 焊接符号

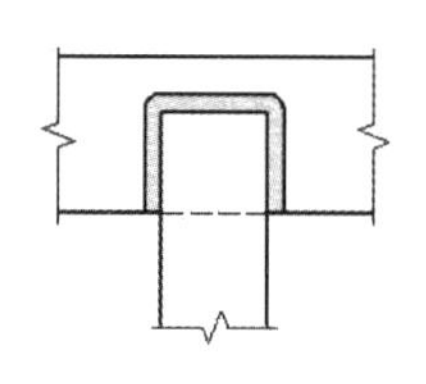
（c）使用任一体系焊接的焊缝

图 3.24　组合箭头线使用示例

边缘平行的情况下才如此使用。

在不同体系里，基准线表示方法有所差异，见表 3.9。

表 3.9　基准线表示方法

不同体系	基准线 – 体系 A	基准线 – 体系 B
基准线表示方法	基准线包括两条长度相同的平行线：一条实线和一条虚线 虚线可在实线上或者实线下，但是首选是画在实线下 在两个构件之间的界面上焊接对称焊缝或点焊缝和缝焊缝中，虚线应去掉	基准线为一条连续的实线

2. 焊缝位置

（1）箭头侧与非箭头侧。箭头侧是指箭头所指向的接头的一侧。非箭头侧是指与箭头指向相反的接头的一侧。箭头侧与非箭头侧总是构成同一接头的一部分。

接头的非箭头侧严禁与作为另一接头组成部分的隐藏焊缝混淆。图 3.25 给出了如何在箭头侧以及非箭头侧上标记的示例。表 3.10 给出了不同体系下，箭头侧与非箭头侧的表示方法。

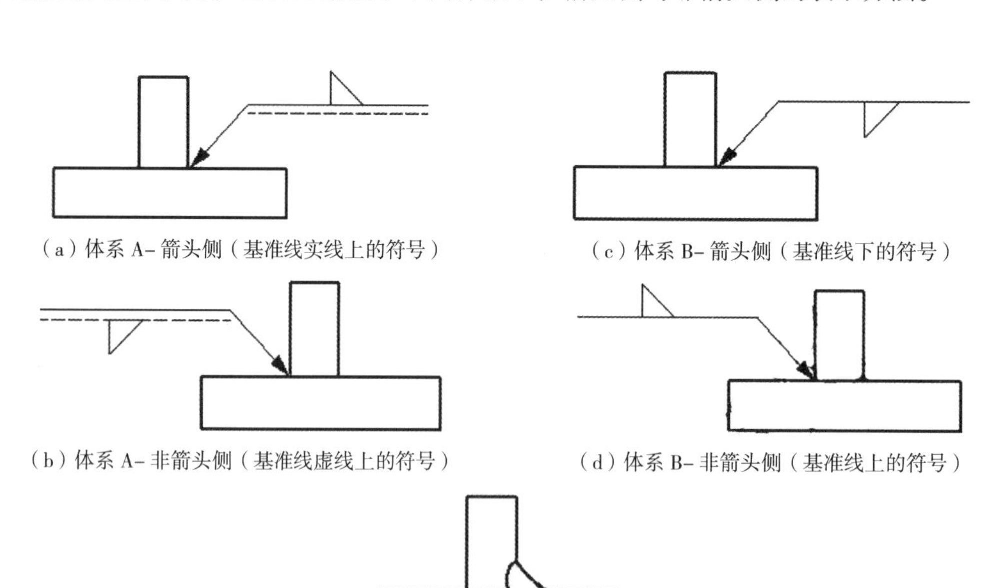
（a）体系 A– 箭头侧（基准线实线上的符号）
（c）体系 B– 箭头侧（基准线下的符号）
（b）体系 A– 非箭头侧（基准线虚线上的符号）
（d）体系 B– 非箭头侧（基准线上的符号）
（e）图（a）~ 图（d）使用的是同一种焊缝

图 3.25　箭头侧与非箭头侧的焊接符号示例

表 3.10　箭头侧与非箭头侧的表示方法

不同体系	箭头侧与非箭头侧 – 体系 A	箭头侧与非箭头侧 – 体系 B
箭头侧与非箭头侧的表示方法	当焊缝要在接头的箭头侧焊接时，基本符号应位于实线上；当焊缝在接头的非箭头侧上焊接时，基本符号必须位于虚线（标识）上	当焊缝要在接头的箭头侧焊接时，基本符号应位于基准线下；当焊缝在接头的非箭头侧上焊接时，基本符号必须位于基准线上

注：在 A 系列中，基准线上基本符号所处的位置决定要焊接接头的哪一侧焊接，虚线可画在实线上或者实线下；在 B 系列中，基准线上或基准线下的基本符号位置决定焊缝在接头的哪一侧焊接。

表 3.11 给出了不同焊缝类型在箭头侧以及非箭头侧上标记示例。

表 3.11　在箭头侧以及非箭头侧上标记的示例

序号	焊缝类型	箭头侧还是非箭头侧	体系 A 焊接符号	焊缝示意图	体系 B 焊接符号
1	单边 V 形对接焊缝	箭头侧			
	角焊缝	非箭头侧			
	单边 J 形对接焊缝	箭头侧			
	单边 V 形对接焊缝（带钝边）	非箭头侧			
2①	对接	箭头侧	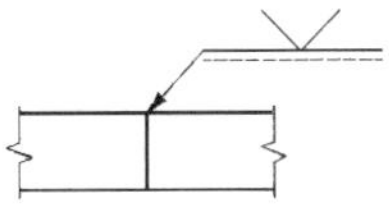		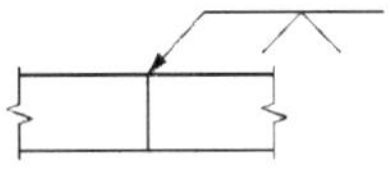
2②	对接	非箭头侧	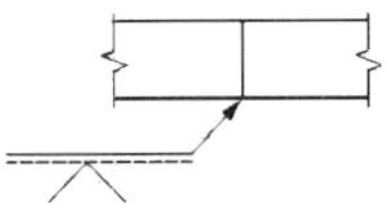		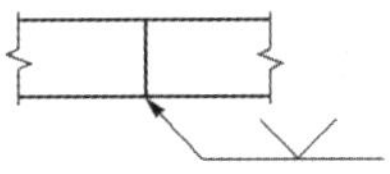

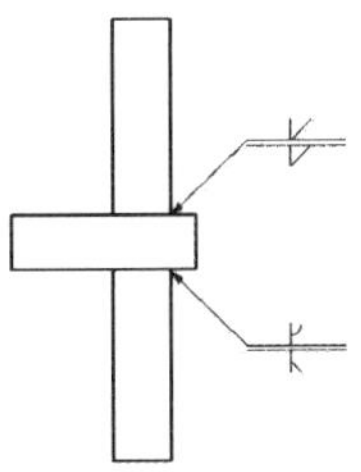

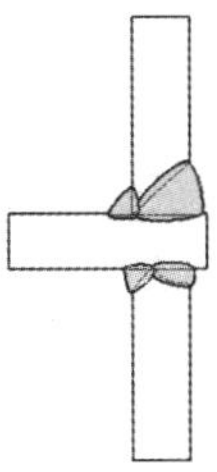

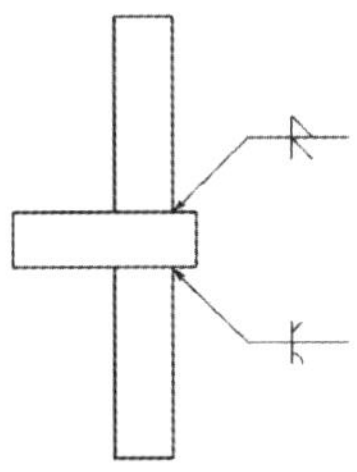

注：①、②见原标准

（2）多条基准线。可以使用两条或多条基准线来表示一系列的标记。第一步在离箭头最近的基准线上标记。之后在其他基准线上按顺序标记（图 3.26）。

注：对于需要一种以上焊缝类型的接头，也可以使用组合符号。

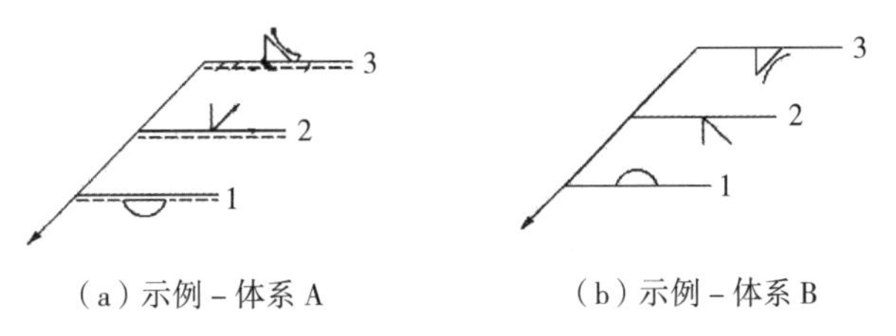

（a）示例 – 体系 A　　（b）示例 – 体系 B

1. 第一步；2. 第二步；3. 第三步；
1，2 和 3 用于表示焊接操作顺序，不包括在图纸中

图 3.26　多条基准线

3.5.6 补充说明（尾部）

尾部是一个可选部分，可加入基准线实线的末端（图 3.27），此处的附加补充信息也是焊接符号的一部分，例如：①质量等级，如参照 ISO 5817，ISO10042，ISO 13919 等；②焊接工艺，数字符号，参照 ISO 4063 或缩写；③填充材料，如参照 ISO 14171，ISO14341 等；④焊接位置，如参照 ISO 6947；制备接头时要考虑的补充信息，该信息必须列出，并用斜线（/）分开，见图 3.27（a）。

闭合的尾部仅用于指出所参考的特定说明，例如参考一个焊接工艺规程（WPS），焊接工艺评定（WPQR）或其他文件，见图 3.27（b）。

为避免图纸上符号附加信息的重复，在图纸上使用通注来代替。

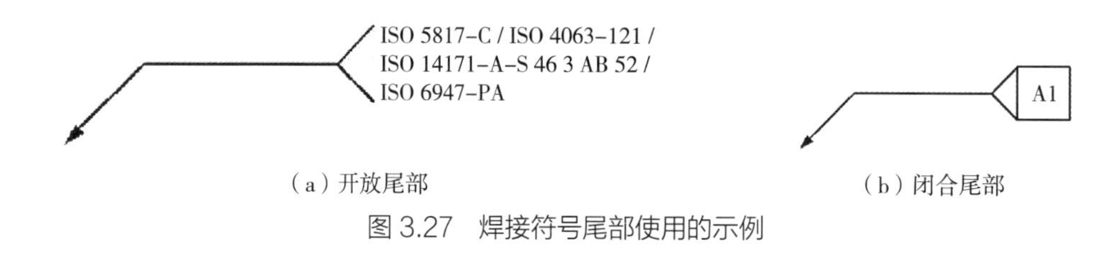

图 3.27 焊接符号尾部使用的示例

以上尾部标注所涉及的 ISO 5817、ISO 14171、ISO 6947、ISO 4063 等标准的详细内容请参考教材中的相关内容。

3.5.7 根据所要求的焊接质量选择的对接焊缝符号

3.5.7.1 总则

表 3.12 中显示的可替代符号用于仅通过规定所需焊缝质量来表示的对接焊缝。所有附加信息应参照此标准标记。

使用此方法时，焊接坡口以及焊接工艺可由生产单位确定，以满足规定的焊缝质量。

注：其他所有信息在 WPS 或其他文件中根据可使用的设备规定。不同的 WPS 可在其他工作间、结合不同的设备使用，但是每个工作间的图纸不需要修改。

表 3.12 选择简化对接焊缝符号

符号	描述
⊠	未规定焊接坡口的对接焊缝

3.5.7.2 示例

基于焊缝质量的焊接符号示例在图 3.28 中给出。

全焊透焊缝不作尺寸标记。

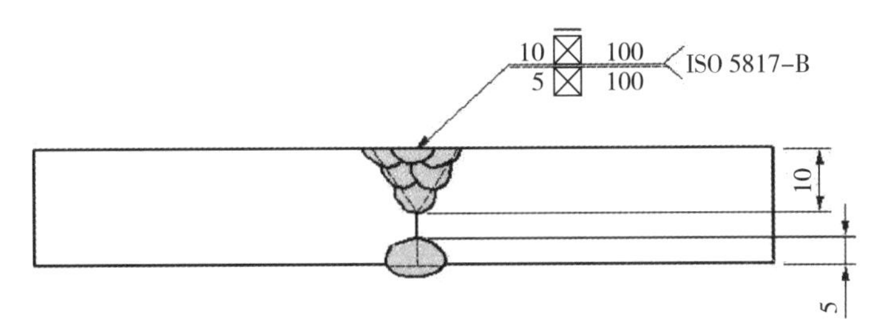

图 3.28　基于所需焊缝质量的焊接符号示例

3.6 公差要求（ISO 13920：1996）

焊接结构的一般尺寸公差和形位公差的国际标准为 ISO 13920：1996，我国已经于 2005 年将其等同等效转化为国家标准，标准号为 GB/T 19804：2005。

标准中规定了焊接结构的尺寸（线性尺寸和角度尺寸）公差及形位公差，这些公差分 4 个等级，适用于普通制造精度。公差等级的选择应当满足实际需求。此标准规定的是尺寸公差和形位公差，适用于一般焊件、焊接组装件和焊接结构。复杂的结构可根据需要做特殊规定。

标准给出的这些技术要求以 ISO 8015 规定的独立原则为基础，即尺寸及几何公差相互独立使用。没有单独标明公差的制造文件（也未给出线性或角度尺寸或做形位说明），如果没有或适宜的一般公差说明应视为不完整。本标准不适用于临时尺寸。

标准中关于尺寸（线性尺寸和角度尺寸）公差的规定如下。

3.6.1 标准中线性尺寸公差的规定

标准中线性尺寸公差的规定见表 3.13。

表 3.13　线性尺寸公差

公差等级	公称尺寸范围 l / mm										
	2~30	>30 ~120	>120 ~400	>400 ~1000	>1000 ~2000	>2000 ~4000	>4000 ~8000	>8000 ~12000	>12000 ~16000	>16000 ~20000	>20000
	公差 t / mm										
A	± 1	± 1	± 1	± 2	± 3	± 4	± 5	± 6	± 7	± 8	± 9
B		± 2	± 2	± 3	± 4	± 6	± 8	± 10	± 12	± 14	± 16
C		± 3	± 4	± 6	± 8	± 11	± 14	± 18	± 21	± 24	± 27
D		± 4	± 7	± 9	± 12	± 16	± 21	± 27	± 32	± 36	± 40

3.6.2 角度尺寸公差

标准中规定应采用角度的短边作为基准边，基于表 3.14，采用所适用的公差。边长可以假设延长至某特定的基准点。在这种情况下，所涉及的基准点应标注在图样上。角度尺寸公差示例见图 3.29。

表 3.14 角度尺寸公差

公差等级	公称尺寸范围 l/mm（长度或短边）		
	0~400	>400~1000	>1000
	公差 $\Delta\alpha$		
A	±20′	±15′	±10′
B	±45′	±30′	±20′
C	±1°	±45′	±30′
D	±1°30′	±1°15′	±1°
计算及修正的公差 t/（mm·m^{-1}）①			
A	±6	±4.5	±3
B	±13	±9	±6
C	±18	±13	±9
D	±26	±22	±18

注：①以 mm/m 表示的数值对应一般公差的切线值，它应乘以较短边的长度（单位为 m）。

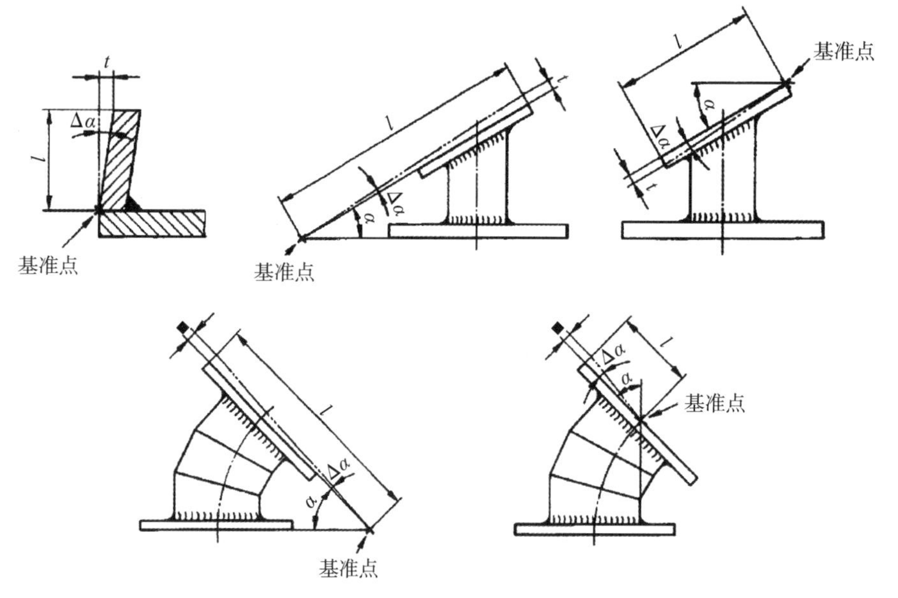

图 3.29 角度尺寸公差示例

对焊接结构的形位公差和其他方面的具体规定可查找原标准。

参考文献

[1]方洪渊.焊接结构学[M]. 北京：机械工业出版社，2017.

[2]中国机械工程学会焊接学会.焊接手册[M]. 北京：机械工业出版社，2016.

[3]宗培言.焊接结构制造技术手册[M]. 上海：上海科学技术出版社，2012.

[4]张彦华.焊接结构设计及应用[M]. 北京：化学工业出版社，2009.

[5]张彦华.焊接结构原理[M]. 北京：北京航空航天大学出版社，2011.

[6] GSI.SFI–Aktuell [M]. Duisburg: Gesellschaft für Schweiβtechnik International mbH, 2010.

[7] Welding – Multilingual terms for welded joints with illustrations：ISO 17659：[S/OL]. [2019-08]. https://www.iso.org/standard/29997.html.

[8] Welding and allied processes — Types of joint preparation — Part 1: Manual metal arc welding, gas–shielded metal arc welding, gas welding, TIG welding and beam welding of steels：ISO 9692–1：2013 [S/OL]. [2014-02]. https://www.iso.org/standard/62520.html.

[9] Welding and allied processes — Joint preparation — Part 2: Submerged arc welding of steels：ISO 9692–2：1998 [S/OL]. [1998-12]. https://www.iso.org/standard/21036.html.

[10] Welding and allied processes — Types of joint preparation — Part 3: Metal inert gas welding and tungsten inert gas welding of aluminium and its alloys：ISO 9692–3：2016 [S/OL]. [2017-03]. https://www.iso.org/standard/62519.html.

[11] Welding and allied processes Symbolic representation on drawings Welded joints：ISO 2553 ：2019 [S/OL] . [2020-01] . https://www.iso.org/standard/72740.html.

[12] Welding – General tolerances for welded constructions – Dimensions for lengths and angles – Shape and position：ISO 13920：1996 [S/OL]. [1996-12]. https://www.iso.org/standard/23313.html.

本章的学习目标及知识要点

1. 学习目标

（1）理解焊接接头、焊缝、坡口三个不同概念。

（2）掌握不同焊接接头的分类、特点及应用。

（3）掌握熔化焊常用焊接接头的形式和特性。

（4）掌握熔化焊坡口的标准（ISO 9692）。

（5）全面掌握国际标准 ISO 2553（焊缝图示）。

（6）了解国际标准 ISO 13920（焊接公差）。

2. 知识要点

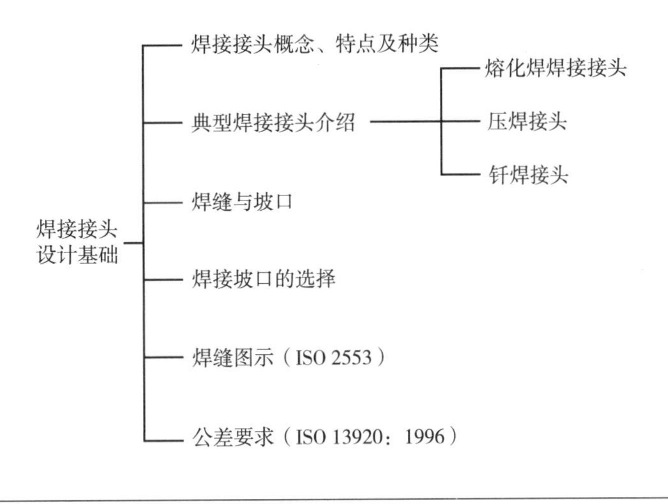

第4章

焊接接头设计

编写：俞韶华　审校：徐林刚

焊接接头是焊接钢结构当中的薄弱环节，本章从结构设计角度介绍不同种类主静载钢结构焊接接头、电阻焊接头、抗扭转结构的强度计算方法以及影响因素，为掌握钢结构中的焊接接头强度计算提供理论依据。

4.1 钢结构的设计基础

钢结构设计的目的在于保证所设计的结构和结构构件在施工和工作过程中能满足预期的安全性能和使用要求。因此，结构设计准则应当这样来描述：结构由各种荷载作用所产生的效应（内力和变形）不大于结构（包括焊接连接）由材料性能和几何因素等所决定的抗力或规定的极限值。如果影响结构功能的各种因素，如荷载的大小、材料强度的高低、截面的相关尺寸、计算方式、施工质量等都是确定的，那么按上述准则进行结构计算就非常容易了。但是，上述影响结构功能的各个因素往往都有不确定性，有些是随机变量或随机过程，因此，荷载效应就可能大于设计的抗力，结构不可能百分之百可靠，而只能对其做出一定的概率保证。在设计中如何对待上述问题就出现了不同的设计方法。

目前焊接结构设计与计算的方法也和其他机械设计方法一样，大量地采用常规的定值设计法，如强度设计时用的许用应力设计法，刚度设计时用的许用变形设计法。随着科学技术的发展，特别是近年概率论、数理统计等工程数学的迅速发展和计算机的广泛应用，人们逐渐地采用了一些现代的设计方法，如可靠性设计法、优化设计法和计算机辅助设计等方法。

4.1.1 许用应力设计法

如果将影响结构设计的各个因素取为定值，而用一个凭经验判定的安全系数来考虑设计时各因素变化的影响，衡量结构的安全性，这种方法就称为许用应力设计法。该方法是一种以满足工作能力为基本要求的设计方法，对于一般用途的构件，设计时要满足的强度条件或刚度条件分别是

$$工作应力 \leqslant 许用应力 \tag{4-1}$$

$$工作变形 \leqslant 许用变形 \tag{4-2}$$

许用应力、许用变形和许用安全系数一般在相关的标准中，由标准的制订部门根据安全和经济的原则，按材料的强度、荷载、环境情况、加工质量、计算精确度和构件的重要性等因素加以确定。如许用应力是考虑了各种影响因素后经适当修正的材料失效应力除以安全系数得到的。在国际上，许多国家都在锅炉和压力容器、起重机、铁路车辆等行业的设计规范中确定了各种材料的许用应力、许用变形和许用安全系数值。

工作应力和工作变形一般是采用工程力学的理论和方法进行计算得到的，在 DIN 18800 等标准中，也给出了在某些情况下工作应力和变形的计算方法，给实际工作提供了一些便利条件。

许用应力设计法的表达式简单明了、使用方便、计算简单，已经沿用了很久，至今仍是许多工程设计部门采用的方法。但该设计方法中选用的许用应力和安全系数是根据设计经验来确定，不够科学。设计与计算用的参量，如荷载、强度等实际上都是随机变量，存在不确定性。为了保证设计的可靠性，人们往往选取较低的许用安全应力或较高的安全系数，这导致结构尺寸大，耗料多而不够经济。许用应力设计法不能以定量的方式度量结构的可靠性，更不能使各类结构的安全性达到同一水准。安全系数不等于结构的安全程度，安全系数大不等于结构的安全性大，安全系数法对结构可靠性的研究是处于以经验为基础的定性分析方法，因此该设计方法主要应用于一般用途的构件设计上，并将逐渐被现代的设计方法所代替。

4.1.2 可靠性设计法（极限状态设计法）

在机械工程中，可靠性设计是保证机械及零部件满足给定的可靠性指标的一种机械设计方法。与上述常规的许用应力设计法不同，可靠性设计把与设计有关的荷载、强度、尺寸和寿命等数据如实地当作随机变量，运用了概率理论和数理统计的方法对数据进行处理。因而其设计结果更符合实际情况，可做到既安全可靠而又经济，这正是极限状态设计法的优点所在。对于一些重要的机械或要求质量小、可靠性高的构件现大都采用这种设计方法。

可靠性设计是一门新兴学科，目前还处于积极发展和逐步完善阶段，设计所需的呈分布状态的各种数据，有些还需要试验、采集和积累。新版的 DIN 18800（2008）就采用了以概率理论和数理统计方法为基础的极限状态设计方法对结构的可靠性进行评价，这种方法称为极限状态设计法。结构的极限状态是指结构或构件能满足设计规定的某一功能要求的临界状态，超过这一状态结构或构件便不能满足设计要求。对承重的结构要按承载能力极限状态和正常使用极限状态设计。承载能力状态为结构或构件达到最大承载能力或达到不适于继续承载的变形时的极限状态，按此极限状态设计时，应考虑荷载效应的基本组合，必要时还要考虑荷载效应的偶然组合。正常使用极限状态为结构或构件达到正常使用时的某项规定限值时的极限状态，按此极限状态设计时，应考虑荷载的短期效应组合。

为了应用简便并符合人们长期以来形成的习惯，规定极限状态设计表达式要根据各种极限状态的设计要求，采用有关荷载的代表值、材料性能标准值、几何参数标准值以及各种分项系数来表达，并用分项系数的设计表达式进行计算，使荷载引起在构件截面或连接中的应力效应小于或等于其强度设计值。其表达式为：

$$\frac{S_d}{R_d} \leqslant 1 \tag{4-3}$$

式中：S_d——设计荷载（F_d）作用下所产生的应力；

R_d——抗力参数，是与极限状态有关的某一结构的极限应力。

按 DIN 18800，对承受主要静荷载的各种形式焊接接头的强度计算归纳为对对接焊缝和角焊缝的强度计算。采用应力作为计算参数，计算这两类焊缝强度的表达式，在形式上和许用应力设计法相似，但含义不同，R_d 表示的是焊缝的强度设计极限值（焊缝极限应力），而不是焊缝的许用应力值。

4.2 焊接接头中的应力

应力是外部荷载作用在构件上使得构件单位截面面积上产生力的大小。对焊接结构的应力计算是对焊接结构进行强度校核的基础。焊接结构随着结构形式的不同，既可能是大型复杂结构，又可能是微小连接结构，从工程应用角度定义在焊缝中产生的应力种类也比较多，叫法也多种多样，应力分布状态差别很大。研究人员为了能够精确计算出焊缝中产生应力的大小并加以控制，探索了很多方法模拟焊接生产的实际情况，例如莫尔圆应力分析方法、有限元残余应力分析方法等，取得了比较好的使用效果。

4.2.1 焊接接头应力类型

4.2.1.1 名义应力

名义应力也称标称应力，通常是按照材料力学的相关公式只考虑外加荷载作用在相关截面上计算出来的平均应力。按照现有资料的介绍，焊缝中的名义应力包括由于外加荷载作用在焊缝截面上所产生的正应力、切应力或两者的组合应力。

4.2.1.2 热点应力

热点应力是指名义应力和结构的几何尺寸变化产生的包括此变化所产生的应力集中在内的应力。在焊接结构中一般作用在焊缝的焊趾处，与焊接结构的整体几何形状以及受载条件有关，而与焊缝尺寸无关。对于焊接接头来说，经研究发现焊接接头焊趾处往往是焊缝发生断裂的起裂点，因此热点应力是紧靠焊趾前端未考虑缺口效应而计算出的局部应力。热点应力是由于焊缝处结构几何不连续性产生的，虽然它不包含焊接缺陷所产生的应力集中，但是与名义应力相比，该值更接近焊趾处的应力峰值。

4.2.1.3 缺口应力

在焊接接头部位由于外形几何尺寸的不连续性造成焊接接头工作应力分布不均匀现象，该现象在接头部位所产生的局部应力称为缺口应力，局部区域的最大应力值与平均应力的比称为应力集中系数。通过计算缺口处局部的峰值应力或计算缺口根部的整体应力，作为断裂力学的理论基础用于评定焊接结构中不同形式的断裂。

4.2.2 焊接接头应力分析方法

焊接结构的强度分析一直是工业领域的重要课题。对于主静载结构，工程中大都采用名义应力法进行焊缝承载能力计算，而对于承受动载结构，焊接结构强度设计方法表现出从传统的整体法（名义应力法、结构应力法）到局部法（缺口应力法）的发展趋势。这是由于根据断裂力学的原理，缺口应力是结构萌生裂纹决定性的因素，同时缺口理论基础的完善和分析手段的进步使得分析结果更接近实际情况。

4.2.2.1 名义应力法

名义应力法是结构强度设计的整体方法，可以用于静载、主静载结构和动载结构的焊接接头强度设计。名义应力的计算不考虑接头本身引起的应力集中，但需要考虑动载结构时接头附近构件的宏观几何尺寸形状不连续导致的应力集中，该方法以名义应力和应力集中系数为参数，以材料或零部件的 $S\text{–}N$ 曲线描述材料的疲劳特性，根据零部件的名义应力和应力集中系数，按 $S\text{–}N$ 曲线用疲劳损伤累积理论进行疲劳寿命计算，可以对结构进行有限寿命设计和无限寿命设计。

4.2.2.2 热点应力法

在板件、壳体和管道的焊接结构中热点处，不仅会出现很高的应力峰值，而且还存在焊接缺陷和残余拉应力多种不利因素叠加，热点处往往会成为破坏的起裂源。热点应力可以通过构件焊趾处的名义应力与结构应力集中系数确定，也可以通过有限元和线性外推相结合的方式来确定。现在国际上比较普遍的采用的是表面外推法，该法是利用距离焊趾表面一定距离的二点或三点处的应力代入外推公式计算热点应力，外推点上的应力值可以用有限元进行计算或用贴片的方法进行测量。

4.2.2.3 缺口应力法

该方法考虑了焊缝几何尺寸对结构承载能力的影响，较为真实地反映了焊接结构局部的应力应变特征，对结构的设计改进和优化具有指导作用。该方法在缺口模型的建模和分析过程中与名义应力法和热点应力法相比较要更为复杂。例如在疲劳破坏研究中，等效缺口应力是在线弹性条件下推算出来的缺口根部的整体应力，用有限元法或边界单元法进行计算，用于评价失效始于焊趾或焊根的疲劳破坏。在断裂力学中，焊接结构防止脆性断裂的设计准则中抗裂性能的开裂型试验，CTOD 试验和 K_{IC} 试验都是基于缺口应力来测试断裂参量的。

4.2.3 焊缝中的应力种类

在 DIN 18800 标准中为计算焊缝上的应力，可以按照如下作用类别、方向以及焊缝类型对焊缝简化后分别进行强度计算。

4.2.3.1 平行于焊缝长度方向的正应力

如图 4.1 所示，该应力同时作用于母材和焊缝上，因为焊缝截面在整个母材承载截面上的占比较小，绝大部分荷载由母材承担了，所以对于静载或者主静载结构作用下该类平行于焊缝长度方向上的正应力 $\sigma_{\parallel}$ 通常可以不进行强度校核计算。

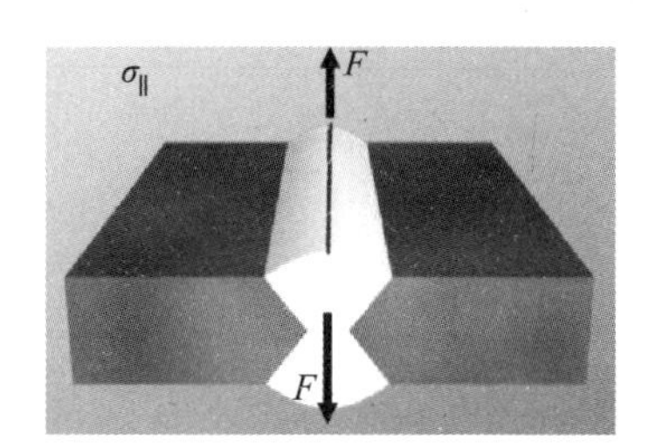

图 4.1 平行于焊缝长度方向的正应力 $\sigma_{\parallel}$

4.2.3.2 垂直于焊缝长度方向的正应力

如图 4.2 所示，主荷载所产生的应力从一个部件通过焊缝作用于另一个部件上，该焊缝的断裂会造成整体结构的破坏，因此作用于对接焊缝长度方向上的正应力 $\sigma_{\perp}$ 必须进行计算验证。

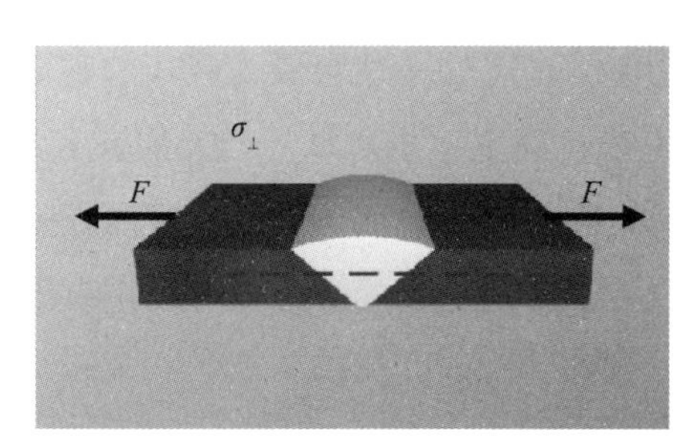

图 4.2 平行于焊缝长度方向的正应力 $\sigma_{\perp}$

4.2.3.3 平行于焊缝长度方向的切应力

如图 4.3 所示，对于抗弯结构来说，该 T 型接头喉部角焊缝中会由于横向剪切力作用产生平行于焊缝轴线方向的剪切应力 $\tau_{\parallel}$，其对于焊接结构的强度具有决定性的影响，因此必须计算验证。

4.2.3.4 垂直于焊缝长度方向的切应力

对于承载的角焊缝来说，根据作用力的方向与焊缝不同截面的关系会在角焊缝的不同截面上产

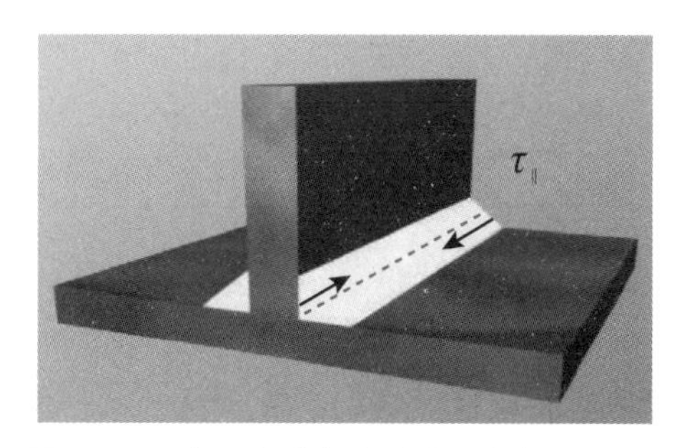

图 4.3　平行于焊缝长度方向的剪切应力 $\tau_{\parallel}$

生不同的应力。平行于底板荷载作用所产生的应力 $\tau_{\perp}$ 和 $\sigma_{\perp}$ 见图 4.4，垂直于底板荷载作用所产生的 $\tau_{\perp}$ 和 $\sigma_{\perp}$ 见图 4.5。图 4.4 和图 4.5 中角焊缝中应力 $\tau_{\perp}$ 与应力 $\sigma_{\perp}$ 须通过计算验证。

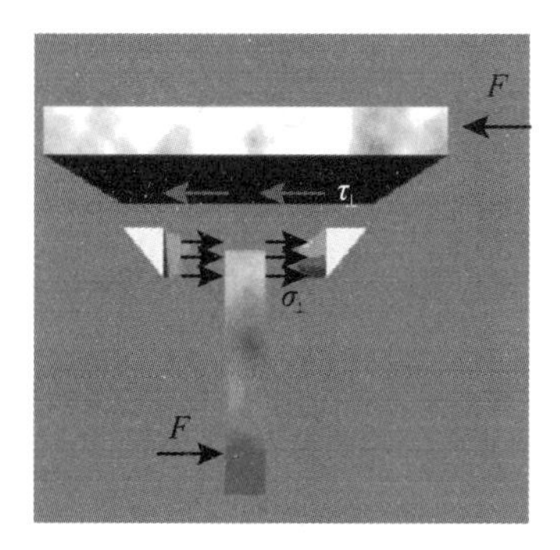

图 4.4　平行于底板荷载产生的 $\tau_{\perp}$ 和 $\sigma_{\perp}$

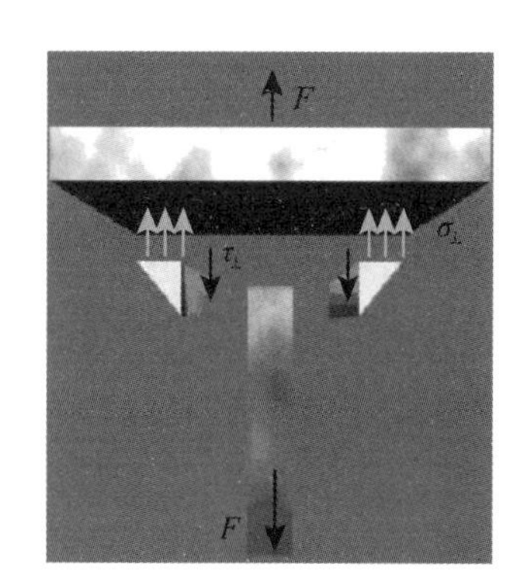

图 4.5　垂直于底板荷载产生的 $\tau_{\perp}$ 和 $\sigma_{\perp}$

4.3 焊缝截面承载面积的确定

焊接接头的承载面积是对焊缝强度进行强度校核的重要参数，工程中是根据焊缝长度和焊缝厚度来确定焊接接头承载面积的。

4.3.1 焊缝长度

对接焊缝的计算长度 l_w 等于焊缝的总长或者与被连接部件的宽度相等，但要满足在焊缝末端处无弧坑裂纹的要求，这可以通过使用引弧板 / 收弧板，或者其他有效方法来避免焊缝端部弧坑裂纹的产生（图 4.6）。

角焊缝连接结构中，随着角焊缝连接长度的增加，角焊缝中的应力会出现不均匀分布现象，因此需对焊缝长度设定限值（图 4.7）。侧面角焊缝的长度越长，其应力集中越严重，焊缝末端出现的焊缝缺欠（如端部弧坑等）也会增加应力不均匀分布并导致应力集中。

焊缝中局部应力的峰值与名义应力的比值称为应力集中系数。

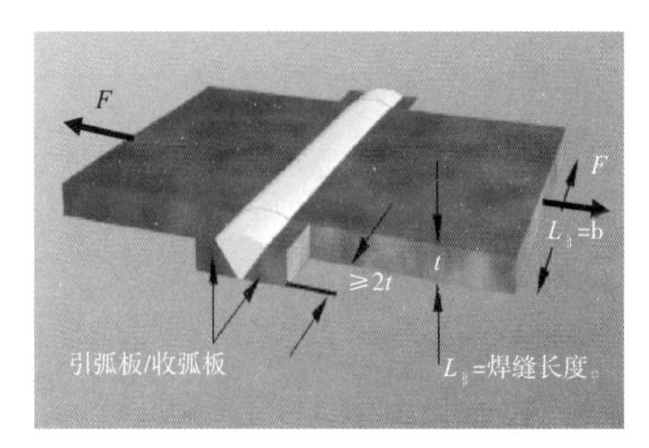

图 4.6 焊缝长度

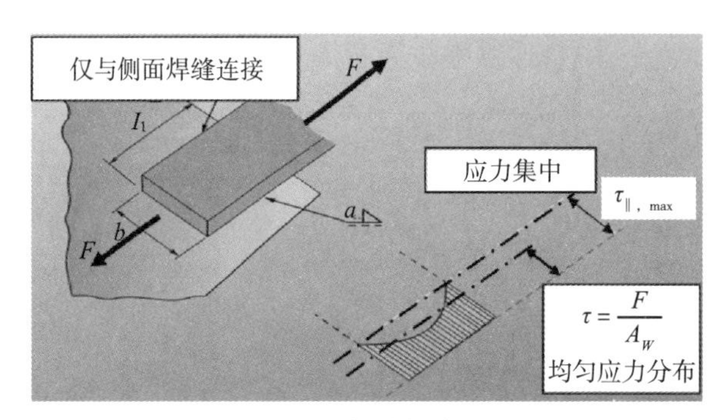

图 4.7 角焊缝长度限定

4.3.2 焊缝厚度

4.3.2.1 熔透对接焊缝

熔透对接焊缝的计算厚度由被连接部位的工件厚度确定。如果连接部位的工件厚度不同，则焊缝计算厚度与较小部件的工件厚度一致（图 4.8）。厚度不同的对接接头工件，当承受主静载作用时，其厚度差不能超过 10 mm。

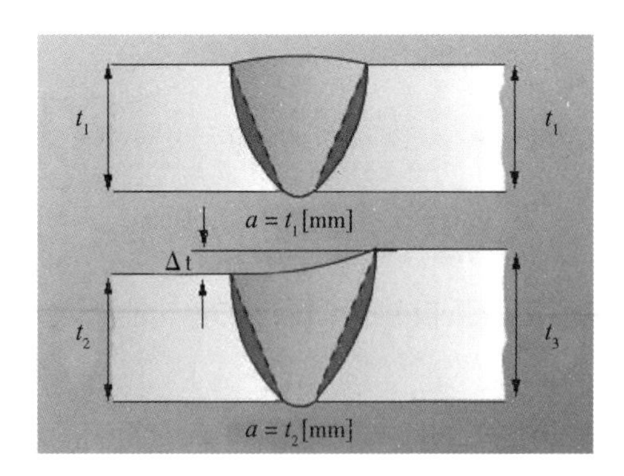

图 4.8 等厚和不等厚接头焊缝厚度确定

注：按照标准 ISO 2553 中的表 5，对接焊缝的焊缝厚度标记是“S”。对接连接板承载动荷载时，两个对接板的最大厚度差为 3 mm。

4.3.2.2 部分熔透对接焊缝

对接焊缝中除了熔透焊缝外还有部分熔透焊缝。部分熔透焊缝的设计厚度在图 4.9 中给出。

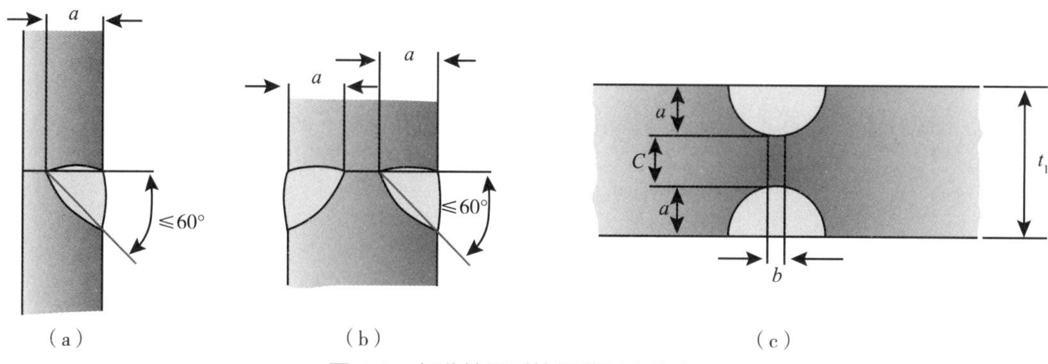

图 4.9　部分熔透对接焊缝厚度确定

4.3.2.3 角焊缝的计算厚度

平面角焊缝、凸面角焊缝和凹面角焊缝的焊缝厚度都是指内接 / 切的等腰三角形斜边上的高，端接焊缝可以使用不等腰焊缝，见图 4.10。图 4.10 中 $b:h=2:1$，并且轮廓图中的焊缝厚度“a”等于等腰三角形的高。

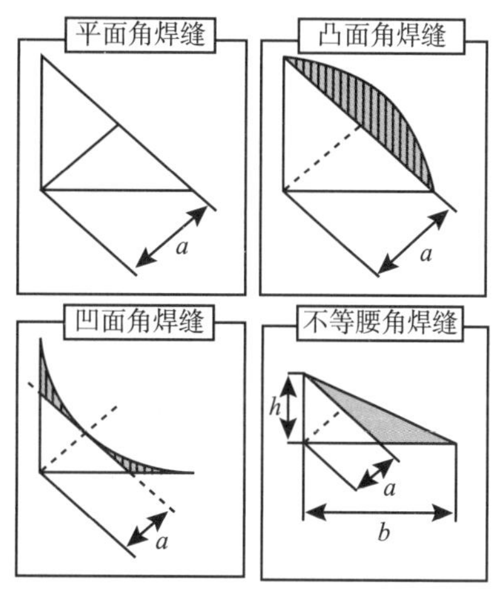

图 4.10　角焊缝的计算厚度

焊缝厚度限值：角焊缝的焊缝厚度通常采用结构分析或者技术文献（图纸）中的数据。为减小由于焊缝结构所产生的应力集中现象，相关标准中往往都对角焊缝有极限尺寸的规定。

a_{min} 为焊缝厚度最小值，这个焊缝厚度最小值应满足相应的标准和规程的要求，如表 4.1 所示。

表 4.1　焊缝厚度最小值应满足的要求

标准及规格	结构 / 物件	厚度最小值 a_{min}/mm
DIN 18800-1	钢结构	2.0
DIN 6700	铁路车辆	3.0
DS 804	铁路桥梁	3.5

按 DIN 18800 出于焊接技术原因角焊缝的焊缝厚度应保持在下面极限范围内：

$$a_{min} \geqslant \sqrt{t_{max}} - 0.5 \tag{4-4}$$

焊缝厚度单位为 mm，此公式适用于不大于 30 mm 的板厚。

a_{max} 表示焊缝厚度最大值：原则上这个值不应该超过 0.7 倍的最小壁厚，单位为 mm

$$a_{max} \leqslant 0.7t_{min} \tag{4-5}$$

4.3.3 DIN 18800 对焊缝计算厚度的规定

焊缝的计算厚度如表 4.2 所示。

表 4.2　焊缝的计算厚度（DIN 18800 标准中表 19）

序号	焊接类型[①]			图	焊缝厚度，a
1	全熔透焊缝	对接接头		t_1, t_2	$a = t_1$
2		双面焊 T 型接头		t_1, t_2	$a = t_1$
3		单面焊 T 型接头	带有封底焊缝	t_1, t_2, 封底焊缝	
4			无封底焊缝	t_1, t_2	
5	部分熔透焊缝	单面焊 T 型接头[②]		a, t_1, t_2, 可能焊封底焊缝, ≤60°	a 等于从设计根点至焊面的距离

续表

<table>
<tr><th>序号</th><th colspan="3">焊接类型①</th><th>图</th><th colspan="3">焊缝厚度，a</th></tr>
<tr><td>6</td><td>部分熔透焊缝</td><td colspan="2">单面焊对接接头②</td><td>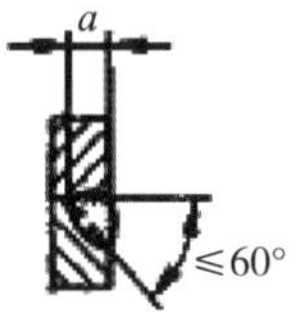
</td><td colspan="3">a 等于从设计根点至焊面的距离</td></tr>
<tr><td>7</td><td rowspan="3">部分熔透焊缝</td><td colspan="2">双面焊 T 型接头②</td><td>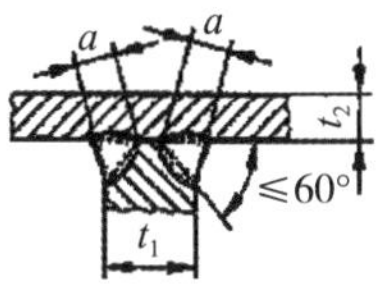
</td><td colspan="3" rowspan="2">a 等于从设计根点至焊缝表面的距离</td></tr>
<tr><td>8</td><td colspan="2">双面焊对接接头②</td><td>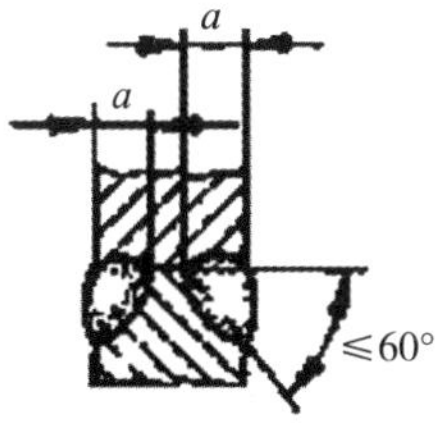
</td></tr>
<tr><td>9</td><td colspan="2">不开坡口对接焊缝
（完全机械化）</td><td>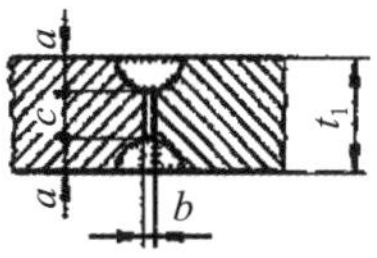
</td><td colspan="3">在（限定）条件测试过程中进行确定
间隙 b 要根据焊接工艺确定，使用埋弧焊时无间隙</td></tr>
<tr><td>10</td><td rowspan="4">角焊缝</td><td colspan="2">单面角焊缝</td><td>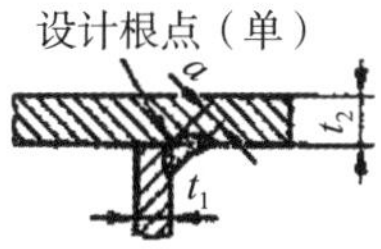
</td><td colspan="3" rowspan="2">a 等于内接等腰直角三角形斜边至设计根点的高</td></tr>
<tr><td>11</td><td colspan="2">双面角焊缝</td><td>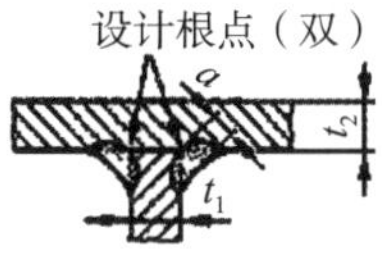
</td></tr>
<tr><td>12</td><td>单面角焊缝</td><td rowspan="2">深熔状态</td><td>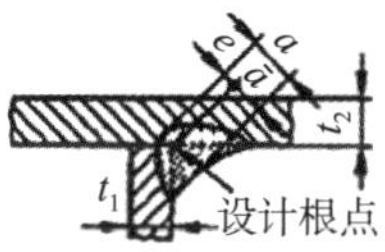
</td><td colspan="3" rowspan="2">$a=\bar{a}+e$
$\bar{a}$对应第 10 和 11 行。
e 由（限定）条件测试过程确定（见 DIN 18800 part 7 的 3.3.2a）</td></tr>
<tr><td>13</td><td>双面角焊缝</td><td>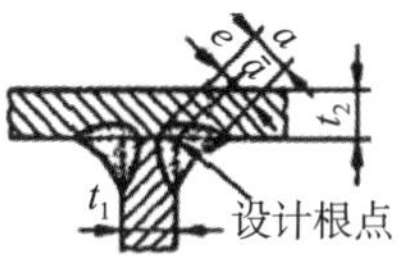
</td></tr>
<tr><td>14</td><td colspan="3" rowspan="2">三向接头焊缝</td><td rowspan="2">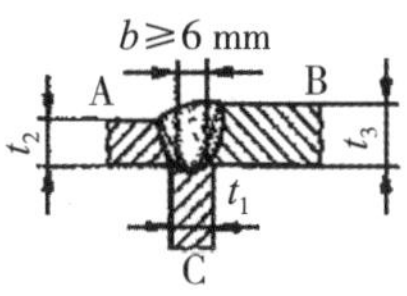
</td><td rowspan="2">荷载方向</td><td>从 A 到 B</td><td>$t_2 < t$ 时 $a=t_2$</td></tr>
<tr><td>15</td><td>从 C 到 A 和 B</td><td>$a=b$</td></tr>
</table>

注：①如何进行焊接作业，见 DIN 18800 Part 7 的 3.2.3；②焊缝设计厚度应减小 2 mm，或者也可以在第 5 至 8 行给出的焊接限制（条件）测试过程中确定（包括 45° 的角），但平焊及水平位置的气体保护弧焊除外。

4.4 焊缝截面应力的计算方法

4.4.1 焊缝截面面积的确定

图 4.11 所示为焊缝的横截面 A_w。

下面的公式对于确定焊缝应力非常重要：

$$A_w = a \cdot l_w \tag{4-6}$$

式中，A_w 单位为 cm^2。

如果多条焊缝同时承载，则：

$$A_w = \sum (a \cdot l_w) \tag{4-7}$$

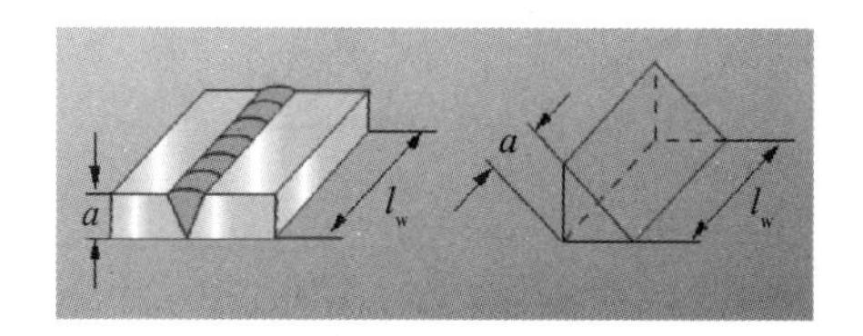

图 4.11 焊缝的横截面

4.4.2 由纵向作用力或横向作用力引起的焊缝应力

图 4.12 所示为由纵向作用力或横向作用力产生的焊缝应力。

$$\sigma_{\perp} = \frac{F}{A_w} \tag{4-8}$$

$$\tau_{\perp} = \frac{F}{A_w} \tag{4-9}$$

$$\tau_{\parallel} = \frac{F}{A_w} \tag{4-10}$$

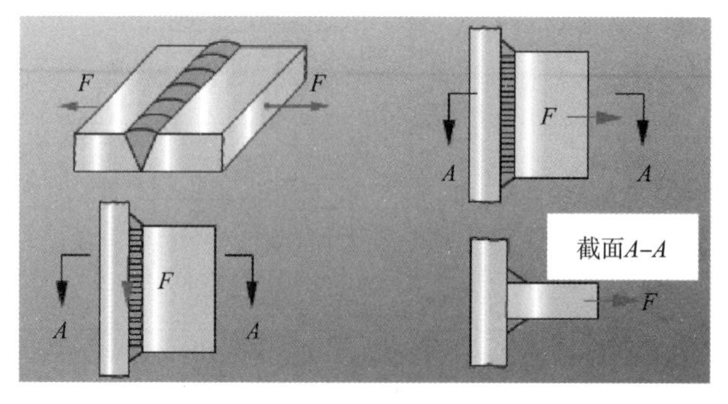

图 4.12 由纵向作用力或横向作用力产生的焊缝应力

4.4.3 弯矩 M_y 引起的焊缝应力

图 4.13 所示为弯矩 M_y 引起的焊接应力。

$$\sigma_{\perp} = \frac{M_y}{I_{w,y}} \cdot z \tag{4-11}$$

$$I_{w,y} = \frac{\sum a_w \cdot I_2^3}{12} + 2(A_{w,f} \cdot z^2) \tag{4-12}$$

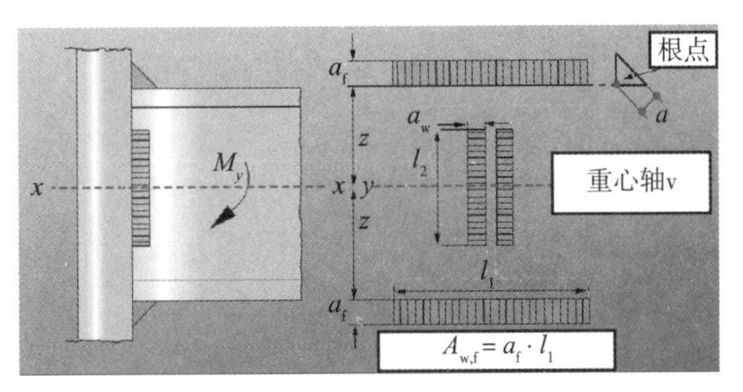

a_f 为翼缘的焊缝厚度；a_w 为腹板的焊缝厚度；a_w 为角焊缝厚度

图 4.13　弯矩 M_y 产生的焊缝应力

在计算角焊缝惯性矩 $I_{w,y}$ 时需要测量出根点到重心轴的距离。

4.4.4 横向力 V_z 引起的焊缝应力

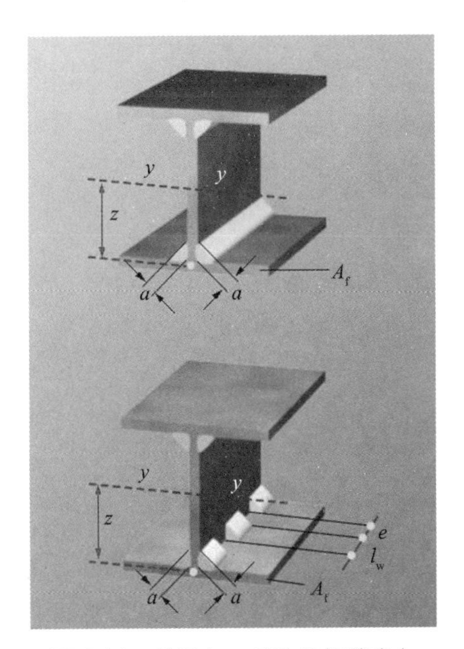

图 4.14　剪切力 V_z 产生的焊缝应力

横向力 V_z 引起的焊接应力如图 4.14 所示。

$$\tau_{\parallel} = \frac{V_z \cdot S_y}{I_y \cdot \sum a} \tag{4-13}$$

或在间断焊缝中

$$\tau_{\parallel} = \frac{V_z \cdot S_y}{I_y \cdot \sum a} \cdot \frac{e + l_w}{l_w} \tag{4-14}$$

式中：I_y —— 相对于 y 轴总截面积的惯性矩；

S_y —— 静力矩（$A_F \cdot z$）；

a —— 角焊缝厚度。

4.4.5 焊缝的合成应力

若一条焊缝上作用有不同方向内力所产生的应力时，同一轴线方向的焊缝应力是可以采用代数方法直接进行合成的；如果焊缝截面上包含两种以上相互垂直方向的应力，如由轴向力或弯矩产生的正应力和垂直方向剪力作用产生的切应力进行合成时，可以通过几何法计算出合成应力，并考虑正负符号以确定合成应力的作用方向；如果一条焊缝同时承受相互垂直三个轴线方向的应力，应通过计算确定焊缝的合成应力 $\sigma_{w,v}$ 数值。两个以上轴线方向焊缝合成应力 $\sigma_{w,v}$ 数值的计算方法应为 $\sigma_{\perp}$、$\tau_{\perp}$、$\tau_{\parallel}$ 三个方向上应力的平方和开根号。

$$\sigma_{w,v}=\sqrt{\sigma_{\perp}^{2}+\tau_{\perp}^{2}+\tau_{\parallel}^{2}} \tag{4-15}$$

合成应力的计算方法仅是用来确定应力的大小，这种情况下合成应力的方向对构件的承载能力不起决定作用。下述公式为图 4.15 中 1 点合成应力的计算方法，$\sigma_{\perp}$，$\tau_{\parallel}$ 和 $\sigma_{w,v}$ 的单位均为 N/mm^2，它们的计算式如下：

$$\sigma_{\perp}=\frac{M_y}{I_{w,y}}\cdot z \tag{4-16}$$

$$\tau_{\parallel}=\frac{V_z}{A_w} \tag{4-17}$$

$$\sigma_{w,v}=\sqrt{\sigma_{\perp}^{2}+\tau_{\parallel}^{2}} \tag{4-18}$$

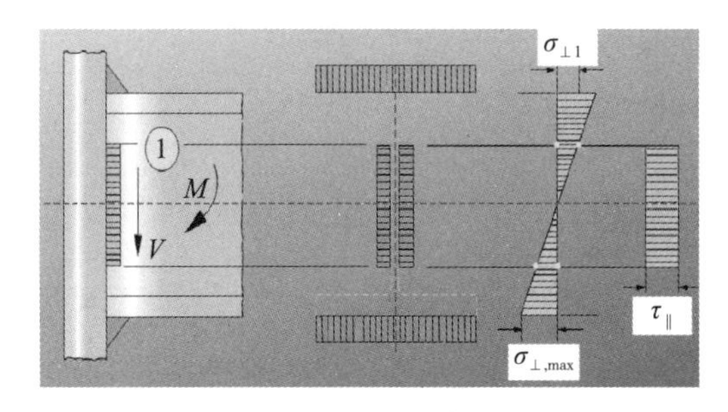

图 4.15 焊缝上的多轴应力

4.5 焊接接头的许用应力和极限应力

4.5.1 名义应力

在大多数标准中都是根据名义应力的概念对焊接接头进行应力分析。名义应力的定义来自下面 3 种基本假定：①焊缝为均质的或各向同性的，均质意味着整体类型相同或相似，材料在所有方向上的特征值相同；②焊接连接的部件是刚性的，且部件的变形可忽略不计；③名义应力为来自外部荷载的作用结果确定。残余应力影响、应力集中（图 4.16）或局部应力增大的影响（例如，焊缝形状）

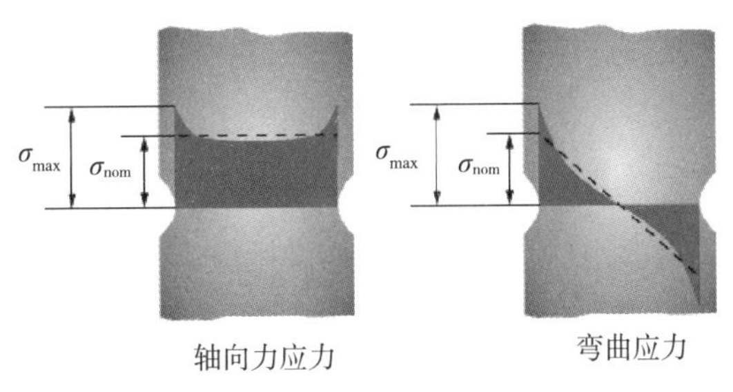

图 4.16　应力集中

不予以考虑。

在轴向力和弯矩作用下所产生的名义应力可通过下列公式进行计算。

名义应力：

$$\sigma_{nom}=\frac{N}{A} \text{ 或 } \sigma_{nom}=\frac{M}{W} \tag{4-19}$$

应力集中系数：

$$\alpha_k=\frac{\sigma_{max}}{\sigma_{nom}} \tag{4-20}$$

在简易构件中名义应力可以使用线弹性理论确定。在复杂结构中名义应力可以使用有限元方法（FEM）确定。当使用有限元方法确定名义应力时网格密度可以简单粗略些。焊接接头处的应力集中不需要考虑。

通过上述的假定，可以认为应力在构件和在焊接接头处的分布是均匀的。但事实上，应力的变化和变形是同时存在的，在主静载和使用塑性材料的情况下，当应力集中和残余应力所产生的峰值应力达到材料的屈服强度时，焊缝或母材处应力分布将发生改变，连接处应力峰值会出现均匀化现象。这种应力的重新分布也可以发生在由外部荷载所产生的作用结果中。焊缝处的应力可以按照荷载的种类、方向以及焊缝类型进行分类。

4.5.2 许用应力

电弧熔化焊接头承载力的设计值可通过连接构件的母材承载能力来确定。通常选择的填充材料的力学特征值与母材相同或相近。这些力学特征值包括屈服强度、抗拉强度、疲劳强度和最低冲击功。当焊接接头处的母材不同时，建议按照较低力学特征值的母材来选择填充材料。焊接生产应该严格按照技术法规操作，填充金属和母材应该等强匹配。为了达到高质量焊接的目的，必须采用无损检测方法对焊缝进行检测，如，外观检验、超声检验和射线检验。如果无损检测结果未显示出有超过标准范围的缺欠，则该焊接接头和母材可以被认定为合格。

熔化焊接头缺欠的分类和说明详见 ISO 6520–1。ISO 5817 标准是对焊接接头缺欠质量等级的说明和规定。

不同领域内使用的对接焊缝和角接焊缝质量等级的选择推荐参照 ISO 5817。承载力设计值可采用对比分析的方法确定，如母材许用应力 σ 或焊缝许用应力 σ_w 和母材的极限应力 $\sigma_{R,d}$ 或焊缝的极限应力 $\sigma_{w,R,d}$ 进行对比。许用应力可以按照母材屈服强度的特征值 R_{eH} 以及安全系数 $\gamma_G=1.5$ 来确定。

$$许用\sigma = \frac{R_{\mathrm{eH}}}{\gamma_{\mathrm{G}}} \tag{4-21}$$

安全系数包含荷载和承载力参数的所有统计值。安全系数根据使用规范和材料韧性值确定，如，非合金结构钢 $\gamma_G = 1.5$。表 4.3 为常用非合金结构钢的许用应力值的情况。

表 4.3　常用非合金结构钢的许用应力

钢种	R_{eH} /（N·mm^{-2}）	许用 σ/（N·mm^{-2}）
S235	240*	160
S275	275	185
S355	360*	240

注：上表中有些 R_{eH} 的数值与材料标准 EN 10025 和材料标记中给出的数值有出入，但这些数值都是设计计算的基础，均按照德国国家法规采用。对于符合规定的使用，焊缝的许用应力按照上文中的许用值 σ，此数值可以在推荐标准中查到。对于超出规定的使用，可以使用 DVS 0705 中的数值。

表 4.4 为“特殊应用下钢结构的许用应力推荐”，按照 DVS 0705 主静载条件下质量等级 B、C 和 D 的对接焊缝和角接焊缝的许用应力。

表 4.4　特殊应用下钢结构的许用应力推荐（DVS 0705）

焊缝类型	按照 ISO 5817 的质量等级	应力类型	许用 σ_w /（N·mm^{-2}）	
			S235	S355
熔透焊缝	所有的质量等级	压应力	160	240
	B	拉应力	160	240
	C		120	180
	D		80	120
角焊缝	B	压应力	150	190
	C	拉应力	110	145
	D	剪切应力	75	95

验证承载能力极限状态时，外部荷载的实际应力计算值 $\sigma_{\mathrm{w,v}}$ 必须与焊缝的许用应力比较后确定承载状况 $\sigma_{\mathrm{w,v}} \leqslant$ 许用 σ_{w}。

4.5.3 极限应力

极限应力取决于母材的屈服强度特征值，但是还要参考承载力的统计值。此统计值需考虑由部分安全系数 γ_M 决定的设计承载力。部分安全系数、母材标记、延展性等数值均可选自推荐标准，例如，非合金结构钢 $\gamma_M = 1.1$。表 4.5 是非合金结构钢的极限应力情况。极限应力可由下式推出：

$$\sigma_{\mathrm{R,d}} = \frac{R_{\mathrm{eH}}}{\gamma_M} \tag{4-22}$$

极限应力值 $\sigma_{\mathrm{R,d}}$ 高于许用应力 σ 不会导致设计承载力数值增大，因为使用此方法验证，通过部分安全系数 γ_F 增大了荷载作用效应（例如内力、力矩、应力、应变、挠度、扭转）。

表 4.5　非合金结构钢的极限应力

钢种	R_{eH}/（N・mm^{-2}）	$\sigma_{R,d}$/（N・mm^{-2}）
S235	240*	218
S275	275	250
S355	360*	327

注：上表中有些 R_{eH} 的数值与材料标准 EN 10025 和材料标记中给出的数值有出入，但这些数值都是设计计算的基础，均按照德国国家法规采用。对于符合规定的使用，焊缝的极限应力 $\sigma_{w,R,d}$ 按照上文中的 R_{eH} 或 $\sigma_{R,d}$ 值确定，此数值可以在推荐标准中查到。这些标准的表格中包含不同类型材料的焊缝系数 α_w、不同类型焊缝以及不同种类的应力。

焊缝极限应力计算公式为

$$\sigma_{w,R,d}=\alpha_w\frac{f_{y,k}}{\gamma_M} \tag{4-23}$$

式中，α_w 为焊缝系数，表 4.6 给出了不同情况下的 σ_w 值。

按照极限状态设计法，焊缝的计算应力 $\sigma_{w,v}$ 需要与焊缝的极限应力 $\sigma_{w,R,d}$ 比较确定承载状况。焊缝上的荷载作用效应随部分安全系数 γ_F 而增大。

$$\sigma_{w,v}\leqslant\sigma_{w,R,d}\ \text{或}\ \frac{\sigma_{w,v}}{\sigma_{w,R,d}}\leqslant 1 \tag{4-24}$$

表 4.6　根据 DIN 18800-1 计算焊缝的极限应力使用 α_w 值

焊缝形式 DIN 18800-1，表（19）	焊缝质量等级	应力类型	α_w 值	
			S235 和 S275	S355
熔透焊缝 1~4 行	所有质量等级	压应力	1.0	1.0
	经验证的焊缝质量等级	拉应力		
	未验证的焊缝质量等级		0.95	0.80
未熔透焊缝 5~15 行	所有质量等级	压应力，拉应力		
所有类型焊缝 1~15 行		切应力		

对于超出该标准规定的领域可以使用 DVS 0705 中的数值。主静载条件下部分安全性的验证推荐按 DVS 0705“补充表 2”实施。

主静载条件下，质量等级为 B 级、C 级和 D 级的对接焊缝和角接焊缝的焊缝系数按照表 4.7 DVS 0705 中的补充表 2 取值。

表 4.7　DVS 0705 补充表 2

焊缝类型	按照 ISO 5817 的质量等级	应力类型	焊缝系数 α_w	
			S235	S355
熔透焊缝	所有的质量等级	压应力	1.00	1.00
	B	拉应力	1.00	1.00
	C		0.75	0.75
	D		0.50	0.50
角焊缝	B	压应力	0.95	0.80
	C	拉应力	0.71	0.64
	D	切应力	0.48	0.40

焊缝验证：至少焊缝总长度的 10% 经过射线或超声波探伤检验并合格，所有的焊工都取得相应资格并过往业绩优良。应验证无裂纹，未熔合，根部缺陷和夹渣，个别不重要的气孔除外。

型钢的对接接头：对于材料为 S235JR 和 S235JRG1（DIN EN 10025-1994 规定，G1 为沸腾钢）的型钢对接接头（翼板厚度大于 16 mm），其极限应力可由下式计算：

$$\sigma_{w,R,d}=0.55\cdot\frac{f_{y,k}}{\gamma_M} \tag{4-25}$$

4.6 计算实例

【例 1】校核图 4.17 材料 S235 的角焊缝的强度。

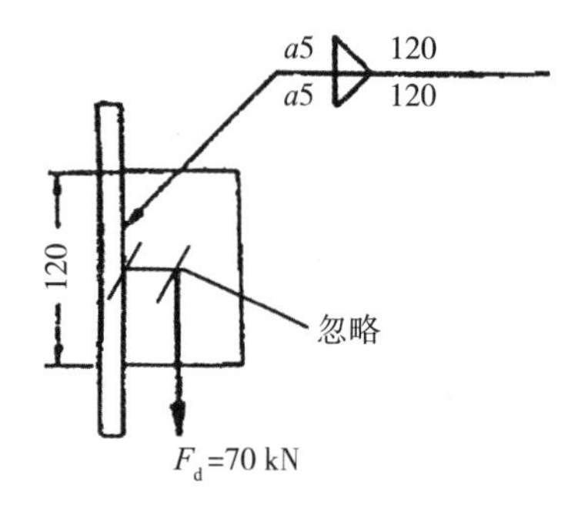

图 4.17　某材料 S235 受力图

【解】$\sigma_{w,R,d}=\alpha_w\frac{f_{y,k}}{\gamma_M}=0.95\times\frac{240}{1.1}\approx 207.3\ \text{N/mm}^2$

（其中 S235 的 $f_{y,k}=240\text{N/mm}^2$，表 4.5 中的 R_{eH} 即为 $f_{y,k}$）

$$\tau_{\parallel}=\frac{F_d}{A_w}$$

$$\sigma_{w,v}=\tau_{\parallel}=\frac{70}{12\times 0.5\times 2}\approx 5.83\ \text{kN/cm}^2$$

$$\frac{\sigma_{w,v}}{\sigma_{w,R,d}}=\frac{5.83}{20.73}\approx 0.28<1$$

【例 2】校核图 4.18 材料 S235 的角焊缝的强度。

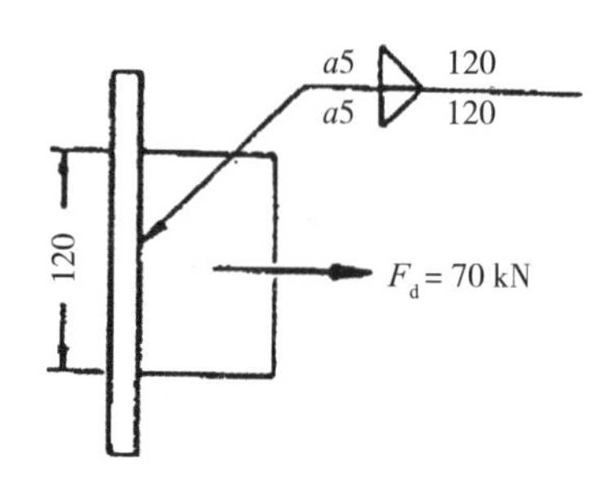

图 4.18　某材料 S235 受力示图

【解】$\sigma_{w,R,d}=\alpha_w\dfrac{f_{y,k}}{\gamma_M}=0.95\times\dfrac{240}{1.1}\approx 207.3\ \text{N/mm}^2$

（其中 S235 的 $f_{y,k}=240\ \text{N/mm}^2$，表 4.5 中的 R_{eH} 即为 $f_{y,k}$）

$$\tau_{\perp}(\sigma_{\perp})=\frac{F_d}{A_w}$$

$$\sigma_{w,v}=\tau_{\perp}(\sigma_{\perp})=\frac{70}{12\times 0.5\times 2}\approx 5.83\ \text{kN/cm}^2$$

$$\frac{\sigma_{w,v}}{\sigma_{w,R,d}}=\frac{5.83}{20.73}\approx 0.28<1$$

【例 3】校核图 4.19 中材料 S235 的角焊缝的强度。

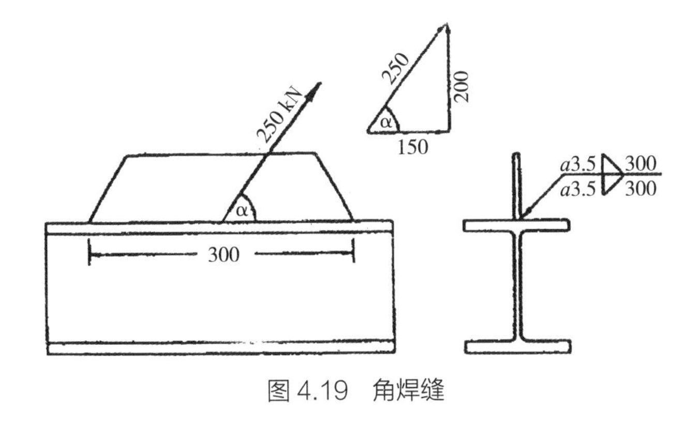

图 4.19　角焊缝

【解】$\sigma_{w,R,d}=\alpha_w\dfrac{f_{y,k}}{\gamma_M}=0.95\times\dfrac{240}{1.1}\approx 207.3\ \text{N/mm}^2$

（其中 S235 的 $f_{y,k}=240\ \text{N/mm}^2$，表 4.5 中的 R_{eH} 即为 $f_{y,k}$）

$$\sigma_{\perp}=\frac{F_d}{A_w}=\frac{200}{0.35\times 30\times 2}\approx 9.52\ \text{kN/cm}^2$$

$$\tau_{\parallel}=\frac{F_d}{A_w}=\frac{150}{0.35\times 30\times 2}\approx 7.14\ \text{kN / cm}^2$$

$$\sigma_{w,v}=\sqrt{{\sigma_{\perp}}^2+{\tau_{\parallel}}^2}=\sqrt{9.52^2+7.14^2}\approx 11.9\ \text{kN/cm}^2$$

$$\frac{\sigma_{w,v}}{\sigma_{w,R,d}}=\frac{11.9}{20.73}=0.57<1$$

【例 4】图 4.20 是板材（S235）的搭接焊接受力图，图 4.21 为焊缝尺寸示意图。

（1）$a=8$ mm　$l_w=100$ mm

（2）$a=4$ mm　$l_w=250$ mm

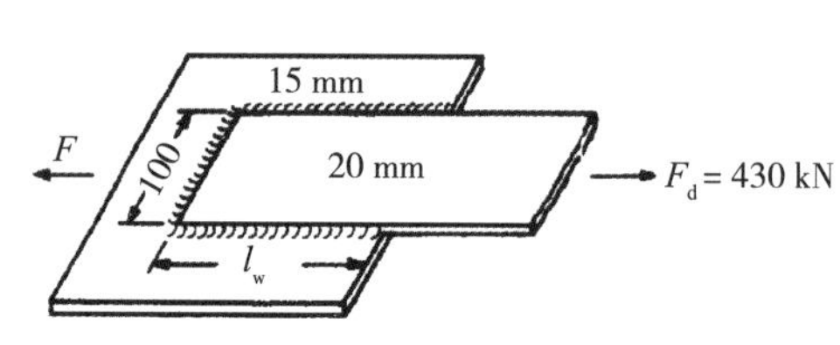

图 4.20 搭接焊接受力图

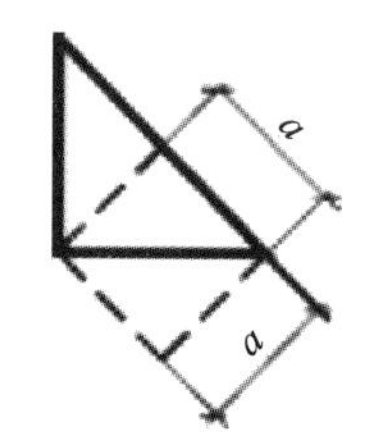

图 4.21 焊缝尺寸示意图

分别校核以上两种情况下焊缝的强度，同时计算两种情况下焊缝的体积。

【解】（1）$a=8$ mm $l_w=100$ mm

$$\sigma_{w,R,d}=\alpha_w\frac{f_{y,k}}{\gamma_M}=0.95\times\frac{240}{1.1}\approx 207.3\ \text{N/mm}^2$$

（其中 S235 的 $f_{y,k}=240$ N/mm^2，表 4.5 中的 R_{eH} 即为 $f_{y,k}$）

$$A_w=\sum a\cdot l=(0.8\times10)+2\times(0.8\times10)=24\ \text{cm}^2$$

$$\tau_{\parallel}\text{或}(\tau_{\perp},\sigma_{\perp})=\frac{F_d}{A_w}$$

$$\sigma_{w,v}=\tau_{\parallel}\text{或}(\tau_{\perp},\sigma_{\perp})=\frac{430}{24}\approx17.92\ \text{kN/cm}^2$$

$$\frac{\sigma_{w,v}}{\sigma_{w,R,d}}=\frac{17.92}{20.73}\approx0.86<1$$

焊缝的体积 $V=a^2\cdot l=0.8\times0.8\times(10+2\times10)=19.2\ \text{cm}^3$

（2）$a=4$ mm $l_w=250$ mm

$$\sigma_{w,R,d}=\alpha_w\frac{f_{y,k}}{\gamma_M}=0.95\times\frac{240}{1.1}\approx 207.3\ \text{N/mm}^2$$

（其中 S235 的 $f_{y,k}=240$ N/mm^2，表 4.5 中的 R_{eH} 即为 $f_{y,k}$）

$$A_w=\sum a\cdot l=(0.4\times10)+2\times(0.4\times25)=24\ \text{cm}^2$$

$$\tau_{\parallel}\text{或}(\tau_{\perp},\sigma_{\perp})=\frac{F_d}{A_w}$$

$$\sigma_{w,v}=\tau_{\parallel}\text{或}(\tau_{\perp},\sigma_{\perp})=\frac{430}{24}\approx17.92\ \text{kN/cm}^2$$

$$\frac{\sigma_{w,v}}{\sigma_{w,R,d}}=\frac{17.92}{20.73}\approx0.86<1$$

焊缝的体积 $V=a^2\cdot l_w=0.4\times0.4\times(10+2\times25)=9.6\ \text{cm}^3$

【例 5】图 4.22 所示为 S235 扁钢的对接接头，当焊缝质量分别是下列两种情况时，焊缝的最小截面积为多少才可以满足强度要求？

（1）经过验证时。

（2）未经过验证时。

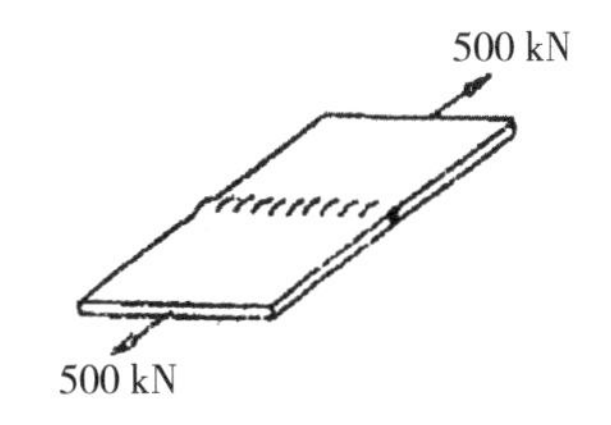

图 4.22　S235 扁钢的对接接头

【解】（1）经过验证时。

$$\sigma_{w,R,d}=\alpha_w\frac{f_{y,k}}{\gamma_M}=1.0\times\frac{240}{1.1}\approx 218.2\ \text{N/mm}^2$$

（其中 S235 的 $f_{y,k}=240\ \text{N/mm}^2$，表 4.5 中的 R_{eH} 即为 $f_{y,k}$）

$$A_w=\frac{F_d}{\sigma_\perp}$$

$$\sigma_{w,v}=\sigma_\perp$$

由 $\frac{\sigma_{w,v}}{\sigma_{w,R,d}}\leqslant 1$ 可推知 $\sigma_\perp\leqslant\sigma_{w,R,d}$

$$A_w\geqslant\frac{F_d}{\sigma_{w,R,d}}=\frac{500}{21.82}\approx 22.91\ \text{cm}^2$$

（2）未经过验证时。

$$\sigma_{w,R,d}=\alpha_w\frac{f_{y,k}}{\gamma_M}=0.95\times\frac{240}{1.1}\approx 207.3\ \text{N/mm}^2$$

（其中 S235 的 $f_{y,k}=240\ \text{N/mm}^2$，表 4.5 中的 R_{eH} 即为 $f_{y,k}$）

$$A_w=\frac{F_d}{\sigma_\perp}$$

$$\sigma_{w,v}=\sigma_\perp$$

由 $\frac{\sigma_{w,v}}{\sigma_{w,R,d}}\leqslant 1$ 可推知 $\sigma_\perp\leqslant\sigma_{w,R,d}$

$$A_w\geqslant\frac{F_d}{\sigma_{w,R,d}}=\frac{500}{20.73}\approx 24.12\ \text{cm}^2$$

【例 6】图 4.23 所示是 S235 钢制型材梁对接接头。当使用下列两种不同材质时，该对接接头所能承受的最大弯矩为多少？

（1）S235JRG1

（2）S235JRG2

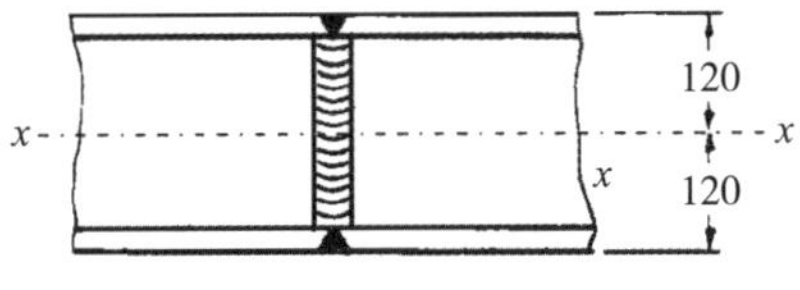

图 4.23　S235 钢制型材梁对接接头

【解】（1）S235JRG1（$t_{翼板}=17\ \text{mm}>16\ \text{mm}$）

$$\sigma_{w,R,d}=\alpha_w\frac{f_{y,k}}{\gamma_M}=0.55\times\frac{240}{1.1}=120\ \text{N/mm}^2\quad I_y=11260\ \text{cm}^4\quad t_{腹}=10\ \text{mm}\quad t_{翼板}=17\ \text{mm}$$

（根据 DIN EN 10025–1994 的规定，G1 为沸腾钢；S235 JRG1 的 $f_{y,k}=240\ \text{N/mm}^2$，表 4.5 中的 R_{eH} 即为 $f_{y,k}$）

$$\sigma_{\perp}=\frac{M_y}{I_y}\cdot z$$

$$\sigma_{w,v}=\sigma_{\perp}$$

$$\frac{\sigma_{w,v}}{\sigma_{w,R,d}}\leqslant 1$$

$$M_{y,\max}=\sigma_{w,R,d}\cdot\frac{I_y}{z}=12\ \text{kN/cm}^2\times\frac{11260\ \text{cm}^4}{12\ \text{cm}}=11260\ \text{kN}\cdot\text{cm}=112.6\ \text{kN}\cdot\text{m}$$

（2）S235JRG2

（根据 DIN EN 10025–1994 的规定，G2 为镇静钢；S235 JRG2 的 $f_{y,k}=240\ \text{N/mm}^2$，表 4.5 中的 R_{eH} 即为 $f_{y,k}$）

$$\sigma_{w,R,d}=\alpha_w\frac{f_{y,k}}{\gamma_M}=0.95\times\frac{240}{1.1}\approx 207.3\ \text{N/mm}^2$$

$$M_{y,\max}=\sigma_{w,R,d}\cdot\frac{I_y}{z}=20.73\ \text{kN/cm}^2\times\frac{11260\ \text{cm}^4}{12\ \text{cm}}\approx 19452\ \text{kN}\cdot\text{cm}\approx 194.5\ \text{kN}\cdot\text{m}$$

【例 7】外加荷载作用下悬臂梁（S235）根部焊缝强度的校核。

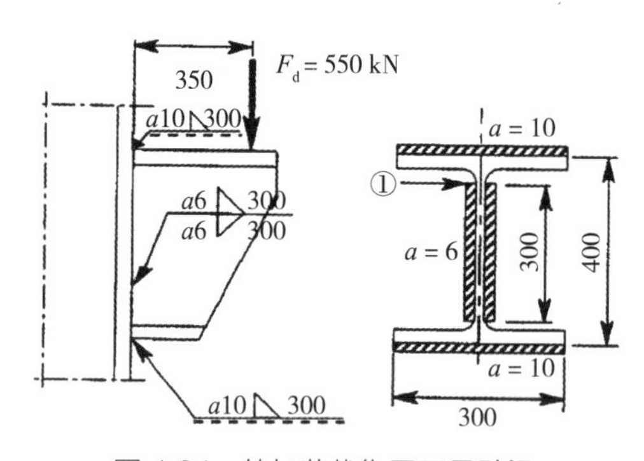

图 4.24　外加荷载作用下悬臂梁

【解】截面内力和截面特性值：

$$M_y=550\times 0.35=192.5\ \text{kN}\cdot\text{m}$$

$$V_z=550\ \text{kN}$$

$$I_{w,y}=2\times\frac{0.6\times 30^3}{12}+2\times 30\times 1\times 20^2=26700\ \text{cm}^4$$

$A_{w,腹板} = 2\times 0.6\times 30 = 36\ \text{cm}^2$

强度校核（校核①点）：

$$\sigma_{w,R,d} = \alpha_w \frac{f_{y,k}}{\gamma_M} = 0.95\times\frac{240}{1.1} \approx 207.3\ \text{N/mm}^2$$

（S235 JR 的 $f_{y,k} = 240\text{N/mm}^2$，表 4.5 中的 R_{eH} 即为 $f_{y,k}$）

最大 $\sigma_{\perp} = \dfrac{192.5\times 10^2}{26700}\times 20 \approx 14.4\ \text{kN/cm}^2$

$\sigma_{\perp} = \dfrac{192.5\times 10^2}{26700}\times 15 \approx 10.8\ \text{kN/cm}^2$

$\tau_{\parallel} = \dfrac{550}{36} = 15.3\ \text{kN/cm}^2$

$\sigma_{w,v} = \sqrt{{\sigma_{\perp}}^2 + {\tau_{\parallel}}^2} = \sqrt{10.8^2 + 15.3^2} = 18.7\ \text{kN/cm}^2$

$\dfrac{\sigma_{w,v}}{\sigma_{w,R,d}} = \dfrac{18.7}{20.73} \approx 0.9 < 1$

4.7 电阻焊接头

4.7.1 结构的构成

4.7.1.1　点焊焊缝和滚焊焊缝

示例见图 4.25 和图 4.26。

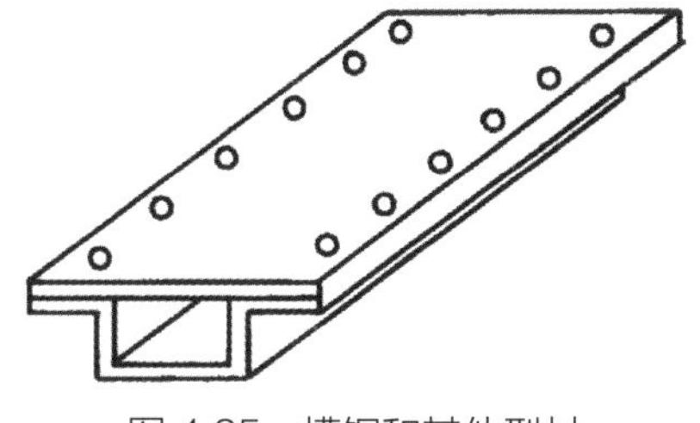

图 4.25　槽钢和其他型材

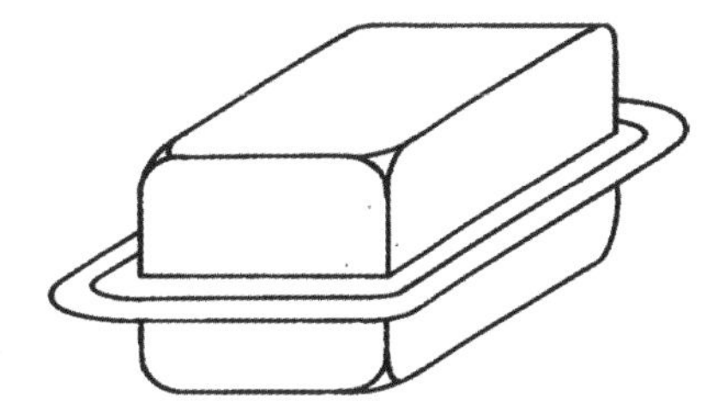

图 4.26　各种燃料罐和容器

4.7.1.2　凸焊焊缝和压力对焊焊缝

示例见图 4.27 和图 4.28。

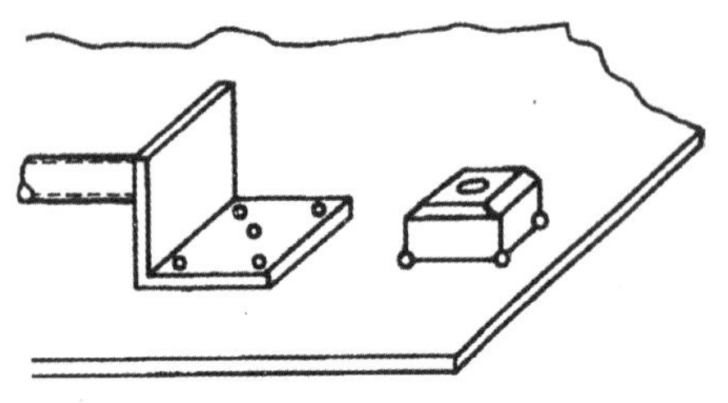

图 4.27　小件、薄件、螺栓、螺母焊

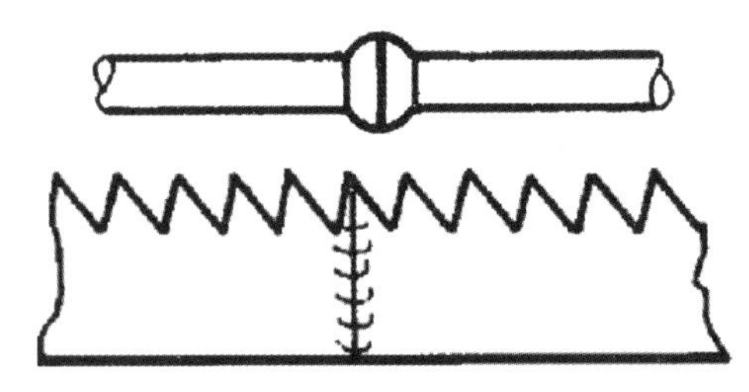

图 4.28　杆件和锯片

4.7.1.3　闪光对焊 RA

示例见图 4.29 和图 4.30。

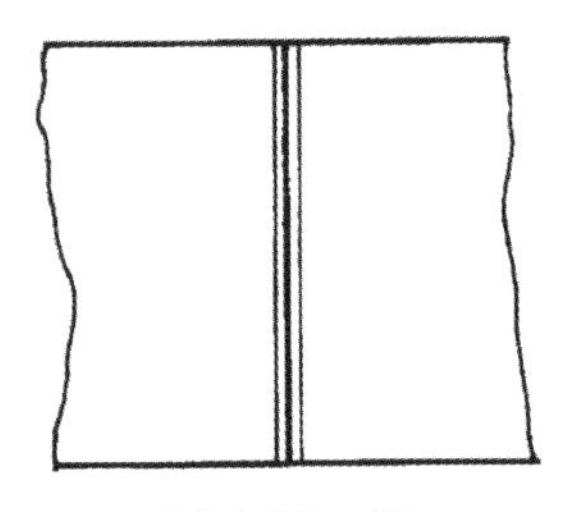

图 4.29　板

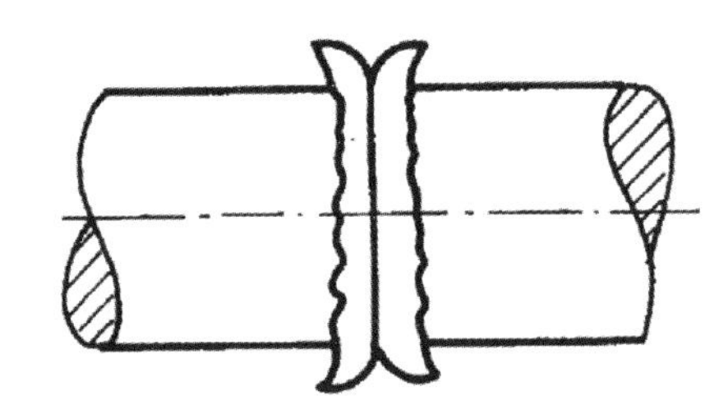

图 4.30　载重车轴、链节、轨道、管材、型材电阻点焊接头

4.7.2 焊缝承载形式

电阻焊构件按作用效果可分为承受剪切、拉伸、撕裂和扭转等荷载作用类型（图 4.31）。

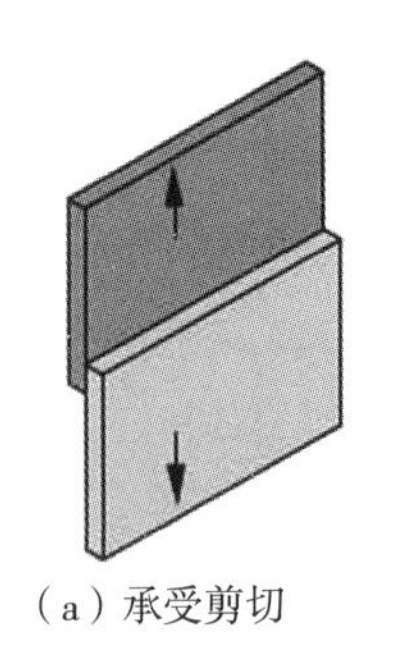

（a）承受剪切

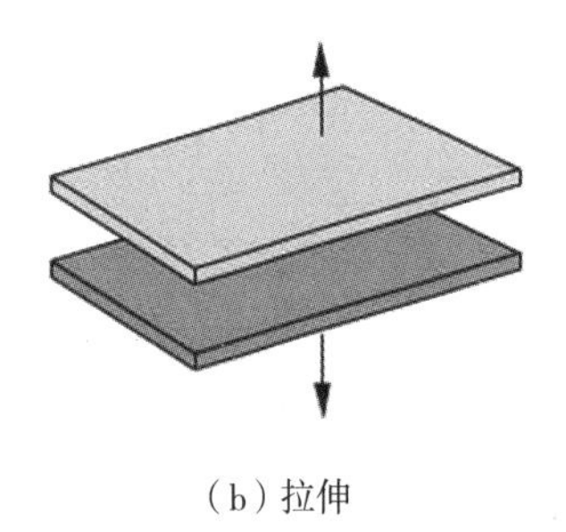

（b）拉伸

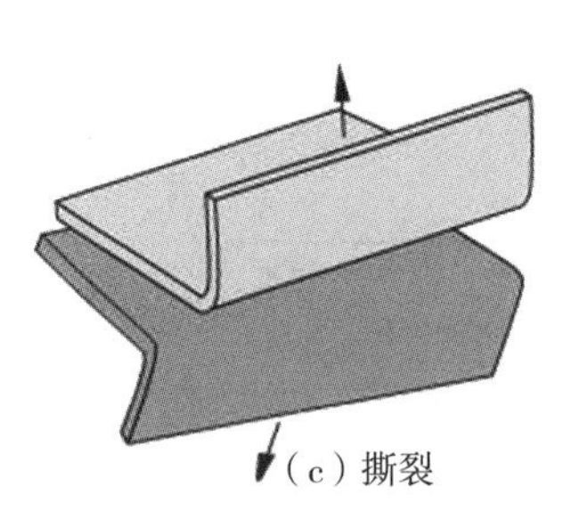

（c）撕裂

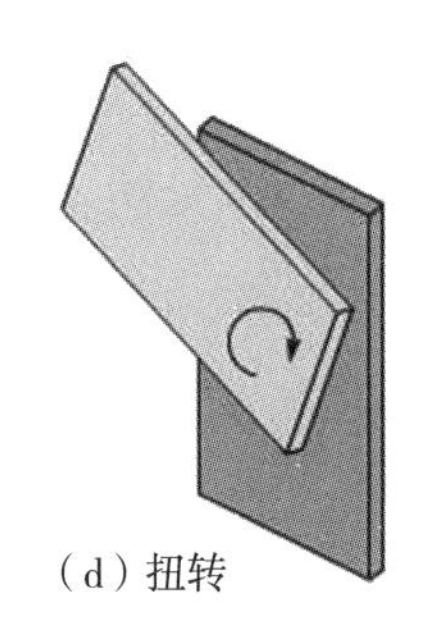

（d）扭转

图 4.31　荷载作用类型

点焊结构可以是型材、平板或二者的综合体。点焊可用于力的传递、力的承载、物件连续和瞬间定位以及容器密封焊缝的生产。点焊搭接接头应力集中程度比电弧焊搭接接头严重，焊点附近应力集中程度较为严重，接头的抗拉强度远低于抗剪强度，因此使用中应尽量避免使焊点承受拉伸荷载，而应用于承受剪切荷载。

点焊荷载的应力分布形式见图 4.32。

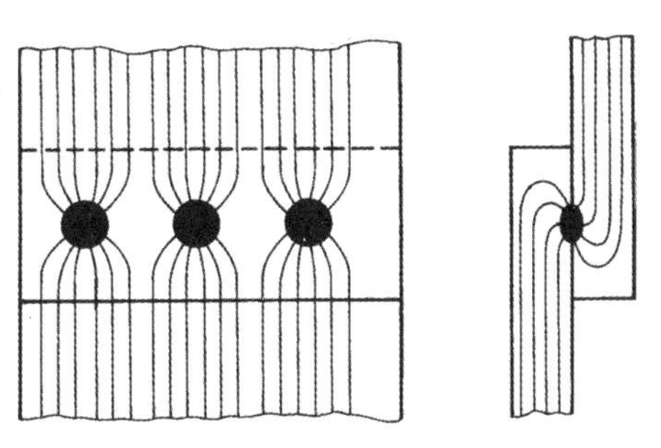

图 4.32　点焊荷载的应力分布形式

4.7.3 接头及熔核相关尺寸

点焊接头的承载能力取决于焊点的分布规律及熔核的直径。点焊接头的焊点越多，荷载分布就越不均匀，因此，点焊接头的焊点排数不宜过多。一般情况下，焊点排数多于 3 排时，接头的承载能力基本保持不变。图 4.33~ 图 4.38 为点焊布置示意图和焊点尺寸标识示例。

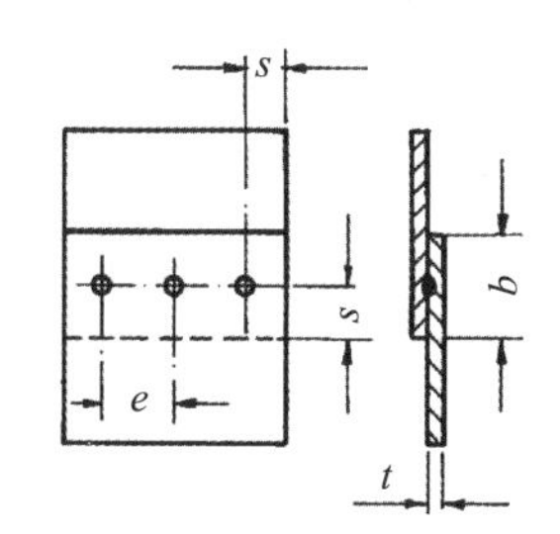

s 为边距；*b* 为搭接尺寸；*e* 为焊点间距；*t* 为板厚。

图 4.33　单列单层点焊

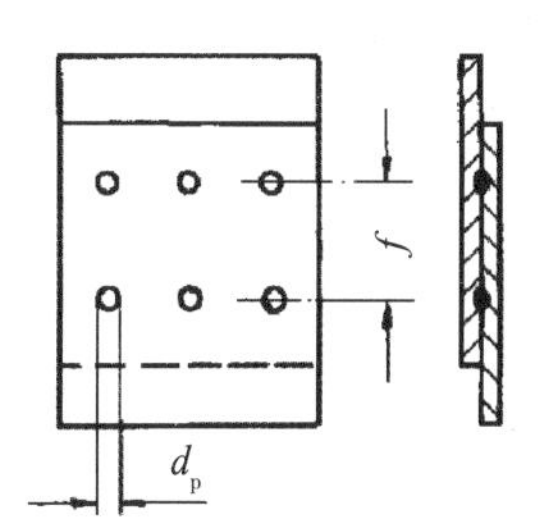

f 为列宽；d_p 为焊点直径。

图 4.34　双列单层点焊

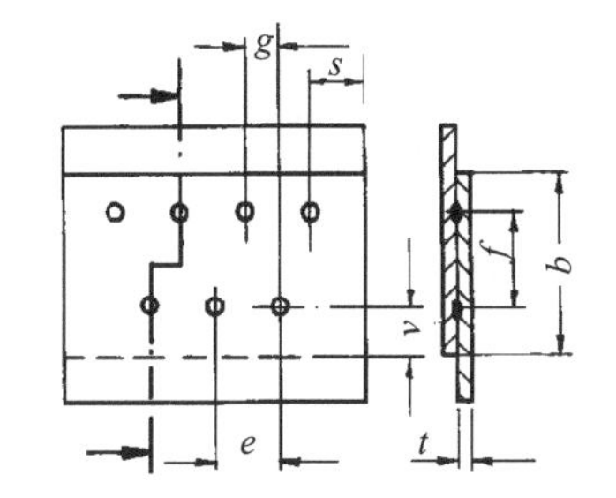

s 为边距；*b* 为搭接尺寸；*e* 为焊点间距；
t 为板厚；*g* 为错位尺寸；*f* 为列宽。

图 4.35　错位双列单层点焊

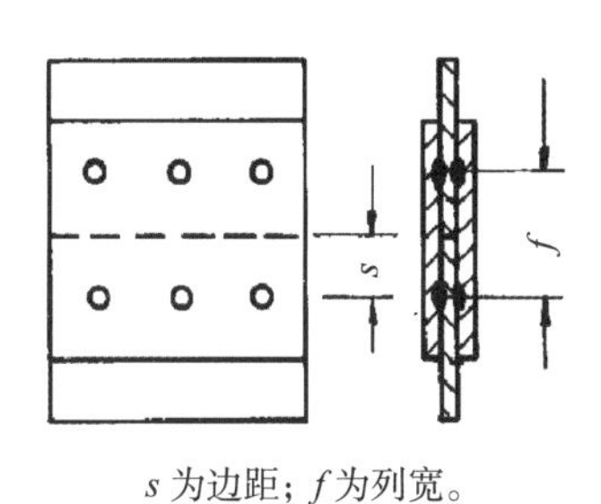

s 为边距；*f* 为列宽。

图 4.36　双列双层点焊

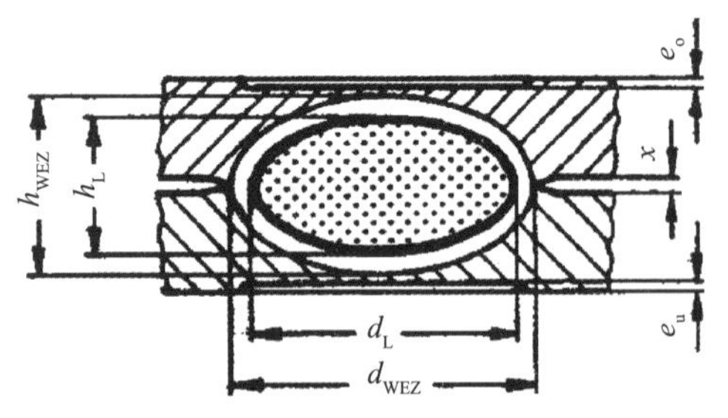

e_o 为上板材压痕深度；e_u 为下板材压痕深度；
h_{WEZ} 为热影响区高度；h_L 为熔核厚度；
d_L 为熔核直径；d_{WEZ} 为热影响区直径；
x 为间隙

图 4.37　相同板厚的焊点

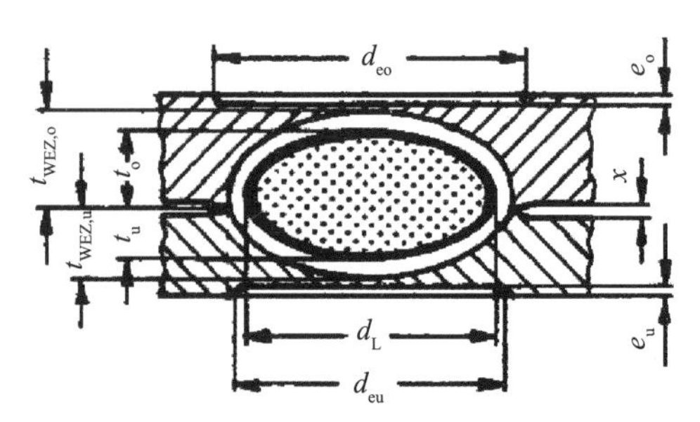

e_o 为上板材压痕深度；e_u 为下板材压痕深度；
h_{WEZ} 为热影响区高度；d_{eo} 为上电极电极直径；
d_L 为熔核直径；d_{eu} 为下电极电极直径；x 为间隙；
$t_{WEZ,o}$ 为上板材热影响区压痕深度；
$t_{WEZ,u}$ 为下板材热影响区压痕深度

图 4.38　不同板厚的焊点

4.7.4 设计合理性

（1）较差的焊接可接近性的结构要使用特殊电极（图 4.39）。

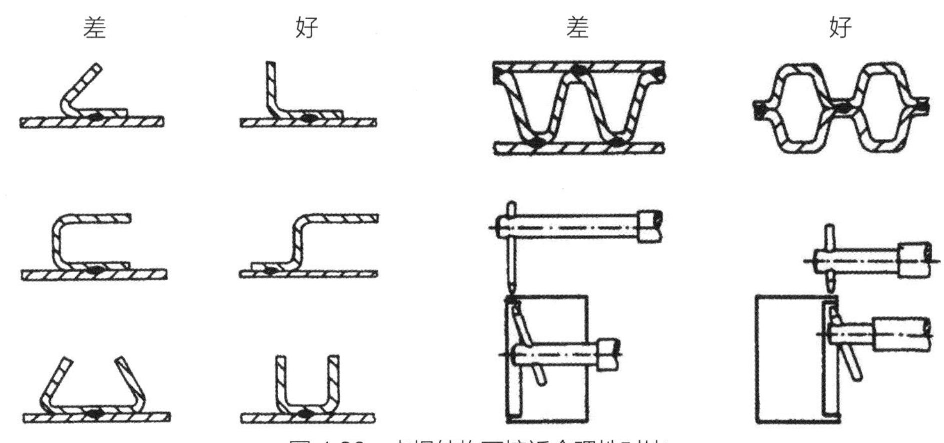

图 4.39　点焊结构可接近合理性对比

（2）接触面尺寸不同和不平行会降低焊接质量和电极使用寿命（图 4.40）。

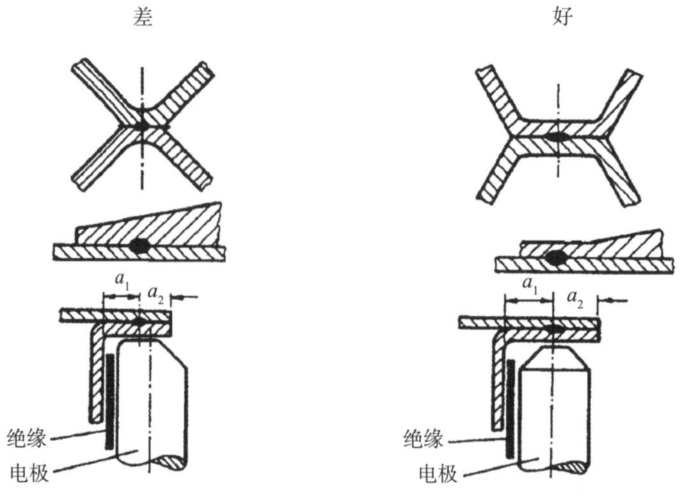

图 4.40　电极形式合理性对比

（3）边距太小时，将导致板缘过热和强烈变形（图 4.41）。

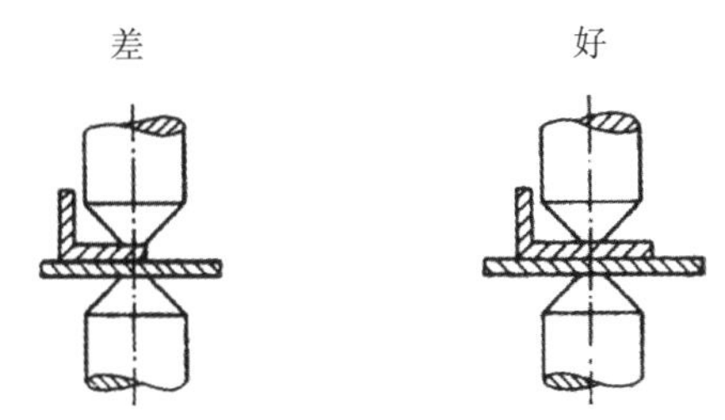

图 4.41　焊点边距位置合理性对比

（4）较差的吻合降低电极压力和焊接质量（图 4.42）。

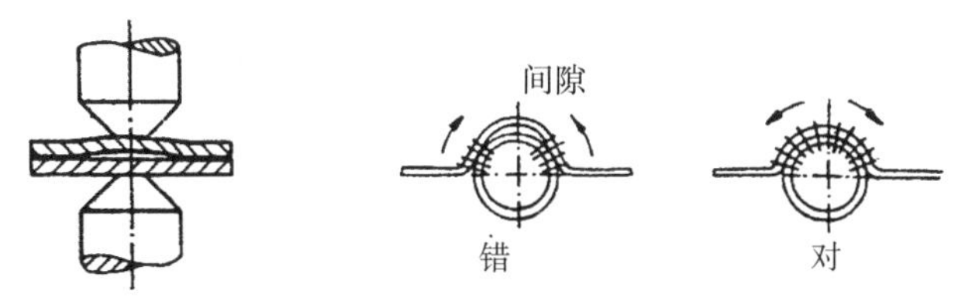

图 4.42　有间隙焊点焊接次序影响对比

（5）非对称尺寸导致热量不均并由此造成焊接缺陷（图 4.43）。

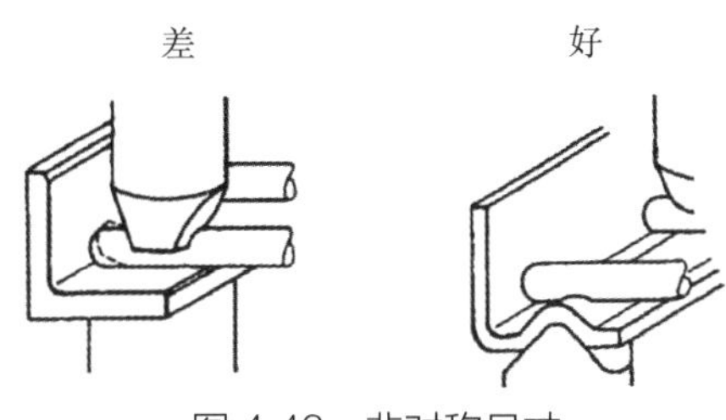

图 4.43　非对称尺寸

（6）通过扭转荷载可以很容易地破坏焊点（图 4.44）。

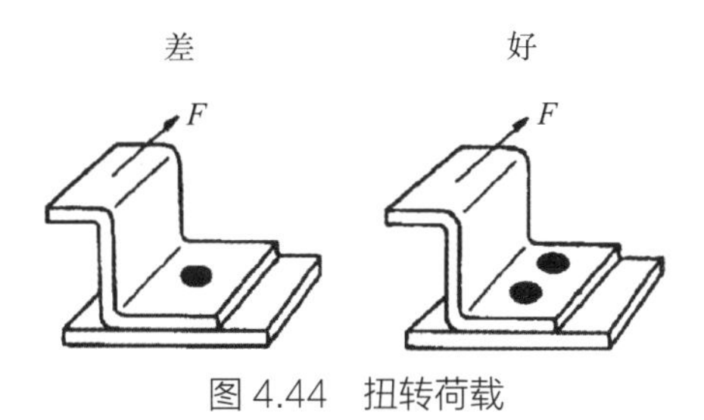

图 4.44　扭转荷载

（7）分流作用使得焊接电流降低，进而将降低焊接接头的强度（图 4.45）。

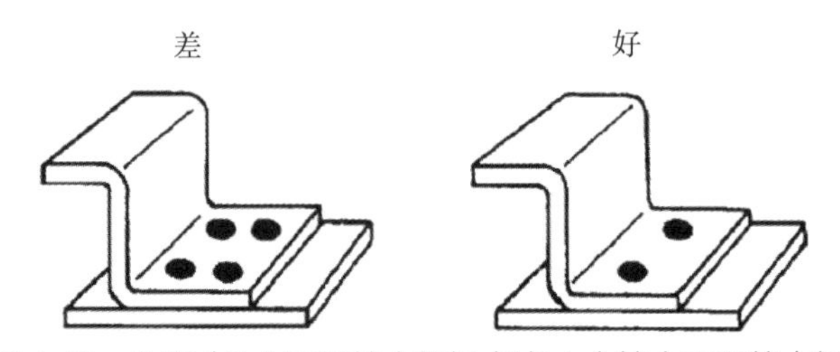

图 4.45 分流（2 个面积较大的焊点比 4 个较小面积的点好）

（8）较大的悬臂间距离、悬臂长度和在二次区中有较大的可磁化物体将导致功率损失，因此必须避免。焊接电流是走最短的路程到达焊点的，因此窗口尺寸应尽可能小（图 4.46）。

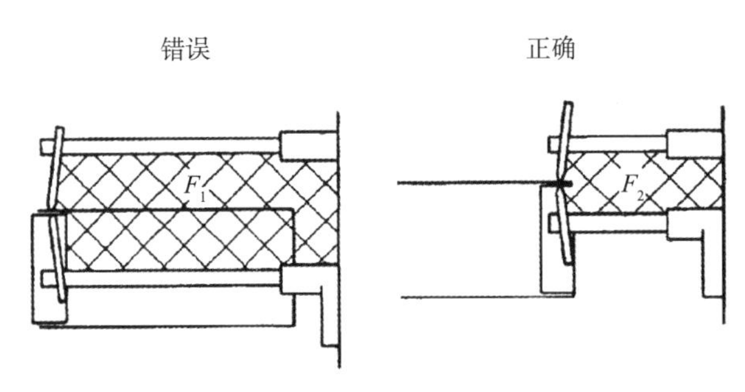

图 4.46 窗口效应对比

（9）分流作用会使得熔核加热状况不良，引起各种焊接缺陷（图 4.47）。

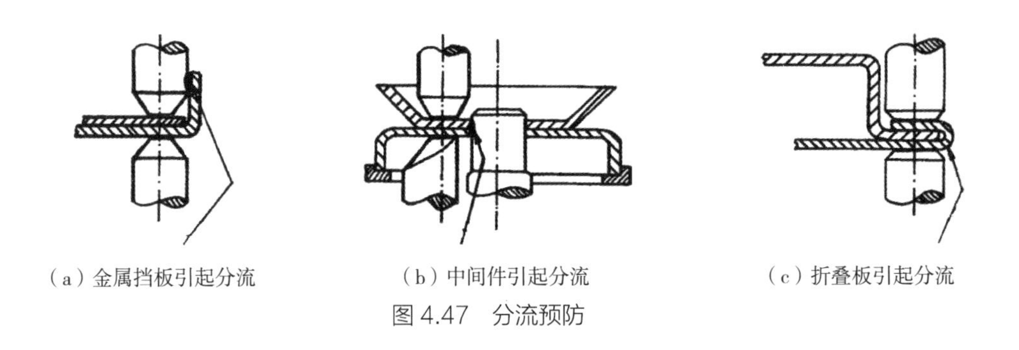

图 4.47 分流预防

（10）电极臂形状刚度不佳（图 4.48），则只能承担较小的力量，必须避免这种情况。

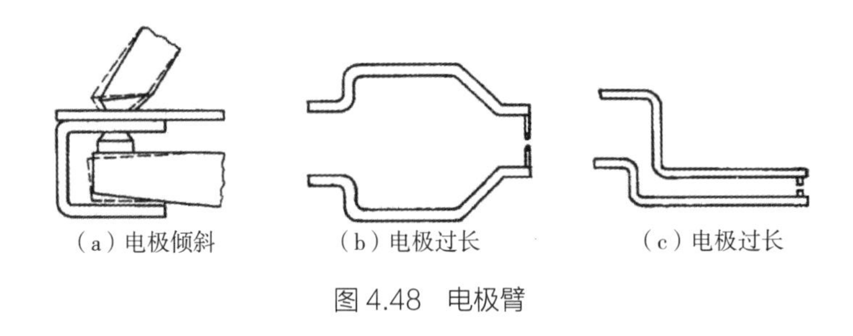

图 4.48 电极臂

4.7.5 焊点的布置

简易的截面计算起来比较容易，半刚性且较复杂的截面只能做局部计算。这就是为什么对点焊结构需要附加荷载试验的原因。对构件进行合理的设计同样很重要，尤其要考虑下面几个特征值。

（1）单列单层焊缝时，可达到母材的强度并用于静载情况，此时的点距“e”

$$e \approx 3.5d_L \tag{4-26}$$

（2）动载时可达到最大的抗拉强度，条件是：

$$e \approx 4d_L \tag{4-27}$$

（3）如果点距满足下式条件，则分流可忽略不计：

$$e \geqslant 10 \cdot (t_1+t_2) \tag{4-28}$$

（4）选择较小的距离应选用小的熔核直径，在这种情况下应选用较高的电流或延长焊接时间。

多列焊缝时满足下式可达到母材强度：

$$e \approx 5d_L \tag{4-29}$$

边距 s 不小于 d_L，推荐：

$$s \geqslant 1.25d_L \tag{4-30}$$

搭接尺寸 b：$b \geqslant 2s = 2.5d_L$　　（4-31）

要注意的事项：①多层板焊接不能多于 3 层板材；②应避免厚度比大于 3 : 1；③薄板尽可能夹在厚板之间。

4.7.6 焊点强度计算

4.7.6.1 静载剪切作用力

焊接接头的设计是为了满足结构的承载要求，即验证接头所承受的荷载 F_p 不超过许用作用力 F_{zul}。

$$F_p \leqslant F_{zul} \tag{4-32}$$

每个焊点所承受的作用力 F_p 不仅与焊点数量有关，还与方法系数“V”和质量系数“Q”有关。

$$F_p = \frac{F}{n \cdot Q \cdot V} \tag{4-33}$$

式中：F_p——每个焊点承受的作用力；

F_{zul}——许用作用力；

F——点焊结构承受的作用力；

n——焊点数量；

V——方法系数；

Q——质量系数（表 4.8）；

$F_{S,min}$——最小作用力。

如果接头尺寸不能满足承载要求，则必须重新选择焊点数量等参数。

表 4.8　质量系数 Q（DVS 2902 第 3 部分）

焊点评估	质量系数 Q	安全等级
校正焊接设备，监督焊接参数，同时抽样检查	1.0	A，B，C
校正焊接设备，同时抽样检查，每天检查（抽样按 DVS2915-1~3）	0.75	A，B，C
校正焊接设备	0.5	B，C

计算电阻点焊接头原始焊点承载力时按照拉伸－剪切试验中的最小作用力 F_S 除以安全系数 S。

$$许用力F = \frac{F_{S,min}}{S} \tag{4-34}$$

安全系数参见表 4.9。安全系数取决于安全等级，见表 4.10（安全等级按照 DVS 2915 中的代码来定义）。

表 4.9　安全系数 S（DVS 2902 第 3 部分）

工艺方法	方法系数 V
双面固定点焊机	1.0
双面钳式点焊机	0.8
双面机器人点焊	0.9
三层板点焊，双面	0.8
四层板点焊，双面	0.6
单面双点点焊	0.7
推拉焊	0.85
上臂横向摇摆运动、电极上下运动、单点焊、铜垫片	0.8
上臂纵向摇摆运动、电极上下运动、单点焊、铜垫片	0.9

表 4.10　安全等级所对应的安全系数 S（DVS 2902 第 3 部分）

安全等级，定义		安全系数 S
A	焊缝失效时，可造成人身伤害	1.8
B	焊缝失效时，产品不能按生产设计要求工作或造成损失	1.5
C	焊缝失效时，对产品仅造成很小的伤害	1.2

最小作用力 $F_{S,min}$ 的数值取决于被连接板材的厚度 t 以及熔核直径 d_L。按照 DVS 2902 第 3 部分的拉伸－剪切力最小值 F_{min} 和屈服力最小值 $F_{S,min}$（摘录），见表 4.11。

表 4.11　$F_{S,min}$ 值摘录

St12，13，14			St12，13，14	St12，13，14			St12，13，14
t/mm	d_L/mm	F_{min}/kN	$F_{S,min}$/kN	t/mm	d_L/mm	F_{min}/kN	$F_{S,min}$/kN
0.5	2.5	1.2	0.42	2.0	5	7.2	2.45
	3	1.5	0.52		7	10.8	3.67
	3.5	1.7	0.6		8	12.6	28
	4	2.0	0.68		9	13	86
	5	2.5	0.84		10	15.4	5.23
	5.5	2.5	0.86		11	16.3	5.54

续表

St12，13，14			St12，13，14	St12，13，14			St12，13，14
t/mm	d_L/mm	F_{min}/kN	$F_{S,min}$/kN	t/mm	d_L/mm	F_{min}/kN	$F_{S,min}$/kN
1.0	3.5	3.2	1.07	2.5	5.5	10.6	3.62
	5	3	1.46		7	12.6	28
	6	5.1	1.72		8	15	93
	7	5.7	1.93		9	16.5	5.61
	8	5.8	1.99		10	18.2	6.19
					11	20.0	6.80
					12.5	22.1	7.52
1.5	3	5.1	1.76	3.0	6.1	12.4	18
	6	6.8	2.30		8	16.3	5.54
	7	7.7	2.62		8.5	17.4	5.93
	8	8.3	2.82		9	18.6	6.32
	9	8.9	3.03		10	20.9	7.11
	10	9.1	3.09		11	23.1	7.85
					12	25.4	8.64
					14	28.5	9.69

4.7.6.2 静载撕裂和拉伸荷载

静载撕裂和静载拉伸荷载条件下的计算过程同剪切荷载，但须注意它的承受荷载能力很弱，许用作用力大幅度下降。需要满足的条件：

$$F_{rip} \leqslant 0.2F_{zul}\text{（静载撕裂）} \tag{4-35}$$

$$F_{str} \leqslant 0.4F_{zul}\text{（静载拉伸）} \tag{4-36}$$

4.7.6.3 动载条件下点焊接头强度计算

对于动荷载条件下的点焊接头的计算，目前仅有几个通用设计标准。对于动荷载条件下接头的设计应该注意以下几点：

（1）因为计算时缺少关于接头设计和安全性影响因素的理论根据，所以接头的承载能力总是通过有关试验获得。

（2）接头的疲劳强度主要与材料种类和接头形式有关。

（3）随着板厚的增加，单列单层点焊接头的疲劳强度由于附加弯矩的增加而降低。

（4）优选单列单层点焊接头。它的疲劳强度可以达到单层双列点焊接头的 90%，但生产时间只有它的一半。

（5）多层板材接头的疲劳强度仅为单层单列点焊接头的 70%，缺点是生产时间长，特别是三层板接头。另外工作可靠性差。

（6）对于双列双层点焊接头可达到 $\Delta\sigma = 120\ \text{N/mm}^2$ 的疲劳强度。

（7）由于只能承受较小的荷载，动载拉伸和扭转荷载应该避免。

（8）单焊点试样的试验结果不能用于多焊点。

4.8 扭转

扭转变形也称扭转，扭转变形指的是大小相等、方向相反、作用面都垂直于杆轴的力偶作用在杆件两端截面引起的一种变形形式，表现为杆件的任意两个横截面发生绕轴线的相对运动。作用在杆件端部的力偶会在杆件截面上产生扭矩，扭矩作用在截面上会产生剪切应力。图 4.49 是实壁圆筒形结构扭转示意图。

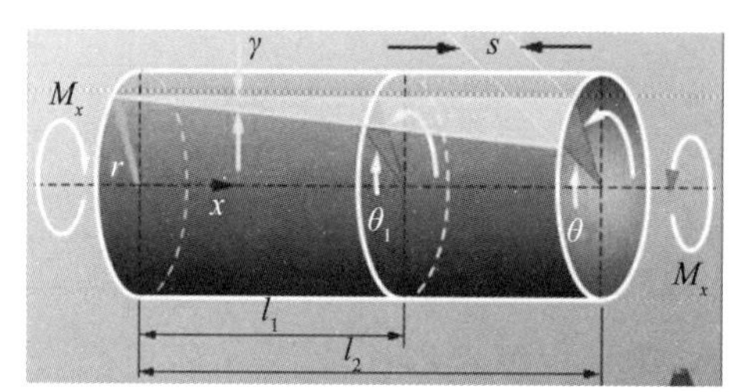

M_x 为扭矩；s 为弧长；l_1，l_2 为两个截面间的距离；
r 为圆截面的半径；γ 为剪应变；G 为材料的剪切弹性模量

图 4.49 实壁筒形结构扭转示意图

单位转角 θ_1：当 $l_1=1$ 时，两个截面的相对转动位移 $S=\gamma \cdot l_1=r \cdot \theta_1$。

扭转角 θ：当距离为 l_1 时两个截面的相对转动角度，$\theta=\theta_1 \cdot l$。

扭矩 M_x：对于非圆截面，当力的作用线偏离端部截面剪切中心或力偶作用在端部截面上时，则将会在截面上产生扭矩 M_x（图 4.50）。

剪切中心 O：是构件上由构件截面决定的一点，当外加荷载的合力作用线通过该点则对该截面不产生扭矩。

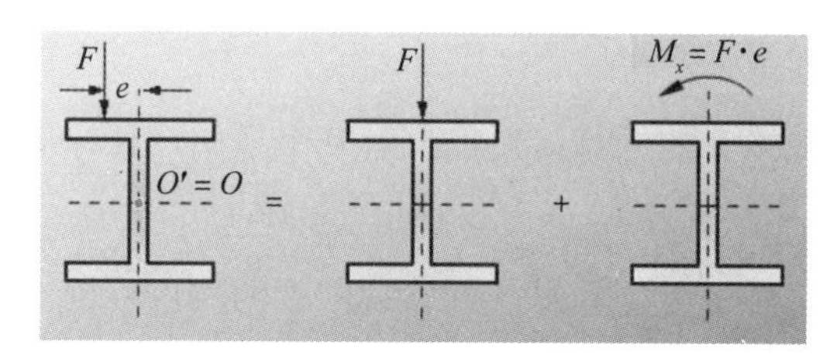

图 4.50 垂直荷载作用下的扭矩

剪切中心的位置由截面形状及其对称性决定。不通过剪切中心的力会对构件产生扭矩。

（1）对于单轴对称截面，剪切中心位于对称轴上，其位置可以通过相应公式计算确定（图 4.51 和图 4.52）。

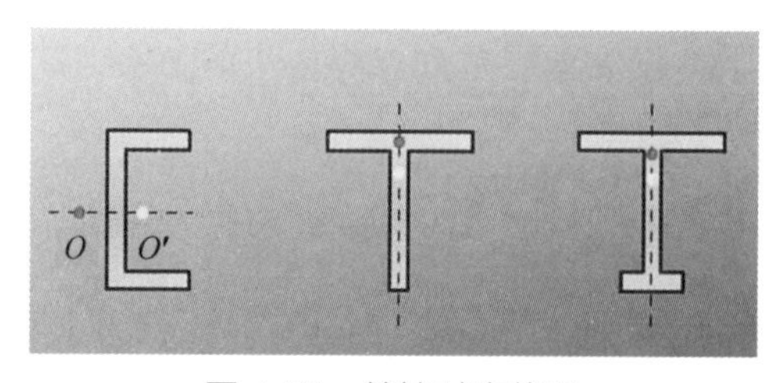

图 4.51 单轴对称截面

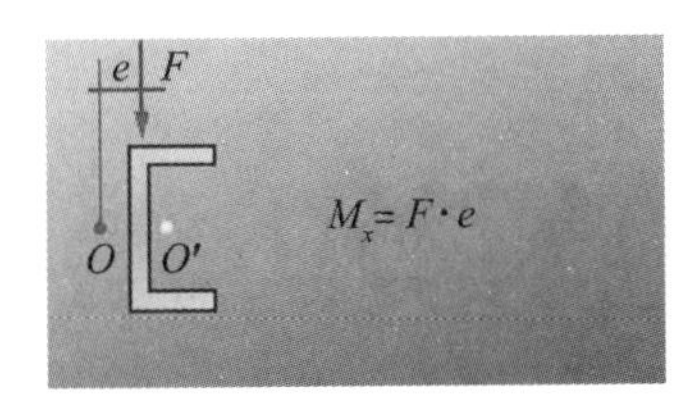

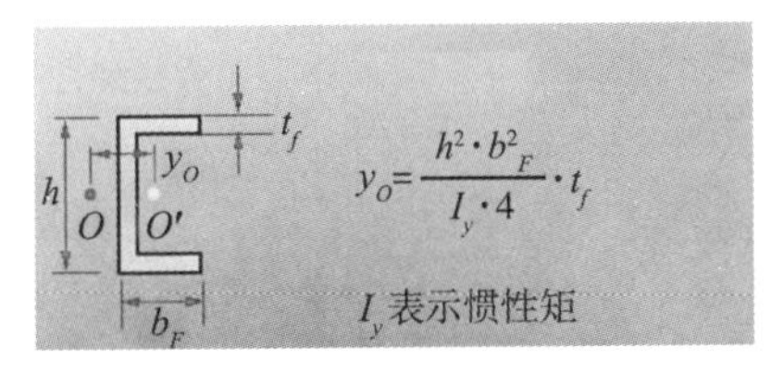

图 4.52　槽钢剪切中心位置

（2）对于双轴对称截面，重心及剪切中心 O 重合，剪切中心位于两对称轴的交叉点上与形心呈点对称截面，剪切中心 O 和形心 O' 重合（图 4.53）。

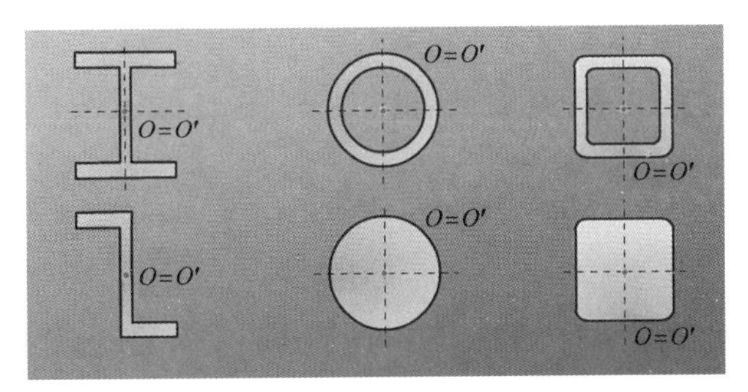

图 4.53　双轴对称截面剪切中心

（3）对于两个组成直角构件的截面，剪切中心 O 位于型钢中心线的交点处（图 4.54）。

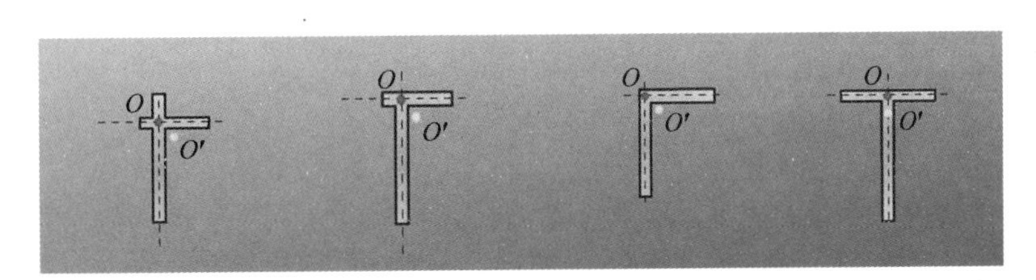

图 4.54　直角构件组成的截面剪切中心

4.8.1 扭转类型

根据截面形状的不同，构件在承受扭矩的作用下可能发生不同的扭转变形情况。对于圆轴截面扭转，按材料力学的平面假设理论求解其应力和变形，认为圆轴的横截面在轴受扭时保持为平面，且半径仍为直线。对于非圆截面杆件，在扭矩作用下可以形成自由扭转和约束扭转两种变形形式。当构件承受扭矩作用时，非圆截面在被扭转的同时还会产生翘曲变形。

翘曲：截面在绕纵轴方向产生扭转的同时其端面由平面变为曲面的现象称为翘曲。变形与截面形状相关示例见图 4.55 和图 4.56。

自由扭转：非圆截面等直杆件在两端受扭矩作用下并且其翘曲不受任何限制的情况下称为自由扭转。有以下特点：①杆件各横截面翘曲程度相同，截面上各点纵向轴线长度无变化；②截面上仅产生切应力 τ。

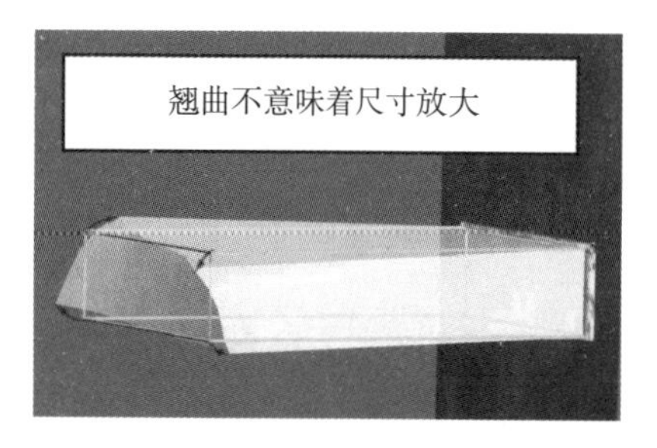

图 4.55　翘曲变形

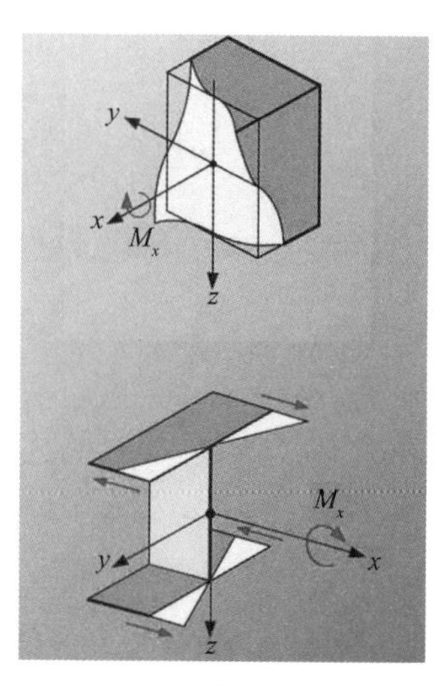

图 4.56　翘曲截面形状

约束扭转：若非圆杆件一端或两端有拘束，造成杆件纵向截面的翘曲程度不同，势必引起截面上各点纵向轴线长度发生变化，因此横截面上除产生切应力以外还有正应力，该种情况称为约束扭转。约束扭转中，截面不能不受阻碍地发生翘曲，并且截面上产生切应力或者产生“二次应力”σ_w（翘曲正应力）和τ_w（翘曲切应力）。

下列截面形状为抗翘曲截面：①实心圆形截面及圆环形截面；②等壁厚的正方形空心截面（t=恒定）；③矩形空心截面 $t_1/t_2=l_1/l_2$；④由两个窄条矩形组成的截面，其中心线交于一点；⑤所有三角形空心截面；⑥所有封闭型等边、等壁厚多边形截面（t=恒定）。

图 4.57 是用于高层钢结构的抗翘曲截面。

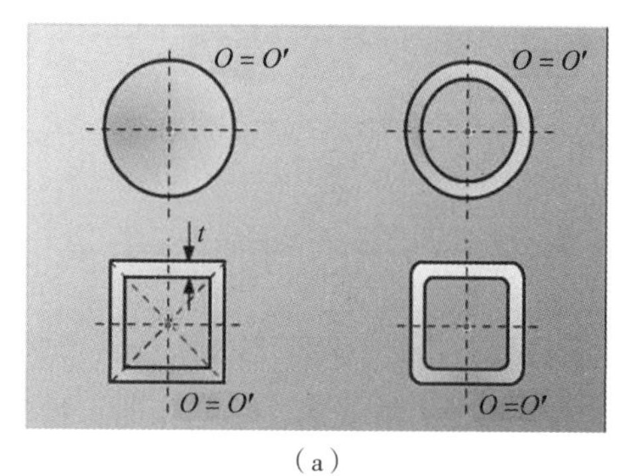

（a）

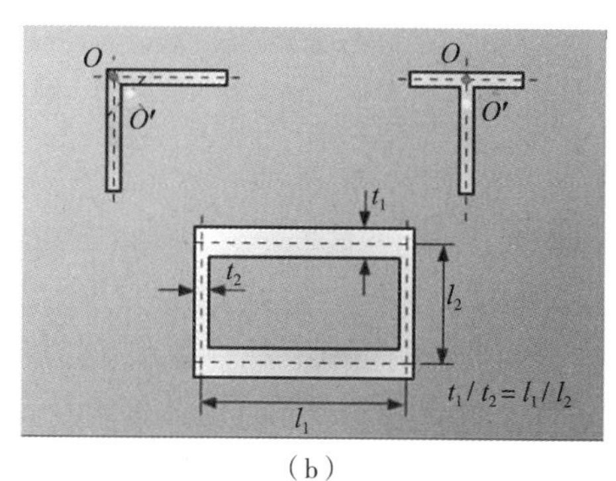

（b）

图 4.57　抗翘曲截面

图 4.58 是用于高层钢结构的非抗翘曲截面。

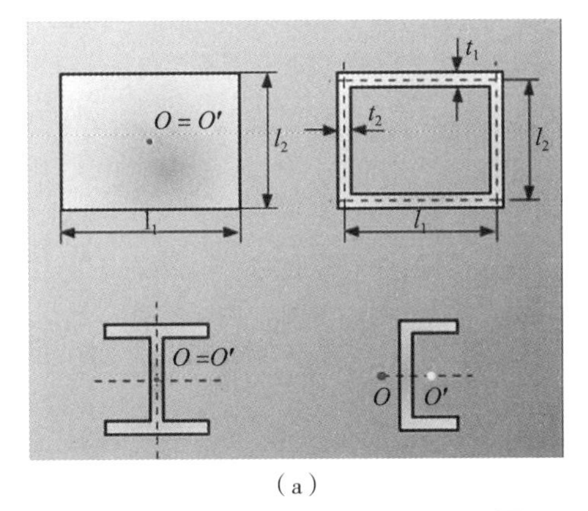

(a)

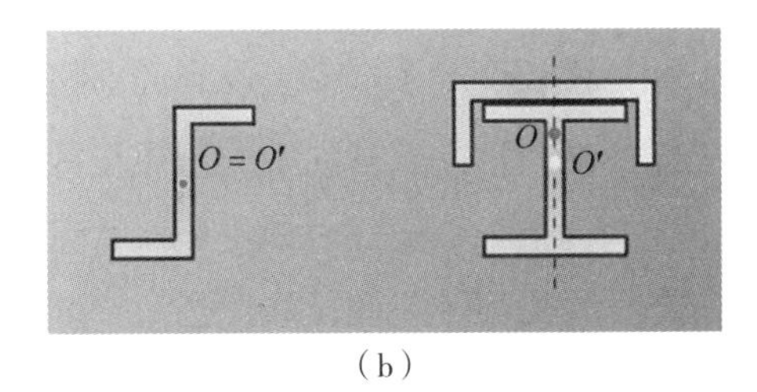

(b)

图 4.58　非抗翘曲截面

图 4.59 是截面类型确定的示例。

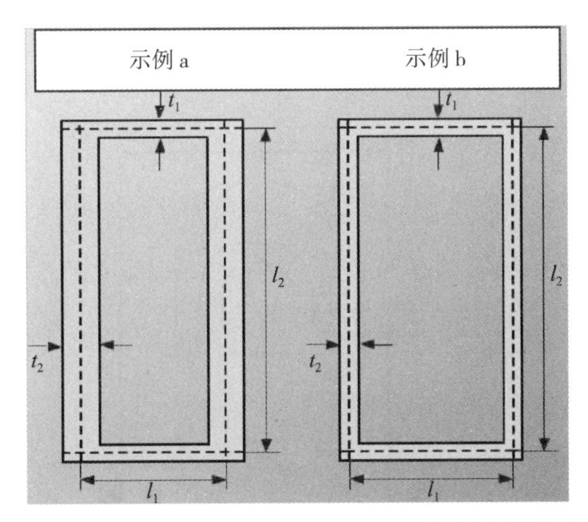

示例 a：

t_1=6，t_2=12，

l_1=300，l_2=600。

关键点：

t_1/t_2=6/12=1/2=l_1/l_2

=300/600=1/2

→抗翘曲截面

示例 b：

t_1=6，t_2=6，

l_1=300，l_2=600。

t_1/t_2=6/6=1≠l_1/l_2

=300/600=1/2

→非抗翘曲截面

图 4.59　截面类型的确定

两种扭转类型与截面类型及产生应力的关系可以用下面的图 4.60 表示。

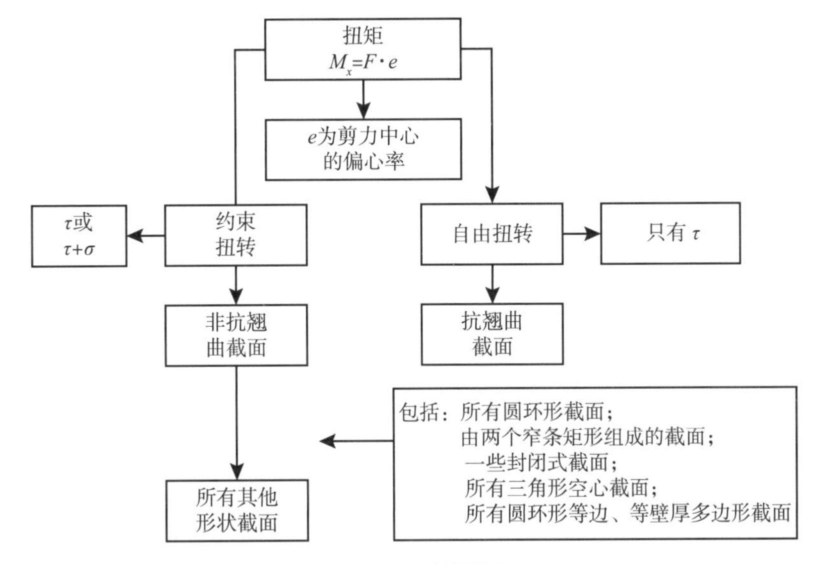

图 4.60　简示图

4.8.2 截面上由扭转产生的应力

4.8.2.1 先决条件

下列条件为确定截面属性的先决必要条件：

（1）在整个构件长度上横截面相同。

（2）在构件长度上及端部上没有局部扭转阻碍。

（3）作用在构件端部截面上的扭矩与截面边缘成正切。

（4）在构件上的一定区域内扭矩保持恒定。

4.8.2.2 切应力的大小和分布

为了获得除圆形截面以外其他形式截面上剪切应力的大小和分布信息，可采用水流模拟法进行类比。

图 4.61 和图 4.62 为模拟流体在非圆截面上的流动状态。

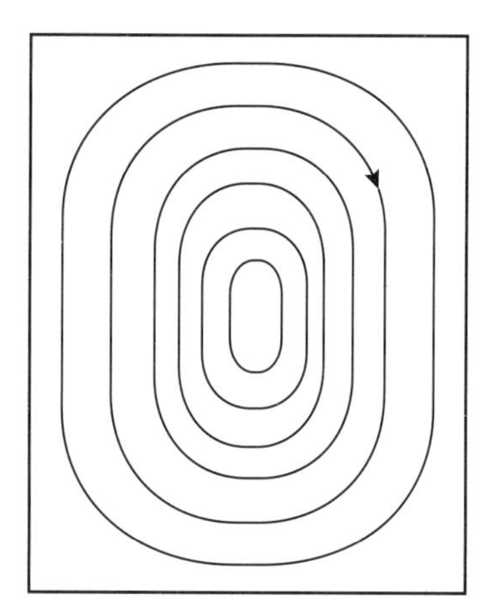

图 4.61　非圆截面切应力流分布状态

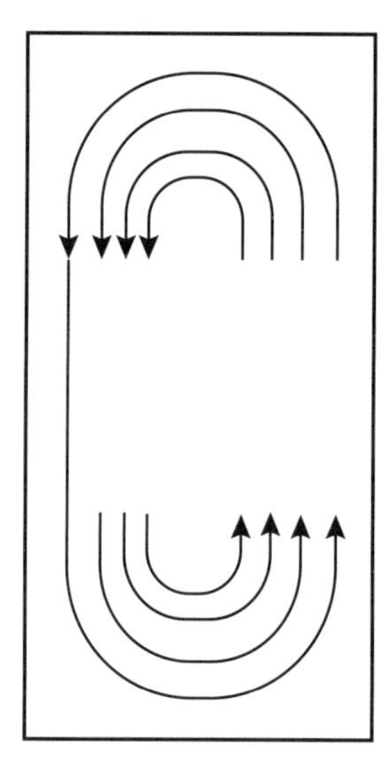

图 4.62　切应力大小分布

其中，流动线对应切应力的分布线，流动速度对应切应力的大小。

4.8.2.3 应力的确定

为了确定由于扭矩作用所产生的应力就必须要考虑截面类型，因为开放式截面和封闭式截面所采用的计算公式是不同的。

开放式截面的应力：实际可以使用下列计算公式

$$\tau_{\max} = \frac{M_x}{W_\tau} \tag{4-37}$$

$$\theta = \frac{M_x \cdot l}{G \cdot I_\tau} \tag{4-38}$$

对于一些比较重要的截面形状可按韦伯（Weber）公式计算惯性矩 I_T 和阻力矩 W_T，例如对于简单的矩形截面（图 4.63）：

$$I_T=\alpha \cdot l \cdot t^3,\ W_T=\beta \cdot l \cdot t^2 \tag{4-39}$$

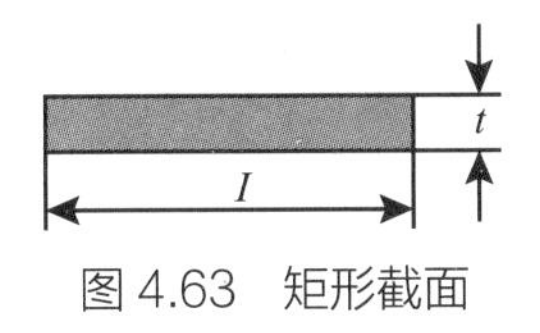

图 4.63　矩形截面

α,β 的值可参考表 4.12。其中，对于较窄的矩形截面（$l : t > 15$）可采取 $\alpha=\beta=0.333$。

表 4.12　α、β 参数

l/t	1	2	4	8	15	> 15
α	0.141	0.229	0.281	0.307	0.320	0.333
β	0.208	0.246	0.282	0.307	0.320	0.333

对于非常窄的矩形，截面中含部分矩形的惯性矩 I_T 和阻力矩 W_T 可按下述公式计算：

$$I_T=\eta \cdot \alpha \cdot \sum (l \cdot t^3),\ W_T=\frac{I_\tau}{t_{max}} \tag{4-40}$$

式中，η 为轧制型材的修正系数。图 4.64 给出了轧制型材的修正系数参考值。

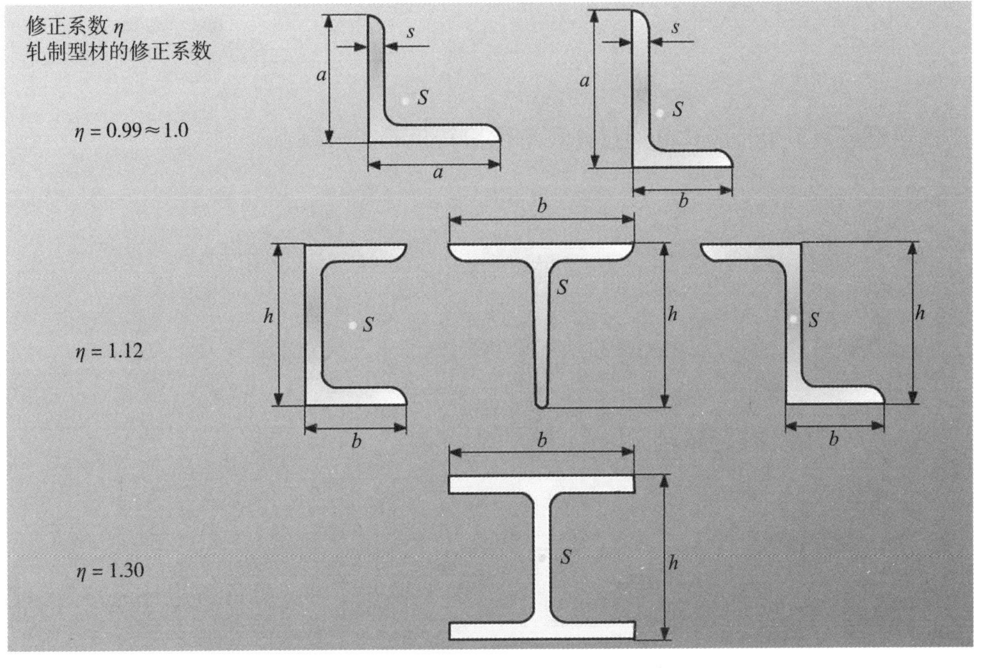

图 4.64　轧制型材的修正系数

开放式截面的应力（空心）的计算示例如图 4.65 所示。

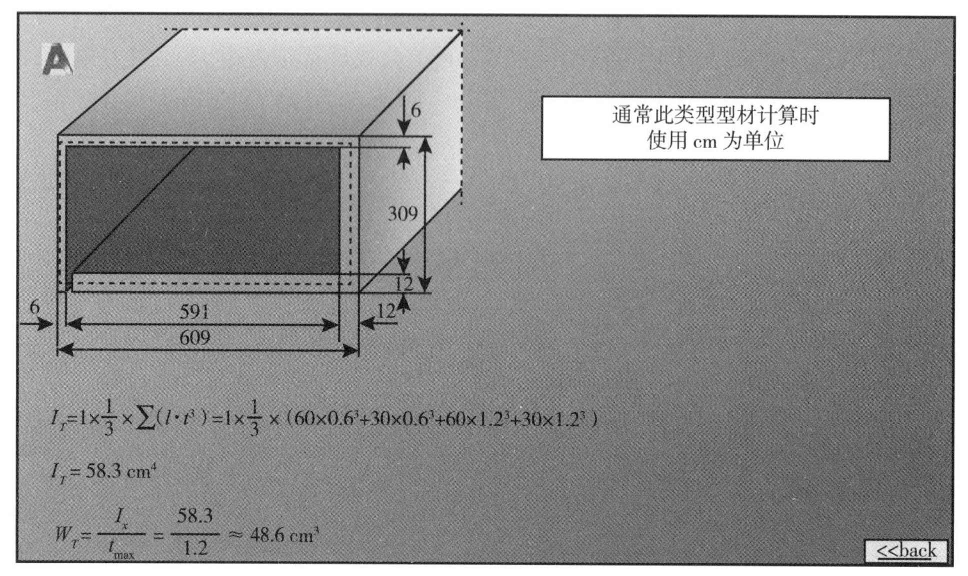

构件长度 $l=5.00$ m　　扭矩 $M_x=4$ kN・m

图 4.65　开放式截面的应力计算示例

封闭式截面上的应力：当外部扭矩与由剪力流引起的力矩处于平衡状态时，可按布莱特公式 I 计算构件上的扭矩：

$$T=\tau\cdot t=\frac{M_x}{2\cdot A_m} \tag{4-41}$$

式中，T 为剪力流，单位为 N / mm。

是否产生应力按照下面的公式判断：

$$\tau=\frac{M_x}{W_\tau} \tag{4-42}$$

扭转惯性矩可按照布莱特公式 Ⅱ 通过计算单位扭转角 θ 来求得：

$$\theta=\frac{M_x\cdot I}{4\cdot G\cdot A_m^{\ 2}}\oint\frac{\mathrm{d}u}{t} \tag{4-43}$$

$$I_T=\frac{4\cdot A_m^{\ 2}}{\oint\frac{\mathrm{d}u}{\mathrm{t}}}\text{ 或者 }I_T=\frac{4\cdot A_m^{\ 2}}{\sum\frac{l_i}{t_i}} \tag{4-44}$$

式中：A_m ——剪力作用包围的面积；

l ——长度；

t_i ——材料厚度。

后一个公式对于工程上实际使用就是足够的，因为板的厚度 t_i 沿每条边长通常是保持不变的。周长 u 代表矩形和正方形截面的特定长度。

阻力矩为：
$$W_T = 2 \cdot A_{\mathrm{m}} \cdot t_{\min} \tag{4–45}$$
式中，A_{m} 是剪力作用的面积，即图 4.66 中阴影部分的面积。

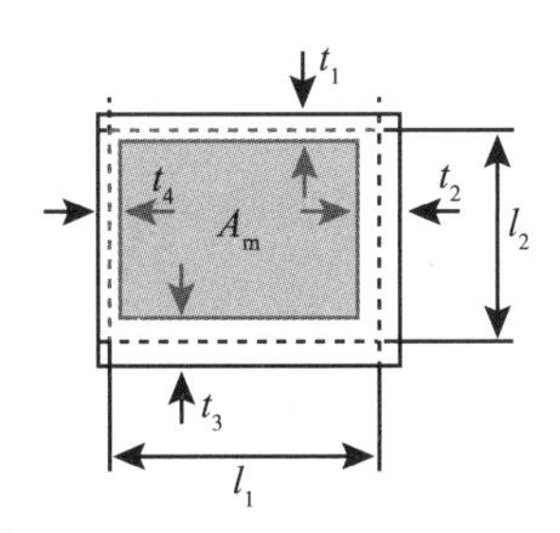

图 4.66　剪力作用的面积的确定

【例】确定封闭式矩形截面（图 4.67）中的参数。

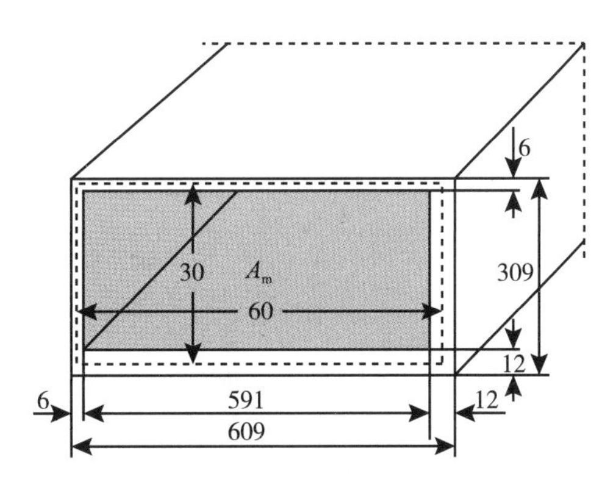

图 4.67　封闭式矩形截面

【解】
$$A_{\mathrm{m}} = 60 \times 30 = 1800\ \mathrm{cm}^2$$

$$I_T = \frac{4 \times A_{\mathrm{m}}^{\ 2}}{\sum \frac{l}{t}} = \frac{4 \times 1800^2}{\frac{60}{0.6} + \frac{30}{0.6} + \frac{60}{1.2} + \frac{30}{1.2}} = 57600\ \mathrm{cm}^4$$

$$W_T = 2 \cdot A_m \cdot t_{\min} = 2 \times 1800 \times 0.6 = 2160\ \mathrm{cm}^3$$

截面形状的比较：表 4.13 给出了在相同焊接填充材料下两种不同截面形状进行的比较。通过表 4.13 的刚性比率可以看出，在焊接填充材料一致的情况下封闭式截面比开放式截面要更坚固，而且可以承受更大的扭矩。开放式截面形式有“不耐扭转、扭矩小、扭转变形大”的特点，相比之下，封闭式截面有“耐扭转、扭矩大、扭转变形小”的特点。

表 4.13　截面比较

特征参量	开放式截面	封闭式截面	刚性比率
I_T / cm^4	58.3	57600	1∶1000
W_T / cm^3	48.6	2160	1∶45

表 4.14 为美标型材抗扭能力示例。

表 4.14 美标型材抗扭能力示例

宽度 / 英寸 最低值 t / mm	3 1/2 89	3 5/8 92	3 5/8 92	3 5/8 92	3 1/2 89
型材	3 1/2 开放式	2 1/8 1/8 开放式	1 1/2 开放式	1 1/2 封闭式	7/8 封闭式
理论扭转角度	9.5°	9.7°	10°	0.04°	0.05°
测量扭转角度	9°	9.5°	11°	测量值太低	

注：所有的 t：0.06 英寸 = 1.5 mm，表中为同等扭矩作用下试验结果。

剪力流的不同造成刚性的不同。在开放式截面中，剪力流在截面连续部分沿逆时针方向形成封闭自循环流动，如图 4.68 所示。

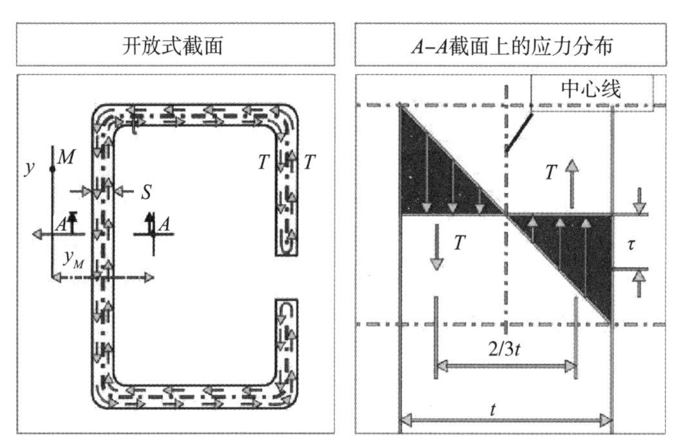

图 4.68 开放式截面剪力流

在封闭式截面中，剪力流在整个截面内部沿逆时针方向循环流动，如图 4.69 所示。

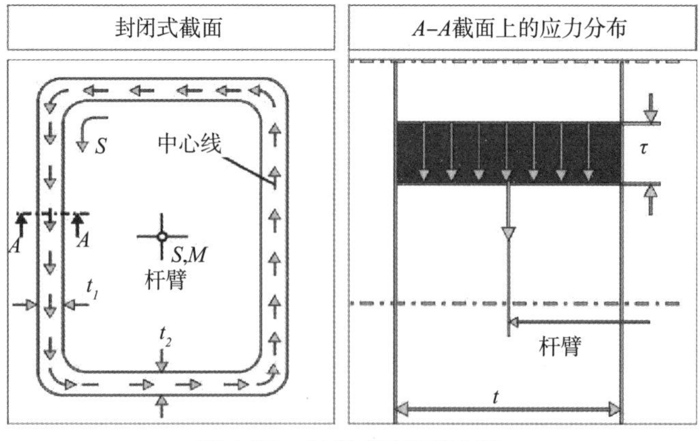

图 4.69 封闭式截面剪力流

注意：截面形状决定了内力所引起扭矩的分布情况，包括弯曲中心的位置、抗翘曲截面 / 非抗翘曲截面，以及 I 和 W。I 和 W 的计算公式见图 4.70。

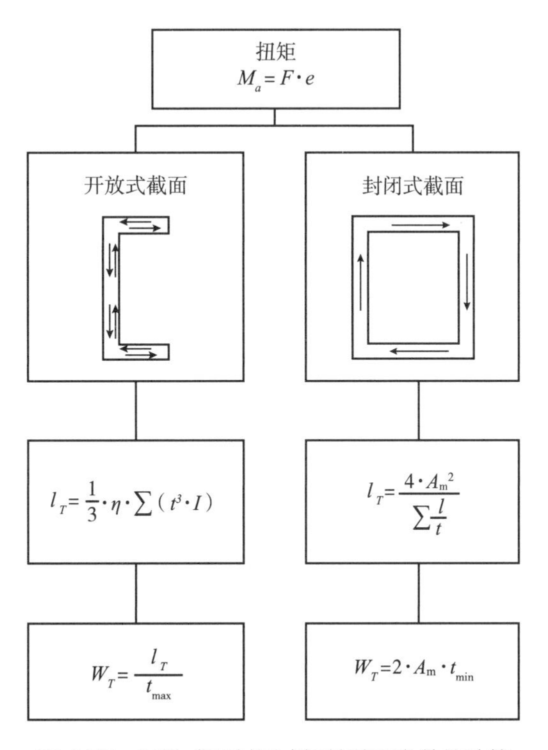

图 4.70 开放式和封闭式扭转截面参数的计算

4.8.2.4 工作实例

［实例 1］

如图 4.71 为焊接制作封闭截面的相关尺寸，其在力偶的作用下在截面中会产生扭矩，其中：$a = 4$ mm，$F = 140$ kN，$e = 40$ cm。请计算焊缝中由于扭矩作用所产生应力的大小。

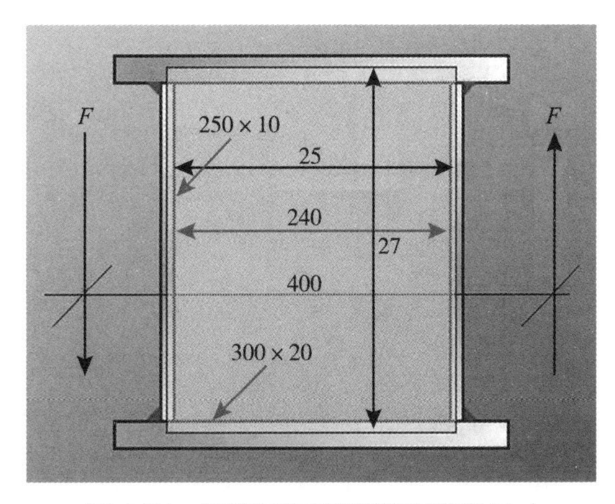

图 4.71 焊接制作封闭截面的相关尺寸

【解】

$M_x = 140 \times 40 = 5600\ \text{kN} \cdot \text{cm}$ 或者 $M_x = 2 \times 140 \times 20 = 5600\ \text{kN} \cdot \text{cm}$

$A_\text{m} = 25 \times 27 = 675\ \text{cm}^2$

$W_T = 2 \times A_m \times \min t$

$W_{T,\text{w}} = 2 \times A_\text{m} \times a = 2 \times 675 \times 0.4 = 540\ \text{cm}^3$

$$\tau_{\parallel} = \frac{5600}{540} \approx 10.37\ \text{kN/cm}^2$$

［实例 2］

图 4.72 为开式截面的焊接接头。其中：扭矩 $M_x = 390\ \text{kN} \cdot \text{cm}$；HV- 焊缝 $a = 10\ \text{mm}$。请计算焊缝中所产生应力的大小。

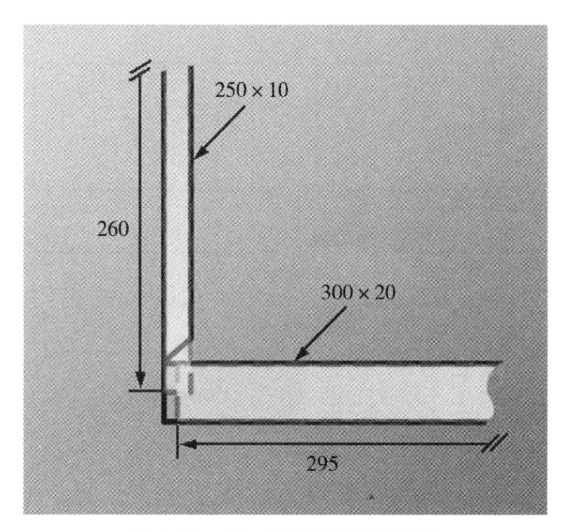

图 4.72　开式截面的焊接接头

【解】$I_T = 1.0 \times 1/3 \times (26 \times 1.0^3 + 29.5 \times 2.0^3) \approx 87\ \text{cm}^4$

$$W_T = \frac{I_T}{t_\text{max}} = \frac{87}{2} = 43.5\ \text{cm}^3 \quad \tau_{\parallel} = \frac{390}{43.5} \approx 8.97\ \text{kN/cm}^2$$

如果外部荷载作用线没有通过剪切中心，则产生扭矩，如图 4.73 所示。

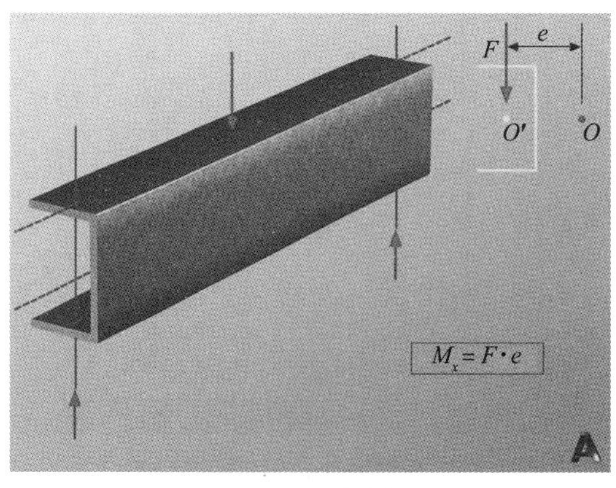

图 4.73　设计实例 1

如果外部荷载作用线通过剪切中心则不会产生扭矩（图 4.74）。需要注意的是，外部荷载不但对力的作用点产生扭矩，而且还对与焊缝相连的支撑板产生扭矩。

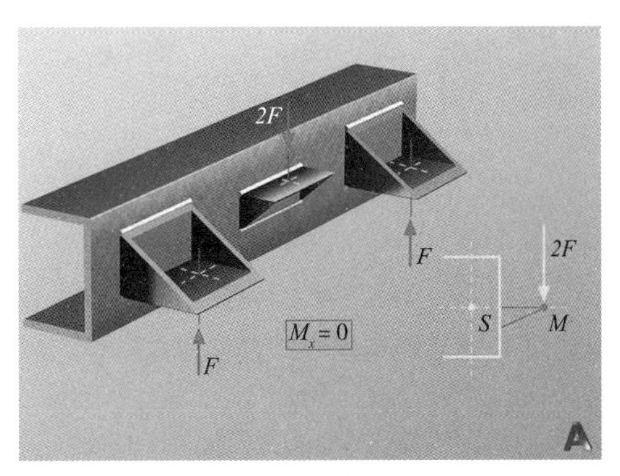

图 4.74 设计实例 2

同样受影响的还有卡扣和设计用途是便于焊接的基槽，虽然不产生扭矩但在局部却有力矩作用（图 4.75）。

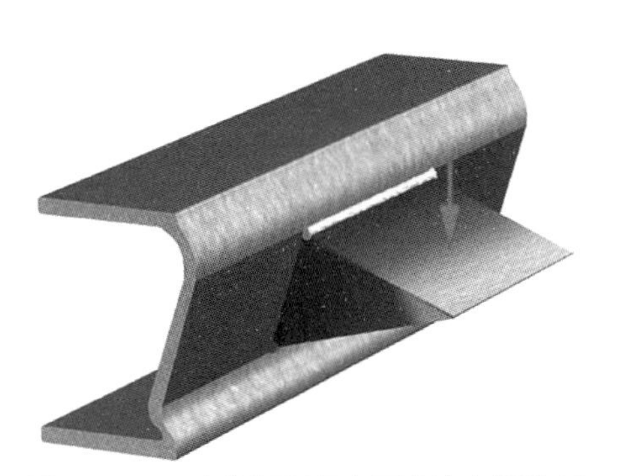

图 4.75 不产生扭矩但在局部有力矩作用

4.8.3 扭转构件截面形状的设计

尽管开放式截面和封闭式截面的刚性有很大不同，但是在设计时两者之间的布置应该合理，开放式截面和封闭式截面应平稳过渡。否则在动荷载作用下这两种截面的刚性发生巨大变化容易导致构件疲劳断裂。

设计时，还应该考虑空心截面上的孔径，这种孔径应尽可能是封闭的。除了孔径外，如果还有缝隙则应该尽可能减小截面形状，在型材末端上的孔径应使用盖板加固（图 4.76）。

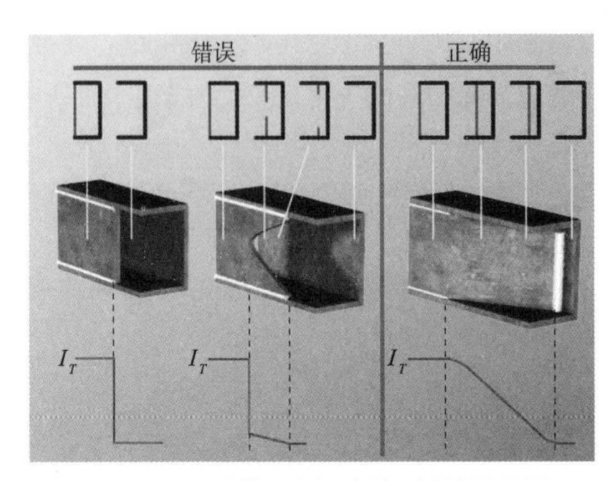

图 4.76　开式截面向闭式截面过渡需平缓

参考文献

[1] J. Lindner, J. Scheer, H. Schmidt. Stahlbauten Erläuterungen zu DIN 18 800 Teil 1 bis Teil 4 [M]. Berlin: Beuth Verlage GmbH, 1994.

[2] Eaton, K. J. European Steel Design Education Programme [M/OL]. Finland：Helsinki University of Technology，1991 [2019-09]. https://www.tib.eu/en/search/id/BLCP:CN000025720/ESDEP–European–Steel–Design–Education–Programme.

[3] Alexis Neumann. Schweisstechnisches Handbuch für Konstrukteure. Teil 1: Grundlagen, Tragfähigkeit, Gestaltung [M]. Duesseldorf: DVS–Verlage GmbH, 1996.

[4] Alexis Neumann. Schweisstechnisches Handbuch für Konstrukteure: Stahl–, Kessel– und Rohrleitungsbau: TEIL II [M]. Duesseldorf: DVS–Verlage GmbH, 1988.

[5] GSI.SFI–Aktuell [M]. Duisburg: Gesellschaft für Schweiβtechnik International mbH, 2010.

本章的学习目标及知识要点

1. 学习目标

（1）了解钢结构的设计理论和方法。

（2）掌握熔化焊接头中的应力分类及计算方法。

（3）了解电阻焊接头的应力分析方法。

（4）了解截面承受扭矩作用应力分析方法。

2. 知识要点

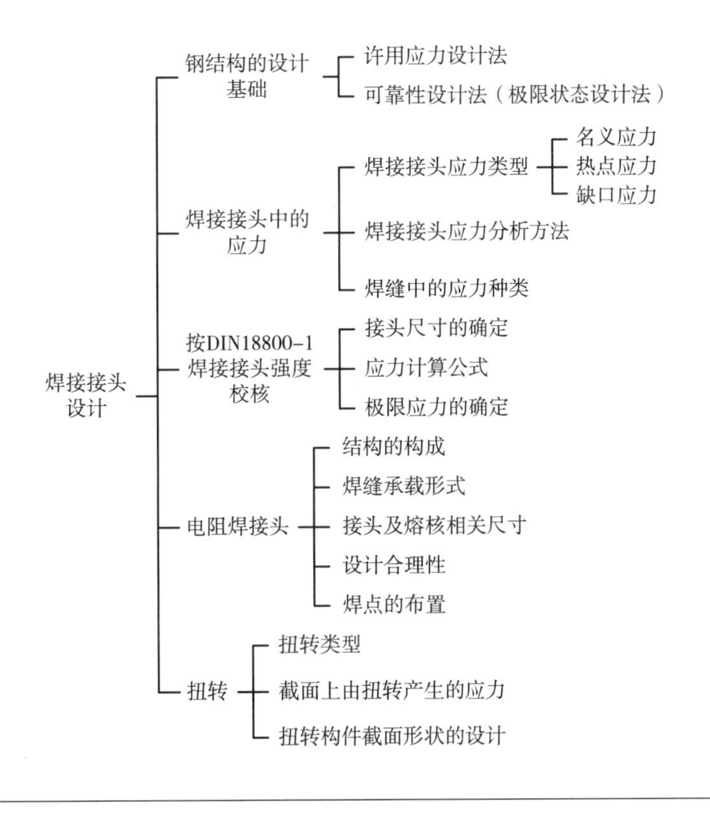

第5章

不同荷载下焊接结构行为

编写：钱　强　审校：徐林刚

本章是从事焊接结构设计的基础知识，介绍焊接结构不同荷载（服役）条件下可能发生的破坏形式，焊接结构的基本特性、分类及特点，焊接结构的常见破坏形式（延性与脆性断裂、疲劳断裂、层状撕裂），焊接缺陷及对焊接结构的影响，焊接结构用钢的选择要求和原则及焊接结构设计的基本要求和准则等内容。

5.1 荷载及环境对结构的作用

在不同的焊接产品制造领域（例如：钢结构、车辆、机器、容器以及锅炉等行业）其结构承受不同的荷载，有不同的环境条件。在静载及主静载、动载和热动载等荷载条件下，以及在高低温、特殊介质、辐射等环境条件下，焊接结构的行为都可能发生变化。这就需要从材料特性、接头及结构特点等方面考虑进行焊接结构设计。为此首先要了解在不同的荷载及环境条件焊接构件有可能发生的不同形式破坏，通常有以下几种情况：

（1）在静载及主静载的状态下，有可能发生形变断裂、脆性断裂、层状撕裂、失稳破坏。

（2）环境温度过高过低时可能发生的破坏为，在高温条件下可能发生蠕变失效，在低温条件下可能发生脆性断裂。

（3）动载状态下有可能发生疲劳断裂。

下面详细介绍不同荷载等条件下焊接接头的行为，为后面在静载及主静载、动载和热动载等荷载条件下焊接结构的设计打下一个良好的基础。

5.1.1 静载及主要承受静载的焊接接头性能

5.1.1.1 单轴应力状态

从单轴拉伸试验中所获得的应力－应变图中可直接地获得所用材料的强度值和韧性值，通常把材料分为两类：塑性材料和脆性材料。图 5.1 所示为塑性材料的应力－应变图，图 5.2 所示为脆性材

料的应力 – 应变图。

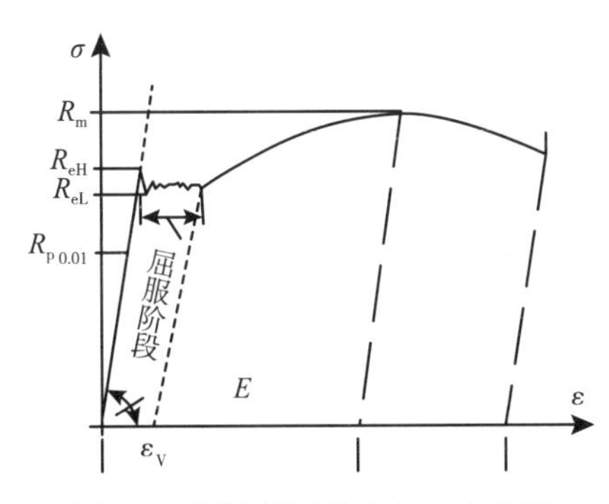

图 5.1　塑性材料的应力 – 应变图

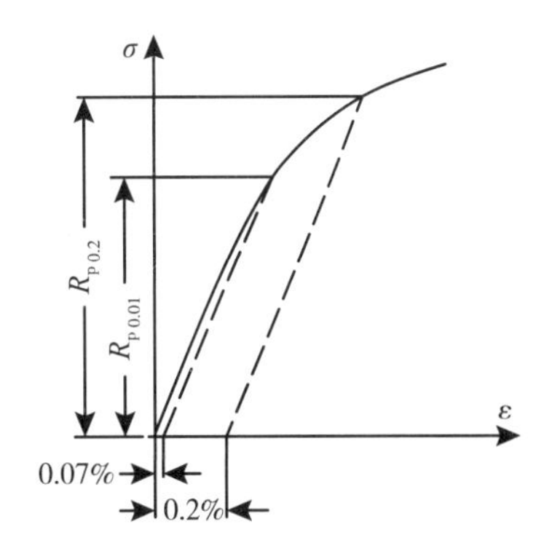

图 5.2　脆性材料的应力 – 应变图

对承受静载及主要承受静载的焊接结构，在单轴应力状态下，其典型的破坏形式为形变断裂。

5.1.1.2 多轴应力状态

一个构件在受到单向荷载时，不仅在荷载方向上会发生变形，而且在横向上也会产生变形。

一般来说，拉应力会产生横向收缩，压应力会导致横向膨胀。

然而，在结构件中经常会发生阻碍横向变形的情况，尤其是当构件中存在缺口状态时，如图 5.3 所示。

对于焊接接头的缺口状态，人们常用应力线分布来清楚地进行表示，见图 5.3 和图 5.4。从图中可清楚地看出，在焊接接头上的部位，也是应力集中的部位，同时也说明越尖锐、越深，则应力集中越高。

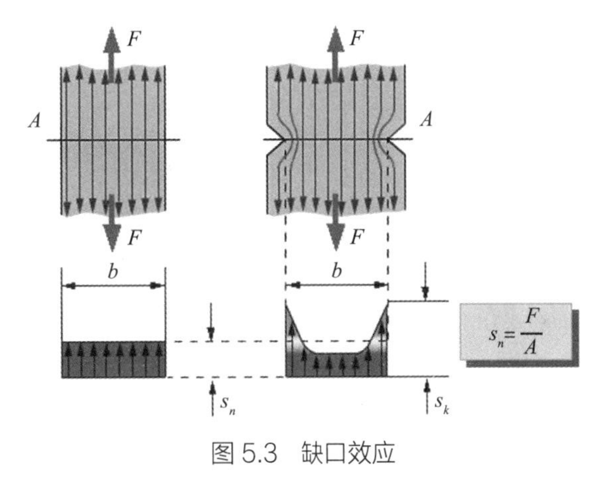

图 5.3　缺口效应

当构件受到长度方向的荷载时，在缺口部位产生较高的应力集中，其将阻碍构件的横向变形，从而导致在此部位形成三轴应力状态，在三轴应力状态下，即使是韧性材料也将导致其材料性能发生改变，即发生在应力状态下的材料脆化现象。此外，导致材料脆断的影响因素还有：①材料的种类及状态；②环境温度；③加载速度。

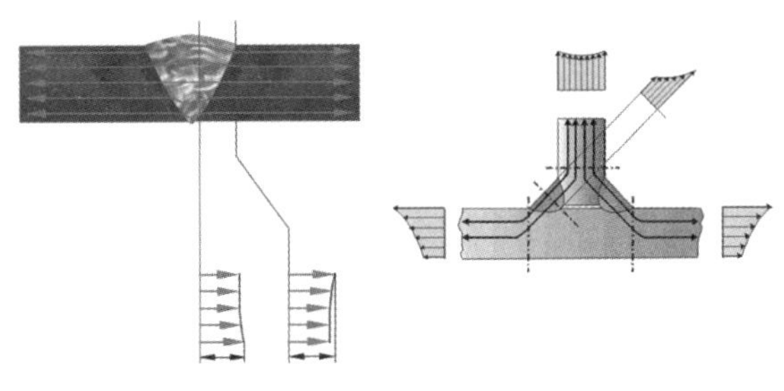

图 5.4　焊接接头中的缺口效应

5.1.1.3 轧制材料厚度方向上的荷载

在采用轧制厚板材料的 T 型或十字接头的焊接构件中，在应力作用下它们有时会产生层状撕裂（图 5.5），其中很大因素是由于板材在轧制过程中所形成的平行于板材表面的非金属物夹层所致。

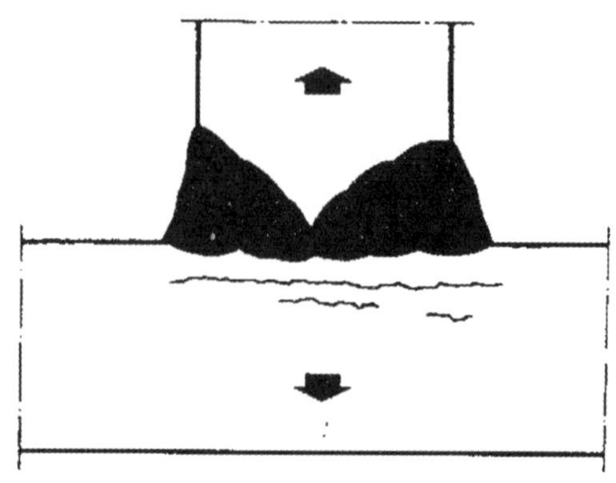

图 5.5　层状撕裂示意图

5.1.1.4 失稳破坏

在承受压应力或切应力的构件中，由于构件的设计强度不够，有时会发生失稳破坏。其中构件的尺寸及强度起到很大的作用，如部件的长度、细长比、翘曲区域长度、宽度等。

对于有些梁柱结构的柱，在受到压应力作用的同时，由于一些原因，如中跨部位的焊接接头等，使得其还受到弯矩的作用，造成失稳破坏，如图 5.6 所示。

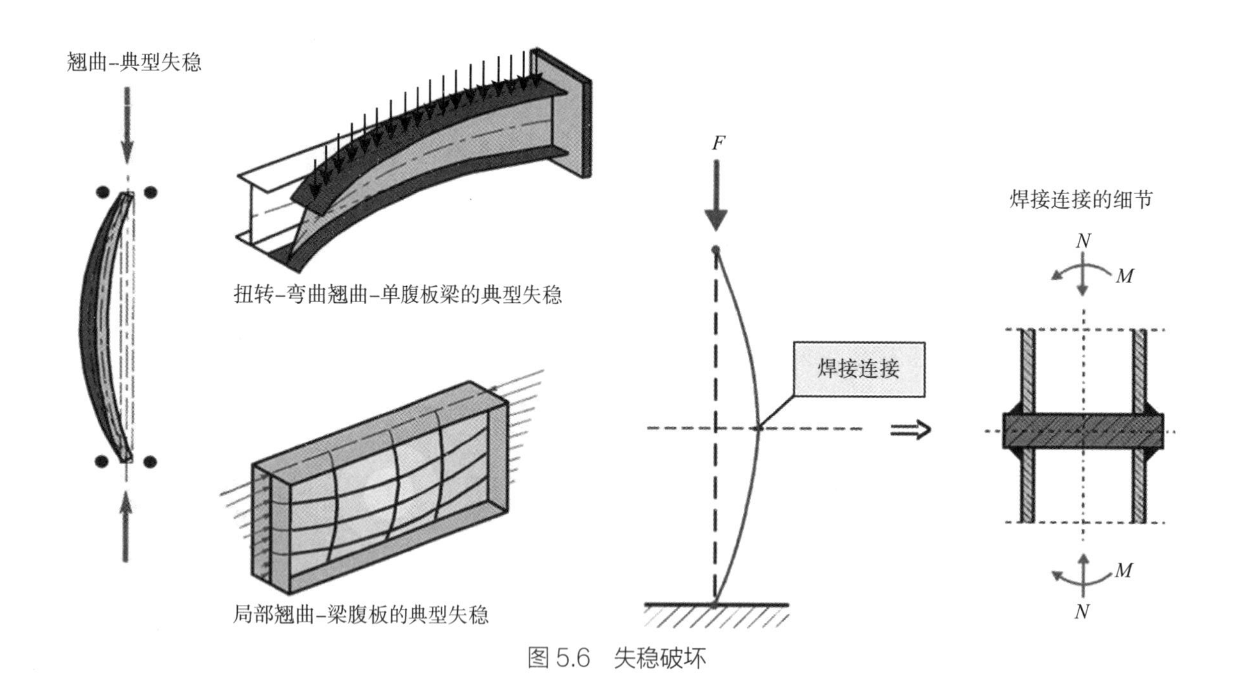

图 5.6　失稳破坏

5.1.2 高温下的焊接接头性能

5.1.2.1 强度与温度的关系

钢质材料的强度随着温度的增加而降低，从而导致在常温下测得的材料强度指标（屈服极限、抗拉强度）往往不能满足高温下工作的焊接结构的强度性能。图 5.7 给出了碳钢和低合金钢材料特性值与温度的关系，图 5.8 展示了温度对低合钢机械性能的影响。

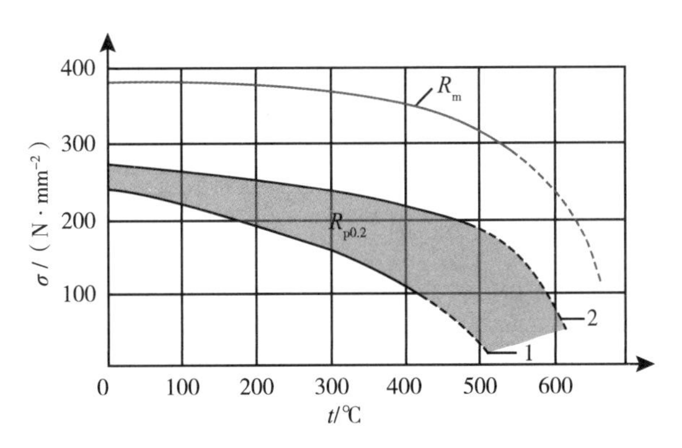

图 5.7　材料特性值与温度的关系

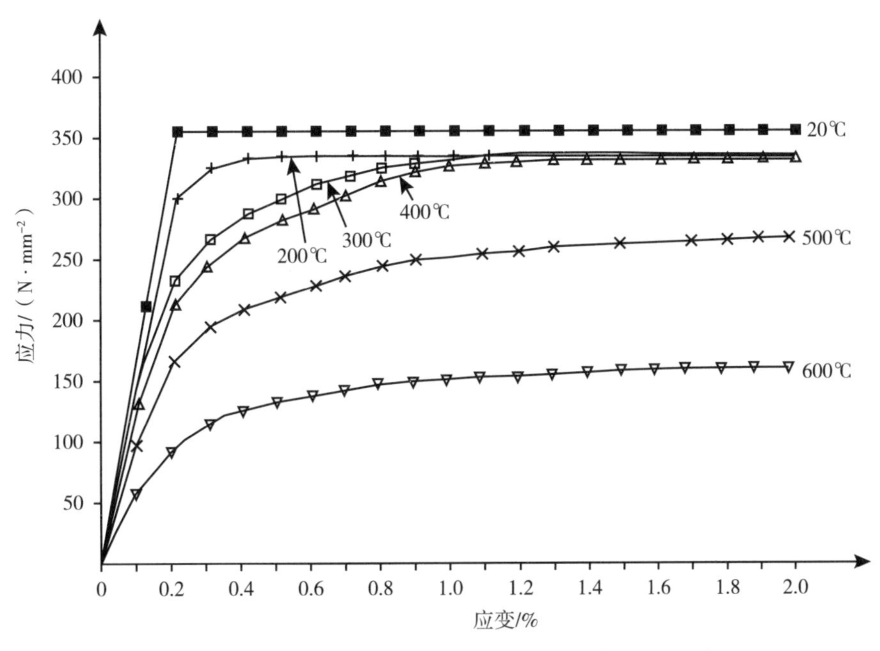

图 5.8　温度对低合金钢机械性能的影响（如 S355）

热负载结构中的力学性能指标：

高温屈服强度 $R_{p0.2/t}$：在拉伸试验中，在指定温度下，材料塑性变形达到 0.2% 时的应力值。

高温作用下压力容器的材料特性值在 AD- 规范 W（压力容器用材料）中给出，如表 5.1 所示。

表 5.1　高温下钢材（EN 10025）的特性值（AD- 规范 W1）

钢种	厚度 t	计算温度下的特征值 K /（N · mm^{-2}）			
		100℃	200℃	250℃	300℃
S235JRG1 S235JRG2	≤ 16	187	161	143	122

续表

钢种	厚度 t	计算温度下的特征值 K/（N·mm⁻²）			
		100℃	200℃	250℃	300℃
S235JRG3	16 < t ≤ 40	180	155	136	117
S275JR	≤ 16	220	190	180	150
S275J2G3	16 < t ≤ 40	210	180	170	140
S355J2G3	≤ 16	254	226	206	186
S355K2G3	16 < t ≤ 40	249	221	202	181

5.1.2.2 材料的蠕变

"蠕变"应理解为材料在恒定的荷载下所发生的塑性变形。当一种钢材在一定的荷载下被加热到某一固定的温度时，即会发生蠕变而直至断裂。

图 5.9 和图 5.10 给出了一种材料的蠕变曲线图和时间变形曲线，其中：

A 区——在荷载的直接作用下而产生弹性和塑性变形（此时与"蠕变"无关）；

B 区——材料发生蠕变，蠕变速度减慢；

C 区——蠕变速度达到恒定（> 0）⇒材料的横截面在蠕变的作用下减小；

D 区——随着材料横截面的减小，蠕变速度开始提高（达到 4 点时，试件断裂）。

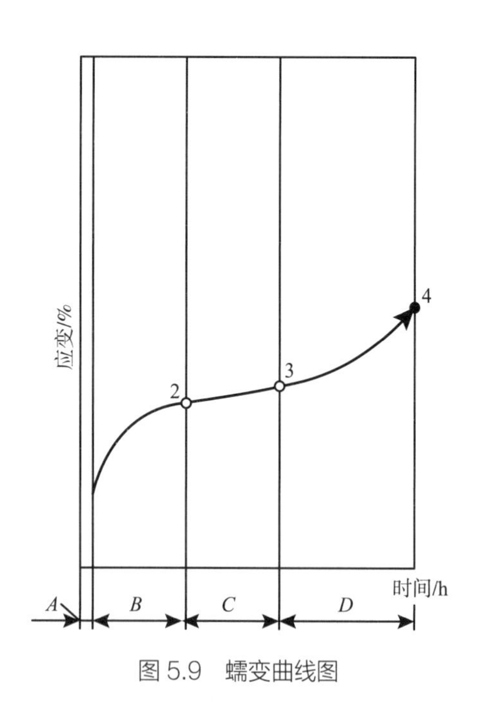

图 5.9 蠕变曲线图

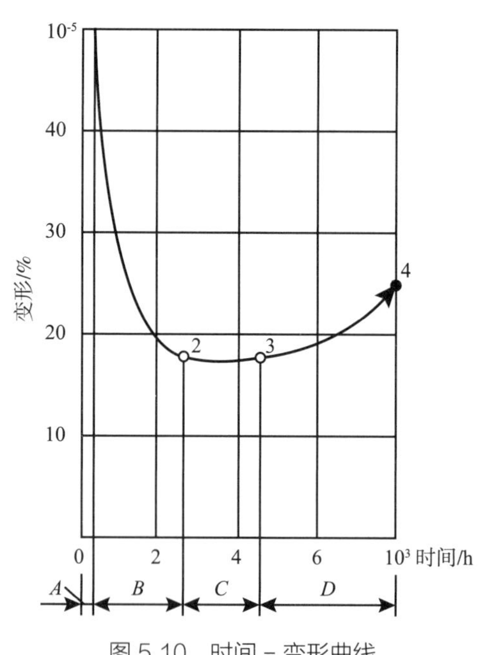

图 5.10 时间 - 变形曲线

在热负载结构中，温度因素对应力起着重要作用，材料的持久强度与温度和时间有关系（表 5.2）。

蠕变极限：在规定温度下，使试样产生稳态蠕变速度（ε）的最大应力值。

持久强度极限：在规定温度下，达到规定持续时间而不发生断裂的最大应力值。

表 5.2　材料的高温性能[①]（EN 10028）

钢种	温度	1% 蠕变极限[②]		持久强度[③]		
	℃	10000 h N/mm²	100000 h N/mm²	10000 h N/mm²	100000 h N/mm²	200000 h N/mm²
P235GH P265GH	380	164	118	229	165	145
	390	150	106	211	148	129
	400	136	95	191	132	115
	410	124	84	174	118	101
	420	113	73	158	103	89
	430	101	65	142	91	78
	440	91	57	127	79	67
	450	80	49	113	69	57
	460	72	42	100	59	48
	470	62	35	86	50	40
	480	53	30	75	42	33
P295GH P355GH	380	195	153	291	227	206
	390	182	137	266	203	181
	400	167	118	243	179	157
	410	150	105	221	157	135
	420	135	92	200	136	115
	430	120	80	180	117	97
	440	107	69	161	100	82
	450	93	59	143	85	70
	460	83	51	126	73	60
	470	71	44	110	63	52
	480	63	38	96	55	44
	490	55	33	84	47	37
	500	49	29	74	41	30
16Mo3	450	216	167	298	239	217
	460	199	146	273	208	188
	470	182	126	247	178	159
	480	166	107	222	148	130
	490	149	89	196	123	105
	500	132	73	171	101	84
	510	115	59	147	81	69
	520	99	46	125	66	55
	530	84	36	102	53	45

注：①表中值为数据的平均值，且随着研究的继续，表中值不断地被修正。蠕变试验的数据最小值不能低于平均值的 20%；②在 10000 或 100000 小时后，产生 1% 延伸率的应力；③在 10000 或 200000 小时后，发生断裂的应力。

5.1.3 低温下的焊接接头性能

晶格为体心立方体的碳钢和合金钢，在低温状态下将导致材料的脆性断裂，因此对在低温下工作的焊接结构，一般主要选用具有良好低温韧性的面心立方奥氏体钢作为结构用钢，当温度低于

-50℃时，也可选用含镍 1.5% ~ 9% 的铁素体或低碳马氏体钢，但必须保证选用相同材质的焊接填充材料。图 5.11 中展示了不同温度下铁素体钢的冲击韧性，图 5.12 是不同温度下镍钢冲击性能展示。

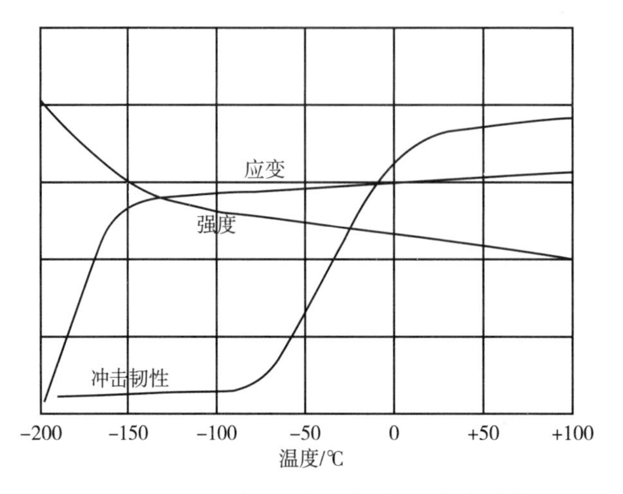

图 5.11 不同温度下一般铁素体钢的性能趋势图

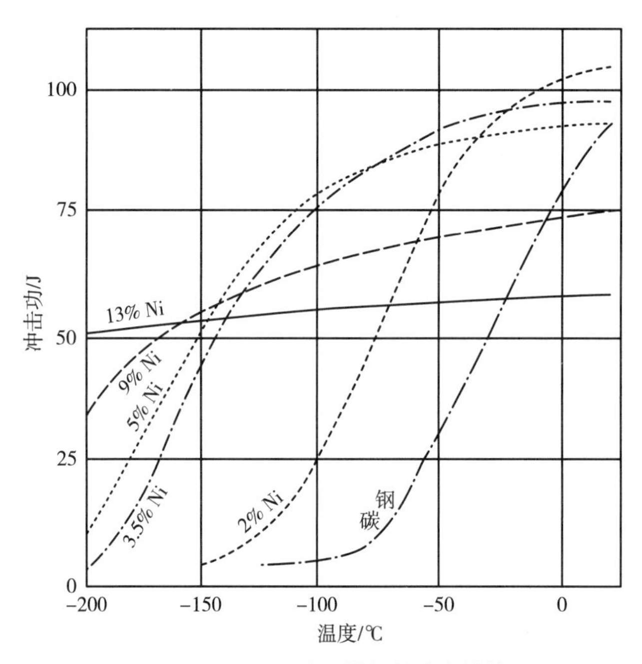

图 5.12 不同温度下镍钢的冲击性能

5.1.4 冲击荷载下焊接接头的性能

正应力反映金属内部弹性变形的大小。正应力以声速在金属介质（钢）中传播，钢中声速可达 4982 m/s，而塑性变形后只能以比较缓慢的速度传播。但以冲击、爆裂等高速加载方式加载时，一些金属常常来不及产生塑性变形，就首先发生脆性断裂了。值得强调的是，表面形状突变、缺陷、裂纹等造成的应力集中，同样具有增大加载、应变速率的作用。从材料学角度，高应变速率会阻止位错的运动，即阻止塑性变形。图 5.13 展示了低合金钢应变速度对材料机械性能的影响。

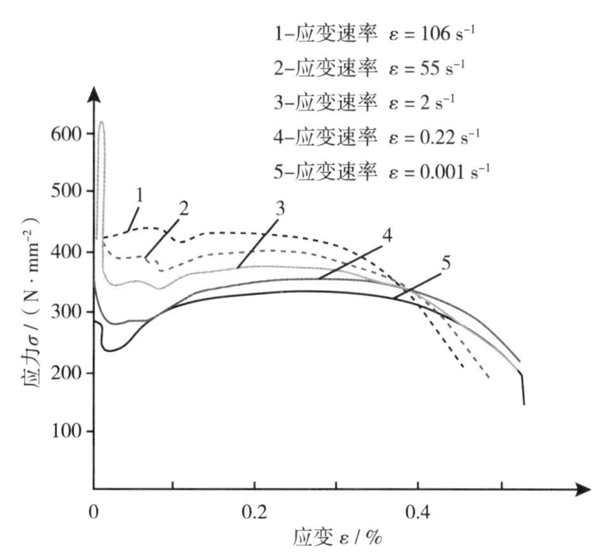

图 5.13　应变速度对材料机械性能的影响（低合金钢）

5.2 焊接结构的特点与分类

5.2.1 焊接结构的特点

用焊接方法制造的结构称为焊接结构。它与铆钉、螺栓连接的结构相比较，或者与铸造、锻造方法制造的结构相比较，具有下列优点和缺点，这些在设计焊接结构时必须充分考虑。

5.2.1.1 焊接结构的优点

（1）焊接接头强度高、塑性韧性好。铆钉或螺栓结构的接头，需预先在母材上钻孔，因而削弱了接头的工作截面，其接头的强度通常只有母材的 80% 左右，而目前的焊接技术已经能做到焊接接头的强度等于甚至高于母材的强度。母材的冶炼扎制水平提升使母材塑性和韧性不断提高，并且随着包括塑性、韧性在内的焊接接头性能也不断改善，这些进步使焊接结构的疲劳性能很好地满足使用要求。

（2）焊接结构适应性好。焊接结构的几何形状、结构的壁厚、结构的外形尺寸都不受限制，可以充分利用轧制型材组焊成所需要的结构，可以和其他工艺方法联合制造，异种金属材料可以焊接在一个结构上等都体现了焊接结构适应性好。

（3）焊接接头密封性好。焊接接头的气密性能和液密性能是其他连接方法无法比拟的。特别是，在高温、高压条件下只有焊接结构才是理想的结构形式。

（4）焊前准备简单、结构的变更与改型快。数控精密切割设备高速发展、不断成熟，各种厚度或形状复杂的工件下料切割出来，一般不再经机械加工就能投入装配和焊接。而且，焊接结构可以根据需求快速改变设计或者转产成其他类型的焊接产品。

（5）不仅可用于制作大型或重型结构，而且也可用于小批量产品结构。相对铸造与锻造来讲，焊接结构越大越重就更能发挥它的优越性，并且随着焊接机器人的应用与发展，以及柔性制造系统的建立，现已很容易实现小批量产品的高效率机械化和自动化的焊接生产。

5.2.1.2 焊接结构的缺点

（1）焊接接头性能不均匀。焊接接头区域的焊缝、热影响区及临近的部分母材，由于其化学成分及受热作用的影响程度等不同，在整个焊接接头区出现金相组织、物理性质和力学性能不同于母材的情况。焊接接头的这一特点对整个焊接结构的强度和可能发生的断裂行为会产生显著的影响，因此，在选择母材和焊接材料，以及制订焊接工艺时，应保证接头处的性能符合产品的技术要求。

（2）产生焊接变形和应力。焊接是一种对工件局部的不均匀加热过程，焊后焊缝区的收缩将引起结构变形和残余应力。焊后的残余应力会对结构的强度、刚度、稳定性和结构的尺寸精度产生较大的影响，这会对结构的工作性能产生一定影响。

（3）对应力集中敏感。焊接接头区域的截面突变、接头外观及内部各类缺陷都会引起应力集中，焊接结构具有刚性连接的特点，故对应力集中较为敏感。应力集中点是结构脆性断裂和疲劳破坏的起源。因此，在焊接结构设计时，要采用避免或减少产生断面的突然变化、尽量减少产生焊接缺陷、合理地布置焊缝等措施降低结构对应力集中的敏感性。

（4）整体性强、刚性大。焊接结构的水密性和气密性好，但同时刚性增大，对应力集中敏感性增大，一旦产生裂纹且扩展就很难止住，这一点不如铆接和螺栓结构。

以上是焊接结构的优点与缺点。设计时应充分利用和发挥其优点，同时要通过合理的设计并加上优化的工艺措施来避免焊接结构容易出现的问题。随着焊接技术发展水平的不断进步和发展，这些问题已经或正在得以解决。

5.2.2 焊接结构的分类

焊接结构种类繁多，从不同的角度看有不同的分类方法，世界各国的专业人士也持有不同的分类观点。通常，按照原材料的不同，焊接结构可分为钢结构和有色金属结构等，按照材料类型可分为板（材）机构和框（格）架结构等，而按照产品的类别和特点可分为容器和管道、房屋建筑、桥梁、船舶与海洋装备、塔桅、机车车辆、汽车、工程机械和机器等。这里根据结构工作的性质以及设计和制造特点来分类，并讨论典型结构的特点。

5.2.2.1 梁与柱结构

工作在横向弯曲荷载和压力下或纵向弯曲荷载下的结构可称为梁和柱。具体来讲，梁在横向荷载作用下，截面将产生弯矩和剪力，而柱是属于轴心受力构件中的受压构件。梁、柱是组成各类建筑钢结构、各类起重机金属结构的基础，如钢结构高层建筑、钢结构厂房（屋架，起重机梁、柱等），冶炼平台的框架以及起重机的主梁、横梁，门式起重机的支腿、栈桥结构等。用作建筑钢结构的梁、柱常常在静载下工作，而作为工业厂房和起重机的金属结构梁则在交变荷载下工作。有时在露天条件下（桥梁、门式起重机、栈桥等）工作的结构还会受到气候环境与温度的影响，这些情况下要特别关注结构的脆断和疲劳问题。

5.2.2.2 桁架结构

由多种杆件通过节点连接而成，且各杆件都是主要工作在拉伸或压缩荷载下，整个机构承载作用相当于梁或柱，这类结构称为桁架机构。起到梁作用的桁架也称为桁架梁，此类结构杆件分为上、下弦杆、腹杆（又分竖杆和斜杆），荷载作用在节点上，理想状态下各杆件成为只受拉（或压）力作用的二力杆，属于轴心受力构件。典型桁架结构如各种网架、塔式起重机、输变电钢塔、电视塔等。

5.2.2.3 壳体结构

壳体结构的突出特点是具有很好的水密性和气密性，是能承受内压或外压使用最广的焊接典型结构。承受内压（或无压）的结构如各种焊接容器、立式和卧式储罐、球形容器、各种工业锅炉、电站锅炉汽包，各种压力容器，承压管道、水泥窑护壳、水轮发电机的蜗壳以及冶金设备（高炉炉壳、热风炉、除尘器、洗涤塔等）等；承受外压的结构如深潜器、潜艇等。壳体结构大多用钢板成形加工后拼焊而成，要求焊缝致密。此类结构无论是承受内压还是承受外压，一旦焊缝失效都将造成重大损失，因此对这类结构的设计和制造、监察应按相应的法规进行。

5.2.2.4 舱（箱）体结构

舱（箱）体结构大多承受动载，有很高的强度、刚度、安全性要求，期望自重也最小，如汽车结构（轿车车体、载重车的驾驶室等）、铁路敞车、客车车体、船体结构和部分海洋设施结构等。汽车结构全部、客车体大部分是冷冲压后经电阻焊或熔化焊组成的结构。船体结构由骨架和一系列板材焊接而成并相互支撑，骨架对板材壳体起到支撑作用，既提高了壳体的强度和刚度，又提高了板材的抗失稳能力。海洋结构除了受到风浪潮而引起的复杂荷载的作用，还不断受到海水及海洋性气候的长期侵蚀，甚至会受到地震的影响，所以其强度、韧性及疲劳性能要求较高，且要求其具有较好的耐海水等腐蚀能力。

5.2.2.5 机件结构

机件结构可简单理解为机器部件结构，这些结构的特点是结构本身承载重量的同时，构成机器一部分的部件又要满足工作机器的各项要求，如结构工作荷载常是冲击或交变荷载，还常要求耐磨、耐蚀、耐高温等。为满足这些要求或满足零件不同部位的不同要求，这类结构往往采用多种材料与工艺制成的毛坯再焊接而成，构成复合结构，常见的有铸－压－焊结构、铸－焊结构和锻－焊结构等。复合结构的焊接可以在加工毛坯后完成，如挖掘机的焊接铲斗，而大多数是粗加工或未经机加工的毛坯焊接成结构后再精加工完成，如巨型焊接齿轮、鼓筒、汽轮发电机的转子和水轮机的焊接主轴、转轮和座环等。另外，以大型机床床身为代表的这类以焊代铸结构也可归为这类结构。

5.3 焊接结构的常见破坏形式

焊接结构的主要破坏形式有：焊接结构的断裂、焊接结构的疲劳、焊接结构的层状撕裂、焊接结构的环境失效。破坏形式虽然不同，可一旦发生，将给人类带来灾难性的危害和巨大的损失。

5.3.1 脆性断裂

5.3.1.1 延性断裂与脆性断裂

断裂是材料在外力作用下的分离过程，是材料失效的主要形式之一。断裂过程包括裂纹萌生、裂纹扩展和最终断裂。断裂的形式分为脆性断裂和延性断裂。脆性断裂指断裂前无明显变形的断裂，延性断裂指断裂前有明显塑变的断裂。

材料的断裂属于脆性还是延性，不仅取决于材料的内在因素，而且与应力状态、温度、加载速率等因素有关。实验表明，大多数塑性金属材料随温度的下降，会发生从韧性断裂向脆性断裂过渡，这种断裂类型的转变称为韧性 – 脆性的转变，所对应的温度称为韧性 – 脆性转变温度。

工程实际中需要确定材料的韧性 – 脆性转变温度，在此温度以上只要名义应力处于弹性范围内，材料就不会发生脆性破坏。一些材料的冲击韧性对温度是很敏感的，如低碳钢或低合金高强度钢在室温以上时韧性很好，但温度降低至 –40℃ ~–20℃时就变为脆性状态，即发生韧性 – 脆性的转变现象（图 5.14）。通过系列温度冲击实验可得到特定材料的韧 – 脆转变温度范围。

脆性断裂发生时没有或只伴随少量的塑性变形，吸收的能量也较少。脆性断裂的断口上有许多放射状条纹，这些条纹汇聚于一个中心，这个中心区域就是裂纹源。如图 5.15（a）所示，断口表面越光滑，放射状条纹越细，这是典型的脆断形貌。对于板状试样，断裂呈“人”字形花纹样，“人”字的尖端指向裂纹源，见图 5.15（b）。脆性断裂通常具有“低应力、低温度、速扩展，无征兆”等特征。发生脆性破坏时，工作应力一般不高，破坏应力往往低于材料的屈服强度，或低于结构的许用应力。人们也将脆性断裂称为低应力脆性断裂。脆性断裂一般在比较低的温度下发生，因此，又把脆性断裂称为低温脆性断裂。根据系列冲击试验可以得到材料从延性向脆性转化的温度。低于脆性转化温度下工作的结构，可能发生脆性断裂。脆性断裂时，裂纹一旦产生，就迅速发展，直至断裂。脆性断裂总是突然间发生的，由于断裂之前宏观变形量极小，人们往往看不到断裂的征兆，无法在断裂之前察觉出来。

脆性断裂通常在体心立方和密排六方金属材料中出现，而面心立方金属只有在特定的条件下，才会出现脆性断裂。常见的材料脆性断裂机制有解理断裂和晶间断裂。解理断裂是材料在拉应力的作用下，由于原子间结合键的破坏，沿一定的结晶学平面分离而造成的，这个平面叫解理面。解理断口的宏观形貌是较为平坦的、发亮的结晶状断面。具有面心立方晶格的金属一般不出现解理断裂。晶间断裂是裂纹沿晶界扩展的一种脆性断裂。晶间断裂时，裂纹扩展总是沿着消耗能量最小，即原子结合力最弱的区域进行。

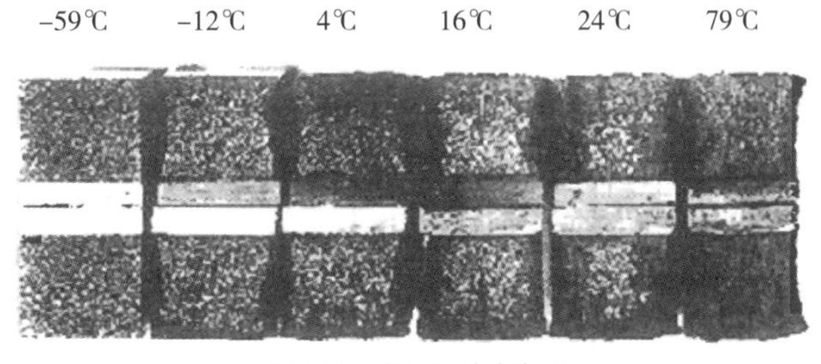

（a）不同温度下的冲击断口

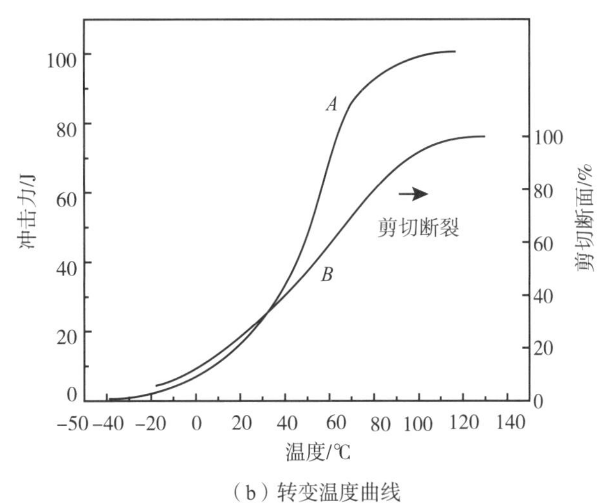

（b）转变温度曲线

图 5.14　冲击韧性与温度的关系

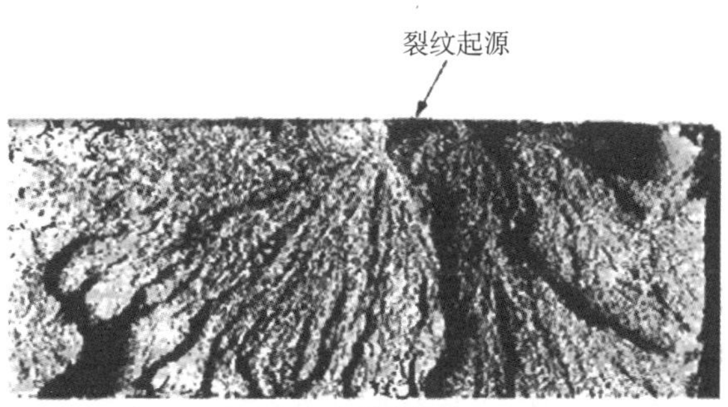

（a）放射状条纹

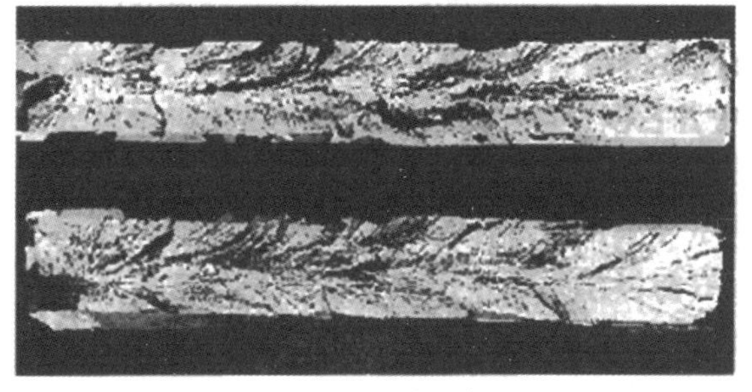

（b）“人”字形条纹

图 5.15　脆性断裂与断口的微观形貌

5.3.1.2 影响金属或结构发生脆性断裂和延性断裂的因素

影响金属或结构发生脆性断裂和延性断裂有内、外两种因素，外部因素主要为应力状态、温度和加载速度，内部因素主要为材料性能。

1. 应力状态

实验证明许多材料在处于单轴或双轴拉应力下，呈现塑性；当处于三轴拉应力下，因不易发生塑性变形而呈现脆性。在实际结构中，三轴应力可能由三轴荷载产生，但更多的情况是由于结构几何不连续性引起的，即虽然整体结构处于单轴、双轴拉应力状态，但某局部地区由于设计不佳、工艺不当往往出现局部三轴应力状态的缺口效应。

2. 温度

如果把一组开有相同缺口的同一材料试样在不同温度下试验，随着温度的降低，它们的破坏方式会发生变化，即从延性破坏变为脆性破坏。由延性断裂向脆性断裂转变的温度称作韧－脆转变温度。应当注意，对同一材料采用不同试验方法，将会得到不同的韧－脆转变温度。

3. 加载速度

随着加载速度的增加，材料的屈服点提高，材料会向脆性转变，其作用相当于降低温度。这是因为当缺口根部解理启裂后，裂纹前端立即受到快速的高应力和应变作用。这意味着一旦缺口根部开裂，相应就有高应变速率产生，而不管原始加载条件是动载还是静载。此后随着裂纹加速扩展，应变速率更急剧增加，进而造成结构失效。

4. 材质

在焊接结构中，材料本身的状态对其韧－脆性的转变也有一定影响。

（1）厚度影响。由于屈服和断裂经常是在表面发生，表面缺陷数目增加将导致流动和断裂倾向增加。除了表面缺陷，在厚板的截面中，存有缺陷的可能性也加大，大截面造成的拘束还可引发高值应力。快速屈服和断裂时，所释放的弹性应变能依赖于试样尺寸。

（2）晶粒度影响。对于低碳钢和低合金钢来说，晶粒度对钢的韧－脆转变温度有很大影响，即晶粒越细，其转变温度越低。低碳钢和低合金钢的晶粒尺寸主要与熔融过程、脱氧过程和热加工过程有关。如果结构需要较高的韧性，则此类钢材需要采用正火处理，细化晶粒，以降低其转变温度。

（3）化学成分影响。钢中的碳、氮、氧、氢、硫、磷有助于增加钢的脆性，另一些元素如锰、镍、铬、矾，如果加入量适当，则有助于减小钢的脆性。

（4）显微组织影响。一般情况下，在给定的强度水平下，钢的韧－脆转变温度由它的显微组织来决定。例如钢中存在的主要显微组织的组成物铁素体具有最高的韧－脆转变温度，随后是珠光体、上贝氏体、下贝氏体和回火马氏体。其中每种组成物的转变温度又随组成物形成时的温度以及回火时的回火温度发生变化。另外，奥氏体在某些铁素体和马氏体钢中的存在，可以阻碍解理断裂的快速扩展，也就相应提高了该钢种的断裂韧度。

结构中不论是延性断裂还是脆性断裂，均经由几个步骤，即首先在缺陷尖端或应力集中处产生裂纹，然后该裂纹以一定形式扩展，最后造成结构失效破坏。焊接结构或焊接接头是由力学和冶金性能非均质材料构成，而且还在焊接残余应力直接作用下。研究表明，除焊缝中具有严重缺陷，或材料强度很高，或材料经过热处理，使得焊接残余应力作用相对减弱外，一般裂纹会在焊缝或热影响区内启裂，然后进入母材并在其中扩展。因此，在焊接结构中，对焊缝或热影响区主要考虑如何防止启裂的发生，而对于母材则需考虑如何止裂。这是焊接结构防止断裂的基本内容。

5.3.2 疲劳断裂

5.3.2.1 焊接结构的疲劳

疲劳是材料在循环应力或应变的反复作用下所发生的性能变化，是一种损伤累积的过程。经过足够次数的循环应力或应变作用后，金属结构局部就会产生疲劳裂纹或断裂。大量统计资料表明，在金属结构失效中，80% 以上是由疲劳引起的。焊接结构的疲劳断裂往往是焊接接头细节部位的疲劳累计损伤所导致的，所以焊接接头的疲劳强度是焊接结构抗疲劳性能的基本保证。

疲劳断裂与脆性断裂相比较，二者断裂时的形变都很小，但疲劳断裂需要多次加载，而脆性断裂一般不需要多次加载；结构脆性断裂是瞬时完成的，而疲劳裂纹的扩展较缓慢，需经历一段时间甚至很长时间才发生破坏。对于脆性断裂而言，温度的影响是极其重要的，随着温度的降低，脆性断裂的危险性迅速增加，但材料的疲劳强度变化不显著。

金属结构的疲劳抗力取决于构件材料本身及形状、尺寸、表面状态和服役条件。任何材料的疲劳断裂过程都经历裂纹萌生、稳定扩展和失稳扩展（即瞬时断裂）3 个阶段。在疲劳断口上可观察到“年轮弧线”的痕迹，并可分为疲劳裂源区、疲劳裂纹扩展区和瞬时断裂区，见图 5.16。

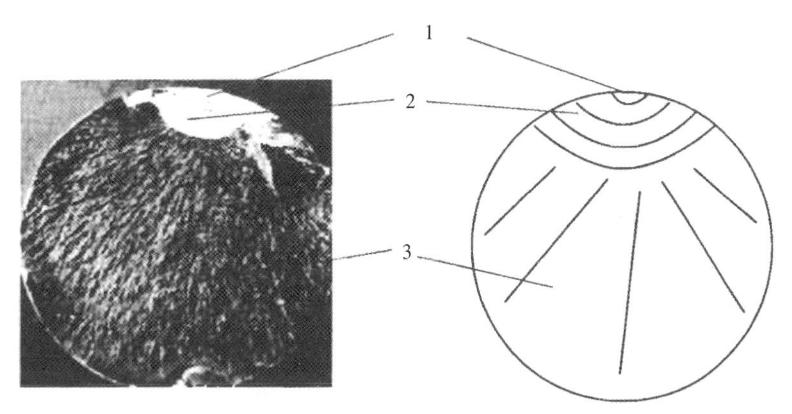

1. 裂源区；2. 裂纹扩展区；3. 瞬时断裂区

图 5.16　疲劳断口

影响焊接接头疲劳寿命的主要因素是这些接头的类型及其承受应力幅值的大小等，在同样疲劳荷载条件下，不同焊接接头的疲劳寿命可能相差数十倍以上。

5.3.2.2 焊接接头疲劳强度的影响因素

（1）母材的性能及缺口的影响。原轧制表面板试样和机加工表面板试样在脉动拉伸荷载作用下，通常对疲劳强度的敏感性随母材抗拉强度 σ_b 增加而增强。带缺口的板试样在脉动拉伸荷载作用下，缺口引起的应力集中程度对钢材疲劳强度的敏感性一般也随母材抗拉强度 σ_b 增加而增强，而应力集中较大的焊接接头的疲劳强度并不随母材的抗拉强度成比例地增加。焊接接头中各种缺欠（包括内部和外部），均会因缺口效应而造成焊接结构的应力集中，容易产生结构疲劳断裂。

（2）纵向焊缝接头的疲劳强度。平行于受力方向的连续纵向焊缝接头（包括纵向对接焊缝、熔透或非熔透纵向角焊缝）的疲劳裂纹一般起始于焊缝缺陷处，如未熔透纵向角焊缝焊根或焊缝表面波纹等处。不连续纵向角焊缝接头的焊缝端部有较大的应力集中，疲劳裂纹一般从这里产生，其疲劳强度远低于连续纵向角焊缝接头。

（3）对接焊缝接头的疲劳性能。垂直于受力方向的横向对接焊缝接头的疲劳裂纹一般起源于焊趾。影响横向对接焊缝接头疲劳性能的最主要因素是焊缝的外形和咬边缺陷。咬边深度与板厚的比值越大，疲劳强度降低越明显。影响横向对接焊缝接疲劳性能的另一因素是错边和焊接角变形引起的受力偏心。

（4）焊接残余应力的影响。焊接残余应力是焊接过程中构件不均匀受热和冷却而产生的，如在平行于焊缝的方向，焊缝区承受拉应力，该拉应力被其他区域的压应力平衡，而且焊缝区的拉应力往往达到材料的屈服应力的情况。基于焊接残余应力分布这一特点，焊接结构在静载和疲劳荷载下工作时，残余应力的影响是完全不同的。就疲劳而言，焊接结构中焊接接头几何非连续性和焊接缺陷等引起应力集中的部位经常位于高残余拉应力区。焊接结构承受疲劳荷载又存在较高焊接残余应力时，通常采用高温回火、机械拉伸、低温热处理等方法降低或消除，提高接头疲劳强度。

（5）焊接缺陷和焊缝质量等级的影响。有些焊接缺欠（陷）在焊接结构中是难以完全避免的，如气孔等一些缺欠在一定条件下对结构静强度的影响不是很敏感，但在疲劳荷载作用下，会因应力集中而产生疲劳裂纹。一般来说，垂直于受力方向的二维缺陷（裂纹、未熔合）比三维缺陷（气孔等）发生疲劳的可能性要严重很多；表面缺陷要比内部缺陷严重，内部缺陷只有足够大，且其影响程度超过外表形状变化的影响时才是有威胁的缺陷。因此，为了确保焊接结构抗疲劳性能，对需要进行疲劳评定的焊接接头应满足相应的焊缝质量要求，并在结构细节设计图和制造图上明确注明。

5.3.2.3 改善焊接接头疲劳强度的方法

在相同的循环应力作用下，不同焊接接头的疲劳寿命相差很大。在焊接结构的设计和制造中某些疲劳强度较低的接头常常是难以避免的。因此，采用改善方法来提高这些接头的疲劳性能具有十分重要的经济意义。近几十年来，人们已研究出许多提高焊接接头疲劳寿命的方法，概括起来可分为以下几类：一是改善非连续性的几何形状，缓和集中应力；二是在易产生裂纹的缺口部位预置残余压应力，或者消除有不利影响的焊接残余应力；三是覆盖塑料等涂层，以防止腐蚀介质环境的不利影响。

5.3.3 层状撕裂

层状撕裂是在焊缝快速冷却过程中，在板厚方向的拉伸应力作用下，在钢板中产生的与母材轧制表面平行的裂纹，常发生在T型、K型厚板接头中，见图5.17。层状撕裂也是在常温下产生的裂纹，大多数在焊后 150℃以下或冷却到室温数小时以后产生。但是，当结构拘束度很高和钢材层状撕裂敏感性较高时，在 250℃ ~ 300℃范围也可能产生。层状撕裂是一种较难发现的缺陷，裂纹一般不露出表面，撕裂前，一般不易被超声波探测出来。对层状撕裂敏感的钢材，只有在大拘束焊接垂直应力作用下，才会形成层状撕裂裂纹。

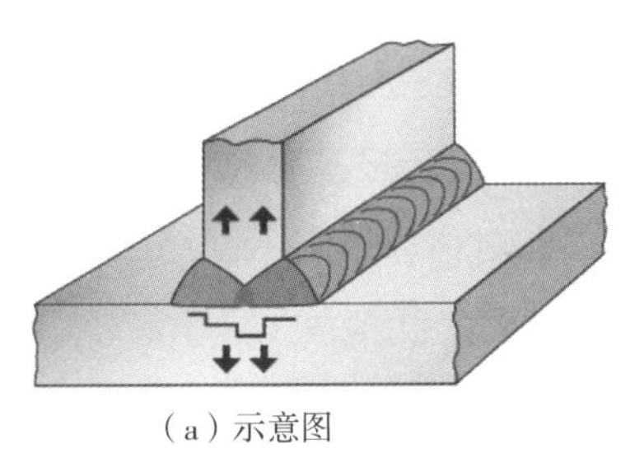

（a）示意图

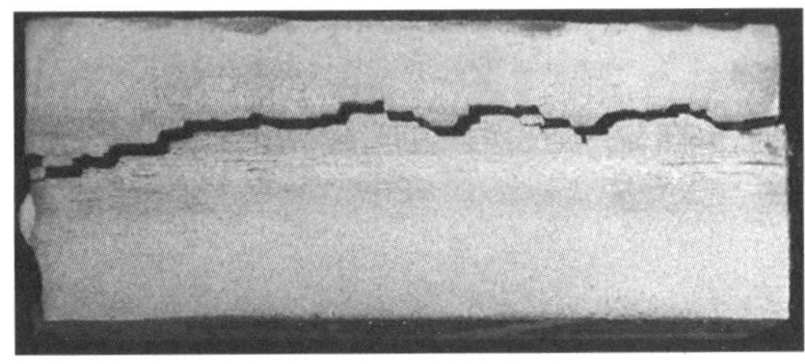

（b）断口外观

（c）断口形貌

图 5.17　层状撕裂示意图及断口

形成层状撕裂可归纳为两个方面的原因：冶金方面是轧制母材内部存在有分层的夹杂物，特别是硫化物夹杂物，见图 5.18 硫含量对不同板厚断面收缩率的影响；力学方面为焊接时产生的垂直轧制方向的应力，这样使热影响区附近地方产生“台阶”状的层状断裂并有穿晶发展。当 T < 400℃时，撕裂发生在厚壁结构 T 型接头、十字接头和角接接头中。

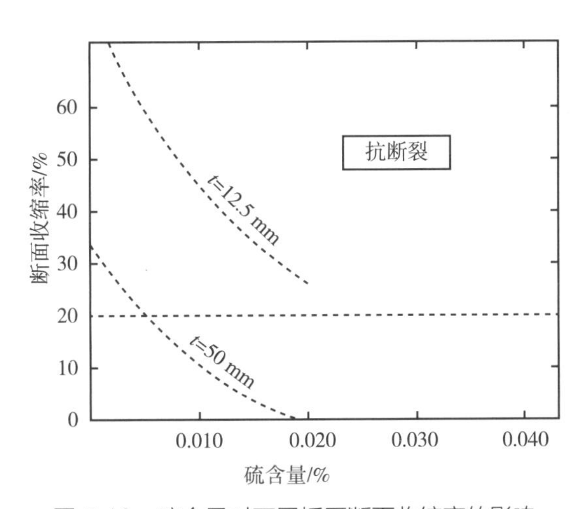

图 5.18　硫含量对不同板厚断面收缩率的影响

层状撕裂通常在大厚度高强钢材的焊接结构中。在焊接厚板结构刚性拘束条件下，焊接结构中产生较大的板厚方向即 z 向应力和应变，当应变超过材料的形变能力后，夹杂物与金属基体之间弱结合面发生脱离形成显微裂纹，且裂纹尖端的缺口效应造成应力、应变的集中，迫使裂纹沿自身所处的平面扩展，把同一平面内相邻的一群夹杂物连成一片。与此同时，相邻的两个平台之间的裂纹尖端处，在应力应变影响下，在切应力作用下发生剪切断裂，形成“剪切壁”。这些平台和剪切壁在一起，构成层状撕裂所特有的阶梯形状。这类结构常常用于海洋工程、核反应堆、潜艇建造等方面。在无损探伤的条件下，层状撕裂不易发现而形成潜在的危险，即使判明了接头中存在层状撕裂，也几乎不能修复，产生的经济损失极大。

总之，在采用轧制厚板材料的 T 型或十字接头的焊接构件中，荷载作用在轧制材料厚度方向上，结构在应力作用下有时会产生层状撕裂，其中重要原因是板材在轧制过程中会形成平行于板材表面的非金属物夹层。工程中可通过以下措施防止层状撕裂。

（1）应用低硫含量和 / 或高 Z_D（板材厚度方向的断面收缩率）值的材料，如工程中使用的“Z 向钢”。

（2）设计及生产技术方面：尽可能避免厚度方向上由于焊接残余应力引起的应力或者把它降至很低。主要有以下几类方法：①作用于收缩方向上的焊缝厚度尽可能低；②焊缝连接基础应尽可能大；③焊道数应少；④焊道次数应考虑局部缓冲；⑤尽可能选择对称焊缝形式和对称焊接顺序；⑥尽可能使焊缝连接在轧制板材的轧制端面；⑦通过连接范围的缓冲减少层状撕裂倾向；⑧预热（> 100℃）。

其中部分方法可参见图 5.19。

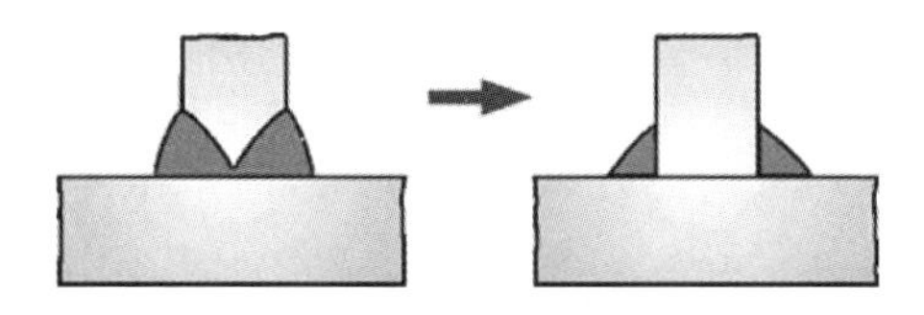

（a）通过扩大连接表面起到缓冲作用来防止产生层状撕裂

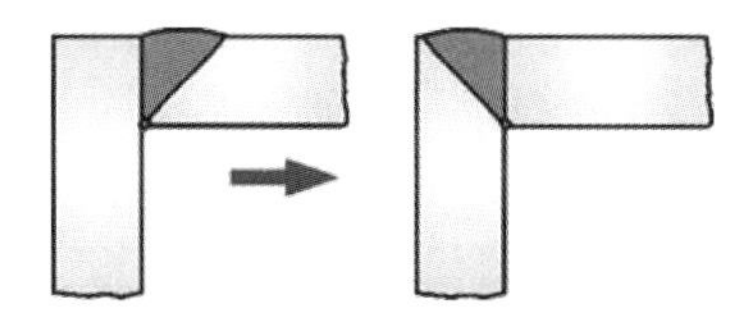

（b）重新设计焊接接头的连接方式，使熔合面尽可能不受接板面影响

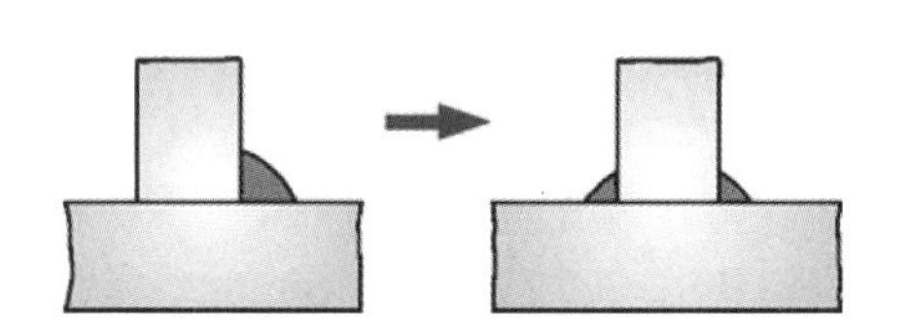

（c）通过扩大连接表面起到缓冲作用来防止产生层状撕裂

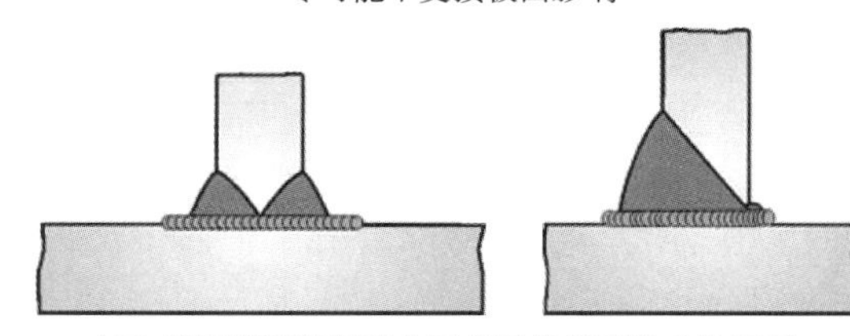

（d）使用低强度焊缝金属来隔离易受影响的板面，从而避免产生层状撕裂

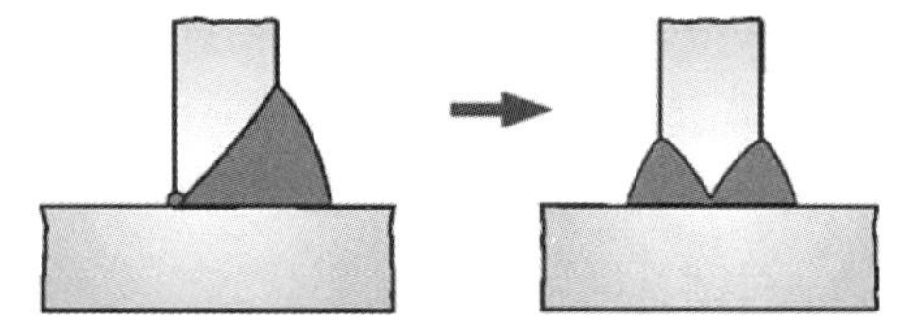

（e）通过收缩方向上的焊缝厚度尽可能小来防止产生层状撕裂

图 5.19　层状撕裂部分防止方法示意图

5.3.4 焊接结构的环境失效

焊接结构与环境介质的作用引起的金属变质或破坏称为焊接结构的环境失效。焊接结构在腐蚀性介质中的化学、电化学腐蚀，在大气、海洋及土壤中的腐蚀，在使用过程中的高温氧化、脆化、蠕变、热疲劳以及腐蚀磨损等都属于环境失效的范畴。焊接结构的环境失效与材质、介质及制造工艺等有关，焊接工艺是保证在环境介质中服役的焊接结构质量的重要因素之一。常见的由于环境效应所引起的焊接结构变质和破坏，主要有焊接结构的腐蚀、高温氧化、蠕变等。

5.4 焊接缺陷及对焊接结构的影响

5.4.1 焊接缺陷及焊接结构的不连续性

从广义的角度讲，焊接缺陷指的是焊接接头中的不均匀性、不连续性以及其他各种不完整性，这些都会导致焊接接头质量下降、性能变差，甚至无法使用。传统上讲，焊接缺陷应包括焊接缺欠和缺陷两层含义。国际焊接学会（IIW）对此提出了容限标准，焊接缺欠的存在使焊接接头的质量和性能下降，但不超过容限标准、不影响设备的运行，是可以容许的，对焊接结构的运行不致产生危害；焊接缺陷是焊接过程中或焊后在接头中产生的不符合标准要求的缺欠，或者说焊接缺陷超出了焊接缺欠的容限，这类情况将直接影响焊接结构件的安全使用，是不容许的，存在焊接缺陷的产品应被判废或必须进行返修。

焊接缺陷，按其尺寸可分为肉眼可以辨认的宏观缺陷，如裂纹、气孔、夹杂和焊缝几何形状偏差等，和通过显微镜观察到的显微缺陷，如焊缝金属中的元素偏析、非金属夹杂物和晶间微裂纹等。按在焊缝中的位置不同，焊接缺陷可分为外部缺陷和内部缺陷。根据其对结构脆断的影响程度，又可分为平面缺陷、体积缺陷和成型不良 3 种类型。

（1）平面缺陷，如裂纹、未熔合和未焊透等。这类缺陷对断裂的影响取决于缺陷的大小、方向、位置和缺陷前沿的尖锐程序。缺陷面垂直于应力方向的缺陷、表面和近表面缺陷及前沿尖锐的裂纹对断裂的影响最大。

（2）体积缺陷，如气孔、夹杂等。它们对断裂的影响程度一般低于平面缺陷。

（3）成型不良，如焊道的余高过大或不足、角变形或焊缝处的错边等。它们会给结构造成应力集中或附加应力，对焊接结构的断裂强度产生不利影响。

根据焊接结构性质和特征，主要有裂纹、夹杂、气孔、未熔合和未焊透、形状和尺寸不良等缺陷。国际标准 ISO 6520：2007（国家标准 GB/T 6417.1）将熔化焊接头焊接缺欠分为六大类：裂纹、孔穴、固体夹杂、未熔合及未焊透、形状及尺寸不良、其他缺欠。表 5.3 是基于 ISO 6520：2007 标准的主要缺欠分类、命名和编号，以及按国内习惯汇总的主要焊接缺陷描述和图示。

焊接接头不同区域断面的变化、焊接接头内外部各种焊接缺陷等造成焊接结构的不连续性，也称为焊接结构的不完整性。当焊接不连续的程度使焊接结构不符合质量标准或规范规定的限值或容限时，则判为焊接缺陷，其判别结果取决于质量标准。焊接结构在制造及运行过程中不可避免地存在或出现各种各样的缺欠，焊接缺欠将直接影响结构的强度和使用性能，构成对结构可靠性和安全性的潜在风险。因此，研究焊接结构的不完整性的重点是掌握焊接缺陷形成机制及其作用，以便更好地控制或消除焊接缺陷。

5.4.2 焊接缺陷的应力集中效应

由于传递负载截面的突然变化而出现应力集中，缺陷的形状不同，引起截面变化的程度不同，对负载方向所成的角度也不同。以一个椭球状的空洞缺陷为例（图 5.20），空洞为各向同性的无限大弹性体所包围，并有应力作用，当椭球空洞逐渐变为片状裂纹，其结果是应力集中变得十分严重。

除空洞类型的气孔、裂纹和未焊透之外，还有夹杂也是常见焊接缺陷，当多个缺陷间的距离较小时（如密集的气孔和夹杂等），在缺陷区域内将会产生很高的应力集中，使这些地方出现缺陷间裂纹状孔相连通。在此情况下，最大的应力集中出现在两外孔的边缘处。

表 5.3 焊接缺欠分类、命名及编号（ISO 6520）及缺欠的描述和图示

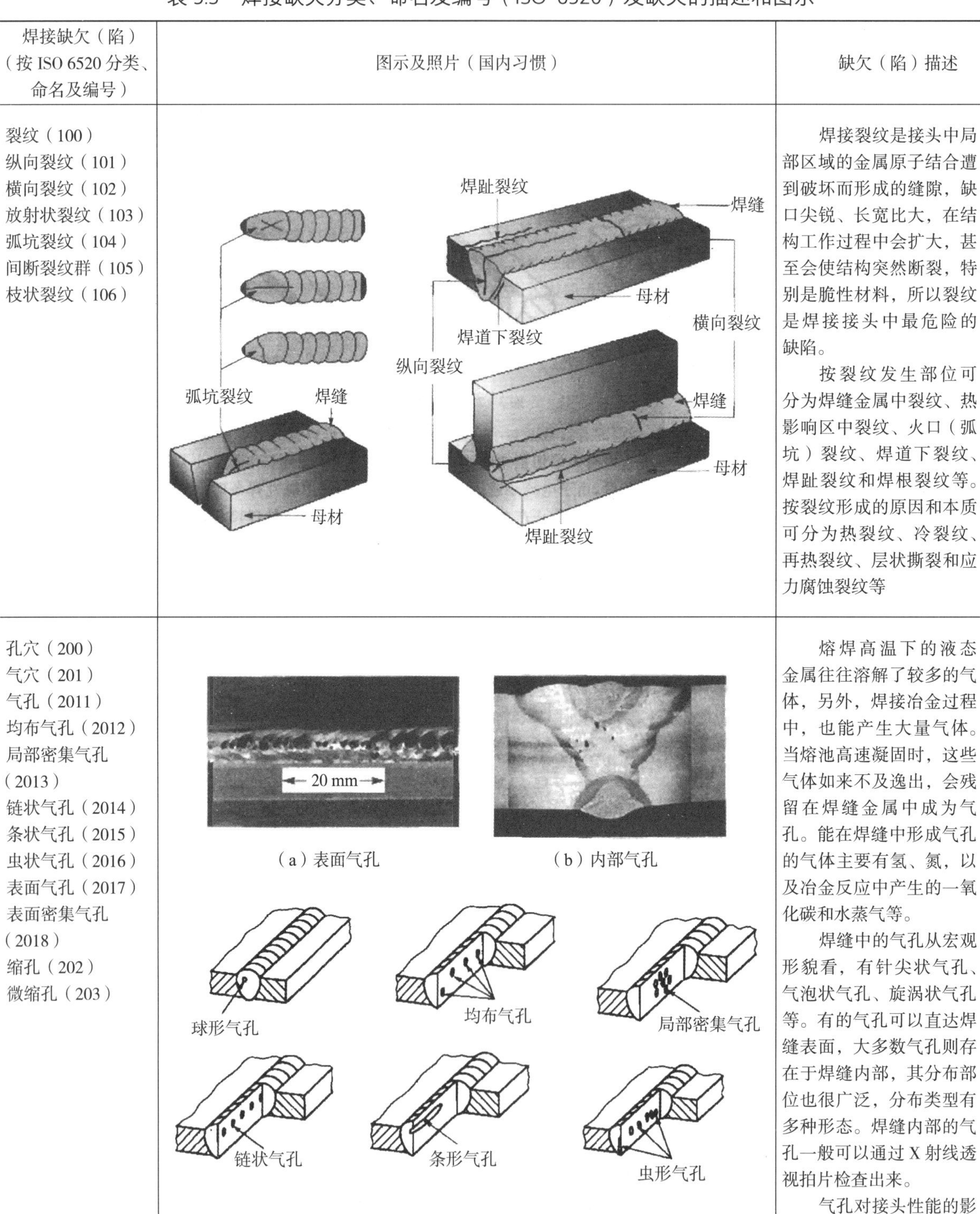

焊接缺欠（陷）（按 ISO 6520 分类、命名及编号）	图示及照片（国内习惯）	缺欠（陷）描述
裂纹（100） 纵向裂纹（101） 横向裂纹（102） 放射状裂纹（103） 弧坑裂纹（104） 间断裂纹群（105） 枝状裂纹（106）		焊接裂纹是接头中局部区域的金属原子结合遭到破坏而形成的缝隙，缺口尖锐、长宽比大，在结构工作过程中会扩大，甚至会使结构突然断裂，特别是脆性材料，所以裂纹是焊接接头中最危险的缺陷。 按裂纹发生部位可分为焊缝金属中裂纹、热影响区中裂纹、火口（弧坑）裂纹、焊道下裂纹、焊趾裂纹和焊根裂纹等。按裂纹形成的原因和本质可分为热裂纹、冷裂纹、再热裂纹、层状撕裂和应力腐蚀裂纹等
孔穴（200） 气穴（201） 气孔（2011） 均布气孔（2012） 局部密集气孔（2013） 链状气孔（2014） 条状气孔（2015） 虫状气孔（2016） 表面气孔（2017） 表面密集气孔（2018） 缩孔（202） 微缩孔（203）	（a）表面气孔 （b）内部气孔	熔焊高温下的液态金属往往溶解了较多的气体，另外，焊接冶金过程中，也能产生大量气体。当熔池高速凝固时，这些气体如来不及逸出，会残留在焊缝金属中成为气孔。能在焊缝中形成气孔的气体主要有氢、氮，以及冶金反应中产生的一氧化碳和水蒸气等。 焊缝中的气孔从宏观形貌看，有针尖状气孔、气泡状气孔、旋涡状气孔等。有的气孔可以直达焊缝表面，大多数气孔则存在于焊缝内部，其分布部位也很广泛，分布类型有多种形态。焊缝内部的气孔一般可以通过 X 射线透视拍片检查出来。 气孔对接头性能的影响视具体情况而定

续表

焊接缺欠（陷）（按ISO 6520分类、命名及编号）	图示及照片（国内习惯）	缺欠（陷）描述
固体夹杂（300） 夹渣（301） 线状的（3011） 孤立的（3012） 密集的（3013） 焊剂夹渣（302） 线状的（3021） 孤立的（3022） 密集的（3023） 氧化物夹杂（303） 线状的（3031） 孤立的（3032） 密集的（3033） 褶皱（3034） 金属夹杂（304） 钨（3041） 铜（3042） 其他金属（3043）	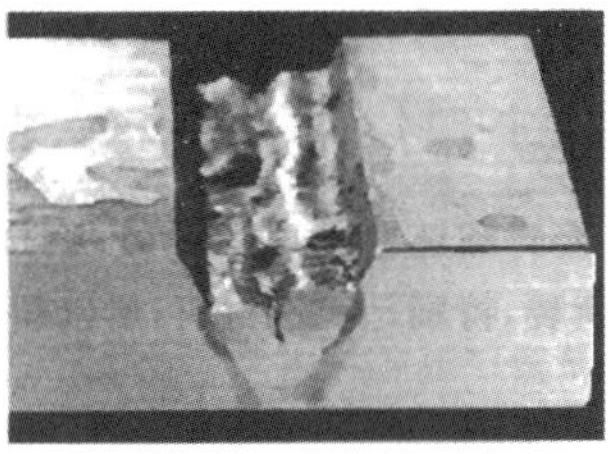 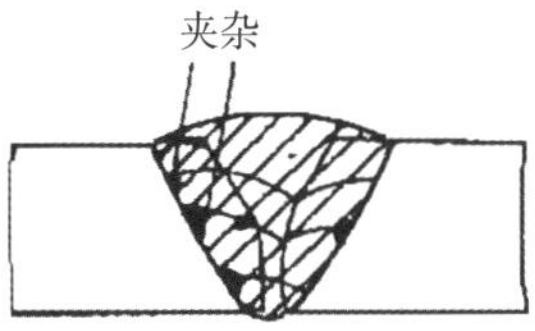  夹杂 线状夹杂 　孤立夹杂 　成簇夹杂	熔化焊接时非金属杂质（氧化物、硫化物等）以及熔渣等冶金反应产物，由于焊接时未能逸出，或者多道焊接时清渣不干净，以致残留在焊缝金属内，称为夹杂。其外形通常是不规则的，其位置可能在焊缝与母材交界处，也可能存在于焊缝内。钨极氩弧时，钨极崩落的碎屑留在焊缝内而成为高密度夹杂物（俗称夹钨）。 产生主要原因是焊件边缘有火焰切割或碳弧气刨熔渣，坡口角度或焊接电流太小，或焊接速度过快。使用酸性焊条时，电流小或运条不当形成夹渣；使用碱性焊条时，因电弧过长或极性不正确也会造成夹杂。由于夹杂的存在，焊缝的有效截面减小，过大的夹杂也会降低焊缝的强度和致密性
未熔合和未焊透（400） 未熔合（401） －侧壁未熔合（4011） －层间未熔合（4012） －根部未熔合（4013） －微观未熔合（4014） 未焊透（402） －根部熔深不足（4021） 波峰（403） （在电子束和激光焊接时出现锯齿状外观）	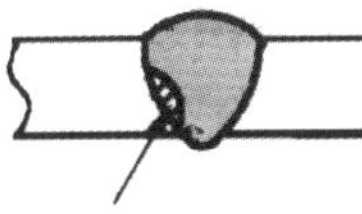 （a）侧壁未熔合 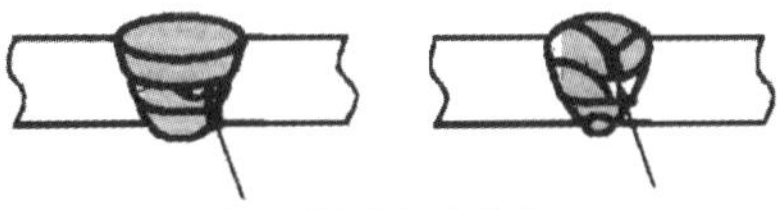　（b）焊道间未熔合 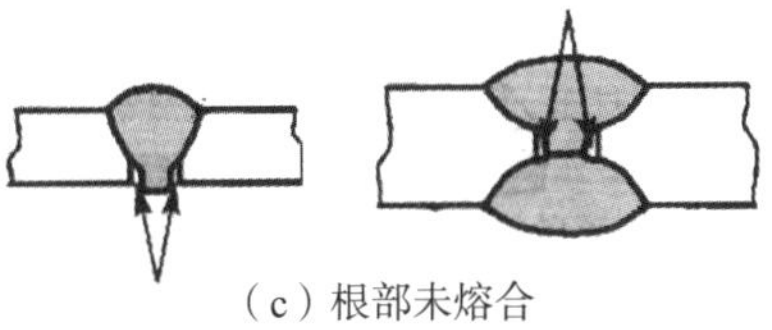 （c）根部未熔合 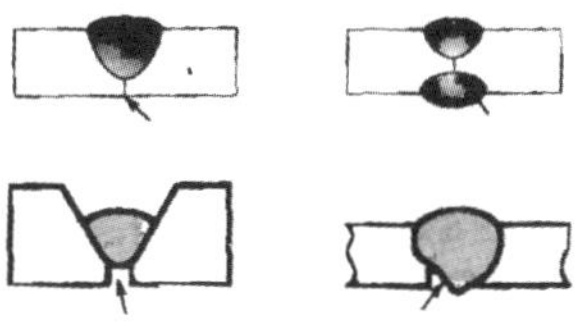 （d）对接焊缝的未焊透 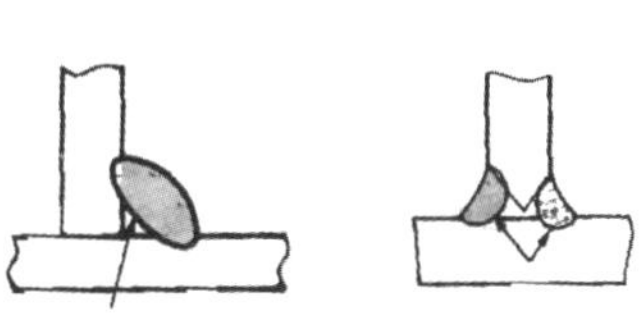　（e）角焊缝的未焊透	固体金属与填充金属之间（焊道与母材之间），或者填充金属之间（多道焊时的焊道之间或焊层之间）局部未完全熔化结合的现象为未熔合。 母材金属接头处中间（X坡口）或根部（V、U坡口）的钝边未完全熔合在一起而留下局部未熔合的现象称为未焊透。 未熔合、未焊透是一种比较危险的缺陷，降低了焊接接头的强度，在未熔合、未焊透的缺口和端部会形成应力集中点，在焊接件承受荷载时容易导致开裂。因此，重要结构均不允许存在未焊透，一经发现，应予铲除，重新修补

续表

焊接缺欠（陷）（按 ISO 6520 分类、命名及编号）	图示及照片（国内习惯）	缺欠（陷）描述
形状缺欠（500） 咬边（501） 局部余高过大（502） 凸度过大（503） 下塌过大（504） 焊缝过度过陡（505） 焊缝金属溢出（506） 错边（507） 角变形（508） 下垂（509） 烧穿（510） 未焊满（511） 角焊缝过度不对称（焊脚过度不等长）（512） 焊缝宽度不齐（513） 表面不规则（514） 根部凹陷（515） 根部弥散气孔（516） 接头缺欠（517） 变形过大（520） 焊缝尺寸不符（521） 注：有关形状缺欠这里未列出编号为4位数的详细分类，请见原标准	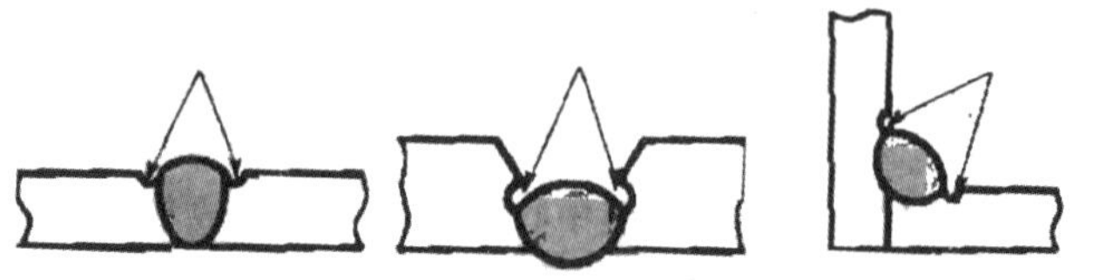 （a）连续咬边 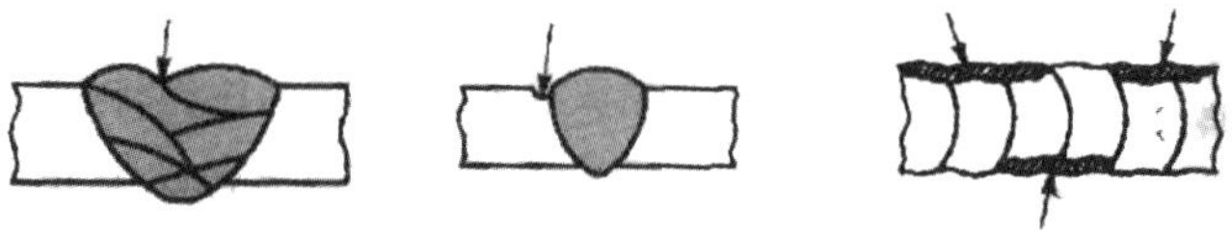 （b）焊道间咬边　（c）间断咬边 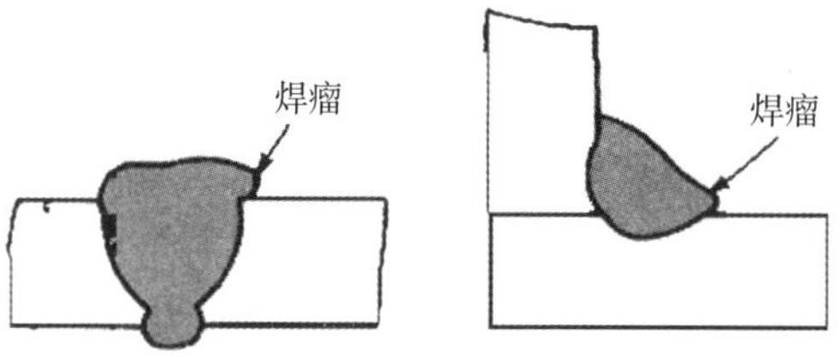 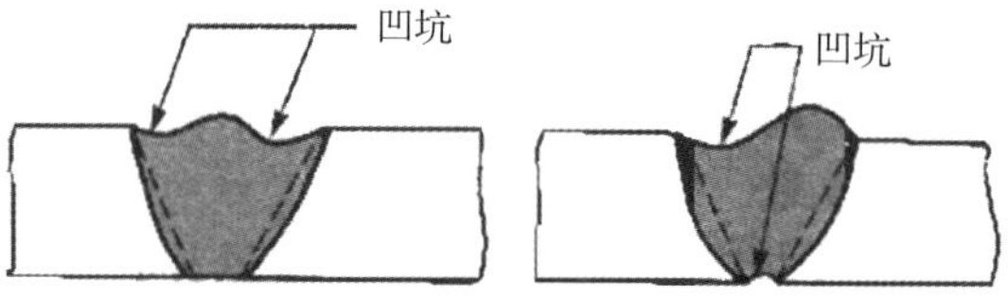 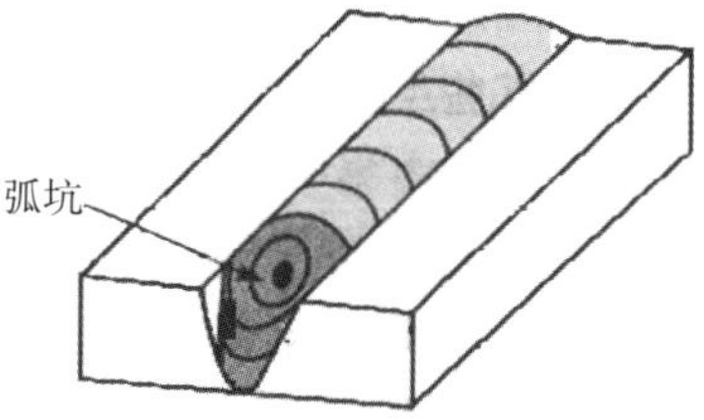 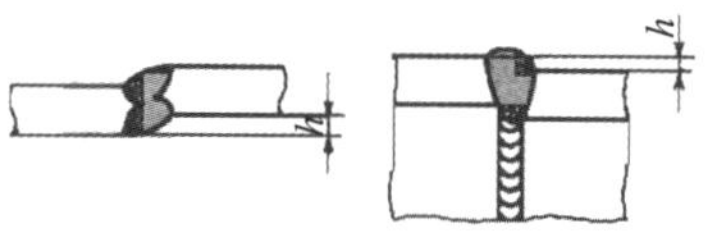 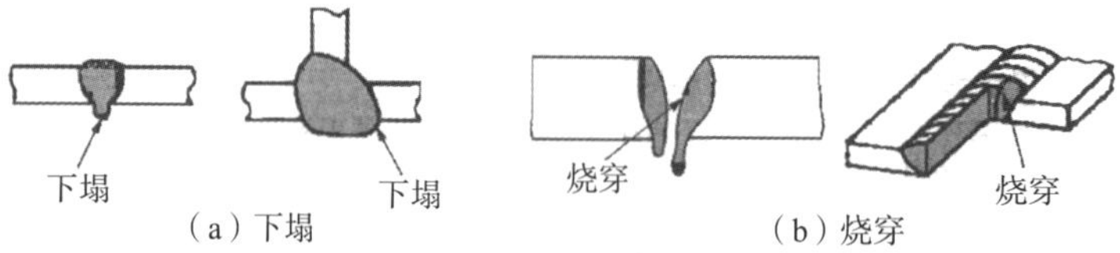 焊瘤　焊瘤 凹坑　凹坑 弧坑 h　h 下塌　下塌　烧穿　烧穿 （a）下塌　（b）烧穿	焊缝成型不良（形状缺欠） 焊缝成型不良是指焊缝外表面形状或接头几何形状不完善性。 （1）咬边　由于焊接参数选择不当，或操作工艺不正确，使焊缝边缘留下的凹陷称为咬边。咬边会减小母材的工作截面，并可能在咬边处造成应力集中。重要焊接结构均不允许存在咬边。 （2）焊瘤　焊瘤是在焊接过程中熔化金属流淌到焊缝之外未熔化的母材上所形成的，常出现在立焊、仰焊焊缝表面，或无衬垫单面焊双面成型焊缝背面。焊缝表面存在焊瘤会影响美观，易造成表面夹杂。 （3）凹坑　电弧焊时在焊缝的末端（熄弧处）或焊条接续处（起弧处）低于焊道基体表面形成的凹坑，在这种凹坑中很容易产生气孔和微裂纹。凹坑减小了焊缝的有效截面积，降低了接头的强度。 （4）错边　由于厚薄不同的钢板对接所引起的焊缝中心线偏移，或由于成型时尺寸公差所引起的对接焊缝错边。承受内压或外压的容器壁的错边会形成附加弯曲应力而使容器总应力增加，且不再沿壁厚均匀分布，从而造成明显的应力梯度。这时，承受静荷载或交变荷载都是不利的。 （5）下塌和烧穿　下塌是指过多的熔化金属向焊缝背面塌落，成型后焊缝背面凸起。烧穿是指焊接过程中，熔化金属自坡口背面流出，形成穿孔的缺陷

续表

焊接缺欠（陷）（按 ISO 6520 分类、命名及编号）	图示及照片（国内习惯）	缺欠（陷）描述
其他缺欠（600）不能包括在 1 ~ 5 类缺欠的其他缺欠	—	—

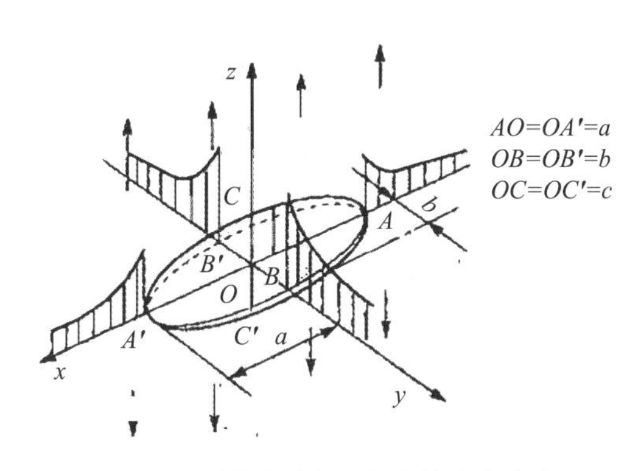

图 5.20　椭球型空洞产生的应力集中

焊接接头中的裂纹、未熔合和未焊透缺陷比气孔和夹渣的危害更大，它们不仅降低了结构的有效承载截面积，而且更重要的是产生了应力集中，有诱发脆性断裂的可能，尤其是裂纹，其尖端存在着缺口效应，容易诱发出现三向应力状态，导致裂纹的失稳扩展，以致造成整个结构的断裂，所以裂纹（特别是延迟裂纹）是焊接结构中最危险的缺陷。

焊接接头中的裂纹常常呈扁平状，如果加载方向垂直于裂纹的平面，则裂纹两端会引起严重的应力集中。焊缝中的气孔一般呈单个球状或条虫形，因此气孔周围应力集中并不严重。焊缝中的单一夹杂具有不同的形状，其周围的应力集中也不严重。但焊缝中存在密集气孔或夹杂时，在负载作用下，如果出现气孔间或夹杂间的连通，则将导致应力区的扩大和应力值的急剧上升。

焊缝的形状不良、角焊缝的凸度过大及错边、角变形等焊接接头的外部缺陷，这些都会引起应力集中或产生附加应力。

焊缝余高过大、错边和角变形等几何不连续缺欠，有些情况虽然是现行规范所允许的，但都会在焊接接头区产生应力集中。不同焊接接头其出现应力集中的程度会有所不同，在焊接结构常用的接头形式中，对接接头的应力集中程度最小，角接接头、T 型接头和正面搭接接头的应力集中程度相差不多。重要结构中的 T 型接头，如动载下工作的 H 型板梁，可采用开坡口的方法使接头处应力集中程度降低，但搭接接头不能做到这一点，侧面搭接焊缝沿整个焊缝长度上的应力分布很不均匀，而且焊缝越长，不均匀度越严重，故一般钢结构设计规范规定侧面搭接焊缝的计算长度不得大于 60 倍焊脚尺寸。超过此限定值后，即使增加侧面搭接焊缝的长度，也不会降低焊缝两端的应力峰值。

含裂纹的结构与占同样面积的气孔的结构相比，前者的疲劳强度比后者的低 15%。对未焊透的部分来说，随着其面积的增加，焊接结构的疲劳强度明显下降。而且，这类平面形缺陷对疲劳强度的影响与负载方向有关。

5.4.3 焊接缺陷对结构的影响

据统计，全球各种焊接结构的失效事故中，除由于设计不合理、选材不当和操作上的问题之外，绝大多数焊接事故是由焊接缺陷，特别是焊接裂纹所引起的。特别是随着焊接结构强度、韧性、耐热和耐腐蚀性等性能的提高，焊接缺陷对产品质量的影响更加敏感，更可能带来灾难性的事故。控制焊接缺欠和防止焊接缺陷是提高焊接产品质量的关键。为此，首先要了解焊接缺陷对结构的承载强度、疲劳强度、脆性断裂以及抗应力腐蚀开裂等的影响。

焊接缺陷会降低焊接结构的强度，除由于焊接缺陷的存在减小了结构承载的有效截面积之外，更重要的是在缺陷周围产生了应力集中。另外，焊接缺陷容易出现在焊缝及其附近区域，而这些区域正是结构中拉伸残余应力最大的地方，即焊接缺陷往往与焊接应力和变形同时存在，且拉伸残余应力加大了有焊接缺欠的结构发生破坏的可能性。焊接缺陷对焊接结构的承载能力有显著影响。

5.4.3.1 焊接缺陷对结构静载强度的影响

焊接缺陷对结构的静载破坏有不同程度的影响。对于强度破坏而言，缺陷所引起的强度降低，大致与它所造成承载截面积的减小成比例。

裂纹被认为是危险的焊接缺陷，易造成结构的断裂，一般标准中都不允许它存在。裂纹一般产生在拉伸应力较大的热影响区粗晶组织区，在静载非脆性破坏条件下，如果塑性流动发生于裂纹失稳扩展之前，则结构中的残余拉应力将不会产生很大的影响，而且也不会产生脆性断裂，但若条件相反，由于尖锐裂纹容易产生尖端缺口效应、三向应力状态和温度降低等情况，裂纹很可能失稳和扩展，而一旦裂纹失稳扩展，对焊接结构的影响就很严重了，往往会造成结构的断裂。

未熔合和未焊透比气孔和夹杂更为有害。不过，当焊缝有余高或用性能优于母材的焊条制成焊接接头时，未熔合和未焊透的影响有可能并不十分明显。事实上，许多使用中的焊接结构已经工作多年，焊缝内部的有些未熔合和未焊透并不一定造成严重事故。但值得注意的是，这类缺陷在一定条件下可能成为脆性断裂的引发点。

夹杂截面积的大小可成比例地降低材料的抗拉强度（图 5.21），但对屈服强度的影响较小。这类缺陷的尺寸和形状对强度的影响较大，单个的间断小球状夹杂并不比同样尺寸和形状的气孔危害更大。直线排列的、细小的而且排列方向垂直于受力方向的连续夹杂是比较危险的。几何形状造成的不连续性缺陷，如咬边、焊缝成型不良或焊穿等不仅降低了构件的有效截面积，而且会产生应力集中。当这些缺陷与结构中的高残余拉伸应力区或热影响区中粗大脆化晶粒区相重叠时，往往会引发脆性不稳定扩展裂纹。

焊缝中出现成串或密集气孔缺陷时，由于气孔的截面较大，同时还可能伴随着焊缝力学性能的下降（如氧化等），使承载强度明显地降低。因此，成串气孔要比单个气孔危险性大，比如当出现成串气孔总截面超过焊缝截面的 2% 时，接头的强度极限急速降低。但通常在一般标准中，允许焊缝中有个别的、不成串的或非密集型的气孔，假如气孔截面总量所占工作截面小于 5%，则气孔对屈服极限和抗拉强度极限的影响不大（图 5.22）。另外，焊缝表面或邻近表面的气孔要比深埋气孔更危

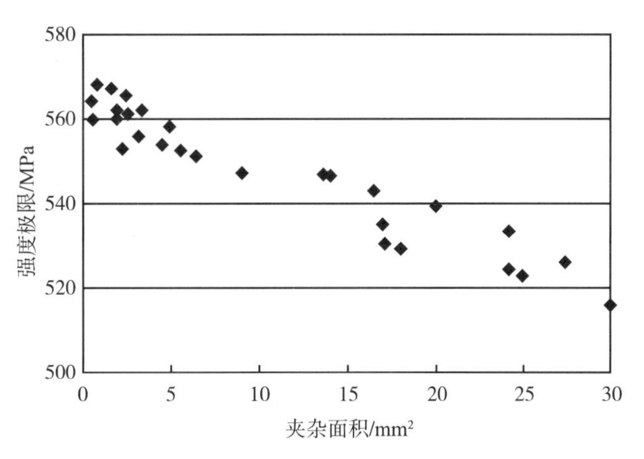

图 5.21　结构钢焊接接头强度与夹杂面积的关系

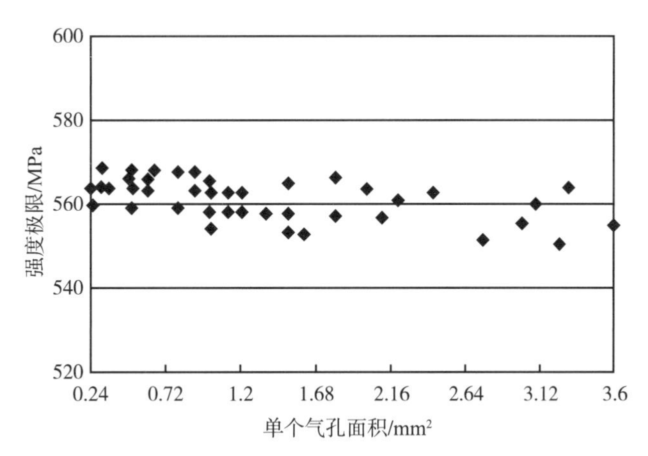

图 5.22　结构钢焊接接头强度与单个气孔面积的关系

险，限制气孔量还能起到防止焊缝金属性能恶化的作用。

5.4.3.2 焊接缺陷对结构脆性断裂的影响

脆性断裂是一种低应力下的破坏，而且具有突发性，事先难以发现，因此危害性较大。焊接结构会在有缺陷处或结构不连续处引发脆性断裂，造成灾难性的破坏。一般认为，结构中缺陷造成的应力集中越严重，脆性断裂的危险性越大。因为裂纹尖端的尖锐度比未焊透、未熔合、咬边和气孔等缺陷要尖锐得多，所以裂纹对脆性断裂的影响最大，其影响程度不仅与裂纹的尺寸、形状有关，而且与其所在的位置有关。如果裂纹位于拉应力高值区，就容易引起低应力破坏；若位于结构的应力集中区，则更危险。如果焊缝表面有缺陷，则裂纹很快在缺陷处形核。因此，焊缝的表面成形和粗糙度、焊接结构上的拐角、缺口、缝隙等都对裂纹形成和脆性断裂有很大的影响。

气孔和夹渣等体积类缺陷低于 5% 时，如果结构的工作温度不低于材料的塑 - 脆转变温度，对结构安全影响较小。带裂纹构件的临界温度要比含夹渣构件高得多。除用转变温度来衡量各种缺陷对脆性断裂的影响外，许多重要焊接结构都采用断裂力学作为评价的依据，因为用断裂力学可以确定断裂应力和裂纹尺寸与断裂韧度之间的关系。许多焊接结构的脆性断裂是由微裂纹引发的，在一般情况下，由于微裂纹未达到临界尺寸，结构不会在运行后立即发生断裂。但是微裂纹在装备运行期间会逐渐扩展，最后达到临界值，导致发生脆性断裂。

所以，在结构使用期间要进行定期检查。及时发现和监测接近临界条件的缺欠，是防止焊接结构发生脆性断裂的有效措施。当焊接结构承受冲击或局部发生高应变和恶劣环境影响时，容易使焊接缺陷引发脆性断裂，例如疲劳荷载和应力腐蚀环境都能使裂纹等缺陷变得更尖锐，使裂纹的尺寸增大，加速达到临界值。

5.4.3.3 焊接缺陷对结构疲劳强度的影响

总体来讲，焊接缺陷对疲劳强度的影响要比静载强度大得多。

表面缺欠咬边对疲劳强度的影响比气孔、夹杂大得多。带咬边接头在 10^6 次循环条件下的疲劳强度大约仅为致密接头的 40%，其影响程度也与负载方向有关。此外，焊缝成形不良，焊趾区及焊根处的未焊透、错边和角变形等外部缺陷都会引起应力集中，易产生疲劳裂纹而造成疲劳破坏。

焊缝内部的球状夹杂物面积较小，数量较少时，对疲劳强度的影响不明显，但夹杂物形成尖锐的边缘时对疲劳强度的影响则十分明显。焊缝内部的裂纹由于应力集中系数较大，对疲劳强度的影响较大，含裂纹的结构与占同样面积的气孔的结构相比，前者的疲劳强度比后者的降低 15%。对未焊透来说，随着其面积的增加，疲劳强度明显下降，且这类平面形缺陷对疲劳强度的影响与负载方向有关。当夹杂物形成尖锐的边缘时，对疲劳强度的影响十分明显。气孔引起的承载面积减小 10% 时，疲劳强度的下降达 50%。焊接结构的疲劳相关问题将在后面的章节专门讲解。

5.4.3.4 焊接缺陷对结构应力腐蚀开裂的影响

焊接缺陷的存在也会导致接头出现应力腐蚀疲劳断裂，应力腐蚀开裂通常总是从表面开始。如果焊缝表面有缺陷，则裂纹很快在缺陷处形核。因此，焊缝的表面粗糙度、焊接结构上的拐角、缺口、缝隙等都对应力腐蚀有很大的影响。这些外部缺陷使浸入的介质局部浓缩，加快了微区电化学过程的进行和阳极的溶解，为应力腐蚀裂纹的扩展成长提供了条件。

应力集中对腐蚀疲劳也有很大的影响。焊接接头应力腐蚀裂纹的扩展和腐蚀疲劳破坏，大都是从焊趾处开始，然后扩展穿透整个截面导致结构的破坏。因此，改善焊趾处的应力集中也能大大提高接头的抗腐蚀疲劳的能力。

综上所述，焊接结构中存在焊接缺陷会明显降低结构的承载能力。焊接缺陷的存在，减小了焊接接头的有效承载面积，造成了局部应力集中。非裂纹类的应力集中源在焊接结构的工作过程中也极有可能演变成裂纹源，导致裂纹的萌生。焊接缺陷的存在甚至还会降低焊接结构的耐蚀性和疲劳寿命。所以，焊接结构的制造过程中应采取措施防止产生焊接缺陷，在焊接结构的使用过程中应进行定期检验，以及时发现缺陷，采取修补措施，避免事故的发生。

5.5 焊接结构用钢的选择

5.5.1 焊接结构对钢材的要求

为了保证焊接结构的承载能力和防止在一定条件下出现脆性破坏，应根据结构的重要性、荷载特征、结构形式、连接方法、钢材厚度和工作温度等因素综合考虑，对焊接结构材料的选用必须符合一定的要求。

对于焊接结构采用的钢材均应具有屈服点，抗拉强度，伸长率，硫、磷的极限含量，碳含量的合格保证。对于需要验算疲劳极限的以及重要的受拉或受弯的焊接结构的钢材，应具有一定温度下冲击韧性的要求。

5.5.1.1 钢材的化学成分

钢材的化学成分及其含量对钢材的性能，特别是对力学性能有至关重要的影响。焊接结构所用的钢材除保证含碳量外，硫、磷含量也不能超过国家标准的规定，因为有害元素的存在将使钢材的焊接性能变差，而且会降低钢材的冲击韧性、塑性、疲劳强度和抗腐蚀性。例如，在碳素结构钢中，碳是主要元素，它直接影响钢材的强度、塑性、韧性和焊接性等，碳含量增加，钢的强度提高，而塑性、韧性和疲劳强度下降，同时恶化钢的焊接性和抗腐蚀性。因此，为保证焊接性和综合性能要求，焊接结构用钢中碳的含量一般应小于 0.20%。

5.5.1.2 钢材的机械性能

1. 屈服强度（σ_s）

屈服强度是衡量结构的承载能力和确保基本强度设计值的重要指标。碳素结构钢和低合金钢在应力达到屈服强度后，应变急剧增长，使结构的实际变形突然增加到不能再继续使用的程度。所以，钢材所采用的强度设计值一般都以屈服强度除以适当的抗力分项系数来确定。

2. 抗拉强度（σ_b）

抗拉强度是衡量钢材经过其本身所能产生的足够变形后的抵抗能力。它不仅是反映钢材质量的重要指标，而且与钢材的疲劳强度有密切关系。由抗拉强度变化范围的数值，可以反映出钢材内部组织的优劣。

3. 伸长率（δ）

伸长率是衡量钢材塑性性能的指标。钢材的塑性实际上是当结构经受其本身所产生的足够变形时，抵抗断裂的能力。因此，焊接结构所用的钢材无论在静力荷载或动力荷载作用下，以及在加工制造过程中，除要求具有一定的强度外，还要求有足够的伸长率。

4. 冷弯性能

冷弯是衡量材料性能的综合指标，也是塑性指标之一。通过冷弯试验不仅可以检验钢材内部组织、结晶情况和非金属夹杂物的分布等情况，在一定程度上还是鉴定焊接性能的一个指标。结构在加工制造和安装过程中进行冷加工时，尤其对焊接结构焊后变形的矫正，都需要钢材具有较好的冷弯性能。

5. 冲击韧性

冲击韧性是衡量抵抗脆性破坏的一个指标。因此，直接承受动力荷载以及重要的受拉或受弯焊接结构，为了防止钢材的脆性破坏，应具有常温冲击韧性的保证，在某些低温情况下尚应具有负温冲击韧性的保证。

5.5.2 焊接结构选材的基本原则

正确合理地选用焊接结构材料对保证焊接结构的制造质量和安全运行具有十分重要的意义。同时，焊接材料的选用也是一项技术性很强的工作，需要考虑多方面的因素，包括材料的特性数据、结构的运行条件、加工工艺，特别是焊接工艺过程对材料性能的影响以及结构工作环境所产生的作用等。作为焊接结构材料，使用最多的是钢。焊接结构常用的钢材有碳素结构钢、优质碳素结构钢、低合金结构钢、微合金控轧钢、不锈钢、耐热钢和低温钢等。从事焊接结构制造的工程技术人员必须十分熟悉材料的各种性能，特别是焊接性能。此外，技术人员还应善于从焊接结构的形式、尺寸和特点、工作环境与荷载条件、对体积重量以及刚性的要求、材料的工艺性能以及产品制造的经济性等因素全面考虑，进行综合分析，做出正确选择，以确保焊接结构合理、制造经济、服役安全可靠等。

具体原则如下。

5.5.2.1 使用条件

焊接结构材料的选用首先应满足使用条件的要求。使用条件主要是指工作荷载、工作温度、工作介质和使用寿命等。

1. 工作荷载

焊接结构可承受的荷载，除静荷载外，还可以承受低周或高周疲劳荷载，有些结构还承受冲击荷载及摩擦的作用。因此，不仅要求材料有足够的静载强度，而且要有良好的抗疲劳断裂性能和抗冲击荷载的能力。由于焊接结构需要加工、成形，要求材料有一定的延性、韧性及静态与动态的断裂韧度，以防止缺陷开裂或扩展。轧制钢板通常具有各向异性，即板厚方向的塑性比轧制方向的塑性明显减小。当某些接头在厚度方向承受拉伸荷载时，在比较低的荷载下，有的就会产生剥离破坏及开裂等，故大厚度构件应选用 Z 向性能好的钢材。对于承受摩擦的构件，还要求材料有较高的耐磨性。而对承受动荷载的结构，则要求材料有高的冲击吸收功和抗裂纹扩展能力。

2. 工作温度

焊接结构的工作温度范围很大，可从 800℃高温到 –296℃的深低温。

当焊接结构长期在高温下工作时，选材的主要依据是材料在最高工作温度下高温短时强度和高温持久强度，材料其他方面的性能要求应以满足其高温强度为前提。

当结构在低于 0℃的温度下工作时，材料的韧性大多随温度的降低而下降，材料的韧性不足会导致产生脆性断裂，致使结构整体失效。因此，在选择低温条件下工作的焊接结构材料时，应首先考虑材料在最低工作温度下的冲击韧性必须满足设计要求，其次考虑材料的抗拉强度和塑性等性能。

3. 工作介质

结构的工作介质，如酸和碱及其水溶液等物质，会对结构造成不同程度的腐蚀，如表面均匀腐蚀、点蚀、缝隙腐蚀、电化学腐蚀、晶间腐蚀、应力腐蚀等。还有某些气体，如 H_2、H_2S 等，在一定应力的作用下，会导致材料的氢脆。

当焊接结构的工作介质是腐蚀性物质时，应按腐蚀特性的不同，选择具有一定耐蚀性的材料，其次考虑强度和韧性。

4. 使用寿命

各类焊接结构设计规定的使用寿命是不同的，如运载火箭的使用寿命仅为几分钟到几十分钟，而电站锅炉的运行寿命至少为 10 年，近年已延长为 20 年。因此，在选材时，前者只考虑最高工作温度下的短时强度，后者则要以 10 万小时或 20 万小时的持久强度为强度计算的基础。对于承受交变荷载的焊接结构，则以疲劳强度指标作为选材的依据。

5.5.2.2 环境条件

焊接结构的工作环境对其寿命和可靠性的影响也是不可忽视的。工作环境对焊接结构的影响因素主要是环境温度和环境介质。

1. 环境温度

环境温度对材料性能有重要的影响，温度升高或降低，一方面影响材料的化学稳定性和组织稳定性，另一方面影响材料的强度、延性和韧性。温度升高到一定数值时，强度开始下降；温度降低时，有使非奥氏体组织的钢材变脆的倾向，而强度则有所上升。

高温工作的焊接结构，要求材料有足够的高温强度，良好的抗氧化性与组织稳定性，较高的蠕变极限和持久塑性等。常温工作的焊接结构，其工作温度为自然环境温度，要求材料在环境温度下具有良好的强度、延性和韧性。自然环境温度与地域有关，因此要特别注意材料及焊接接头在最低自然环境下的性能，特别是韧性。

低温工作的焊接结构，要求材料具有优良的低温性能，主要是低温韧性和延性。希望材料的脆性转变温度低于工作温度，并有足够的低温断裂韧度，以防止产生低温脆性破坏。所以，最低环境温度下的冲击韧性是选材的基本依据之一。

2. 环境介质

焊接结构的环境介质是指焊接结构使用过程中直接接触的周围介质，如空气、水蒸气、海洋大气、工业区和郊区环境中的大气、海水及各种成分的水质、硫化物和氯化物、石油气和天然气、各种酸、碱、盐及其水溶液、某些熔融金属及其蒸气，以及其他物质等。这些介质以气体、液体、固体或组合状态存在，对材料有不同性质和不同程度的腐蚀作用。

材料的腐蚀程度会影响焊接结构的寿命、产品的质量、主反应和副反应速度以及使用的安全可靠性等。应力腐蚀裂纹长大到一定尺寸后，还会引起脆断或泄漏。如船体结构长期与海水和海洋气候接触，除了在设计上采用有效的防腐蚀外，还应考虑选择具有一定耐海水腐蚀的材料。

3. 辐照

在核辐照环境中工作的焊接结构。由于中子辐照的作用，会导致材料屈服点提高、延性下降、脆性转变温度升高、韧性及冲击吸收功的上平台值降低、缺口的敏感性增加，因而使材料呈现明显的辐照脆性。中子辐照后的钢材，在高温下还会出现辐照蠕变脆断。此外，在特殊情况下，还要考虑材料的物理性能受辐照的影响和变化。

5.5.2.3 体积、刚性与重量要求

对体积、刚性和重量有所要求的焊接结构，如车、船、起重机及宇航设备等，选择强度较高的材料，如轻合金材料，以达到缩小体积、减轻重量的目的。选用低（微）合金高强度钢代替普通的低碳钢，可大大减轻焊接结构的重量。即使对体积和重量无特殊要求的焊接结构，选用强度等级较高的材料也有其技术经济意义，不仅可减轻结构自重，节约大量钢材和焊接材料，避免大型结构吊装和运输上的困难，而且能够承受更高的荷载。然而，选用强度较高的材料，有时会导致焊接结构的刚性降低。

5.5.2.4 工艺性能

应考虑的工艺性能包括金属的焊接性，切割性能，冷、热加工工艺性能，热处理性能，可锻性，组织均匀稳定性及大截面的淬透性等。

1. 金属的焊接性

这是指金属材料对焊接加工的适应性它不仅与材料本身特性有关，还与焊接材料、焊接工艺方法、环境条件、焊接参数、可采取的工艺措施等有关。详细可参见材料分册的相关内容。

2. 冷、热加工工艺性能

材料的冷、热加工切割性能包括能够进行各种冷切割加工（如剪边、冲孔、车、铣、刨、磨及风铲加工等）和热切割加工（如气体火焰切割、碳弧气刨加工、等离子切割、氧熔剂切割、激光切

割等）两个方面。

材料的冷、热加工成形性能往往用材料对应变时效脆性倾向和回火脆性倾向的大小来评价。应变时效脆性倾向包括常温应变时效和高温应变时效两种情况。

3. 热处理性能

材料自身性能以及加热温度、保温时间、升温速度、冷却速度等，都对热处理后的材料性能有很大影响。

5.5.2.5 经济性

结构成本中，材料是一个重要的组成部分。

应按照焊接产品承受荷载的特征、使用条件、寿命要求及制造工艺过程繁简程度等进行合理选材。强度等级较低的钢材，其价格也较低，焊接性能好，但在重荷载情况下，会导致产品尺寸和重量的增大；强度等级较高的钢材，虽然价格较高，但可以节省用料，减小产品尺寸和重量。此外，选材时还应考虑到，当材料强度级别不同时，会由于材料加工、焊接难易程度的不同对制造费用产生影响。

选择结构材料时，必须充分考虑焊接结构材料应满足使用性能要求和加工性能要求，经过对其工况条件及各种材料在不同使用条件下的性能数据进行全面分析对比和精确计算，最终选用最适用的、经济性最好的结构材料。

5.6 焊接结构设计的基本要求和基本原则

5.6.1 设计的基本要求

在结构设计时，应考虑满足以下基本要求。

5.6.1.1 实用性

结构必须达到所要求的使用功能和预期效果。

5.6.1.2 可靠性

结构在使用期内必须安全可靠，能满足强度、刚度、稳定、抗震、耐蚀等方面的要求。

5.6.1.3 工艺性

应该是可实施焊接的结构。所选的金属材料既有良好的焊接性能，又具有良好的焊前预加工性能和焊后热处理性能。所设计的结构应具有焊接和检验的可达性，并易于实现机械化和自动化焊接。

5.6.1.4 经济性

在满足性能等要求的同时，制造该结构的综合成本尽可能低。

此外，还要适当注意结构的造型美观。上述要求是设计者追求的目标，设计时要统筹兼顾，应以可靠性为前提，实用性为核心，工艺性和经济性为制约条件。

5.6.2 设计的基本原则

为了使设计能达到上述的基本要求，设计焊接结构时，应遵循下列的设计原则。

5.6.2.1 合理选择和利用材料

所选用的金属材料必须同时满足使用性能和加工性能的要求，前者包括强度、韧度、耐磨、耐蚀、抗蠕变等性能，后者主要是焊接性能，其次是其他冷、热加工性能，如热切割、冷弯、热弯、金属切削及热处理等性能。

在结构上有特殊性能要求的部位，可采用特种金属材料，其余采用能满足一般要求的廉价材料。如有防腐蚀要求的结构，可采用以普通碳钢为基体，以不锈钢为工作面的复合钢板或者在基体上堆焊抗蚀层，又如有耐磨要求的构件，仅在工作面上堆焊耐磨合金或热喷涂耐磨层等。充分发挥异种金属材料能进行焊接的特点。

尽可能选用轧制的标准型材和异型材。通常轧制型材表面光洁平整、质量均匀可靠，使用时不仅减少许多备料工作量，还可减少焊缝数量。由于焊接量减少，焊接变形易于控制。

在划分结构的零部件时，要考虑到备料过程中合理排料的可能性，以减少余料，提高材料利用率。

5.6.2.2 合理设计结构形式

能满足上述基本要求的结构形式都被认为是合理的结构设计，也就是可以从实用、可靠、可加工和经济等方面对结构设计的合理性进行综合评价。设计时，一般应注意以下几点。

（1）根据强度、刚度、稳定的要求，以最理想的受力状态去确定结构的几何形状和尺寸。切忌仿效铆接、铸造、锻造结构的构造形式。

（2）既要重视结构的整体设计，又要重视结构的细部处理。这是因为焊接结构属刚性连接的结构，结构的整体性意味着任何部位的构造都同等重要，许多焊接结构的破坏事故起源于局部构造设计不合理处。对于应力复杂或应力集中部位更要慎重处理，如结构中的结点、断面变化部位、焊接接头的焊趾处等。

（3）要有利于实现机械化和自动化焊接。为此，应尽量采用简单、平直的结构形式；减少短而不规则的焊缝；一条焊缝上其截面应相同；要避免采用难以弯制或冲压的具有复杂空间曲面的结构；尽量减少施焊时的翻身次数；组装时，定位和夹紧应方便。

5.6.2.3 减少焊接量

除了前述尽量多选用轧制型材减少焊缝，还可以利用冲压件代替部分焊件。结构形状复杂，角焊缝多且密集的部位，可用铸钢件代替。肋板的焊缝数量多工作量大，必要时可以适当增加基体壁厚，以减少或不用肋板。对于角焊缝，在保证强度要求的前提下，尽可能能用最小的焊脚尺寸，因为焊缝面积与焊缝厚度的平方成正比；对于坡口焊缝，在保证焊透的前提下，应选用填充金属量最小的坡口形式。

5.6.2.4 合理布置焊缝

有对称轴的焊接结构，焊缝宜对称地布置，或接近对称轴处，这有利于控制焊接变形。要避免焊缝汇交和密集。在结构上有焊缝汇交时，使重要焊缝连续，让次要焊缝中断，这有利于重要焊缝实现自动焊，保证其质量。尽可能使焊缝避开高工作应力部位、应力集中处、机械加工面和需变质处理的表面等。

5.6.2.5 施工方便

必须使结构上每条焊缝都能方便施焊和质量检验。如：焊缝周围要留有足够焊接和质量检验的操作空间；尽量使焊缝都能在工厂中焊接，减少在工地的焊接量；减少手工焊接量，增大自动焊接量；对双面焊缝，操作方便的一面用大坡口，施焊条件差的一面用小坡口，必要时，改用单面焊双面成形的接头坡口形式和焊接工艺；尽量减少仰焊或立焊的焊缝，因为仰焊或立焊的焊接劳动条件差，不易保证质量，且生产率低。

5.6.2.6 有利于生产组织与管理

经验证明，大型焊接结构采用部件组装的生产方式有利于生产的组织管理。因此，设计大型焊接结构时，要进行合理分段。分段时，一般要综合考虑起重运输条件、焊接变形控制、焊后热处理、机械加工、质量检验和总装配等因素。

参考文献

[1] 方洪渊 . 焊接结构学 [M]. 北京：机械工业出版社，2017.

[2] 宗培言 . 焊接结构制造技术手册 [M]. 上海：上海科学技术出版社，2012.

[3] 张彦华 . 焊接结构设计及应用 [M]. 北京：北京航空航天大学出版社，2011.

[4] 李亚江等 . 焊接缺陷分析与对策 [M]. 北京：化学工业出版社，2011.

[5] 张彦华 . 焊接力学与结构完整性原理 [M]. 北京：北京航空航天大学出版社，2007.

[6] 王文先等 . 焊接结构 [M]. 北京：化学工业出版社，2012.

[7] 张彦华 . 焊接结构原理 [M]. 北京：北京航空航天大学出版社，2011.

[8] 贾安东 . 焊接结构与生产 [M]. 北京：机械工业出版社，2007.

[9] 陈裕川 . 焊接结构制造工艺实用手册 [M]. 北京：机械工业出版社，2012.

[10] 赵剑丽 . 钢结构原理与设计 [M]. 北京：人民交通出版社，2015.
[11] 中国机械工程学会焊接学会 . 焊接手册 [M]. 北京：机械工业出版社，2016.
[12] GSI.SFI–Aktuell [M]. Duisburg: Gesellschaft für Schweiβtechnik International mbH, 2010.

本章节学习目标及知识要点

1. 学习目标

（1）理解焊接结构不同荷载（服役）条件下可能发生的破坏形式。

（2）掌握焊接结构的特性，理解焊接结构的分类及各类的特点。

（3）掌握焊接结构的常见破坏形式（延性与脆性断裂、疲劳断裂、层状撕裂）。

（4）掌握焊接缺陷及对焊接结构的影响。

（5）了解焊接结构用钢的选择要求和原则。

（6）了解焊接结构设计的基本要求和准则。

2. 知识要点

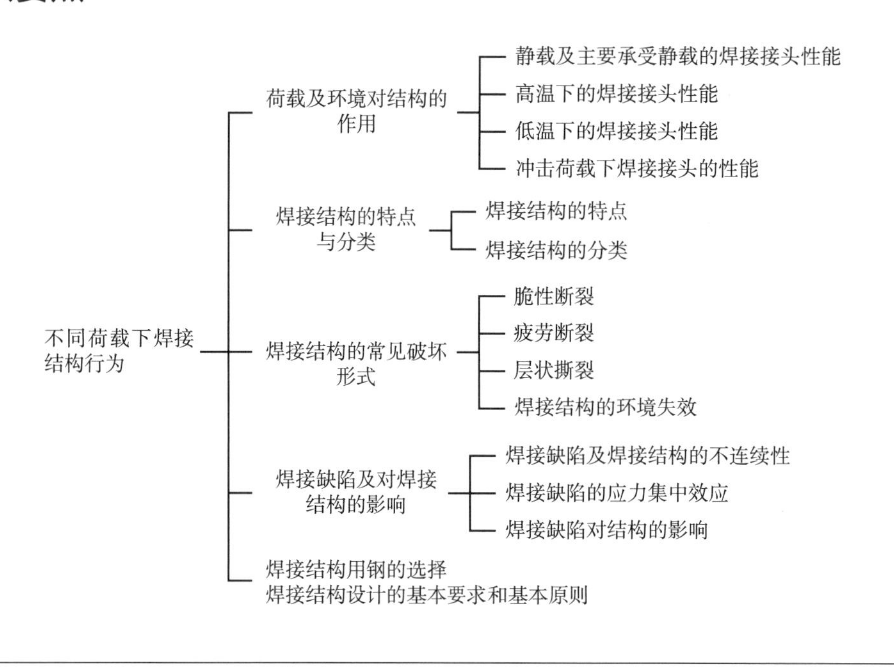

第6章

静载和主静载焊接结构设计

编写：吕同辉　审校：徐林刚

静载和主静载焊接结构的设计是在整体结构设计的基础上进行的，还要满足相应的设计和制造标准。本章节主要以最基本的门式框架结构为例，详细说明其组成部件梁、立柱和框架转角的结构特点和焊接接头的设计要点和制造要点。

6.1 概述

典型的静载及主静载钢结构主要包括建筑结构和一般承载结构。

结构设计的基本要求，是结构应在设计使用期内保证设计和施工满足可靠度要求，并以经济的方法进行，即承受在施工和使用期间发生的所有作用和影响，并且满足包括结构抵抗力、适用性和耐久性使用要求。因此在结构的设计、制作和生产过程中，应遵循相关的标准、规程的要求，以使产品满足上述要求。

标准或规程规定了结构的计算方法、结构形式和实施过程，它贯穿在结构的整个建造过程中。每个国家的结构标准都是不同的。

本章节主要以钢结构为主要介绍对象，铝结构会在后续章节介绍。

6.1.1 欧洲主要钢结构标准

对于钢结构的设计和施工，EN 1993 标准系列和所有相关标准应被执行，常用标准见表 6.1。

表 6.1　主要欧洲结构标准

标准号	现行状态	主要内容
EN 1990	2002	结构设计基础
EN 1991 系列	—	结构的荷载
EN 1993-1-1	2005	通则和建筑原则

续表

标准号	现行状态	主要内容
EN 1993-1-2	2005	结构的防火设计
EN 1993-1-3	2006	通则——冷弯部件和薄板的补充规定
EN 1993-1-4	2006	通则——不锈钢的补充规定
EN 1993-1-5	2006	板结构部件
EN 1993-1-6	2007	壳结构的强度和稳定
EN 1993-1-7	2007	横向受载的板结构
EN 1993-1-8	2005	接头的设计
EN 1993-1-9	2005	疲劳
EN 1993-1-10	2005	材料的韧性和厚度方向性能
EN 1993-1-11	2006	受张力结构的设计
EN 1993-1-12	2007	EN 1993 中钢材等级最大到 S700 的制造补充规定
EN 1993-2	2006	钢桥
EN 1993-3 系列标准	—	塔、架结构和烟囱
EN 1993-4 系列标准	—	油箱和容器
EN 1993-5	2007	管线
EN 1993-6	2007	起重机支撑结构
EN 1090-1	2009	钢结构和铝结构的施工　第 1 部分：结构部件符合性评定要求
EN 1090-2	2012	钢结构和铝结构的施工　第 2 部分：钢结构用技术要求

6.1.2 原德国钢结构设计标准（DIN 18800 系列标准）

6.1.2.1 设计基础

DIN 18800 系列标准的设计方法为极限状态设计法，采用分项安全系数。

6.1.2.2 分析方法

对于结构安全性的分析，有三种方法可供选择。

通常，采用如下的方法进行分析：①弹性 – 弹性分析方法；②弹性 – 塑性分析方法；③塑性 – 塑性分析方法。

弹性 – 弹性分析的前提是，无论应力水平如何，假设材料的应力 – 应变曲线为线性。即使横截面的抗力基于其塑性，也可根据弹性 – 弹性分析方法计算。

弹性 – 弹性分析方法无法充分利用材料的性能，后续发展出弹性 – 塑性和塑性 – 塑性分析方法，它们允许在计算结构系统的作用效应时考虑材料非线性的影响。

可根据下列情况确定分析方法：①塑性截面和 / 或接头作为塑性铰，使用弹性 – 塑性分析方法；②考虑塑性区构件局部塑性，使用塑性 – 塑性分析；③忽略铰链间弹性特性，使用弹性 – 弹性分析。

采用弹性 – 塑性和塑性 – 塑性分析方法仅适用于抗拉强度 $f_{u,k}$ 与屈服强度 $f_{y,k}$ 的比值大于 1.2 的情况。

6.1.3 国家标准（GB 50017 和 GB 50661）

6.1.3.1 GB 50017《钢结构设计标准》

GB 50017《钢结构设计标准》的现行版本为 2017 年版本。本版本除总结了我国以往钢结构设计和制造的工程时间外，也参考了大量先进的国际和国外标准规范，力求实现房屋、铁路、公路、港口和水利水电工程钢结构共性技术问题和设计方法的统一。

除疲劳计算采用容许应力法外，其他计算均和国际和国外先进标准一样，采用以概率理论为基础的极限状态设计方法，用分项系数设计表达式进行计算。

其总的设计基础是 GB 50068《建筑结构可靠性设计统一标准》和 GB 50153《工程结构可靠性设计统一标准》，其中 GB 50153 和 EN 1990 及 DIN 18800 系列标准使用的是相同的理论基础。

6.1.3.2 GB 50661《钢结构焊接规范》

为实现钢结构设计要求，规范的制造也是核心。在国内，钢结构的焊接规范是 GB 50661，现行版本为 2011 年版本，适用于工业与民用钢结构工程中承受静荷载或动荷载、钢板厚度不小于 3 mm 的结构焊接。

6.2 基于欧洲结构设计标准的结构设计基础

6.2.1 EN 1993 系列标准

EN 1993 系列标准是欧洲结构标准的一部分，欧洲结构标准还包括混凝土结构、铝结构等，主要欧洲钢结构标准见表 6.1。制订欧洲结构标准的目的是“建立一套关于建筑结构设计及相关工程的常用技术标准，以最终代替欧盟各成员国的相关标准”。可想而知，要使各成员国在如此大量的技术问题上达成一致意见必定是一个长期而艰巨任务。因此欧洲标准只涉及各成员国意见已达成一致的部分，除此之外的部分各成员国可自行处理并附在国家标准附录（National Annexes）中连同欧洲标准一起颁布，如 DIN EN 1993-1-1/NA:2010-09（D）是关于钢结构设计的德国国家标准附录、NA to BS EN1991-1-1:2002 是关于自重规定的英国国家标准附录。在欧洲标准颁布后，各成员国还要确定那些可自行确定的参数，并采取措施在全国范围内推行此标准。

欧洲结构标准的重要特征是无重复性内容，即所有参数和属性都只在一部标准中给出。这意味着：设计原则根据 EN 1990，选取荷载值时根据 EN 1991 系列，钢结构的相关设计要求根据 EN 1993。欧洲结构标准的另一重要特点是倾向于给出设计原则，而不是具体的计算公式。EN 1990 是欧洲结构标准的设计基础，原则上所有结构方面的欧洲标准都必须和 EN 1990 保持一致，为了实现这一点，通常欧洲结构标准都会将其作为直接的引用标准，而不是重复其内容。

6.2.2 结构的设计要求（EN 1990和EN 1993-1-1）

6.2.2.1 基本要求

结构的设计应保证结构具有足够的强度、可靠性和耐久性，关于强度的其他要求详见EN 1990中条款2.1部分。

要达到基本要求应：①选择合适的材料；②有恰当的设计和细节考虑；③针对不同的项目，编制设计、制作、施工和使用的控制程序。

6.2.2.2 可靠性要求和设计寿命

要达到EN 1990中给出的结构可靠性要求可通过：①依据EN 1992到EN 1999进行设计；②通过恰当的施工和质量管理措施。

为了实现区分可靠性的目的，要根据结构失效和失灵后果严重性来确定重要性等级，见EN 1990表B1（表6.2）。重要性等级关系到钢结构制造的制造等级，结构越重要则结构的焊接制造要求越高，具体见EN 1090-2。

表6.2 重要性等级（EN 1990表2.1）

重要性等级	描述	示例
CC3	人的生命，经济，社会的损失和环境后果非常严重的属高等重要性等级	公共建筑的大型看台的失效后果是相当严重的（如音乐厅）
CC2	人的生命，经济，社会的损失和环境后果可以考虑的属中等重要性等级	民用建筑和办公楼的失效是中等严重后果（如办公楼）
CC1	人的生命，经济，社会的损失和环境后果非常小的或可忽略的属低等重要性等级	人不经常进的农用建筑（如储藏库），温室

结构的设计寿命见表6.3。

表6.3 标准的结构设计寿命（EN 1990表2.1）

设计寿命等级	标准设计寿命年限	示例
1	10	临时结构①
2	10-25	可以更换的部件，例如构架的梁、支座
3	15-30	农业用或类似结构
4	50	建筑结构或其他公共建筑
5	100	纪念性建筑物、桥梁和其他公共城市建筑

注：①当结构或其部件可拆卸，且可以重新使用时，不应视为临时结构。

6.2.3 设计原理

EN 1993系列标准所采用的极限状态设计方法（EN 1990）是针对钢材的具体特性而发布的结构标准，其与DIN 18800系列标准是类似的，其设计原则通常与材料的屈服强度有关。

极限状态分为承载能力极限状态和正常使用极限状态。

6.2.3.1 承载能力极限状态

当结构或结构构件出现下列状态之一时，应认为超过了承载能力极限状态。

（1）结构构件或连接因超过材料强度而破坏，或因过度变形而不适于继续承载。

（2）整个结构或其一部分作为刚体失去平衡。

（3）结构转变为机动体系。

（4）结构或结构构件丧失稳定。

（5）结构因局部破坏而发生连续倒塌。

（6）地基丧失承载力而破坏。

（7）结构或结构构件的疲劳破坏。

6.2.3.2 正常使用极限状态

当结构或结构构件出现下列状态之一时，应认为超过了正常使用极限状态。

（1）影响正常使用或外观的变形。

（2）影响正常使用或耐久性能的局部损坏。

（3）影响正常使用的振动。

（4）影响正常使用的其他特定状态。

对结构的各种极限状态，均应规定明确的标志或限值。

结构设计时应对结构的不同极限状态分别进行计算或验算。当某一极限状态的计算或验算起控制作用时，可仅对该极限状态进行计算或验算。

6.2.3.3 设计状况

工程结构设计时应区分下列设计状况。

（1）持久设计状况，适用于结构使用时的正常情况。

（2）短暂设计状况，适用于结构出现的临时情况，包括结构施工和维修时的情况等。

（3）偶然设计状况，适用于结构出现的异常情况，包括结构遭受火灾、爆炸、撞击时的情况等。

（4）地震设计状况，适用于结构遭受地震时的情况，在抗震设防地区必须考虑地震设计状况。

工程结构设计时，对不同的设计状况，应采用相应的结构体系、可靠度水平、基本变量和作用组合等。

6.2.3.4 极限状态设计

GB 50153 规定的 4 种工程结构设计状况应分别进行下列极限状态设计。

（1）对 4 种设计状况，均应进行承载能力极限状态设计。

（2）对持久设计状况，尚应进行正常使用极限状态设计。

（3）对短暂设计状况和地震设计状况，可根据需要进行正常使用极限状态设计。

（4）对偶然设计状况，可不进行正常使用极限状态设计。

进行承载能力极限状态设计时，应根据不同的设计状况采用下列作用组合。

（1）基本组合，用于持久设计状况或短暂设计状况。

（2）偶然组合，用于偶然设计状况。

（3）地震组合，用于地震设计状况。

6.2.4 作用

工程设计应考虑结构上的各种外界因素。外界因素包括在结构上可能出现的各种作用和环境影响，其中最主要的是各种作用。根据作用形态的不同，可分为直接作用和间接作用：前者是指施加在结构上的集中力或分布力，习惯上常称为荷载；后者不以力的形式出现在结构上的作用，归类为间接作用，它们都是引起结构外加变形和约束变形的原因，例如地面运动、基础沉降、材料收缩、温度变化等。无论是直接作用还是间接作用，都将使结构产生作用效应，诸如应力、内力、变形、裂缝等。

环境影响与作用不同，是指能使结构材料随时间逐渐恶化的外界因素。根据影响性质的不同，它们可以是机械的、物理的、化学的或生物的，与作用一样，它们也会影响到结构的安全性和适用性。

结构上的各种作用，当可认为在时间上和空间上相互独立时，每一种作用可分别作为单个作用；当某些作用密切相关且有可能同时以最大值出现时，也可将这些作用一起作为单个作用。

结构上的大部分作用，例如建筑结构的楼面活荷载和风荷载，它们各自出现与否以及出现时量值的大小，在时间和空间上都是互相独立的，这些作用在计算其结构效应和进行组合时，均可按单个作用考虑。某些作用在结构上的出现密切相关且有可能同时以最大值出现，例如桥梁上诸多单独的车辆荷载，可以将它们以车队形式作为单个荷载来考虑。此外，冬季的雪荷载和结构上的季节温度差，它们的最大值有可能同时出现，这时就不能各自按单个作用考虑它们的组合，对有可能同时出现的各种作用，应该考虑它们在时间和空间上的相关关系，通过作用组合（荷载组合）来处理对结构效应的影响。对于不可能同时出现的作用，就不应考虑其同时出现的组合。

结构上的作用可按下列性质进行分类，比如可按随时间的变化分为永久作用、可变作用和偶然作用，按结构的反应特点分为静态作用和动态作用等。

结构上的作用随时间变化的规律，宜采用随机过程的概率模型来描述，但对不同的问题可采用不同的方法进行简化。

对永久作用，在结构可靠性设计中可采用随机变量的概率模型。对可变作用，在作用组合中可采用简化的随机过程概率模型。在确定可变作用的代表值时可采用将设计基准期内最大值作为随机变量的概率模型。

6.2.5 材料

根据 EN 1993 系列标准设计计算结构时，应采用 EN 1993–1 第 3 章节所给出的材料特性值（f_y 屈服强度，f_u 抗拉强度），见表 6.4 和 6.5。关于其他材料和产品请见相关的“国家标准附录”。

6.2.5.1 材料特性值

结构用钢材的名义屈服强度 f_y 和抗拉强度 f_u 可以从钢材产品标准中选择（$f_y=R_{eH}$，$f_u=R_m$），也可以使用表 6.4 和 6.5 中的简化值，或使用国家标准附录中的数值。

6.2.5.2 韧性要求

在相应国家标准目录中会对材料韧性作出规定，强屈比 $f_u/f_y \geqslant 1.10$，破坏时的延伸率不小于 15%，$\varepsilon_u \geqslant 15\,\varepsilon_y$（其中 ε_y 为应变，$\varepsilon_y=f_y/E$）。如选择表 6.4 和表 6.5 中所列钢材，则其韧性视为满足以上要求。

表 6.4　热轧结构钢的材料特性值（节选自 EN 1993–1–1 表 3.1）

标准和钢材	名义厚度			
	$t \leqslant 40$ cm		40 cm $< t \leqslant 80$ cm	
	f_y /（N·mm^{-2}）	f_u /（N·mm^{-2}）	f_y /（N·mm^{-2}）	f_u /（N·mm^{-2}）
EN 10025–2 S235 S275 S355	 235 275 355	 360 430 510	 215 255 335	 360 410 470
EN 10025–3 S355N/NL S420N/NL S460N/NL	 355 420 460	 490 520 540	 335 390 430	 470 520 540
EN 10025–4 S355M/ML S420M/ML S460M/ML	 355 420 460	 490 520 540	 335 390 430	 470 520 540
EN 10025–5 S235W S355W	 235 355	 360 510	 235 355	 340 490
EN 10025–6 S460Q/QL/QL1	 460	 570	 440	 550

表 6.5 热轧中空型材的材料特性值（节选自 EN 1993-1-1 表 3.1）

标准和钢材	名义厚度			
	$t \leqslant 40$ cm		40 cm $< t \leqslant$ 80 cm	
	f_y /（N · mm^{-2}）	f_u /（N · mm^{-2}）	f_y /（N · mm^{-2}）	f_u /（N · mm^{-2}）
EN 10210-1				
S235H	235	360	215	340
S275H	275	430	255	410
S355H	355	510	335	490
S275NH/NLH	275	390	255	370
S355NH/NLH	355	490	335	470
S420NH/NHL	420	540	390	520
S460NH/NLH	460	560	430	550
EN 10219-1				
S235H	235	360		
S275H	275	430		
S355H	355	510		
S275NH/NLH	275	370		
S355NH/NLH	355	470		
S460NH/NLH	420	550		
S275MH/MLH	275	360		
S355MH/MLH	355	470		
S420MH/MLH	420	500		
S460MH/MLH	460	530		

6.2.5.3 断裂韧性

材料应具有足够的断裂韧性，以免受拉构件在结构预期的设计寿命内，在可能出现的最低工作温度下发生脆性断裂（在设计中采用的最低工作温度由国家标准附录给出）。在最低工作温度下，如果符合 EN 1993-1-10 中给定的条件，则无须对脆性断裂作进一步校核。

当建筑物构（部）件受压时，其断裂韧性会相应国家标准附录中给出规定，建议使用 EN 1993-1-10 表 2.1 中 $\sigma_{Ed}=0.25f_y$（t）列选择。

6.2.5.4 厚度方向性能

当依据 EN 1993-1-10，需使用具有厚度方向性能要求的钢材时，应使用 EN 10164（厚度方向性能钢）中规定钢材的质量等级。EN 1993-1-10 给出了关于厚度方向性能的选择指南。应对柱焊接节点和沿厚度方向受拉的焊接构件予以特别关注。在“国家标注附录”中可给出与钢材质量等级（EN 10164）相关的目标值 Z_{Ed} [依据 EN 1993-1-10 的第 3.2（2）条]，建议按表 6.6 进行选择。

表 6.6　依据 EN 10164 的质量等级选用

依据 EN 1993-1-10 的 Z_{Ed} 目标值	依据 EN 10164，需要选择的质量等级 Z_{Rd}
$Z_{Ed} \leqslant 10$	—
$10 < Z_{Ed} \leqslant 20$	Z15
$20 < Z_{Ed} \leqslant 30$	Z25
$Z_{Ed} > 30$	Z35

6.2.6 焊接接头（EN 1993-1-8）

6.2.6.1 通则

焊接接头适用于标准 EN 1993-1-1 和材料厚度≥ 4 mm 的焊接结构产品。对于薄壁结构的焊缝参照 EN 1993-1-3，对于中空结构且壁厚≥ 2.5 mm 的结构，焊缝设计见 EN 1993-1-8 中的第 7 章。对于螺栓焊参见 EN 1994-1-1（进一步的要求见 EN ISO 14555 和 EN ISO 13918）。

用于抵抗疲劳荷载的接头应符合 EN 1993-1-9 的设计原则。

如果没有其他要求，焊缝质量等级为 EN ISO 5817 的 C 级。检验的频率应依据 EN 1090-2 中的标准规定。焊缝的质量等级应在 ISO 5817 中选择。对于承受疲劳荷载的结构，焊缝质量等级依据 EN 1993-1-9。

应避免层状撕裂，关于层状撕裂的避免指南见 EN 1993-1-10。

6.2.6.2 焊接填充材料

所有的焊接填充材料应符合 EN 1993-1-8 中 1.2.5 第 5 组的引用标准的要求。焊接填充材料的屈服强度、抗拉强度、延伸率和夏比 V 缺口冲击功都应等于或高于母材的相应性能规定。通常，为了安全，所使用的焊接填充材料的性能都超过母材。

以下内容选自 EN 1090。

（1）所有焊材应符合 EN 13479 的要求，相应的材料标准见 EN 1090-2 中的表 5。

（2）焊材的类别应与焊接方法、母材和焊接工艺相匹配。针对钢级 S355 以上的钢材，对于以下工艺方法推荐使用中高碱度的焊接填充材料和焊剂：111、114、121、122、136、137。

（3）如果焊接 EN 10025-5 的材料，焊材应能够保证焊缝有不低于母材的耐大气腐蚀性能。

（4）对于不锈钢，应能够保证焊缝金属的耐腐蚀性不低于母材。

6.2.6.3 冷成型区的焊接

如果满足下列条件之一，则可以在冷变形区两侧 5 倍板厚区域内焊接（表 6.7）。

（1）在冷成型之后，焊接之前，冷成型区经过正火处理。

（2）r/t 的比值满足表 6.7 中的要求。

表 6.7　冷变形区及相邻区域焊接条件

r/t	冷成型造成的应变 /%	最大厚度 /mm		
		一般情况		完全镇静钢铝 – 镇静钢（Al ≥ 0.02%）
		主要静荷载	动荷载	
≥ 25	≤ 2	无限制	无限制	无限制
≥ 10	≤ 5	无限制	16	无限制
≥ 3.0	≤ 14	24	12	24
≥ 2.0	≤ 20	12	10	12
≥ 1.5	≤ 25	8	8	10
≥ 1.0	≤ 33	4	4	6

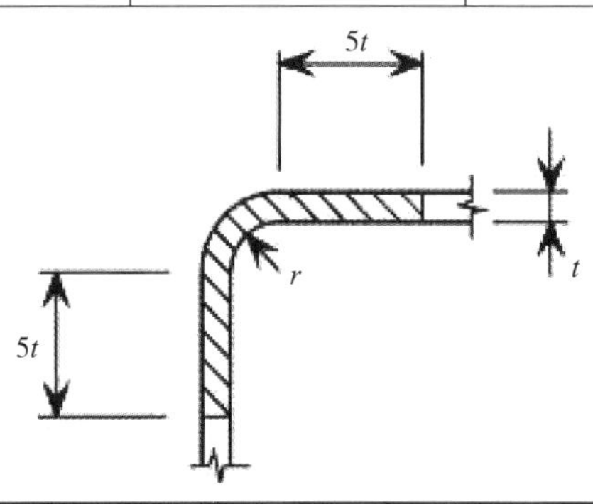

6.2.7 制造和安装（EN 1090–2 节选）

钢结构的加工和安装根据 EN 1090–2 执行。

6.2.7.1 标识、检验文件和可追溯性

所提供材料的性能应有文件记录，并对比于要求。它们对于相应产品标准的一致性应按照 EN 1090–2 中的 12.2 的内容进行检查。对于金属材料，其按照 EN 10204 的检验文件应符合表 6.8 的要求。

表 6.8　金属材料检验文件（节选自 EN 1090–2 表 1）

结构产品	检验文件
结构钢 等级≤ S275 等级＞ S275	2.2①②
不锈钢（表 4） 最低 0.2% 非比例强度≤ 240MPa 最低 0.2% 非比例强度＞ 240MPa	 2.2 3.1
铸钢	3.1③
焊接填充材料	2.2

注：①如果最低屈服强度为 S275 MPa 等级的钢，冲击功要求为低于 0℃，需要 3.1 的检验证明书；② EN 10025–1 要求碳当量计算公式中涉及的所有元素都应在材质证书中标明。EN 10025–2 要求的其他附加元素的报告应包括 Al、Nb、Ti；③如果最低屈服强度≤ 355 MPa 的钢，冲击功要求为 20℃，需要 2.2 的检验证明书。

6.2.7.2 有特殊防腐要求的焊缝

如果要求采取特殊的防腐措施时，要对断续焊缝和单面部分熔透焊缝采取防腐措施。

采取的防腐措施如下。

（1）表面涂漆按 EN ISO 12944 系列标准和附录 F，金属表面的热喷涂镀层根据 EN 14616、EN 15311、EN ISO 14713 和附录 F，金属表面镀锌按 EN ISO 1461、EN ISO 14713 和其附件 F。

（2）如果已知外部腐蚀介质，则增加构件厚度。

（3）采用具有耐腐蚀性能的结构（在 EN 12944-2 和其他标准中介绍了防腐设计的基本原理）。

（4）加内层，例如，陶瓷。

6.2.8 焊接结构设计原则

对于焊接钢结构的结构设计，应考虑下面的因素。

（1）根据焊缝的类型和质量选择焊接材料。

（2）选择满足静载结构的结构细节。

（3）选择满足静载结构的接头形式。

（4）选择接头坡口形式以获得理想的焊缝。

（5）接头检验。

（6）防腐蚀措施。

（7）部件和其连接必须按照焊接规程来进行设计和制造，要避免焊缝的堆积。

6.3 门式框架结构

门式框架结构是最简单、最基本和最经济的钢结构形式之一（图 6.1）。本文关于结构设计也是将以此类结构为例，介绍静载及主静载焊接结构的相关设计原则。总体上，门式框架结构主体由梁和柱组成，但具体可分为梁（实腹）– 柱体系和桁架（梁）– 柱体系（图 6.2）。

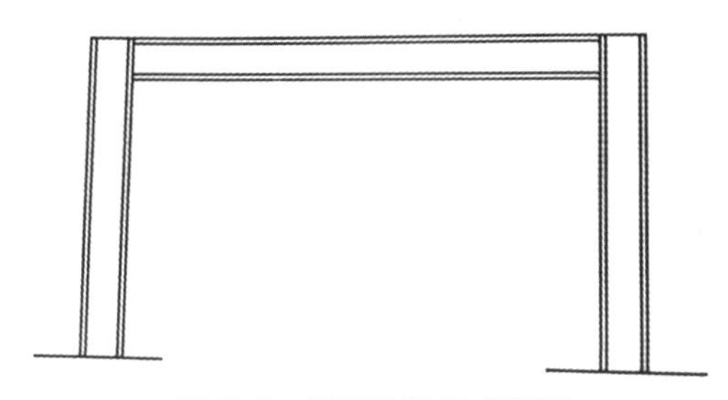

图 6.1　最简单的门式框架

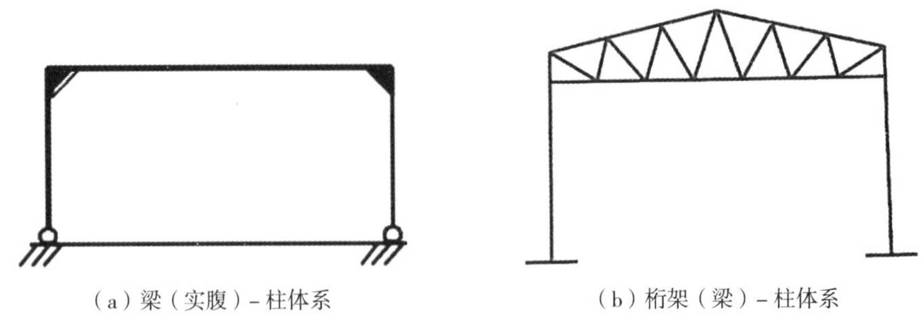

图 6.2 门式框架

6.4 实腹梁

梁是钢结构中最基本的一类构件，其主要作用是将结构所承受的垂直荷载通过弯曲作用（即弯矩，所以也称抗弯梁）传递给立柱等其他承力构件。根据跨度不同，结构可以选择如图 6.3 中的不同形式的梁。对于中等跨度的（30 m 以内）钢结构，通常选择标准的轧制型钢梁［图 6.3（a）(b)(c)］即可。当承受荷载较轻时，如常见的活动板房，通常选择特制冷弯薄壁型钢［图 6.3（d）(e)(f)］，薄壁型钢的壁厚仅为几毫米且经过镀锌防腐处理，这类薄壁型钢截面形状种类繁多承载效率高。当标准的轧制型钢不能满足承载，或大截面型钢的价格过高时，可选择焊接组合梁结构，包括焊接工字梁［图 6.3（g）~（j）］、焊接箱型梁［图 6.3（k）］或桁架梁。

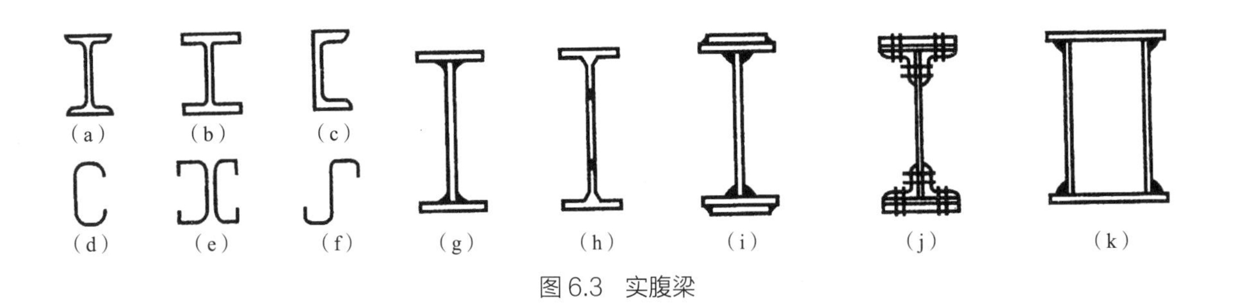

图 6.3 实腹梁

6.4.1 焊接组合梁

典型的焊接组合梁为焊接工字梁和焊接箱型梁。

焊接工字梁是由两块翼板通过角焊缝与一块腹板焊接在一起所组成的工字型截面［图 6.3（g）］。上下翼板的作用是抵抗截面上由于弯矩作用所产生的正应力，腹板的作用是抵抗截面上的剪力。之所以选择工字型截面，主要是因为这种组合截面具有相同截面积条件下的最大抗弯能力，可以最大限度地节省材料的用量。

焊接箱型梁的截面［图 6.3（k）］，其截面的抗弯能力与焊接工字梁类似。但由于采用了封闭的截面形式，箱型梁的抗扭能力要强于工字梁，所以如桥梁等结构通常采用箱型梁截面。

焊接组合梁的优点是截面组合比较灵活，材料利用可最优化，制造简单，但与桁架梁相比重量更大，运输更困难，所以焊接组合梁包括其他钢结构部件均应按其所可能制备和运输的最大尺寸在车间制造，并进行钻孔或坡口加工以便在安装现场进行装配或焊接。

6.4.1.1 梁截面、加强板的选择及焊接

由于梁的主要功能是抵抗弯矩所产生的正应力，而正应力在翼板最大，所以通常工字梁的翼板一般较厚，而腹板较薄。在梁的截面设计时，我们可以通过改变梁的高度（图 6.4）或增加翼板的厚度（图 6.5）来影响和改变梁的承载能力。

通过改变梁的高度改变梁的承载能力可以很方便地改变实壁梁的高度，如使用变截面梁（例如某些桥和起重机），使梁长度方向上的不同截面有不同的高度，其分布与梁所受弯矩的分布相一致（图 6.4 和图 6.5），这样可以最大程度节省材料，减轻梁的重量。但应注意支座处的抗剪能力的验证和荷载传输或再分配点、弯曲点或切断边缘处是否需要特殊的结构设计，例如设置加强肋以增加局部稳定性（图 6.4）。

另外，也可以采取增加翼板的厚度，即翼板加固的方式改变梁的承载能力。如图 6.5，无翼板加强截面能满足 $M_{R,\mathrm{d},0}$ 的承载要求，不能满足 $M_{R,\mathrm{d,r}}$（梁中受弯矩最大点）的承载要求，为了达到梁的使用要求，需在 L 区域进行加强，即通过增加翼板厚度的方式增加截面惯性矩，减小其所受应力以达到承载要求。通常有两种方式可使 L 部分达到承载要求，一种是采用在翼板上焊接加强翼板的方式增加翼板的厚度（图 6.5 中 A 处），另一种是采用单块加厚翼板的方式（图 6.5 中 B 处）。但应注意 L 区域是理论计算的长度，实际加强区域的长度应为 $L+2c$。无论采用哪种方式，都需要使用焊接的连接方式完成最后的连接，下面我们将讨论其焊接结构的细节。

在横截面上按不同的方法可以有很多种翼板加强的配置方法，如图 6.6（a）所示，但加强板翼板与翼板应有大约 $c=3a$ 的差值，如果 c 值过小，将不能很好地实现角焊缝的焊接，如焊接时容易使板材棱边熔化而造成焊缝尺寸不足等问题，如图 6.6（b）所示。

建议翼板加强时，端部的焊接接头应满足图 6.7 的相关要求。

如果翼板之间相互连接，其坡口形式见图 6.8。在对接接头焊接前，接头坡口表面（图 6.8 箭头所指处）应预先焊接，以确保后续焊接过程中对接焊缝位置不变。

静载条件下不同厚度板材对接。如果单面连接，且板材厚度差在 10 mm 以上，则需按图 6.9（a）的方式加工焊接。如果是双面焊接，每侧板材的厚度差在 5 mm 以上，则需按图 6.9（b）的方式加工焊接。

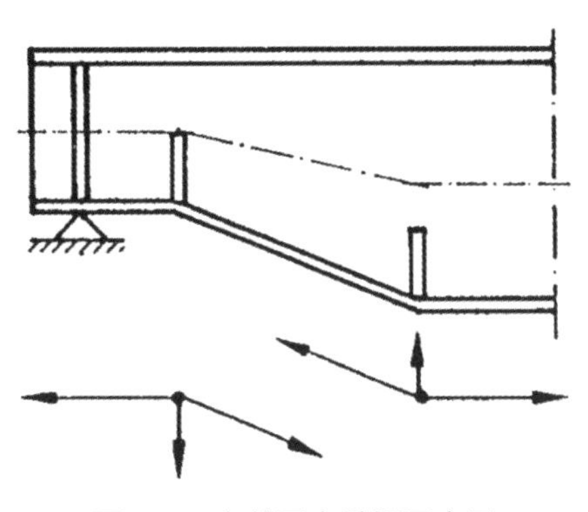

图 6.4　变截面实壁梁示意图

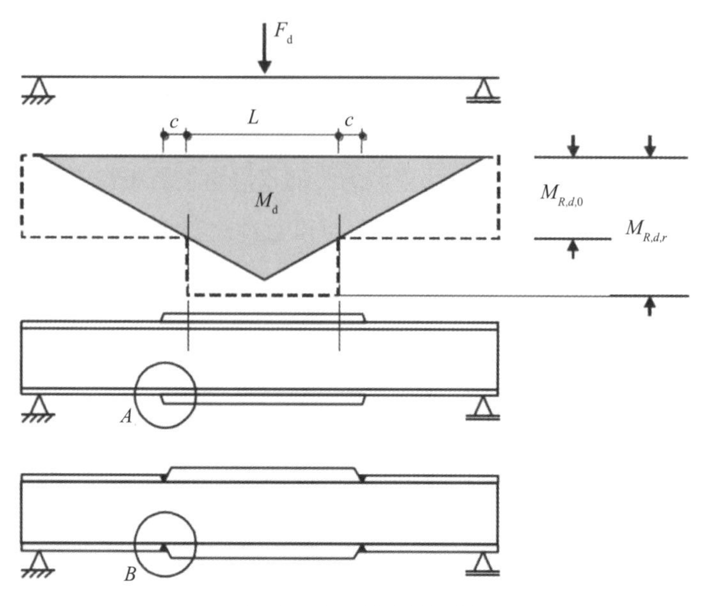

图 6.5 实腹梁设计示例

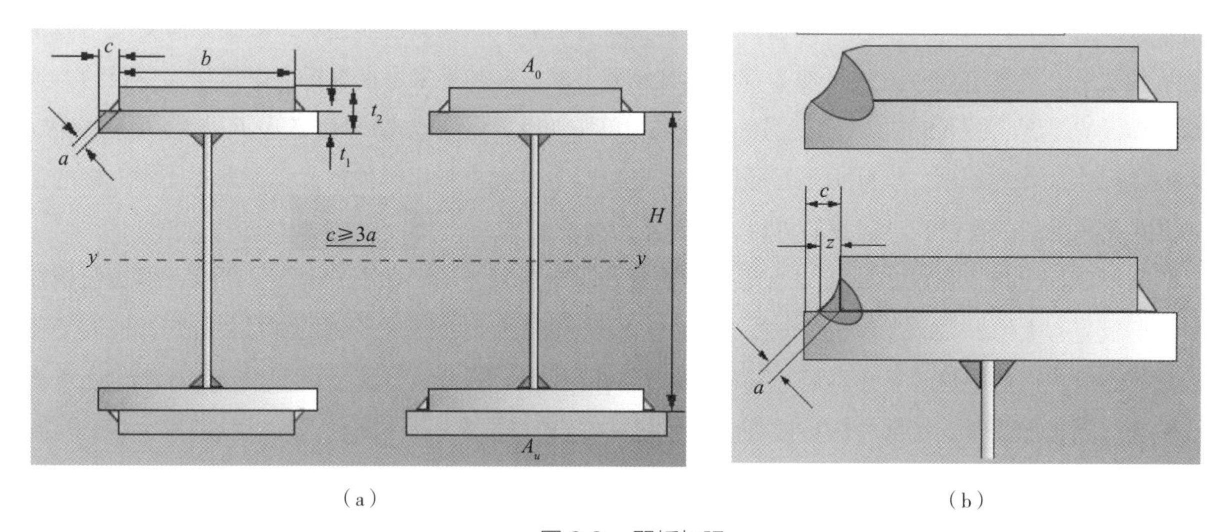

（a） （b）

图 6.6 翼板加强

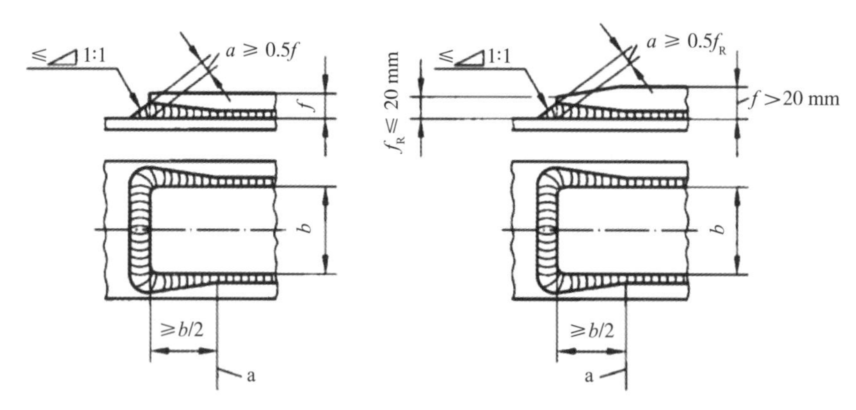

a. 不等腰角焊缝过渡到等腰角焊缝的过渡区

图 6.7 翼板加强的端部

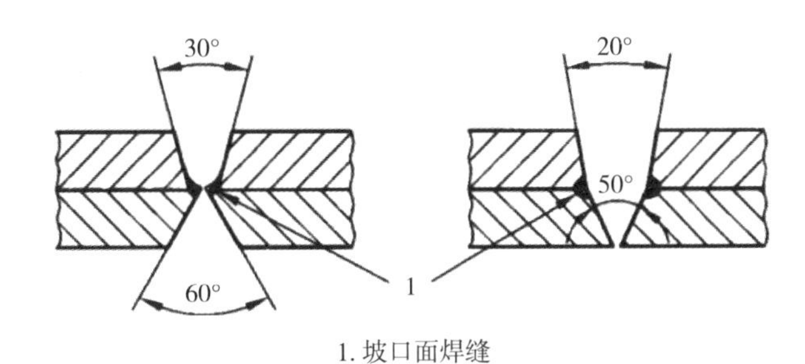

1. 坡口面焊缝

图 6.8　预先对焊缝坡口表面进行连接

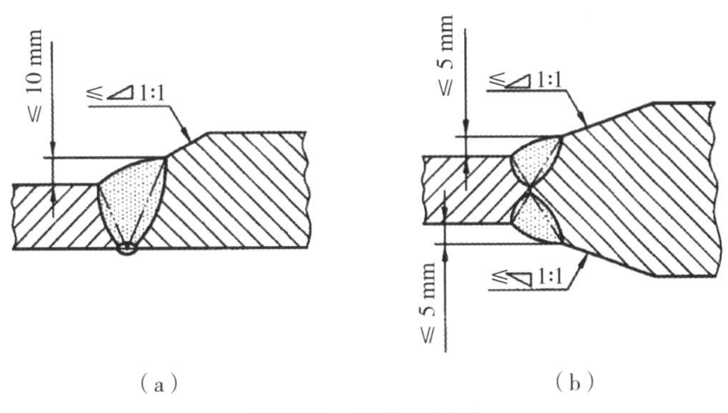

图 6.9　不等厚接头

还必须应分析梁的局部稳定性问题。

通常钢结构比如较薄的腹板，既要满足整体的强度、稳定性和刚性，又要满足局部稳定性问题。为提高梁的稳定性及梁承受弯曲和切应力的能力，需要对梁进行整体或局部的刚性加强（图 6.10 和图 6.11）。

由腹板及加强板组成的区域称作翘曲区（图 6.10），为了提高梁的稳定性及抵抗弯矩和剪力的能力，需在此进行局部的刚度加强，即横向的肋板加强和纵向的肋板加强。另外应注意：①横向肋板加强应设置在受剪力较大的区域并涵盖受较大作用力的点；②纵向肋板加强应设置在腹板中较高的位置，以承受较大弯矩。

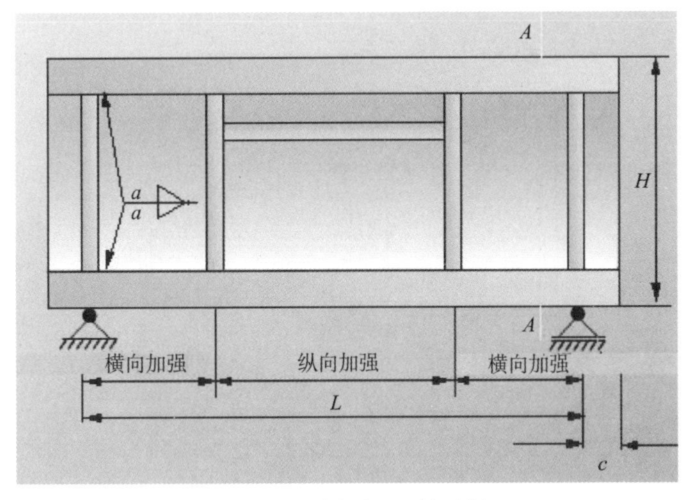

图 6.10　腹板加强（板材）

如图 6.11 所示，也可使用型材进行加强。使用开放式型材作为刚度加强易于制作，闭式刚度加强适用于承受偏心力并有较高刚性要求的情况，其制作成本高于开放式刚度加强。

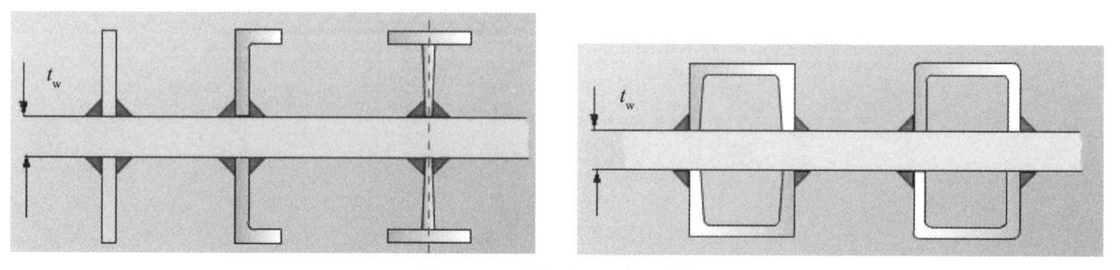

图 6.11　腹板加强（型材）

在图 6.12 横截面 *A–A* 处的横向肋板加强，横向肋板刚性加强可以采取不同的方式：①图 6.12（a）是最简单的一种方式，适用于承受静载的构件，在其内角进行环绕焊是不适宜的；②图 6.12（b）适用于承受动载的构件，同时也适用于有特殊防腐要求的构件，因其内角部位可以进行焊接；③图 6.12（c）适用于承受脉动荷载的构件，在这种结构中不允许在承受较大荷载的翼板上设计焊接接头。

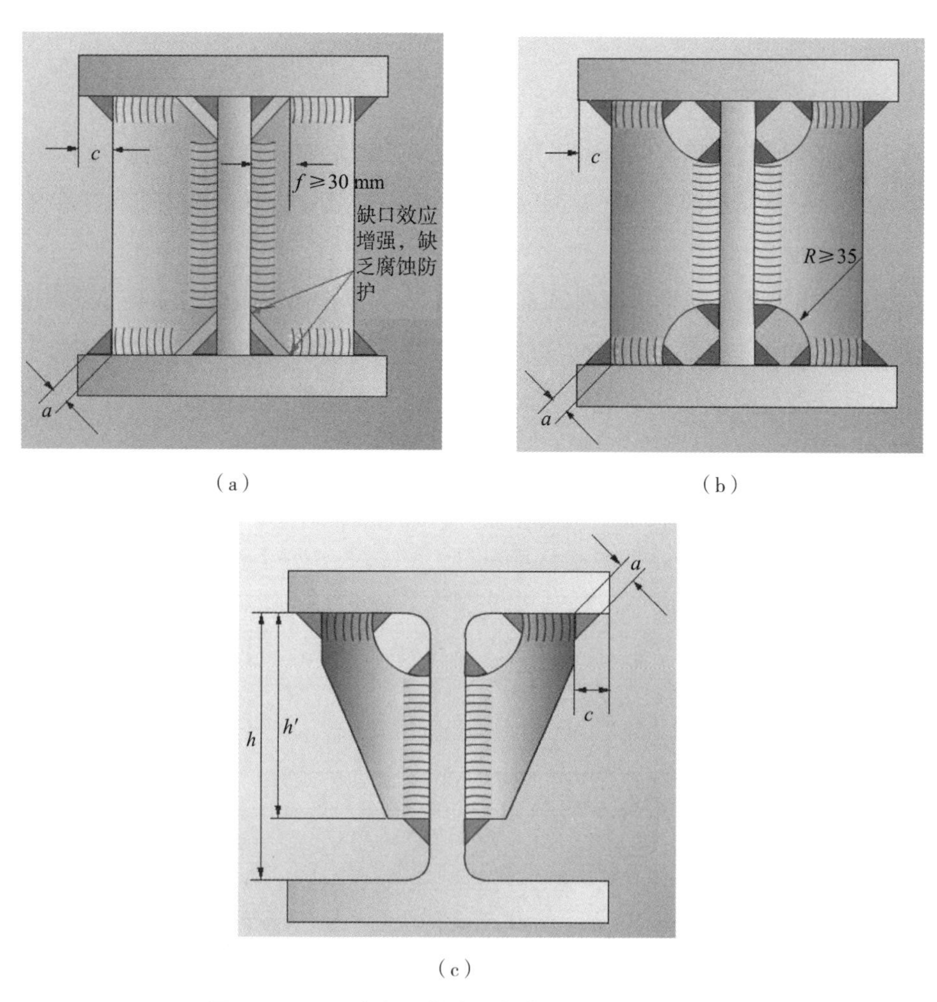

图 6.12　不同内角工艺孔形式（图 6.10 *A–A* 截面）

为了防止因为焊接区的焊缝堆积而产生多轴应力，导致材料发生脆性断裂，我们可以设置内角工艺孔。轧制型材作为梁时，也可以加工内角工艺孔（图 6.13），但如果型材的宽度较小，除去为方便焊接和避免焊缝堆积所预留的空间，焊缝的尺寸过小，不利于制造，那此种情况不适用于这种方法。

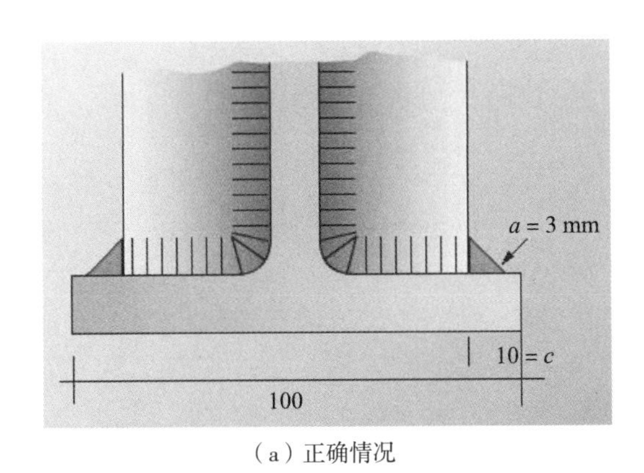

（a）正确情况

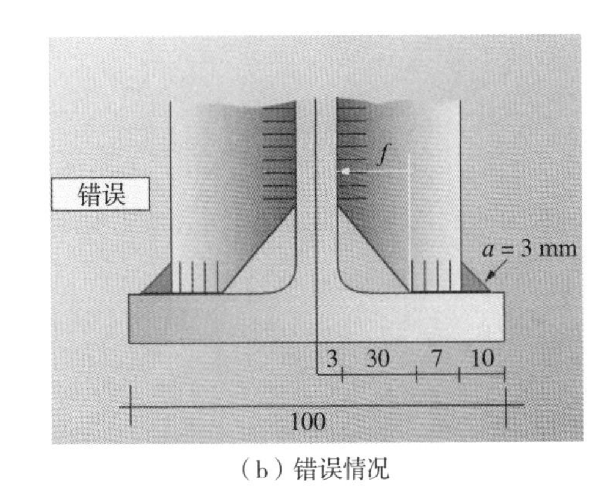

（b）错误情况

图 6.13　轧制型材中适合采用内角工艺孔

6.4.1.2 梁的拼接

在梁的制造和安装过程中，由于材料本身尺寸或制造安装尺寸的限制，在梁的长度方向可能需要拼接。对于梁的接头应该注意区分此接头是与轧制型材连接还是与焊接梁连接。

轧制型材可以在同一位置进行焊接，如图 6.14（a），根据 DIN 18800 第一部分和 DIN 18801，此类接头可作为通用接头进行制备和焊接，在坡口制备时，对翼板与腹板间的过渡区域应特别注意按技术要求实施。焊缝许用应力取决于 t_{max} 和所用材料的种类。

如图 6.14（b），焊接梁的接头需要保证熔深。要检查翼板与腹板间的过渡区域，可以设置内角。内角的尺寸取决于检验的方法和腹板板厚，并且应该不小于 30 mm。

如图 6.15，对于钢板焊接成的梁接头，应注意在腹板上和翼板上的焊接接头尽量不位于同一位置，以避免应力集中，此种带错位的焊接接头是比较常用的一种接头形式，其优点是可使焊接内应力合理分布。

错误的示例是轧制型材的梁接头带“箍板”（图 6.16）。当温度变化时，因为膨胀受到遏制，“箍板”接合处的应力峰值远高于计算出的名义应力值。

如果使用连接板连接如图 6.17，则在任何情况下，都必须按照规程 DASt014“避免层状撕裂”对其进行分析，并针对有可能出现的层状撕裂倾向采取措施。

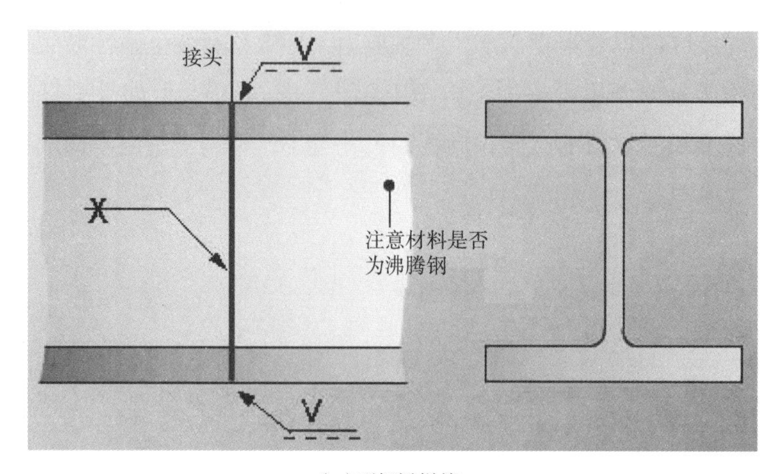

（a）型钢梁拼接

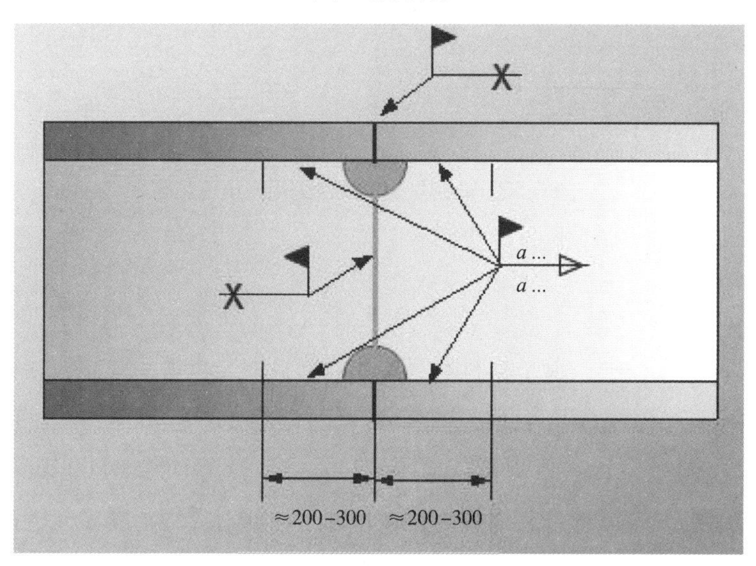

（b）焊接工字梁拼接

图 6.14 梁的拼接 1

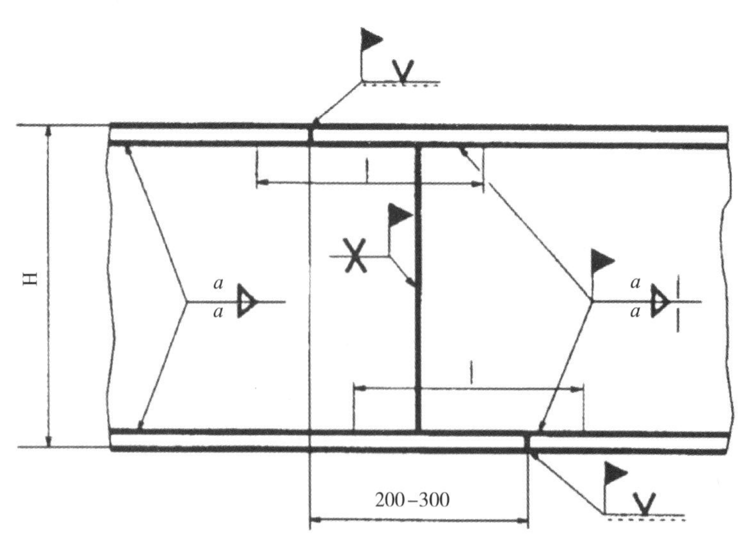

图 6.15 梁的拼接 2

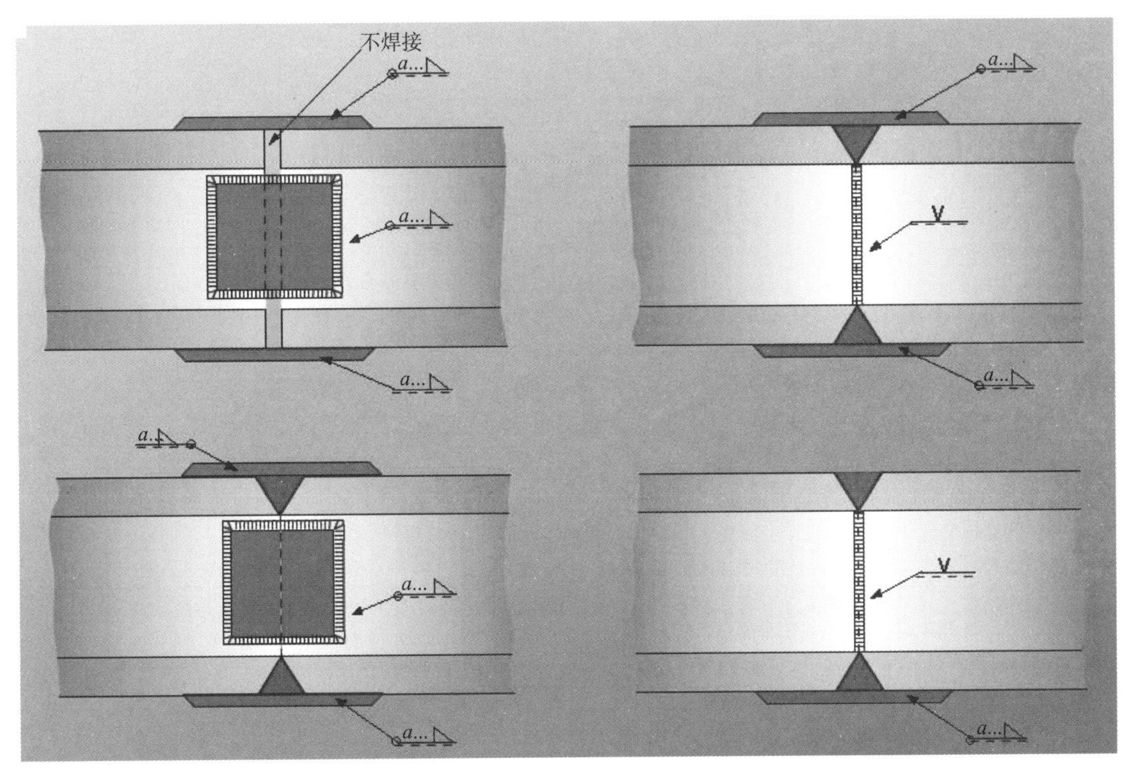

图 6.16　带“箍板”的拼接

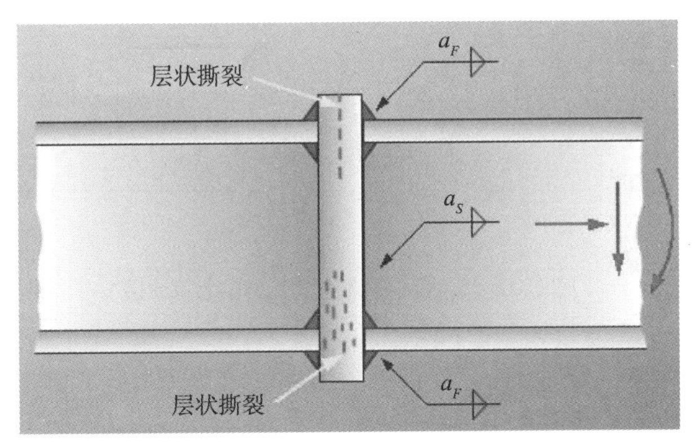

图 6.17　使用连接板

在沸腾钢所轧制型材的交界处（图 6.18 三角区）存在着大量的 S、P 偏析。如果如图 6.18（b）和图 6.18（c）所示进行纵向焊接，则焊接时必然触及偏析区而造成焊接热裂纹。

6.4.1.3 梁与立柱的连接

结构中对梁与立柱的连接必须进行结构分析，并选择的合适的类型。一般来说，分为铰接连接和刚性连接。刚性连接是一种典型的连接方式。不同类型的连接包括螺栓连接、焊接连接和焊接、螺栓混合连接方式，如图 6.19~ 图 6.21。

（1）简单的连接方式更适宜传递垂直方向的力（剪力 V），例如铰接连接（图 6.19）。

（2）如果同时受剪力 V 和弯矩作用时可以使用刚性的焊接连接方式（图 6.20）。

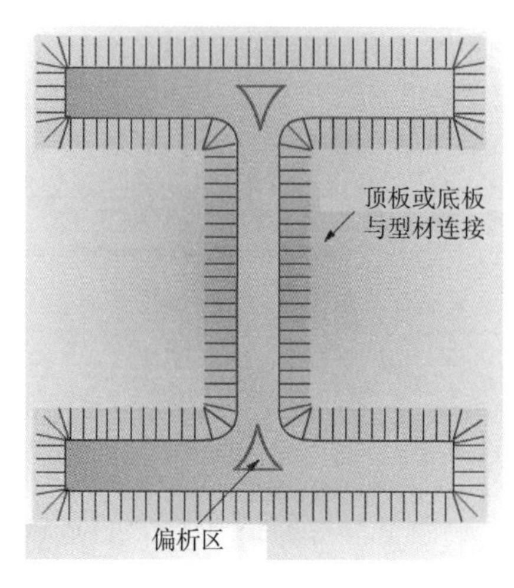

（a）允许

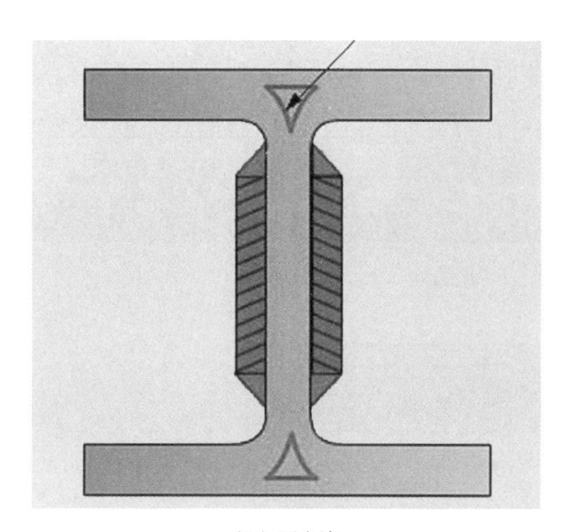

（b）不允许

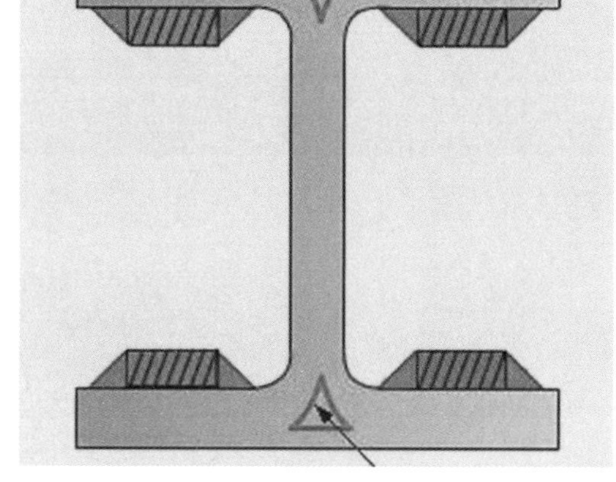

（c）不允许

图 6.18　沸腾钢轧制型材凹角处的焊接

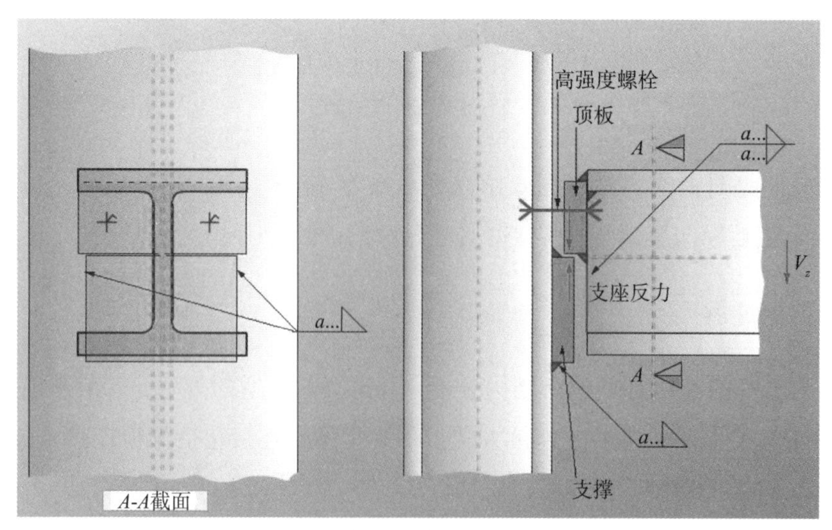

图 6.19　铰接连接（使用高强度螺栓）

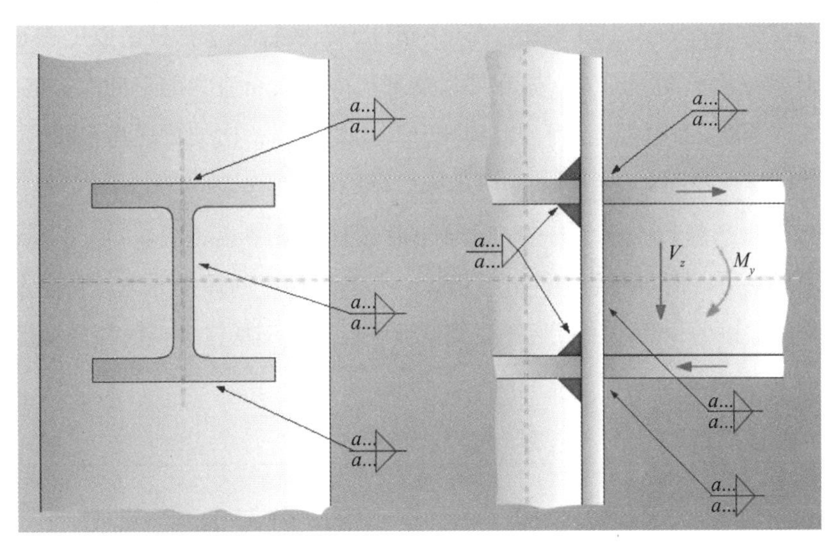

图 6.20　刚性连接

（3）同时受剪力 V 和弯矩作用时还可以选择使用焊接和高强度螺栓组合的刚性连接方式（图 6.21），进行连接。

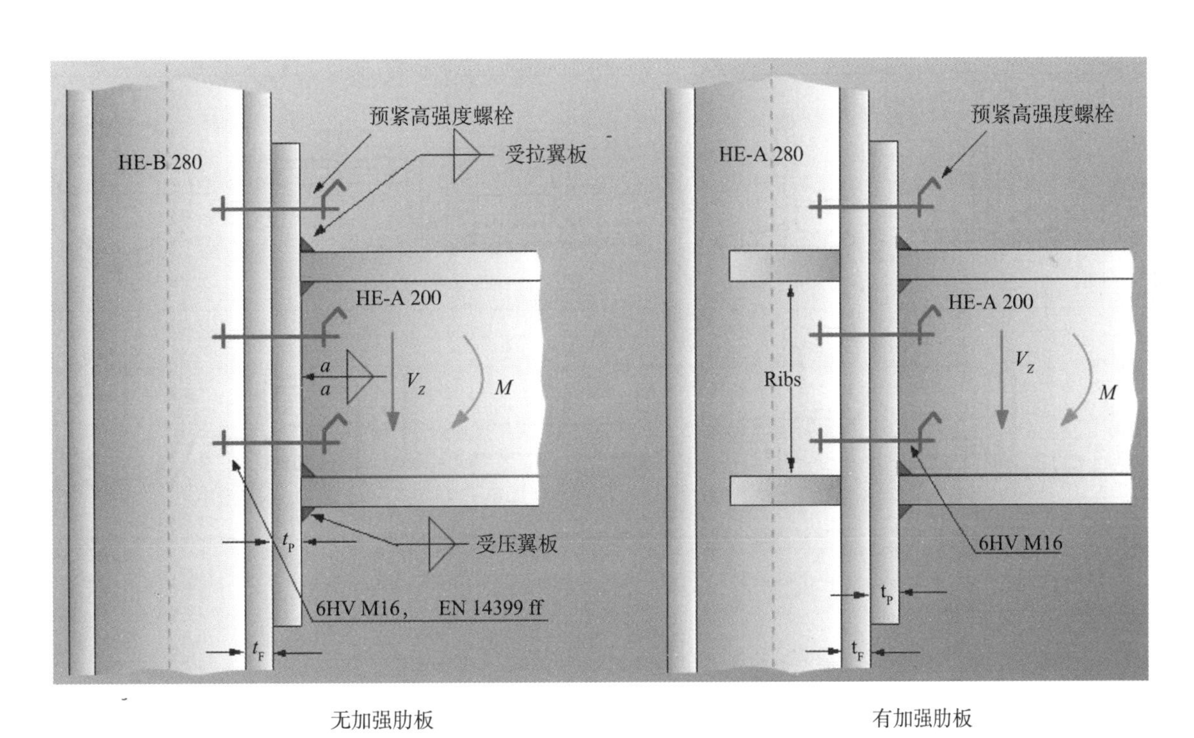

图 6.21　混合连接

6.5 桁架

桁架是杆件通过节点在一个平面或空间相互连接构成的结构，连接时以节点作为铰接点，杆件只承担正应力（拉应力或压应力），外力只作用在节点处。

桁架梁是承载梁的一种形式（图 6.22），其由腹件、上弦杆和下弦杆组成（图 6.23）。中间支撑的截面形状大部分为三角形的。因为支撑杆件只受到拉应力或压应力的单向应力的作用，所以桁架梁的最大优点是每个杆件的材料性能均可得到充分利用。另外，桁架梁还有自重轻、挠曲较小的优点。但其有制作费用高、双面对称型材的防腐效果较差的缺点。

为了利于焊接和生产制造，每个杆件的截面形状选择以及节点（图 6.24）的结构形式设计非常重要。杆件的截面形状可根据不同的条件进行选择，并制订相应的焊接方案、制造方案和防腐方案。

桁架梁的杆件大多以型材为主，包括开放式型材和封闭式型材，常见的杆件截面形式见表 6.9。

表 6.9　杆件截面形式

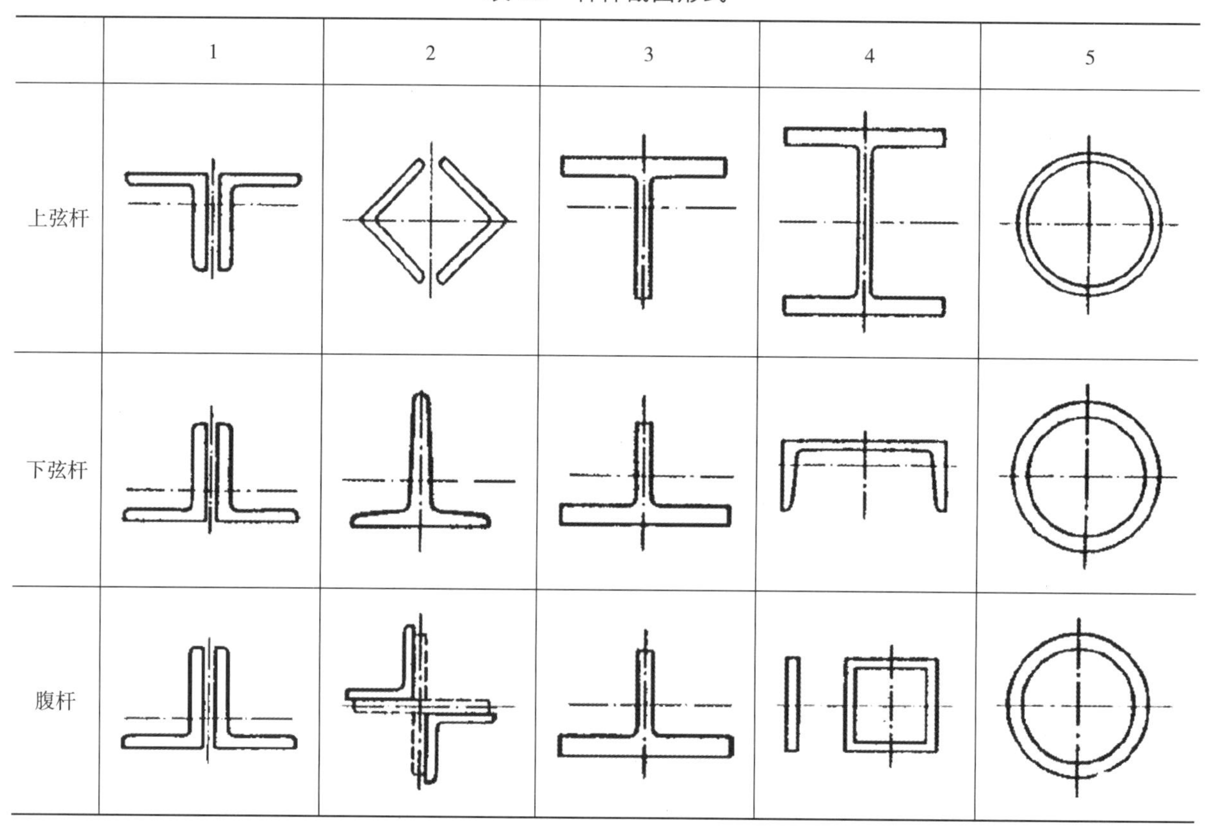

6.5.1 基本设计原则

桁架结构的设计同样必须满足强度、稳定性和刚性要求，因其结构特点，以下设计原则应考虑使用。

（1）结构设计时受拉构件应尽可能宽，受压构件则尽可能短。

（2）应避免夹角≤ 30°。

（3）桁架形式的选择对其他部分会产生影响，并且对节点也会产生影响。

（4）通过最大限度地使用轧制板、选择轧制截面来减少需要在车间焊接的数量。

（5）对于主静载结构，如果满足下述的要求则二次应力（附加应力）可以忽略：①角撑板小；

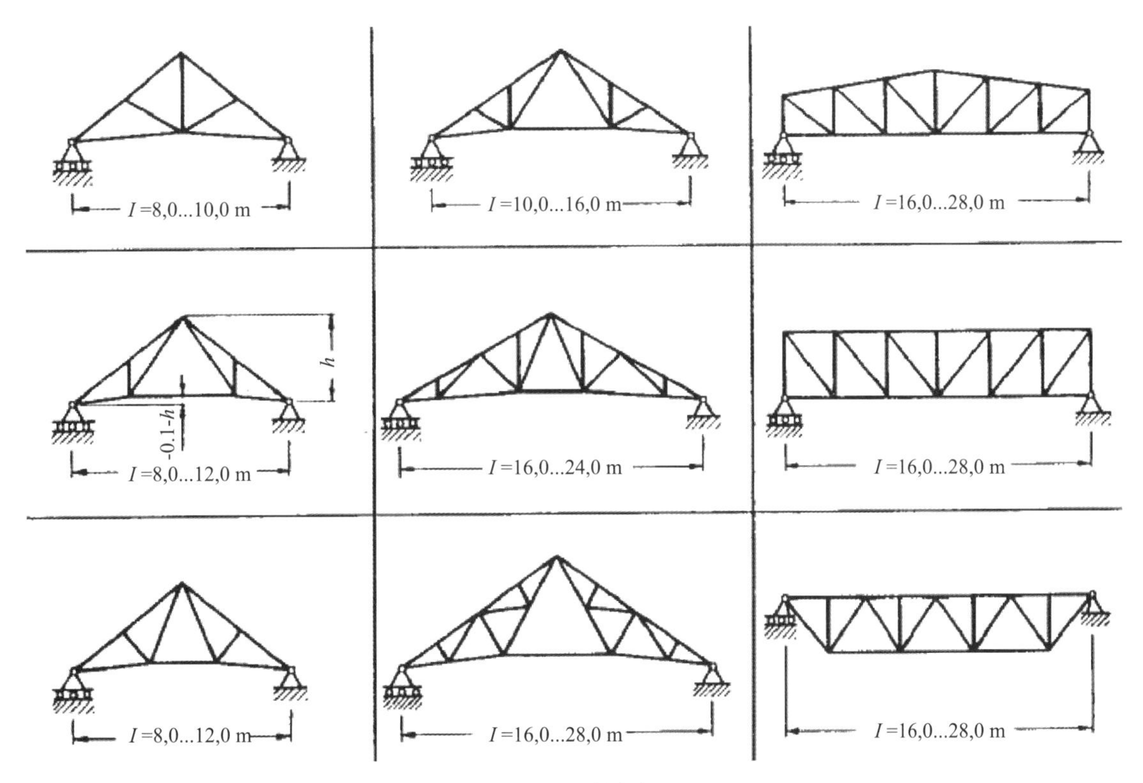

图 6.22　桁架梁

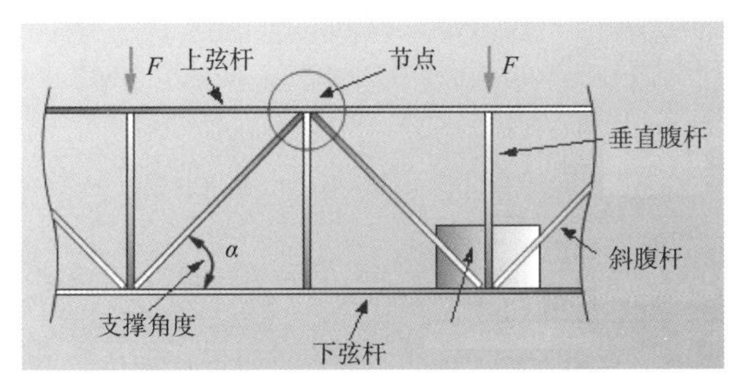

（a）典型桁架结构

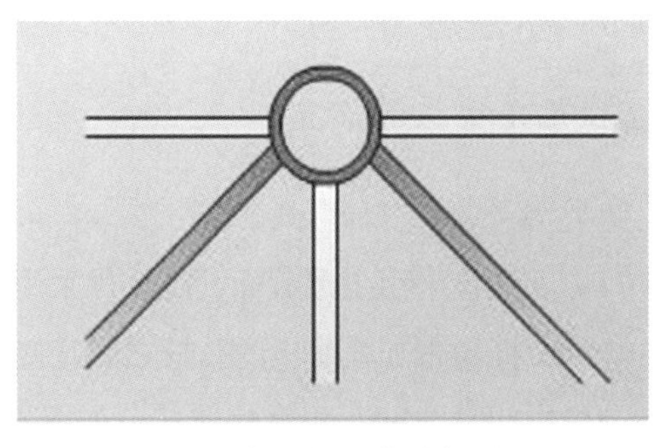

（b）节点细节（不传递弯矩）

图 6.23　桁架结构

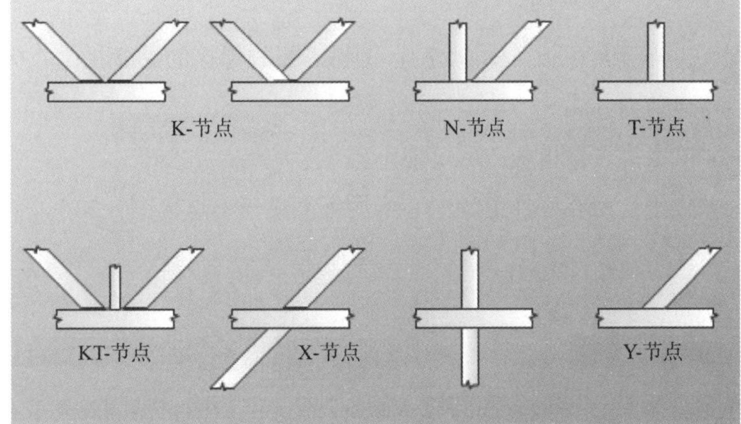

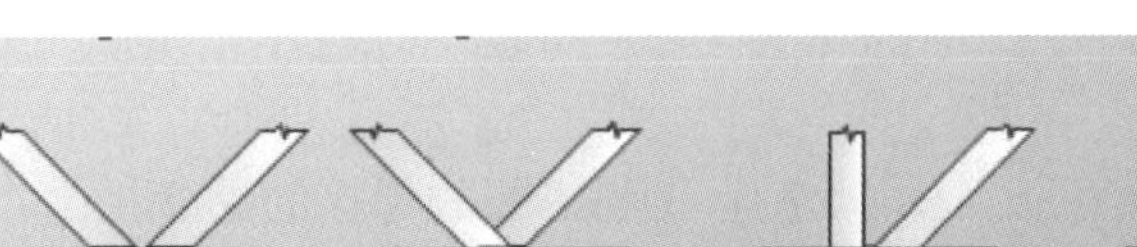

图 6.24　典型节点

②杆件壁厚薄；③杆件高度应不超过构件长度的1/10。

（6）在节点处加角撑板对于这种情况是最佳的解决方案，但可能会产生较低的附加应力。

（7）对于受动载的桁架，在结构分析中应考虑由于制造产生的附加应力。这些桁架的节点在制造过程中还应尽可能降低应力集中（图6.25）。

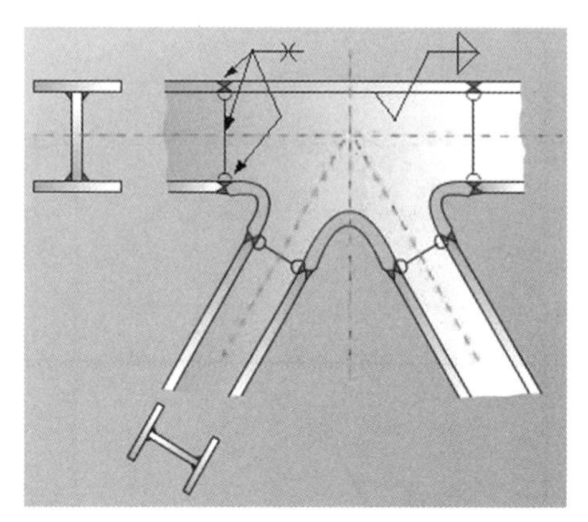

图6.25　动载结构节点形式

6.5.2 开放式型材制成的桁架

由开放式型材制成的桁架，可有多种类型。基本区别为节点处是否有角撑板。

6.5.2.1 无角撑板的节点

此类型节点有三种形式。

（1）下弦板采用T形截面，腹杆件采用L形截面，如图6.26（a）。

（2）腹杆与带加强肋板的弦杆之间直接连接，如图6.26（b）。

（3）中间件之间互相直接连接，如图6.26（c），互相直接连接的中间件沿纵向构件传递力。翼板不受应力。构件横向方向上受的所有力必须完全通过焊缝。

6.5.2.2 带角撑板的节点

通常在下列情况下，需要角撑板（图6.27）：①与需要的焊接的焊缝相比，构件长度太短；②腹杆壁厚过薄，不足以传递剪力。

为了避免节点的刚度太高，角撑板应尽可能小。

注意要求尺寸公差较小，所有杆件上的中心线均可汇集于一点（图6.28）。

6.5.3 空心型材节点

空心型材主要包括方形管、矩形管和圆管（图6.29）。空心型材的惯性矩大，具有较强的受压、抗扭及各方向的抗弯能力，其内部还可填充混凝土、提供防火保护，所以其综合性能十分优越。相

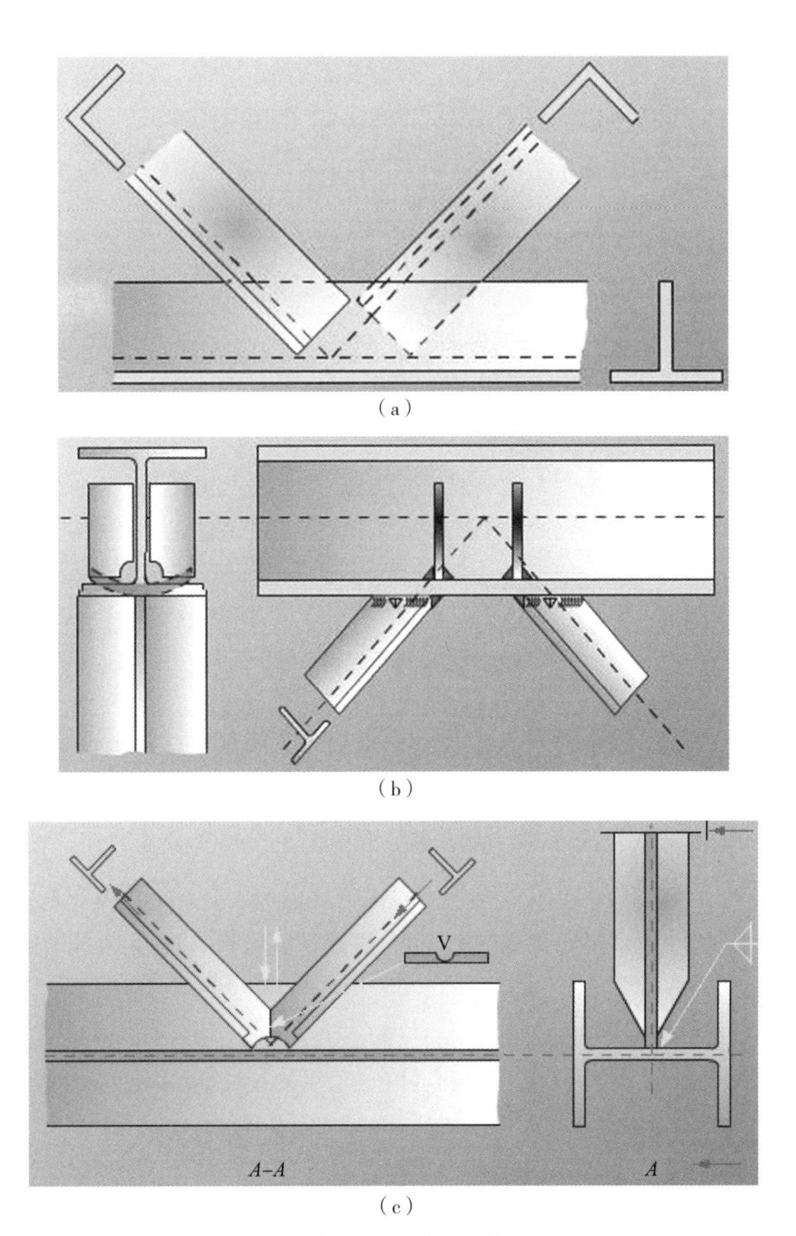

（a）

（b）

（c）

图 6.26　无角撑板的节点

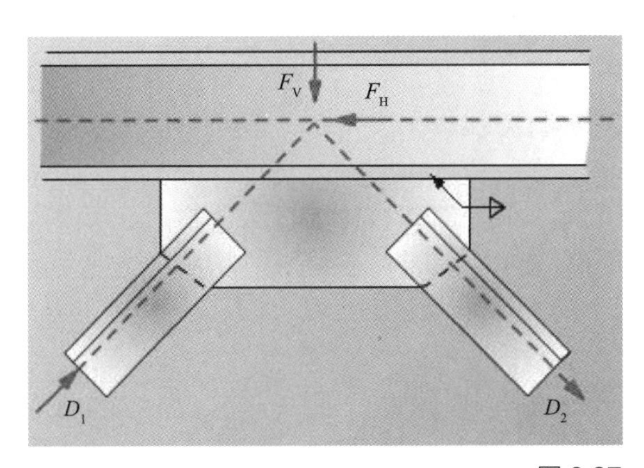

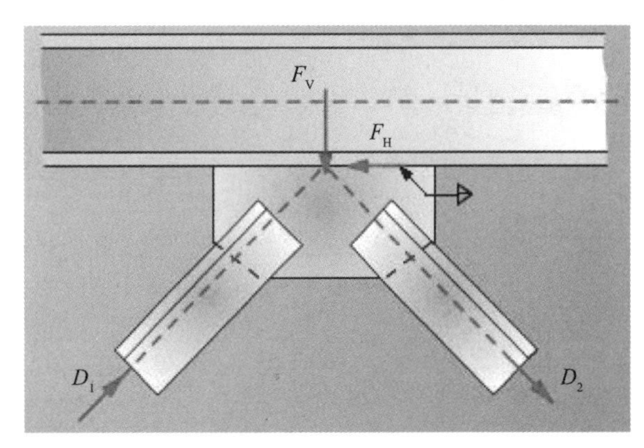

图 6.27　角撑板节点

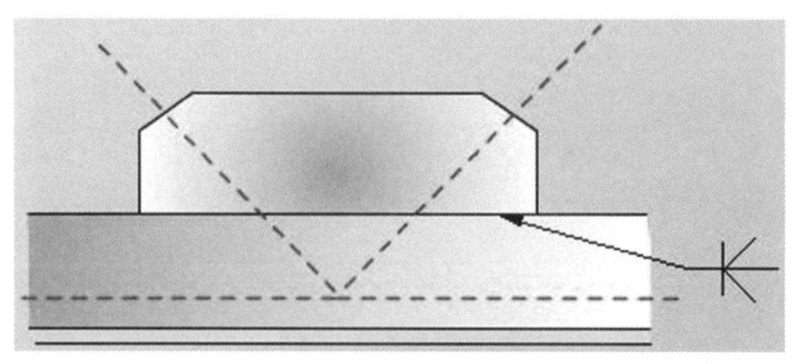

图 6.28　中心线交汇

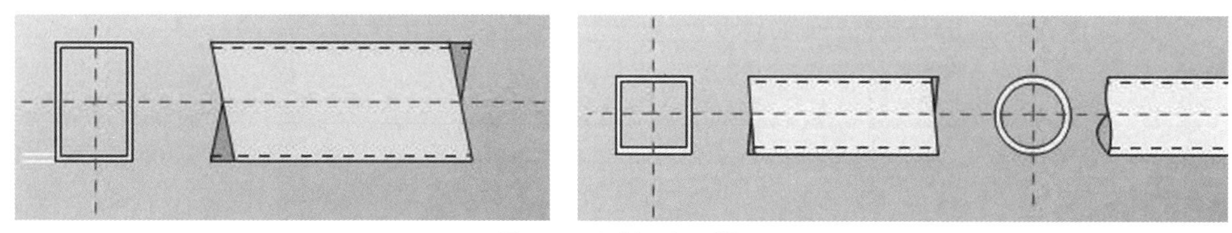

图 6.29　圆管和矩形管

对于开放式截面制造的节点，空心型材节点设计质量更为重要，设计者必须了解与空心型相关的各方面知识，包括空心型材端面的切割、焊接连接等。

空心型材节点的基本形式见图 6.30，为了避免混淆，在设计和操作时应该使用通用的参数标记（图 6.30）。研究表明，节点上的承载能力取决于：①节点类型（有缝隙或无缝隙）；②部件的尺寸和各部件间的尺寸比例（尺寸包括空心型材的壁厚 t、直径 d 或边长 b）；③腹杆的倾斜角度。

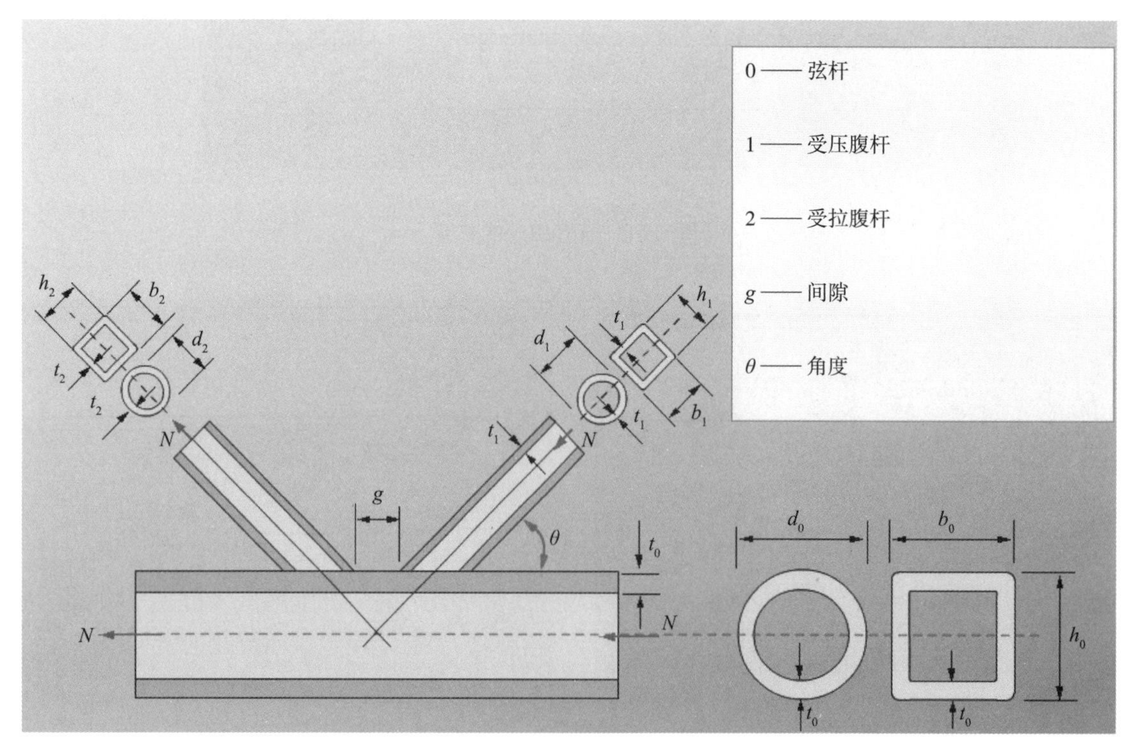

图 6.30　通用的参数标记

所有的部件的尺寸和各部件间的尺寸比例都应符合标准和准则的要求。此外，为了保证设计和制造的顺利进行，最重要的设计准则如下。

（1）圆形管应避免水平弯曲。这意味着不能设计点状或者线状的荷载，不能使用连接板。

（2）空心型材玄杆的比例或构件长细比是预防翘曲的重要因素。当使用方形或矩形空心型材时，推荐采用较厚的构件及长度较短的腹杆。

（3）如果各空心型材在节点中心线未交于一点，则必须考虑由于偏心所引起弯矩对结构承载的影响，如果偏心率在规定的数值内（图 6.31）则可忽略其影响。

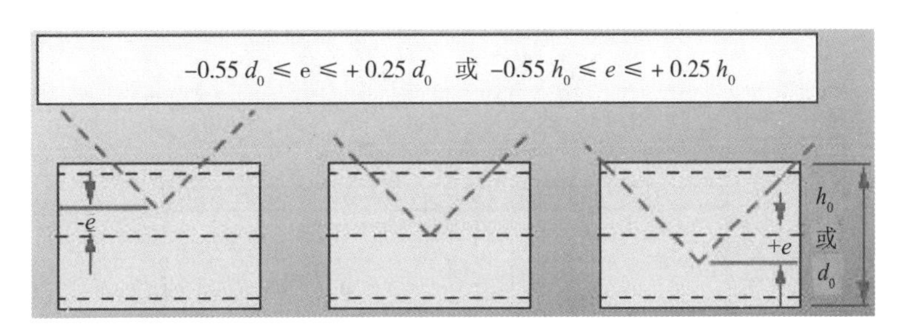

图 6.31　偏心极限

（4）空心型材之间最好直接互相连接。

有缝隙节点参见图 6.32。

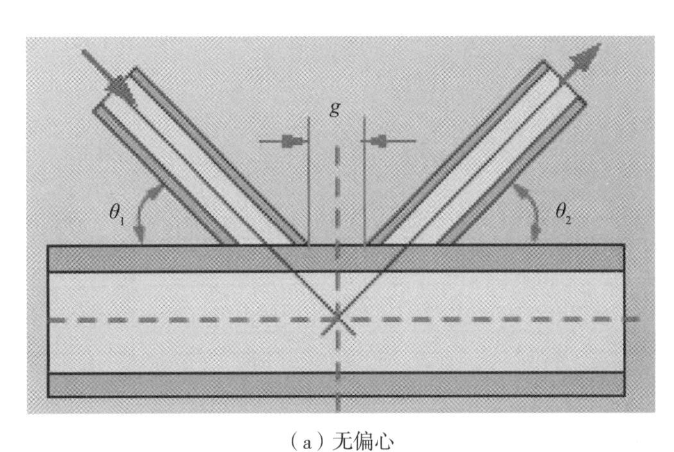

（a）无偏心

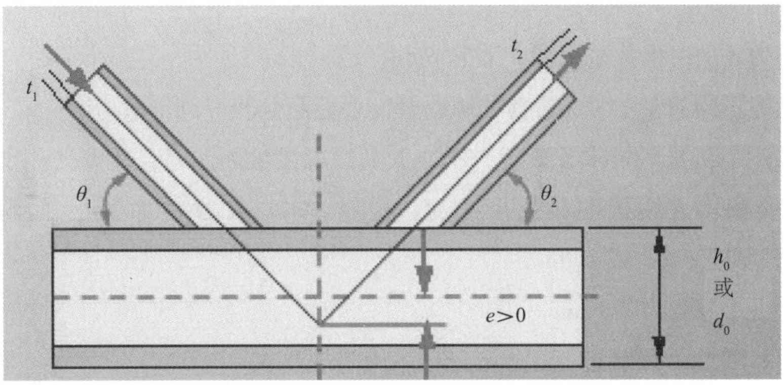

（b）偏心

图 6.32　有缝隙节点

对制造而言，有间隙节点是首选的形式，其型材的切割、装配和焊接更为简单方便，易于保证焊接的质量。间隙 g 为沿玄杆连接面的、相邻两支杆间的距离（不计焊缝）。对于有缝隙的节点，此缝隙应该尽可能宽。必须保证焊缝无缺欠。推荐缝隙 $g \geqslant t_1+t_2$。

无缝隙节点参见图 6.33。

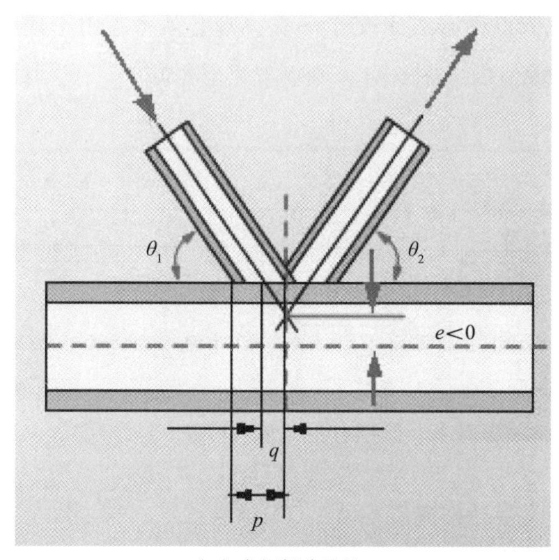

（a）玄杆部分重叠

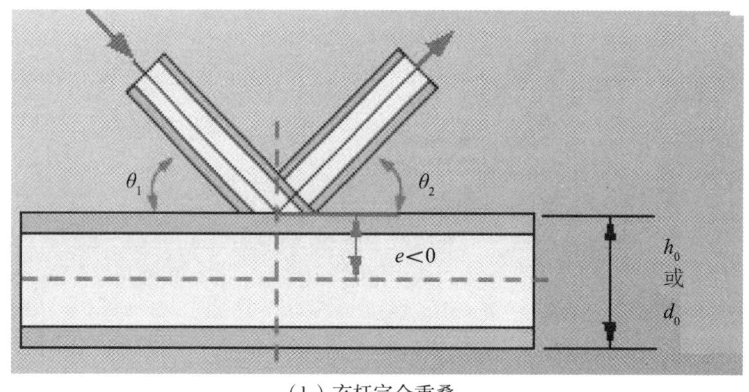

（b）玄杆完全重叠

图 6.33 无缝隙节点

当偏心率为负值时推荐采用带交叉的节点。

当圆形管有不同的厚度时，较薄的圆形管需要装配到较厚圆形管上。

（5）如果达不到这些要求，或者当压力太大或者发生翘曲时，需要使用加强板来加固节点（图 6.34）。加强板和不连续板的最低尺寸为：板厚 $t_p=2t_1$ 或 $2t_2$；加强板长度 $l_p=1.5$（$h_1/\sin\theta_1+g+h_2/\sin\theta_2$）；角焊缝厚度 $a_p=t_1$ 或 t_2。

（6）构件最小厚度为 2.5 mm。

（7）构件厚度最大值为 25 mm 或者母材采用附加要求。

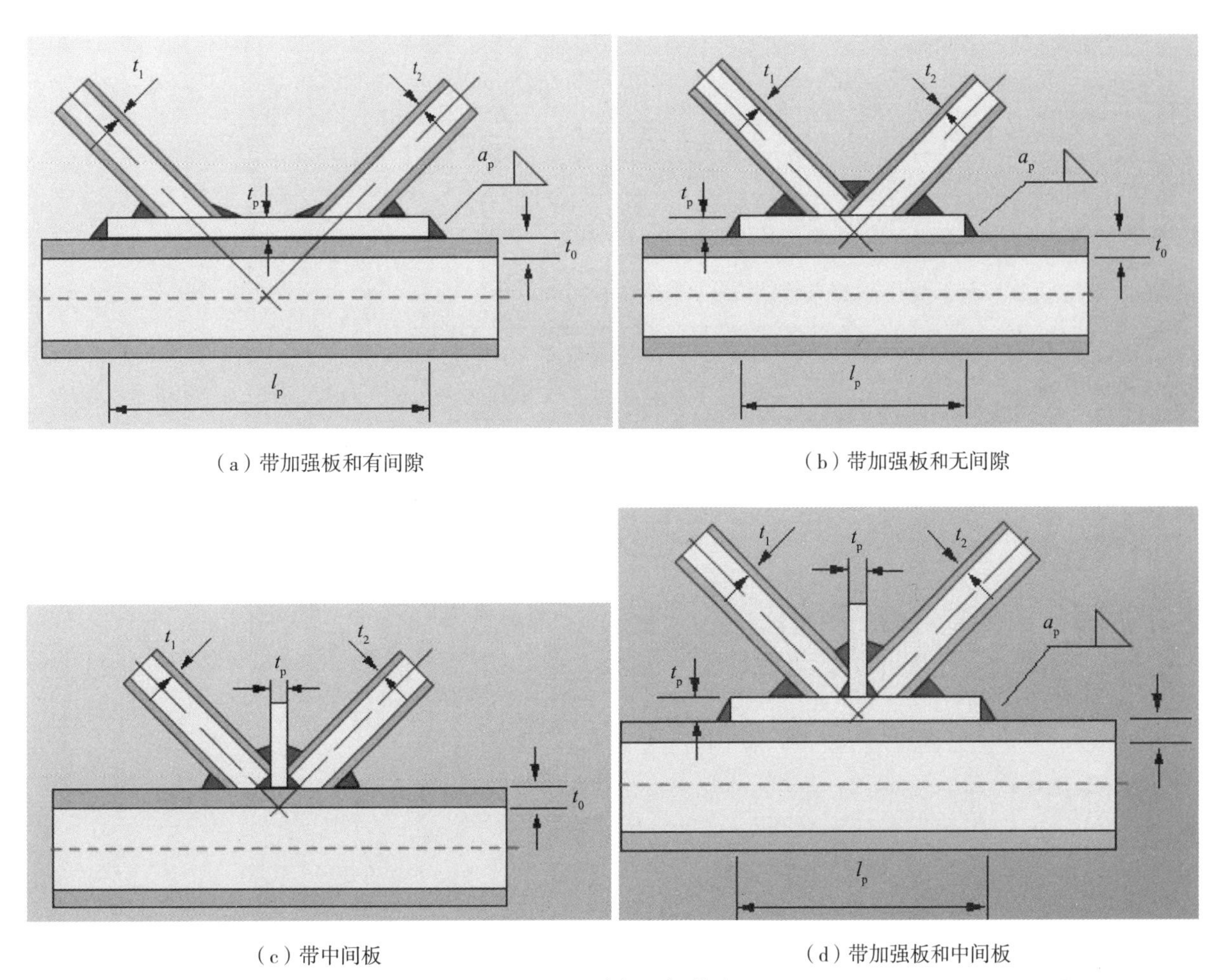

（a）带加强板和有间隙　　（b）带加强板和无间隙

（c）带中间板　　（d）带加强板和中间板

图 6.34　有加强板节点

6.5.4 节点的焊接

圆形管与翼板应该采用对接焊缝连接，整个构件周长上应采用角焊缝或者对接焊缝 / 角焊缝组合连接。

图 6.35~ 图 6.38 为推荐的节点焊接方式。

6.5.5 焊工的资质

根据 EN 1090–2 的 7.4.2.2（除非另有规定），空心支管连接焊接的焊工（支管角度小于 60°，定义见 EN 1993–1–8）应根据下列要求取得资格。

（1）试件尺寸、焊缝细节和焊接位置应采用产品中典型的类型。

（2）对于进行圆管与圆管焊接的焊工资格，试件的检验应分别在 A、B、C 和 D 4 个位置检查，见附录 E 的图 E.2 和 E.3（图 6.39 和图 6.40）。

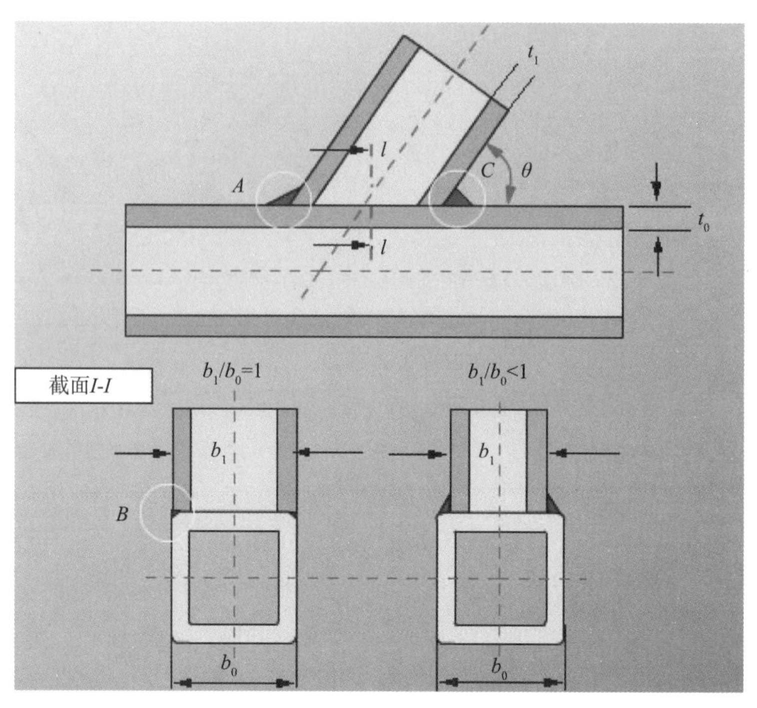

图 6.35　节点焊缝

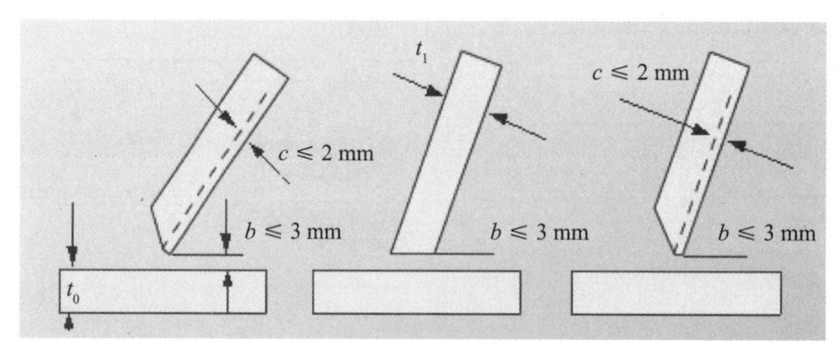

$\theta \leq 60°$（所有壁厚）　$t_1 < 8$ mm（角焊缝）　$t_1 \geq 8$ mm（对接焊缝）

图 6.36　细节 A

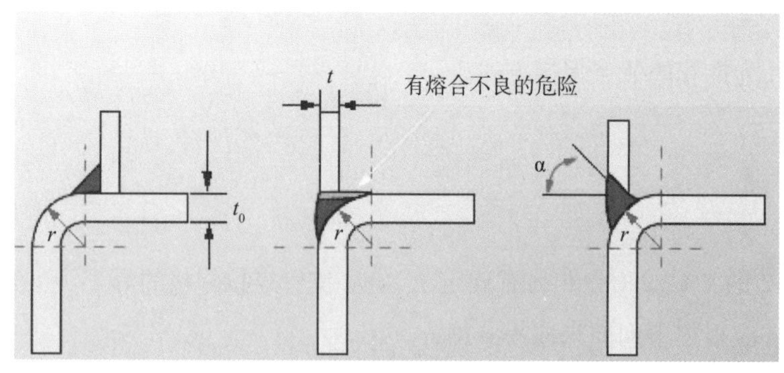

$\beta \leq 0.85$，$t_1 < 8$ mm（角焊缝）；$\beta = 1.0$，$t_1 < 8$ mm （对接焊缝）；$\beta = 1.0$，$t_1 \geq 8$ mm（对接焊缝）

$\beta = d_1/d_0 = b_1/b_0 = d_1/b_0$

图 6.37　细节 B

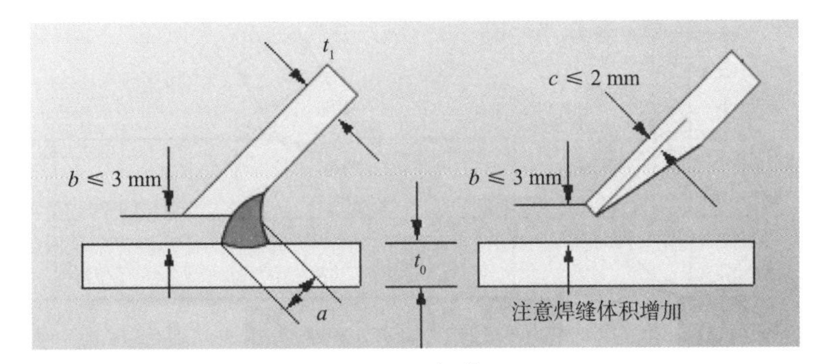

图 6.38　细节 C

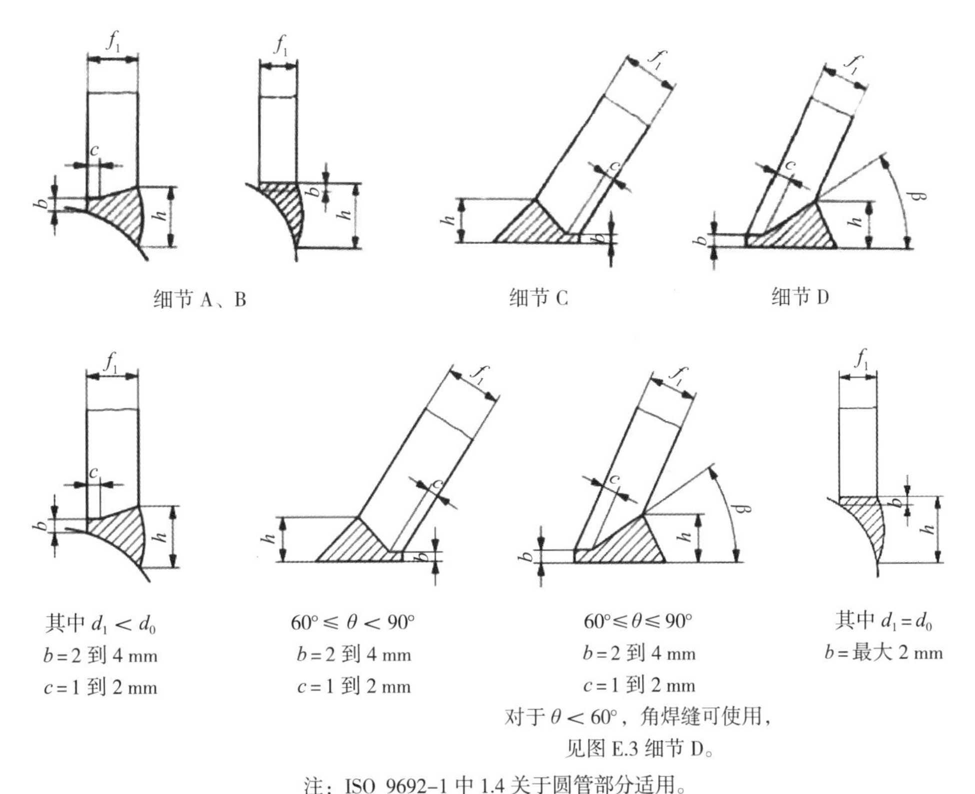

注：ISO 9692-1 中 1.4 关于圆管部分适用。

图 6.39　坡口准备和装配—方圆管支管与主管连接的对接焊缝（EN 1090-2 图 E.2）

（3）对于进行圆管与方管或矩形管焊接的焊工资格，试件的检验应分别在 C 和 D 4 个位置检查，见附录 E 的图 E.4 和 E.5（本文未给出）。

（4）试件应进行 VT 检验，宏观金相检验应根据 EN ISO 17639。

（5）资格考试应根据 ISO 9606-1 的要求。

试件的尺寸应该与焊工技能考试的评定范围一致，焊接位置应该与生产制造中的位置一致，焊缝的验收标准按照 ISO 9606-1，检验过程中尤其要注意根部焊道，所以必须进行宏观金相检验。

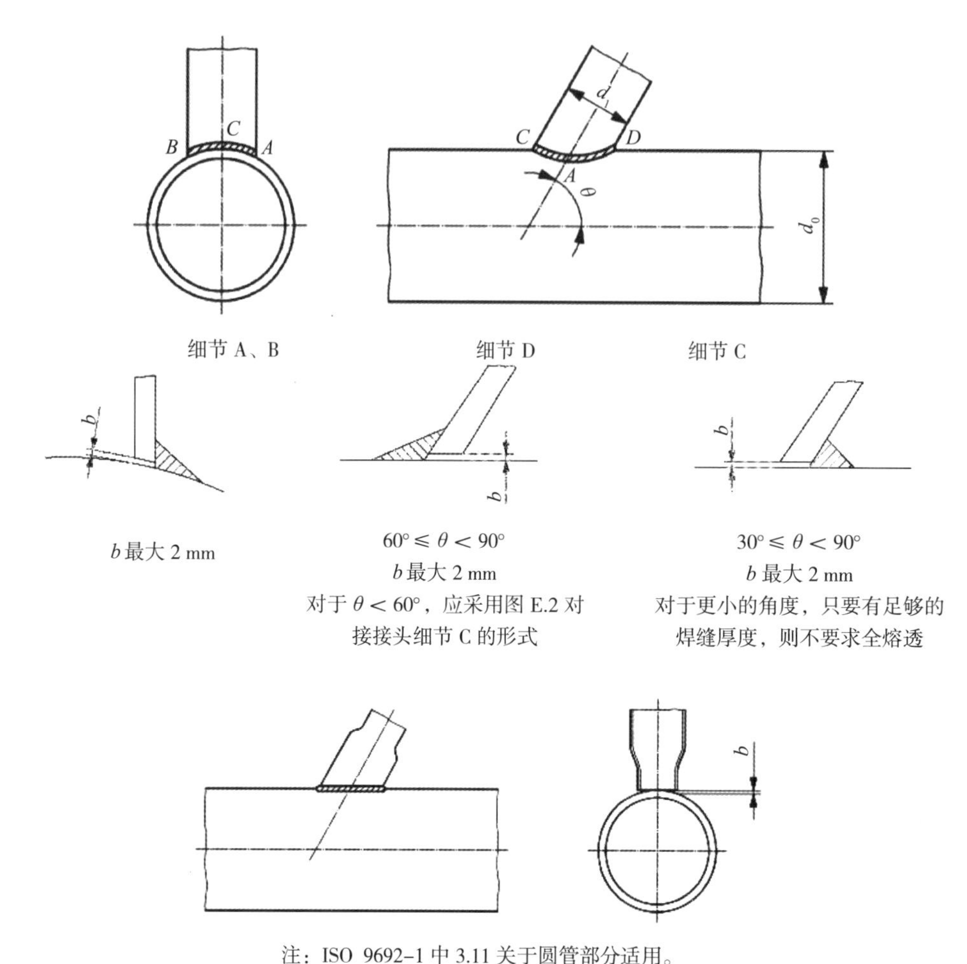

注：ISO 9692-1 中 3.11 关于圆管部分适用。

图 6.40 坡口准备和装配—方圆管支管与主管连接的角焊缝（EN 1090-2 图 E.3）

6.6 立柱

受压构件除了要满足强度要求，还要满足稳定性要求，这在立柱的所有部件的设计中都要考虑。

立柱可分为 3 个部分：①立柱柱头；②立柱；③立柱柱脚。

6.6.1 立柱的结构设计

在静定系统中，立柱仅承受名义上的轴向力或仅承受轴向力和弯矩的作用。

选择截面类型时，以下 3 种情况必须考虑，即翘曲、扭转或扭曲。

此外，除了基本的应力分析，在任何情况下都必须对稳定性进行校核。

为了避免失稳，应该遵循下面的原则。

（1）确定支撑结构并安装好支撑结构。

（2）横截面上如果可能，应该在两个方向上有相等的惯性矩和对称形状。

（3）结构安装和制造过程中应避免偏心（将扭曲变形降到最低）。

（4）翘曲区域应该尽可能地减小，例如，在混凝土屋顶或水平安置支柱的横向支撑。

（5）避免焊缝堆积。

6.6.2 立柱焊接结构设计——柱头

当设计柱状结构的柱头时，应保证构件中传递压应力位于柱头和柱脚的支撑中心。这两个常用的结构为：①面支撑，如图 6.41（a）；②线性支撑，如图 6.41（b）。

关于连接接头上的压力传送（图 6.42），按照 DIN 18800-1:2008（837）执行。如果连接接头上的部件不发生侧面翘曲变形，那么焊缝处承载的压力可完整传递。连接接头上的极限压力和连接构件上的极限压力相等。分析连接构件时，变形、公差和开口接缝应要适当考虑在内。应证明构件的相对位置保持不变，其中摩擦力不考虑在内。

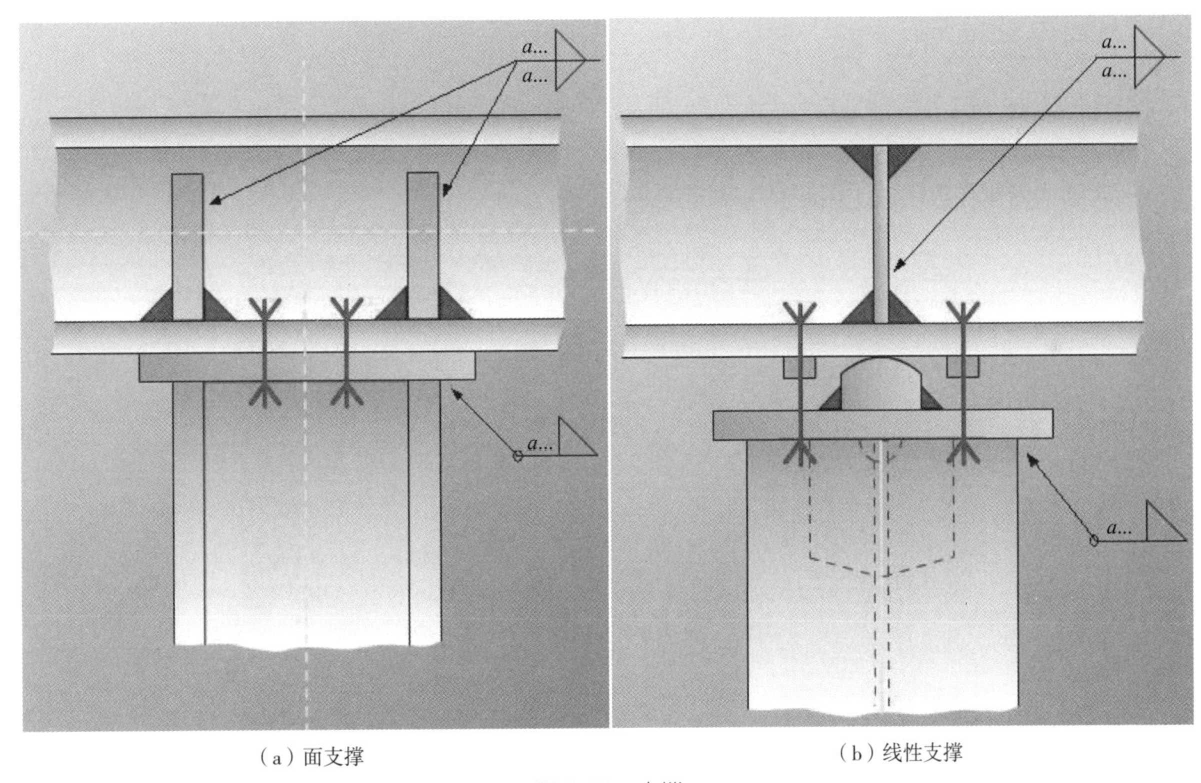

（a）面支撑　　（b）线性支撑

图 6.41　支撑

S235、S275、S355 厚度 t 为 10 mm~30 mm 的截面中采用双角焊缝连接上板来传递压力，如果截面与上板之间的距离 h 称为根部间隙并且此间隙距离不超过 2.0 mm，计算出的焊缝厚度 $a=0.15t$。如果此截面中还需要传递剪力，则压应力和剪切应力应该安排在不同的截面部分。对于剪力的传递焊缝应该按照 DIN 18800 中 8.4 进行设计。对于传递压应力和由剪力产生的切应力的所有角焊缝，在两个分析中应该采用较大的焊缝厚度。如果连接截面中还传递拉应力，焊缝应该按照 DIN 18800-1 的 8.4 的规定设计。

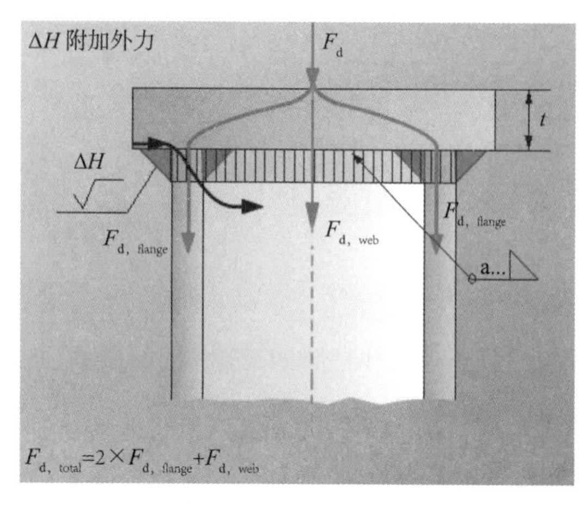

（a）型材端头铣削加工

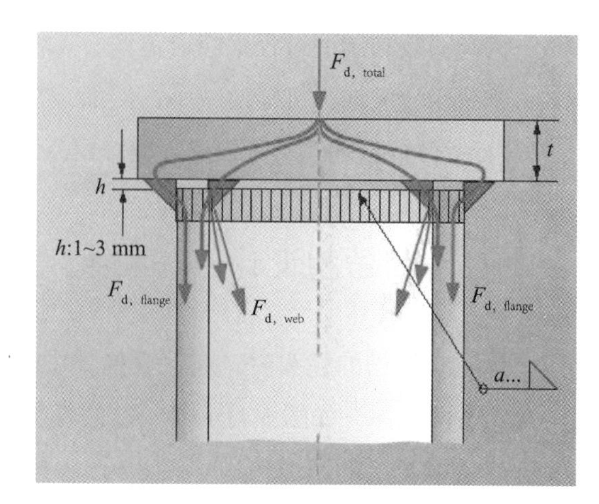

（b）型材端头无特殊加工

注：flange 表示翼缘板；web 表示腹板。

图 6.42　力线传递示意图

应注意变形可为原始变形、弹性变性或残余塑性变形。公差可能会引起部件截面偏心轴的偏移。

6.6.3 立柱焊接结构设计——立柱结构横截面

柱状结构可制作成闭式（图 6.43）和开式截面（图 6.44）。

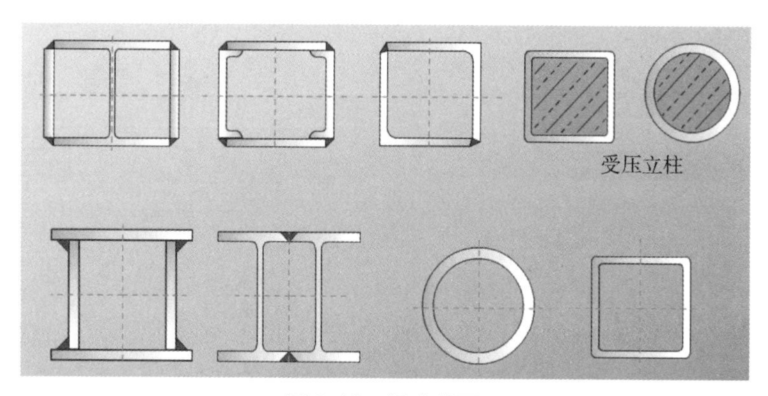

图 6.43　闭式截面

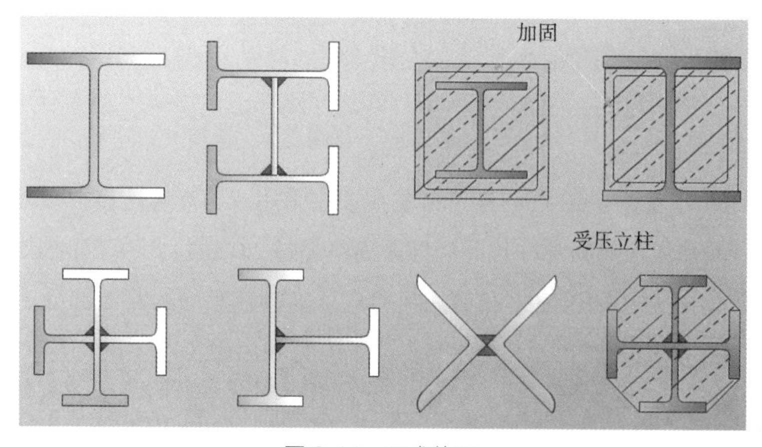

图 6.44　开式截面

6.6.3.1 闭式截面的优点

（1）可充分利用其截面面积。

（2）在两轴方向上有近乎相等的惯性矩。

（3）旋转半径大于开式截面。

（4）空心型材可在起火时作为进水通道使用。

（5）因为整体长度较短，所以柱状结构更容易防火。

（6）空心型材可作为复合结构的建筑用模型材料。

6.6.3.2 闭式截面的缺点

后期制造连接梁困难较大，因此增加了生产成本。

6.6.3.3 开式截面（通常用于工业建筑）的优点

（1）附加的连接梁易于制作。

（2）空腔可安装其他线材。

（3）对于常用的钢结构可采用标准轧制型材，例如 I 或 H 型钢。

（4）对于组合构件适于采用。

6.6.3.4 开式截面的缺点

（1）在单轴方向上旋转半径小（可以采取措施弥补）。

（2）用于防火的整体长度较大，因此增加了成本。

由于尺寸原因，可能不会在焊接车间内将立柱全部焊接完成（图 6.45），而是焊接成部件后到现场组对。但出于下述原因，其接头的使用数量必须减少到最低：①装配很费时间，因此花费巨大；②每一个接头都需要调整偏心率。

可以通过下述方式减少接头数量：①考虑到生产、交通和拼装接头轧制型材可以采用最大轧制长度；②考虑到容量因素，选择合适的柱身截面；③钢建筑物超过 2 到 3 层仅使用一个截面。

立柱结构越简单越好。

6.6.4 立柱焊接结构设计——柱脚

柱状柱脚通常使用基板。基板的作用是将压力传至区域较大的基础，应该区分下列建筑形式。

（1）如果压力主要通过轴心传递，则应该采用厚度较大的基板，连接接头与柱脚应互相匹配（图 6.46）。轴心受力构件的常用截面形式可分为实腹式和格构式两大类，较大截面的柱状结构需要格构式连接。

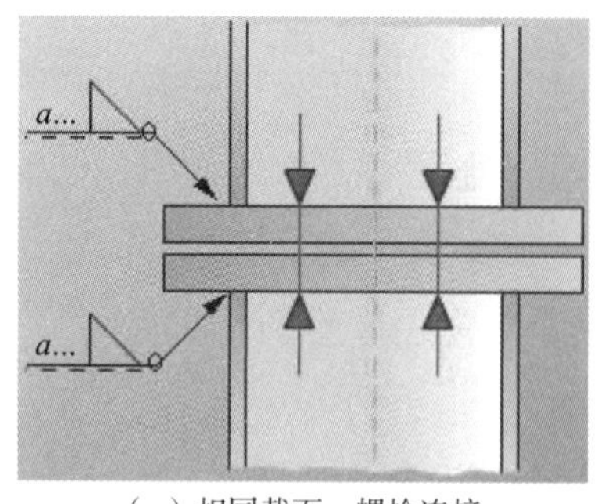

（a）相同截面，螺栓连接

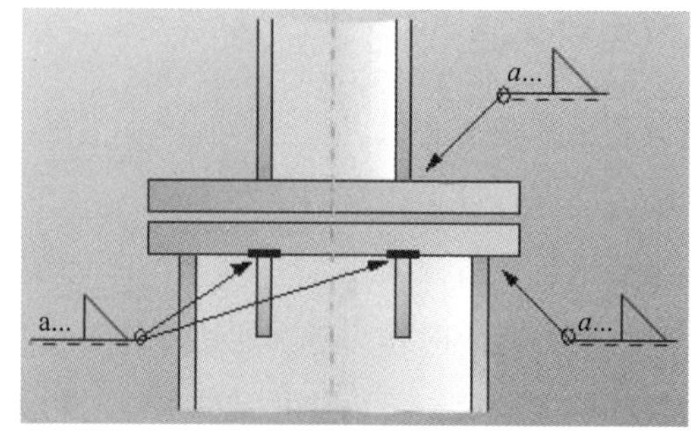

（b）不同截面，螺栓连接

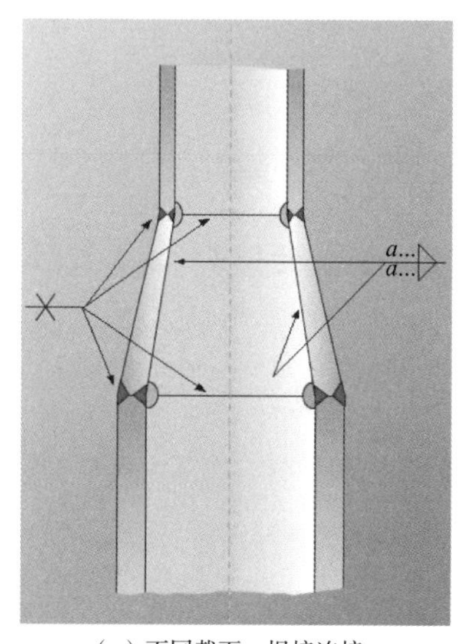

（c）不同截面，焊接连接

图 6.45　不同的立柱接头结构

（2）偏心受压立柱（图 6.47）。

对于此荷载类型，使用刚性基板，此外还有水平和纵向方向上的力以及弯矩。基板包括：①板或夹（I 型截面），传递纵向方向上的力包括由弯矩产生的力偶；② I 型的剪切连接，传递横向方向上的力；③螺栓，防止基板拔起，螺栓主要承受拉力。

6.7 框架转角结构

在不同的结构中经常出现框架转角结构，如厂房框架，支撑框架等。不同的框架结构其设计方式也不同。典型的框架转角结构见图 6.48。

框架结构可分为两部分：主柱和横梁。因此，框架承载结构是由水平或倾斜放置的横梁与垂直或倾斜的立柱通过框架转角连接起来的抗弯结构。立柱的作用与支架的作用相似，而横梁的作用则与抗弯梁的作用相似，适合于直抗弯梁尺寸确定的理论对于大部分为弯曲杆件的框架转角结构只是在一定的条件下适用。

框架转角结构与之前梁柱－装或桁架的区别如下：①立柱和横梁都受弯，承受轴向力、剪力和

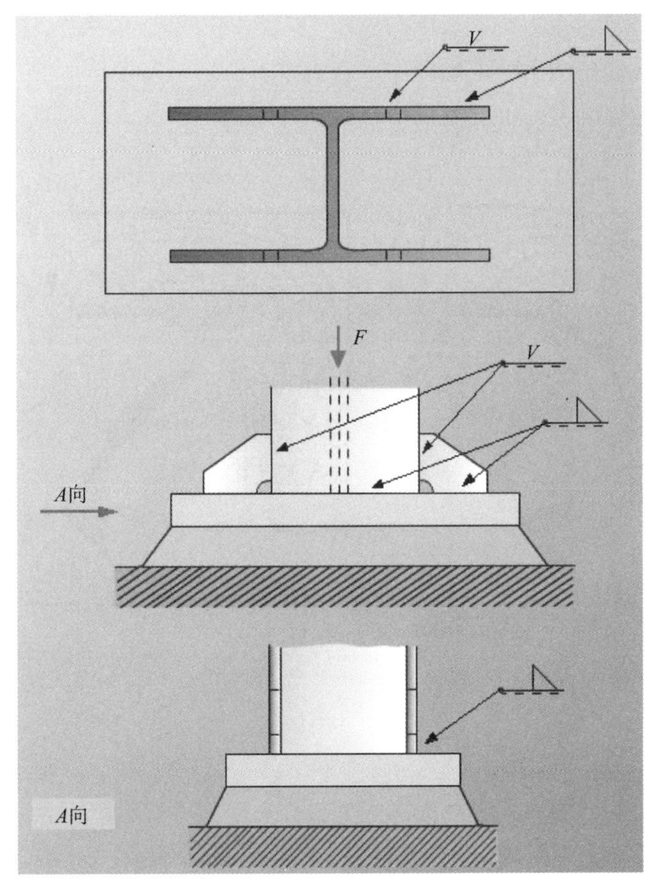

图 6.46　轴心传递

图 6.47　偏心受压

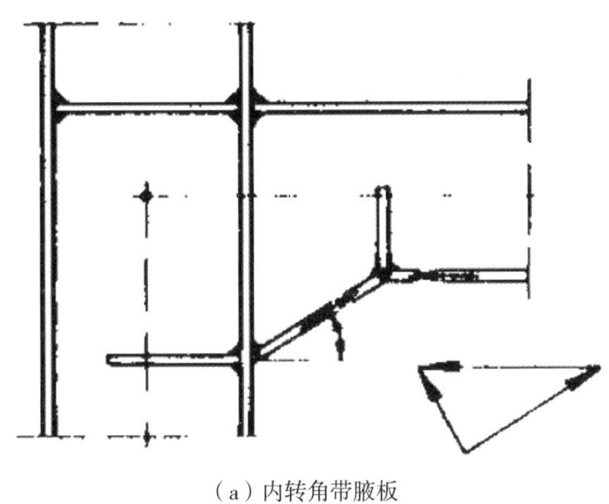

（a）内转角带腋板

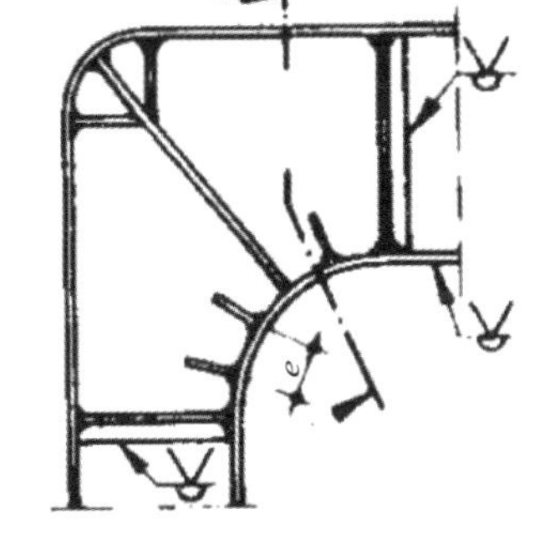

（b）内转角为曲面

图 6.48　典型空间转角形式

弯矩；②框架转角是刚性连接，即不允许立柱和横杆端部旋转。

6.7.1 设计分析

由弯曲杆件理论可以得出转角结构比较精确的结果。角平分线上受载时的应力分布（图 6.49）。

（1）应力分布不是直线而是双曲线。

（2）在直角截面上，平面交界处的拉应力在转角凸出处上的分布一直为零。

（3）尖锐的转角凹进处，压应力在理论上上升到无穷大，会造成局部塑性变形。

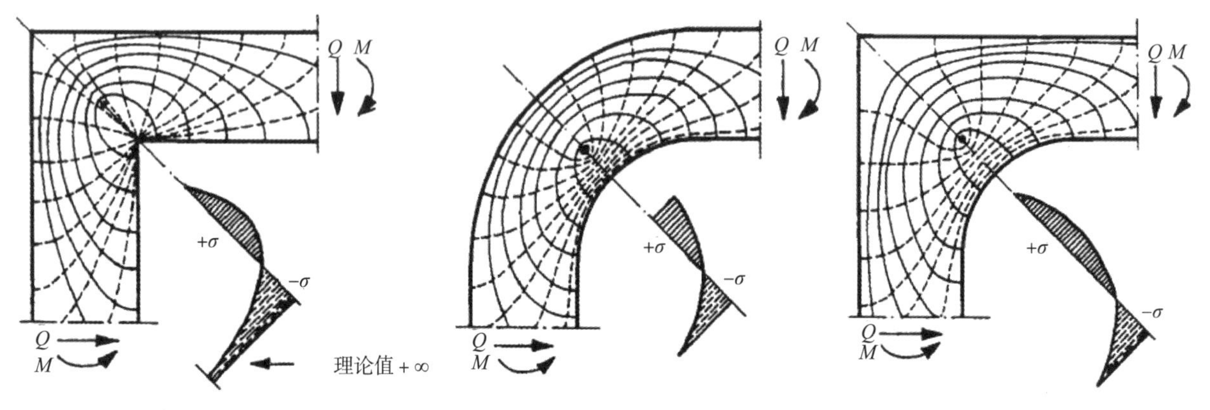

图 6.49　不同形式的框架转角在剪力和弯矩的作用下主应力线的分布

6.7.2 设计准则

根据上述分析，内转角位置尽量不选择直角的结构形式，曲面形式为最佳。

6.7.2.1 内转角为曲面

内边缘进行圆整加工的框架转角优先用于动荷载，但应满足以下设计准则（图 6.50）。

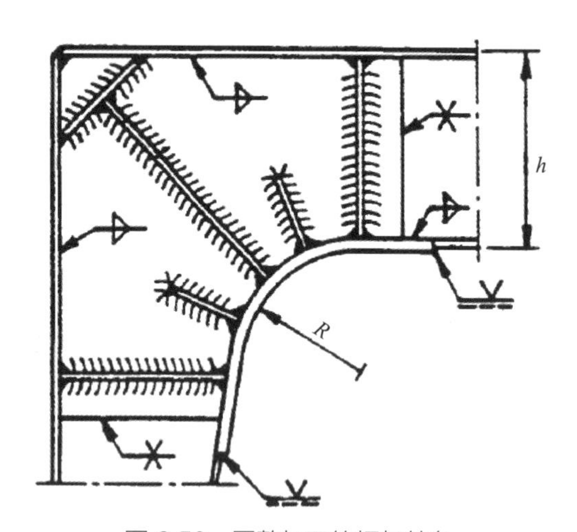

图 6.50　圆整加工的框架转角

（1）选 $R/h \geqslant 1$。

（2）内翼板的强度要高于外翼板（内翼板的厚度大于外翼板）。

（3）框架转角区域的腹板加强（由于转角区域面积较大，腹板受剪切作用，会出现局部失稳问题）。

（4）对于径向力，采取通过径向的调整加强，同时增加板厚等措施，提高稳定性。

（5）腹板和翼板之间的颈部焊缝测定为双轴应力状态。

6.7.2.2 内转角加腋板

通过加腋板改善内转角部分的受力状态（图 6.51），但应注意局部焊接接头部位可能产生的其他问题，例如图 6.51“A”局部放大区域，由于使用十字接头，当板材较厚时，由于制造时焊接收缩应力较大，可能会产生局部的层状撕裂。

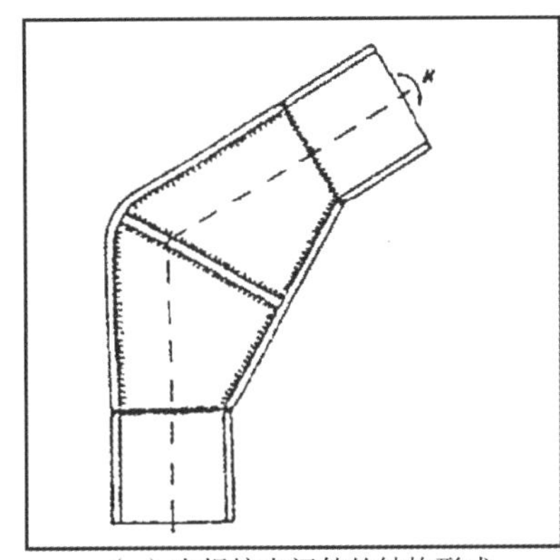

（a）有焊接中间件的结构形式

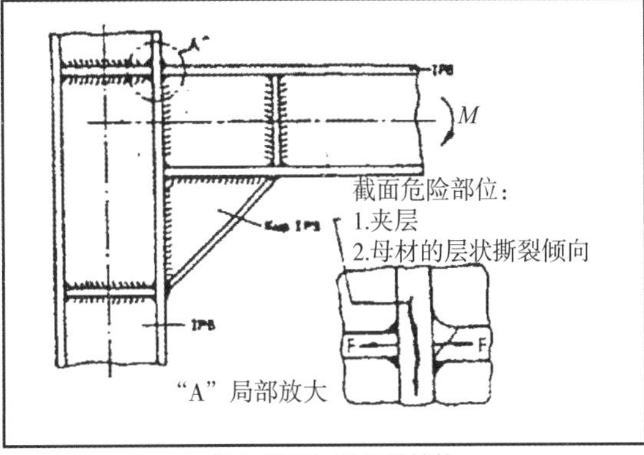

（b）带有加强板的结构

图 6.51　承受较大弯矩和剪力的可选择热轧型钢框架转角结构

参考文献

[1] GSI.SFI-Aktuell [M]. Duisburg: Gesellschaft für Schweiβtechnik International mbH, 2010.

[2]《轻型钢结构设计手册》委员会. 轻型钢结构设计手册 [M]. 北京：中国建筑工业出版社，2006.

[3] 别克 戴维森（Buick Davison），格拉汉姆 W. 欧文斯（Graham W. Owens）. 钢结构设计手册（原书第 6 版）[M]. 董聪，钟军军，夏开全等，译. 北京：中国电力出版，2009.

[4] J. 沃登尼尔. 钢管截面的结构应用 [M]. 张其林，刘大康，译. 上海：同济大学出版社，2004.

[5] 魏明钟. 钢结构 [M]. 武汉：武汉工业大学出版社，2000.

本章的学习目标及知识要点

1. 学习目标

（1）掌握结构设计的基本原则。

（2）了解梁、立柱的结构设计要点和特点。

（3）了解框架转角结构中的应力分布。

（4）掌握以上部件中焊接接头、焊缝的设计要点。

（5）掌握以上部件中焊接接头、焊缝的焊接要点。

2. 知识要点

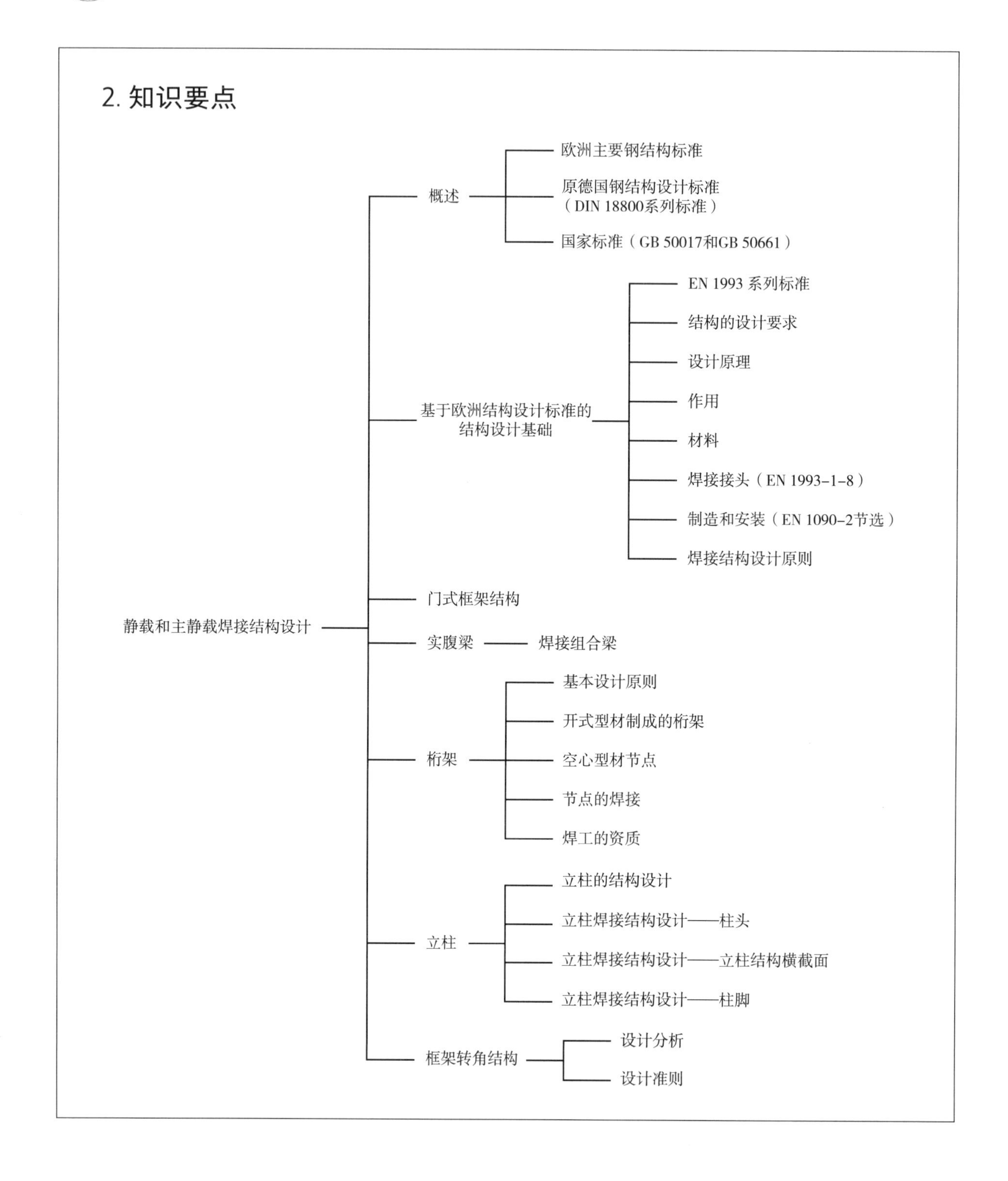
静载和主静载焊接结构设计
概述
欧洲主要钢结构标准
原德国钢结构设计标准
（DIN 18800系列标准）
国家标准（GB 50017和GB 50661）
基于欧洲结构设计标准的
结构设计基础
EN 1993 系列标准
结构的设计要求
设计原理
作用
材料
焊接接头（EN 1993-1-8）
制造和安装（EN 1090-2节选）
焊接结构设计原则
门式框架结构
实腹梁
焊接组合梁
桁架
基本设计原则
开式型材制成的桁架
空心型材节点
节点的焊接
焊工的资质
立柱
立柱的结构设计
立柱焊接结构设计——柱头
立柱焊接结构设计——立柱结构横截面
立柱焊接结构设计——柱脚
框架转角结构
设计分析
设计准则

第7章

断裂力学及焊接结构安全评定

编写：路　浩　审校：方洪渊

焊接结构安全评定的目的在于依据标准、科学公式、企业规范等对结构安全进行评价。基于断裂力学，可以对焊接结构中缺陷的发生、发展进行更为科学的描述。本章以断裂力学基本概念为出发点，对焊接结构安全评定、脆性断裂与疲劳断裂的特点及差异，基于断裂力学的合于使用评定标准等进行介绍。

7.1 焊接结构安全性评定

"焊接结构可靠性"定义为："由于漏检而未能发现的裂纹亚临界扩展和失效扩展不致造成构件破坏的可能性。"焊接结构可靠性主要包括结构设计、材料选用、结构制造、无损检测和使用性能五部分，其影响因素包括工艺参数、接头性能、焊接应力变形、缺欠分析、疲劳、脆断等。焊接结构的可靠性评价对实际工程具有重要的指导意义，是产品合格交付、制造工艺改进、产品性能优化的依据。

焊接结构可靠性与寿命评估主要任务：发现焊接结构的薄弱地带，给予科学的评价、估算；对焊接接头中裂纹的发生、扩展进行科学测试、计算及预测；评估计算未熔合、气孔、夹渣等缺欠对寿命的影响等。焊接结构可靠性评价体系示例如图 7.1 所示，主要包括以下两方面：

（1）服役安全性评定。结构完整性、断裂评估（脆断及韧断）。

（2）剩余寿命评估。可靠性评价体系的科学基础：断裂力学；指导原则：国际国内标准、"合用性原则"。

7.1.1 结构安全性评定

材料在某种状态下断裂前不发生明显的塑性变形，则称这种断裂为脆性断裂。脆性断裂一般发生在低于设计应力且没有明显塑性变形的情况下，不易事先发现和预防，裂纹一旦达到临界尺寸，会以极高的速度扩展造成瞬时破坏，具有突发性和极高的危险性。对于低应力脆断的评定，一般基

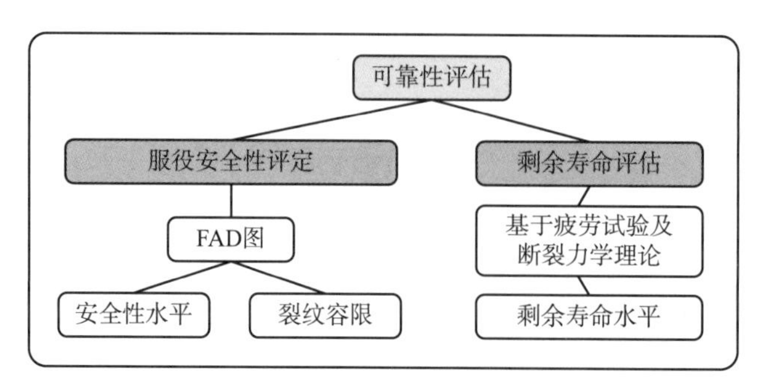

（a）焊接结构可靠性评价

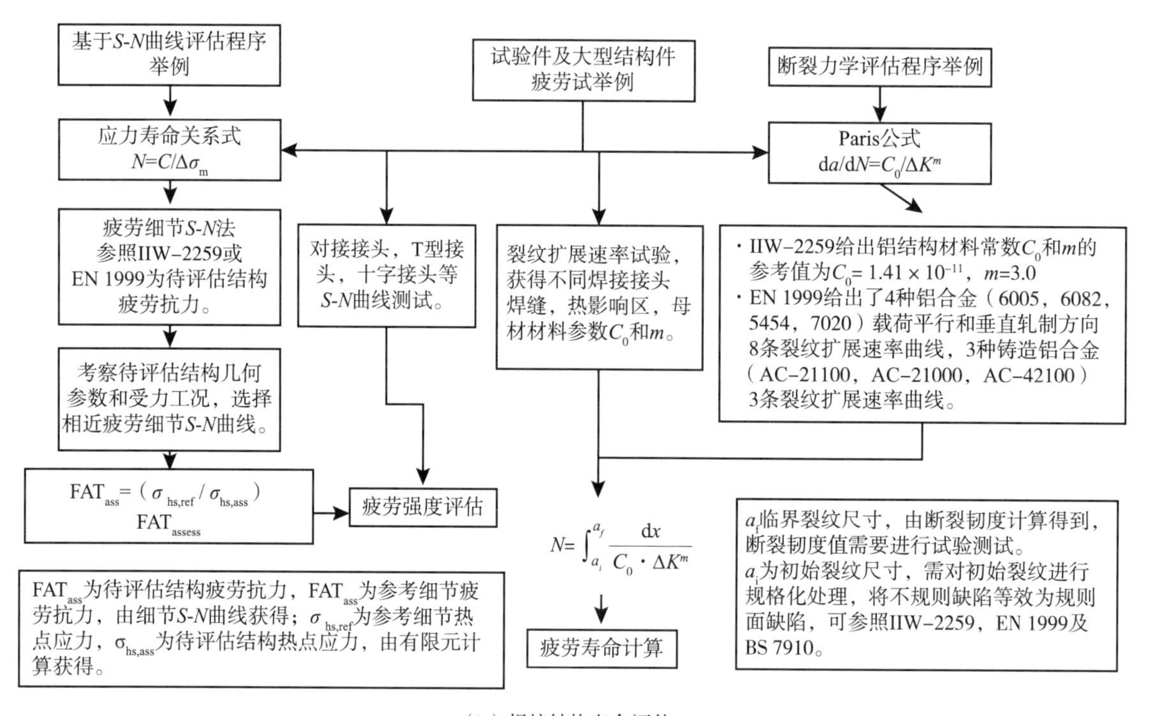

（b）焊接结构寿命评估

图 7.1 焊接结构可靠性评价体系

于断裂力学理论，如应力强度因子法、J 积分法、COD 法。对于焊接结构防止脆断的设计原则包括：通过采用合理的接头形式，减少焊接缺陷等措施降低应力集中，在满足结构使用条件下，减小结构刚度和截面厚度；重视不受力焊缝的设计；避免脆性裂纹萌生，并向受力构件扩展。对于含缺陷结构的安全性评定国际上流行采用合用性原则，综合考虑结构、材料、缺陷的影响，采用一系列科学评定方法为含缺陷结构提供可靠的验收标准，该思想目前已被多国的结构设计标准所采用，“合于使用”原则是针对“完美无缺”原则而言的。

7.1.2 结构疲劳寿命评定

疲劳是一个发展的过程，由于扰动应力的作用，零构件或结构一开始使用，就进入了疲劳的“发展过程”。疲劳裂纹萌生和扩展，是这一发展过程中不断形成的损伤累积结果。最后的断裂，标志着疲劳过程的终结。这一发展过程所经历的时间或扰动荷载作用的次数，称为“寿命”。它不仅取决于荷载水平，还依赖于其作用次数或时间，取决于材料抵抗疲劳破坏的能力。

疲劳强度是焊接结构在实际使用中非常重要的一项技术指标。焊接接头的疲劳强度主要由以下两点决定：①裂纹萌生过程，它取决于焊缝焊趾和焊根处的局部缺口应力状态；②裂纹扩展过程，它取决于裂纹（包括缺口应力在内）的局部应力强度因子。

绝大多数焊接接头的疲劳裂纹发生在焊趾处，局部最大应力事实上起着主导作用，因此焊接接头和焊接材料的疲劳强度分析，从方法上讲有 4 个不同的层次，即名义应力评定方法、结构应力评定方法、缺口应力评定方法和断裂安全性评定方法。这些方法对应的设计应力、计算方法也各不相同。

7.2 焊接结构破坏形式及预防

7.2.1 荷载分类及其常见破坏形式

结构承受荷载的性质（拉、压、扭转、剪切）、大小、方向、作用位置中一项或多项不断变化（疲劳）或变化过大、过速（冲击）的情况都属于动载。疲劳是结构失效的基本形式，占结构失效总量的 80% ~ 90%。冲击荷载容易造成结构的脆性破坏。造成脆性破坏或加速疲劳破坏的原因可能是结构形式不佳（如应力集中严重）或结构工作环境的恶化（如环境温度变得过低，使材料材质变脆，或环境介质腐蚀性强，使结构缺陷加深增大）等。

结构荷载一般可按下列几种方式进行分类。

1. 按随时间的变异分类

（1）永久荷载：永久荷载亦称恒荷载，是指在结构使用期间，其值不随时间变化，如结构自重、压力、预加应力、焊接变形等。

（2）可变荷载：可变荷载也称为活荷载，是指在结构使用期间，其值随时间变化，且其变化值与平均值相比不可忽略的荷载，如安装荷载、屋面与楼面活荷载、雪荷载、风荷载、起重机荷载、积灰荷载等。

（3）偶然荷载：在结构使用期间不一定出现，可一旦出现，其量值很大且持续时间很短的荷载称为偶然荷载，如爆炸力、撞击力、严重腐蚀、地震、台风等。

2. 按结构的反应分类

（1）静荷载：如结构自重、住宅与办公楼的楼面活荷载、雪荷载等。

（2）动荷载：如地震作用、起重机设备振动、高空坠物冲击作用等。

3. 按荷载作用面大小分类

（1）均布面荷载。

（2）线荷载。

（3）集中荷载。

4. 按荷载作用方向分类

（1）垂直荷载：如结构自重、雪荷载等。

（2）水平荷载：如风荷载、水平地震作用等。

疲劳破坏和脆性破坏属于低应力破坏，发生破坏时，工作应力可能只有结构材料屈服极限的1/2，1/5，1/10，甚至没有外荷载。例如，历史上曾经发生的破坏事件：海面上本来风平浪静，船舶却突然开裂破坏；火车尚未到达大桥，大桥却突然先行倒塌。科研工作者为研究低应力破坏的机理、规律、预防措施等，作出了巨大贡献，我们应当认真学习研究这些知识，预防低应力破坏事件的发生。

结构脆性断裂的特点如下：

（1）名义工作应力低：只有材料 σ_s 的 1/3 ~ 1/10，甚至外荷载等于零，图 7.2 所示的是宽板焊接接头的实验结果。

（2）断裂之前无明显塑性变形，无征兆，突发断裂。

（3）低应力脆性破坏多发生在低温阴冷的时刻。

（4）发生低应力脆性断裂的结构，多半存在着较大的内应力，有较高的内能。

（5）发生低应力脆性断裂的结构上，必有裂源或应力集中点存在。脆性断裂对缺陷和应力集中

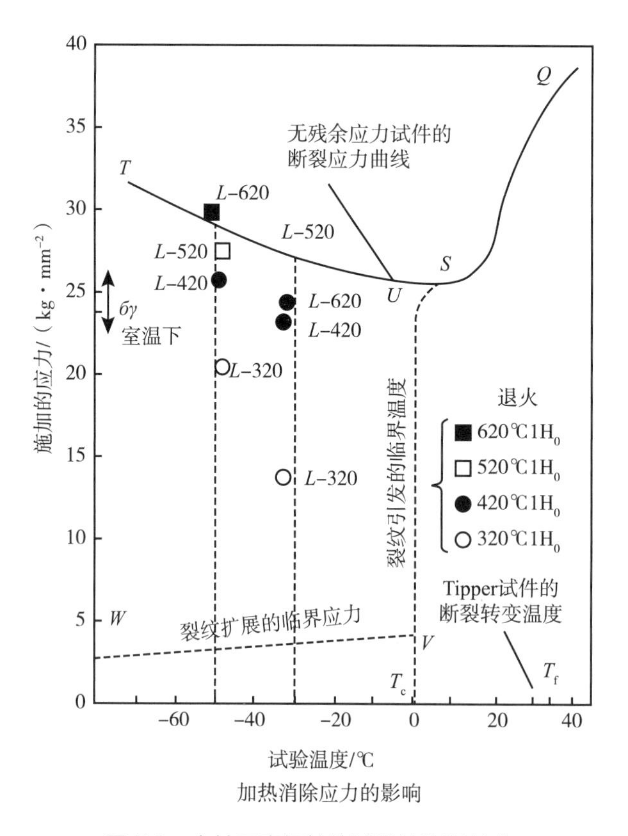

图 7.2　有缺口宽板拉伸试件的脆断特点

很敏感。

后两个特点，反映了低应力脆性断裂的必然性。

疲劳断裂是金属构件断裂的主要形式之一，金属零件在使用中发生的疲劳断裂具有突发性、高度局部性及对各种缺陷的敏感性等特点。引起疲劳断裂的应力一般很低，其断口上经常可观察到特殊的、反映断裂各阶段宏观及微观过程的特殊花样。

焊接结构疲劳断裂的特点如下：

（1）疲劳断裂应力很低，循环应力中最大应力幅值一般远低于材料的强度极限和屈服极限。

（2）疲劳断裂虽然经过疲劳裂纹的萌生、亚临界扩展、失稳扩展 3 个过程，但是因为断裂前无明显的塑性变形和其他明显征兆，所以断裂具有很强的突发性。即使在静拉伸条件下具有大量塑性变形的塑性材料，在交变应力作用下也会显示出宏观脆性的断裂特征，因而断裂是突然进行的。

（3）疲劳断裂是一个损伤积累的过程。疲劳断裂不是立即发生的，往往经过很长的时间才完成。疲劳初裂纹的萌生与扩展均是多次应力循环损伤积累的结果。疲劳裂纹萌生的孕育期与应力幅的大小、试件的形状及应力集中状况、材料性质、温度与介质等因素有关。

7.2.2 脆性断裂及其预防

7.2.2.1 结构发生脆性断裂的原因和条件

固体内部的裂纹和缺陷导致其发生低应力脆性断裂，使材料的实际断裂强度只有其理论强度的 1/10 ~ 1/1000。对这一现象作如下分析。

（1）一个$B\cdot\delta\cdot L$的微裂纹体（图 7.3），$\delta=1$，在平均力 F 的作用下，伸长了 ΔL 长，两端固定起来（相当于被均匀拉伸的弹性体的一个局部）。

（2）外力所做的功 $F\cdot\Delta L$，为其提供能量，其体能密度：

$$(F\cdot\Delta L)/(B\cdot\delta\cdot L)=\sigma\cdot\varepsilon \tag{7-1}$$

（3）微裂纹增长到 $2a$ 的时候，裂纹周围弹性体释放出来的能量：

$$G=\pi a^2\cdot 1\cdot\sigma\cdot\varepsilon=\pi a^2\cdot\sigma^2/E\text{，因}\varepsilon=\sigma/E \tag{7-2}$$

（4）产生 $2a$ 长裂纹需要的能量：

$$W=2\cdot 2a\cdot 1\cdot(\gamma+p) \tag{7-3}$$

裂纹有上下 2 个 $2a\cdot 1$ 的表面。产生单位裂纹表面所需的弹性变形能为 γ，塑性变形能为 p。

（5）产生 $2a$ 长裂纹所需能量 W 与释放能量 G 之差 U：

$$U=W-G=4a(\gamma+p)-\pi a^2\sigma^2/E \tag{7-4}$$

（6）裂纹扩展∂a时能量差∂U的变化率：

$$\partial U/\partial a=4(\gamma+p)-2\pi a\sigma^2/E\approx 4p-2Ca \tag{7-5}$$

因为 γ 远远小于 p。可作如下分析：a 较小时，$\partial U/\partial a>0$，裂纹扩展∂a释放出来的能量∂G小于

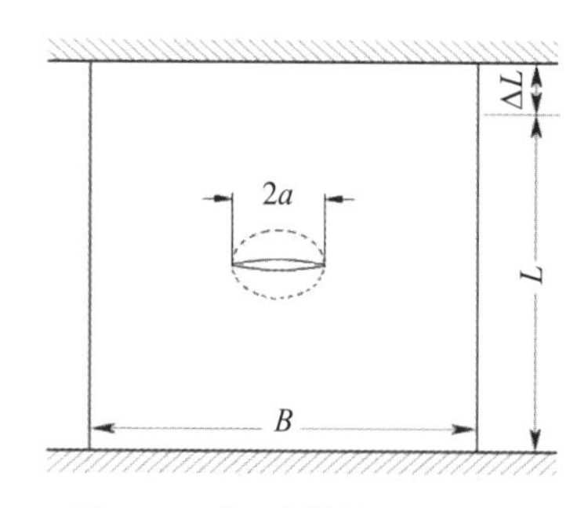

图 7.3 金属材料的脆性断裂

需求能量∂W，不能自动扩展；而 a 较大时，释放能量∂G增大，$\partial U/\partial a<0$，裂纹可以自动扩展，还有多余的能量释放出来。

$\partial U/\partial a>0$ 时，表示能量的需要大于释放，不能自动扩展；$\partial U/\partial a=0$ 即 $a\approx 2p/C$ 时，表示结构处于临界状态；$\partial U/\partial a<0$ 时，表示释放的能量大于需要，裂纹自动扩展，多余的能量以声、光、热等形式释放出来，会造成灾难。

两点结论：①由能量原理可以看出，拉应力 σ（可能包括外载引起的拉应力和内部残余拉应力）是裂纹产生和扩展的动力，拉应力及缺陷的大小直接影响裂纹萌生和扩展的速度；②阻止裂纹扩展的主要因素是压应力和材料的塑性变形。

7.2.2.2 影响金属结构延、脆性断裂的主要因素（产生脆性断裂的原因）

1. 内在抗力因素

1）材质因素

根据上述理论，金属结构的延性或塑性变形是裂纹扩展的主要障碍。

（1）金属的化学成分及其晶粒度。

增韧元素：Mn、Ni、Cr、Mo、V 等有提高强度、细化晶粒、增加韧性的作用。

致脆元素：C、S、P、H、O、N 等，容易偏析，降低强度，有脆化作用。

（2）延 / 脆转变温度高（图 7.4），容易发生脆性断裂。化学成分和晶粒度，对转变温度的高低影响较大。

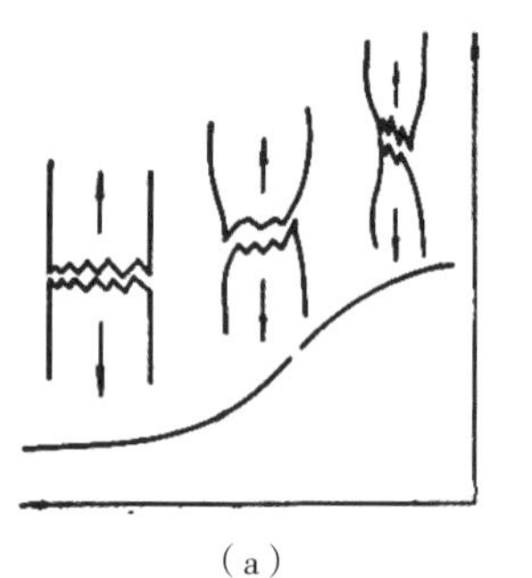

（a）

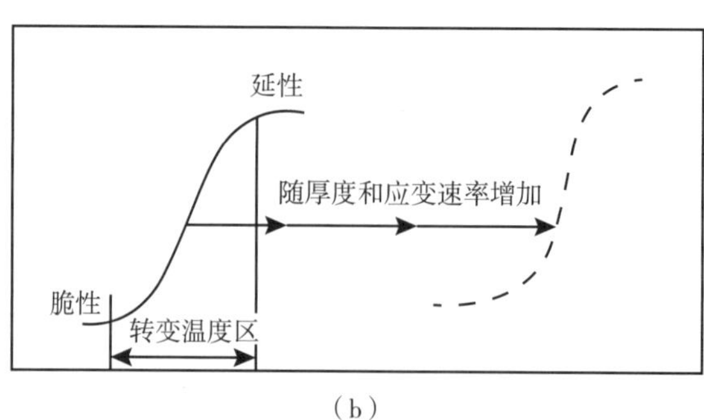

（b）

图 7.4 金属材料的脆性转变温度及其断口的变化

（3）材质缺陷（气孔、疏松、偏析、夹杂、夹渣、夹层、裂纹、伤痕、咬肉等）是产生应力集中的根源；缺陷较多、较大或处在拉应力区，则影响较大；垂直拉应力的片状缺陷，对裂纹影响尤其大。

2）结构因素

（1）结构形体、尺寸等影响应力大小、分布的因素。

（2）结构表面形状的突变较大，则应力集中严重。

（3）突变处的局部刚度过大，则使结构对应力集中敏感等。这些都是促成结构脆性破坏的重要原因。

3）内部应力

焊接内应力、构件之间的拘束应力、温差应力、各种冷热加工应力等在结构中造成过大的拉伸内应力。这与过大的外荷载一样，均能促成结构的脆性破坏。

2. 外在客观因素

1）应力状态

物体承载时，在包含分析点的单元体上，三个正应力和三个切应力的大小，会因单元体方向的变化而变化。最大正应力 σ_{max} 所在的平面，称为主平面。最大切应力 τ_{max} 与主平面成 45°。比值 $\alpha=\tau_{max}/\sigma_{max}$称为应力状态软性系数。

（1）不同加载方式的应力状态：在图 7.5 应力状态 $\tau_{max}-\sigma_{max}$ 中，软性系数 $\alpha=\tau_{max}/\sigma_{max}$ 是通过坐标原点斜线的斜率；α 较小时，如 OB 单向拉伸 $\alpha=1/2$，正应力 σ_{max} 首先达到正断抗力 S_{OT}，发生正断破坏；α 较大时，如 OA，切应力 τ_{max} 首先达到剪切屈服极限 t_{τ}，发生塑性变形，进一步可达剪断抗力 t_k，发生塑性破坏；OC 扭转 $\alpha=1$；Ox 三向等轴拉伸 $\alpha=0$；Oy 三向不等挤压，α 可以趋近无穷。

（2）结构表面形状突变和金属内部缺陷，特别是垂直主应力方向的片状缺陷、裂纹等，在裂纹尖端或在应力集中点，会形成三向拉伸的应力状态（图 7.6）。内因、外因结合，造成名义工作应力很低时，发生脆性破坏。其实低应力脆性断裂，裂纹尖端应力并不低。

（3）材料的塑性较好，即材料 D_1 的屈服点 t_{τ} 与材料的正断抗力 S_{OT} 的比值 t_{τ}/S_{OT} 较小时，材料容易发生塑性变形。这有三点好处：一是可以促使应力集中点的应力均匀化，降低应力集中的作用；二是可使内应力重新分布，减小残余内应力的大小和影响；三是可通过一定的塑性变形位移，使外力做功，消耗一部分内能，减小脆性破坏的危险性。

如果材料的塑性较差，如 D_2 在外力增大时，就会在金属缺陷部位逐渐积累起较大的弹性变形能，一旦条件成熟，裂纹扩展，积累起来的弹性变形能释放出来，就会成为裂纹失稳扩展的动力，形成瞬间发生的脆性断裂。

以上 3 点中，（1）是加载方式，属外因；（2）（3）反映结构抗力，属内因。是否脆断，需综合分析。

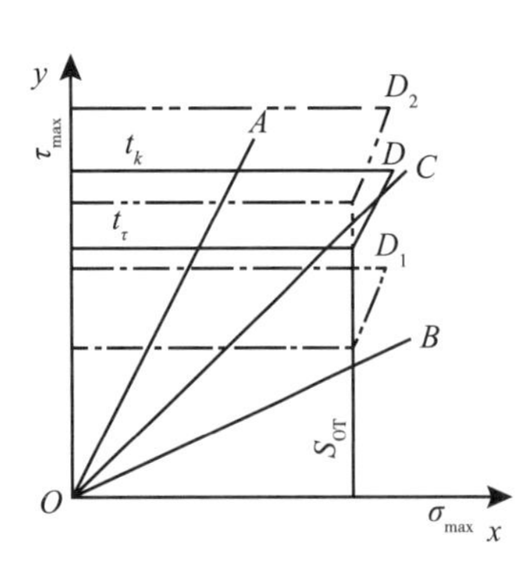

图 7.5　力学应力状态图

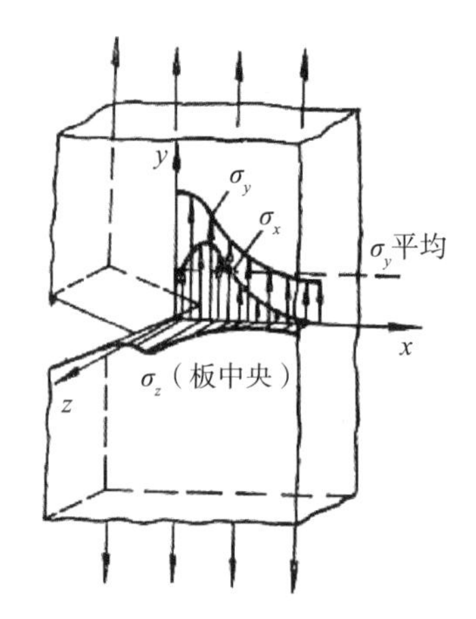

图 7.6　缺口根部应力分布示意图

2）环境温度

低温会改变材料性质，降低金属材料抗脆断的能力。温度较高会增大金属原子的活力，容易发生塑性变形，不易产生脆性断裂。低温会使金属材料变脆，发生（延 / 脆）转变，脆断多发生在低温时。

3）加载速率

正应力反映金属内部弹性变形的大小。正应力以声速在金属介质（钢）中传播，钢中声速 4982 m/s，而塑性变形只能以比较缓慢的速度传播。以冲击、爆裂等高速加载方式加载时，金属常常来不及产生塑性变形，就首先发生脆性断裂了。值得强调的是，表面形状突变、缺陷、裂纹等造成的应力集中，同样具有增大加载、应变速率的作用。所以，应力集中是促成脆性断裂的重要因素。

内因，即结构抗力是预防脆性断裂的根基；外因，即荷载性质、加载速率、环境因素等，是发生脆性断裂的条件。内因和外因须同时兼顾，方能避免脆断灾害的发生。

7.2.2.3 预防脆性断裂的措施

造成低应力脆性断裂的主要原因，可概括为两点：①材料在工作条件下的韧性不足；②缺陷的存在和过大的拉应力（包括工作应力、残余应力、附加应力和应力集中等）。

针对这两点，预防措施需考虑以下四个方面。

1. 材料选择

按照使用要求，对材料的强度要求较高时，对其塑性韧性的要求也较高（图 7.7 中 S 线）。但是，实际结构材料及其生产制造工艺所能达到情况，却与需求相反，如图 7.7 所示。材料强度较低时，常有较大的塑性储备，而材料强度较高时，塑性韧性却明显不足。

焊接接头难免有焊接缺陷。低强材料的焊接接头采用高组配，是高强度组配，承载后母材屈服时，焊缝的变形仍然很小，不易发生颈缩，虽然焊缝中可能有缺陷，但仍能保证接头与母材等强度。高强材料的焊接接头采用低组配，实际上，这是高韧性组配，焊缝材料化学成分纯度高、杂质少，韧性好。接头承载时，焊缝金属和母材相比，有一定的塑性变形能力，有利于减小缺陷或应力集中的影响，促使应力均匀化，推迟裂纹的萌生，减缓裂纹的扩展（图 7.8）。另外，高韧性、低组配的焊接接头，工艺性好、焊接缺陷少。焊缝宽度较窄时（窄间隙焊接），高韧性、低组配的焊接接头能与母材等强度。

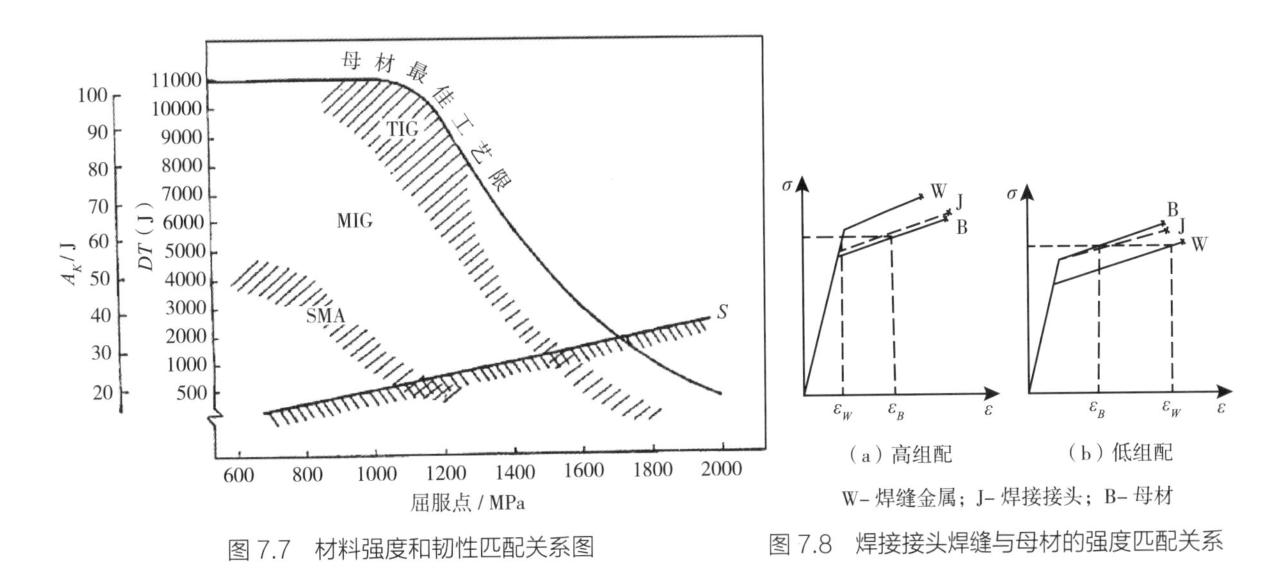

图 7.7　材料强度和韧性匹配关系图　　图 7.8　焊接接头焊缝与母材的强度匹配关系

高强材料焊接结构选材时，要以材料韧性指标（A_K、K_{Ic}、J_{Ic}、δ_c 等）的优劣为衡量标准。A_K 与 K_I之间有相应的对照表格可查。K_I、J_I、δ 之间有相应的公式可以相互换算。

2. 结构设计

（1）尽量采用合理的结构形式去提高结构的强度、刚度等承载能力，盲目加厚、加大构件尺寸，并非最优措施。厚度大，则冶金缺陷较多，容易引起三向应力和应力集中。

（2）尽量减小结构和焊接接头部位的应力集中，尽量采用应力集中系数较小的对接接头，并注意开缓和槽，做到圆滑过渡，必要时可以修磨平滑，如图 7.9 和图 7.10 所示。

（3）尽量避免接头区局部刚度过大，如图 7.11 所示，局部刚度越大，对应力集中越敏感。

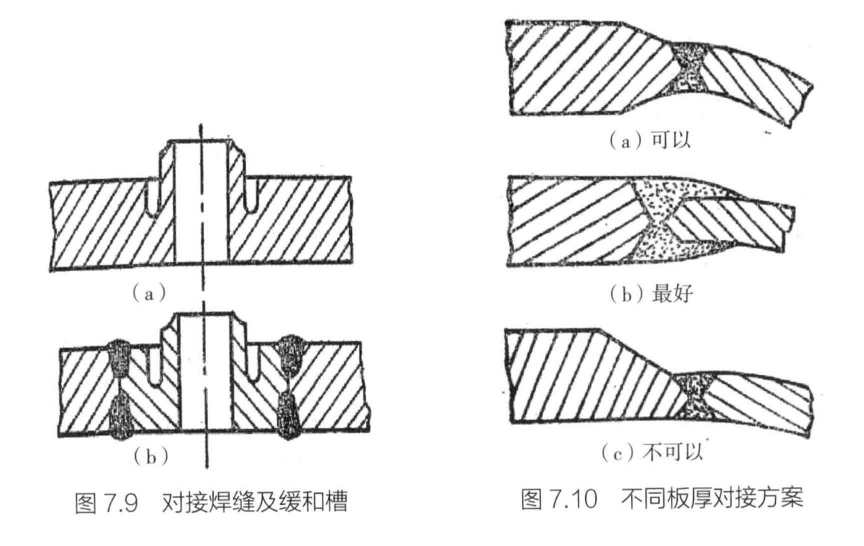

图 7.9　对接焊缝及缓和槽　　图 7.10　不同板厚对接方案

（4）注意结构中次要元件的质量。次要附件的结构形式不好，或焊接质量不好，也可能引起主干结构的破坏。

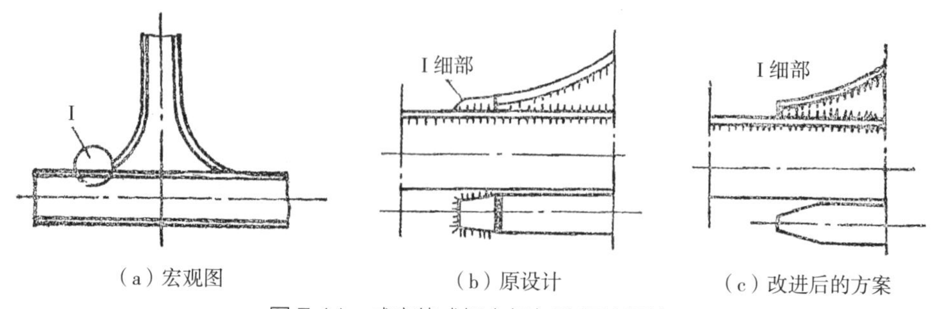

（a）宏观图　（b）原设计　（c）改进后的方案

图 7.11　威廉德式桥立杆与弦杆的焊接

3. 合理安排结构制造工艺

（1）合理选择焊接材料、焊接方法和焊接工艺参量，控制焊接线能量，尽量减小工艺缺陷。

（2）严格生产管理和产品检验制度，把工艺缺陷（引弧、熄弧弧坑、夹渣、咬肉等）消灭在生产过程中。不可随意在工件上焊附件，去掉时要磨平。

（3）采用过载拉伸、热处理等适当的措施，消除或改善结构的残余应力分布。

（4）妥善保管产品成品、半成品，避免造成附加应力，温度应力等。

4. 正确使用，精心维护

注意工作环境防腐，防止环境温差造成内应力，防止结构重要部位受到急冷的袭击。

7.2.3 疲劳断裂及其预防

有关数据表明，焊接结构中相当部分的断裂是由于焊接接头处的疲劳破坏引起的。受焊接制造工艺影响，在接头部位常不可避免地会出现各种焊接缺陷，如未熔合、未焊透、咬边等，导致的结构不连续将引起局部的应力集中，尤其是当焊趾或者焊根高应力集中区存在缺陷时，可进一步加剧这些疲劳危险部位的应力集中程度，将极大影响焊接接头的疲劳强度。

焊接接头有两种典型疲劳破坏模式：①母材基板破坏（模式 A），裂纹起始于焊趾，或者起始于焊根，与接头几何形状相关；②焊缝破坏（模式 B），裂纹穿透焊缝熔合线附近的金属材料，或者接近于熔合线。从断裂力学的观点看，模式 A 疲劳裂纹应当取决于破坏位置板截面方向相对于裂纹平面的法向应力分布，而模式 B 取决于给定破坏路径所定义的裂纹平面法向应力分布，或者穿透焊缝，或者穿透熔合线。与破坏模式 B 相比，破坏模式 A 的疲劳 S–N 数据显示出更少的离散性。

造成上述不同破坏模式的原因是：模式 A 裂纹处应力状态在给定板厚时能够准确得到，而模式 B 的破坏路径相关应力状态取决于实际焊喉尺寸，即便在试件中的同一条焊缝内，焊喉尺寸也会发生明显变化。另外，破坏路径的任何变化都会增加数据离散性。美国华裔科学家 Ping–Sha Dong 教授在新奥尔良大学期间，对不同厚度及焊角的十字焊接接头进行了试验对比，从理论及试验上证明，通常在焊脚尺寸大于 0.75 倍左右的厚度时（对于钢，如图 7.12 所示），模式 B 的破坏可以避免，焊缝的强度就可以满足设计要求。这个重要参数的确定，对工程设计人员选择焊角尺寸具有一定参考意义。

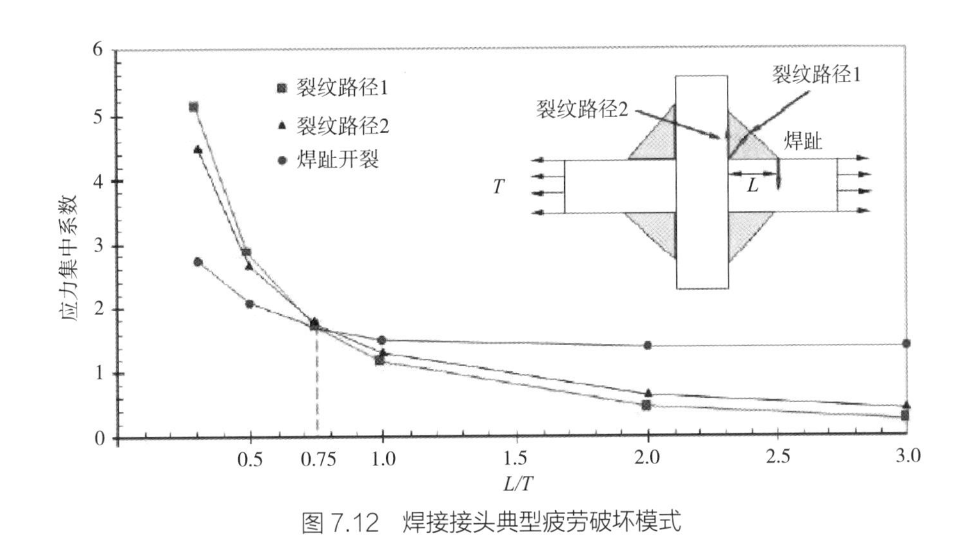

图 7.12　焊接接头典型疲劳破坏模式

焊接结构的疲劳断裂预防措施应贯穿在产品设计、生产制造、生产管理、质量检验等完整过程中。提升抗疲劳设计、做好材料选择、规范设计焊接结构是前提。要严格执行、运行焊接体系，做好焊前、焊中、焊后质量检验。

根据采购合同、设计任务书、设计方案、设计图样、工艺方案、涂装方案，按照企业管理流程、技术流程、生产流程的规定，在设计、工艺、质检、生产、设备、安全、人力资源等多个环节综合做好措施，才能提焊接产品抗疲劳能力。

7.3 断裂力学及其在焊接中的应用

7.3.1 断裂力学的概念、任务及对象

常规的强度计算方法中，以 σ_s、σ_b 来衡量材料的抗断能力，并把材料抽象为均质、连续和各向同性的，不计算材料内部缺陷、内应力、表面应力集中的作用，而以安全系数统筹考虑它们的影响。这在过去以单质低强材料为主的时代无疑是切实可行的，因为这些材料有足够的塑性储备，内部缺陷、应力集中、内应力会通过局部塑性变形，使其影响逐渐消失。近代高强合金材料大量涌现，强度越来越高，结构越来越轻巧，但材料的塑性储备越来越小，对缺陷、应力集中、内应力的影响越来越敏感，低应力脆性破坏事故屡屡发生，给人类造成巨大损失，于是断裂力学应运而生。

7.3.1.1 断裂力学的概念和任务

断裂力学即裂纹体力学，是专门研究裂纹体中，裂纹在萌生、扩展中的力学理论及其应用问题

的科学。这里所指的裂纹是广义的，材料中的微小缺陷，也被视作微裂纹。

研究表明，结构的脆性破坏，与名义工作应力关系不大，直接取决于临近缺陷位置的局部应力和应力集中程度。结构的低（工作）应力破坏是由宏观裂纹的扩展而引发的。

断裂力学通过研究裂纹尖端局部区域的应力、应变（方向、大小、分布）情况，了解裂纹在应力作用下的扩展规律，以确定带裂纹构件（即裂纹体）的承载能力或使用寿命，保证构件安全工作。

裂纹扩展有稳定扩展（又称亚临界扩展）和不稳定扩展（失稳扩展）两种：①裂纹只有不断接受外界能量，才会扩展的情况，如疲劳裂纹扩展，称为稳定扩展；②不须外界提供能量，裂纹就能快速扩展的情况，如低应力脆性断裂，称为失稳扩展。

裂纹失稳扩展的原因：①裂纹较长，裂纹尖端应力集中严重，裂尖区域成为三向拉伸的脆性应力状态；②裂纹扩展中释放的弹性应变能随裂纹长度递增，形成失稳状态，并放出多余能量。临界裂纹尺寸的大小随裂纹体的应力水平，或随裂尖区域应力场场强的增大而减小。

断裂力学的任务在于：①研究宏观裂纹在什么条件下才会导致失稳扩展，引发脆性断裂；②建立裂纹尺寸与破坏应力之间的关系。这对结构安全设计、合理选材、改进材质和施工工艺，以及制订裂纹体力学的概念标准等都有重要意义。

7.3.1.2 断裂力学按适应对象分类

（1）理想弹性材料。线弹性断裂力学，首先将材料当作理想的线弹性体来研究断裂机理，即研究裂纹体的应力应变状态和裂纹扩展规律。对此研究结果稍做修整，可用于裂纹尖端产生小范围屈服的研究，在工程实践中应用于超高强度钢、厚截面的中强度钢结构，其塑性变形小；对中低强度钢的结构，作修改后，可作近似估计。

（2）弹塑性材料。非线性断裂力学，用弹塑性线性理论来分析裂纹尖端存在塑性变形的区域，并分析其断裂破坏机理，可用于中、低强度，并具有较大韧性的材料。

7.3.2 线弹性断裂力学简介

7.3.2.1 应力强度因子

超高强度钢或较厚的高强度材料，断裂前的变形基本上是弹性变形，没有明显的塑性变形发生，一般称这些材料为脆性材料并称其应力状态为脆性应力状态。线弹性断裂力学认为：材料脆性断裂之前基本上是弹性变形，应力和应变之间是线性关系，在这样的条件下，可以用材料力学、弹性力学来分析裂纹扩展规律。

其中，裂纹尖端附近各应力分量的大小及分布如下：

$$\sigma_x=\sigma\sqrt{\pi a}\cdot\cos(\varphi/2)\left[1-\sin(\varphi/2)\ \sin(3\varphi/2)\right]\Big/\sqrt{2\pi r} \tag{7-6}$$

$$\sigma_y=\sigma\sqrt{\pi a}\cdot\cos(\varphi/2)\left[1+\sin(\varphi/2)\ \sin(3\varphi/2)\right]\Big/\sqrt{2\pi r} \tag{7-7}$$

$$\tau_{xy}=\sigma\sqrt{\pi a}\cdot\sin(\varphi/2)\cos(\varphi/2)\cos(3\varphi/2)/\sqrt{2\pi r} \quad (7-8)$$

式中：φ 与 r——如图 7.13，裂尖区域分析点，相对裂尖的极坐标位置；

σ——远离裂纹并与裂纹垂直的名义正应力。

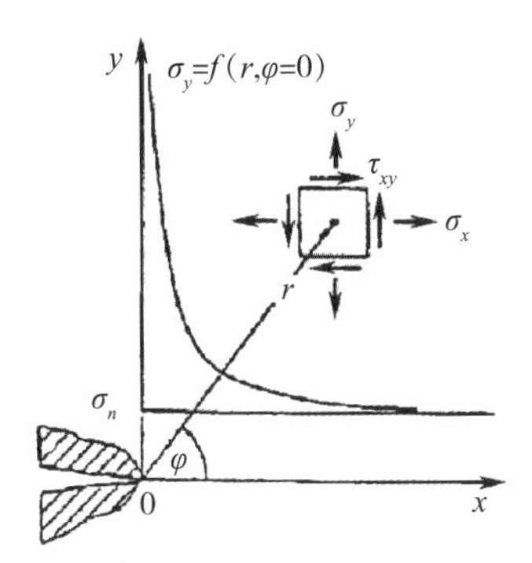

图 7.13　在裂纹平面上裂纹张开应力 σ_y 的分布

从公式（7–6）~ 公式（7–8）可以看出，"·" 后面是与分析点位置有关的几何参量，而 "·" 前面 $\sigma\sqrt{\pi a}$是裂纹体，在名义正应力作用下，处于弹性平衡状态时，反映裂纹尖端附近应力场强度的力学参量，称为应力强度因子，裂纹扩展类型属 I 型，故用 KI 表示，对于裂纹长度 $2a$ 的无限大板：

$$K_{\mathrm{I}}=\sigma\sqrt{\pi a}=Y\sigma\sqrt{a} \quad (7-9)$$

式中，Y 为裂纹形状因子，是一个无量纲的系数。K_{I} 的单位是$\mathrm{N/mm^{\frac{3}{2}}}$。

7.3.2.2 裂纹扩展类型

裂纹是引发结构脆性断裂的主要因素，常见裂纹可分为穿透裂纹、表面裂纹、内部裂纹 3 种。

裂纹在外力作用下的扩展方式，如图 7.14 所示，有 3 种：

（1）Ⅰ型，张开型：在垂直裂纹面的拉应力作用下，使裂纹张开而扩展。

（2）Ⅱ型，滑移型：在平行裂纹表面，且平行裂纹前缘的切应力作用下，使裂纹滑动而扩展。

（3）Ⅲ型，撕裂型：在平行于裂纹表面而垂直于裂纹前缘的切应力作用下，使裂纹撕开而扩展。

张开型裂纹容易扩展，最常见，又最危险，这种类型的低应力脆断问题研究得较多。

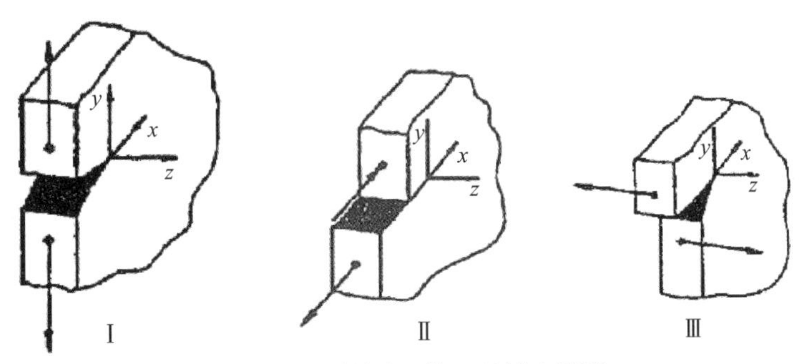

图 7.14　裂纹张开的三种基本类型

7.3.2.3 简化断裂力学计算的两种特殊情况

1. 平面应力状态

任何弹性物体受力时，都存在三维应力、应变问题。若无限大薄板，板面外没有施力物体，则表面$\sigma \equiv 0$；薄板厚度方向拘束很小，内部$\sigma_z \approx 0$，基本属于平面应力状态。

应力：$$\sigma_x = E\left(\varepsilon_x + \mu\varepsilon_y\right)/\left(1-\mu^2\right) \tag{7-10}$$

$$\sigma_y = E\left(\varepsilon_y + \mu\varepsilon_x\right)/\left(1-\mu^2\right) \tag{7-11}$$

$$\tau_{xy} = G\gamma_{xy} \tag{7-12}$$

$$\sigma_z = 0,\ \tau_{xz} = 0,\ \tau_{yz} = 0 \tag{7-13}$$

应变：$$\varepsilon_x = \left(\sigma_x - \mu\sigma_y\right)/E \tag{7-14}$$

$$\varepsilon_y = \left(\sigma_y - \mu\sigma_x\right)/E \tag{7-15}$$

$$\varepsilon_z = -\mu\left(\sigma_x + \sigma_y\right)/E \tag{7-16}$$

$$\gamma_{xy} = \tau_{xy}/G = 2\tau_{xy}\left(1+\mu\right)/E \tag{7-17}$$

平面应力状态，属三维空间应变的状态。

2. 平面应变状态

沿大厚度板板面方向，作用拉伸荷载，板面内（即x、y方向）的应力及其弹性应变是主要的；厚板中层，厚度z方向的拘束不能忽略，即$\sigma_z \neq 0$，形成三向拉伸状态，很难产生塑性变形，$\varepsilon_z \approx 0$，近乎平面应变状态；断裂力学假定把受力的弹性裂纹体上、下表面（z方向）固定起来，使z方向不能收缩，即$\varepsilon_z=0$的情况称为平面应变状态。

应变：$$\varepsilon_x = \left(1+\mu\right)\left[\left(1-\mu\right)\sigma_x - \mu\sigma_y\right]/E \tag{7-18}$$

$$\varepsilon_y = \left(1+\mu\right)\left[\left(1-\mu\right)\sigma_y - \mu\sigma_x\right]/E \tag{7-19}$$

$$\gamma_{xy} = 2\left(1+\mu\right)\tau_{xy}/E \tag{7-20}$$

$$\varepsilon_z = 0 \tag{7-21}$$

应力：$$\sigma_x = \left(1-\mu\right)E\left[\left(1-\mu\right)\varepsilon_x + \mu\varepsilon_y\right]/\left[\left(1+\mu\right)\left(1-2\mu\right)\right] \tag{7-22}$$

$$\sigma_y = \left(1-\mu\right)E\left[\left(1-\mu\right)\varepsilon_y + \mu\varepsilon_x\right]/\left[\left(1+\mu\right)\left(1-2\mu\right)\right] \tag{7-23}$$

$$\sigma_z = \mu\left(\sigma_x + \sigma_y\right) \tag{7-24}$$

$$\tau_{xy} = G\gamma_{xy} \tag{7-25}$$

板厚增加，塑性变形的难度增大，容易造成三向拉伸状态，引发低应力脆性断裂。

7.3.2.4 线弹性断裂力学的应用方法

张开型裂纹在平面应变条件下，最容易产生失稳扩展。现在重点分析张开型裂纹尖端的应力强

度因子 K_I。K_I 与应力大小成正比，是反映裂尖区域应力场强度的力学参数。构件中的裂纹，在外力作用下，逐渐长大。与此同时，构件裂尖应力强度因子 K_I 也随之逐渐增大。当 K_I 达到临界之后，构件中的裂纹将突然失稳扩展。应力强度因子的这个临界值，称为临界应力强度因子，用 K_{Ic} 表示，它就是材料的断裂韧性，它反映材料抵抗脆性断裂，或裂纹失稳扩展的能力。平面应变条件下，材料抵抗脆性断裂的判据是：

$$K_I < K_{Ic} \tag{7-26}$$

材料断裂韧性 K_{Ic} 的值，通过试验求得，K_{Ic} 与材料的种类和状态有关。

7.3.2.5 线弹性断裂力学的应用范围及其在小塑性区的近似应用

线弹性断裂力学只适用于线弹性体，而实际金属材料在裂纹尖端区总有小量塑性变形，原则上不适于线弹性断裂力学。但当裂尖塑性区尺寸远小于裂纹长度（称小范围屈服）时，仍可按线弹性断裂力学，近似估算其真实性能。

7.3.3 非线性（弹塑性）断裂力学简介

中低强度材料、裂纹尖端的塑性区尺寸与裂纹长度，可以达到同一数量级，发生所谓大范围屈服的情况。裂纹尖端发生塑性变形的过程中，应力缓缓增加，裂尖应力场强度变化不大，应力强度因子不能反映裂尖区域金属不断硬化变脆的危险情况，要用弹塑性断裂力学的方法来解决这类问题，用裂纹尖端张开位移（COD）和形变功率（J 积分）等来描述大范围屈服裂纹尖端的力学状态。

1. 裂纹尖端张开位移 COD

COD 就是材料受载后裂纹尖端的张开位移，用 δ 表示。它是描述裂尖区应力形变场强度的一个力学参量，能反映裂纹尖端能量聚集和金属硬化变脆的程度。用测试的办法先测量裂纹表面的张开位移，再根据相应的计算公式推算裂纹尖端的张开位移。

当裂纹尖端的张开位移 δ 达到临界值 δ_c 时，会发生失稳扩展，形成低应力脆性断裂。临界值 δ_c 是材料断裂韧性的指标之一。

预计材料屈服破坏的判据 $\delta < \delta_c$，可作为工作应力与裂纹临界尺寸之间的关系。

2. J 积分

J 积分有两种定义或表达方式，一为回路积分定义，另一为形变功率定义。前者由围绕裂纹尖端区域（应力、应变和位移场）组成的线积分给出；后者由外加荷载，通过施力点位移，对试件作的形变功（变成裂纹体内能及塑性变形消耗），相对裂纹长度的变化率来定义。J 积分值与积分路线无关。该数值在弹性体中为应变能密度；在弹塑性情况下，包括弹性应变能和塑性形变功在内，反映裂纹尖端应力形变场的强度。当裂纹尖端应力形变场强度 J 积分达到临界值 J_{Ic}，即 $J_I \geqslant J_{Ic}$ 时，裂纹失稳扩展。

7.3.4 断裂韧性 K_{Ic}、δ_c、J_c 的测定

7.3.4.1 断裂韧性 K_{Ic} 的试验方法

断裂韧性试验不同于一般的机械性能试样，它有两个基本特点：试样需预制疲劳裂纹和试样需有足够的厚度（保证裂纹尖端处于平面应变状态）。

试样尺寸必须满足：①厚度 $B \geqslant 2.5(K_{Ic}/R_{p0.2})^2$；②裂纹长度 $a \geqslant 2.5(K_{Ic}/R_{p0.2})^2$；③宽度 $W-a \geqslant 2.5(K_{Ic}/R_{p0.2})^2$。

通常推荐宽度（W）是厚度（B）的两倍，见图 7.15。

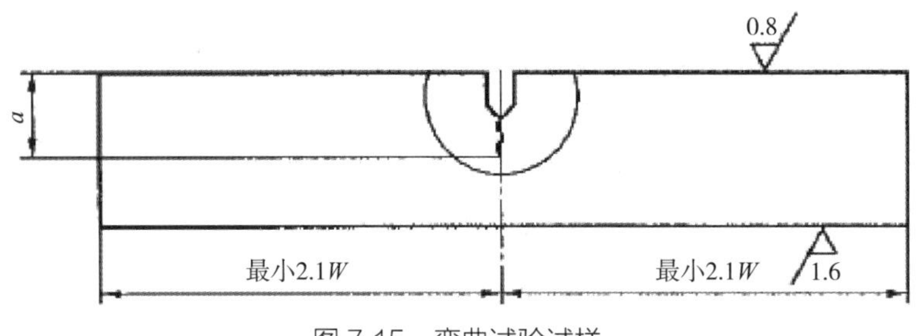

图 7.15　弯曲试验试样

获得断裂韧性 K_{Ic} 常用两种试验方法，弯曲试样试验和紧凑拉伸试验试验，弯曲试样试验是其中应用最广泛的一种。

三点弯曲试验需对试样进行三点弯曲加载，并通过测得的荷载 P_Q- 位移 V 曲线（图 7.16），可计算出与临界条件相应的参量值。

$$K_Q = (P_Q S / B W^{\frac{3}{2}}) \times f(a/W) \tag{7-27}$$

式中：K_Q —— K_{Ic} 的条件值；

P_Q —— 特定的力值；

S，B，W —— 试样尺寸相关值；

$f(a/W)$ —— 裂纹形状因子，是一个无量纲的系数。

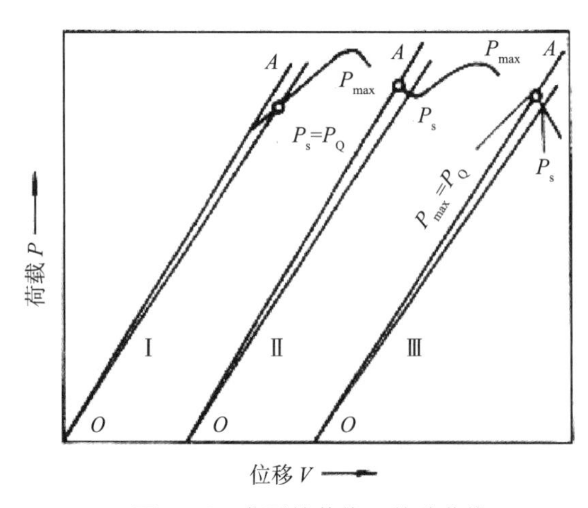

图 7.16　典型的荷载 - 位移曲线

7.3.4.2 断裂韧性 δ_c 和 J_{Ic} 的试验方法

δ_c 和 J_{Ic} 同样可以使用弯曲试样试验和紧凑拉伸试验法。焊接结构大量采用中、低强度钢、这些材料多数是在弹塑性条件下发生断裂，一般都采用 δ_c 进行评定。

CTOD 试验方法（裂纹张开位移法）中的 δ_c 是指在预制疲劳裂纹尖端，裂纹两表面相对于原始未变形裂纹平面的垂直位移量。

7.3.5 疲劳寿命的设计

7.3.5.1 疲劳裂纹的亚临界扩展

一个含初始裂纹 a_0 的构件，只有荷载应力达到临界值 σ_c 时（图 7.17），亦即当裂纹尖端的应力强度因子 K_I 达到临界值 K_{Ic} 时，才会失稳破坏。

一个有初始裂纹 a_0 的构件承受 $\sigma_{max} = \sigma_0 < \sigma_c$ 的循环应力时，裂纹会发生缓慢扩展。初始裂纹 a_0 扩展到临界裂纹 a_C 的过程，称为疲劳裂纹的亚临界扩展阶段。研究疲劳裂纹亚临界扩展规律，对结构的疲劳寿命设计和确定现役结构的疲劳寿命具有重要的理论意义和实用价值。

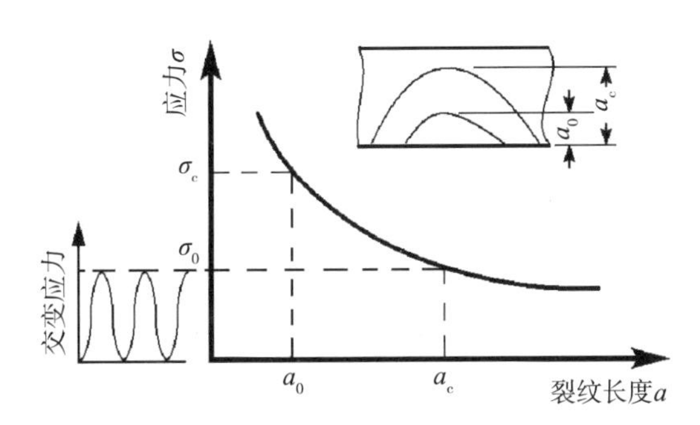

图 7.17　亚临界裂纹扩展与临界尺寸

7.3.5.2 疲劳裂纹扩展规律

疲劳寿命设计有两种设计原则如下。

（1）按疲劳裂纹萌生寿命设计：该设计法以积累损伤不产生疲劳裂纹为限度。

（2）按疲劳裂纹扩展寿命设计：该设计法以积累损伤，疲劳裂纹不失稳扩展为限度。

疲劳裂纹扩展速率计算公式如下。

一般公式：

$$\mathrm{d}a/\mathrm{d}N = f(a, \sigma, C) \tag{7-28}$$

式中：C —— 与材料有关的系数。

帕瑞斯公式：

$$\mathrm{d}a/\mathrm{d}N = C(\Delta K)^n \tag{7-29}$$

式（7-29）中，$n=2 \sim 7$（塑～脆）。

对于无限大薄板：

$$K = \sigma\sqrt{\pi a} \tag{7-30}$$

$$\Delta K = \Delta\sigma\sqrt{\pi a} \tag{7-31}$$

帕瑞斯的实验结果如图7.18所示，可见亚临界裂纹扩展速率不受试样几何形状和加载方式的限制，各实验点都落在一条直线上，裂纹扩展的速率直接受应力强度因子幅值 ΔK 的控制。但图7.19的结果说明，ΔK 相同，r 不同，裂纹扩展速率并不相等，这说明，帕瑞斯公式过分强调了 $\Delta\sigma$，即 ΔK 的作用，而忽视了 K_{max} 增大，特别是趋近 K_{Ic} 时，对裂纹扩展的加速作用。考虑了上述因素的是福曼公式：

$$\begin{aligned} da/dN &= C \cdot \Delta K^n / \{(1-r)K_{Ic} - \Delta K\} \\ &= C \cdot \Delta K^n / \{(K_{Ic} - K_{max}) \cdot \Delta K / K_{max}\} \\ &= C(\Delta K)^n \cdot K_{max} / \{(K_{Ic} - K_{max}) \cdot \Delta K\} \end{aligned} \tag{7-32}$$

式中：$1-r = 1-K_{min}/K_{max} = \Delta K/K_{max}$。

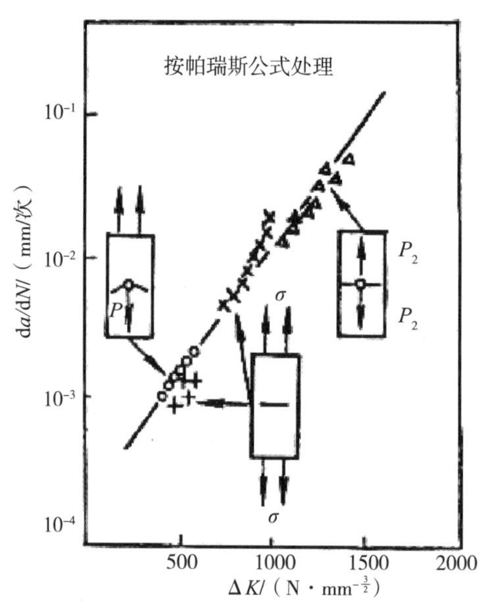

图7.18　不同加载方式的实验结果

以福曼公式处理图7.18的实验结果，绘到图7.20上，其直线度更好。但许多高韧性材料难以测出 K_{Ic}，难以使用此公式。合并 K_{max}、$K_{Ic}-K_{max}$ 作用的是华格公式：

$$\begin{aligned} da/dN &= C\left[K_{max} \cdot (1-r)^m\right]^n \\ &= C\left(K_{max} \cdot \Delta K^m / K_{max}^m\right)^n = C\left(\Delta K^m \cdot K_{max}^{1-m}\right)^n \end{aligned} \tag{7-33}$$

式中，$m<1$：不锈钢（301型）$m=0.667$；铝合金2024-T3　$m=0.5$；7075-T6　$m=0.425$。

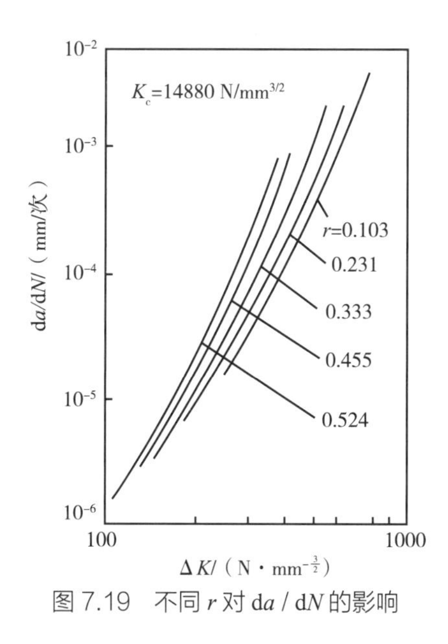

图 7.19　不同 r 对 da / dN 的影响

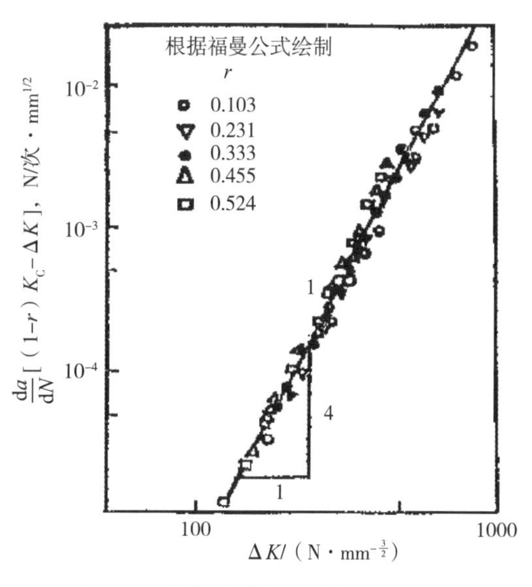

图 7.20　福曼公式处理后的 da / dN 图

数据处理结果见图 7.21。$n=2\sim7$，是图中直线的斜率。ΔK 在较大的范围内变化时，如图 7.22 所示，n 有不同的数值。能够反映这一广域情况的是陈篪公式：

$$\mathrm{d}a/\mathrm{d}N=\left[\left(\Delta K^2-\Delta K_{\mathrm{th}}^2\right)/\left(K_{\mathrm{Ic}}^2-\Delta K^2\right)\right]^p。\tag{7-34}$$

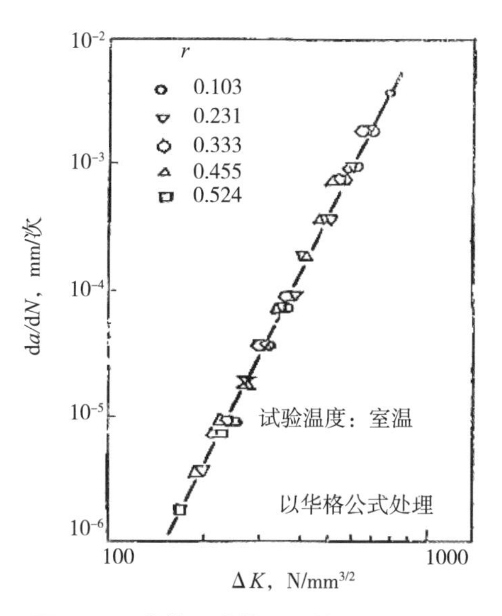

图 7.21　华格公式处理后的 da / dN 图

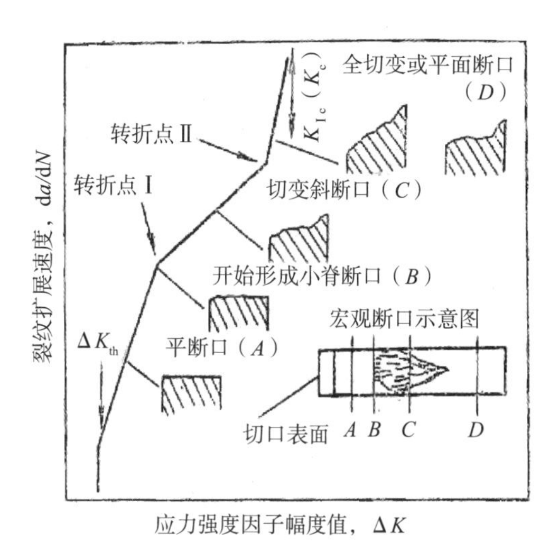

图 7.22　da / dN − ΔK 的一般关系图

7.3.5.3 裂纹扩展寿命的估算

若经过 N_0 次疲劳循环，裂纹扩展到 a_0 长，再由 K_{Ic} 计算出裂纹失稳扩展的临界尺寸 a_c，即可根据上述公式，如帕瑞斯公式 $\mathrm{d}a/\mathrm{d}N=C(\Delta K)^n$，求定积分，得出剩余寿命：

$$N=N_f-N_0=\int_{N_0}^{N_f}\mathrm{d}N=\int_{a_0}^{a_c}\frac{\mathrm{d}a}{C(\Delta K)^n}\tag{7-35}$$

对于无限大板中心穿透裂纹的情况：$\Delta K=\Delta\sigma\sqrt{\pi a}$，代入式（7-35）得：

$$N=N_f-N_0=\frac{1}{C}\frac{2}{n-2}\frac{a_c}{\left(\Delta\sigma\sqrt{\pi a_c}\right)^n}\left[\left(\frac{a_c}{a_0}\right)^{\frac{n}{2}-1}-1\right] \tag{7-36}$$

式中$n\neq 2$；

若$n=2$，则剩余寿命：

$$N=N_f-N_0=\frac{1}{C}\frac{1}{\left(\Delta\sigma\sqrt{\pi}\right)^n}\ln\frac{a_c}{a_0} \tag{7-37}$$

与 $\Delta\sigma$ 相比，π、a_c、a_0、n 等都是不变或基本不变的数，将它们合并到常数 C 中，上面的两个公式可以简化为：$N=\frac{C}{\Delta\sigma^m}$（用于国际焊接学会设计规范）或$\Delta\sigma=\left(\frac{C}{N}\right)^{\frac{1}{m}}$（用于我国钢结构标准）。

7.4 断裂力学的评定应用

7.4.1 断裂力学“合于使用”评定标准状况

对于焊接缺陷的评估标准是基于材料力学、弹塑性力学、断裂力学随着工业需要而逐步发展起来的。目前，主要的评估规范有 R6、BS 7910、API 579、SIN TAP、API 1104、CSA Z662 等标准。

“合于使用”评估方法是一项复杂的评估方法，它是基于材料性能、设计荷载情况等各种参数，通过断裂力学的方法，对焊缝缺陷进行系统性的评估。该方法在 1968 年已开始研究，1970 年英国标准协会成立了 WEE/37 委员会研究，设立以“合于使用”为准则的评估标准。经过近 10 年努力后，1980 年发布了 PD6493-1980 结构完整性评定标准。同期，其他国家和机构也开展了大量的缺陷评定研究，如英国中央电力局（CEGB）1980 年开发了 R6 评定方法；1996 年欧洲委员会（European Commission）为了建立一个统一的欧洲实施合乎使用性评定标准，并于 1999 年开始组织欧洲 9 个国家的 17 个组织研究，在 1999 年完成了“欧洲工业结构完整性评定方法”，简称为 SINTAPI 标准。同时，R6 及 BS PD 6493 也相继修订出版了新的标准，即 R6(第 4 版）和 BS 7910。美国最早于 1990 年开始，由美国材料委员会（Material Properties Council）在世界范围内组织了 25 家石油、石化和相关企业，讨论建立 FFS 的评估方法。2000 年，API 结合 MPC-FFS 研究成果，颁布了针对在役石油化工设备的合乎使用评定的标准 API 579。多个“合于使用”评定规范的颁布，使“合于使用”评定技术完全进入工程应用时代，为工程技术人员提供了有力的焊接缺陷评估工具。现在简要介绍以下几种。

7.4.1.1 CEGB R6 失效评定准则

英国中央电力局（CEGB）提出的 R6 评定准则是一个双判据准则，该准则经历了多次修订。

1976 年英国 CEGB 发表了题为“带缺陷结构完整性评价”R/H/R6 报告，给出了一条失效评定曲线，1977 年作了第一次修订，1980 年进行了第二次修订，1986 年第三次修订对老 R6 曲线作了彻底地修改，以 J 积分取代窄条区屈服模型，给出了 3 条失效评定曲线。对于塑性失稳荷载的计算，把 1986 年以前以材料的流变应力为基础改为以材料的屈服强度为基础，R6 第三版后已陆续地增补了 10 个新附录。由于近年来断裂力学评定技术的发展，特别是欧洲工业结构完整性评定方法（SIN TAP）、英国 BS 7910 和美国 API 579 的出现，由英国核电公司、英国原子能管理局、英国核燃料公司组成的 R6 研究组对 R6 作了新的修改，于 2001 年颁布了第 4 次修订版。

7.4.1.2 API 579 标准

美国结构完整性评定规范推出的是 API 579（推荐用于合乎使用的实施方法）和 API 580：2000 “Recommended practice for risk base inspection”。API 579 标准的工业背景为石油化工承压设备，特点更多反映了在役石油化工设备的安全评定。API 579：2007 评定标准的特点为不仅包含了裂纹型缺陷评估的方法，还包含了腐蚀、蠕变、机械损伤等一系列评估方法。

该标准裂纹型缺陷的评估方法同样是基于失效评估图进行的，评定分为三级评定。水平 1，适用于远离结构不连续处受压的圆筒、球罐和平板中的裂纹型缺陷；水平 2，适用于一般壳体结构中结构不连续处的裂纹型缺陷，水平 2 中需要材料的性质和荷载条件的详细资料，而且需要对裂纹处的应力状态进行分析；水平 3，用于不适用于水平 1、水平 2 评价的场合，水平 3 同样适用于服役期间不断扩展的缺陷。

API 579 中的水平 1 给出了各种不同情况下裂纹的评定曲线图，可以根据构件和裂纹尺寸选择评定图，计算确定一定条件下的裂纹缺陷容限，然后对缺陷进行评估。API 579 中水平 2 和水平 3 所采用的失效评定曲线同 BS 7910 水平 2A 和水平 2B 中使用的失效评定曲线一致。

7.4.1.3 BS 7910 标准

英国标准委员会在 PD 6493 基础上建立了 BS 7910“金属结构缺陷验收评定方法导则”。在这个标准中，它提供了平面缺陷断裂力学的评定方法、质量等级的评定方法。前一种评定方法是针对平面缺陷的评定方法，在实际评定中如果对缺陷有怀疑或不能确定其种类时，就要将其视为平面缺陷，使用断裂力学的方法进行评定。对结构疲劳评定的目的是评定在役结构中缺陷对疲劳强度的影响，或依据适合于使用原则估计结构的最大缺陷容许尺寸，该标准中给出了各种缺陷疲劳评定的具体方法。

R6、BS 7910 的工业背景主要是电站（包括核电）及海洋石油平台，它们的发展主要反映了缺陷的断裂评定技术（包括塑性失效评定）和疲劳评定技术的发展历程。

英国标准委员会 WEE/ 37 在 BS 7910：1999 版的基础上新编制了 BS 7910：2005 版本，标准涵盖了所有的缺陷失效形式，但重点介绍了断裂失效、疲劳失效和蠕变失效 3 种失效形式。

7.4.1.4 SIN TAP 标准

SIN TAP（Structural Integrity Assessment Procedures for European Industry）是由欧洲多个国家、企

业资助，于2000年发布试行的欧洲统一工业结构完整性评定标准。该标准对脆性断裂、延性撕裂、塑性失稳等都有表述。它结合欧洲及其他国家现有的部分评定标准，并在其基础上作出了适当地改进和发展。

该标准共分7个评定水平：只知屈服应力时使用缺省0水平，该水平从夏比冲击数据估计断裂韧性；当屈服应力、最大拉伸应力及接头强度不匹配程度小于10%时，可进行水平1基本评定；水平2为失配评定，与水平1数据基本相同，在母材和焊材参数已知情况下，接头不匹配程度可以稍高于10%；水平3为应力应变评定，要求全部应力应变曲线已知；水平4为拘束评定，需要额外的数据进行与裂尖拘束状况相关的断裂韧性估计；水平5为J积分评定，采用应力应变数据进行数值分析以确定J值，与低水平相比降低了保守度；水平6裂前泄露（LBB）评定，可对部分穿透及穿透裂纹的稳定与扩展进行考察。

SIN TAP标准和英国标准BS 7910利用FAD图方法进行评定时，横坐标反映的都是含缺陷结构趋向于发生塑性失效破坏的程度，所秉承的思路是相同的。但两标准中对其具体求解的公式却各不相同。在标准BS 7910中，没有考虑可能存在的全面屈服失效机制，因此在评定中可能带来过度的保守度，在利用该标准求解横坐标时，不同的评定等级中，公式仍存有区别。在公式中，对结构可能发生的失效机制通过对参考应力σ_{ref}的求解加以体现。对于同一结构存在的缺陷进行评定可以发现，依据两种不同标准得到的横坐标值是不同的，即不同的评定标准对于可能发生的塑性失效的保守度是不同的。同时依据标准BS 7910，一级评定和二、三级评定求解的结果也是不同的，即评定的保守度是不同的。

7.4.2 断裂力学一般流程

在研究和处理脆性破坏问题时，应用断裂力学，可以解决以下一些问题：

（1）应用断裂力学的理论和方法，检测工程结构的安全可靠性。

（2）根据断裂力学的原则和判据，进行安全设计。

（3）按照断裂力学的指导思想，合理选择结构材料和施工工艺，发展新材料，新工艺，或寻找适宜的代用材料。

（4）对发生的低应力破坏事故，进行合理的调查分析，总结教训，提出改进措施。

应用断裂力学研究解决实际问题时，基本步骤如下：

（1）首先，对结构应力较大，应力集中比较严重或有问题的部位，通过无损探伤检测方法，查清缺陷的大小、数量、分布，按照国家相关标准，将这些缺陷简化为相应尺寸的内部缺陷、表面缺陷、穿透缺陷，并按规定换算成裂纹的等效尺寸$\bar{a}$。

（2）根据结构的具体尺寸形状、荷载及其应力集中情况，分析计算缺陷部位的应力和应变。计算应力、应变时，要将外载引起的应力、拘束应力、几何不连续性产生的应力集中、焊接残余应力等一并考虑进去。

（3）根据结构的具体情况，按照国家有关标准和断裂力学的规定，通过查阅、计算、分析和实验研究的方法，确定缺陷部位材料的力学性能指标：σ_s、σ_b、K_{Ic} 或 δ_c、J_c 等。

（4）根据缺陷部位的应力、应变情况及其材料力学性能指标，如 $K_{Ic}=Y\cdot\sigma\sqrt{a_c}$，计算临界裂纹尺寸 a_c；或根据裂纹等效尺寸$\bar{a}$及其力学性能指标，计算临界应力 σ_c。当然，不同的结构形式，Y 所包含的计算形式各不相同，许多情况下，还比较复杂。

（5）根据上述计算结果：①进行安全设计，计算最大允许应力$[\sigma]=\sigma_c/[n]$（$[n]$为容许安全系数）。在进行安全设计和制造时，最重要的还是尽量选用韧性指标高的材料，尽量减小应力集中，尽量减小有害的内应力，如有可能，尽量将有害内应力转变为有利的内应力；②进行安全评定，计算最大允许缺陷$[a]=a_c/[n]$，判定现有结构是否能够安全工作，现有缺陷是允许存在，还是必须返修。

7.4.3 断裂力学评估简要流程

7.4.3.1 焊接接头脆断评估

焊缝受力分析，计算焊缝部位承受最大弯曲应力和最大剪切应力，或用有限元法进行分析。

如果最大工作应力和焊接残余应力之和小于焊接接头强度极限，则结构静载强度合格，完成静载、动荷载强度评估。

7.4.3.2 存在在裂纹情况下焊缝断裂强度（脆断安全性）评估

裂纹容限确定，即在焊接结构完全开裂的前提下，所允许的焊接裂纹最大长度。

为不发生失效的临界尺寸，失效包括断裂、剩余截面屈服、工件的屈曲、应力腐蚀、蠕变等。Y 为形状系数，与规格化裂纹尺寸和方向有关。将结构不发生脆断作为评估指标时，需要求出断裂韧度 K_{Ic} 所对应的临界裂纹 a_c。

K_{Ic} 的获得需要对焊接接头的母材、热影响区、焊缝进行断裂韧度试验来获得相应的断裂参数。

临界裂纹尺寸由下式获得：

$$\Delta K_{Ic}=Y\cdot\sigma\cdot\sqrt{\pi a_c} \tag{7–38}$$

7.4.3.3 容许初始裂纹尺寸分析

初始裂纹确定；BS 7608 规定，在名义上没有缺陷但易在焊趾开裂的结构，假定初始裂纹为 0.1 ~ 0.25 mm。对于缺乏明确的裂纹尺寸信息时，当焊缝垂直于受力方向则假定裂纹为长的连续焊缝，$a_0/2c=0$。当焊缝平行于受力方向时则假定裂纹为半椭圆裂纹，$a_0/2c=0.1$。

7.4.3.4 裂纹扩展速率测定

分别在焊接接头的母材、热影响区，焊缝预制疲劳裂纹；

在疲劳试验机上进行疲劳裂纹扩展速率试验，获得 lg（da/dN）–lg（ΔK）曲线；

对曲线用最小二乘法进行拟合，n 即为拟合直线的斜率，$\lg C$ 为截距。

$$N=\int_{a_0}^{a_f}\frac{1}{C\cdot\left(\Delta K\right)^n}\mathrm{d}a=\int_{a_0}^{a_f}\frac{1}{C\cdot\left(Y\cdot\Delta\sigma\cdot\sqrt{\pi a}\right)^n}\mathrm{d}a \tag{7-39}$$

积分下限 a_0 为初始裂纹，积分上限 a_f 为裂纹最大长度。

7.4.3.5 剩余寿命计算

评估结构疲劳裂纹扩展寿命的 Paris 公式为

$$\frac{\mathrm{d}a}{\mathrm{d}N}=C\cdot\left(\Delta K\right)^n \tag{7-40}$$

目前 IIW，EN 1999，BS 7608 标准依然采用 Paris 公式，EN 1999 给出了几种典型铝合金应力比为 0.1~0.8 之间的多个应力比下的裂纹扩展曲线，当残余应力未知时则选择应力比为 0.8 的曲线参考，或者选择最大应力强度因子为定制的曲线作为参考，如公式两边取对数可得到

$$\lg\left(\frac{\mathrm{d}a}{\mathrm{d}N}\right)=\lg C+n\lg\left(\Delta K\right) \tag{7-41}$$

帕瑞斯的指数规律公式有两个缺点：首先它未考虑平均应力对 $\mathrm{d}a/\mathrm{d}N$ 的影响，其次是未考虑当裂纹尖端的应力强度因子趋近其临界值 K_{Ic} 时，裂纹的加速扩展效应。福曼（Forman）修正公式结合产品不同接头形式的实际参数测试结果进行修正。

7.5 脆性破坏与疲劳破坏的相同点与不同点

低温冲击荷载容易引起结构，特别是焊接结构的低应力脆性破坏，给人类的生产生活带来巨大的灾害。疲劳破坏则是结构最普遍的破坏形式，约占结构破坏失效总量的 80% ~ 90%。两者之间有许多相同点和不同点。

相同点有以下三处，不同点见表 7.1。

（1）都属于低应力破坏，破坏时的工作应力小于或远小于 σ_b，甚至 σ_s 或 $[\sigma]$。

（2）破坏之前，结构都没有明显的征兆或外观变形，突发性强，令人猝不及防。

（3）都对应力集中很敏感，起裂位置多半都存在原始缺陷，或起裂于应力集中点。

表 7.1 脆性破坏与疲劳破坏的不同点

序号	项目	脆性断裂	疲劳断裂
1	荷载性质不同	静载，冲击	各种疲劳荷载
2	对温度敏感性	很敏感，低温易脆断	不敏感，高、低温均有疲劳
3	受载次数多少	$2\pi a\sigma^2/E\geqslant4(\gamma+p)$一次即可断裂	需几十次至几百万次才能断开

续表

序号	项目	脆性断裂	疲劳断裂
4	断裂经历时间	$2\pi a\sigma^2/E \geqslant 4(\gamma+p)$瞬间扩展开裂	需要许多天，年，世纪
5	断裂经历过程	弹性能释放有余，连续自动开裂	张开→闭合……再开→再闭
6	断裂机理机制	扩展能$2\pi a\sigma^2/E \geqslant 4(\gamma+p)$需要能	张开扩展，闭合硬化、锐化
7	宏观断口形貌	沿薄弱环节扩展，错落交织的人字纹	渐次扩展，带有辐射线的贝壳纹
8	微观断口形貌	有错层，能反映扩展方向的河流纹	能反映扩展过程的疲劳辉纹

图 7.23 ~ 图 7.27 为裂纹的扩展过程及断口的几种特征形貌。

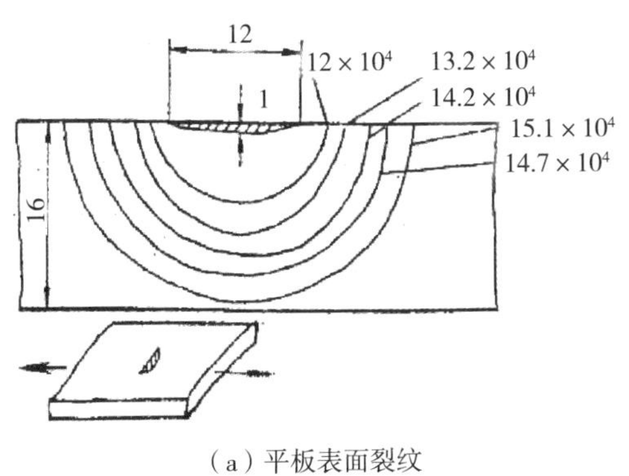

（a）平板表面裂纹

12
1
20
3 × 10^4
5.8 × 10^4
7.8 × 10^4
9.8 × 10^4
11.6 × 10^4

（b）焊趾裂纹

图 7.23　疲劳裂纹的扩展

(a) (b) (c) (d) (e) (f)

图 7.24　疲劳裂纹的扩展过程

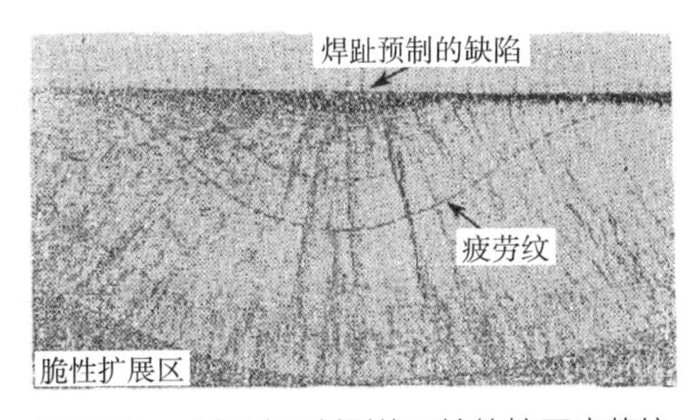

图 7.25　由焊趾预制裂纹开始的拉压疲劳纹

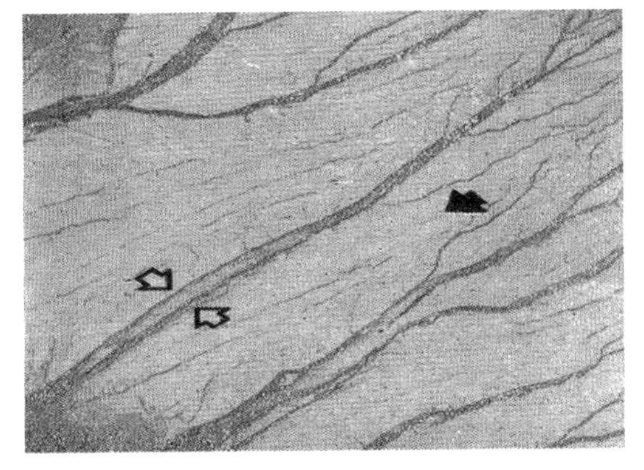

白箭头指解理台阶，黑箭头指裂纹扩展方向

图 7.26　脆性穿晶断口上的河流花样

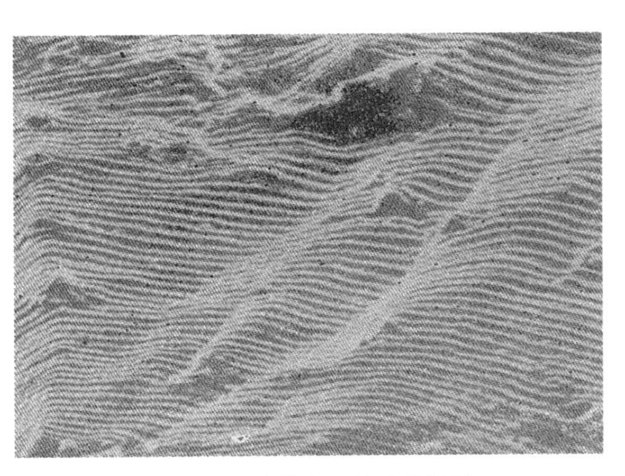

图 7.27　疲劳断口的疲劳辉纹

参考文献

[1] Eurocode 9. Design of aluminium structures – Structures susceptible to fatigue: BS EN 1999–1–3：BS EN 1999–1–3:2007+A1:2011 [S/OL]. [2019-09] https://knowledge.bsigroup.com/products/eurocode–9–design–of–aluminium–structuresstructures–susceptible–to–fatigue/standard.

[2] Guide to fatigue design and assessment of steel products: BS 7608:2014+A1:2015 [S/OL]. [2015-11]. https://knowledge.bsigroup.com/products/guide–to–fatigue–design–and–assessment–of–steel–products/standard.

[3] Guide to methods for assessing the acceptability of flaws in metallic structures: BS 7910:2005 [S/OL]. [2005-12]. https://knowledge.bsigroup.com/products/guide–to–methods–for–assessing–the–acceptability–of–flaws–in–metallic–structures–1/standard.

[4] A. F. Hobbacher. Recommendations for Fatigue Design of Welded Joints and Components [S/OL]. [2019-01]. https://doi.org/10.1007/978–3–319–23757–2.

[5] Gestaltung und Festigkeitsbewertung von Schweißkonstruktionen aus Aluminium– legierungen im Schienenfahrzeugbau：DVS 1608:2011 [S/OL]. [2011-12]. https://www.dvs–regelwerk.de/en/content/810/1608–EN.

[6] Design and endurance strength analysis of steel welded joints in rail–vehicle construction: DVS 1612:2014 [S/OL]. [2014-12]. https://www.dvs–regelwerk.de/en/content/775/1612–EN.

[7] Rolling stock—Bogie—General rules for design of bogie frame strength: JIS E 4207:2109 [S/OL]. [2019-12]. https://webdesk.jsa.or.jp/books/W11M0090/index/?bunsyo_id=JIS+E+4207%3A2019.

[8] Rolling stock–Body frame–Design methods for welded joints: JIS E4047: 2008 [S/OL]. [2008-12]. http://kikakurui.com/e/E4047–2008–01.html.

[9] Friction stir welding — Aluminium — Part 2: Design of weld joints：ISO 25239–2:2020 [S/OL]. [2020-12]. https://www.iso.org/obp/ui/#iso:std:iso:25239:–2:ed–2:v1:en.

[10] STRUCTURAL WELDING CODE –ALUMINUM: AWS D1.2/D1.2M:2014 [S/OL]. [2014-11]. https://pubs.aws.org/p/1277/d12d12m2014–structural–welding–code–aluminum.

[11] 金属材料平面应变断裂韧度 K_{IC} 试验方法：GB/T 4161:2007 [S/OL]. [2007-10]. http://webstore.spc.net.cn/produce/showonebook.asp?strid=108332.

[12] 金属材料疲劳裂纹扩展速率试验方法：GB/T 6398: 2017 [S/OL]. [2017-12]. http://webstore.spc.net.cn/produce/showonebook.asp?strid=85415.

[13] 金属材料准静态断裂韧度的统一试验方法：GB/T 21143：2014 [S/OL]. [2014-12]. http://webstore.spc.net.cn/produce/showonebook.asp?strid=72423.

[14] EuroFitnet. SINTAP PROCEDURE FINAL VERSION:1999 [R/OL]. [2000-03]. http://www.eurofitnet.org/sintap_Procedure_version_1a.pdf.

[15] ASME BPVC CC BPV:2021 [S/OL]. [2022-01]. https://www.beuth.de/en/technical–rule/asme–bpvc–cc–bpv/334048844.

[16] Unfired Fusion Welded Pressure Vessels: BS 5500:1991 [S/OL]. [1991-11]. https://standards.globalspec.com/std/415615/bs–5500.

[17] 在用含缺陷压力容器安全评定：GB/T 19624–2019 [S/OL]. [2020-01]. http://webstore.spc.net.cn/produce/showonebook.asp?strid=97233.

[18] Manual for Determining the Remaining Strength of Corroded Pipelines: Supplement to ASME B31 Code for Pressure Piping:

ASME B31G:2012［S/OL］.［2013-02］. https://www.beuth.de/en/standard/asme-b31-g/167287115.

［19］Guidance on methods for assessing the acceptability of flaws in fusion welded structures: PD 6493:1991［S/OL］.［1992-05］. https://knowledge.bsigroup.com/products/guidance-on-methods-for-assessing-the-acceptability-of-flaws-in-fusion-welded-structures/standard.

［20］Method of Assessment for Flaws in Fusion Welded Joints with Respect to Brittle Fracture and Fatigue Crack Growth: WES 2805: 2007［S/OL］.［2007-12］. http://www-it.jwes.or.jp/beviewer/viewer/?id=3ce26da6d1a341b8966ae96e495a72b9&key=44fd543dbfdd4785a938b1d90031da6a

［21］International Institute of Welding. Document IIW/IIS-SST-1157: Assessment-Fitness for Purpose of Welded Structures［R］. Cambridge: 1990.

［22］British Energy Generation Ltd/BEG. R6 Rev. 4: Assessment of the integrity of structures containing defects［R］. UK: 2001.

［23］Bergman, M., Brickstad, B., Dahlberg, L., Nilsson, F. Sattari-Far. SA/Fou REPORT 91/01: A procedure for safety assessment of components with cracks - Handbook［R/OL］.［2019-05-28］. https://inis.iaea.org/collection/NCLCollectionStore/_Public/23/079/23079253.pdf?r=1.

［24］焊接接头脆性破坏的评定 : JB/T 5104: 1991［S/OL］.［1991-12-15］. https://std.samr.gov.cn/hb/search/stdHBDetailed?id=8B1827F1C98ABB19E05397BE0A0AB44A

［25］SINTAP. Structural integrity assessment procedure for European industry［R］. Rotherham:British steel,1999.

本章的学习目标及知识要点

1. 学习目标

（1）了解焊接结构安全评定的基本概念。

（2）了解焊接结构的脆性断裂、疲劳断裂特点。

（3）掌握断裂力学的基本概念。

（4）理解焊接结构合于使用评定标准的基本流程。

2. 知识要点

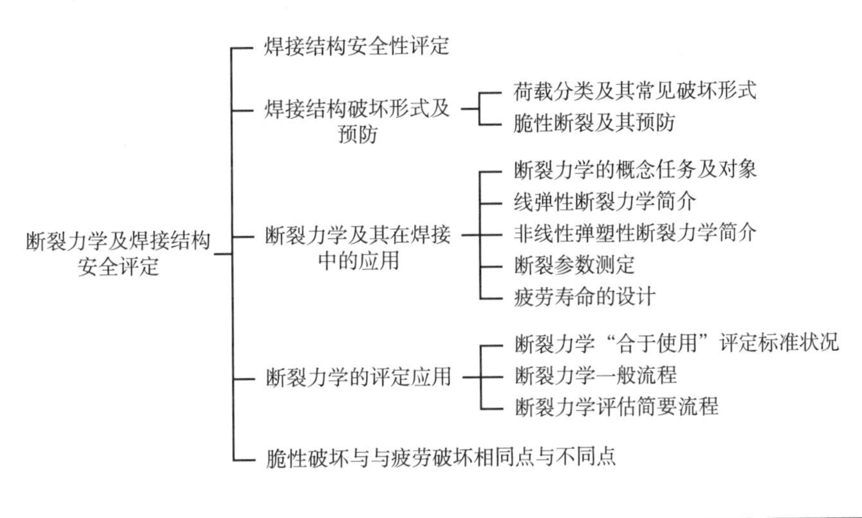

第8章

动载下焊接结构设计

编写：路　浩　审校：方洪渊

疲劳设计对于动载焊接结构尤为重要，动载焊接结构的疲劳设计在于结构承力的力线柔和，降低局部应力集中，提升焊缝的疲劳强度。本章先介绍疲劳强度概念及描述参数、疲劳强度的影响因素及改善措施，给出焊接结构疲劳强度设计的一般原则，阐述疲劳强度设计的方法及其焊接结构抗疲劳设计标准的特点。

疲劳问题是在机车车辆行业最早被认识到的，1847 年德国人 Wohler 在车轴试验中发现疲劳现象，随后 Gerber 抛物线方程、1884 年循环软化、1929 年英国人 Haigh 提出缺口敏感性，弯曲、扭转、等幅、随机等疲劳理论及方法等逐渐发展，到目前为止形成了多种动载焊接结构的设计方法。但在工程应用中，待评估焊接接头的几何形状、外荷载模式与标准中提供的数据一致性差，难于“对号入座”，需要企业依据相关标准或试验，进行焊接结构设计工作。

不同行业、类型的动载焊接产品设计依据本行业的产品方案设计、技术设计、施工设计和试验验证等规范、流程开展设计工作，例如依次进行气动力学设计、强度刚度设计、模态匹配设计、焊接结构疲劳设计等相关设计标准、计算标准、试验标准等。一般来讲，基于相关设计规范，整体结构设计可以分解到焊接接头设计，满足动载服役设计要求。

随着疲劳试验技术和计算机分析能力的提高，焊接结构的抗疲劳设计有了很大程度的提高。根据焊接结构的应力参数与 *S–N* 疲劳曲线的对应关系，目前采用的抗疲劳设计方法可分为名义应力法、结构应力法、等效缺口应力法 3 大类。其中名义应力法为目前最为常用的设计方法。

名义应力也称为当量应力或标称应力，指的是能用材料力学公式计算出来的具有平均意义的应力，可以通过应变片法测量获得，是目前工程应用最为广泛的评定方法。名义应力法发展相对较早，试验数据、接头细节丰富，使用简单、效率较高，已被工程界广泛应用。在我国 GB 50017 标准、美国铁路协会（Association of American Railroads，AAR）标准、欧洲 Eurocode 3 标准、英国 BS 7608 标准、国际焊接学会（International Institute of Welding，IIW）等标准中，都提供了名义应力的详细计算方法和不同等级的 *S–N* 疲劳曲线类型，但这些方法计算精度一般，针对复杂焊接结构的确定名义应力时较难统一，并且在选择疲劳 *S–N* 曲线数据时也存在一定争议。

结构应力法（Structural Stress Method）在不同的标准中有不同的定义，其力学本质为在焊趾处的结构本身所具有的应力（不包括残余应力以及等效缺口应力），也称之为几何应力（Geometrical Stress）。IIW 标准提供的外推计算公式中，把这一应力称为热点应力（Hot-Spot Stress）。Ping-Sha Dong 在发展主疲劳 *S–N* 法时，把焊趾处的膜应力及弯应力的组合，称之为结构应力，但为了不引起概念的混淆，他已将这一应力定义为“Traction Stress”。

等效缺口应力方法属于典型的局部法，其核心思想是计算焊缝处含缺口的应力峰值。由于局部缺口尺寸的定义有一定主观性，有关研究建议将焊趾或焊根的虚拟缺口曲率半径取为 1 mm。等效缺口应力评定方法在确定等效缺口应力时需要较复杂的计算或测试，该方法在实际应用经验及数据累积方面尚有待进一步发展。为此，德国 DIN 15018 标准将焊接接头缺口效应进行分级，英国 BS 7608 标准提供了等效缺口应力法的 *S–N* 疲劳曲线数据。

8.1 疲劳强度基本概念

8.1.1 疲劳应力循环的基本参数

基本参数有：σ_{max}、σ_{min}、r、σ_m、σ_a，用以描述疲劳受载特征，如图 8.1 所示。知道其中的任意两个，即可算出其他三个。

（1）最大应力：
$$\sigma_{max}=\sigma_m+\sigma_a=\sigma_{min}/r \tag{8-1}$$

（2）最小应力：
$$\sigma_{min}=\sigma_m-\sigma_a=r\cdot\sigma_{max} \tag{8-2}$$

（3）应力循环特征系数：
$$r=\sigma_{min}/\sigma_{max}=(\sigma_m-\sigma_a)/(\sigma_m+\sigma_a),\ -1\leqslant r\leqslant 1 \tag{8-3}$$

（4）平均应力：
$$\sigma_m=(\sigma_{max}+\sigma_{min})/2=\sigma_{max}\cdot(1+r)/2 \tag{8-4}$$

（5）应力振幅：
$$\sigma_a=(\sigma_{max}-\sigma_{min})/2=\sigma_{max}\cdot(1-r)/2 \tag{8-5}$$

（6）应力范围：
$$\Delta\sigma=\sigma_{max}-\sigma_{min} \tag{8-6}$$

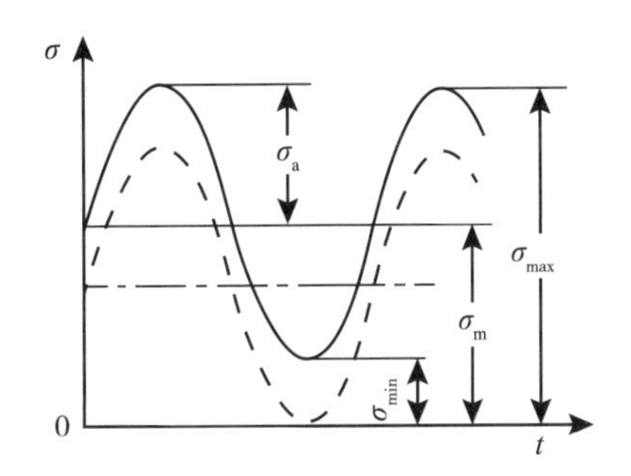

图 8.1　疲劳应力循环参数图

8.1.2 应力循环的基本类型

（1）静态拉、压荷载。这是应力循环的特例：$\sigma_a=0$，$r=1$，$\sigma_{max}=\sigma_{min}=\sigma_m$。

（2）拉伸变荷载。循环特点：$0 < r < 1$，$0 < \sigma_{min} < \sigma_{max}$。

（3）脉动荷载。循环特点：$\sigma_{min} = 0$，$r = 0$。

（4）对称荷载。循环特点：$\sigma_{min} = -\sigma_{max}$，$r = -1$。

（5）随机变动荷载。循环特点：幅值、循环特征等随机变化的疲劳荷载。

8.1.3 疲劳强度和疲劳极限

8.1.3.1 疲劳曲线

如图 8.2 所示，是对某种材料的大量试样，用不同的疲劳荷载，多次进行反复加载试验，测得试样发生疲劳破坏的应力（疲劳强度）σ，与其所需的加载次数 N（即疲劳寿命）之间的对应关系曲线：

$$\sigma = f(N) = a + b \cdot \ln N \tag{8-7}$$

8.1.3.2 疲劳强度

在一定循环特征值某疲劳荷载的作用下，构件的寿命会随着外加荷载所产生最大应力的增加而减少。如经过 N 次循环，材料发生破坏，那么称该循环中的最大应力为在该循环特征值下 N 次作用的疲劳强度。作用次数 N 如果用某一寿命来表示的话，该应力就是在某一荷载特征值下达到该寿命时材料的疲劳强度。疲劳强度是应力循环中的最大值 σ_{max}，用 σ_r^N 表示。

8.1.3.3 疲劳极限

在某一荷载特征值下，随着构件寿命的延长，其疲劳强度值是下降的，在作用荷载的循环次数达到某一个值以后，疲劳强度值不再下降，达到饱和的极限值，如图 8.2 所示的水平线，这时所对应的疲劳应力值，称为在该荷载特征值下的疲劳极限，用 σ_r 表示。

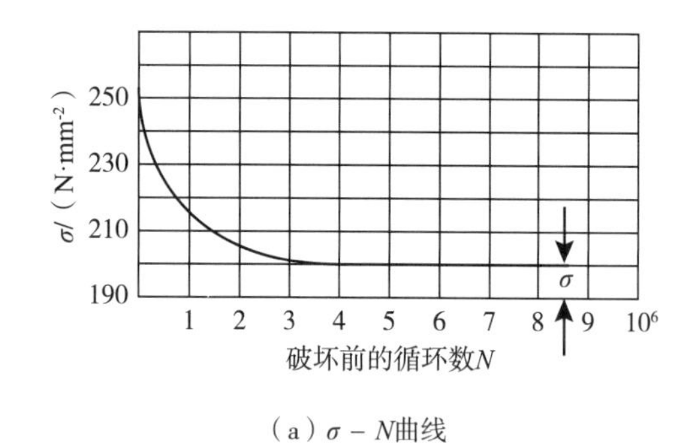

（a）$\sigma-N$曲线

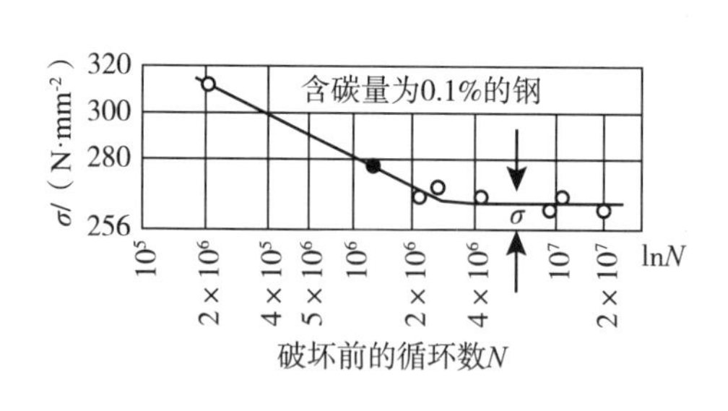

（b）$\sigma-\ln N$曲线

图 8.2　疲劳 S-N 曲线图

8.1.4 疲劳强度在焊接结构中的常用表示方法

疲劳强度（应力循环五参数中的 σ_{max}）与其他参数之间的关系，可以直观地用图示法表示。常用的表示法有以下几种。

8.1.4.1 σ_{max}–r 表示法

如图 8.3 所示，r 是疲劳应力循环的重要特征，在图上，能很直观地看出各种不同循环特征系数 r 时的疲劳强度 σ_{max}。

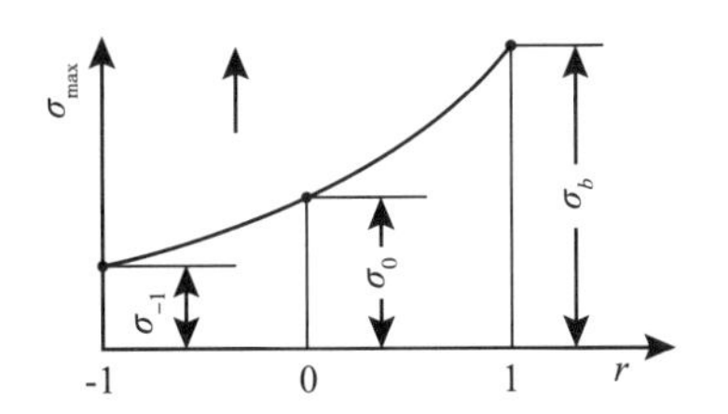

图 8.3　用 σ_{max} 和 r 表示的疲劳强度

8.1.4.2 σ_a–σ_m 表示法（古德曼曲线、海格曲线）

如图 8.4 所示，由图可得：$\tan\alpha=\sigma_a/\sigma_m=(1-r)/(1+r)$，所以，$r=(1-\tan\alpha)/(1+\tan\alpha)$，由图可见，$OB$ 线上，$\sigma_a=0$，$r=1$；OA 上，$\sigma_m=0$，$r=-1$；OD 上 $\alpha=45°$，$r=0$；$r>r_E$ 时，疲劳强度 $\sigma_{max}=\sigma_m+\sigma_a>\sigma_s$，焊接接头塑性较好时，焊接残余应力对疲劳强度没有影响。

8.1.4.3 σ_{max}–σ_{min} 表示法（古德曼－史密斯曲线）

如图 8.5 所示，曲线 $DCBA$，表示线上各点参数 σ_{max}（疲劳强度，发生疲劳破坏试验点的平均值）与 σ_{max} 之间的相互对应关系。过原点 C' 射线 $C'E$ 的斜率 $r=\sigma_{min}/\sigma_{max}$，说明射线上各点的应力循环特征系数是相同的。如 $C'D$ 上的点，$r=1$，属静载拉伸，$DD'=\sigma_b$；$C'C$ 上的点，$r=0$，属脉动拉伸，$C'C=\sigma_0^p$；$C'B$ 上的点，$r=-1$，属对称循环，$BB'=\sigma_{-1}^p\cdots$。曲线 $ABCD$ 与 45° 直线 $A'C'D$ 之间的垂直坐标距离为：$\Delta\sigma=\sigma_{max}-\sigma_{min}=2\sigma_a$。在曲线 $ABCD$ 的下方，根据安全系数 $[n]$ 的大小，画一条斜直线，线上的垂直坐标即是疲劳许用应力$\left[\sigma_r^p\right]$，因为$\left[\sigma_r^p\right]\leqslant\left[\sigma_l\right]$，所以直线的上端为一段水平线。

疲劳强度许用应力图示法的工程实用图，如图 8.6 所示：该钢种的静载强度许用应力$\left[\sigma_l\right]=60\ \text{kgf/mm}^2=588\ \text{MPa}$；200 万次 $r=0$ 脉动疲劳强度的许用应力 $\left[\sigma_0^p\right]=31\ \text{kgf/mm}^2=304\ \text{MPa}$；200 万次

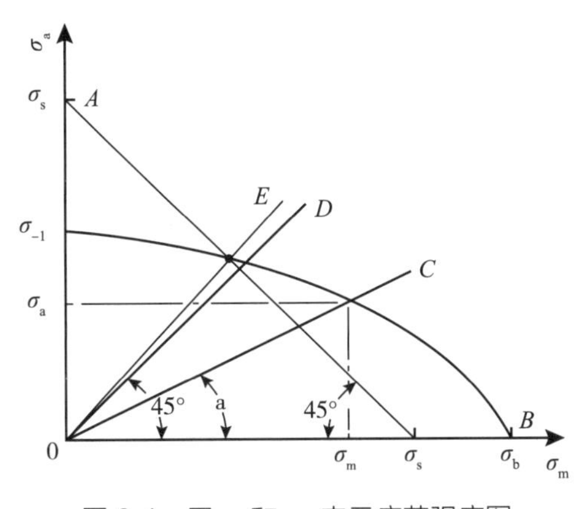

图 8.4　用 σ_a 和 σ_m 表示疲劳强度图

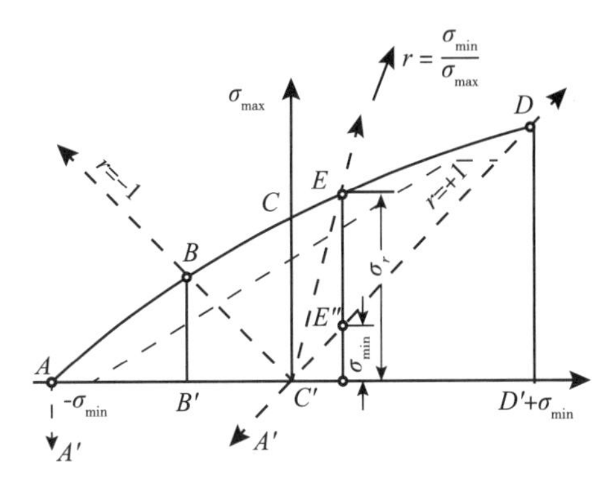

图 8.5　用 σ_{max} 和 σ_{min} 表示疲劳强度图

$r = 0.5$ 的 $\left[\sigma_{0.5}^{p}\right] = 42\ \mathrm{kgf/mm^2} = 412\ \mathrm{MPa}$（图中虚线交点）；也可根据斜直线的直线方程，用解析法求得疲劳强度许用应力的计算公式：

$$\left[\sigma_{r}^{p}\right] = \frac{\left[\sigma_{0}^{p}\right]}{1 - kr} \leqslant \left[\sigma_{l}\right] \tag{8-8}$$

式中：$\left[\sigma_{r}^{p}\right]$——应力循环特征系数 r 时的疲劳强度许用应力；

$\left[\sigma_{0}^{p}\right]$——应力循环特征系数 0 时的疲劳强度许用应力，查表可知；

r——应力循环特征系数，$-1 \leqslant r \leqslant 1$；

k——斜线的斜率，查表可知。

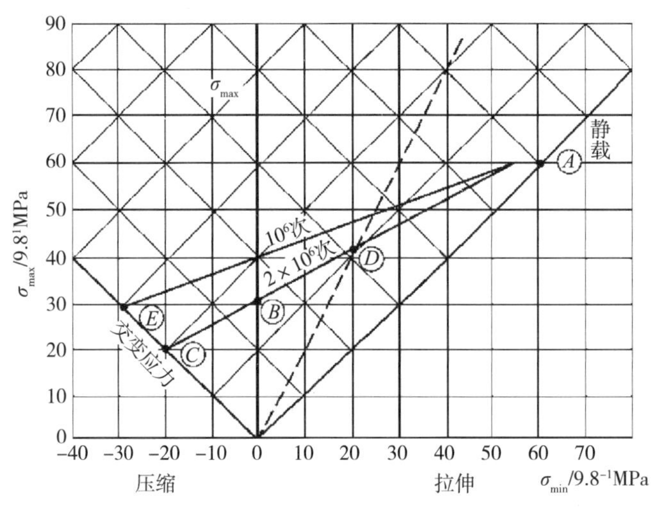

图 8.6 疲劳图实例

8.2 影响焊接接头疲劳强度的因素

8.2.1 影响荷载、环境效应的因素（外因）

8.2.1.1 疲劳荷载的性质和大小

疲劳应力的 5 个参量中，σ_{max} 和 r 直接影响疲劳裂纹每次张开闭合的幅度和向前扩展的进程。$-1 \leqslant r \leqslant 1$，$r$ 值越低，则疲劳强度越低，如图 8.2 所示。σ_{max} 和 r 还决定着应力幅值 $\Delta\sigma = \sigma_{max}(1 - r)$ 的大小。σ_{max} 越大，r 值越低，则 $\Delta\sigma$ 越大，相应的 K_{max} 和 ΔK 越大，裂纹扩展速率 da/dN 越大，疲劳寿命越短。

在计算疲劳应力时，除了计算常规疲劳荷载的作用之外，还要考虑随机荷载、结构之间的拘束应力、温差应力、焊接残余应力、应力集中、环境介质的腐蚀作用等因素对疲劳强度的影响。

8.2.1.2 环境因素

腐蚀介质会加速疲劳裂纹的萌生和扩展速率，降低疲劳寿命。

8.2.2 影响结构抗力的因素（内因）

8.2.2.1 结构构造刚柔相济的程度

结构的整体刚度、强度是结构承载的根基；提高结构相互连接接头的平滑、圆滑、柔韧程度，是降低应力集中敏感程度的重要手段。疲劳和低应力脆断都对应力集中很敏感，这一点，二者的情况是一样的。

8.2.2.2 结构上，特别是接头上的各种应力集中现象

1. 结构表面形状的突然变化

通过平滑截面传递荷载，没有应力集中，应力分布是均匀的。结构表面的凸起部分，对平滑部分具有拘束作用，会产生拘束应力，造成应力集中。表面形状变化越突然、越大，则应力集中越严重，对结构疲劳强度的影响也越大。图 8.7 和图 8.8 是对接接头的疲劳强度图；图 8.9 和图 8.10 是十字接头的疲劳强度图，图 8.11 是丁字和十字接头的疲劳强度图。将图 8.7~ 图 8.11 的实验结果列在表 8.1 内，可以看出：加工平滑后的对接接头，其疲劳强度最接近母材；依靠角焊缝传递荷载的十字接头，应力集中最严重，疲劳强度最低；十字接头，开坡口焊透，通过对接焊缝传递荷载，优于角焊缝接头；将截面突变部分加工成圆滑过渡。

表 8.1　不同应力集中情况对焊接接头疲劳强度的影响

<table>
<tr><td colspan="2" rowspan="3">接头状态
材料性能</td><td rowspan="3">母材</td><td colspan="2">对接接头</td><td colspan="3">十字接头</td><td rowspan="3">联系焊缝
（十字、丁字）</td></tr>
<tr><td rowspan="2">加工平滑</td><td rowspan="2">未加工</td><td colspan="2">开坡口焊透</td><td rowspan="2">角焊缝</td></tr>
<tr><td>加工</td><td>未加工</td></tr>
<tr><td rowspan="2">σ_b</td><td>低碳钢</td><td>370</td><td>370</td><td>370</td><td>370</td><td>370</td><td>370</td><td>370</td></tr>
<tr><td>低合金锰钢</td><td>514</td><td>514</td><td>514</td><td></td><td></td><td>514</td><td></td></tr>
<tr><td rowspan="2">σ_0</td><td>低碳钢</td><td>237</td><td>217</td><td>163</td><td>160</td><td>127</td><td>80</td><td>128 ~ 165</td></tr>
<tr><td>低合金锰钢</td><td>309</td><td>263</td><td>182</td><td></td><td></td><td>80</td><td></td></tr>
<tr><td rowspan="2">σ_{-1}</td><td>低碳钢</td><td>132</td><td>129</td><td>105</td><td>95</td><td>78</td><td>60</td><td>80 ~ 110</td></tr>
<tr><td>低合金锰钢</td><td>175</td><td>147</td><td>105</td><td></td><td></td><td>60</td><td></td></tr>
</table>

当应力集中严重（如十字接头）且应力循环特征系数 r 较小（如 $r \leqslant 0$）时，优质材料低合金锰钢与普通材料低碳钢的疲劳强度是一样的。此时，采用优质材料未必能提高疲劳强度，重点是减小应力集中。如图 8.12 所示，大量实验结果表明，裂纹扩展速率 $\mathrm{d}a/\mathrm{d}N$ 只与应力强度因子幅度值 ΔK 有关，不同组织，甚至不同材质的焊缝金属，$\mathrm{d}a/\mathrm{d}N$ 相差无几；σ_s 提高时，$\mathrm{d}a/\mathrm{d}N$ 增大，加快。

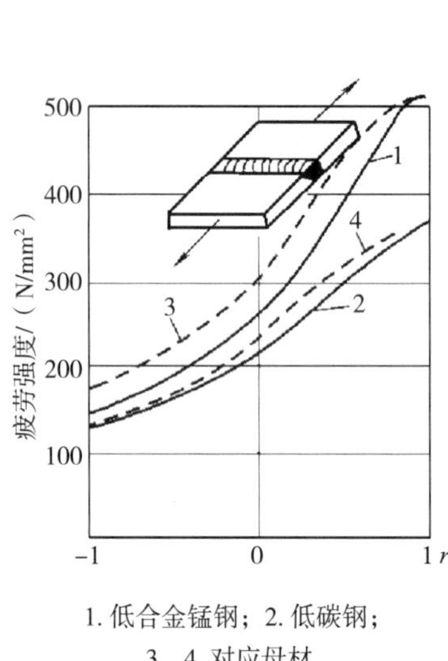

1. 低合金锰钢；2. 低碳钢；
3，4. 对应母材

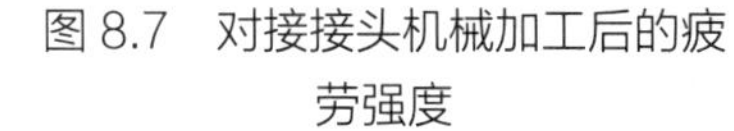

图 8.7 对接接头机械加工后的疲劳强度

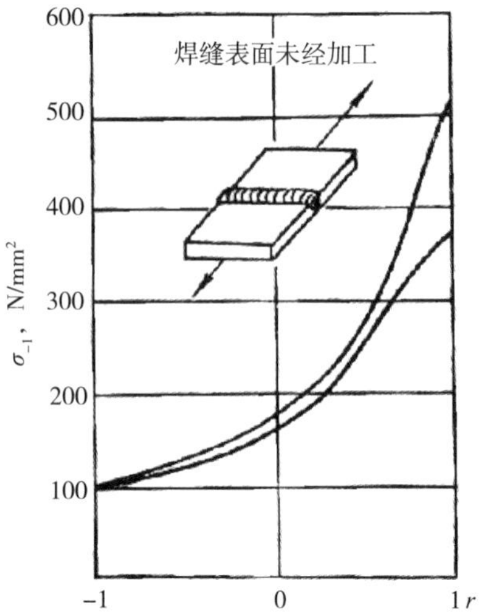

焊缝表面未经加工

1. 焊缝经机械加工；
2. 焊缝未机械加工

图 8.8 对接接头未机械加工的疲劳强度

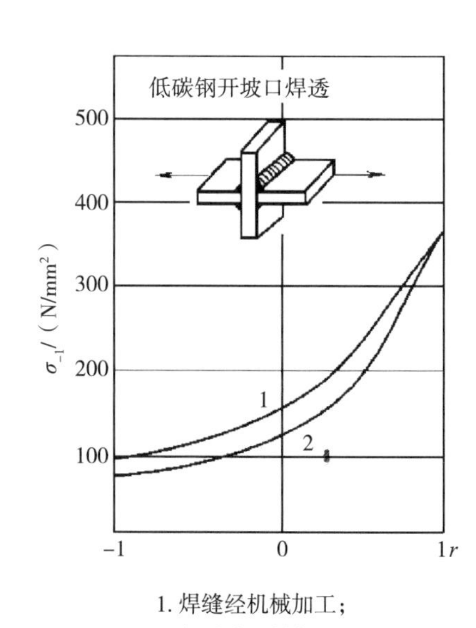

1. 焊缝经机械加工；
2. 焊缝未机械加工

图 8.9 开坡口焊透的十字接头的疲劳强度

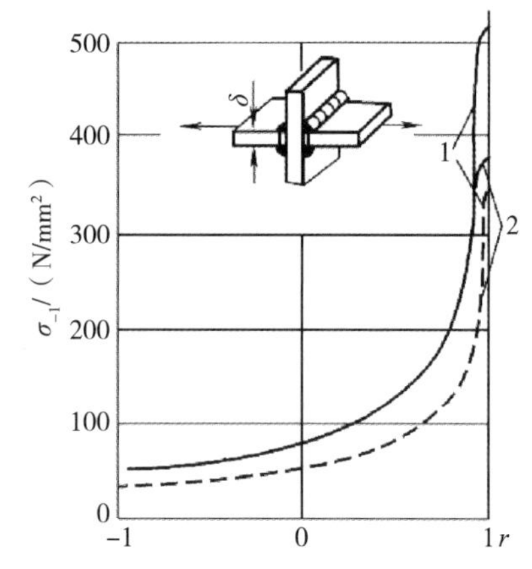

1. 低合金锰钢；2. 低碳钢；虚线按焊缝截面计算图

图 8.10 未开坡口十字接头的疲劳强度

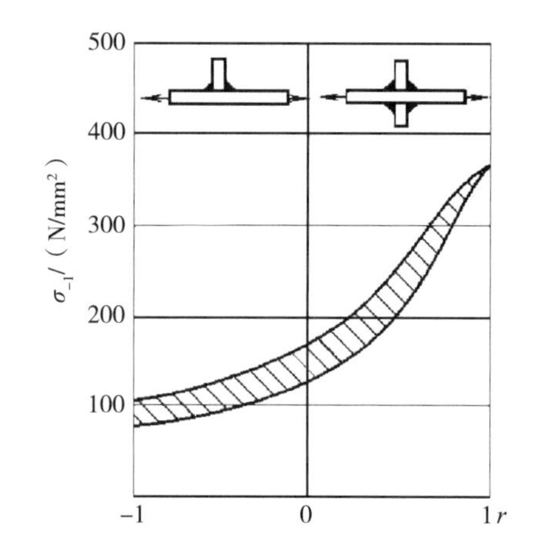

注：因有偏心弯矩作用，丁字接头强度高些。

图 8.11 焊缝不承受工作应力的丁字和十字接头的疲劳强度

2. 各种缺陷及孔洞等

缺陷的影响，实质上也是应力集中的影响。因此，平面缺陷，特别是垂直作用力方向的平面缺陷，比其他缺陷或其他方向的缺陷对疲劳强度的影响更大。表面缺陷，特别是位于残余拉应力场或位于应力集中区的表面缺陷，比内部缺陷，或其他位置的缺陷，对疲劳强度的影响大。塑性韧性较好的材料，对缺陷、缺口效应相对不太敏感。高强钢强度虽然高，但对缺陷和缺口效应比较敏感，因此，其疲劳强度并未明显提高。

3. 焊接变形：错边、角变形等

焊接变形，特别是错边、角变形等，对疲劳强度有明显影响。这实际上是变形造成的附加应力和应力集中的综合作用。

4. 金属表面的粗糙度等

粗糙的金属表面，有应力集中现象，有利于裂纹的萌生和扩展，能降低疲劳强度。

8.2.2.3 材质的纯度与材料的塑性和韧度

塑性和韧度对延缓裂纹的萌生和扩展有利，对延长疲劳寿命和提高疲劳强度有明显作用。

8.2.2.4 结构残余拉应力

残余拉应力能提高疲劳循环的平均应力，加大应力集中的影响，加速疲劳破坏。残余压应力可以阻止或减缓疲劳裂纹的萌生和扩展。

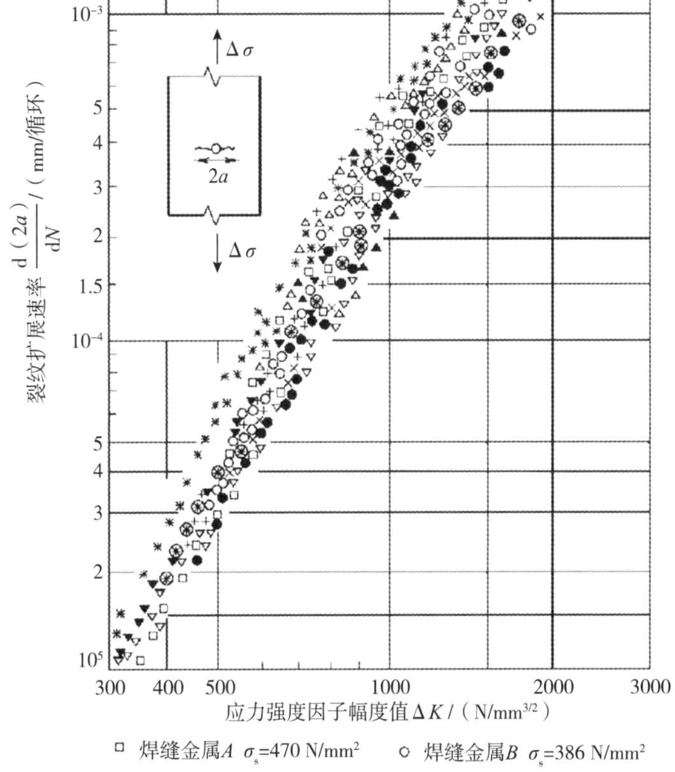

□ 焊缝金属 *A* σ_s=470 N/mm^2　○ 焊缝金属 *B* σ_s=386 N/mm^2

+ 焊缝金属 *C* σ_s=432 N/mm^2　△ 焊缝金属 *D* σ_s=636 N/mm^2

× 焊缝金属 *E* σ_s=605 N/mm^2　● 焊缝金属 *F* σ_s=448 N/mm^2

▽ 软钢的模拟热影响区 σ_s=454 N/mm^2

▲ 950℃热处理BS968钢模拟热影响区 σ_s=462 N/mm^2

✳ 1100℃热处理BS968钢模拟热影响区 σ_s=780 N/mm^2

⊛ 1100℃热处理650℃回火BS968钢热影响区 σ_s=635 N/mm^2

▼ BS968钢 σ_s=375 N/mm^2

图 8.12　应力强度因子幅度值与裂纹扩展速率关系图

8.3 提高焊接结构疲劳强度的措施

结构中的应力集中是降低焊接结构疲劳强度的主要因素。预防、减小应力集中的工作，应该贯穿于产品设计、制造和使用的整个过程当中。

8.3.1 设计措施

设计常分为整体设计和细部设计两个阶段。

（1）整体设计主要是功能设计和结构设计。在选择整体结构形式时，既要满足产品的总体功能要求和整体强度、刚度要求，又要注意从宏观角度分散集中荷载，减小应力集中。做到刚柔相济，才有利于提高疲劳强度，也有利于防止低应力脆性破坏。

（2）细部设计的重要任务在于通过细部的具体尺寸形状，做到粗细、厚薄、宽窄不同截面之间的圆滑过渡，从每个具体位置着眼，减小应力集中。

（3）在产品或结构两部分互相连接的区域，应当尽量采用平缓圆滑或刚柔相济的结构和接头形式，尽量避免陡然过渡。如尽量采用对接接头形式，尽量避免使用搭接接头形式。不得不采用搭接接头时，亦须将焊缝焊成或加工成圆滑过渡形式，如图 8.13 所示。

由图可知，搭接接头的疲劳强度都很低。如果相同截面母材的疲劳强度为 100%，那么：图 8.13（a）中侧面焊缝双面搭接接头的疲劳强度为 34%；图 8.13（b）中焊脚 1∶1 时，正面焊缝双面搭接接头的疲劳强度为 40%；图 8.13（c）中焊脚 1∶2 时，正面焊缝双面搭接接头的疲劳强度为 49%；图 8.13（d）中焊脚 1∶2 表面机加工时，正面焊缝双面搭接接头的疲劳强度为 51%；图 8.13（e）中焊脚 1∶3.8 表面机械加工时，正面焊缝双面搭接接头的疲劳强度虽为 100%，但已失去搭接接头焊前准备简单的优点。

在图 8.13（f）中，对接接头表面机加工后，疲劳强度本来是较高的，但若再用盖板搭接“加强”，不仅费工费时，还增大了应力集中，大大削弱了接头疲劳强度，显然，事与愿违，这个方案是极不合理的。

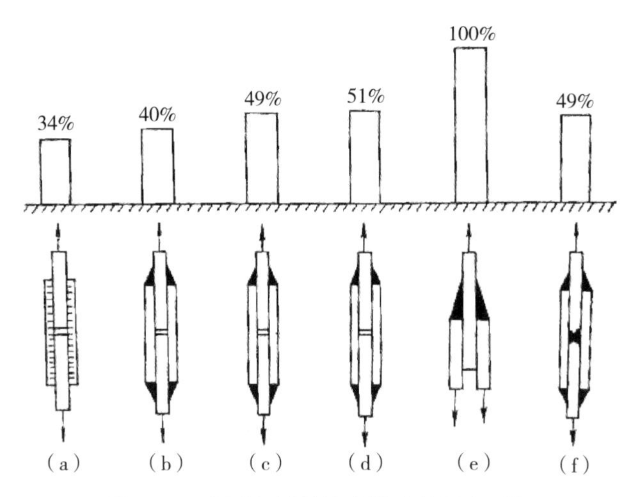

图 8.13　低碳钢搭接接头的疲劳强度对比

8.3.2 工艺措施

8.3.2.1 改善焊缝形状的工艺措施

（1）通过机械加工或打磨使焊缝表面平滑。

（2）通过机械加工或打磨使焊趾处平滑过渡。

（3）通过 TIG 焊、等离子或激光改善焊趾处的成型。

8.3.2.2 降低焊接残余应力的工艺措施

（1）敲击（使用锤子、针状物、喷丸）。

（2）碾压。

（3）过载。

（4）消除应力热处理。

（5）热处理。

工艺措施的严格执行是保证焊接接头疲劳强度的核心环节。例如分析图 8.14，为了提高结构刚度，焊接筋板以防止腹板失稳。在图 8.14 中，（a）结构中工艺孔为斜面，避免了 3 条焊缝的交叉，但板材较厚时，因焊缝端部的应力集中比较严重，不宜承受动载，疲劳强度不高；（b）结构中工艺孔为弧形，能使焊缝端点的应力集中有所减小；（c）结构中三条空间焊缝交叉，三向残余拉应力较大，容易形成脆性应力状态，但结构形式上应力集中最小。综合分析以上 3 种情况，因为影响焊接接头疲劳强度的主要因素是焊接接头中各种应力集中的现象，所以图 8.14（c）中的结构焊接接头的疲劳强度最高，但必须做到：①首先按严格的工艺要求，焊好结构的纵向主焊缝，并采用尖锤或风镐及时捶击焊缝，将残余拉应力变为压应力；②随后焊接筋板焊缝时，先在焊缝交叉点外引弧，焊到顶点后，回程重熔焊道，消除引弧点的焊接缺陷，并及时捶击焊缝，消除焊接应力。

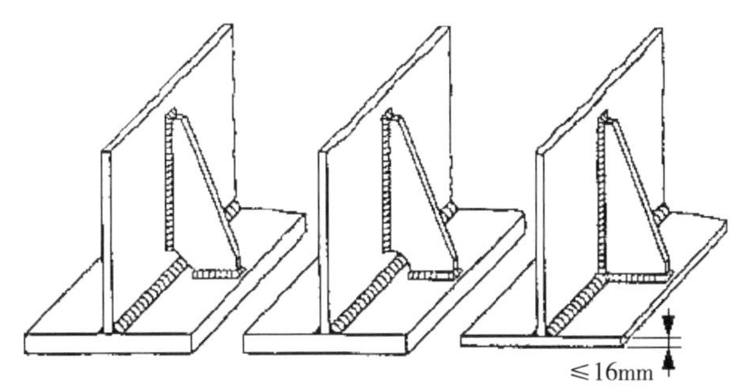

（a）斜面工艺孔　（b）弧形工艺孔　（c）三条空间焊缝交叉

图 8.14　三种筋板接头的动载强度比较

8.3.3 使用中的维护措施

妥善维护结构，覆盖涂层，喷洒涂料，减小腐蚀介质环境的不利影响。

8.4 焊接结构疲劳强度设计的一般原则

设计过程可分为以下 3 个步骤。

8.4.1 考虑实用性，进行功能设计

根据结构服役的工作情况，合理地提出结构的承载能力、强度、刚度、耐蚀度、使用寿命等比较具体的要求。考虑安全性，这些要求不能太低；考虑经济性，这些要求也不能过高。

8.4.2 进行方案设计

根据上述要求，选择确定结构材料、结构构造形式、传动形式、自动化程度、控制方式、生产

制造工艺等综合设计方案，它们既互相联系，又互相制约。

8.4.3 进行具体的施工图设计

绘图前，进行必要的计算，以便确定结构的重要尺寸。重点是如何合理选择动载焊接结构、焊接接头的结构形式和怎样进行必要的计算。

设计动载焊接结构必须特别强调两点：第一，“动载”对应力集中非常敏感；第二，焊接接头属于刚性连接形式，对应力集中也比较敏感。而且，“焊接结构”难免有焊接残余应力、变形、焊接缺陷等存在应力集中现象。

因此，设计动载焊接结构时，必须注意以下几点。

（1）承受拉伸、弯曲、扭转的构件，截面面积变化时，尽量保持平顺、圆滑的过渡，尽量防止或减小构件截面刚度突然变化，避免造成较大的附加应力和应力集中。

（2）对接、角接、丁字、十字接头等，均应优先采用对接焊缝，少用角焊缝。

（3）单面搭接接头角焊缝的焊根、焊趾处，既有偏心弯矩的作用，又有严重的应力集中，承受疲劳荷载的能力很低，要尽量避免采用这种接头形式。

（4）承受疲劳荷载的角焊缝（未焊透的对接焊缝，也看作角焊缝），危险点在应力集中比较严重的焊缝根部或焊趾处，可采用如下措施：①开坡口，加大熔深，减小焊缝根部的应力集中；②将焊趾处加工成圆滑过渡的形状，减小焊趾的应力集中。

（5）处于拉应力场中的焊趾、焊缝端部或其他严重的应力集中处（如裂纹），应设置缓和槽、孔，以便降低应力集中的影响。

总之，应采取一切措施，排除或减小应力集中的影响。

8.5 疲劳强度的许用应力设计法

我国钢结构标准，原设计规范基本金属及连接的疲劳计算中，采用疲劳许用应力。

1. 许用应力的确定

先通过实验测定材料、结构的疲劳强度或疲劳极限，再按存活率（一般结构 97.7%，特别重要结构 99.99%）和疲劳循环次数（如 2×10^6 次）确定疲劳强度 σ_r；疲劳强度的许用应力 $\left[\sigma_r^p\right]=\sigma_r/n$，其中，$n$ 为安全系数。

2. 设计原则

最大疲劳工作应力 $\sigma_{max}\leqslant$ 许用应力 $\left[\sigma_r^p\right]$。

3. 缺点

①没有考虑疲劳荷载的累积效应；②没有考虑过载峰对疲劳寿命的影响；③没有考虑多种不确

定因素。过去把这些不确定因素的影响，涵盖在安全系数里，加以考虑。

8.6 疲劳极限状态设计法

随着计算机技术的飞速发展，现代极限设计法日趋科学和完善。本小节介绍疲劳极限状态设计法的基本特点和基本公式。

8.6.1 从随机变幅荷载的实际情况出发

（1）疲劳极限状态设计法，仅适用于低应力中、高周随机变幅疲劳的结构元件及其连接的疲劳计算。对于：①结构表面温度高于 150℃易氧化，温度更高可能有相变、蠕变等问题；②海水、腐蚀介质环境会加速裂纹的产生和扩展；③消除焊接残余应力的高温热处理可能使构件晶粒粗大，疲劳寿命降低；④高应变低周疲劳扩展速率很大 4 种特殊情况，另有计算办法，不属于疲劳极限设计法的应用范围。

（2）裂纹尖端 K 因子的变化幅值 $\Delta K = K_{\max} - K_{\min}$ 与裂纹扩展速率直接相关。疲劳极限状态设计法中，将应力变化幅值 $\Delta\sigma = \sigma_{\max} - \sigma_{\min}$，作为重要的计算参量，这是因为 $\Delta\sigma$ 与 ΔK 在特定结构中有对应关系，并且 $\Delta\sigma$ 比 ΔK 更容易测量和计算。

（3）实际结构多在随机变幅疲劳荷载下服役。通过传感器可实际测量并记载（或用理论计算），获得随机变幅疲劳荷载应力谱（图 8.15），采用统计方法，将不同应力水平的 $\Delta\sigma_i$ 及其发生率 n_i，绘制成疲劳应力谱直方图。整理后的直方图如图 8.16 所示。实验研究结果表明，$\Delta\sigma_i$ 及其 n_i 所产生的疲劳损伤，符合疲劳线性累积损伤定则。

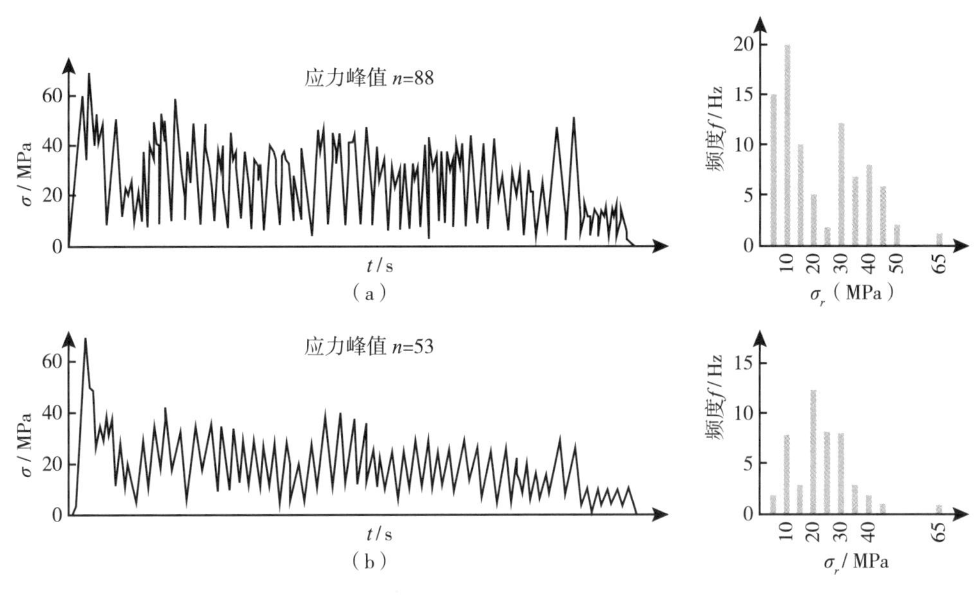

图 8.15　车主梁的疲劳应力谱及直方图

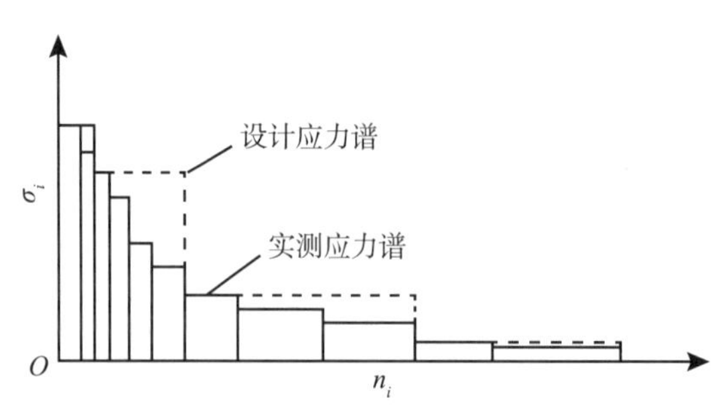

图 8.16　疲劳设计应力谱及直方图

（4）疲劳线性累积损伤定则：

$$D=\frac{n_1}{N_1}+\frac{n_2}{N_2}+\cdots=\sum\left(n_i/N_i\right)\leqslant 1 \tag{8-9}$$

式中，N_i是对应于$\Delta\sigma_i$发生疲劳破坏的循环次数。当$D\geqslant 1$时，则损伤累积到发生疲劳破坏的程度。根据式（8-9），可以推导出将随机变幅应力转换成等效等幅应力的表达式。

（5）等效等幅应力：

$$\Delta\sigma_{\mathrm{eq}}=\left[\frac{\sum\left(\Delta\sigma_i^m\cdot n_i\right)}{N}\right]^{1/m}, \tag{8-10}$$

式中：N——在等幅应力$\Delta\sigma_{eq}$作用下，发生疲劳破坏的次数，$N=\sum n_i$；

$\Delta\sigma_i$——变幅荷载引起的各个水平的应力幅值；

n_i——$\Delta\sigma_i$的循环次数，假定：①低于疲劳极限的$\Delta\sigma_i$，无影响，不计入；②$\Delta\sigma_i$加载顺序的影响忽略不计。

均方差$S_{\mathrm{eq}}=\sqrt{\frac{1}{n-1}\sum_{i=1}^{n}\left(\Delta\sigma_i-\Delta\sigma_{\mathrm{eq}}\right)^2}$反映$\Delta\sigma_i$的分散度，影响计算$\Delta\sigma_{\mathrm{eq}}$的准确度。

8.6.2 疲劳强度曲线针对各自不同的实际结构特点

$\Delta\sigma_{\mathrm{eq}}$或$\Delta\sigma_{\mathrm{s}}$是疲劳荷载在结构上的应力效应，$\Delta\sigma_R$是结构抵抗疲劳荷载的能力。二者都会因为结构的不同和时间、环境的不同而不断变化。

疲劳极限设计法将所有这些因素一一给予考虑：

（1）将实际结构细分成各种不同的细节形式，GB-17-1988 列出的构件和细节类型如表 8.2 所示，采用实验与理论分析计算的方法求得它们的疲劳强度$\Delta\sigma'_{Ri}$。$\Delta\sigma'_{Ri}$有一定的分散度$\Delta\sigma'_R$，其平均值$\Delta\sigma'_R$、均方差S_R分别按下式计算：

$$\Delta\sigma'_R=\frac{1}{n}\sum_{i=1}^{n}\Delta\sigma'_{Ri} \tag{8-11}$$

$$S_R=\sqrt{\frac{1}{n-1}\sum_{i=1}^{n}\left(\Delta\sigma'_{Ri}-\Delta\sigma'_R\right)^2} \tag{8-12}$$

表 8.2　疲劳计算的构件和连接分类

项次	简图	说明	类别
1	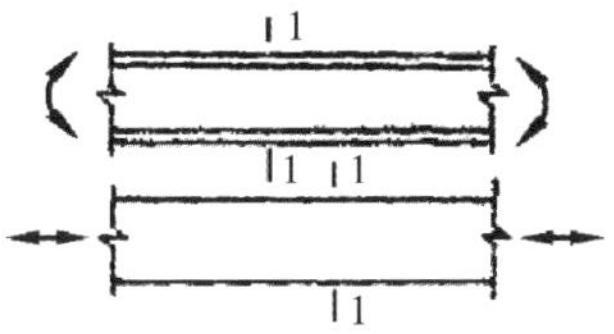	无连接处的基本金属：1. 轧制工字钢； 2. 钢板：(a) 两边为轧制边或刨边； (b) 两边为自动、半自动切割边（切割质量标准应符合《钢结构工程施工及验收规范》一级标准）	1 1 2
2	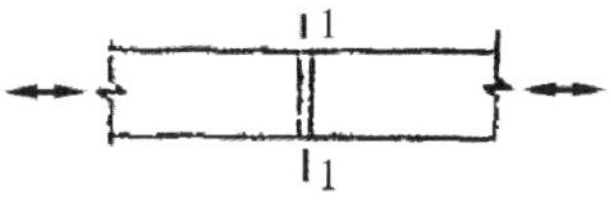	横向对接焊缝附近的基本金属：1. 焊缝经加工、磨平及无损检验（符合《钢结构工程施工及验收规范》一级标准）； 2. 焊缝经检验，外观尺寸符合一级标准	2 3
3	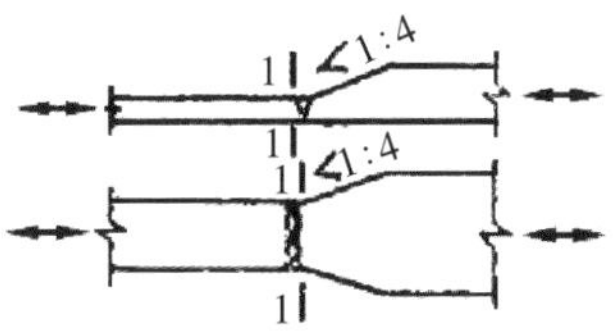	不同厚度（或宽度）横向对接焊缝附近的基本金属、焊缝经加工成平滑过渡，并经无损检验符合一级标准	1
4	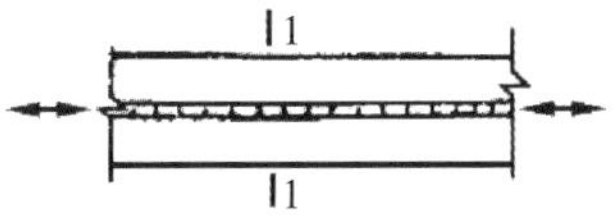	纵向对接焊缝附近的基本金属，焊缝经无损检验及外观尺寸检验，均符合二级标准	2
5	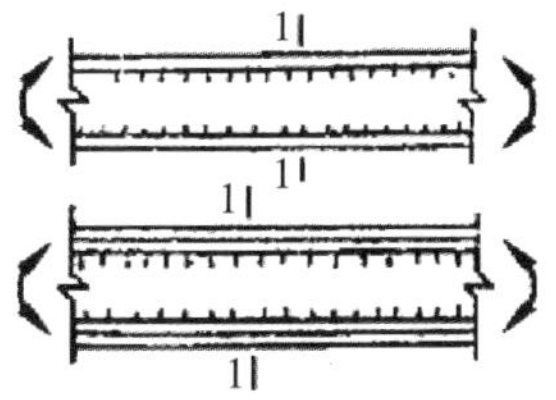	翼缘连接焊缝附近的基本金属、焊缝质量经无损检验符合二级标准：1. 单层翼缘焊： (a) 自动焊 (b) 手工焊 2. 单层翼缘焊	2 3 3
6	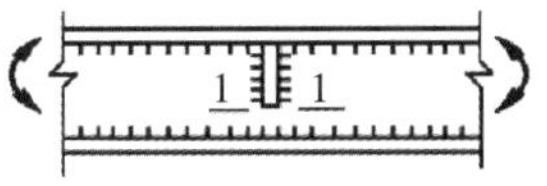	横向加劲筋端附近的基本金属： 1. 筋端采用回焊不断弧； 2. 筋端断弧	4 5
7	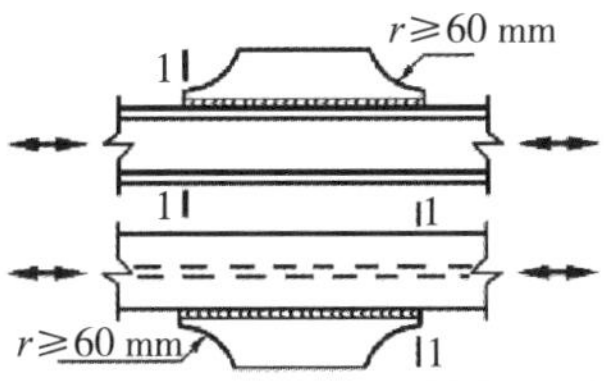	蹄形节点板对接于梁翼缘、腹板以及桁架构件处的基本金属，过渡处在焊后铲平、磨光、圆滑过渡，不得有焊接起弧、熄弧缺陷	5
8	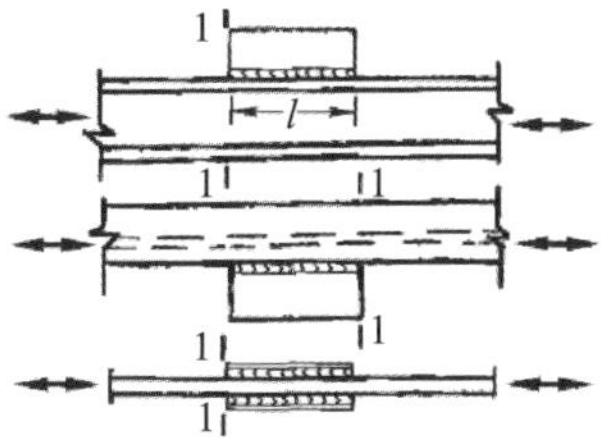	矩形节点板焊接于梁翼缘或腹板处的基本金属 $l > 150$ mm	7
9	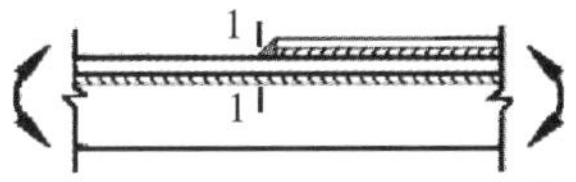	翼缘板中断处的基本金属（板端有正面焊缝）	7
10	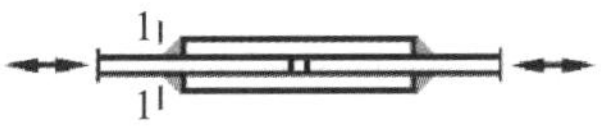	正面角焊缝处的基本金属	6

续表

项次	简图	说明	类别
11	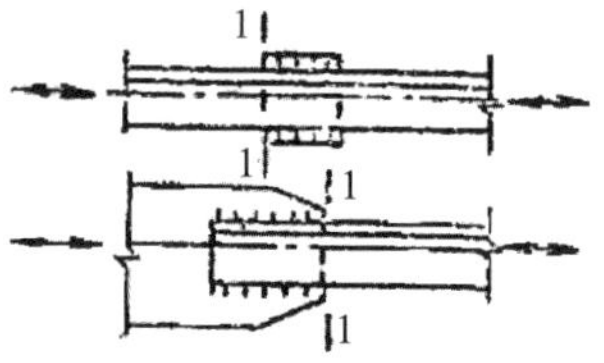	两侧面角焊缝连接端部的基本金属	8
12	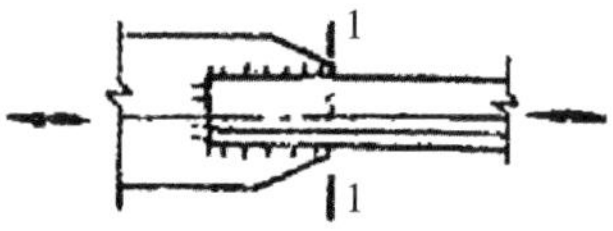	三面围焊角焊缝端部的基本金属	8
13	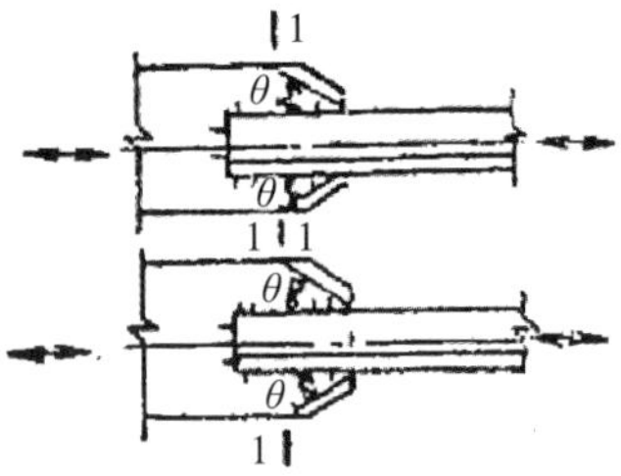	三面围焊或两侧面角焊缝连接的节点板基本金属（节点板计算宽度按扩散角 $\theta=30°$ 考虑）	7
14	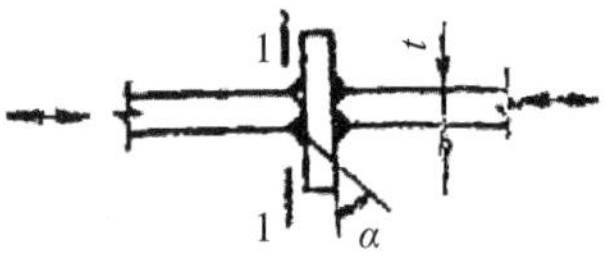	K形对接焊缝处的基本金属，两板轴线偏离小于 $0.15t$，焊缝无损检验且焊趾角 $\theta \leqslant 45°$	5
15	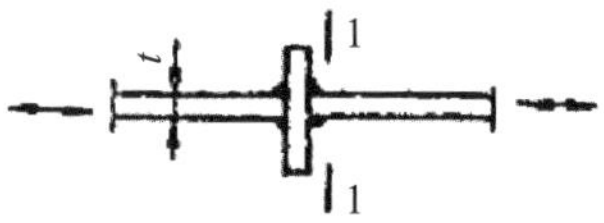	十字形接头角焊缝处的基本金属，两板轴线偏离小于 $0.15\,t$	7
16	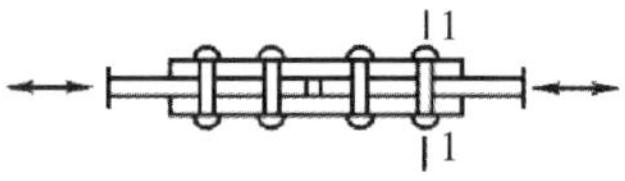	按有效截面确定的切应力范围计算	8
17	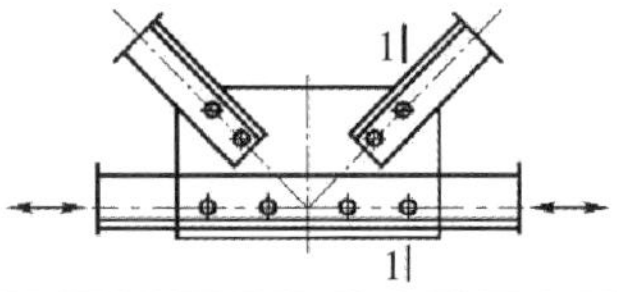	铆钉连接处的基本金属	3
18	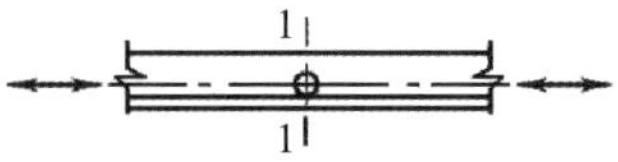	连接螺栓和虚孔处的基本金属	3
19		高强度螺栓连接处的基本金属	2

注：1. 所有对接焊缝均须焊透；

2. 项次 16 中的切应力范围 $\Delta\tau=\tau_{max}-\tau_{min}$，其中 τ_{min} 与 τ_{max} 同方向时，取正值；与 τ_{max} 反方向时，取负值。

（2）各个细节的疲劳强度值

$$\Delta\sigma_R = \Delta\sigma'_R - 2\cdot S_R \tag{8-13}$$

绘制它们的疲劳强度曲线 $\Delta\sigma_R-N$，如图 8.17 所示。表 8.3 列入了 10^5、2×10^6、5×10^6 和 10^8 次等，不同疲劳寿命 N 的疲劳强度值 $\Delta\sigma_R$。欧洲规范，将 $N=2\times10^6$ 次的疲劳强度值作为细节类型。

表 8.3　疲劳强度数值 $\Delta\sigma_R$（MPa）

10^5	细节类型 2×10^6	等幅疲劳极限 5×10^6	截止限 10^8
434	160	118	65
380	140	103	57
339	125	92	51
304	112	83	45
271	100	74	40
244	90	66	36
217	80	59	32
193	71	52	29
171	63	46	25
152	56	41	23
136	50	37	20
122	45	33	18
109	40	29	16
98	36	26	15

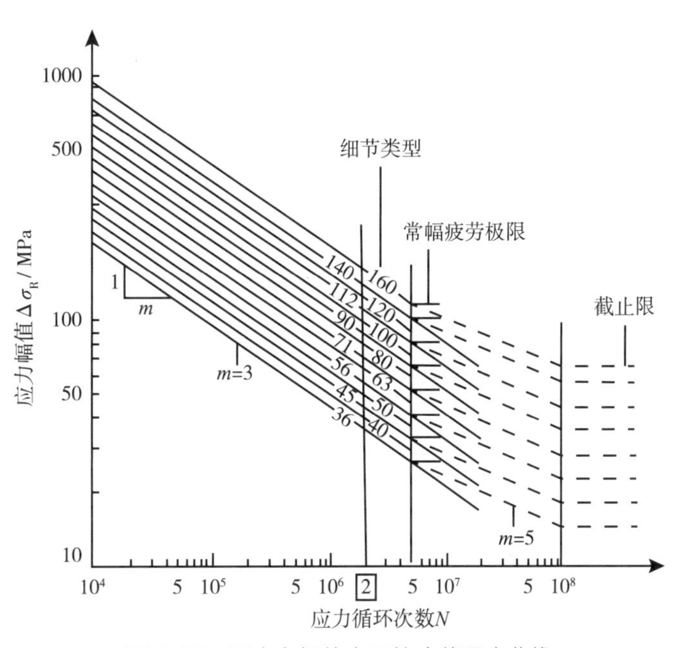

图 8.17　用应力幅值表示的疲劳强度曲线

（3）我国钢结构设计标准 GB–17–1988 中，疲劳设计采用的计算公式：

$$\Delta\sigma_e \leqslant [\Delta\sigma] \tag{8-14}$$

其中，疲劳应力幅值

$$\Delta\sigma_e = \sigma_{max} - \sigma_{min} \tag{8-15}$$

对于随机变幅疲劳应力，也可按等效等幅应力 $\Delta\sigma_{eq}$ 计算，即

$$\Delta\sigma_e = \Delta\sigma_{eq} = \left[\frac{\sum\left(\Delta\sigma_i^m \cdot n_i\right)}{N}\right]^{1/m} \tag{8-16}$$

这属于疲劳荷载在结构上的综合效应。

$$[\Delta\sigma] = \frac{\Delta\sigma_R}{\gamma_s \cdot \gamma_m} \quad (8\text{-}17)$$

这个值也可由疲劳强度曲线$\Delta\sigma_R - N$得出：

$$[\Delta\sigma] = \left(\frac{c}{N}\right)^{\frac{1}{m}} \quad (8\text{-}18)$$

$[\Delta\sigma]$称为容许疲劳应力幅值，分 8 个级别，与表 8.2 中列出的 19 种构件及其连接的 8 个类别相对应。将各类别的 c 值及$N = 2\times10^6$时的$[\Delta\sigma]$值一并列入表 8.4 中。根据具体构件和连接的类别可以查到 m、c 的值，再根据计算公式：$[\Delta\sigma] = \left(\frac{c}{N}\right)^{\frac{1}{m}}$，即可计算出不同循环次数 N 时的容许疲劳应力幅值$[\Delta\sigma]_N$。

$[\Delta\sigma]$是特定结构或连接的疲劳抗力，与结构本身存在的应力集中情况密切相关。

表 8.4 容许疲劳应力幅值及其计算参数

构件和连接类别	疲劳强度曲线斜率 m	疲劳强度计算参数 c	容许应力 $[\Delta\sigma]$ 2×10^6 MPa
1	4	1894×10^{12}	176
2	4	861×10^{12}	144
3	3	3.26×10^{12}	118
4	3	2.08×10^{12}	103
5	3	1.47×10^{12}	90
6	3	0.96×10^{12}	78
7	3	0.65×10^{12}	69
8	3	0.41×10^{12}	59

8.6.3 设计寿命是结构正常使用运行而无须修理的周期

在设计结构时，应考虑各零部件寿命的均衡性，防止薄弱环节降低结构的整体寿命。

8.6.4 保证使用周期终了时的存活率

结构的荷载效应和承载能力会随时间、环境变化而不断变化。与原有的设计方法不同，极限状态设计要考虑这些变化的影响，并保证使用周期终了时，结构的实际存活率，即保证结构有足够的可靠度。使用周期终了时存活率可以通过安全水平指数$\beta = \left(l_g\gamma_s + l_g\gamma_m + 2S_R\right)\Big/\sqrt{S_R^2 + S_{eq}^2}$，计算或直接查表求得。

8.6.5 国际焊接学会焊接钢结构疲劳设计规范

本疲劳强度设计规范的出发点是，焊接结构的疲劳寿命，取决于结构内各焊接接头的疲劳强度，而焊接接头的疲劳强度，又取决于施加疲劳荷载的应力幅值和接头类别所决定的应力集中情况。本规范适用于焊态的$\sigma_s < 700$ MPa 的碳钢、碳锰钢和细晶粒调质钢材的焊接接头，不适于严重腐蚀介质下工作的焊接构件。

8.6.5.1 疲劳强度评定程序

荷载历程 ⇒ 应力谱 ⇒ 等效等幅应力
焊接接头细节类别 ⇒ 相关的 *S–N* 曲线
推算
实际需求寿命
结构寿命
比较
安全评定

首先根据荷载历程或实测结构应力，编制各接头工作状态应力谱，按积累损伤原则计算等效等幅应力，结合接头细节类型的 *S–N* 疲劳强度曲线推算结构寿命，并作比较：若高于实际需求寿命，则接头形式、细节类型可用，否则应采取必要的安全措施。

8.6.5.2 *S–N* 疲劳强度曲线

本规范的 *S–N* 双对数坐标疲劳强度曲线，如图 8.18 所示，是根据焊接试样的常幅疲劳试验数据建立的。数学分析表达式为

$$N = \frac{c}{\Delta\sigma^m} \tag{8–19}$$

c 值的大小决定着各条曲线的位置；m 值在 3 ~ 4 间变化，是双对数坐标疲劳强度曲线的斜率，m 值相同，线就互相平行。

图 8.18（a）中 $m = 3$；图 8.18（b）中 $m = 3.5$，它们在 $N = 2 \times 10^6$ 处相交（疲劳强度值相等）。图 8.18 中 125、112…是各细节类型 $N = 2 \times 10^6$ 时的疲劳强度 $\Delta\sigma_{R,2\times10^6}$，表 8.5 中列出了各曲线的 c 值，以便计算不同 N 值（疲劳寿命）时的疲劳强度 $\Delta\sigma_R$。28 种接头细节类型及其说明列于表 8.6 中，图 8.18、表 8.5、表 8.6 中的数据、类型互相对应。

本规范认为，当应力幅值较小时，如 $m = 3$，$c \leqslant 7 \times 10^{10}$ 或 $m = 3.5$，$c \leqslant 4 \times 10^{11}$（相当于荷载应力幅值≤ 33 MPa）时，可视为静载，无须进行疲劳强度计算。荷载应力幅值 $\Delta\sigma_e \leqslant \Delta\sigma_{R,5\times10^8}$（疲劳极限）时，亦不需进行疲劳强度计算。

注意，荷载效应应力幅值计算，并未考虑焊缝附近孔洞、拐角应力集中因素，疲劳强度计算时，应予以考虑。

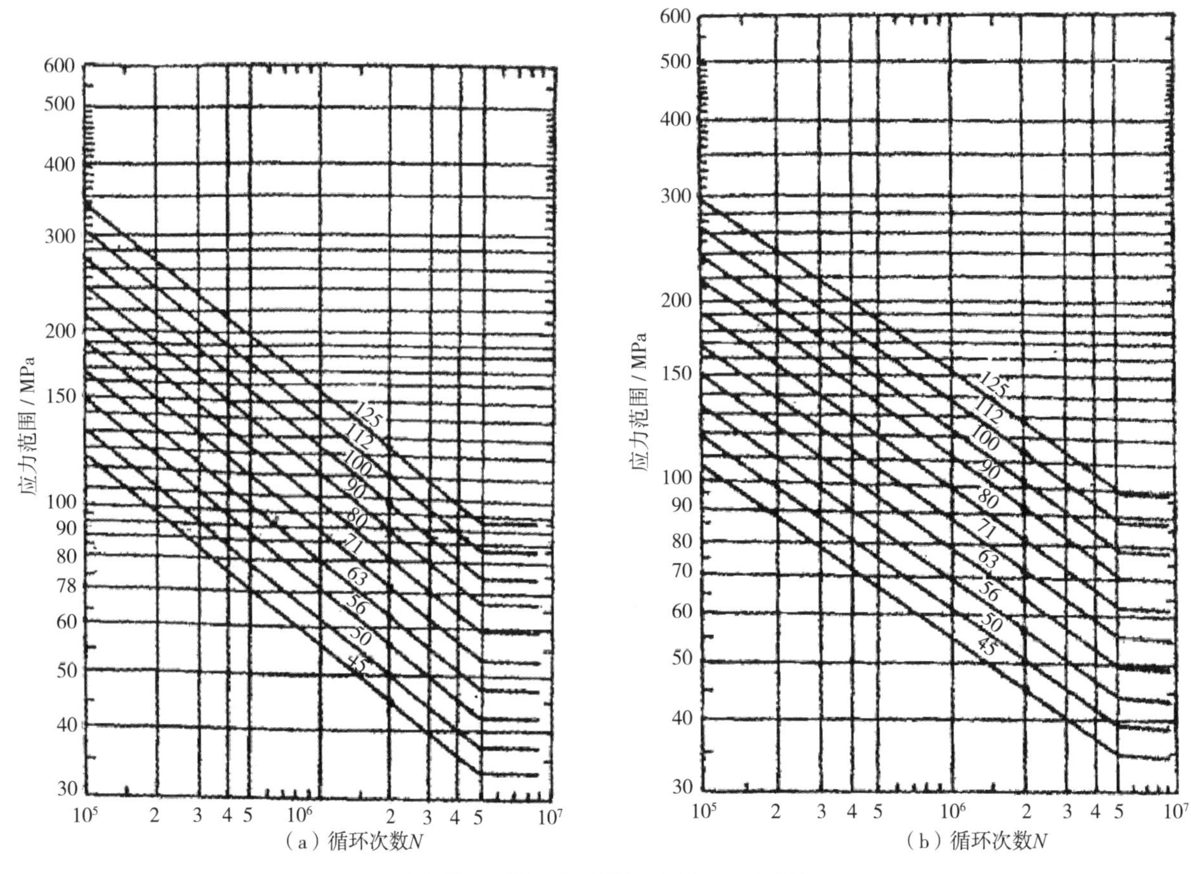

图 8.18　IIW.DOC639-81 的 S–N 曲线

表 8.5　S–N 曲线的 c 值及其相应的疲劳强度、疲劳极限

类型级别	c 值	疲劳极限 / MPa	类型级别	c 值	疲劳极限 / MPa
（a）$m=3$			（b）$m=3.5$		
125	3.91×10^{12}	92	125	4.37×10^{13}	96
100	2.00×10^{12}	74	100	2.00×10^{13}	77
90	1.46×10^{12}	66	90	1.38×10^{13}	69
80	1.02×10^{12}	59	80	9.16×10^{12}	62
63	5.0×10^{11}	46	63	3.97×10^{12}	48
56	3.51×10^{11}	41	56	2.63×10^{12}	43
45	1.82×10^{11}	33	45	1.22×10^{12}	35

表 8.6　焊接接头分类

项次	标明疲劳裂纹形式和应力的接头形状	接头特点概述	细部类别
1		对接接头、磨平、百分之百探伤	125
2		在工厂，用埋弧焊以外的任何方法，以平焊位置施焊的横向对接接头，无损检测	100
3		不符合第 2 项要求的横向对接接头，无损检测	80

续表

项次	标明疲劳裂纹形式和应力的接头形状	接头特点概述	细部类别
4	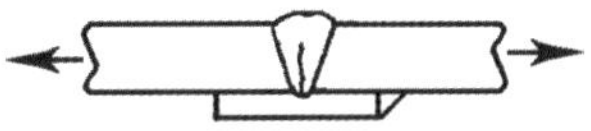	带垫板的横向焊缝，应力范围计算以母材为基础，扣除垫板影响	71
5	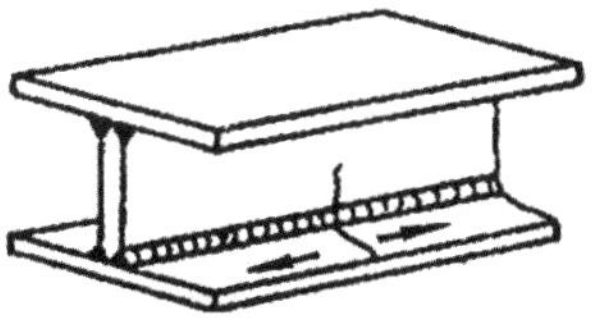	开坡口的纵向连接焊缝，用自动焊方法施焊，焊缝上不停留	125
6		用自动焊方法施焊的纵向角焊缝，焊缝上不停留	112
7	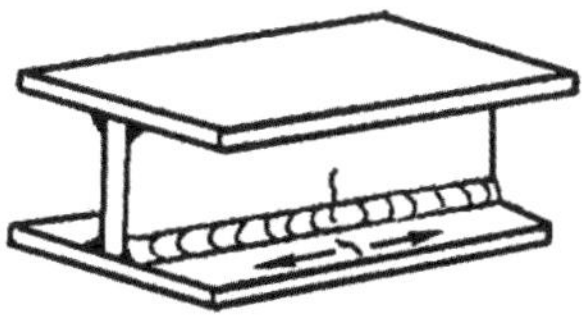	手工施焊的纵向连续角焊缝或开坡口焊缝（应力范围已靠近焊缝的盖板为基础）	100
8		纵向断续角焊缝（应力范围以焊缝端部处的盖板为基础）	80
9	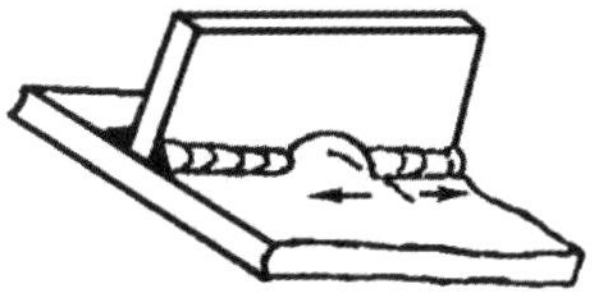	纵向开坡口焊缝或角焊缝，或以半圆孔断开的断续角焊缝（应力范围取自焊缝端部的盖板）	71
10	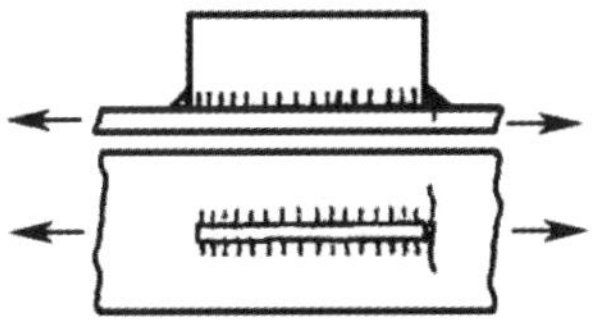	纵向角焊缝焊接的角接板： < 150 mm > 150 mm 靠近端部	 71 63 50
11	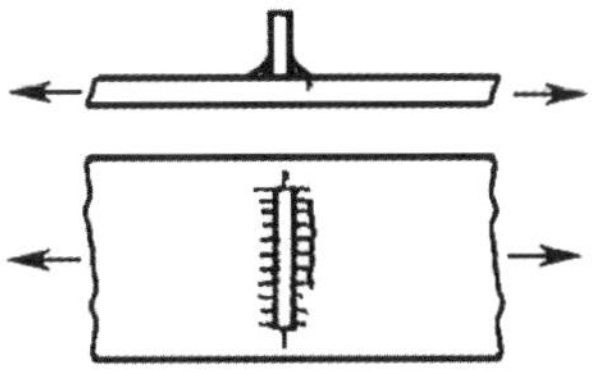	横向角焊缝焊接的角接板	80
12	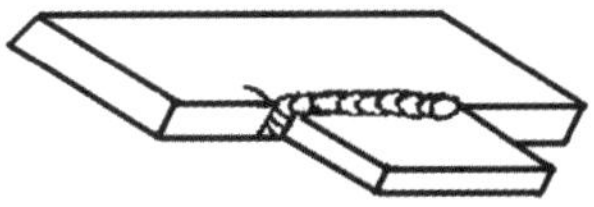	在板边缘处焊接的角接板	50
13	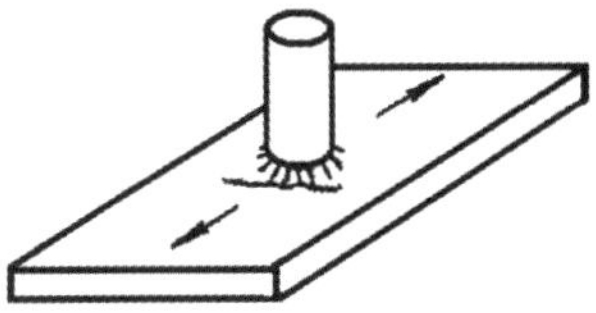	非承载的剪切连接	80

续表

项次	标明疲劳裂纹形式和应力的接头形状	接头特点概述	细部类别
14	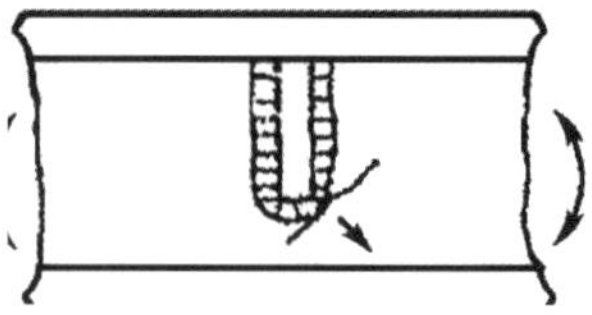	焊接在梁腹板上的加强筋，以靠近筋板的腹板正应力范围为基础	80
15	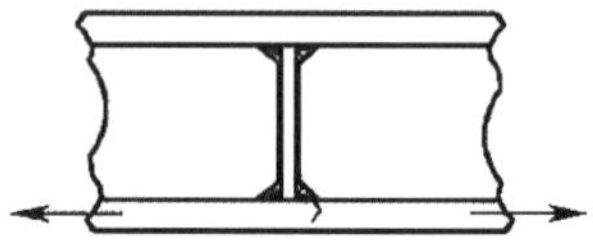	焊接在梁腹板上的加强筋，以靠近筋板的腹板正应力范围为基础	80
16	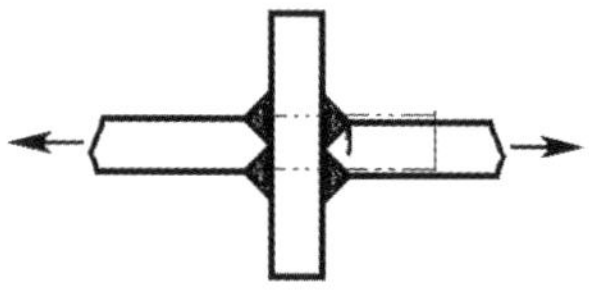	K形坡口的十字接头，错边小于板厚的 15%	71
17	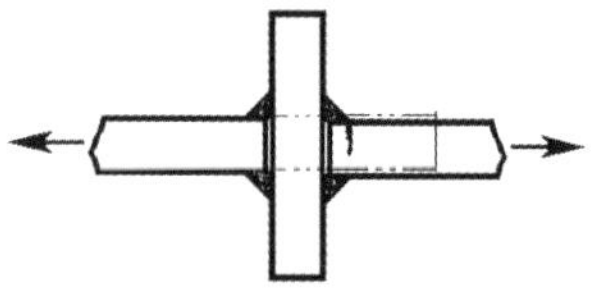	横向角焊缝的十字接头，错边小于板厚的 15%	63
18	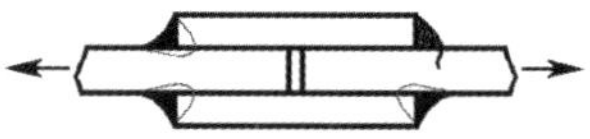	横向承载的角焊缝盖板接头，焊趾处失效（应力计算建立在承载板与盖板具有同样宽度的基础上）	71
19	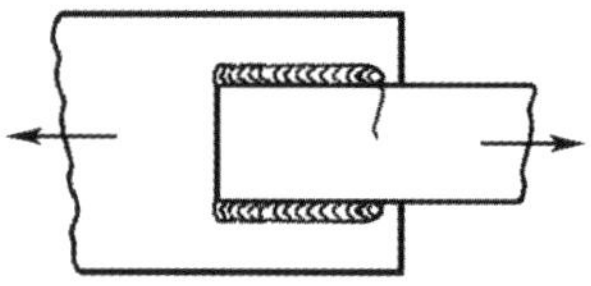	纵向承载角焊缝的盖板接头	50
20	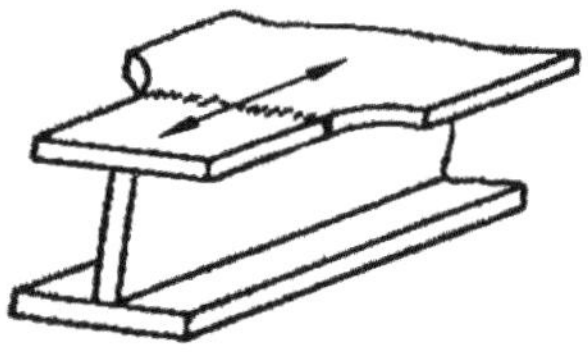	磨平的直线或圆弧过渡的对接翼板	112
21	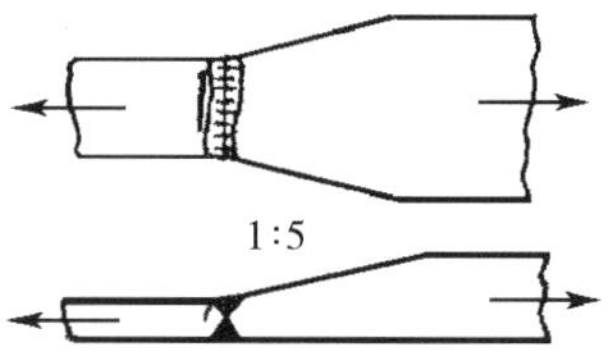 1:5	平滑过渡的不同宽度和厚度的横向对接焊缝：①与序号 2 类型相同；② 与序号 3 类型相同	100 80
22	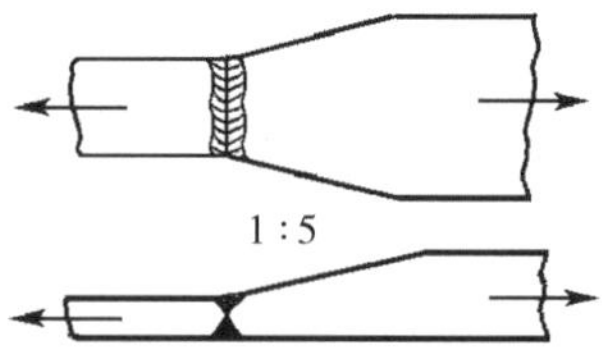 1:5	横向对接焊缝，平滑过渡打磨，无损探伤	112
23	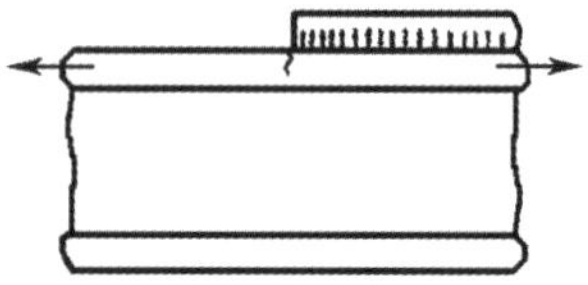	板梁上的盖板焊缝的焊趾处（应力范围取自焊缝端部的翼板）	50

续表

项次	标明疲劳裂纹形式和应力的接头形状	接头特点概述	细部类别
24	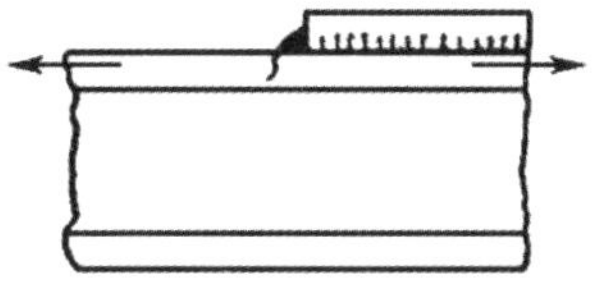	板梁上的盖板，非焊接的端部	50
25	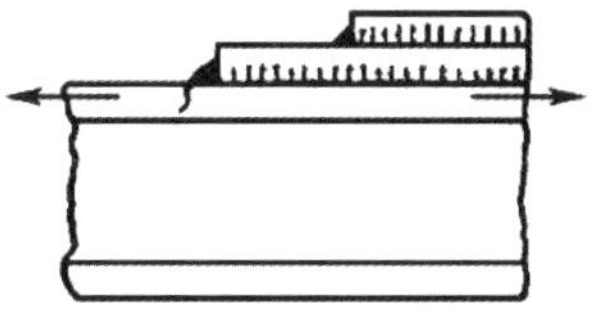	梁上的多层盖板，焊缝端部 （应力范围取自焊趾处的盖板中）	50
26	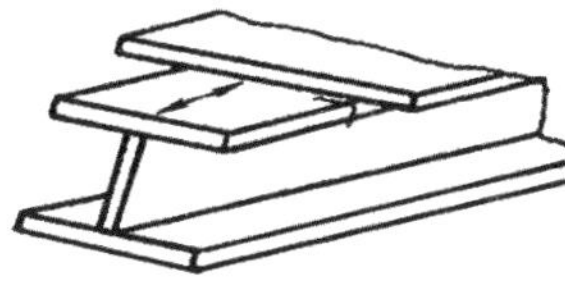	梁上的过宽盖板，非连接处端部 （应力范围取自焊缝端部的盖板）	50
27	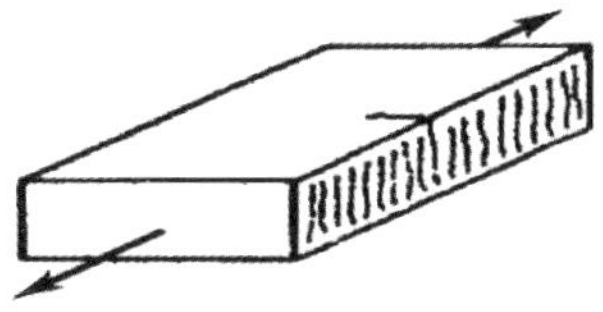	自动火焰切割的平板材料，除掉尖角，检查后无裂纹存在	125
28	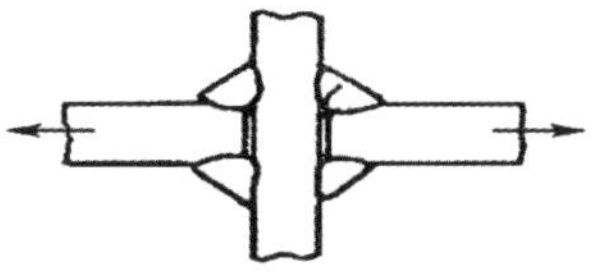	横向承载角焊缝的平板材料，根部失效，应力范围以焊缝最大高度截面积为基础	45

8.6.6 欧洲钢结构协会的钢结构疲劳设计规范

该疲劳设计规范受到相关领域大多数国际组织的审核，已作为“第三本欧洲规范”（Eurocode 3）《钢结构的设计》第九章“疲劳”的基本教材，该规范采用疲劳极限状态设计法的原理和方法，用于承受疲劳荷载钢结构的评估、制造、检查和维修。

该规范强度计算的解析表达式为：

$$\Delta\sigma_R/\gamma_m \geqslant \gamma_s \cdot \Delta\sigma_s, \tag{8-20}$$

式中：$\Delta\sigma_R$——结构细节的疲劳强度值；

γ_m——抗力变化系数，≥ 1；

$\Delta\sigma_s$——疲劳荷载效应值；

γ_s——荷载变化系数，≥ 1。

各个结构细节的疲劳强度值 $\Delta\sigma_R$，以双对数疲劳强度曲线 $\Delta\sigma_R$-N 的形式绘制，如图 8.19。把纵坐标刻度（100 ~ 1000 之间）分级，图中绘出 14 级不同细节类型的疲劳强度曲线，每一级大约有 12% 疲劳强度的差别。

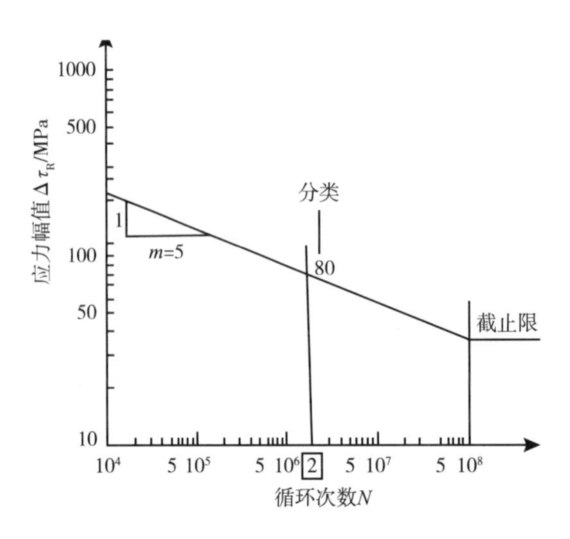

图 8.19 用切应力范围表示的疲劳强度曲线

图线的解析表达式为

$$N = c \cdot \Delta\sigma_R^{-m} \text{或} \Delta\sigma_R = \left(\frac{c}{N}\right)^{\frac{1}{m}} \tag{8-21}$$

式中，m 为图线的斜率。

平行的图线段有相同的 m 值，不同的图线段有不同的常数 c，同一图线的$\Delta\sigma_R$与循环数 N 有一一对应的关系。当构件的全部应力幅值低于$N=5\times10^6$的疲劳强度值（常幅疲劳极限）时，一般不再进行疲劳强度计算；低于截止限（$N=10^8$次时的疲劳强度值）的应力幅值$\Delta\sigma$，在进行变幅疲劳强度计算时，可忽略不计。$N=10^5\cdots$4 种典型疲劳寿命数的疲劳强度值列于表 8.3 中。以$N=2\times10^6$时的疲劳强度值 160，140…为细节类型，将各个细节类型的构造细节及其说明一一列入表 8.7 ~ 表 8.11 中。

图中的疲劳强度$\Delta\sigma_R$及其图线是以板厚 15 mm 的试样试验获得的，当板厚$t>25$ mm时，其细节校正后的疲劳强度

$$\Delta\sigma_{R,c} = \Delta\sigma_R \cdot \sqrt[4]{\frac{25}{t}} \tag{8-22}$$

垂直荷载的角焊缝在承受疲劳荷载时，破坏截面与荷载约呈 30º 夹角，角焊缝接头均取最小截面，按切应力计算，等效切应力幅值$\Delta\tau_e$的计算公式与$\Delta\sigma_e$类同，因其应力集中严重，疲劳强度值$\Delta\tau_R$很低，如图 8.19，表 8.7 所示。

表 8.7 抗切疲劳强度数值 $\Delta\tau_R$

横坐标	10^5	细节类型 2×10^6	截止限 10^8
纵坐标	146	80	37

空芯截面构件，用途甚广，或用于一般结构，或用于网架结构，各有自己的细节分类图、疲劳设计曲线图和疲劳强度数值表，可查手册，不再赘述。

表 8.8 非焊件细节

细节类型	构造细节	说明
160	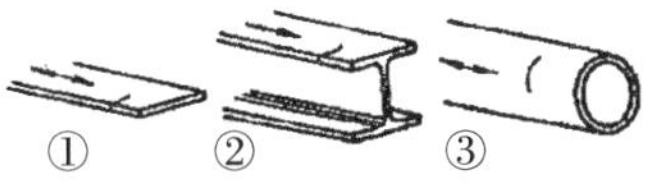 ① ② ③	轧制和冲压制品： ①板材，带材；②轧制断面；③无缝钢管。 要求细节① ② ③用打磨方法改善刃边、表面和轧制缺陷
140	 ④	剪切和气割板材：④机械气割或剪切材料，然后修整，清除所有可见的板边不连续性；⑤带有很浅和规则波痕的机械气割边缘的材料或手工气割的材料，然后修整，清除所有板边不连续性 对细节④⑤的要求：通过打磨（斜率 1∶4）改善凹角或估算应力集中的影响；不采用补焊修理
125	 ⑤	
140	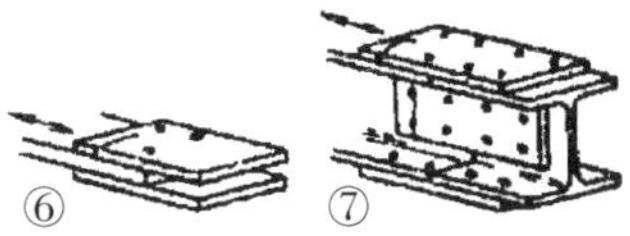 ⑥ ⑦	栓接连接：⑥应避免无支撑的单侧连接，或者计算应力时考虑偏心的影响；⑦梁的拼接或栓接盖板 对细节⑥⑦的要求：摩擦型连接以毛截面计算应力，其他连接以净截面计算应力 ⑧受拉的螺栓和螺纹杆。用螺栓的有效毛截面（受力面积）来计算应力。对预拉伸螺栓，应力幅值取决于预拉力水平和连接的几何条件
36	 ⑧	
80	 ⑨	混凝土钢筋 ⑨轧制成型的抗剪连接突缘见表 9，细节⑧是焊接钢筋

表 8.9 焊制截面

细节类型	构造细节	说明
125	① ②	连续纵向焊缝：①从两侧施焊的自动对接焊缝，如果焊缝无可见的不连续性，可采用 140 等级；②自动贴角焊缝，盖板边缘应用表 8.8 细节中⑤进行检验 对细节① ②的要求：无停弧、起弧部位 ③从两侧施焊的但包含停弧、起弧部位 ④仅有一块垫板从一侧施焊的自动对接焊缝，无停弧、起弧部位；若有采用 100 等级 ⑤手工贴角或对接焊缝 ⑥仅一侧施焊的自动对接焊缝，尤其是箱梁，须保证翼缘和腹板充分密贴，腹板边缘预留足够的钝边，以便根部熔透而无烧漏现象 ⑦经修理的手工或自动贴角和对接焊缝，经充分验证的改善方法，可采用原等级
112	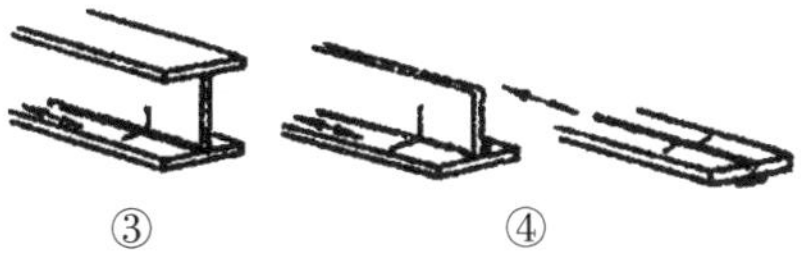 ③ ④	
100	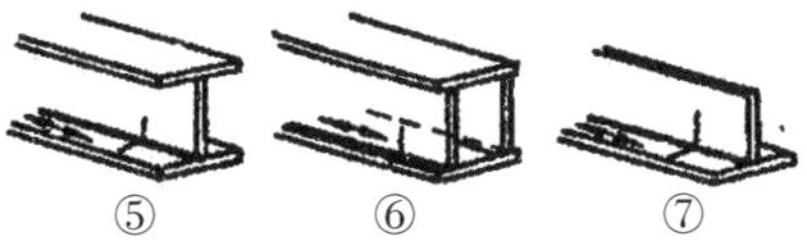 ⑤ ⑥ ⑦	
80	⑧	间断纵向焊缝 ⑧缝合焊缝或定位焊缝，然后未用连续焊缝覆盖
71	 ⑨	⑨焰割孔处连续焊缝的端部，焰割孔不充填焊缝金属

注：为典型的构造细节分类；箭头表示计算应力幅值的位置和方向。

表 8.10 横向对接焊缝

细节类型	构造细节	说明
112	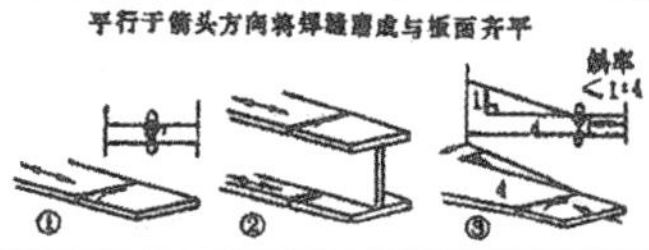 平行于箭头方向将焊缝磨成与板面齐平 斜率 <1:4 ① ② ③	无垫板： ①板材、带材和轧制截面的横向拼接 ②组装前板梁的横向拼接。当采用高质量焊缝并证明无可见不连续性时，细节① ②可增加到 125 等级 ③不等厚或不等宽板材或带材的横向拼接，宽度或厚度削成斜率不大于 1 : 4 ④板材或带材的横向拼接 ⑤轧制断面或焊接板梁的横向拼接 ⑥不等厚或不等宽板材或带材的横向拼接，宽度或厚度削成斜率不大于 1 ⑦板材、带材、轧制截面或板梁的横向拼接，焊缝余高小于焊缝宽度的 20% 对① ~ ⑦的要求：采用焊缝引出板，然后清除并沿受力方向把板边打磨光滑；焊缝由两侧施焊 ⑧混凝土钢筋对接焊缝， 对接焊缝，仅由一侧施焊
90	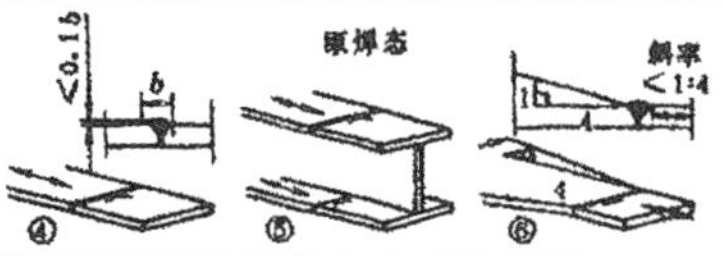 <0.1b b 焊态 斜率 <1:4 ④ ⑤ ⑥	
80	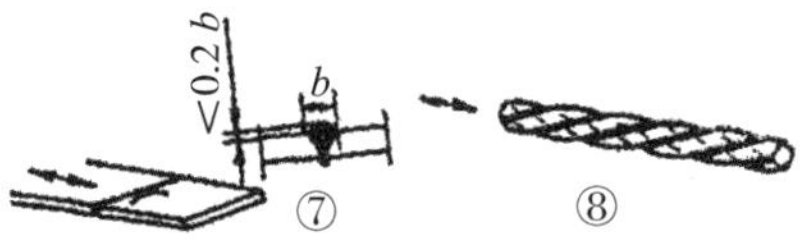 <0.2b b ⑦ ⑧	
36	 ⑨	
71	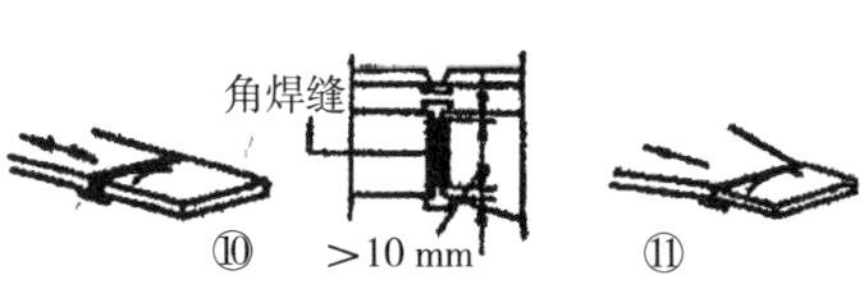 角焊缝 ⑩ >10 mm ⑪	有垫板 ⑨横向拼接 ⑩不等宽或不等厚的横向对接焊缝，斜率不大于 1 : 4 对⑩和 ⑪ 的要求：连接垫板的贴角焊缝终止在距受力板边大于 10 mm 处 ⑫ 当不能担保充分密贴或垫板贴角焊缝比距板边 10 mm 更近时的横向对接焊缝。
50	 ⑫	

注：为典型的构造细节分类；箭头表示计算应力幅值的位置和方向。

表 8.11 焊接附连件（非承载焊缝）

细节类型	构造细节		说明
80	$l \leqslant 50$ mm	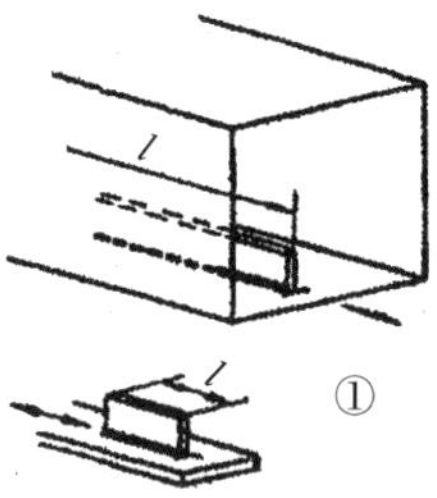 l ①	纵向附连件： ①细节等级随附连件长度 l 而变化
50	$50 \leqslant l$ $l \leqslant 100$ mm		
71	$l > 100$ mm		
90	$\frac{1}{3} \leqslant \frac{r}{W}$ $r > 150$ mm	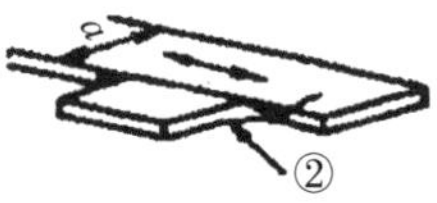 r ②	②结点处，焊接到板的边缘或梁的翼缘边缘 首先，在焊接前，通过机械或气割节点板。然后，平行于箭头方向打磨焊缝区，形成圆滑过渡半径 r
71	$\frac{1}{6} \leqslant \frac{r}{W} < \frac{1}{8}$		
45	$\frac{r}{W} < \frac{1}{6}$		

续表

细节类型	构造细节		说明
80	$t \leqslant 12$ mm	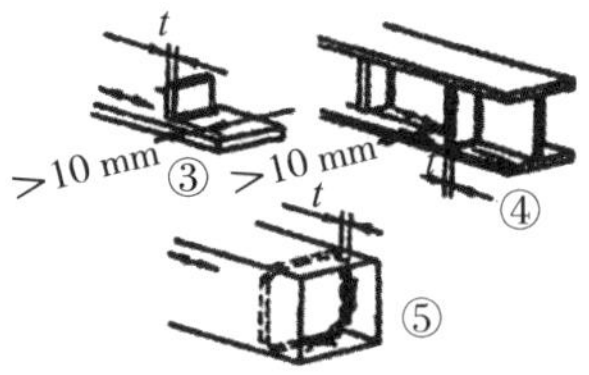	横向附连件： ③焊缝端部距板边大于 10 mm ④焊接到梁或板梁上的竖向加劲筋（如加劲筋终止到腹板上），应用主应力计算应力幅值 ⑤焊接到翼缘或腹板上的箱梁横隔板 ⑥焊接切力连接件对基材的影响
71	$t > 12$ mm		
80			

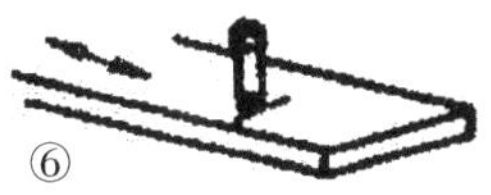

注：为典型的构造细节分类；箭头表示计算应力幅值的位置和方向。

表 8.12　焊接连接（承载焊缝）

细节类型	构造细节		说明
71			十字形接头 ①完全熔透的焊缝。经检查无可见的不连续性； ②贴角角焊缝连接 要求两种疲劳评估： ①通过确定焊缝喉部面（焊缝最大高度截面）的应力幅值，用 36 等级评估根部开裂；②通过确定承载板的应力幅值，用 71 等级估算焊趾开裂。 对接点板①、②的要求：承载板轴线的最大不重合率应小于中间板厚的 15%
36			
63			搭接焊接头 ③ 贴角角焊缝搭接接头，按简图所示的基本面积计算主板上的应力。④ 贴角角焊缝搭接接头，按搭接构件计算应力 对细节③、④的要求：焊缝终端距板边大于 15 mm；用细节⑦检验焊缝承载开裂
45			
50	t 和 $t_e \leqslant 20$ mm	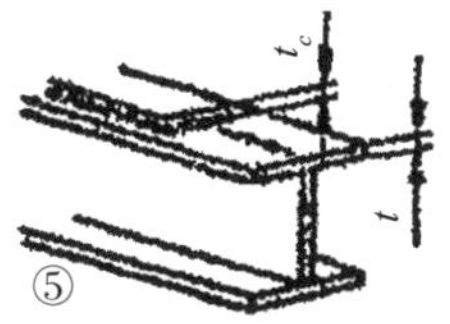	梁和梁上的盖板接头 ⑤单层或多层焊接盖板的端部区域，有或没有端部焊缝 ⑥当加强板比翼板宽时，端部焊缝需仔细打磨，以便消除咬边
36	t 和 $t_e > 20$ mm		

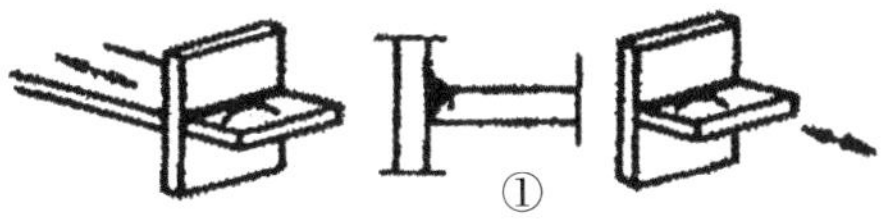

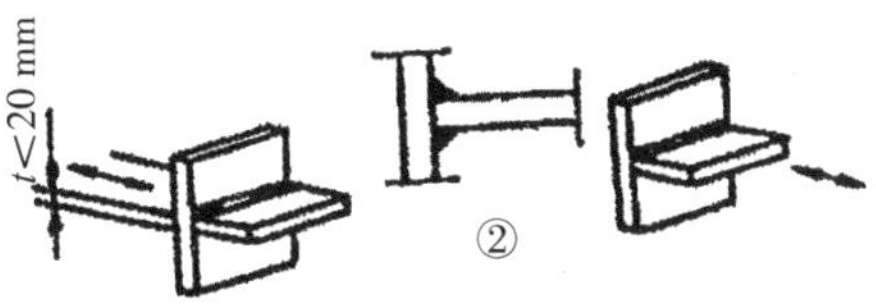

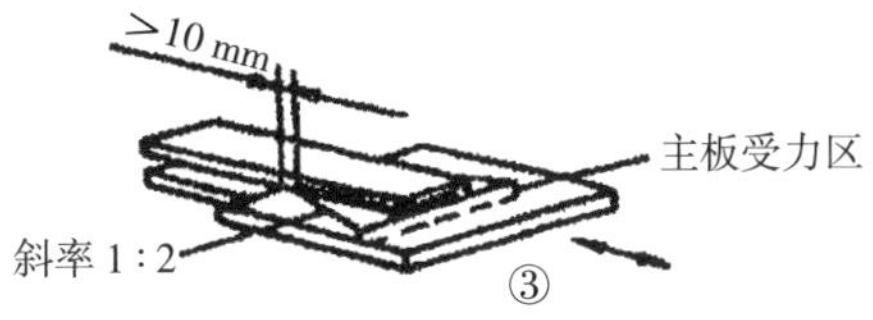

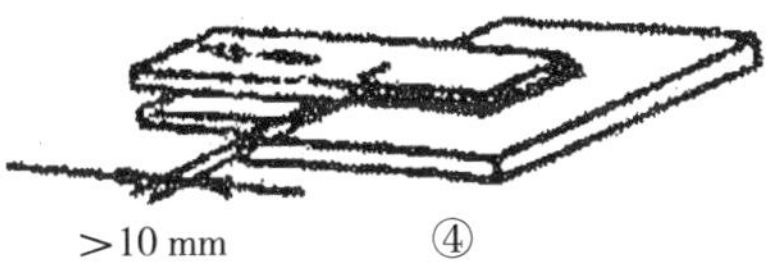

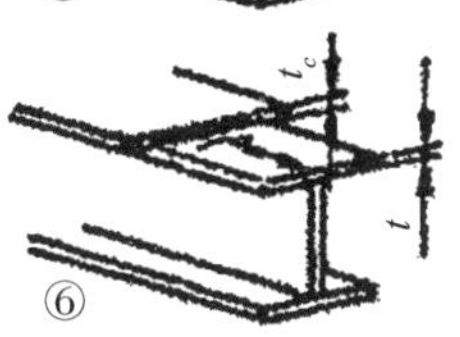

续表

细节类型	构造细节	说明
80 $m=5$	⑦ >10 mm ⑧ ⑨	承剪焊接 ⑦传递剪力的连续贴角角焊缝，如板梁中腹板到翼缘的焊缝。按焊缝喉部（焊缝最大高度截面）面积计算应力幅值 ⑧贴角角焊缝搭接接头，按焊缝总长的喉部面积计算应力幅值，焊缝终端距板边应大于 15 mm ⑨螺栓头抗剪连接件（在焊缝处破坏），按螺栓柱公称横截面积计算剪切应力

8.6.7 主 S–N 曲线抗疲劳设计方法

基于名义应力法的抗疲劳设计标准，如英国的 BS 7608，带来了两个难题：除了工程应用中焊接接头分类难以把握外，当用有限元法计算应力时，又难以可靠地获得焊缝上的应力集中，而焊缝上的应力集中对疲劳寿命预测极其重要。

美国 ASME-2007 标准中的主 *S–N* 曲线法通过提取有限元分析结果的节点力，运用解析法计算焊缝处的结构应力分布，从而获得了对有限元网格尺寸不敏感的结构应力；通过对结构应力修正获得的等效结构应力，并将其作为 *S–N* 曲线参量，获得了分布狭小的 *S–N* 曲线试验数据，从而实现了以一条主 *S–N* 曲线的模型来预测焊缝的疲劳强度，解决了上述两个难题。

通过对大量试验数据的分析，可将整个裂纹扩展划分为 2 个阶段：短裂纹阶段（$0 \leqslant a/t \leqslant 0.1$）和长裂纹阶段（$0.1 \leqslant a/t \leqslant 1$）。这是基于 Paris 裂纹增长定律的一个两阶段裂纹增长模型：

$$\mathrm{d}a/\mathrm{d}N = C\left(M_{kn}\right)^{n}\left(\Delta K_{n}\right)^{m} \tag{8-23}$$

借助两个指数参数 $n=2$ 及 m（与材料有关的参数），能将短裂纹增长与长裂纹的增长统一起来，以一个相对裂纹长度表达的、基于断裂力学从极小裂纹到最终失效的疲劳寿命预测的表达式可写为

$$N = \int_{a_i/t\to 0}^{a/t=1} \frac{t\,\mathrm{d}\left(a/t\right)}{C\left(M_{kn}\right)^{n}\left(\Delta K\right)^{m}} = \frac{1}{C}\cdot t^{1-\frac{m}{2}}\cdot\left(\Delta\sigma_{\mathrm{s}}\right)^{-m} I\left(r\right) \tag{8-24}$$

式（8–23）和式（8–24）中，N 为疲劳寿命值，M_{kn} 为焊趾缺口导致的应力强度因子放大系数，ΔK 为应力强度因子范围，其表达式为

$$\Delta K = \sqrt{t}\left[\Delta\sigma_{\mathrm{m}} f_{\mathrm{m}}\left(a/t\right) + \Delta\sigma_{\mathrm{b}} f_{\mathrm{b}}\left(a/t\right)\right] \tag{8-25}$$

（8–25）式中 $\Delta\sigma_{\mathrm{m}}$ 和 $\Delta\sigma_{\mathrm{b}}$ 分别是结构应力范围 $\Delta\sigma_{\mathrm{s}}$ 的膜正应力范围分量和弯曲正应力范围分量；$f_{\mathrm{m}}(a/t)$ 和 $f_{\mathrm{b}}(a/t)$ 分别为膜应力和弯曲应力单独作用时确定应力强度因子范围的无量纲权函数；$I(r)$ 为荷载弯曲比 r（$r=\Delta\sigma_{\mathrm{b}}/\Delta\sigma_{\mathrm{s}}$）的无量纲函数：

$$I\left(r\right) = \int_{a_i/t\to 0}^{a/t=1} \frac{\mathrm{d}\left(a/t\right)}{\left(M_{kn}\right)^{n}\left[f_{\mathrm{m}}\left(\frac{a}{t}\right) - r\left(f_{\mathrm{m}}\left(\frac{a}{t}\right) - f_{\mathrm{b}}\left(\frac{a}{t}\right)\right)\right]^{m}} \tag{8-26}$$

令

$$\Delta S_s = \frac{\Delta\sigma_s}{t^{(2-m)/2m} \cdot I(r)^{1/m}} \tag{8-27}$$

由式（8-24）可得基于等效应力范围的疲劳强度 ΔS-N 曲线：

$$[\Delta S_s]^{-m} = CN \tag{8-28}$$

对上千个焊接接头的疲劳试验数据如图 8.20 所示。

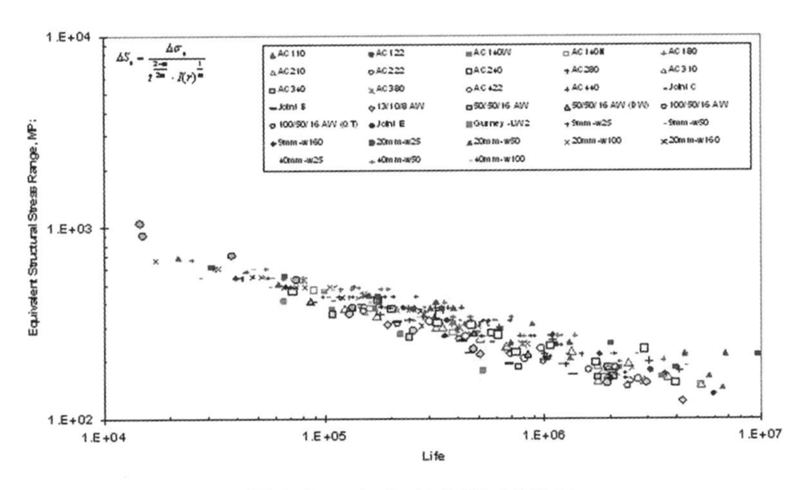

图 8.20　主 S-N 曲线试验数据

8.7 焊接结构抗疲劳设计标准简介

国际上较为通用的钢结构疲劳评估标准体系较多，例如，在轨道车辆上得到广泛应用的主要有 5 种，分别是：北美铁路协会（Association of American Railroads，简称 AAR）标准；国际铁路联盟（International Union of Railways，简称 UIC）标准；英国钢结构疲劳设计与评估标准（British Standard，简称 BS 标准）；国际焊接学会标准（International Institute of Welding，简称 IIW 标准）以及美国机械工程师协会标准（The American Society of Mechanical Engineers，简称 ASME 标准）。

不同标准对应于不同的应力类型。美国 AAR 标准及当前国内使用的应力类型主要是过于保守的名义应力法；欧洲焊接界使用的应力类型主要是名义应力、热点应力（或者几何应力），前者用于工程，后者用于研究；美国从 2007 年起，在 ASME-2007 标准中开始建议结构应力及等效结构应力。AAR、BS、IIW、ASME 标准都以 Miner 损伤累积为理论基础，当疲劳计算采用的应力为名义应力时，BS 标准与 IIW 标准的寿命计算公式本质相同。4 种标准都提供了大量基于实验测试的焊接接头疲劳特性数据，具有工程实际意义，可操作性强，只要被评估对象的接头类型包含在它们提供的数据库之中，其寿命评估就是科学的、有效的。

下面简要介绍上述 5 种标准及其特点。

（1）AAR 标准：专门为铁路货车车辆制定的标准体系，其应用名义应力法原理专用于货车疲劳寿命评估。该标准在美国、加拿大等北美国家有广泛应用，近年来在中国铁路货车焊接结构疲劳分析中也得到了一定应用。

美国 AAR 标准用平均意义上的名义应力标定疲劳 S–N 曲线，适用于新造货车疲劳设计，提供了大量试验荷载谱；焊接接头数据库考虑了应力比的影响，并有疲劳极限的规定。

（2）UIC 标准：UIC 成立于 1922 年，是世界铁路最大的国际性标准化机构。我国把 UIC 标准定为国际标准，这些标准是完全涉及铁路行业的。UIC 标准采用 Goodman 图进行焊接结构疲劳评估，本质是采用无限寿命设计准则，它要求零部件的设计应力低于其疲劳极限。此标准在焊接转向架（包括重载货车和高速动车组）的疲劳分析中也得到了一定应用。

（3）BS 标准：是英国钢结构疲劳设计与评估使用标准，最初是用于土木工程中钢结构的疲劳评定，后来被应用于汽车工业等领域。BS 标准对焊接结构的疲劳评估规定详细，应用广泛，一些知名的疲劳分析有限元软件如 FE–Fatigue、FE–Safe 等都支持该标准。

英国 BS 标准用名义应力标定疲劳 S–N 曲线，适用于钢结构，其中包括焊接接头及螺栓连接接头；每一疲劳级别中，不仅提供了建立疲劳 S–N 曲线信息，还提供了工艺细节，但当接头几何形状复杂和荷载复杂时，接头数据不能满足需求。无疲劳极限的规定，计算结果偏于保守。

（4）IIW 标准：是国际焊接学会关于焊接接头与部件的疲劳设计标准。IIW 标准在第 13 届和第 15 届委员会倡导下完成，目的是为焊接部件的疲劳损伤评估提供通用的方法和数据。该标准适用于屈服点低于 700 MPa 的碳钢、碳锰钢和细晶粒调质钢材的焊接结构疲劳评估，在国际上具有较好的通用性。

国际 IIW 标准比 BS 标准更注重焊接接头细节，焊接接头分类更详细；考虑了更多的其他因素对寿命计算的修正；不仅适用于钢结构，还适用于铝合金结构，但当接头几何形状复杂和荷载复杂时，接头数据同样不能满足需求；规定达到 1000 万次循环对应的应力值为疲劳极限；有热点应力法及裂纹扩展的评估方法。

（5）ASME 标准：在 2007 年的美国机械工程协会标准中，新增加了美国董平沙教授发明的结构应力疲劳寿命计算方法。在用有限元法计算焊缝焊趾处的等效结构应力时，该方法具有网格不敏感性，该发明被业界称为焊接技术的一次革命。近年来，在美国汽车、船舶等制造厂应用了 ASME 标准的新技术，取得了较好的经济效益。我国轨道车辆焊接结构疲劳评估采用在这一方法也取得了一定进步，还开发了基于 ASME 标准的专用软件系统，在重载货车及高速动车组等车体抗疲劳设计方面得到了较好应用。

美国 ASME 标准理论基础是断裂力学公式；采用等效结构应力进行计算，还考虑了厚度及荷载形式的修正；采用一条主疲劳 S–N 曲线进行计算，针对每一条焊缝进行定义和拾取，操作过程和数据处理复杂，对于工程应用不方便；有低周疲劳、多轴疲劳计算方法，有初始缺陷修正的计算方法；在计算大型焊接结构时难以适用，处理复杂。

参考文献

［1］钢结构设计标准：GB 50017：2017［S/OL］．［2017-12-15］．https://www.mohurd.gov.cn/gongkai/fdzdgknr/tzgg/201808/

20180824_237277.html.
[2] Eurocode 9. Design of aluminium structures – Structures susceptible to fatigue: BS EN 1999–1–3：BS EN 1999–1–3:2007+A1:2011 [S/OL]. [2012-04]. https://knowledge.bsigroup.com/products/eurocode–9–design–of–aluminium–structures–structures–susceptible–to–fatigue/standard.
[3] Guide to fatigue design and assessment of steel products: BS 7608:2014+A1:2015 [S/OL]. [2015-12-20]. https://knowledge.bsigroup.com/products/guide–to–fatigue–design–and–assessment–of–steel–products/standard.
[4] Guide to methods for assessing the acceptability of flaws in metallic structures: BS 7910:2005 [S/OL]. [2006-03]. https://knowledge.bsigroup.com/products/guide–to–methods–for–assessing–the–acceptability–of–flaws–in–metallic–structures–1/standard.
[5] Railway applications – Welding of railway vehicles and components – Part 3: Design requirements：DIN EN 15085–3:2010 [S/OL] . [2013-03] . https://dx.doi.org/10.31030/1556558.
[6] A. F. Hobbacher. Recommendations for Fatigue Design of Welded Joints and Components [S/OL]. [2019-08]. https://doi.org/10.1007/978–3–319–23757–2.
[7] Gestaltung und Festigkeitsbewertung von Schweißkonstruktionen aus Aluminium– legierungen im Schienenfahrzeugbau：DVS 1608:2011 [S/OL] . [2014-09] . https://www.dvs–regelwerk.de/en/content/810/1608–EN.
[8] Design and endurance strength analysis of steel welded joints in rail–vehicle construction: DVS 1612:2014 [S/OL]. [2015-06]. https://www.dvs–regelwerk.de/en/content/775/1612–EN.
[9] Rolling stock — Bogie — General rules for design of bogie frame strength: JIS E 4207:2109 [S/OL]. [2020-05]. https://webdesk.jsa.or.jp/books/W11M0090/index/?bunsyo_id=JIS+E+4207%3A2019.
[10] Rolling stock–Body frame–Design methods for welded joints: JIS E4047: 2008 [S/OL]. [2009-06]. http://kikakurui.com/e/E4047–2008–01.html.
[11] Friction stir welding — Aluminium — Part 2: Design of weld joints：ISO 25239–2:2020 [S/OL]. [2021-01]. https://www.iso.org/obp/ui/#iso:std:iso:25239:–2:ed–2:v1:en.
[12] STRUCTURAL WELDING CODE –ALUMINUM: AWS D1.2/D1.2M:2014 [S/OL]. [2014-12]. https://pubs.aws.org/p/1277/d12d12m2014–structural–welding–code–aluminum.
[13] RAILROAD WELDING SPECIFICATION FOR CARS AND LOCOMOTIVES：D15.1/D15.1M:2019 AMD1 [S/OL] . [2020-12]. https://pubs.aws.org/p/1937/d151d151m2019–amd1–railroad–welding–specification–for–cars–and–locomotives.
[14] 金属材料平面应变断裂韧度 KIC 试验方法：GB/T 4161:2007 [S/OL]. [2007-12]. http://webstore.spc.net.cn/produce/showonebook.asp?strid=108332.
[15] 金属材料疲劳裂纹扩展速率试验方法：GB/T 6398: 2017 [S/OL]. [2018-03]. http://webstore.spc.net.cn/produce/showonebook.asp?strid=85415.
[16] 金属材料准静态断裂韧度的统一试验方法 :GB/T 21143：2014 [S/OL]. [2014-12]. http://webstore.spc.net.cn/produce/showonebook.asp?strid=72423.
[17] International Institute of Welding. Document IIW/IIS–SST–1157: Assessment–Fitness for Purpose of Welded Structures [R]. Cambridge: 1990.
[18] Manual for Determining the Remaining Strength of Corroded Pipelines: Supplement to ASME B31 Code for Pressure Piping：ASME B31G:2012 [S/OL]. [2013-02]. https://www.beuth.de/en/standard/asme–b31–g/167287115.
[19] EuroFitnet. SINTAP PROCEDURE FINAL VERSION:1999 [R/OL]. [2000-01]. http://www.eurofitnet.org/sintap_Procedure_version_1a.pdf.

[20]马利军.基于断裂力学的含缺陷车轴服役寿命评估方法研究[D].北京：北京交通大学硕士学位论文，2016.
[21]刘洪伟，张玉凤，霍立兴，王东坡.BS7910疲劳评定方法及特点[J].焊接，2005(01)：12-15.
[22]姚登樽，范玉然，隋永莉.焊接缺陷评估规范综述[J].焊管，2013.36(01)：64-67.
[23]刘俊，霍立兴，张玉凤.SINTAP标准和BS7910标准中FAD图评定方法横坐标求解方法的比较及分析[J].焊接学报，2006，27(01)：97-100.
[24]田锡唐.焊接结构[M].北京：机械工业出版社，1981.
[25]霍立兴.焊接结构的断裂行为及评定[M].北京：机械工业出版社，2000.
[26]AAR Manual of Standards Section C Part II: Design Fabrication and Construction of Freight Cars: 2015[S/OL].[2015-12].https://aarpublications.com/section-c-part-ii-design-fabrication-and-construction-of-freight-cars-2015g.html.

本章的学习目标及知识要点

1. 学习目标

(1)了解疲劳强度的基本概念。

(2)了解影响焊接接头疲劳强度的主要因素。

(3)掌握提高焊接接头疲劳强度的主要措施。

(4)理解焊接结构疲劳寿命评估的基本流程，了解相关标准的差异性。

2. 知识要点

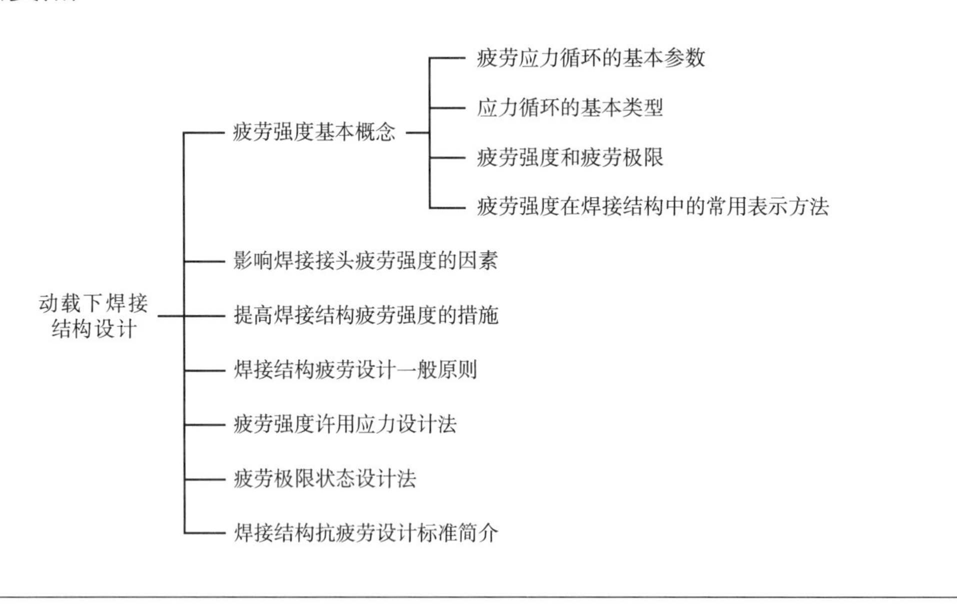

第9章

焊接结构设计实例：焊接主静载梁结构设计

编写：俞韶华　审校：吕同辉

抗弯梁是钢结构中最广泛使用的结构形式，其设计需遵循相关标准的要求。本章介绍结构设计的具体过程，有助于相关专业人员了解和掌握影响构件抗弯能力的惯性矩等截面参量在结构设计中的作用以及相关标准的具体要求，更好地指导实际生产过程。

9.1 焊接梁的结构类型及作用特点

在工程结构中，焊接梁结构形式应用广泛。焊接梁是由钢板或型钢焊接成型的实腹受弯构件，既可以在一个主平面内受弯，也可以在两个主平面内受弯，有时还可以承受弯扭的联合作用，广泛用作各种工作平台梁、起重机梁、墙架梁等。焊接结构梁，除疲劳结构采用许用应力法进行强度校核以外，对于承受主静载的结构应按承载能力极限状态和正常使用极限状态进行设计。在结构设计方面，对于焊接梁首先考虑避免结构在弯矩作用下发生断裂的情况，要进行强度校核，其次，在某些情况下还要考虑避免发生变形过大超出允许使用范围的失稳现象。焊接梁是典型的抗弯构件，根据材料和制作方法可以将其分为型钢梁和组合梁两大类。型钢梁加工简单、制造方便、成本较低，广泛用于制作荷载较小或跨度较小的焊接钢梁。组合梁用于荷载和跨度较大时，或现有型钢梁尺寸不能有效满足构件承载能力和刚性要求时的承载结构。

焊接梁通常设计成由一个固定支座和一个活动支座组成的简支梁结构形式，也可以根据需要制作成两端刚性固定梁、悬臂梁或连续型的钢梁（图 9.1）。简支梁受力明确、构造简单，制造、安装及拆换均较方便，可避免支座不均匀沉降所产生的不利影响，并且不易受到温度的影响，因此虽然消耗材料较多，一般情况下仍得到广泛应用。

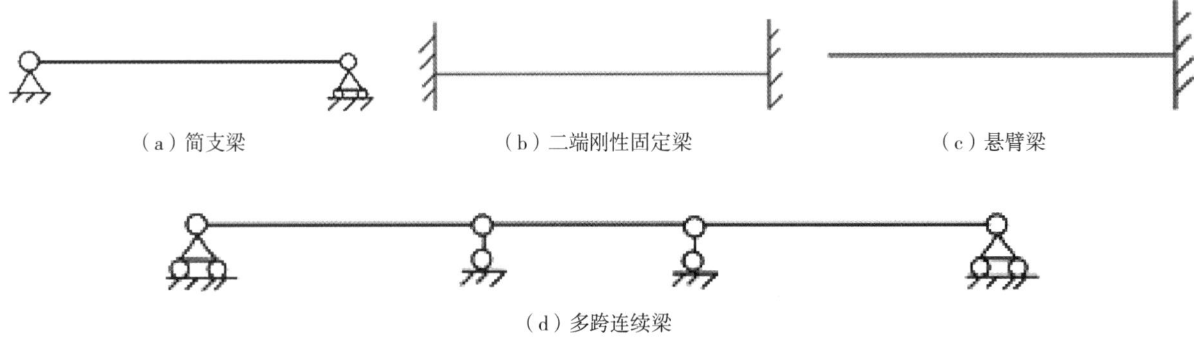

图 9.1 焊接梁的支撑形式

根据焊接梁所受抵抗荷载作用能力的不同，还可以将其设计成不同的截面类型。工程中最常用的是由三块钢板焊接成的工字型截面组合梁，见图 9.2（a），必要的时候也可以采用双层或多层翼缘板组成的截面，如图 9.2（b）。当在梁的上翼缘平面内还受到侧向力的作用时，也可以采用不对称的工字型截面如图 9.2（c），或由槽钢和工字钢焊成的组合截面梁，如图 9.2（d）。

对于荷载较大又要求具有较好的抗扭刚度的梁，可采用焊接的 Y 型截面，如图 9.2（e），和焊接的箱型梁，如图 9.2（f）（g）或型钢组合箱型截面如图 9.2（h）（i）。

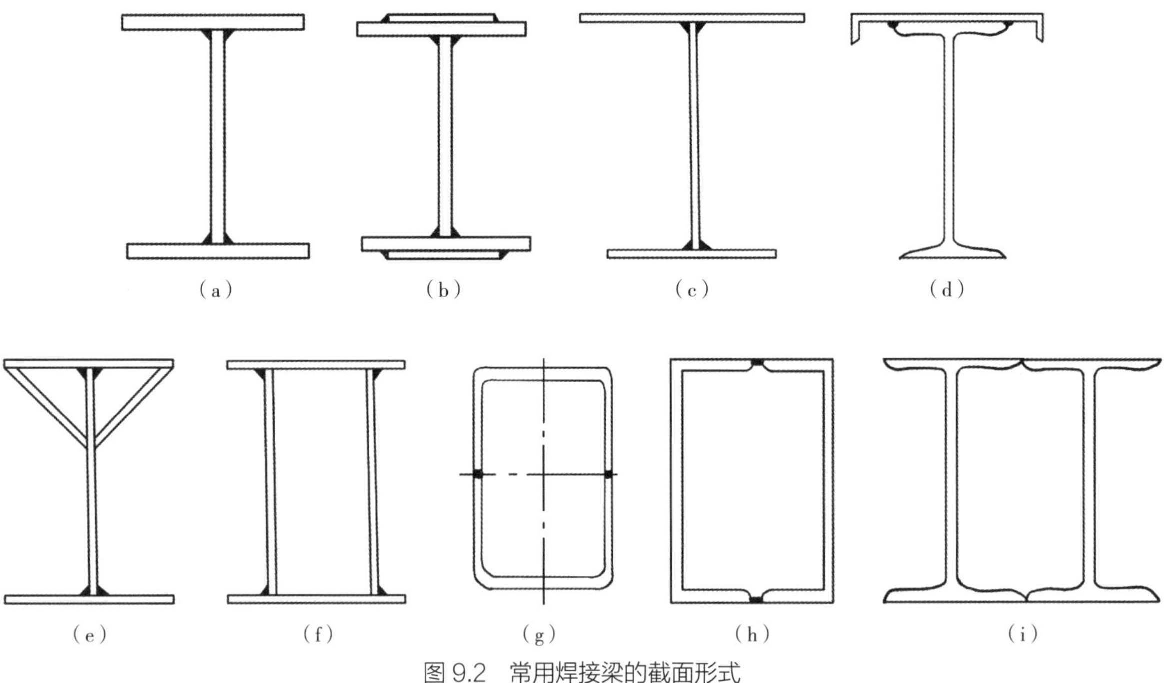

图 9.2 常用焊接梁的截面形式

将工字钢或宽翼缘 H 型钢沿图上的虚线切开，错位焊接制作成空腹式抗弯梁，俗称蜂窝梁（图 9.3）。这种梁通过增加截面高度，增加了抗弯截面的惯性矩，提高了其承载能力，同时腹板的孔洞又可供管道通过，是一种经济性较好的构造形式，在国内外得到了广泛应用。

为提高工字梁的抗扭刚度和减震性能，可以把焊接工字梁的腹板设计成带有折线的结构形式（图 9.4），虽然制作成本略有增加，但经济性较好。

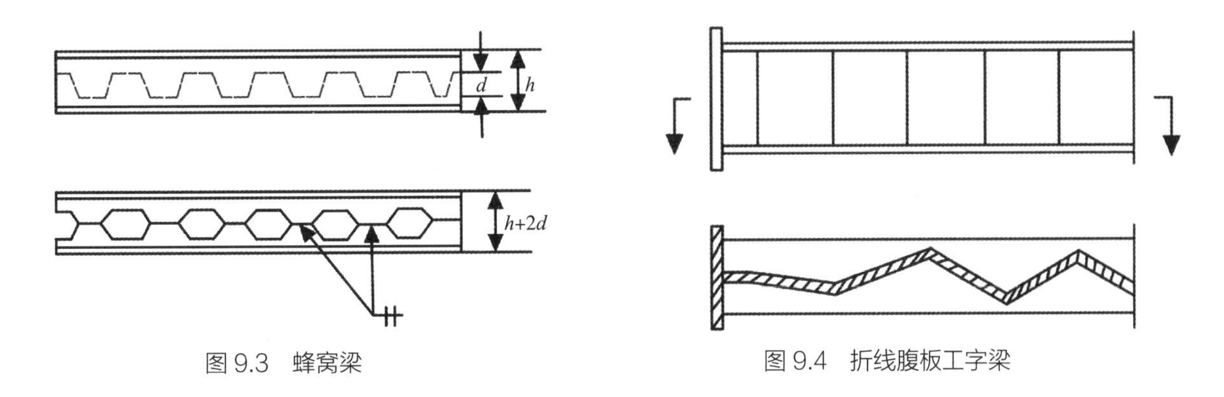

图 9.3　蜂窝梁　　　　图 9.4　折线腹板工字梁

由于抗弯梁在弯矩作用下所产生的最大应力作用在上、下翼缘处，为了更充分地利用材料性能，可以在受力较大的翼板部位使用承载能力较高的高强钢材料，而在受力较小的腹板部位采用强度较低的钢材制作成异种钢组合梁（图 9.5）。

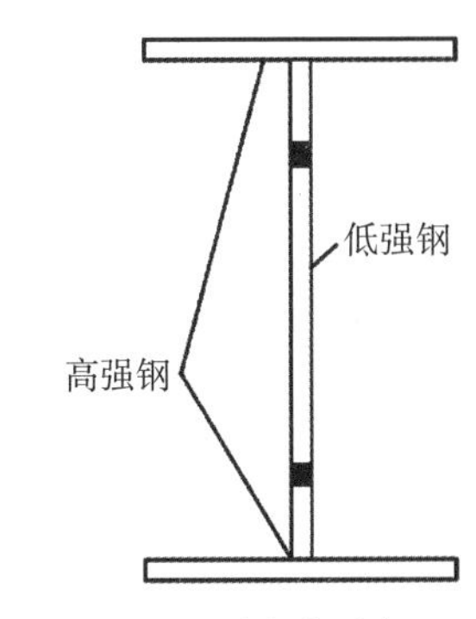

图 9.5　异种钢组合梁

在工程中为了制造方便，焊接梁通常设计成截面沿长度方向不发生变化的形状。但如果梁的跨度较大，或沿梁长度方向上的弯矩变化也较大时，截面也可以设计成翼缘板的厚度、宽度或者腹板的高度可以沿长度发生改变的变截面梁（图 9.6）。

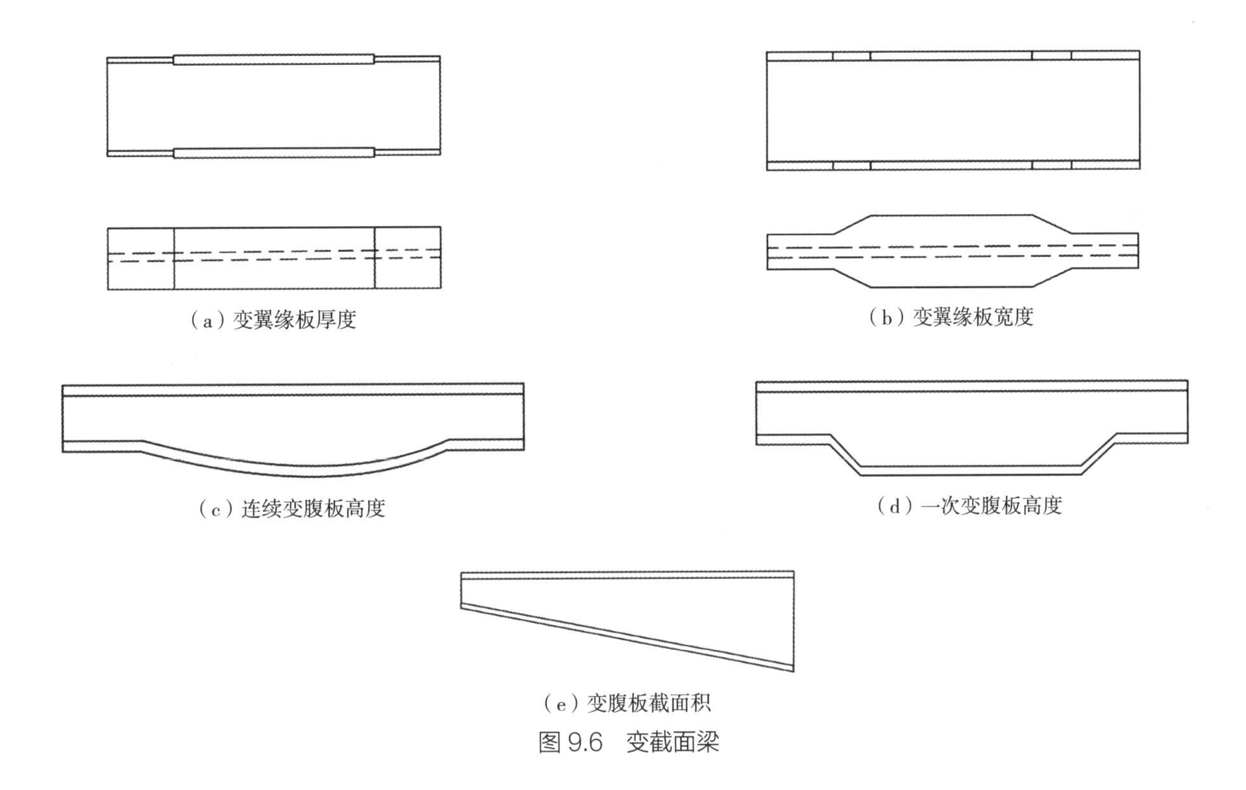

（a）变翼缘板厚度　　（b）变翼缘板宽度

（c）连续变腹板高度　　（d）一次变腹板高度

（e）变腹板截面积

图 9.6　变截面梁

焊接梁最常用的截面形式是工字形和箱型截面，工字梁主要用于在一个主平面内承受弯矩作用，而箱型梁则适用于在两个主平面内承受弯矩作用及有轴向力作用，并且还具有较好的抗扭曲能力的情况下。在特殊的应用条件下，也可将焊接梁设计成非对称的截面。

9.2 设计荷载的确定

通常我们将作用于结构上的力称为荷载。钢结构设计时，荷载的标准值、建筑结构荷载的分项系数、荷载的组合系数、动力荷载的动力系数等应按现行国家标准 GB 50009 的规定采用。作用于结构上的荷载，按其作用形式可以分为永久荷载、可变荷载和偶然荷载 3 大类，按照时间作用的长短可分为恒载和活载两类：恒载，指永久作用在结构上的荷载，如自重以及固定在结构上的附属物传来的重量；活载，指暂时作用于结构上的荷载，如车辆、起重机、人群、风、雪等。

活载还可划分为可动荷载和移动荷载两类：①可动荷载是指在结构上能占有任意位置的活载（如风、雪载）；②移动荷载则为一系列互相平行、间距保持不变且能在结构上移动的活载（如车辆、起重机）。

根据荷载作用的性质，又可分为静力荷载和动力荷载。

静力荷载是指逐渐增加的，不致使结构产生显著的冲击或振动，因而可略去惯性力影响的荷载。静力荷载的大小、方向和作用点都不随时间而变化。

动力荷载是一种随时间迅速变化的荷载，它将使结构受到显著的冲击和振动，发生不容忽视的加速度。例如动力机械运转时产生的荷载、冲击波的压力等均为动力荷载。

结构设计时，应按照下列规定对不同荷载采用不同的代表值：对永久荷载应采用标准值作为代表值；对可变荷载应根据设计要求采用标准值、组合值、频遇值，或准永久值作为代表值；对偶然荷载应按建筑结构使用特点确定代表值。

计算荷载的确定涉及的相关标准如表 9.1 所示。

表 9.1 确定荷载的相关标准

标准号	内容	用途
DIN 1055	荷载的选取	T1 结构的自身荷载
		T3 交通荷载
GB 50009	荷载的选取	建筑结构荷载规范
EN 1991 系列	荷载的选取	结构荷载（包括自重荷载、雪载、风载等）

9.3 焊接抗弯梁结构设计步骤及需要考虑的因素

焊接梁按其承载情况进行设计的步骤及需要考虑的因素大致包括如下内容。

9.3.1 结构方案的初步选择

根据使用的工况条件，先要初步确定结构的设计方案，在满足承载能力和经济性的条件下确定构件的总体形式，主要包括承载结构截面的形状、尺寸、跨距、层数等。

9.3.2 焊接梁高度的确定

焊接结构梁在工程中主要用于抗弯，弯矩作用所产生应力的大小与截面惯性矩成反比，因此惯性矩是抗弯截面需考虑的重要参数。在结构设计过程中，要先确定对截面惯性矩影响较大的结构尺寸，如结构高度。在结构高度设计时，应在工程允许的使用条件下按照相关标准采用工艺制造过程中能够实现的最大高度进行初步选择。

9.3.3 焊接梁截面的确定

在焊接梁的高度确定后，可以根据梁的荷载和跨度确定梁可承受的最大弯矩，然后再根据弯矩作用与所产生应力之间的关系，在满足最大作用应力小于或等于许用应力或极限应力的基础上，初步确定抗弯梁的翼板厚度、宽度以及腹板厚度这几个主要参数。

9.3.4 抗弯梁强度验算

初步确定承载梁截面尺寸后，需对梁的危险截面进行承载强度验算。危险截面包括最大弯矩作用处、截面尺寸变化处、集中荷载作用处、最大横向力作用处、弯矩和剪力都较大处等。

9.3.5 校核梁的整体稳定性

梁在工作过程中，除了要满足强度要求保证构件不发生断裂，在某些情况下还可能出现梁在荷载作用下变形偏离原有的弯曲变形平面、产生侧向弯曲和扭转等现象，使得构件不能满足使用要求，在工程上这被称为整体失稳。这一点在结构设计时需要通过采用局部加强等相应措施来避免。

9.3.6 抗弯梁的刚度校核

抗弯梁在弯矩作用下不可避免会出现挠曲变形现象，如果挠度过大，那么，超出装备运行时允许的最大变形程度也会造成构件的失效。在工程结构中，一般是通过限定挠度和跨度的比值来满足使用要求的。

9.3.7 梁的局部稳定性校核

薄壁材料焊接制作的工字形钢梁在压应力作用较大的翼缘部位和切应力作用较大的腹板区域，

在满足强度要求不发生断裂的情况下，可能会出现局部翘曲和波浪变形现象，称为局部失稳。为避免受压翼缘部件的局部失稳，工程中大都采取控制翼缘部件的宽厚比的方法。而对切应力较大的腹板部位，通常采用局部肋板加强来避免失稳。

9.3.8 焊接梁总体结构确定

根据上述步骤对焊接梁结构的相关尺寸进行初步设计和强度、刚度和焊缝强度验算后，考虑到材料的供货状态和制作要求，最终确定总体的结构尺寸以满足用户要求。

9.4 焊接梁截面形状和尺寸的初步设计

9.4.1 承载梁高度的确定

主静载结构焊接抗弯梁通常设计成工字形和箱型截面（图 9.7），焊接梁的高度是截面结构设计中最主要的参数。梁的高度需要满足强度要求和刚性要求等因素，可以按下述几方面条件进行初步设计。

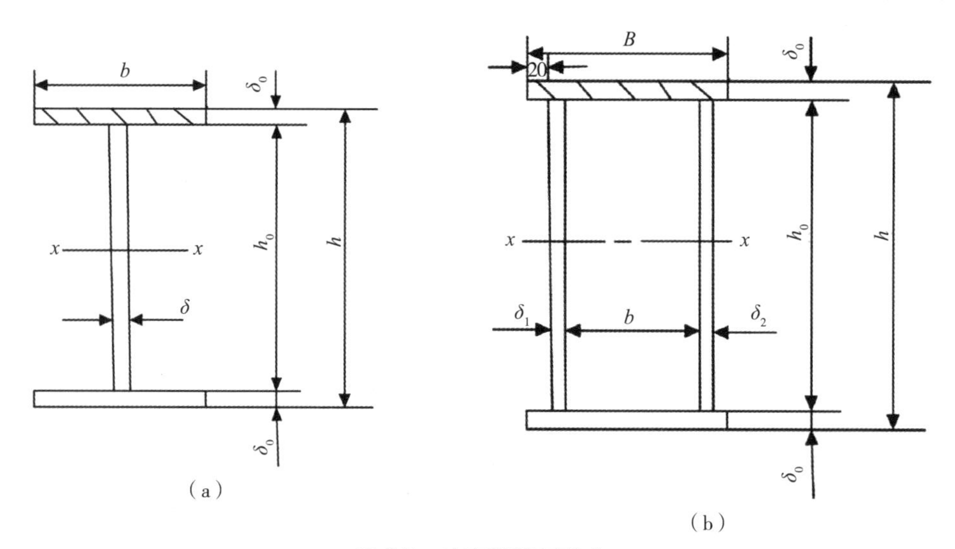

图 9.7　抗弯梁截面形式

9.4.1.1 按强度条件确定梁的高度

对于抗弯梁来说，进行强度校核必须保证在最大弯矩作用下构件截面所产生的最大应力不大于制作构件所用材料的许用应力或极限应力：

$$\sigma = \frac{M}{W} \leqslant [\sigma] \tag{9-1}$$

$$W = \frac{M}{[\sigma]} = \frac{2I}{h} \tag{9-2}$$

（9–1）和（9–2）两式中：M——梁内力分布图中的最大弯矩；

$[\sigma]$——母材的许用应力；

W——梁的抗弯截面模量；

h——梁的高度；

I——梁截面惯性矩。

工字形截面惯性矩：

$$I = \frac{\delta h^3}{12} + A_y \frac{h^2}{2} \tag{9-3}$$

$$A_y = \frac{W}{h} - \frac{\delta h}{6} \approx \frac{0.85W}{h} \tag{9-4}$$

（9–3）和（9–4）两式中：A_y——翼缘板的面积；

δ——腹板厚度（考虑到受载大小和材料供应需预估尺寸）。

通过上述公式推导可得：

工字梁的高度

$$h = \sqrt{\frac{1.2W}{\delta}} \tag{9-5}$$

箱型梁的高度

$$h = \sqrt{\frac{1.2W}{\delta_1 + \delta_2}} \tag{9-6}$$

式中：δ_1，δ_2 分别为腹板的板厚。

9.4.1.2 按刚度条件确定梁高

梁由于弯矩作用会产生挠曲变形，根据相关标准中对挠曲变形的控制要求初步确定梁的高度。根据材料力学相关计算方法在集中荷载 F_{p} 作用下简支梁支撑间挠度按下述公式确定：

$$V_T = \frac{F_{\mathrm{p}} L^3}{48EI} \leqslant [V_T] \tag{9-7}$$

式中：　L——梁的跨度；

E——材料的弹性模量；

$[V_{\mathrm{T}}]$——根据相关标准确定的许用挠度。

将 $M = \frac{F_{\mathrm{p}} L}{4}$，$I = \frac{Wh}{2}$ 代入式（9–7）可以得到

$$h \geqslant \frac{\sigma L^2}{6E[V_T]} \tag{9-8}$$

9.4.1.3 按整体稳定性和水平刚度条件确定梁高

对于箱型梁来说能够保证箱型梁整体稳定性的合理梁高为 $h/b \leqslant 3$。当腹板间距 $b \geqslant L/60$ 时，

箱型梁具有足够的水平刚度，由此可得

$$h=\left(\frac{1}{17}\sim\frac{1}{20}\right)L \tag{9-9}$$

在工字梁整体稳定性通过跨中部位设置加强肋板来保证的情况下，梁截面的高宽比可以增加到 4。

9.4.1.4 按质量最轻条件确定梁高

焊接梁的质量是梁高的函数，按质量最轻条件确定梁高是梁的理想高度，即

$$h\leqslant\sqrt{\frac{2W}{\delta\left(\beta-\frac{1}{3}\right)}} \tag{9-10}$$

式中：δ——腹板厚度，工字梁为一块腹板厚度，箱型梁为两块腹板厚度；

β——构造系数，只有横向加强肋时，$\beta=1.2$，既有纵向又有横向加强肋时，$\beta=1.3$。

当梁的腹板质量接近翼缘质量时，也会得到相近的梁高。设计采用的梁高与理想梁高有差别时，都会增加梁的质量。但差别不大时（小于 20%），梁质量增加不多。

梁的最大高度常根据工艺设计和使用条件确定，按质量最轻条件确定的梁高是梁的理想高度，也是经济性最好的高度；按刚度条件求得的梁高是梁的最小高度。同时满足上述要求确定焊接的合理高度应该是：

$$\text{箱型梁}\quad h=\left(\frac{1}{14}\sim\frac{1}{17}\right)L \tag{9-11}$$

$$\text{工字梁}\quad h=\left(\frac{1}{12}\sim\frac{1}{15}\right)L \tag{9-12}$$

此外，确定梁高时还需考虑生产条件、现场安装条件以及材料的供货条件等方面的要求。

9.4.2 腹板尺寸的确定

梁的高度初步确定后，需要确定腹板的相关尺寸，初步确定时可以把上述梁高结果 h 作为腹板高度 h_0，然后按下述情况确定腹板厚度。

（1）按梁的最大剪力 F_F 确定板厚 δ。

根据焊接梁的受力结构特点，在不考虑翼板承受剪力的情况下，可以认为完全由腹板承受剪力。根据工程中的简化条件，最大切应力为平均切应力的 1.5 倍，那么腹板厚度可以按下式确定：

$$\text{工字梁}\quad \delta\geqslant\frac{1.5F_F}{h[\tau]} \tag{9-13}$$

$$箱型梁\quad \delta \geqslant \frac{1.5F_F}{2h[\tau]} \tag{9-14}$$

式（9-13）和（9-14）中：$[\tau]$—— 钢材许用切应力；

F_F—— 梁截面上的最大剪力。

（2）按腹板局部稳定条件确定板厚 δ 时，可以根据相关标准确定：

$$\delta \geqslant \left(\frac{1}{160} \sim \frac{1}{200}\right)h \tag{9-15}$$

（3）有些标准和规程中也给出了按经验公式确定板厚 δ 的方法，如下：

$$\delta \geqslant 7+3h \tag{9-16}$$

利用上述 3 种方式确定板厚时，按最大剪力和稳定性条件确定的板厚通常较小，按经验公式确定的板厚通常较大。工程中通常板厚选取在 6 ~ 12 mm，板厚与腹板高度应符合宽厚比的要求。

9.4.3 翼板尺寸的确定

焊接梁的翼板通常是由一层钢板构成的单翼板结构，在弯矩较大区域或板厚比较大的情况下也可以采用二层或多层翼板形式，外层钢板与内层钢板的厚度之比宜为 0.5 ~ 1.0 之间。对于受压翼缘板，在满足强度要求的基础上往往还需要考虑局部失稳问题，这可以通过限制板件截面宽厚比和焊接加强翼板的方式解决。

9.4.3.1 工字梁截面尺寸的初步确定

工字梁截面积按梁所需的截面抗弯模量确定，根据前述翼缘板截面面积与抗弯截面模量之间的关系 $A_y=\frac{W}{h}-\frac{\delta h}{6}\approx\frac{0.85W}{h}$ 计算得到，翼缘板的宽度按不同标准中对梁的整体稳定性和局部稳定性要求确定。

按整体稳定性要求，通常按 $b=\left(\frac{1}{3}\sim\frac{1}{5}\right)h$ 初步确定翼缘板宽度；按局部稳定性要求，Q235 材质工字梁翼缘的宽厚比应为 $b \leqslant 30\delta_0$。GB 50017—2017《钢结构设计标准》中新增加了对抗弯梁结构中所用截面宽厚比的要求，抗弯梁的结构截面板厚宽厚比可以根据抗震要求划分为 S1 到 S5 共 5 个等级，对于 Q235 材料，其规定如表 9.2 所示。

表 9.2　Q235 材料板件截面宽厚比等级

板件截面宽厚比等级		S1	S2	S3	S4	S5
工字形截面	翼缘 b/t	9	11	13	15	20
	腹板 h_0/t_w	65	72	$40.4+0.5\lambda$	124	250
箱型截面	腹板间翼缘 b_0/t	25	32	37	42	—

注：λ 为构件在弯矩平面内的长细比；t_w 为腹板厚度；h_0 为腹板净高；b 为翼板宽度；b_0 为腹板间距；t 为翼板厚度。

9.4.3.2 箱型梁截面尺寸的初步确定

Q235 材料制作箱型梁两个腹板间的间距 b 需按梁整体稳定性和水平刚度要求确定：

$$b \geqslant \frac{1}{3}h \text{ 及 } b \geqslant \frac{L}{60} \tag{9-17}$$

另外，考虑到工程便利性方面的要求通常还应保证 $b \geqslant 300$ mm。

翼板的总宽度 B:

$$B = b + 2\delta + 40 \tag{9-18}$$

受压翼缘板的板厚按局部稳定性条件确定为

$$\delta_0 \geqslant \frac{b}{60} \tag{9-19}$$

通常情况下，抗弯梁的上、下翼缘板使用相同厚度的钢板，当弯矩较大部分在压应力作用位置或局部荷载作用处时，可以使用较厚的截面。为了生产制造方便起见，翼缘板宽度尽可能选择 10 的倍数，厚度通常不超过 40 mm，若必须超过，宜选用多层焊接结构。

9.4.4 抗弯梁质量的确定

梁截面尺寸初步确定后，可以根据梁截面的尺寸和材料的密度确定单位长度梁的质量，进而确定梁的整体重量，核算成本消耗。

9.5 焊接梁截面的设计验算

按照上述步骤初步选定的焊接梁截面尺寸，需按初步设计尺寸验算梁的强度、刚度，并检验梁的整体稳定性和局部稳定性，不合格时应修改截面。

截面验算校核时应在满足用户指定的荷载工况组合的基础上，根据承载能力比的最大值和最小值来进行构件截面的优化设计。承载能力比是荷载作用和构件抗力的比值，承载能力比是采用极限状态设计方法，由设计应力、许用应力、荷载系数以及抗力系数得到的。

9.5.1 强度校核

焊接梁的强度校核按下述公式进行验算。在主平面内双向受弯的实腹构件，其抗弯强度应按下式计算：

$$\frac{M_x}{\gamma_x W_{nx}} + \frac{M_y}{\gamma_y W_{ny}} \leqslant f \tag{9-20}$$

式中：M_x，M_y ——同一截面处绕 x 轴和 y 轴的弯矩设计值；

W_{nx}、W_{ny}——对 x 轴和 y 轴的截面抗弯模量；

γ_x、γ_y——截面塑性发展系数；

f——钢材抗弯强度设计值，单位：N/mm^2。

抗剪强度应按下式计算：

$$\tau = \frac{VS}{It_{\mathrm{w}}} \leqslant f_{\mathrm{v}} \tag{9-21}$$

式中：V——计算截面沿腹板平面作用的剪力设计值，单位：N；

S——计算切应力处以上（或以下）截面对中性轴的面积矩，单位：mm^3；

I——构件截面的惯性矩，单位：mm^4；

t_{w}——构件的腹板厚度，单位：mm；

f_{v}——钢材的抗剪强度设计值，单位：N/mm^2。

常用钢材设计用强度指标如表 9.3 所示。

表 9.3　常用钢材的设计用强度指标 /（N · mm^{-2}）

牌号	厚度或直径 / mm	抗拉、抗压、和抗弯 f	抗剪 f_{v}	端面承压（刨平顶紧）f_{ce}	钢材名义屈服强度 f_{y}	极限抗拉强度最小值 f_{w}
Q235	≤ 16	215	125	325	235	370
	> 16 ~40	205	120		225	370
	> 40 ~60	200	115		215	370
	> 60 ~100	200	115		205	370
Q345	≤ 16	300	175	400	345	470
	> 16 ~40	295	170		335	470
	> 40 ~63	290	165		325	470
	> 63 ~80	280	160		315	470
	> 80 ~100	270	155		305	470

9.5.2 刚度校核

梁的静刚度在工程上使用挠度来表示，梁的最大挠度值需按梁的外加荷载作用情况和支撑条件分别计算确定。对简支梁一般只考虑移动集中荷载在跨中产生的静挠度 V_{T} 时，其近似计算公式如下：

$$V_{\mathrm{T}} = \frac{F_{\mathrm{p}}L^3}{48EI} \leqslant [V_{\mathrm{T}}] \tag{9-22}$$

式（9–22）中： F_p——移动集中荷载；

EI——焊接梁的抗弯刚度；

$[V_T]$——焊接梁的许用挠度；

L——焊接梁的跨度。

一般焊接梁的许用挠度见表 9.4。

表 9.4 一般焊接梁的许用挠度

构件种类	$[V_T]$	$[V_Q]$
无起重机的屋面梁	$L/500$	
手动或电动葫芦的轨道梁	$L/400$	—
有重轨工作平台梁（重量大于等于 38kg/m）	$L/600$	
有轻轨工作平台梁（重量小于等于 24kg/m）	$L/400$	
楼盖梁或桁架工作平台梁	$L/400$	$L/500$

注：$[V_T]$ 为永久和可变荷载标准值产生的挠度的容许值；$[V_Q]$ 为可变荷载标准值产生挠度的容许值。

9.5.3 焊接梁的整体稳定性

当铺板密铺在梁的受压翼缘上并与其牢固相连，能阻止受压翼缘的侧向位移时可以不计算梁的整体稳定性。除此之外，对于工字梁和箱型梁均需校核梁的整体稳定性。

9.5.3.1 工字梁

在最大刚度主平面内受弯的构件，其整体稳定性应按下式计算，即

$$\frac{M_x}{\varphi W_x f} \leqslant 1.0 \tag{9-23}$$

式中：M_x——绕强轴作用的最大弯矩设计值，单位：N · m；

W_x——按受压最大纤维确定的截面抗弯模量，单位：mm^3；

f——钢材抗弯强度设计值，单位：N/mm^2；

φ_b——梁整体稳定系数（按 GB 50017 附录 C），与支座形式、截面形状、尺寸、荷载作用位置相关。

9.5.3.2 箱型梁

箱型梁的刚度远大于工字梁截面，对 Q235 材料，当梁的高宽比 $h/b_0 \leqslant 6$、$l_1/b_0 \leqslant 95$ 时，梁的整体稳定性不需要验算。其中，l_1 为受压翼缘侧向支撑点间的距离（梁的支座处视为有侧向支撑）。箱型梁结构如图 9.8 所示。

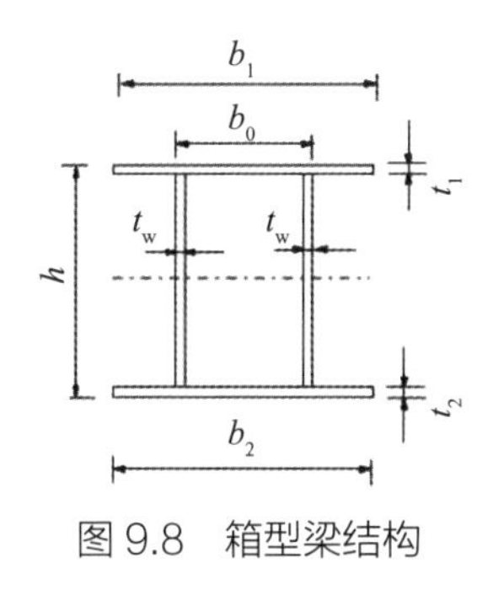

图 9.8　箱型梁结构

9.5.4 焊接梁的局部稳定性

9.5.4.1 梁中薄板的局部失稳

由薄钢板制成的工字梁和箱型梁，在荷载作用下梁的腹板和翼缘板受有正应力和切应力的作用，有的还受有局部压应力的作用。压应力和切应力除产生强度问题外，还会引起薄板失稳，使板发生波浪式翘曲。薄板发生翘曲失稳的临界应力与板的应力状态区隔尺寸和板边的嵌固程度有关。不考虑腹板屈曲后强度时，对 Q235 材料，当 $h_0/t_w > 80$ 时（h_0 为腹板的计算高度，t_w 为腹板的厚度），对构件截面应通过焊接加劲肋的方式提高腹板的局部稳定性。

9.5.4.2 焊接截面梁加劲肋的设置

对 Q235 材料焊接截面梁腹板加劲肋的配置应符合下述规定：$h_0/t_w \leqslant 80$ 时，对有局部压应力的梁，宜按构造配置横向加劲肋。当局部压应力较小时，可以不配置加劲肋。

不考虑腹板屈曲后的强度时，当 $h_0/t_w > 80$，宜配置横向加劲肋。h_0/t_w 不宜超过 250。

梁的支座处及上翼缘受有较大固定集中荷载处，宜设置支承加劲肋。

加劲肋宜在腹板两侧成对配置，也可单侧配置，但支撑加劲肋、重级工作的起重机梁的加劲肋不宜单侧配置。

横向加劲肋的最小间距应为 $0.5h_0$，除了无局部压应力的梁，当 $h_0/t_w \leqslant 100$ 时，最大间距可以采用 $2.5h_0$ 外，最大间距应为 $2h_0$。纵向加强肋至腹板计算高度受压边缘的距离应为 $h_c/2.5$ ~ $h_c/2.0$。

在腹板两侧成对配置的钢板横向加劲肋，其截面尺寸应符合下述公式规定。

外伸宽度：
$$b_s = \frac{h_0}{30} + 40 \tag{9-24}$$

式中，b_s 的单位为 mm。

厚度：承压加劲肋 $t_s \geqslant \dfrac{b_s}{15}$，不受力加劲肋 $t_s \geqslant \dfrac{b_s}{19}$　（9–25）

箱型梁在二腹板间的受压翼缘板取：$b/\delta_0 \leqslant 60\ (50)$　（9–26）

通常工字梁翼缘尺寸按上述规定确定。箱型梁二腹板的翼缘宽厚比不符合上述要求时，应在受压翼缘内测等间距设置一条或多条加强肋。被加强肋分隔的翼缘格宽厚比仍需满足上述要求，此时不需验算稳定性。

9.5.5 焊接梁颈部焊缝强度校核

工字形、箱型焊接梁结构中翼缘板和腹板之间的 T 型接头角焊缝通常是采用连续的角焊缝，称为翼缘焊缝，起着承受梁弯曲时翼缘和腹板间的剪力，是焊接梁结构中最主要的承载焊缝，当其采用熔透的 T 型对接与角接的组合焊缝时，其焊缝强度可以不进行校核。除此之外均应按下式进行强度校核：

$$\frac{1}{2h_e}\sqrt{\left(\frac{VS_f}{I}\right)^2+\left(\frac{\psi F}{\beta_f l_z}\right)^2}\leqslant f_f^w \tag{9-27}$$

式中：S_f ——所计算翼缘截面对梁中性轴的静矩；

I ——梁截面的惯性矩；

V ——所选截面上的横向力；

h_e——直角角焊缝的计算厚度；

f_f^w——角焊缝的强度设计值；

F ——集中荷载设计值；

Ψ——集中荷载增大系数；

β_f——正面角焊缝的强度设计增大系数；

l_z ——集中荷载在腹板计算高度上边缘的假定分布长度。

表 9.5 为 Q235 材料的焊缝强度指标。

表 9.5　Q235 材料焊缝强度指标（N/mm^2）

<table>
<tr><td rowspan="3">焊接方法和焊条型号</td><td colspan="2">构件钢材</td><td colspan="4">对接焊缝强度设计值</td><td>角焊缝强度设计值</td><td rowspan="3">对接焊缝抗拉强度 f_u^w</td><td rowspan="3">角焊缝抗拉、抗压和抗剪强度 f_u^f</td></tr>
<tr><td rowspan="2">牌号</td><td rowspan="2">厚度或直径 / mm</td><td rowspan="2">抗压 f_c^w</td><td colspan="2">焊缝质量为下列等级时，抗拉 f_t^w</td><td rowspan="2">抗剪 f_v^w</td><td rowspan="2">抗拉、抗压和抗剪 f_f^w</td></tr>
<tr><td>一级、二级</td><td>三级</td></tr>
<tr><td rowspan="3">自动焊、半自动焊和 E43 型焊条手工焊</td><td rowspan="3">Q235</td><td>≤ 16</td><td>215</td><td>215</td><td>185</td><td>125</td><td rowspan="3">160</td><td rowspan="3">415</td><td rowspan="3">240</td></tr>
<tr><td>> 16，≤ 40</td><td>205</td><td>205</td><td>175</td><td>120</td></tr>
<tr><td>> 40，≤ 100</td><td>200</td><td>200</td><td>170</td><td>115</td></tr>
</table>

当梁的上翼缘受有固定集中荷载时，宜在该处设置顶紧上翼缘的支撑加劲肋，这时公式（9–27）中的 $F=0$。焊缝强度计算公式还可以按式（9–28）进行计算

$$\tau_{\parallel}=\frac{V_z\cdot S_y}{I_y\cdot\sum a} \tag{9-28}$$

如果是断续焊缝，则

$$\tau_{\parallel}=\frac{V_z\cdot S_y}{I_y\cdot\sum a}\cdot\frac{e+l}{l} \tag{9-29}$$

式中：S_y——所计算翼缘截面对梁中性轴的静矩；

I_y——梁截面的惯性矩；

V_z——所选截面上的横向力；

$\sum a$——同一位置角焊缝的计算厚度之和；

e——断续焊缝间隔；

l——断续焊缝每段长度。

9.6 焊接梁总体结构确定

按照上述设计方法和步骤，参照相关标准的要求，可以对一般用途的金属结构中的简单焊接梁截面上内力作用情况和截面的相关尺寸进行设计和强度验算，根据截面上的内力分布情况改善承载梁截面尺寸以满足使用性和经济性方面要求。确定拼接接头和安装接头的位置，完成对焊接接头的结构设计及坡口形式的选择、焊缝强度的计算和校核等工作，这些都需要遵循相关使用标准的要求，经过周密的计算后进行设计并逐项验算以完成设计任务。其中对焊缝的质量等级要求应符合现行国家标准 GB 50661《钢结构焊接规范》的规定，其检验方法应符合现行国家标准 GB 50205《钢结构工程施工质量验收标准》的规定。

9.7 结构设计实例

某生产车间单层单跨工业厂房钢结构框架中的梁准备采用焊接工字型截面，厂房跨度为 8 m，总长度为 100 m，使用的材料为 Q235，请设计结构具体尺寸以满足承载要求。

其设计步骤按以下几个方面进行。

9.7.1 荷载

根据厂房占地情况首先需确定抗弯梁的形式为工字型截面，其跨度 l 为 8 m，采用简支梁结构形式。参照设计荷载的确定标准 GB 50009 荷载的选取或 EN 1991 系列荷载的选取，根据厂房的工作情况选取荷载设计值为均布荷载，荷载集中系数 q 为 100 kN/m。

9.7.2 受力分析

根据简支梁支座类型特点，利用平面力系的 3 个平衡条件计算出支座反力，进而采用截面法做出抗弯梁沿轴线方向上三种内力（N、V、M）的分布图，根据截面上的内力分布情况确定危险截面。

$$F=ql=100\ \text{kN/m}\times 8\ \text{m}=800\ \text{kN}$$

利用三个平衡条件$\sum H=0, \sum V=0, \sum M=0$计算出支座反力均是 400 kN。

再根据这三个平衡条件做出截面上的内力分布图，如图 9.9：其最大弯矩作用在①点位置，M_{max}为 800 kN·m；其最大横向力 V 作用在 2 个支座处，大小为 400 kN；在整个截面上没有轴向力。

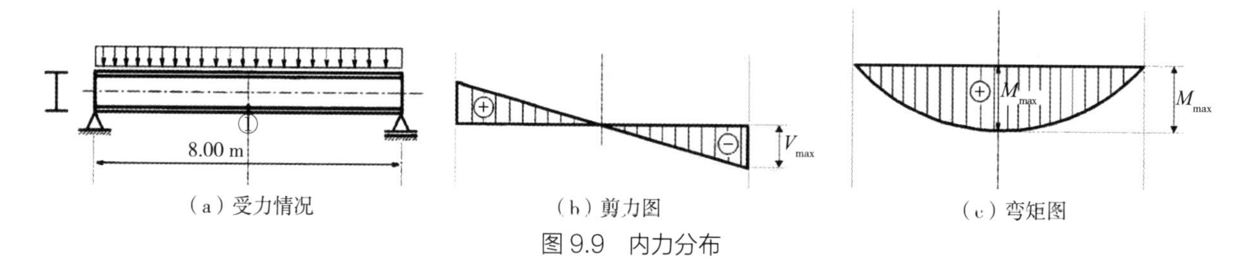

（a）受力情况 （b）剪力图 （c）弯矩图

图 9.9 内力分布

当截面上作用有不同内力时会产生不同的应力。其中弯矩作用会同时产生正值正应力和负值正应力，横向力作用会产生切应力，轴向力作用会产生正应力或负值正应力。

9.7.3 根据梁的强度条件确定梁的高度

预估腹板厚度 δ 为 12 mm，根据$\sigma=\dfrac{M}{W}\leqslant[\sigma]$，$h=\sqrt{\dfrac{1.2W}{\delta}}$及 Q235 材料的抗拉强度设计值为 215 N/mm^{2}得腹板高度 $h\geqslant 61$ cm，取整并保有余量 $h=650$ mm。

9.7.4 腹板尺寸的确定

由于焊接工字梁的腹板在结构中承担了绝大部分的剪切应力，腹板高度确定后，需根据梁承受的最大剪力 400 kN 确定腹板的实际厚度。

$$\delta\geqslant\frac{1.5F_F}{h[\tau]}=7.7\ \text{mm}$$

计算结果显示预估的板厚 12 mm 也同时满足抗剪能力的要求。

9.7.5 翼板尺寸的确定

翼板的面积可按公式计算不小于$A_y=\dfrac{W}{h}-\dfrac{\delta h}{6}\approx\dfrac{0.85W}{h}=5100\ \text{mm}^2$，根据整体稳定性条件$b=\left(\dfrac{1}{3}\sim\dfrac{1}{5}\right)h$初步确定翼板的宽度 $b=250$ mm，同时也满足局部稳定性 $b\leqslant 30\delta_0$ 要求。根据

GB 50017 标准中对翼板宽厚比的等级规定，轻型结构抗震要求选取 S4 级可满足要求，翼板的宽厚比不大于 15，对翼板厚度取整并保有余量同时考虑供货厚度可以确定为 24 mm 为宜。

9.7.6 工字型截面承载能力验算

根据相关国家标准的规定，一般上述工业与民用建筑钢结构的安全等级应选为二级，通过前述设计步骤确定焊接工字梁的尺寸为腹板 650 × 12、翼板为 250 × 20（图 9.10）。

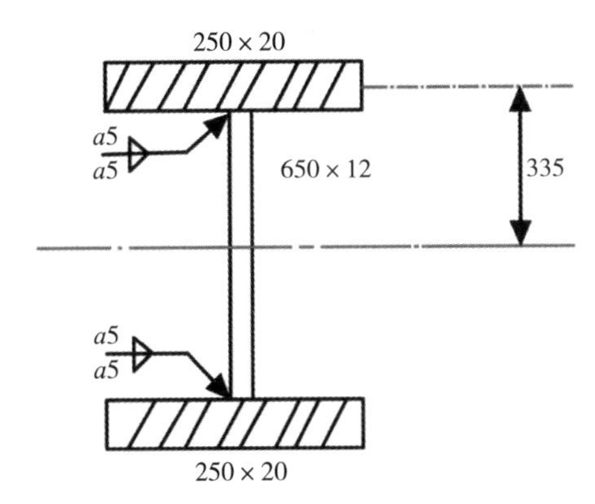

图 9.10 工字梁尺寸示意

为此首先应按平面力系进行截面抗弯强度校核如下：

$$\frac{M_y}{\gamma_y W_{ny}} \leqslant f$$

式中：M_y——危险截面上的力矩 800 kN；

γ_y——截面塑性发展系数 S4 级为 1.0；

W_{ny}——截面对 y 轴线的静矩。

由
$$I_y = \frac{b \cdot h^3}{12} + 2 \cdot A \cdot z^2$$

得

$$I_y = 1.2 \times 65^3/12 + 2 \times 25 \times 2 \times (32.5+1)^2 = 27462.5 + 112225 = 139687.5\ \text{cm}^4$$

又 $W_{ny} = I_y / z_{\max} = 139687.50/33.5 \approx 4170\ \text{cm}^3$

由
$$\sigma = \frac{M}{W}$$

得

$$\sigma = 800\ \text{kN} \times 100\ \text{cm}/4170\ \text{cm}^3 \approx 19.18\ \text{kN/cm}^2 < f = 21\ \text{kN/cm}^2$$

则梁的抗弯强度满足承载要求。

根据 DIN 18800 对焊缝尺寸的要求，有

$$a_{\min} = \sqrt{t_{\max}} - 0.5，\ a_{\max} = 0.7 t_{\min}$$

取整 $a = 5$ mm，$V_z = 400$ kN，$S_y = 25 \times 2 \times 32.5 = 1625\ \text{cm}^3$

根据 $$\tau_{\parallel}=\frac{V_z\cdot S_y}{I_y\cdot\sum a}$$

得：

$$\tau_{\parallel}=400\ \text{kN}\times1625\ \text{cm}^3/139687.5\ \text{cm}^4\times1\ \text{cm}\approx4.65\ \text{kN/cm}^2<f_f^w=16\ \text{kN/cm}^2$$

则颈部角焊缝的强度满足承载要求。

参考文献

[1] 陈祝年. 焊接设计简明手册 [M]. 北京：机械工业出版社，1997.

[2] 中国机械工程学会焊接学会. 焊接手册 [M]. 北京：机械工业出版社，2016.

[3] 钢结构设计标准：GB50017：2017 [S/OL]. [2017-12-01]. https://www.mohurd.gov.cn/gongkai/fdzdgknr/tzgg/201808/20180824_237277.html.

[4] 建筑结构荷载规范：GB50009：2012 [S/OL]. [2012-11-30]. https://www.mohurd.gov.cn/gongkai/fdzdgknr/tzgg/201207/20120723_210754.html.

[5]《钢结构设计手册》编辑委员会. 钢结构设计手册 [M]. 北京：中国建筑工业出版社，2004.

本章的学习目标及知识要点

1. 学习目标

（1）了解和掌握焊接钢梁的作用和特点。

（2）掌握钢梁设计原理和步骤。

（3）能够进行简支钢梁的设计和校核。

2. 知识要点

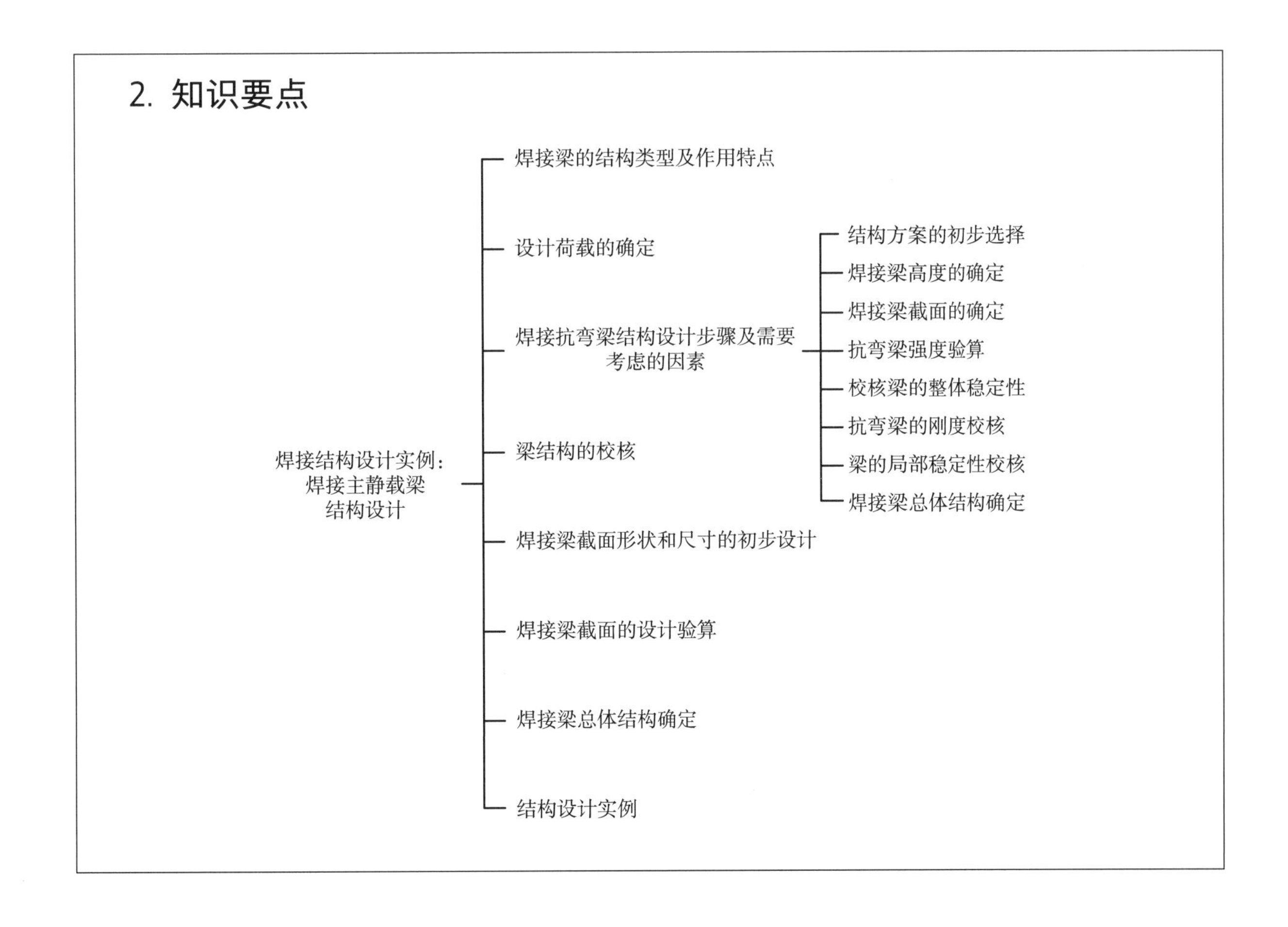
焊接结构设计实例：
焊接主静载梁
结构设计
焊接梁的结构类型及作用特点
设计荷载的确定
焊接抗弯梁结构设计步骤及需要考虑的因素
梁结构的校核
焊接梁截面形状和尺寸的初步设计
焊接梁截面的设计验算
焊接梁总体结构确定
结构设计实例
结构方案的初步选择
焊接梁高度的确定
焊接梁截面的确定
抗弯梁强度验算
校核梁的整体稳定性
抗弯梁的刚度校核
梁的局部稳定性校核
焊接梁总体结构确定

第10章

焊接结构设计实例：起重机设计

编写：吕同辉　审校：徐林刚

本实例中使用的起重机械（包括起重机）标准已应用了很多年，最早德国在1963年制定出了针对起重机及起重机轨道中钢制构件的焊接标准DIN 120，并沿用多年，直到1974年才重新制定了DIN 15018“起重机”标准及1981年制定了DIN 4132“起重机轨道”标准。虽然欧洲在2004年陆续开始出版EN 13001系列起重机械标准和代替DIN 4132的欧洲标准EN 1993-6，但由于DIN 15018标准仍在使用，本章节仍以DIN 15018系列标准为基础介绍。

10.1 概述

10.1.1 EN 13001 系列标准

EN 13001系列标准是为了满足欧盟机械指令2006/42/EC附录I中规定与首次进入欧洲经济区（EEA）市场的机器相关的要求，旨在简化证明符合以上要求的方法。

EN 13001系列标准包括：①EN 13001-1，一般原则和要求；②EN 13001-2，荷载；③EN 13001-3-1，钢结构的极限状态和抗力；④EN 13001-3-2，绳索缠绕部件的极限状态和抗力；⑤EN 13001-3-3，机械部件的极限状态和抗力。

10.1.2 本章节适用的标准和应用范围

DIN 15018-1：1984标准适用于起重机，钢制梁架的原理、计算。

DIN 15018-2：1984标准适用于起重机，钢制梁架，制造原理。

DIN 15018-3：1984标准适用于起重机，钢制梁架，汽车吊的计算。

总体来说，DIN 15018标准适用于起重机及其附件，以及起重机的钢制梁架。

10.1.3 结构设计基础

荷载形式分类如下。

（1）主荷载：包括自重及提升荷载，同时还应考虑到所有垂直作用于起重机上的力。

（2）附加荷载：包括风力、斜拉产生的分力，温度的影响，以及电器装置、扶梯、平台和围栏等。

（3）特殊荷载：包括翻转力、缓冲力和检验荷载。

对不同的起重机构件，在不同的行走速度下应选择相应的固有负载系数，如表 10.1 和图 10.1 所示。

表 10.1　固有负载系数（DIN 15018）

行走速度 v_F m/min		固有负载系数 ψ
轨道		
有接头的轨道	没有接头或焊接接头的轨道	
~60	~90	1.1
60~200	90~300	1.2
＞200	—	≥1.2

提升荷载系数 ψ 与行走荷载之间的关系不呈线性变化的，其取决于下列因素：①提升速度；②运行可能性，提升或下降；③提升及支撑结构的弹性；④提升加速的方式。其中，②是主要的影响因素，因为在起吊及放下的瞬间，吊臂及钢丝绳将受到很大的冲击力。这个冲击荷载要比静荷载大几倍。因此在一定的提升速度 v_H 下应考虑到提升级别，见表 10.2。

表 10.2　提升级别和提升荷载系数 ψ（DIN 15018）

提升级别	提升荷载系数	
	~90 v_H m/min	＞90 v_H m/min
H_1	1.1+0.0022 v_H	1.3
H_2	1.2+0.0044 v_H	1.6
H_3	1.3+0.0066 v_H	1.9
H_4	1.4+0.0088 v_H	2.2

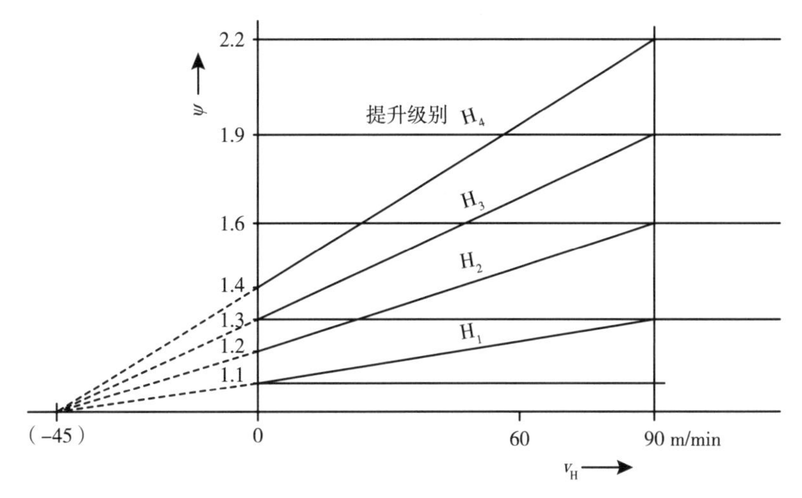

图 10.1　提升级别和提升负载系数关系曲线

理论上当 $v_H=0$，$W=0$ 时，在实际中尽管提升速度为零，仍有垂直力作用于起重机上，这时提升级别线的交点按 $v_H=-45$ m/min 时确定，见图 10.1。

不同用途起重机的提升级别和应力级别定义见表 10.3。

表 10.3 提升级别和应力组别（节选 DIN 15018-1）

序号	起重机按用途分类		提升级别	应力级别
1	手动		H1	B1，B2
3	机加车间用起重机		H1	B2，B3
18	重载—浮吊		H1	B2，B3
21	建筑用悬臂吊		H1	B3
2	安装起重机		H1，H2	B1，B2
8	浇注起重机		H1，H2	B5，B6
12	门式起重机	吊钩	H2	B4，B5

所选用的材料为 St37 和 St52 钢（按 DIN 17100 标准），及 St35 和 St55 钢（按 DIN 1629 标准），或者其他性能相等的钢，表 10.4 和表 10.5 中给出了构件及焊缝的许用应力。

表 10.4 构件的许用应力（DIN 15018-1 表 10）

构件		荷载	许用应力（比较应力）	许用应力（拉应力）	许用应力（压应力）$\sigma_{d,zul}$ /（N·mm^{-2}）	许用应力（剪切应力）τ_{zul} /（N·mm^{-2}）
			$\sigma_{z,zul}$/（N·mm^{-2}）			
St37	DIN 17100	H	160		140	92
	DIN 17100	HZ	180		160	104
St52	DIN 17100	H	240		210	138
	DIN 17100	HZ	270		240	156

注：St37 包括所有的等级和制造工艺；St37 和 St52 对应的现行欧洲标准材料为 S235 和 S355。

表 10.5 焊缝的许用应力（DIN 15018-1 表 11）

构件		荷载	许用应力（比较应力）	许用应力（横向荷载，拉应力）$\sigma_{wz,zul}$ /（N·mm^{-2}）			许用应力（横向荷载，组合应力）$\sigma_{wd,zul}$ /（N·mm^{-2}）		许用应力（剪切应力）$\tau_{w,zul}$ /（N·mm^{-2}）
			所有焊缝类型	对接焊缝，双面对接焊，特殊质量	双面对接焊，一般质量	角焊缝	对接焊缝，双面对接焊	角焊缝	所有焊缝类型
St37[①]	DIN 17100	H	160		140	113	160	130	113
	DIN 17100	HZ	180		160	127	180	145	127
St52	DIN 17100	H	240		210	170	240	195	170
	DIN 17100	HZ	270		240	191	270	220	191

注：① 包括所有的等级和制造工艺；St37 和 St52 对应的现行欧洲标准材料分别为 S235 和 S355。

在多轴应力状态下，必须对构件及焊缝中的比较应力进行验证，表 10.6 中给出了计算公式及比较应力验证举例。

表 10.6　比较应力的计算及应力验证举例（DIN 15018-1）

构件/焊缝	轴数	比较应力
构件	1—轴	$\sigma_v = \sqrt{\sigma^2 + 3\tau^2}$
	2—轴	$\sigma_v = \sqrt{\sigma_x^2 + \sigma_y^2 - \sigma_x \cdot \sigma_y + 3\tau^2}$
焊缝	1—轴	$\sigma_v = \sqrt{\bar{\sigma}^2 + 2\tau^2}$
	2—轴	$\sigma_v = \sqrt{\bar{\sigma}_x^2 + \bar{\sigma}_y^2 - \bar{\sigma}_x \cdot \bar{\sigma}_y + 2\tau^2}$

注：$\bar{\sigma} = \dfrac{许用\sigma}{许用\sigma_w} \cdot \sigma$。

对动载结构需进行工作强度验证，也称作动载应力验证。对起重机而言，当荷载状态为 H 级，应力循环次数大于 2×10^4 时，需进行工作强度验证。与此相关的参数是应力作用状态，即应力的大小及作用频率。根据应力的上、下限及状态系数 P 分为 4 种理想的应力作用状态，如图 10.2、图 10.3 及 DIN 15018 标准中所述。其中：S0 起重机部件，几乎不承受较大应力；S1 起重机部件，仅承受短时间的较大应力；S2 起重机部件，承受较小、中等程度的应力；S3 起重机部件，几乎全部承受较大应力。

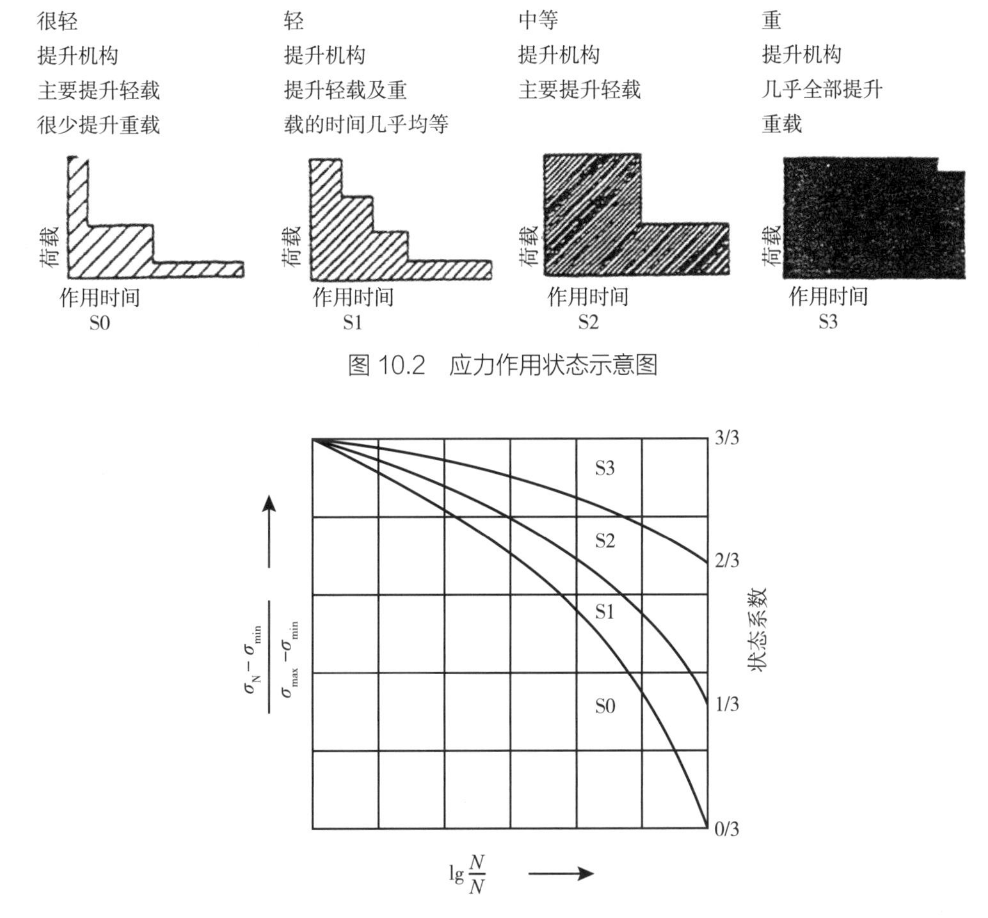

图 10.2　应力作用状态示意图

图 10.3　DIN 15018-1 标准：理想的应力作用状态曲线

将应力循环次数也分为 4 组，即按提升及下落次数划分：$N1$ 表示 $2 \times 10^4 \sim 2 \times 10^5$ 次；$N2$ 表示 $2 \times 10^5 \sim 6 \times 10^5$ 次；$N3$ 表示 $6 \times 10^5 \sim 2 \times 10^6$ 次；$N4$ 表示超过 2×10^6 次。由应力循环次数及应力作用状态即可确定相应的应力组别，见表 10.7。

表 10.7 应力组别（DIN 15018-1）

应力循环次数	$N1$	$N2$	$N3$	$N4$
应力循环总数 N	$2 \times 10^4 \sim 2 \times 10^5$	$2 \times 10^5 \sim 6 \times 10^5$	$6 \times 10^5 \sim 2 \times 10^6$	$> 2 \times 10^6$
	荷载作用时间短间歇时间长	有规律性的断续工作	有规律性的连续工作	有规律性的重载下连续工作
应力作用状态	应力组别			
S0 很轻	B1	B2	B3	B4
S1 轻	B2	B3	B4	B5
S2 中等	B3	B4	B5	B6
S3 重	B4	B5	B6	B6

图 10.4 中给出了 S0 至 S3 的工作强度曲线组，该图仅适用于一定的构件或一定的材料，同时还应考虑到在一定的极限应力比 $æ = \sigma_{min} / \sigma_{max}$ 下的缺口效应。

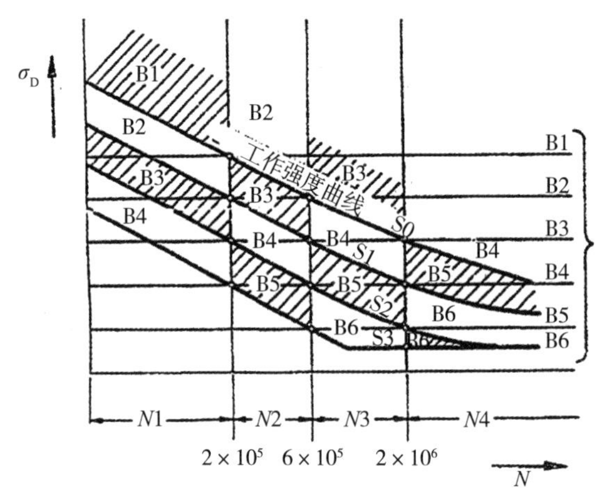

图 10.4 DIN 15018：工作强度曲线和应力组别

工作强度不仅仅取决于应力作用状态和应力循环次数，还与构件的结构形式有关，如缺口效应，动载或荷载的变化形式（$æ = -1 \sim +1$），以及材料的强度和对缺口效应的敏感性。

10.1.4 缺口状态

DIN 15018 标准用缺口状态来定义部件、焊接部件或接头的应力集中程度的不同，DIN 15018-1 标准定义了 8 种缺口状态，其中 3 种是对打磨或钻孔构件而言，即 W0，W1 和 W2，5 种是针对焊接构件：K0、K1、K2、K3、K4。K0 表示缺口效应（应力集中程度）很小。不同缺口状态的举例如表 10.8 所示，其中焊缝质量的要求见表 10.9。

表 10.8　DIN 15018-1：缺口状态

序号	示意图	缺口等级	说明
1	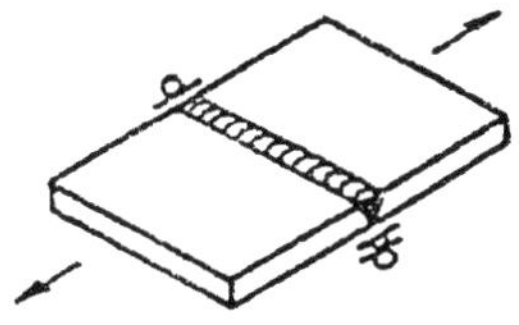	K0（很小的缺口效应）	平板对接，特殊质量焊缝与力的方向垂直。P100
2	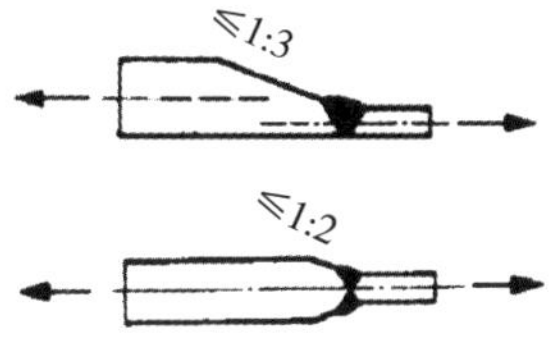 ≤1:3 ≤1:2		对接接头，特殊质量，焊缝与力的方向垂直，板厚不同，斜面加工形式见图。P100
3	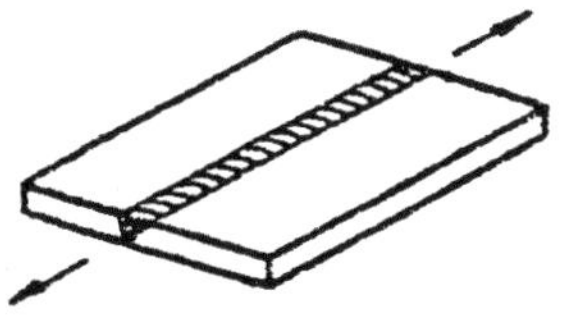		对接接头，普通质量，焊缝与力的方向平行。P 或 P100
4	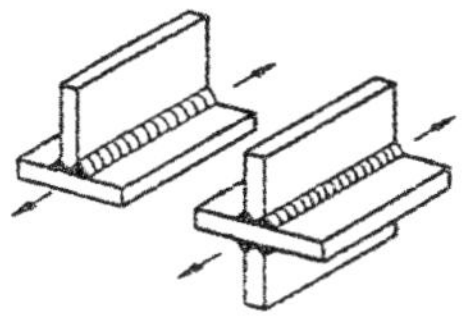		K 型角焊缝，焊缝与力的方向平行
5	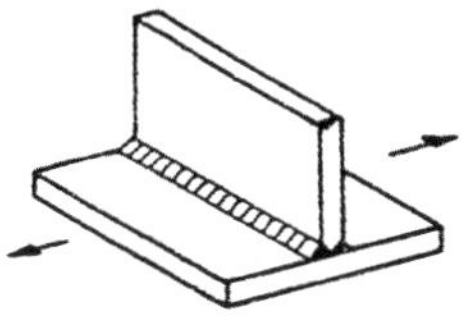	K1（小的缺口效应）	连续构件，K 型角焊缝，焊缝与力的方向垂直
6	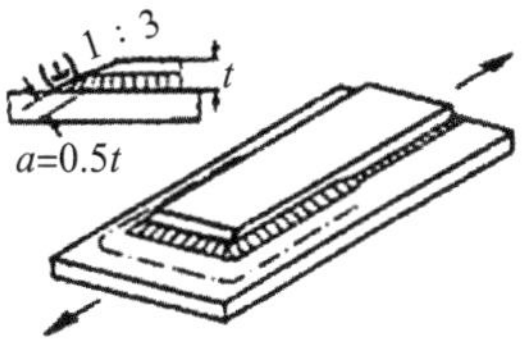 1 : 3 t a=0.5t	K2（中等的缺口效应）	连续构件，盖板角焊缝，端部≥ 5t 区域内的焊缝为特殊质量焊缝，a = 0.5t 斜面比例为 1 : 3
7	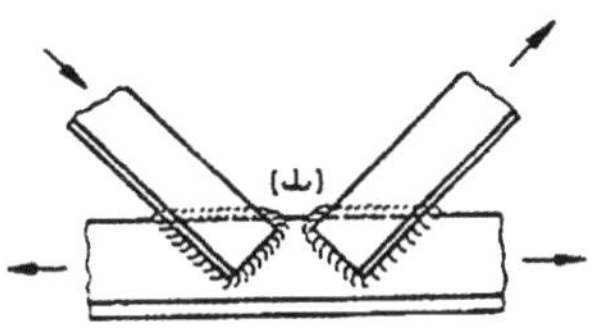	K3（大的缺口效应）	连续构件，型钢连续角焊缝
8	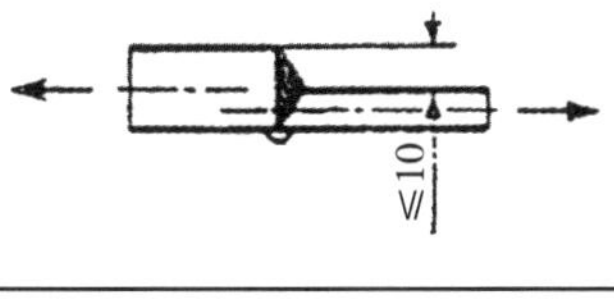 ≤10	K4（很大的缺口效应）	不同板厚的对接接头，普通质量，不加工斜面，焊缝与力的方向垂直

表 10.9　焊缝质量（节选自 DIN 15018-1）

焊缝种类	质量级别	制造要求	符号	检验要求	
				检验方法	符号
对接焊缝	特殊质量	背面清根，封底焊接； 用机械方法延受力方向将焊缝表面加工平滑； 无弧坑		100% 的无损检验，例如射线检验	P100
	普通质量	背面清根，封底焊接； 无弧坑		承受静载拉伸（见 7.2）： 最大 $\sigma_z \geqslant 0.8$ 许用 σ_z 承受脉动荷载（见 7.4）： 最大 $\sigma_z \geqslant 0.8$ 许用 σ_{zD} 承受交变荷载（见 7.4）： 最大 $\sigma_z \geqslant 0.8$ 许用 σ_{zD} 或最大 $\sigma_d \geqslant 0.8$ 许用 σ_{dD}	P100
				无损检验，例如射线检验； 在最重要的焊缝中随机抽取至少 10%，针对每名焊工	P

10.1.5 许用应力的确定

在进行工作强度验证时，首先应确定其许用应力值，表 10.10 中给出了与极限应力比 $\ae$ 值相关的许用上限应力计算公式。其中对压应力和拉应力的计算是不同的，例如：在拉应力状态下，当 $\ae$（r）=0 时的许用应力是当 $\ae$（r）= −1 时的 1.6 倍，而在压力状态下则为 2 倍。

表 10.10　DIN 15018-1 许用应力的计算公式

范围		许用上限应力的计算公式
$-1 < \ae \leqslant 0$	拉	$\text{zul}\ \sigma_{DZ}^{(\ae)} = \frac{5}{3-2\ae} \cdot \text{zul}\ \sigma_D^{(-1)}$
	压	$\text{zul}\ \sigma_{Dd}^{(\ae)} = \frac{2}{1-\ae} \cdot \text{zul}\ \sigma_D^{(-1)}$
$0 < \ae \leqslant +1$	拉	$\text{zul}\ \sigma_{DZ}^{(\ae)} = \frac{\text{zul}\ \sigma_{DZ}^{(o)}}{1-\left(1-\frac{\text{zul}\ \sigma_{DZ}^{(o)}}{0.75\,\sigma_B}\right)\cdot\ae}$
	压	$\text{zul}\ \sigma_{DZ}^{(\ae)} = \frac{\text{zul}\ \sigma_{DZ}(o)}{1-\left(1-\frac{\text{zul}\ \sigma_{DZ}(o)}{0.90\,\sigma_B}\right)\cdot\ae}$

表 10.11 中给出了在缺口状态 K0 ~ K4，$\ae$（r）= −1 时，St37 和 St52 钢的许用力值，其中安全系数为 1.33，而在工作强度下的幸存概率为 90%。另外，对表中带有括号的数据应予以注意，由于表

中所有许用应力均是根据“一般应力验证”计算得出的，故带括号的数据仅适用于公式计算。

表 10.11　DIN 15018-1：工作强度验证 $\varkappa=-1$ 时的许用应力 σ_D

	材料	St 37 和 St 52				
	缺口状态	K0	K1	K2	K3	K4
应力组别	B1	（475.2）	（424.2）	（356.4）	252.4	152.7
	B2	（336）	（300）	252	180	108
	B3	237.6	212.1	178.2	127.3	76.4
	B4	168	150	126	90	54
	B5	118.8	106.1	89.1	63.6	38.2
	B6	84	75	63	45	27

10.1.6 许用应力的补充

表 10.12 中给出了构件和焊缝的许用切应力计算公式。从公式中可以看出，在同一条件下，焊缝的许用切应力要大于构件的许用切应力。

表 10.12　DIN 15018-1：许用切应力的计算公式

构件	$\text{zul}\ \tau_D(\varkappa)=\dfrac{\text{zul}\ \sigma_{DZ}(\varkappa)}{\sqrt{3}}$
焊缝	$\text{zul}\ \tau_D(\varkappa)=\dfrac{\text{zul}\ \sigma_{DZ}(\varkappa)}{\sqrt{2}}$
在缺口状态 W0 时的许用应力 $\sigma_{DZ}{}^{(\varkappa)}$	

10.2 悬臂起重机

10.2.1 主要参数和结构形式（图 10.5 和图 10.6）

（1）材料：S235（EN10025）。

（2）设计和制造标准：以 DIN 18800 系列标准为基础，同时满足 DIN 15018 系列标准要求。

（3）起重等级：H2（DIN 15018-1）。

（4）荷载集中（中等）：S2（DIN 15018-1）。

（5）荷载次数（$<2\times10^6$）：N3。

（6）荷载形式（主荷载 H）：$F_v=800$ kN，$F_H=50$ kN。

（7）提升速度：$V_H = 11$ m/min。

（8）忽略自重。

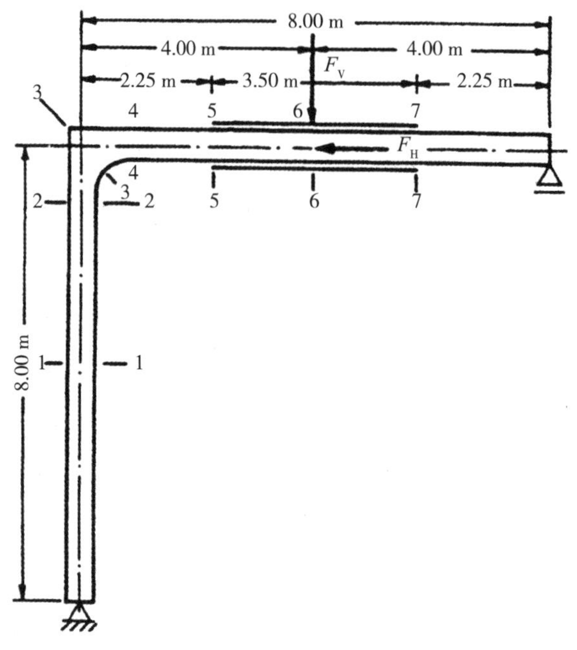

图 10.5　悬臂起重机梁示意图

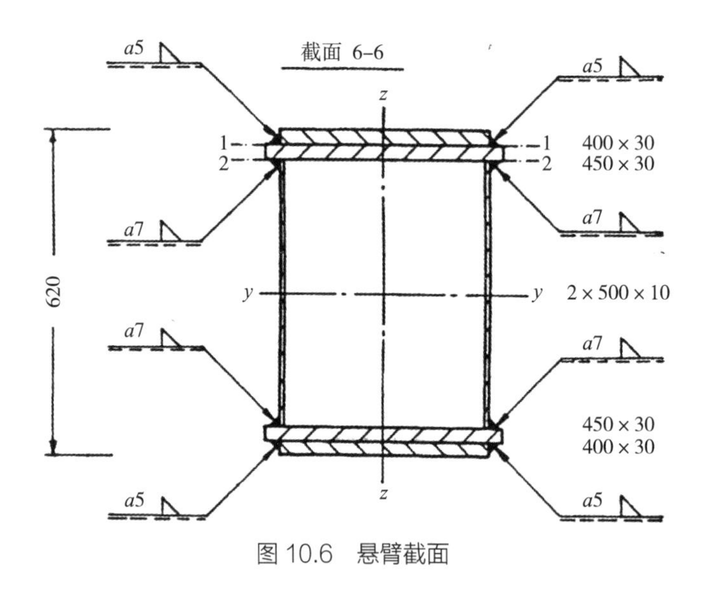

图 10.6　悬臂截面

10.2.2 确定 F_H 荷载下的截面参数

10.2.2.1 支座反作用力

由 $A_V + B_V + F_V = 0$;

$A_H + F_H = 0$;

$F_V \cdot 4 + F_H \cdot 8 + B_V \cdot 8 = 0$,

得：$A_V = 450\ kN$，$B_V = 350\ kN$，$A_H = 50\ kN$。

10.2.2.2 截面弯矩（M）图

截面弯矩（M）如图 10.7 所示。

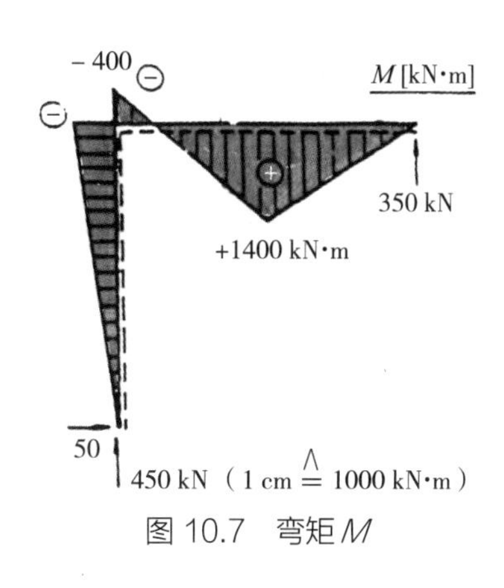

图 10.7　弯矩 M

10.2.2.3 荷载组别和应力极限比（按 DIN 15018）

B5（DIN 15018 表 10.7）和 $r = 0$。

10.2.3 截面的设计

10.2.3.1 起重机梁焊接结构设计原则

对于焊接钢结构的结构设计，应考虑下面的因素。

（1）根据焊缝的类型和质量选择焊接材料。

（2）选择满足结构的结构细节。

（3）选择满足结构的接头形式。

（4）选择接头坡口形式以获得理想的焊缝。

（5）接头检验。

（6）防腐蚀措施。

部件及其连接必须按照焊接规程来进行设计和制造，要避免焊缝的堆积。焊接规程包括材料和焊接工艺方面的相关内容，包括：①结构的构成，如板厚、焊缝位置、坡口形式、焊缝的构成；②生产的种类，如焊接的方法、焊接填充材料、预热、焊接次序和后热处理；③应力，如静载或冲击荷载、与轧制方向有关的应力方向和与焊缝有关的方向；④结构生产和使用时的温度条件。

10.2.3.2 焊缝强度的计算原则

焊缝工作应力 / 焊缝许用应力≤ 1

10.2.3.3 截面及焊缝的设计

1. 6–6 截面（图 10.6）选择箱型梁形式使用加强翼板

与焊接工字梁相同，箱型梁具有抗弯能力强的特点，另外其抗扭能力也较强。

从 5–5 截面（图 10.5）到 7–7 截面（图 10.5）区间所受的弯矩较大，其他截面所受的弯矩较小。所以此悬臂梁起重机选择了有局部加强翼板的结构形式，既保证强度，又保证经济性。

2. 稳定性

工字梁和箱型梁应该同样考虑稳定性问题，这里用工字梁来讨论加强问题。为了保证梁的稳定性，特别是腹板的稳定性，可能还需要使用加强肋板，例如像图 10.8 工字梁中所使用的横向和纵向肋板加强。

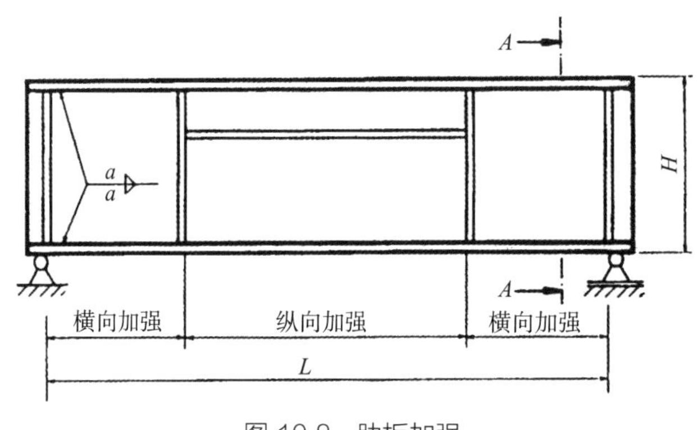

图 10.8　肋板加强

10.2.4 焊缝形式（5–5 截面）

10.2.4.1 翼板端部加强焊缝准备

（1）焊缝厚度及相应数值（图 10.9）。

$a = 0.5 \times t = 15$ mm

$b = 15 \times 1.4 = 21$ mm

$B = 5 \times t = 150$ mm（不等腰角焊缝至等腰角焊缝的长度）

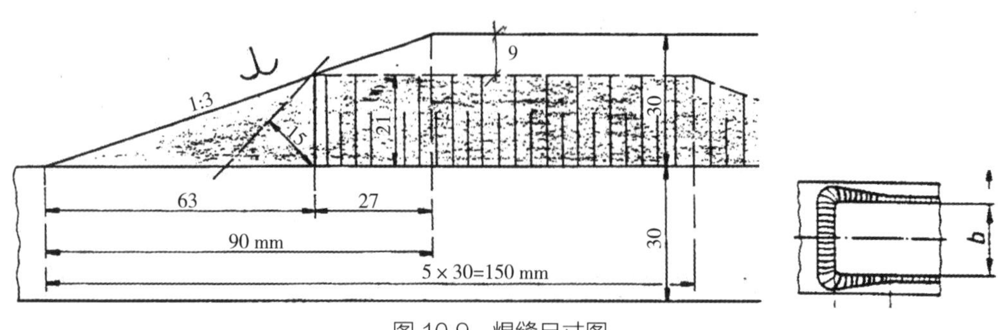

图 10.9　焊缝尺寸图

（2）尺寸，见图 10.10。

（3）无缺口加工。

（4）缺口等级 K2，见表 10.8。

10.2.4.2 翼板侧面加强焊缝准备

加强板与翼板应有大约 $c=3a$ 的差值，见图 10.10（a），如果 c 值过小，将不能很好地实现角焊缝的焊接，如制造中易造成板材棱边熔化而造成焊缝尺寸不足等问题，如图 10.10（b）。

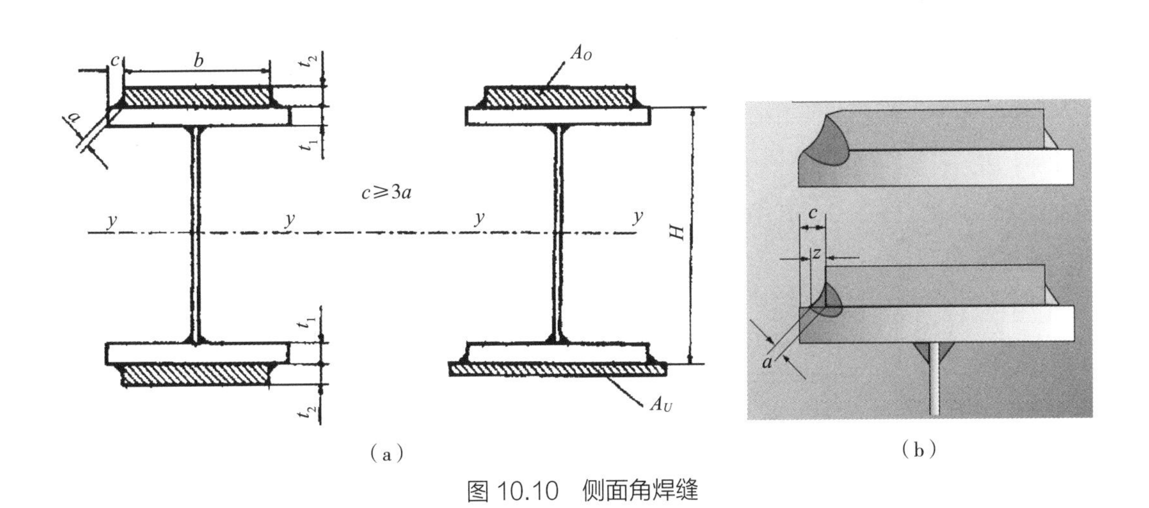

图 10.10　侧面角焊缝

10.2.4.3 翼板对接接头草图（1–1 截面）

翼板对接接头草图如图 10.11 所示。

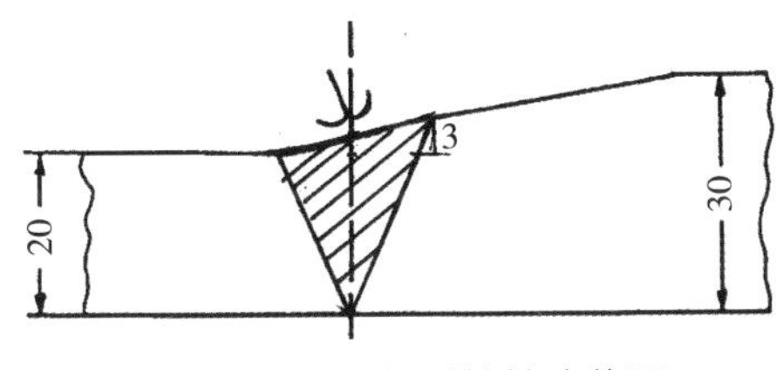

图 10.11　翼板对接接头草图

（1）缺口等级 K0。

（2）焊缝准备（选用焊接方法）。

111 焊条电弧焊 /135 熔化极气体保护焊。背面焊接、焊前清根。

（3）厚板及焊缝过渡的加工。

机械加工。

（4）检验。

P100，100% 无损探伤。

10.2.5 框架及荷载草图

1. 框架内转角为曲面结构的设计准则

（1）选 $R/h \geqslant 1$。

（2）内翼板的强度要高于外翼板（内翼板的厚度大于外翼板）。

（3）框架转角区域的腹板加强（由于转角区域面积较大，腹板受剪切作用，会出现局部失稳问题）。

（4）对于径向力，采取通过径向的调整加强，同时增加板厚等措施，提高稳定性。

2. 具体设计参数和草图

1）内部弧度

$R/H = 1200/560 = 2.15 \geqslant 2$，其中 R 为半径，H 为梁截面高度。

2）结构草图

草图见图 10.12。

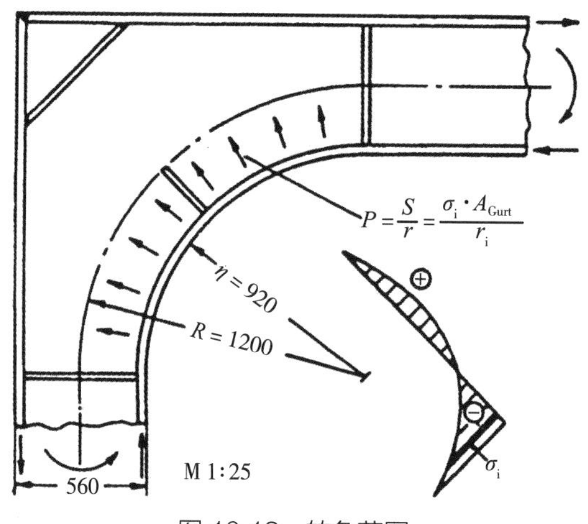

图 10.12　转角草图

3）恒定弯矩引起的应力（切向应力、径向应力草图）

应考虑的几个问题：①应考虑哪些潜在危险？局部稳定性；②应采取哪些措施？局部加强；③内翼板冷弯还是热弯？热弯。

10.2.6 母材质量级别的选择

以上强度和稳定性的计算是基于材料的屈服强度，但并不能保证结构在使用过程中的绝对安全，结构仍可能会发生脆性断裂。脆性断裂的预防主要基于材料质量级别的选择，可参照 EN 1993-1-10。

如果加强翼板选择使用 S235 的钢材，材料厚度 30 mm，使用温度为 −10℃，$\sigma_{Ed} = 12.94/14 = 0.92$，则根据表 10.13 应选择 S235JR。

表 10.13　质量级别的选择（EN 1993-1-10）

钢号	质量级别	冲击值		使用温度 T_{Ed} /℃																				
				10	0	-10	-20	-30	-40	-50	10	0	-10	-20	-30	-40	-50	10	0	-10	-20	-30	-40	-50
		T/℃	J_{min}	$\sigma_{Ed}=0.75f_y(t)$							$\sigma_{Ed}=0.50f_y(t)$							$\sigma_{Ed}=0.25f_y(t)$						
S235	JR	20	27	60	50	40	35	30	25	20	90	75	65	55	45	40	35	135	115	100	85	75	65	60
	J0	0	27	90	75	60	50	40	35	30	125	105	90	75	65	55	45	175	155	135	115	100	85	75
	J2	-20	27	125	105	90	75	60	50	40	170	145	125	105	90	75	65	200	200	175	155	135	115	100
S275	JR	20	27	55	45	35	30	25	20	15	80	70	55	50	40	35	30	125	110	95	80	70	60	55
	J0	0	27	75	65	55	45	35	30	25	115	95	80	70	55	50	40	165	145	125	110	95	80	70
	J2	-20	27	110	95	75	65	55	45	35	155	130	115	95	80	70	55	200	190	165	145	125	110	95
	M,N	-20	40	135	110	95	75	65	55	45	180	155	130	115	95	80	70	200	200	190	165	145	125	110
	ML,NL	-50	27	185	160	135	110	95	75	65	200	200	180	155	130	115	95	230	200	200	200	190	165	145
S355	JR	20	27	40	35	25	20	15	15	10	65	55	45	40	30	25	25	110	95	80	70	60	55	45
	J0	0	27	60	50	40	35	25	20	15	95	80	65	55	45	40	30	150	130	110	95	80	70	60
	J2	-20	27	90	75	60	50	40	35	25	135	110	95	80	65	55	45	200	175	150	130	110	95	80
	K2,M,N	-20	40	110	90	75	60	50	40	35	155	135	110	95	80	65	55	200	200	175	150	130	110	95
	ML,NL	-50	27	155	130	110	90	75	60	50	200	180	155	135	110	95	80	210	200	200	200	175	150	130
S420	M,N	-20	40	95	80	65	55	45	35	30	140	120	100	85	70	60	50	200	185	160	140	120	100	85
	ML.NL	-50	27	135	115	95	80	65	55	45	190	165	140	120	100	85	70	200	200	200	185	160	140	120
S460	Q	-20	30	70	60	50	40	30	25	20	110	95	75	65	55	45	35	175	155	130	115	95	80	70
	M.N	-20	40	90	70	60	50	40	30	25	130	110	95	75	65	55	45	200	175	155	130	115	95	80
	QL	-40	30	105	90	70	60	50	40	30	155	130	110	95	75	65	55	200	200	175	155	130	115	95
	ML,NL	-50	27	125	105	90	70	60	50	40	180	155	130	110	95	75	65	200	200	200	175	155	130	115
	QL1	-60	30	150	125	105	90	70	60	50	200	180	155	130	110	95	75	215	200	200	200	175	155	130
S690	Q	0	40	40	30	25	20	15	10	10	65	55	45	35	30	20	20	120	100	85	75	60	50	45
	Q	-20	30	50	40	30	25	20	15	10	80	65	55	45	35	30	20	140	120	100	85	75	60	50
	QL	-20	40	60	50	40	30	25	20	15	95	80	65	55	15	35	30	165	140	120	100	85	75	60
	QL	-40	30	75	60	50	40	30	25	20	115	95	80	65	55	45	35	190	165	140	120	100	85	75
	QL1	-40	40	90	75	60	50	40	30	25	135	115	95	80	65	55	45	200	190	165	140	120	100	85
	QL1	-60	30	110	90	75	60	50	40	30	160	135	115	95	80	65	55	200	200	190	165	140	120	100

参考文献

[1] GSI.SFI-Aktuell [M]. Duisburg: Gesellschaft für Schweiβtechnik International mbH, 2010.

[2] Cranes – Steel structures – Verification and analyses：DIN 15018-1：1984 [S/OL]. [1999-07]. https://dx.doi.org/10.31030/1153519.

[3] Cranes – General design – Part 1: General principles and requirements：DIN EN 13001-1：2015 [S/OL]. [2015-12]. https://dx.doi.org/10.31030/2311555.

[4] Eurocode 3: Design of steel structures – Part 1-10: Material toughness and through-thickness properties：DIN EN 1993-1-10：2010 [S/OL]. [2010-12]. https://dx.doi.org/10.31030/1722661

本章的学习目标及知识要点

1. 学习目标

（1）了解起重机的设计标准。

（2）通过实例了解起重机设计中，焊接结构相关设计和制造条款的应用。

2. 知识要点

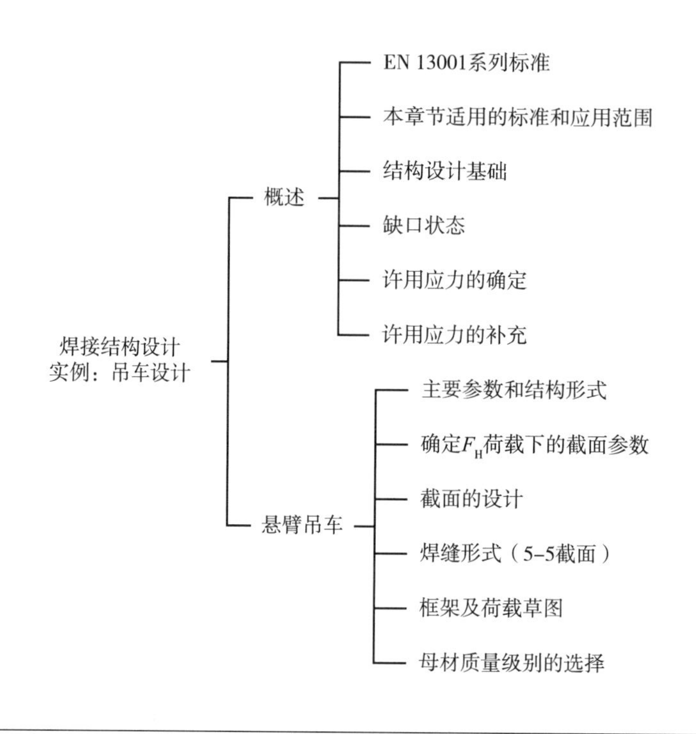

第11章

焊接结构设计实例：轨道车辆

编写：王文华　吕同辉　审校：徐林刚

本章介绍轨道车辆中转向架构架结构的特点、设计和试验流程，并详细介绍了构架强度仿真分析方法，对欧洲标准、日本标准和国际铁路联盟标准在轨道车辆设计中的不同之处进行比较，且以欧洲标准（EN 13479）为基础，通过实例展示了转向架结构设计要点和焊接结构中接头设计报告（EN 15085 系列标准）需要体现的要素。

11.1 轨道车辆用转向架构架设计简介

11.1.1 概述

轨道车辆用转向架构架是车辆走行部的关键部件之一，它把转向架各零部件组成一个整体，承受和传递来自轮轨、牵引、制动等动态荷载，它的结构应满足疲劳寿命要求，接口应满足各零部件组装的要求。

构架一般由侧梁及横梁组成，连接所有轮对同侧轴箱装置的梁称为构架的侧梁，一般为箱型结构；位于构架的中部，连接构架两侧梁的梁称为横梁，一般为箱型结构或无缝钢管结构。

构架一般由一系弹簧座、二系弹簧座、减振器座、牵引拉杆座、制动吊座等部件组成，动力转向架还设有电机吊座和齿轮箱吊座，参见图 11.1。

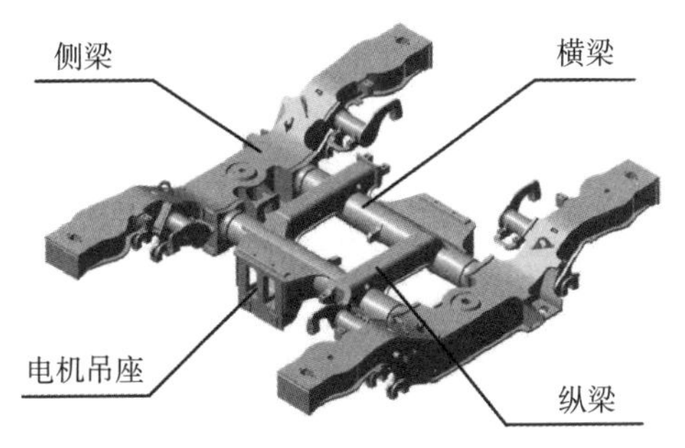

图 11.1　转向架构架示意图

11.1.2 设计标准及相关要求

构架的结构设计主要以转向架总体方案为基础，以满足各零部件的安装为主要目的，通过改变构架的外形、各种安装座的外形和内部筋板的数量、位置等，使构架强度满足构架承受荷载的要求。构架设计应满足结构强度要求，同时兼顾结构简单、轻量化原则。

构架的焊接结构设计应执行 EN 15085 标准（有特殊要求时除外），在焊接结构图样中应按照 EN 15085-2：2007 的要求给出“企业认证等级”。根据强度计算的结果及 EN 15085-3：2007，确定所有焊缝的质量等级和缺陷等级，并确定探伤的具体要求。

构架强度计算大纲和试验大纲应根据相关标准和技术规格书的要求进行编制。构架设计时必须采用有限元方法进行静强度及疲劳强度分析，强度计算荷载应按照相关标准（TB/T 2368、UIC 515-4、UIC 615-4、JIS E 4207、EN 13749、BS 7608 等）的规定执行，强度评判标准也应按照相关标准的规定执行。

构架各零部件应选用成熟材料，对于使用新材料的要进行相关分析论证和评审；对于装配配合尺寸，原则上在构架焊接完成后整体加工，该位置必须留有合理的加工余量。

构架尽可能不作为空簧附加气室。对于同时兼作空簧附加气室的构架，应要求相关的焊缝完全密闭，并按相关要求做气密性试验。构架强度计算和试验必须考虑附加气室最大工作压力的影响。

构架焊后可进行退火处理，退火温度应根据不同的材料进行确定。构架上零部件的焊接尽可能在构架退火处理前进行。

设计时，应尽可能使焊缝躲开高应力区（动态应力比较高的点）。构架关键部位和高应力部位的焊缝必须按要求打磨，平滑过渡，以提高其抗疲劳能力。

构架上的焊缝应尽可能对称于结构中性轴布置，以减小焊接变形。尽可能减少焊缝之间的交叉，必要时可采用锻件或铸件简化焊接结构。焊接结构设计时应注意尽量避免焊接热影响区的重叠。

对于焊后进行退火处理的构架，如果结构存在封闭的腔体，则需考虑在该结构的低应力区设计通气孔，并且明确通气孔在热处理后采用何种方式处理（如焊堵、开放或采用带螺纹工艺堵进行封堵等）。

11.1.3 设计内容

11.1.3.1 承载能力

1. 承受静态荷载能力

1）垂向静荷载

作用在构架上的垂向静态荷载为单个车辆在超员状态下荷载值（不含转向架）的一半。

2）横向静荷载

将车体处于 M_{AW3} 超员荷载工况下，按照规定要求，令车体横向加速度为 5 m/s^2，可以计算出车体所受的横向力和弯矩，因为空气弹簧失气和过充两者情况下车体的重心位置不同，其弯矩值也不同，所以要分别考虑这两种情况。弯矩反作用力在空簧座和抗侧滚扭杆上（没有扭杆的转向架只由空簧承担），可以根据它们的刚度确定弯矩分配比例，并等效成相应的垂向荷载作用在扭杆和空簧座上，而横向力作用在横向止挡和空簧座上。

3）纵向静荷载

转向架质量承受 5 *g* 的纵向冲击荷载。

4）扭转荷载

对角车轮位置上卸掉超员荷载工况的 60%，同时在构架的空簧座上施加垂向超员稳定荷载。

5）惯性荷载

转向架构架上的牵引电机、制动缸、端梁等大质量安装部件，需要承受惯性荷载。

6）牵引电机短路扭矩荷载

施加电机短路扭矩荷载或根据力和力矩平衡原理将荷载等效至齿轮箱安装座处。

7）减振器荷载

根据减振器特性，在减振器安装座上施加 2 倍减振器卸荷力的荷载。

2. 承受动态荷载能力

1）垂向动荷载

采用 ±25% 满载荷载，施加在二系弹簧位置，循环加载 10^7 次。

2）横向动荷载

采用 ±15% 满载荷载，施加在横向止挡位置，循环加载 10^7 次。

3）扭转荷载

将车辆处于满载工况，承受扭转荷载，按照轮对倾斜度为 1/150 进行计算，循环加载 10^7 次。

4）牵引 / 制动荷载

将车辆处于满载工况，加速或减速时车辆将承受牵引和制动荷载，取车辆最大加速度和最大减速度中的较大者，根据牛顿第二定律计算牵引和制动荷载，然后根据力矩平衡原理将力从轮轨接触处等效至制动摩擦部位，循环加载 10^7 次。

5）惯性荷载

在转向架构架上的设备安装座应按照 EN 3749 标准施加不同的加速度荷载，循环加载 10^7 次。

6）菱形荷载

根据 EN 13749 标准的规定，纵向荷载不在一个直线上时，对构架来说会产生菱形荷载，施加 ±0.05× 转向架荷载在每个车轮部位，不同侧车轮荷载反相，循环加载 10^7 次。

7）减振器疲劳荷载

减振器疲劳荷载是在减振器安装座上施加 1.2 倍减振器卸荷力的荷载，循环加载 10^7 次。

11.1.3.2　材料选择

转向架构架不仅直接承载来自车体的重量，而且还保证车辆在直线和曲线上顺利运行。由于轨道线路存在各种不平顺现象，转向架在其上运行时将承受来自轨道的各种冲击，这些冲击荷载将通过轮对和一系悬挂装置直接传递给构架，再加上电机和齿轮箱以及制动荷载，构架在转向架运行过程中，将承受复杂的交变弯曲、拉压荷载。由此可知，在选择转向架构架材料时，该材料必须具有良好的机械性能。

我国幅员辽阔，北方有些地方冬天的气温可以降到 -40℃以下，因此低温韧性是除了强度以外的一个主要考察对象。

由于转向架采用框架结构，材料需要冲压和焊接，可焊性和屈强比是考察材料工艺性能的重要指标。

此外，转向架直接面对大气及风霜雨雪的侵蚀，因此构架材料的耐候性也是重要的考察指标。

综上所述，转向架构架材料的选择要遵循以下几点原则。

（1）钢板、铸件、锻件材料的机械性能满足疲劳强度、屈服强度及抗拉强度要求，并具有良好的低温冲击韧性。

（2）具有一定的耐大气腐蚀性能。

（3）冷弯及冲压性能良好。

（4）具有良好的可焊性。

（5）在保证性能的前提下，尽可能降低成本。

11.1.3.3 强度校核

构架强度仿真分析主要采用有限单元法（FEM）进行静强度与疲劳强度计算。具体为，构架在极端运行工况下不发生塑性变形，在运营工况下不发生疲劳断裂。基于仿真分析的转向架构架强度校核在流程上可以分为仿真分析与强度评估两个环节（图 11.2）。仿真分析是将给定的荷载、约束条件施加到有限元模型上，通过仿真计算得到结构响应。强度评估是根据强度条件，对结构响应进行评估，评价其是否超出许用范围。在仿真分析流程中，荷载输入是根据车辆运用状态或依据标准确定的，在有限元模型不变的前提下，结构响应与荷载输入具有对应性，但有限元模型在一定程度上带有仿真分析师的主观性。有限元模型的建立应充分考虑荷载输入、采用的强度评估标准以及结构特点。

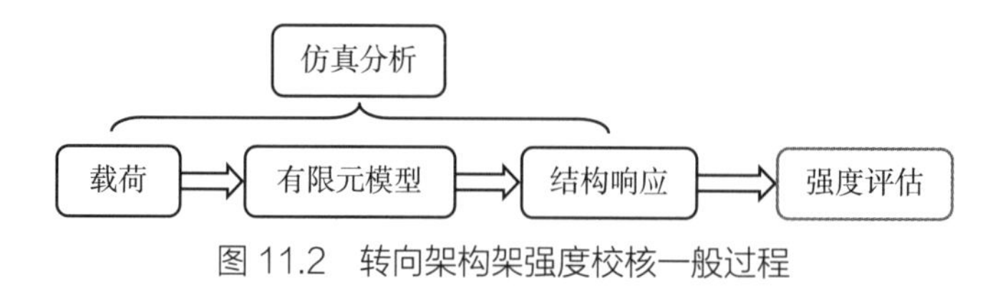

图 11.2 转向架构架强度校核一般过程

针对上述内容中的承载能力，通过模拟施加荷载的方式来验证结构性能。目前构架强度仿真分析主要基于准静态假设对构架进行静力学分析，根据转向架的技术参数，并参照 EN 13749、UIC 615-4 和 UIC 515-4 规程计算方法，进行荷载的确定。转向架参数信息见表 11.1。

表 11.1　转向架参数信息表

转向架数目	n_b	电机扭矩	T_M
每转向架轮对数	n_e	电机短路扭矩	T_{max}
转向架重量（不含过渡枕梁等车体连接件）	m^+	传动比	i
超载情况下乘客质量	C_1	齿轮箱重量	M_g
运营中乘客质量	C_2	最大制动减速度	a_{max}
运行状态下空车重量	m_v	常用制动减速度	a_c
轨距	l_e	制动盘摩擦半径	r_m
齿轮箱吊杆与轴中心距	l	侧滚系数	α
抗侧滚扭杆座间距	$2b$	沉浮系数	β
电机质量	M_m	垂向力动态变化量	Σ

1. 超常荷载

1）作用在构架一侧空簧座上的垂向荷载

$$F_{A1,\max}=F_{A2,\max}=\frac{1.4g}{2n_b}(m_v+c_1-n_bm^+) \tag{11-1}$$

2）作用在构架上的横向荷载

$$F_{y,\max}=2\left[10^4+\frac{(m_v+c_1)g}{3n_en_b}\right] \tag{11-2}$$

横向荷载又细分为下面几类。

（1）空气弹簧座上的总荷载：

$$F_{y,a}=K_y\times D_b$$

式中：K_y——空气弹簧横向刚度；

D_b——横向止挡自由间隙与弹性间隙之和。

（2）作用在横向止挡上的横向荷载：

$$F_{A3}=F_{y,\max}-F_{y,a} \tag{11-3}$$

（3）菱形荷载（EN 13749）：

$$F_{x1,\max}=0.1\times(F_{z,\max}+m^+g) \tag{11-4}$$

3）斜对称荷载

将车轮上的扭转按 10 ‰轨道扭曲量进行考虑，假设按照转向架 2500 mm 的定距计算，车轮抬高的垂向位移为 25 mm。

4）纵向冲击荷载

纵向荷载作用在转向架的两个牵引拉杆座上，取值为：

$$F_{x,\max}=m^+\times 3g \tag{11-5}$$

（拖车取 5 g，对于动车组或固定编组客车动拖车转向架均可取 3 g）

5）抗侧滚扭杆座荷载

$$F_{A5} = -F_{A6} = \frac{K\Theta_x \times \theta}{2b} \tag{11-6}$$

6）紧急制动工况荷载

紧急制动下，每个转向架上受到的纵向力：

$$F_x = 1.3a_{\max} \times \frac{m_v + c_1}{n_b} \tag{11-7}$$

每轴上的纵向力：

$$F_{A7} = F_{A8} = F_x / 2 \tag{11-8}$$

故每轴上的制动力：

$$F_{A10} = -F_{A11} = \frac{F_{A7} \times R_{\max}}{r} \tag{11-9}$$

7）启动工况荷载

启动时产生的纵向力：

$$F_{A7} = F_{A8} = 1.3\frac{T_m \times i}{R_{\min}} \tag{11-10}$$

启动时产生的齿轮箱吊杆反力：

$$F_{A12} = -F_{A13} = \frac{1.3T_m \times (i+1)}{l} + \frac{10M_g \times g}{3} \tag{11-11}$$

8）电机短路工况荷载

短路侧电机引起的齿轮箱吊杆反力：

$$F_{A12} = \frac{T_{\max} \times (i+1)}{l} \tag{11-12}$$

短路侧电机引起的理论上的纵向力：

$$F_{x,th} = \frac{T_{\max} \times i}{R_{\min}} \tag{11-13}$$

正常情况下，纵向力的施加与轮轨摩擦系数有关。每轴轮轨间最大摩擦力为：

$$F_x \times F_r = F_{z,ax} \times f \tag{11-14}$$

则短路侧电机引起的纵向力：

$$F_{A7} = F_x \times f_r \tag{11-15}$$

另一正常启动侧电机引起的纵向力：

$$F_{A8} = 1.3 \times \frac{T_m \times i}{R_{\min}} \tag{11-16}$$

另一正常启动侧电机引起的齿轮箱吊杆反力：

$$F_{A13}=\frac{1.3T_{\mathrm{m}}\times(i+1)}{l}+\frac{10M_{\mathrm{g}}\times g}{3} \tag{11-17}$$

9）电机惯性工况荷载

安装在构架上电机惯性荷载工况，一般电机 3 个方向的振动加速度值分别取垂向：10 g，横向：5 g，纵向：3 g。或按照 EN 13749 中 D.2.2 节要求计算。

$$F_{A14}=F_{A15}=(M_{\mathrm{m}}+\frac{联轴节重量}{2})\times 11\,g \tag{11-18}$$

$$F_{A14}=F_{A15}=(M_{\mathrm{m}}+\frac{联轴节重量}{2})\times 9\,g \tag{11-19}$$

$$F_{A16}=F_{A17}=(M_{\mathrm{m}}+\frac{联轴节重量}{2})\times 5\,g \tag{11-20}$$

$$F_{A18}=F_{A19}=(M_{\mathrm{m}}+\frac{联轴节重量}{2})\times 3\,g \tag{11-21}$$

10）模拟车辆空车低速脱轨工况荷载

$$F_{A1}=F_{A2}=\frac{g}{2n_b}(m_{\mathrm{v}}-n_b\times m^{+}) \tag{11-22}$$

11）减振器荷载

减振器座受到的荷载取其设计卸荷力的 2 倍。

2. 模拟运营荷载

1）直线运行垂向荷载

$$F_{A1}=F_{A2}=\frac{(m_{\mathrm{v}}+1.2c_2-n_b m^{+})g}{2n_b} \tag{11-23}$$

2）曲线或缓和曲线横向荷载

$$F_y=0.5\times(F_{A1}+0.5m^{+}g) \tag{11-24}$$

作用在每个空气弹簧座的荷载：$F_{A4}=K_y\times D_b$　(11-25)

作用在横向止挡上的横向荷载：$F_{A3}=F_y-F_{A4}$　(11-26)

3）抗侧滚扭杆荷载

$$F_{A5}=-F_{A6}=\frac{F_{A1}\times l\times\alpha}{2b} \tag{11-27}$$

4）扭曲荷载

F_{A9} 按照轨道扭曲量 5‰通过使一个车轮产生垂向位移来施加。

$$\delta=0.005\times 9\,l_{\mathrm{e}} \tag{11-28}$$

5）驱动工况荷载

电机驱动时产生的纵向荷载：

$$F_{A7} = F_{A8} = 1.1 \times \frac{T_m \times i}{R_{min}} \quad (11\text{-}29)$$

$$F_{A12} = -F_{A13} = \frac{1.1T_m \times (i+1)}{l} + \frac{4M_g \times g}{3} \quad (11\text{-}30)$$

6）制动荷载工况

制动时产生的纵向力：

$$F_{A7} = F_{A8} = 1.1a_c \times \frac{m_v + 1.2c_2}{2n_b} \quad (11\text{-}31)$$

每轴上的制动力为：

$$F_{A10} = -F_{A11} = \frac{F_{A7} \times R_{max}}{r_m} \quad (11\text{-}32)$$

7）惯性荷载

安装在构架上电机惯性荷载工况，一般电机 3 个方向的振动加速度值分别取：垂向：5g，横向：4g，纵向：2.5g；或按照 EN 13749 中 D.2.2 节要求计算。

$$F_{A14}- = F_{A15}- = (M_m + \frac{\text{联轴节重量}}{2}) \times 6g \quad (11\text{-}33)$$

$$F_{A14}+ = F_{A15}+ = (M_m + \frac{\text{联轴节重量}}{2}) \times 4g \quad (11\text{-}34)$$

$$F_{A16} = F_{A17} = (M_m + \frac{\text{联轴节重量}}{2}) \times 4g \quad (11\text{-}35)$$

$$F_{A18} = F_{A19} = (M_m + \frac{\text{联轴节重量}}{2}) \times 2.5g \quad (11\text{-}36)$$

8）减振器荷载

减振器座受到的荷载取其设计卸荷力的 1.5 倍。

3. 荷载组合工况

超常荷载组合工况见表 11.2。运营荷载组合工况见表 11.3。

表 11.2　超常荷载组合工况（EN 13749-F2.1）

序号	工况说明	荷载说明
1	直线	垂向荷载
2	冲击（3g）	垂向荷载 + 纵向冲击荷载
3	曲线（进、出曲线）	垂向荷载 + 横向荷载 + 菱形荷载 + 抗侧滚荷载 + 扭曲荷载
4	电机短路（一侧短路，另一侧正常启动）	垂向荷载 + 电机短路扭矩（另一侧启动扭矩）+ 齿轮箱吊座短路荷载（另一侧启动荷载）+ 牵引纵向力（平均施加）

续表

序号	工况说明	荷载说明
5	紧急制动	垂向荷载 + 制动荷载（垂向 + 纵向）+ 制动纵向力 + 踏面清扫工作荷载
6	脱轨	脱轨荷载
7	电机振动	垂向荷载 + 电机振动荷载
8	附加质量（惯性）	垂向荷载 + 制动夹钳惯性 + 踏面清扫惯性 + 齿轮箱惯性
9	减振器	垂向荷载 + 各减振器荷载
10	起吊工况（整车 / 车间）	起吊荷载（二系起吊止挡 / 构架吊耳）

表 11.3　运营荷载组合工况（EN 13749–F2.2）

序号	工况说明	荷载说明
1	直线	垂向荷载 F_z
2	直线浮沉 + 侧滚	表 F.1+ 抗侧滚扭杆荷载
3	曲线 + 浮沉 + 侧滚	表 F.1+（菱形荷载 + 扭曲）+ 抗侧滚扭杆荷载
4	牵引	表 F.2+（电机启动扭矩 + 齿轮箱吊座荷载 + 牵引纵向力）
5	制动	表 F.2+［制动荷载（垂向 + 纵向）+ 制动纵向力 + 踏面清扫工作荷载］
6	电机振动	表 F.2+ 电机振动荷载（三向）
7	附加质量（惯性）	表 F.2+［夹钳惯性荷载（三向）+ 齿轮箱惯性荷载］
8	减振器工况	表 F.2+ 各减振器荷载

4. 强度评估

目前，铁路行业对钢结构强度的评估标准主要有国际焊接学会的 IIW 标准、英国标准协会的 BS 7608 标准、德国焊接和相关工艺协会的 DVS 1612 标准、欧洲规范 3– 钢结构设计（EN 1993）以及国际铁路联盟试验研究报告 ERRI B12/RP17 等。其中 IIW 标准、EN 1993 与 BS 7608 标准给出了钢结构母材及焊接接头（包含螺栓连接）的 *S–N* 曲线。DVS 1612 以 MKJ 图的形式给出不同应力比下各焊接接头的疲劳强度。ERRI B12/RP17 报告以 Goodman 曲线图的形式，结合最大应力、最小应力及平均应力对焊接接头疲劳强度进行评估。

评估方法主要有名义应力法、热点应力法和缺口应力法以及结构应力法等，目前工程上应用较多的是名义应力法与热点应力法。构架有限元模型的建立应充分考虑所采用的评估标准，例如，若依据 DVS 1612 标准采用名义应立法对焊缝进行疲劳强度评估，需要提取距离焊缝过渡区 t ~ $1.5t$（t 为板厚）距离的应力；若依据 IIW 标准采用热点应力（几何应力）法进行焊缝疲劳强度的评估，需要根据相关点的应力值外推热点的应力值，相关点的位置确认取决于热点的不同类型及有限元网格质量，这些都应在建立有限元模型时充分考虑。

在采用名义应力法和热点应力法时，存在两个问题：一是当在焊趾或焊根存在尖锐的缺口时，这个位置的应力是奇异的，采用有限元法进行分析时，随着划分单元尺寸的减小，计算出焊趾处应力会无限增大，这给疲劳评估带来很大的分析误差；二是当对焊接接头进行疲劳评估时，根据接头类型、荷载形式等，很难找到完全一致的 *S–N* 曲线，影响分析结果的一致性。

由董平沙教授提出的主 S–N 曲线法，提出不考虑焊缝局部不规则几何影响整体性的应力度量，利用结构应力是由外力引起且与外力平衡的特点，通过提取有限元分析结果的焊缝节点力，采用解析法计算焊缝处的结构应力。

通过对大量试验数据的分析，可将整个裂纹扩展划分为 2 个阶段：短裂纹阶段（$0<a/t<0.1$）和长裂纹阶段（$0.1\leqslant a/t\leqslant 1$），基于 Paris 裂纹增长定律的一个两阶段裂纹增长模型

$$\mathrm{d}a/\mathrm{d}N = C\left(M_{kn}\right)^{n}\left(\Delta K_{n}\right)^{m} \tag{11-37}$$

借助两个指数参数 $n=2$ 及 m（与材料有关的参数），将短裂纹增长与长裂纹的增长统一起来，以一个相对裂纹长度表达的、基于断裂力学从极小裂纹到最终失效的疲劳寿命预测的表达式可写为

$$N=\int_{a_i/t\to 0}^{a/t=1}\frac{t\,\mathrm{d}\left(a/t\right)}{C\left(M_{kn}\right)^{n}\left(\Delta K\right)^{m}}=\frac{1}{C}\cdot t^{1-\frac{m}{2}}\cdot\left(\Delta\sigma_{s}\right)^{-m}I(r) \tag{11-38}$$

其中，N 为疲劳寿命值，M_{kn} 为焊趾缺口导致的应力强度因子放大系数，ΔK 为应力强度因子范围，其表达式为

$$\Delta K=\sqrt{t}\left[\Delta\sigma_{\mathrm{m}}f_{\mathrm{m}}(a/t)+\Delta\sigma_{\mathrm{b}}f_{\mathrm{b}}(a/t)\right] \tag{11-39}$$

上式中 $\Delta\sigma_{\mathrm{m}}$ 和 $\Delta\sigma_{\mathrm{b}}$ 分别是结构应力范围 $\Delta\sigma_{\mathrm{s}}$ 的膜正应力范围分量和弯曲正应力范围分量；$f_{\mathrm{m}}(a/t)$和$f_{\mathrm{b}}(a/t)$分别为膜应力和弯曲应力单独作用时确定应力强度因子范围的无量纲权函数；I（r）为荷载弯曲比 r（$r=\Delta\sigma_{\mathrm{b}}/\Delta\sigma_{\mathrm{s}}$）的无量纲函数，有

$$I(r)=\int_{a_i/t\to 0}^{a/t=1}\frac{\mathrm{d}(a/t)}{(M_{kn})^{n}\left[f_{\mathrm{m}}(\frac{a}{t})-r\left(f_{\mathrm{m}}(\frac{a}{t})-f_{\mathrm{b}}(\frac{a}{t})\right)\right]^{m}} \tag{11-40}$$

令

$$\Delta S_{s}=\frac{\Delta\sigma_{s}}{t^{(2-m)/2m}\cdot I(r)^{1/m}} \tag{11-41}$$

可得基于等效应力范围的疲劳强度 $\Delta S-N$ 曲线

$$\left[\Delta S_{s}\right]^{-m}=CN \tag{11-42}$$

5. 疲劳寿命评估

材料的疲劳破坏是由于循环荷载的不断作用而产生损伤，并不断积累造成的。疲劳损伤累积达到破坏时吸收的净功 W 与疲劳荷载的历史无关，并且材料的疲劳损伤程度与应力循环次数成正比。所以疲劳寿命评估采用不同工况下荷载循环的应力范围，利用 Miner 线性损伤理论进行疲劳寿命评估，设材料在某级应力下达到破坏时的应力循环次数为 N_1，经 n_1 次应力循环而疲劳损伤吸收的净功为 W_1，根据 Miner 理论有：

$$\frac{W_1}{W}=\frac{n_1}{N_1} \tag{11-43}$$

对 m 级加载情况，材料疲劳累积损伤可表示为

$$D=\frac{n_1}{N_1}+\frac{n_2}{N_2}+\cdots+\frac{n_m}{N_m}=\sum_{i=1}^{m}\frac{n_i}{N_i}\quad(i=1,2,\cdots,m)\tag{11-44}$$

式中：n_i—— 第 i 级应力水平下经过的应力循环数；

N_i—— 第 i 级应力水平下的达到破坏时的应力循环数；

D——累积损伤。

当 D 值等于 1 时，即认为被评估对象开始产生疲劳破坏。

6. 台架及线路试验

因为转向架在设计过程中所做的静强度及疲劳强度计算和试验都是参照已有标准来模拟各种工况反映转向架的设计强度，很难反映出转向架在运行过程中的真实受力情况，所以需要通过台架或线路动应力测试来了解转向架在运行过程中的真实受力情况，以便依据测试结果改进转向架结构，使其更好地满足运行要求。

1）应力测量点的选择方法

可与应力分析（强度计算）的结果进行对比的位置以及预计会产生高应力的部位。形状变化明显的部位、结构构件的断面变化明显的部位、焊道边缘等预计应力集中的部位。

2）加速度测点的确定

为了解所测部位上动应力产生的原因，试验中还可测试与所测部位相关联的其他部位的横向、垂向和纵向加速度的大小。测点的位置可以选择在测部位的附近，但不能将加速度计贴于弹性体表面，如橡胶、塑料、木块等。

3）数据采集系统与数据处理

动应力测试仪器最好具有采样速度快，能输入大容量记录、可实现全程连续采样，以及采样频率范围宽，高于各测点应变响应频率等特点。这样可保证采样数据的真实性。

4）动应力测试结果

结构的疲劳是一个损伤不断累积直至最后断裂的过程。承受应力谱作用的结构疲劳属于变幅荷载下的结构疲劳问题。与恒幅荷载下的结构疲劳情况不同，在变幅荷载下，低于疲劳极限的应力水平对于结构的损伤也可产生显著的影响，因此变幅荷载下结构的疲劳评估须考虑各级应力水平对结构疲劳损伤的贡献。可采用 Miner 线性疲劳累计损伤法则和 NASA 针对变幅加载条件所推荐的 S–N 曲线形式计算等效应力幅，采用这一方法能使各级应力水平产生的损伤均得到合理的考虑，并使评估结果略偏保守。

5）疲劳强度评估判据

根据 UIC 615–4 标准要求，在超常荷载和模拟脱轨情况各荷载单独和组合作用下，转向架构架各点应力均不得超过屈服许用应力。

按照 UIC 标准，采用 ORE B12/RP17 中的 GOODMAN 疲劳极限图进行安全评定，或可采用其他用户认可的评价标准，如 IIW、BS 7608 和 DVS 1612。

在进行轨道车辆结构疲劳强度评估时，国际上普遍采用许用疲劳极限作为判据。国内外对焊接

接头疲劳强度的研究表明，其许用疲劳极限主要取决于焊接接头形式、是否开坡口、焊透情况，以及对焊缝的修磨情况，而与母材强度无关。

7. 焊缝计算实例

1）焊接接头静强度计算

轨道车辆焊接结构复杂，接头形式多种多样，但归纳起来，常用到的典型接头形式主要有对接接头、T型接头、搭接接头、管（或圆钢）与钢板的角接接头等。在不同荷载作用下，可以采用材料力学方法对这些接头的静强度进行简单计算，要求计算应力小于经过一定安全系数调节的许用应力，静强度安全系数的选取应结合计算时所选取的标准、用户要求等因素，典型接头计算见表 11.4。

表 11.4　典型焊接接头静强度计算［节选自焊接手册（第三版）—第三卷 焊接结构］

序号	接头类型	接头图示	焊缝类型	荷载类型	计算公式
1	对接接头	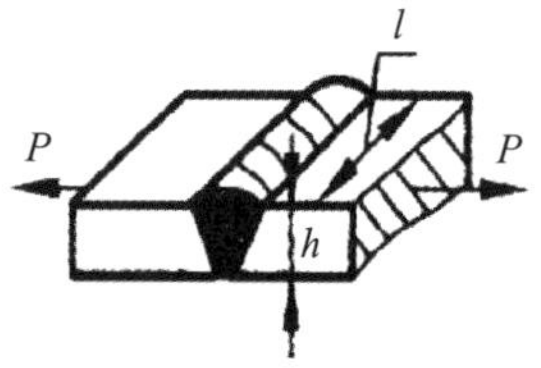	V 型 全熔透焊缝	垂直于焊缝的拉伸荷载	$\sigma = \frac{P}{hl}$
2	对接接头	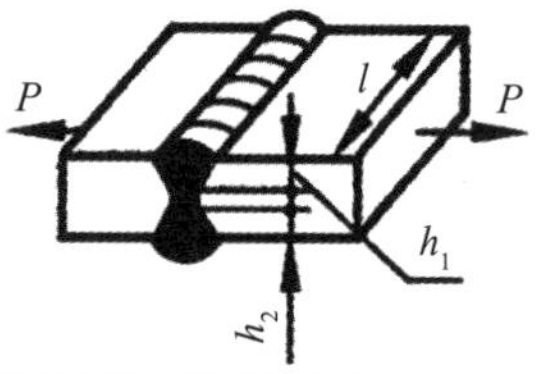	DV 型 部分熔透焊缝	垂直于焊缝的拉伸荷载	$\sigma = \frac{P}{(h_1 + h_2)l}$
3	对接接头	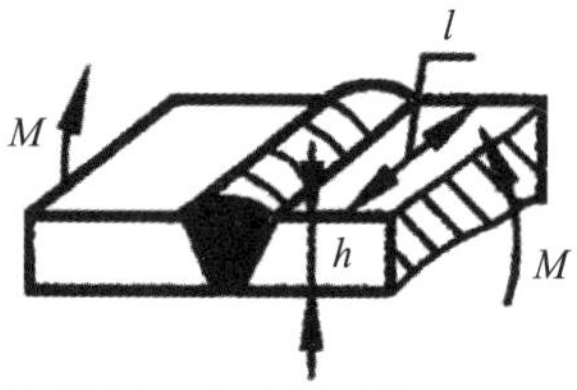	V 型 全熔透焊缝	绕焊缝纵向中心弯矩作用	$\sigma = \frac{6M}{lh^2}$
4	对接接头	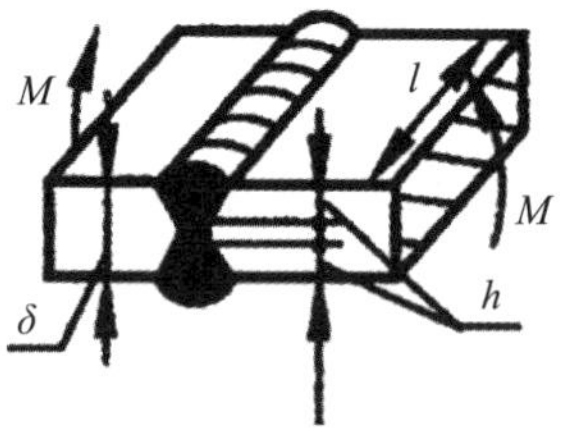	DV 型 部分熔透焊缝	绕焊缝纵向中心弯矩作用	$\sigma = \frac{3\delta M}{lh(3\delta^2 - 6\delta h + 4h^2)}$
5	搭接接头	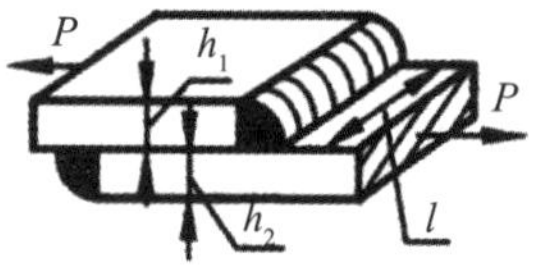	角焊缝	垂直于焊缝的拉伸荷载	$\sigma = \frac{1.414P}{(h_1 + h_2)l}$
6	T 型接头	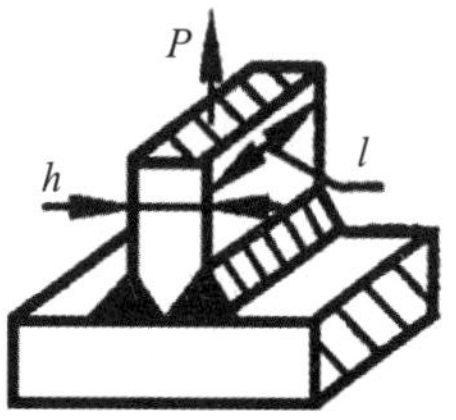	DV 型 全熔透焊缝	垂直于焊缝与底板的拉伸荷载	$\sigma = \frac{P}{hl}$

续表

序号	接头类型	接头图示	焊缝类型	荷载类型	计算公式
7	T 型接头		DV 型 部分熔透焊缝	垂直于焊缝与底板的拉伸荷载	$\sigma=\dfrac{P}{(h_1+h_2)l}$
8	T 型接头		DV 型 全熔透焊缝	立板绕焊缝纵向中心弯矩作用	$\sigma=\dfrac{6M}{lh^2}$
9	T 型接头		DV 型 部分熔透焊缝	立板绕焊缝纵向中心弯矩作用	$\sigma=\dfrac{3\delta M}{lh(3\delta^2-6\delta h+4h^2)}$
10	T 型接头		DV 型 全熔透焊缝	垂直于焊缝且与底板平行的拉伸荷载	$\sigma=\dfrac{6PL}{lh^2}$ $\tau=\dfrac{P}{lh}$
11	T 型接头		DV 型 部分熔透焊缝	垂直于焊缝且与底板平行的拉伸荷载	$\sigma=\dfrac{3\delta PL}{lh(3\delta^2-6\delta h+4h^2)}$ $\tau=\dfrac{P}{2lh}$
12	管板角接接头		HV 型 部分熔透圆周焊缝	管（或圆钢）绕圆周焊直径弯矩作用	$\sigma=\dfrac{5.66M}{hD^2\pi}$
13	管板角接接头		HV 型 部分熔透圆周焊缝	管（或圆钢）受平行于焊缝扭矩作用	$\tau=\dfrac{2.83M}{hD^2\pi}$

【例】两块厚度相同钢板的对接接头，其材料为 GB 713 标准中的 Q345R 钢，疲劳强度取 345 MPa，钢板宽度为 300 mm，受到绕焊缝纵向中心且垂直板面弯矩 2.4 kN · m，如果取 1.3 的安全系数，试计算焊缝所需要的厚度并确定最小板厚。

此题为表 11.4 中序号 3 情况，根据相应公式，解答如下：

$$\sigma=\frac{6M}{lh^2}\leqslant\frac{\sigma_e}{1.3}$$

得到

$$h=\sqrt{\frac{6M\times1.3}{l\sigma_{\mathrm{e}}}}$$

已知

$$M=3\ \mathrm{kN\cdot m}=2400000\ \mathrm{N\cdot mm}$$
$$l=300\ \mathrm{mm}$$
$$\sigma_{\mathrm{e}}=345\ \mathrm{N/mm^2}$$

代入公式可得

$$h=\sqrt{\frac{6M\times1.3}{l\sigma_{\mathrm{e}}}}=\sqrt{\frac{6\times2400000\times1.3}{300\times345}}\approx13.5\ \mathrm{mm}$$

根据计算结果，焊缝厚度不得低于 13.5 mm，则最小板厚 h 应不低于 14 mm。

2）焊接接头疲劳强度计算

目前轨道车辆行业较为常用的计算标准有两种，一种是基于名义应力法的 BS 7608《钢结构疲劳设计与评估实用标准》标准和国际焊接学会（IIW）《焊接接头及其部件疲劳设计》标准；另一种是基于结构应力法的 ASME2007 的“主 S–N 曲线法”。

两种计算方式的技术路线如图 11.3 所示，其中用于模型求解的两种荷载获取方式，既可以通过动应力实测获取，也可以通过标准的工况荷载计算获取，通过有限元模型求解后，根据计算所采用标准输出名义应力或结构应力，然后与标准中的 S–N 曲线许用值进行对比，得到应力系数，进而根据 EN 15085–3 标准确定焊缝质量等级。

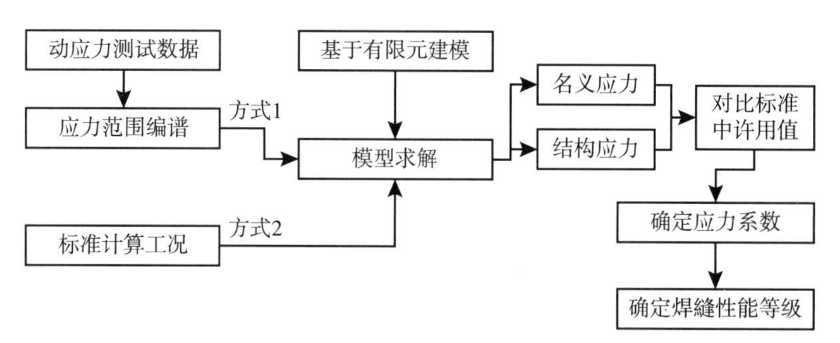

图 11.3　计算方法流程图

从某焊接结构图（图 11.4）可看出，焊缝布置及受到的动荷载非常复杂，已无法采用简单的材料力学方法进行计算，这种情况下，通常采用基于三维模型的有限元方法进行分析，首先对结构和焊缝进行离散处理，然后再进行模型约束和加载。如果针对这种结构有实测的荷载谱，则可以采用线路编谱的方法进行加载，编谱方法多采用雨流计数法；如果没有实测的线路谱，则可以按照 EN 13749、UIC 615–4 等相关荷载标准进行加载，按照实际约束条件对结构进行约束，按照 10^7 次循环加载，得出合成工况下的计算疲劳应力。图 11.5 是焊接结构在某工况下的计算结果。根据计算结果，可提取焊缝名义应力区的应力大小，与相应标准进行比较。

在 IIW 标准中，给出了双对数坐标系下的一组 S–N 曲线，这些曲线的拐点对应的循环次数为 5×10^6，其中 2×10^6 循环次数对应的 FAT 值即为疲劳强度数据，但需通过换算求得 10^7 循环次数下疲劳许用应力，然后根据焊接接头类型定位到具体某一条曲线，进而确定计算结构的许用应力。

在轨道车辆焊接结构设计时，取得计算应力并识别许用应力后，还应按照 EN 15085 标准进行焊缝性能等级确认。焊缝性能等级主要由焊缝应力系数和安全等级进行确定。应力系数即上文提到的计算应力与许用应力之比，按照比值的大小可以确定焊缝应力水平的高、中、低三个层级；安全等级的确认方法可参照 EN 15085–3 标准中相关章节确定，由于轨道车辆运用工况的特殊性，安全性的评估有时会严于标准，根据应力系数和安全等级确定的焊缝性能等级见表 11.5。

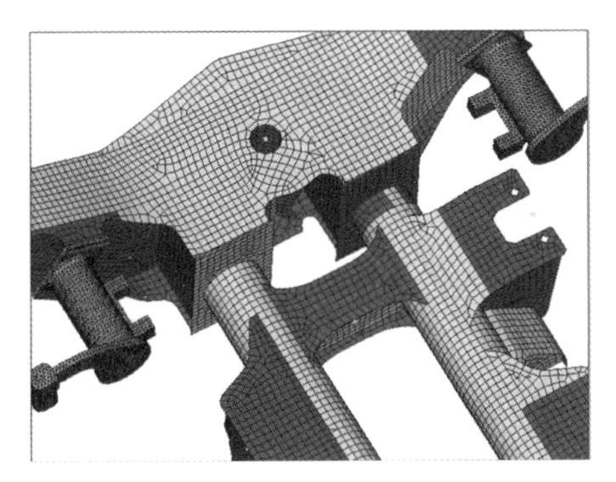

图 11.4　焊接结构的有限单元模型

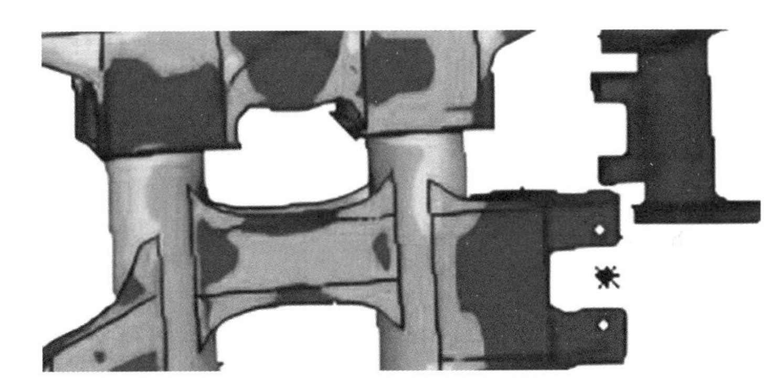

图 11.5　焊接结构某工况下计算结果

表 11.5　焊缝性能等级的确定方法

承载状态	应力系数		
	计算标准中的疲劳强度值	典型接头试样的疲劳试验值	
		选项 1	选项 2①
高	≥ 0.9	≥ 0.8	≥ 0.9
中	$0.75 \leq S < 0.9$	$0.5 \leq S < 0.8$	$0.75 \leq S < 0.9$
低	< 0.75	< 0.5	< 0.75

注：①关键的极限值应与用户或权威的验收机构协商并达成一致。

11.1.4 对制造和检验的要求

如上所述，焊接制造和检验应根据 EN 15085 系列标准的规定执行，但前提是确定“企业认证等级 CL”和焊接接头的“质量等级 CP”进行，焊接接头设计时还应考虑要满足 EN 15085–3 条款 7 的要求。

焊接接头“质量等级 CP”的设计报告流程实例见下文内容。

11.2 轨道车辆焊接部件的焊缝设计（基于 EN 15085-3 设计要求）

11.2.1 概述

根据欧洲标准（例如 EN 15085 系列标准）焊接制造轨道车辆产品时，满足标准的焊接接头设计是前提。EN 15085-3 标准附录 E 提供了焊接接头的设计流程，用以确定 EN 15085 标准中的核心的信息——焊缝质量等级。实际上，所谓满足 EN 15085 标准的焊接接头设计报告，就是确定焊缝质量等级的设计报告。

但仅依据 EN 15085 系列标准是无法完成以上工作的，还需要其他标准规范的帮助，包括：①轨道车辆制造的欧洲标准，EN 12663、EN 13479；②焊接接头疲劳设计标准，IIW、EN 1993-1-9、DVS 1612、DVS 1608 和 BS 7608 等。

11.2.2 EN 15085-3 附录 E

EN 15085-3 标准附录 E 给出焊接接头的设计流程（图 11.6），其最终的目的是确定焊缝的质量等级。焊缝的质量等级决定了后续整个的制造流程，包括加工、焊接、检验等工序。图中相关名词和术语见教程和标准的相关部分，在本章不赘述。

11.2.3 焊接接头设计流程及设计报告示例

现以部件为例介绍设计流程及如何完成实际报告。

11.2.3.1 强度计算校核

首先应根据所设计的结构及焊缝形式，利用有限元软件进行建模及分析计算。所使用的软件可以是通用的 ANSYS 软件，也可以是经过二次开发的软件。越来越多的制造商会选择经过二次开发，专用于轨道车辆分析的有限元分析软件，例如 FATEVAS、LIMIT、FEMFAT 等。

本文不讨论具体有限元分析的技术问题。进行结构及接头的有限元分析后，会形成我们通常所说的云图，如图 11.7~ 图 11.10 所示。

我们可以通过软件分析，确保结构或接头是安全的，是能够满足使用需要的，但这不足以满足 EN 15085 标准关于设计的要求。我们还需要对数据做进一步的分析。

11.2.3.2 接头的设计

形成焊接接头设计报告包括以下几个步骤。

第一步：根据有限元分析图，将结构中每条焊缝的疲劳荷载列出（表 11.6），另外也需要将相应

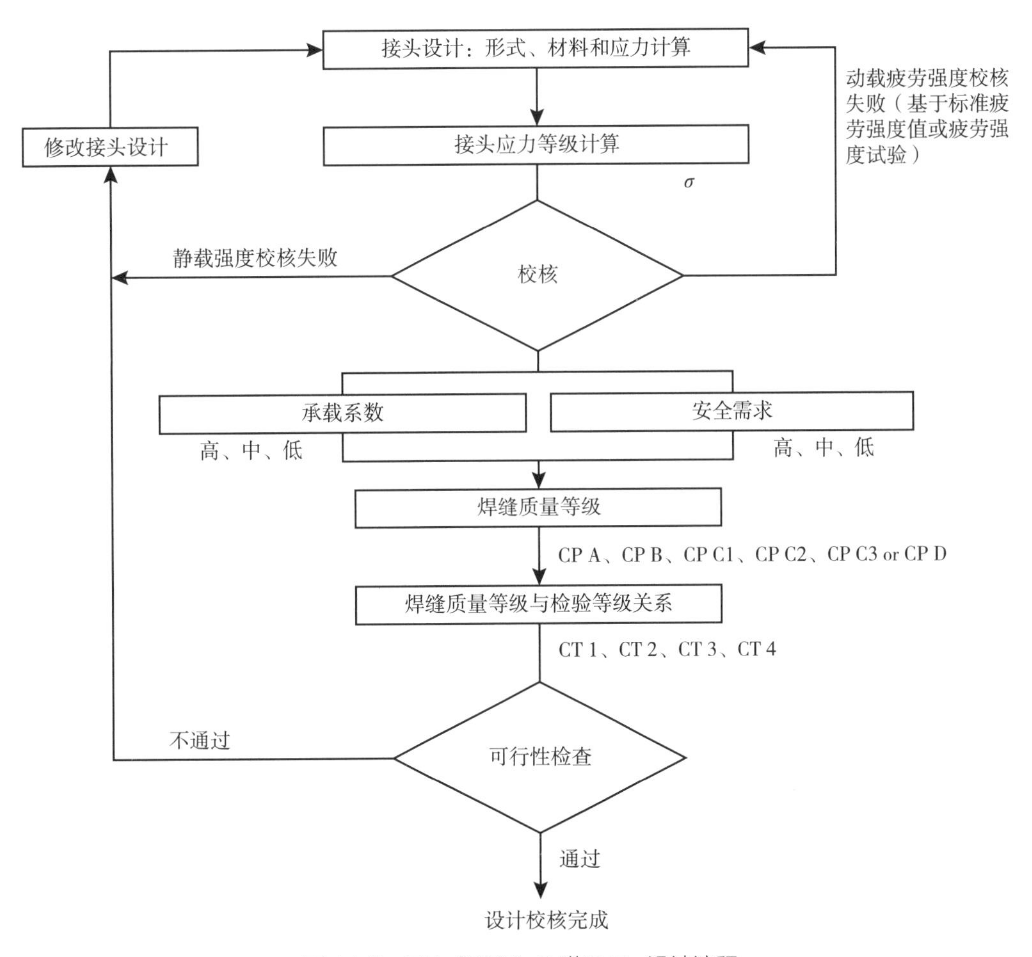

图 11.6　EN 15085-3 附录 E- 设计流程

图 11.7　车体有限元分析云图（示意图）

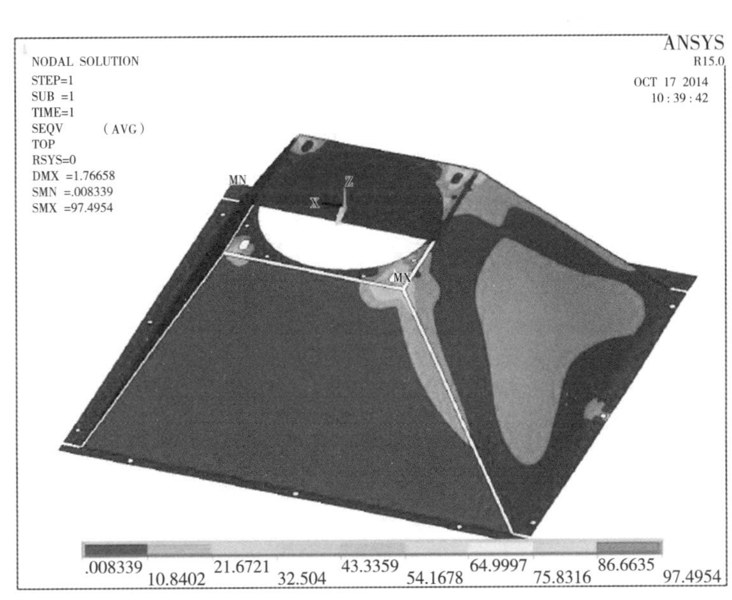

图 11.8　小部件有限元分析（示意图）

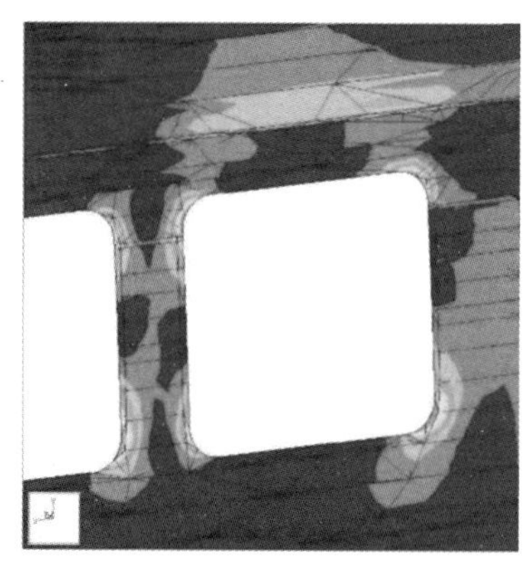

图 11.9　窗框拐角部位（示意图）

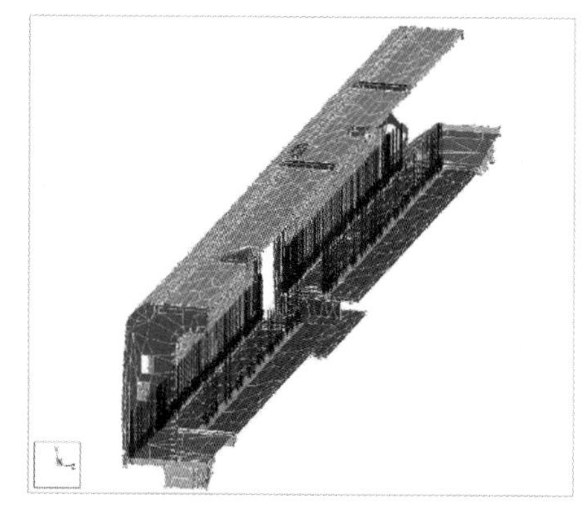

图 11.10　车体分析（示意图）

焊缝的许用疲劳强度（表 11.7 中的疲劳强度是基于 BS 7608，疲劳强度计算是基于名义应力法）列在表中，利用 EN 15085-3 中承载系数的公式计算承载系数，例如焊缝 1 垂直荷载的承载系数为 0.91，横向荷载的承载系数为 0.31，所以最终确定该焊缝的承载状态为“高应力”状态。其他焊缝也用相同方法确定，见表 11.6。

承载状态的设计基于表 11.8（节选自 EN 15085-3 表 1）。

表 11.6　焊缝承载状态确认表

部位	垂向荷载应力 / MPa	横向荷载应力 / MPa	许用疲劳强度 / MPa	接头形式（BS 7608）	垂向疲劳强度	横向疲劳强度	承载状态
焊缝 1	26.5	9.0	29	G	0.91	0.31	高
焊缝 2	27.2	12.2	35	F2	0.78	0.35	中
焊缝 3	58.6	5.0	78	C	0.75	0.06	中
焊缝 4	15.9	26.7	35	F2	0.45	0.76	中
焊缝 5	28.3	31.8	40	F	0.71	0.80	中

表 11.7　接头形式示例（节选自 BS 7608:1993 表 4）

编号	接头等级	许用疲劳强度 / MPa	制造要求	备注	示意图
1	C	78	表面打磨	使用 NDT 技术确保无缺陷	S_r
2	G	29	打磨咬边	应避免在包角处出现咬边	边缘距离

表 11.8　应力承载状态

承载状态	计算标准中的疲劳强度值
高	≥ 0.9
中	$0.75 \leq S < 0.9$
低	< 0.75

第二步：安全性需求的分析。

根据 EN 15085-3 条款 4.5、附录 G 及产品的具体情况，对每条焊缝的安全性需求进行分析设计，见表 11.9。

表 11.9　安全性需求分析

部位	安全等级
焊缝 1	中（焊接接头的失效会导致轨道车辆综合功能的减弱，有可能造成人身伤害事件）
焊缝 2	中（焊接接头的失效会导致轨道车辆综合功能的减弱，有可能造成人身伤害事件）
焊缝 3	中（焊接接头的失效会导致轨道车辆综合功能的减弱，有可能造成人身伤害事件）
焊缝 4	低（焊接接头的失效不会导致轨道车辆综合功能的任何直接的损害，不可能造成人身伤害事件）
焊缝 5	低（焊接接头的失效不会导致轨道车辆综合功能的任何直接的损害，不可能造成人身伤害事件）

第三步：焊缝质量等级的设计。

基于以上分析结果，根据 EN 15085-3 表 2 和表 3 设计确认焊缝的质量等级和检验等级，见表 11.10。

表 11.10　焊缝质量等级的设计

部位	承载等级	安全性需求	焊缝质量等级	检验等级
焊缝 1	高	中	CPB	CT 2
焊缝 2	中	中	CPC2	CT 3
焊缝 3	中	中	CPC2	CT 3
焊缝 4	中	低	CPC3	CT 3
焊缝 5	中	低	CPC3	CT 3

第四步：可行性检查。

根据 EN 15085-3 附录 G 的要求，需要对已确定的焊缝质量等级进行可行性检查。根据 EN 15085-3 表 2 和 EN 15085-4 表 1 的要求，对焊缝进行制造可行性检查，特别是对于 CP A、CP B 和 CP C 焊缝的检查。所以可行性检查会有不同的结果，主要包括以下 3 类。

（1）如果表 11.10 中焊缝 1，不能完成 EN 15085-4 表 1 中的检验要求，无法进行内部检验，则焊缝 1 的设计是失败的，必须重新设计，或者改变焊缝接头形式，或者降低焊缝的承载。焊缝接头形式的优化可以参见 EN 15085-3 附录 D。

（2）基于产品安全性和制造考虑，企业通常可以对焊缝 2 到焊缝 5（CP C2 和 CP C3）进行设计调整，例如焊缝 2 到焊缝 5 统一按照 CP C2 设计，见表 11.11。

表 11.11 焊缝质量等级的设计

部位	承载等级	安全性需求	焊缝质量等级（调整前）	焊缝质量等级（调整后）	检验等级
焊缝 1	高	中	CP B	CPB	CT 2
焊缝 2	中	中	CP C2	CP C2	CT 3
焊缝 3	中	中	CP C2	CP C2	CT 3
焊缝 4	中	低	CP C3	CP C2	CT 3
焊缝 5	中	低	CP C3	CP C2	CT 3

（3）基于产品安全性，企业可以对焊缝 2 到焊缝 5 的检验提出附加要求，例如增加表面裂纹的检验，明确检验方法、检验比例和验收等级的要求，见表 11.12。这种情况不建议直接将焊缝质量等级调整到 CP C1，因为可能会使制造商增加许多额外的生产成本。

表 11.12 焊缝质量等级的设计（调整后）

部位	承载等级	安全性需求	焊缝质量等级 1	检验等级	附加要求
焊缝 1	高	中	CP B	CT 2	—
焊缝 2	中	中	CP C2	CT 3	PT 100% ISO 23277 2x
焊缝 3	中	中	CP C2	CT 3	PT 100% ISO 23277 2x
焊缝 4	中	低	CP C3	CT 3	—
焊缝 5	中	低	CP C3	CT 3	—

11.2.3.3 设计报告及图纸要求

将有限元分析报告，及上一节的内容汇总形成满足 EN 15085 设计要求的报告，并将设计报告中的结论信息传递到产品的制造规程和焊接图纸中。

参考文献

［1］Railway applications – Welding of railway vehicles and components – Part 1: General：DIN EN 15085-1: 2013［M/OL］.［2014-08］. https://dx.doi.org/10.31030/1933761.

[2] Railway applications – Welding of railway vehicles and components – Part 2: Requirements for welding manufacturer：DIN EN 15085-2:2020 [S/OL]. [2020-09]. https://dx.doi.org/10.31030/3176052.

[3] Railway applications – Welding of railway vehicles and components – Part 3: Design requirements：DIN EN 15085-3:2010 [S/OL]. [2011-03]. https://dx.doi.org/10.31030/1556558.

[4] Railway applications – Welding of railway vehicles and components – Part 4: Production requirements：DIN EN 15085-4:2008 [S/OL]. [2008-11]. https://dx.doi.org/10.31030/9852581.

[5] Railway applications – Welding of railway vehicles and components – Part 5: Inspection, testing and documentation：DIN EN 15085-5:2008 [S/OL]. [2009-01]. https://dx.doi.org/10.31030/9854440.

[6] Code of practice for fatigue design and assessment of steel structures：BS 7608: 1993 [S/OL]. [1995-07]. https://knowledge.bsigroup.com/products/code-of-practice-for-fatigue-design-and-assessment-of-steel-structures/standard.

[7] 兆文忠，李向伟，董平沙. 焊接结构抗疲劳设计理论与方法 [M]. 北京：机械工业出版社，2021：95-100.

本章的学习目标及知识要点

1. 学习目标

（1）了解转向架的结构特点，并初步了解轨道车辆转向架设计概况（基于 EN 13479）。

（2）了解轨道车辆结构中焊缝强度的计算。

（3）了解基于 EN 15085-3 要求设计报告的流程和要素。

2. 知识要点

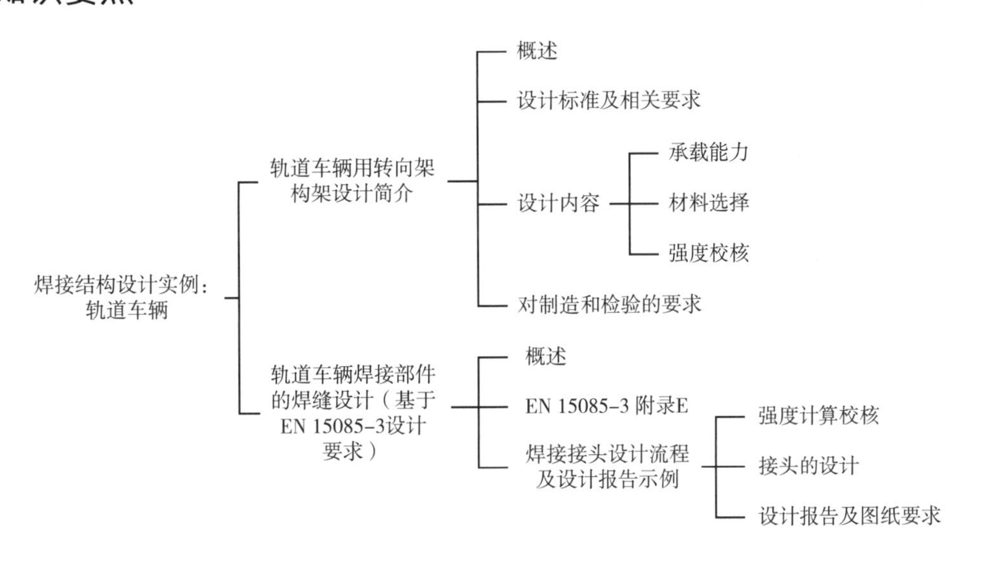

第12章

焊接结构设计实例：桥梁

编写：李　铭　审校：徐林刚、徐向军

通过坦桑尼亚铁路桥梁的实例和桥梁现场安装附件的设计计算过程，了解 EN 1993-2：2005（桥梁设计）和 TB 10091：2017（铁路桥梁钢结构设计规范）中关于母材材质等级选择、构件强度计算、焊缝强度计算和焊接接头疲劳强度评估的要求和规定。

12.1 欧标铁路桥梁焊接结构设计

12.1.1 概述

欧洲规范是具有当代技术水平、系统性较强的一系列关于建筑设计、土木工程和建筑产品的欧洲标准。研究欧洲规范的最新体系不仅对我国建筑和土木工程行业的发展有重要的借鉴作用，还对践行“一带一路”国际合作、提升我国该行业企业的国际竞争力有重大意义。欧洲规范是一组相互配套使用的设计规范，与我国规范只掌握一本或几本就能胜任设计工作不同，需要系统地、全面地掌握。本算例可能参考到的欧标相关设计标准见表 12.1。

表 12.1　欧标相关设计标准

序号	标准号	主要内容	参考版本
1	BS EN 1990	结构设计基础	2002 版
2	EN 1991-1-1	基本作用：构筑物的密度、自重、集中荷载	2002 版
3	EN 1991-1-2	基本作用：结构对火的响应	2002 版
4	EN 1991-1-3	基本作用：雪荷载	2003 版
5	EN 1991-1-4	基本作用：风荷载	2005 版
6	EN 1991-1-5	基本作用：温度荷载	2003 版
7	EN 1991-1-6	基本作用：施工荷载	2005 版
8	EN 1991-1-7	基本作用：偶然荷载	2006 版
9	EN 1991-2	作用在桥梁上的交通荷载	2004 版

续表

序号	标准号	主要内容	参考版本
10	EN 1993-1-1	钢结构设计：通用条文和建筑规范	2005 版
11	EN 1993-1-2	钢结构设计：结构耐火性设计	2005 版
12	EN 1993-1-3	钢结构设计：冷弯成型的标准杆件和薄板	2006 版
13	EN 1993-1-4	钢结构设计：不锈钢	2006 版
14	EN 1993-1-5	钢结构设计：板结构单元	2006 版
15	EN 1993-1-6	钢结构设计：壳体结构的强度和稳定	2007 版
16	EN 1993-1-7	钢结构设计：板结构在横向荷载作用下的强度和稳定	1999 版
17	EN 1993-1-8	钢结构设计：接头设计	2005 版
18	EN 1993-1-9	钢结构设计：钢结构疲劳强度	2005 版
19	EN 1993-1-10	钢结构设计：钢的断裂韧度和沿厚度方向特性的选择	2005 版
20	EN 1993-1-11	钢结构设计：钢拉杆的设计	2006 版
21	EN 1993-2	钢桥设计	2006 版
22	EN 1994	钢 - 混凝土组合结构	2005 版
23	EN 1998	结构抗震设计	2005 版

12.1.2 欧标桥梁钢结构设计举例

坦桑尼亚某铁路桥钢梁更换项目，按照欧标 EN 1993-2：2005 标准设计，结构形式为单线 32 m，跨上承式简支钢板梁，两主梁中心距 2 m。钢桥总体布置见图 12.1。

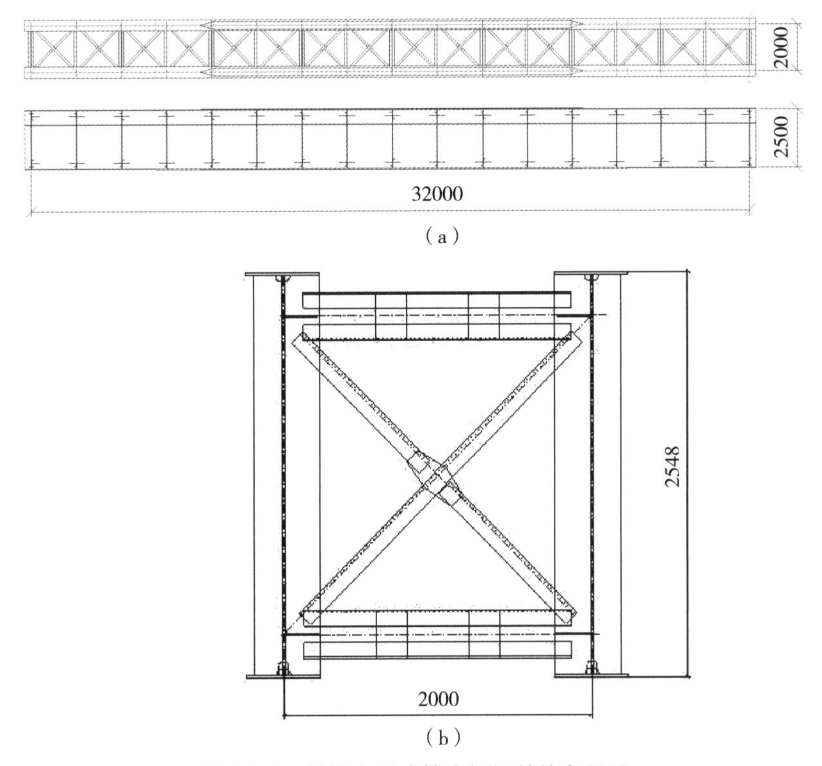

图 12.1　单线上承式简支板梁总体布置图

12.1.2.1 设计依据

所用钢材要符合 EN 10025：2004 的要求：钢板厚度小于 30 mm 时采用 S355J2，钢板厚度大于等于 30 mm 时采用 S355N。钢材屈服强度和抗拉强度标准如表 12.2（节选自 EN 1993-1-1，表 3.1）所示。

表 12.2　热轧结构钢屈服强度 f_y 和极限抗拉强度 f_u 标准值（节选自 EN 1993-1-1，表 3.1）

标准和等级	名义厚度 t /mm			
	$t \leqslant 40$ mm		$40\ \text{mm} < t \leqslant 80$ mm	
	f_y /（$N \cdot mm^{-2}$）	f_u /（$N \cdot mm^{-2}$）	f_y /（$N \cdot mm^{-2}$）	f_u /（$N \cdot mm^{-2}$）
EN10025-2 S355J2	355	510	335	470
EN10025-2 S355N	355	490	335	470

假定：主梁翼缘板厚度端部厚度为 24 mm，中段厚度为 32 mm 并用厚度 16 mm 钢板加强；腹板厚度为 14 mm；支座处加劲肋厚度为 20 mm，其他部位的加劲肋厚度为 12 mm。经过计算，得到主梁截面特性。

（1）截面 1（梁端）：翼缘厚度为 24 mm；

$I_{1x} = 52320623680.0000\ mm^4$；

$I_{1y} = 442728000.0000\ mm^4$；

$A_1 = 53040.0000\ mm^2$；

$y_{1,\max} = 1274\ mm$。

（2）截面 2（中段）：翼缘厚度为 32 mm；

$I_{2x} = 64864285760.0000\ mm^4$；

$I_{2y} = 590184000.0000\ mm^4$；

$A_2 = 60720.0000\ mm^2$；

$y_{2,\max} = 1282\ mm$。

（3）截面 3（跨中）：翼缘厚度为 32 mm+16 mm；

$I_{3x} = 81904888213.3333\ mm^4$；

$I_{3y} = 677565333.3333\ mm^4$；

$A_3 = 70960.0000\ mm^2$；

$y_{3,\max} = 1298\ mm$。

其中，I_x 为主梁截面绕水平轴（x 轴）的惯性矩，I_y 为主梁截面绕竖向轴（y 轴）的惯性矩，A 为截面面积，$y_{\max}$ 为翼缘上的点到中性轴 x 轴的最大距离。

12.1.2.2 设计参数

1. 恒载

结构自重 $q_{MC} = 11.262\ kN/m$，钢轨、枕木重量 $q_{RS} = 10\ kN/m$。钢的密度为 $78.5\ kN/m^3$。

2. 活载

（1）交通荷载为 LM71（图 12.2），设计速度 160 km/h，详见 EN 1991-2：2003，6.3.2 中图 6.1。

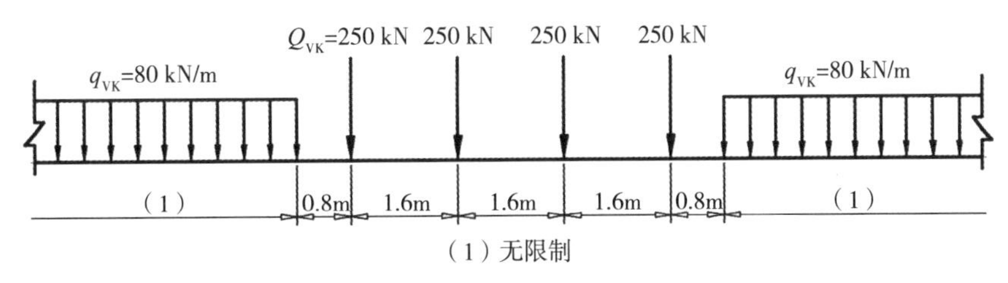

图 12.2　交通荷载 LM71 图示

（2）雪荷载：当地常年温度不低于 21℃，不计。

（3）风荷载：基准风速 27.6m/s（参考 EN 1991-1-4:2005，8.3.2 和 8.3.4），

基本风速 $v_b = c_{dir}.c_{seson}.v_{b,0} = v_{b,0} = 27.6\,\text{m/s}$

风荷载系数 $C = c_e.c_{f,x} = 1.9 \times 1.3 = 2.47$（有车，3 类）

其中，暴露系数 $c_e = 1.8$（有车，3 类）

相关系数 $c_{f,x} = 2.3$（无车）

$c_{f,x} = 2.4$（有车）

受风面积 $A_{ref} = 2.5\,\text{m}^2/\text{m}$（无车）

$A_{ref} = 5.9\,\text{m}^2/\text{m}$（有车）

经过计算，得如下结果。

无车风压：

$$F_w = \frac{1}{2}\rho v_b^2 C A_{ref} = \frac{1}{2} \times 1.25 \times 27.6^2 \times 1.8 \times 2.3 \times 2.5 \times 10^{-3} \approx 4.9\ \text{kN/m}$$

有车风压：

$$F_w = \frac{1}{2}\rho v_b^2 C A_{ref} = \frac{1}{2} \times 1.25 \times 27.6^2 \times 1.8 \times 2.4 \times 5.9 \times 10^{-3} \approx 12.1\ \text{kN/m}$$

横向风荷载：156.8 kN（无车）、387.2 kN（有车），纵向风荷载取横向风荷载的 25%。

竖向风压：

$$F_w = \frac{1}{2}\rho v_b^2 C A_{ref} = 0.625 \times 27.6^2 \times 1.8 \times 0.7 \times 0.96 \times 10^{-3} \approx 0.6\ \text{kN/m}$$

其中：相关系数 $c_{f,z} = 0.7$；受风面积 A_{ref}=9.6 m^2/m。

（4）疲劳荷载：经过计算，Fatigue 1: = $\varphi 3$ · LM 71 = 1.126 ·（LM 71）。

3. 荷载组合

（1）计算竖向荷载、水平荷载和温度荷载作用下名义正应力和切应力，承载能力极限状态

（ULS）荷载组合，根据 EN 1990：2003，强度破坏（STR）为

$$\sum_{j\geqslant1}\gamma_{G,j}G_{k,j}\ \text{“+”}\ \gamma_P P\ \text{“+”}\ \gamma_{Q,1}\psi_{0,1}Q_{k,1}\ \text{“+”}\ \sum_{i>1}\gamma_{G,i}\psi_{0,i}Q_{K,i} \tag{12-1}$$

式中：“+” 表示组合；$\sum$表示效应和。

竖向荷载组合：

$1.05\times(q_{MG}+q_{RS})$ “+” $1.45\times0.8\times gr11$ “+” $1.5\times0.75\times F_w L$

$=1.05\times$（11.262 kN/m+10 kN/m）“+”

$1.45\times0.8\times$ {1.126（LM 71）“+” 1000 kN+50 kN} “+”

$1.5\times0.75\times12.1$ kN/m $\times$ 32 m

水平荷载组合：

$1.05\times(q_{MG}+q_{RS})$ “+” $1.45\times0.8\times gr14$ “+” $1.5\times0.75\times F_w L$

$=1.05\times$（11.262 kN/m+10 kN/m）“+”

$1.45\times0.8\times$ {1.126（LM 71）“+” 100 kN} “+”

$1.5\times0.75\times12.1$ kN/m $\times$ 32 m

（2）计算竖向荷载、水平荷载和温度荷载作用下的位移，对于钢结构适用可逆的正常使用极限状态（SLS），对应采用频遇荷载组合：

$$\sum_{j\geqslant1}G_{k,j}\ \text{“+”}\ P_k\ \text{“+”}\ \psi_{1,1}Q_{k,1}\ \text{“+”}\ \sum_{i>1}\psi_{2,i}Q_{K,i} \tag{12-2}$$

$(q_{MG}+q_{RS})$ “+” $1.45\times0.8\times gr11$ “+” $1.5\times0.5\times F_w L$

=（11.262 kN/m+10 kN/m）“+”

$1.45\times0.8\times$ {1.126（LM 71）“+” 1000 kN+50 kN} “+”

$1.5\times0.5\times12.1$ kN/m $\times$ 32 m

12.1.2.3 验算内容

1. 承载能力极限状态验算

依据 EN 1990：2003 6.4.2，结构强度承载能力验算，要求荷载效应设计值 E_d 不能超过相应的承载能力 R_d，即

$$E_d\leqslant R_d \tag{12-3}$$

2. 正常使用极限状态验算

依据 EN 1990：2003 6.5.1，主要包括变形、损坏和振动 3 个方面，这里验算变形，要求荷载挠度设计值 E_d 不能超过其极限设计值 C_d，即

$$E_d\leqslant C_d \tag{12-4}$$

本算例只进行承载能力极限状态验算。

12.1.2.4 有限元计算

MIDAS/Civil 是个通用的空间有限元分析软件，可适用于桥梁结构、地下结构、工业建筑、飞机场、大坝、港口等结构的分析与设计。特别是针对桥梁结构，MIDAS/Civil 结合国内的规范与习惯，在建模、分析、后处理、设计等方面提供了很多的便利的功能，目前已为众多设计院所采用。其特点主要有以下几点：

（1）提供菜单、表格、文本、导入 CAD 和部分其他程序文件等灵活多样的建模功能，并尽可能使鼠标在画面上的移动量达到最少，从而使用户的工作效率达到最高。

（2）提供刚构桥、板型桥、箱型暗渠、顶推法桥梁、悬臂法桥梁、移动支架 / 满堂支架法桥梁、悬索桥、斜拉桥的建模助手。

（3）提供中国、美国、英国、德国、欧洲、日本、韩国等的材料和截面数据库，以及混凝土收缩和徐变规范和移动荷载规范。

（4）提供桁架、一般梁 / 变截面梁、平面应力 / 平面应变、只受拉 / 只受压、间隙、钩、索、加劲板轴对称、板（厚板 / 薄板、面内 / 面外厚度、正交各向异向）、实体单元（六面体、楔形、四面体）等工程实际时所需的各种有限元模型。

（5）提供静力分析（线性静力分析、热应力分析）、动力分析（自由振动分析、反应谱分析、时程分析）、静力弹塑性分析、动力弹塑性分析、动力边界非线性分析、几何非线性分析（P-delta 分析、大位移分析）、优化索力、屈曲分析、移动荷载分析（影响线 / 影响面分析）、支座沉降分析、热传导分析（热传导、热对流、热辐射）、水化热分析（温度应力、管冷）、施工阶段分析、联合截面施工阶段分析等功能。

（6）在后处理中，可以根据设计规范自动生成荷载组合，也可以添加和修改荷载组合。

（7）可以输出各种反力、位移、内力和应力的图形、表格和文本。提供静力和动力分析的动画文件；提供移动荷载追踪器的功能，可找出指定单元发生最大内力（位移等）时，移动荷载作用的位置；提供局部方向内力的合力功能，可将板单元或实体单元上任意位置的接点力组合成内力。

（8）可在进行结构分析后对多种形式的梁、柱截面进行设计和验算。

学习、应用 MIDAS/Civil，需要有一定有限元分析基础，熟悉结构，能比较准确地确定边界条件，不断在工作学、在练习中用，才能熟练应用它。

本算例经过 MIDAS-CIVIL 软件建模，并根据 EN 设计标准进行有限元计算，计算模型和结果分别见图 12.3~ 图 12.5。

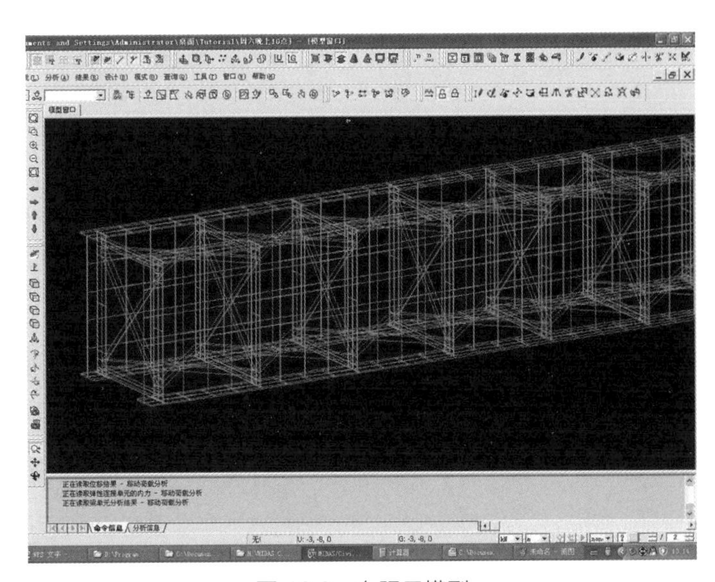

图 12.3　有限元模型

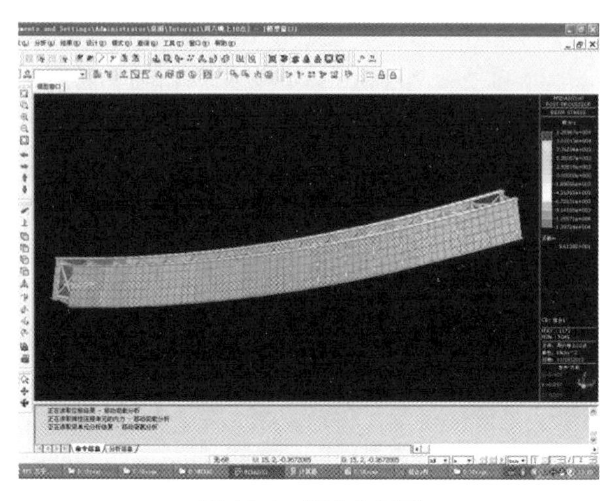

图 12.4　切应力云图

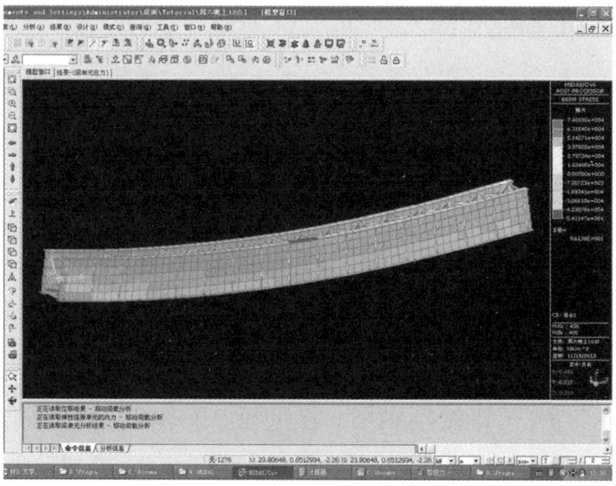

图 12.5　正应力云图

依据 EN1993-1-5:2006，A.3（1）、A.5，承载能力极限状态（强度破坏）荷载组合下主梁截面应力允许值：

$$f_{y,d}=\frac{f_y}{\gamma_{M0}}=\frac{355\ \text{MPa}}{1.0}=355\ \text{MPa}$$

经过有限元分析计算得，跨中最大正应力为 151.7 MPa，

$$|\sigma_{tf}|=151.7\ \text{MPa}<f_{y,d}=355\ \text{MPa}$$

通过。

12.1.2.5 梁主角焊缝

1. 强度计算

主梁翼缘与腹板间焊缝，如图 12.6 所示，按最大剪力进行设计验算。

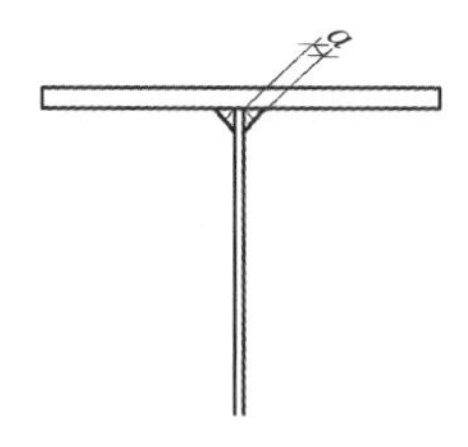

a 焊缝厚度，10 mm

图 12.6　主角焊缝示意

根据 EN 1993-1-8:2005，4.5.3.3（3），角焊缝设计剪切应力值，

$$f_{VW,d}=\frac{f_u/\sqrt{3}}{\beta_w\gamma_{M_2}} \tag{12-5}$$

其中，S355N 钢材的 f_u = 490 MPa，$\beta_w=0.9$，$\gamma_{M_2}=1.25$，代入得

$$f_{VW,d}=251.47\ \text{MPa}$$

最大剪力 V 来自支撑处，$V_{\max}=1068.2\ \mathrm{kN}$，

结构参数：$A_{\mathrm{flange}}=0.01152\ \mathrm{m}^2$，$e_{\mathrm{flange}}=1.262\ \mathrm{m}$，$S1=A_{\mathrm{flange}}\cdot e_{\mathrm{flange}}=0.01454\ \mathrm{m}^3$，$I=0.05232\ \mathrm{m}^4$，$b_{\mathrm{s}}=0.014\ \mathrm{m}$，计算得

$$\tau_{S,\mathrm{para}}=\frac{V_{\max}S_{\max}\cdot 10^{-6}}{I\cdot b_{\mathrm{s}}}=21.2\ \mathrm{MPa}$$

因此，主角焊缝承受的最大切应力为

$$\tau=\frac{V}{A_W}=\frac{A_W\tau_{\mathrm{s,para}}}{2\times a}=\frac{14\times 21.2\ \mathrm{MPa}}{2\times 10}=14.84\ \mathrm{MPa}<f_{\mathrm{VW,d}}=251.47\ \mathrm{MPa}$$

通过。

2. 疲劳计算

根据 EN 1993-2：2006 中 9.5.3 条，主角焊缝受力应满足疲劳准则

$$\gamma_{\mathrm{Ff}}\lambda\varphi_2\Delta\tau\leqslant\frac{\Delta\tau}{\gamma_{\mathrm{Mf}}}\tag{12-6}$$

其中，$\lambda=\lambda_1\lambda_2\lambda_3\lambda_4$。

又 $\lambda_1=0.645$（标准铁路，关键影响线长度位于主跨）；$\lambda_2=1.0$（每年通过量 3×10^6t）；$\lambda_3=1.0$，设计寿命 100 年；$\lambda_4=1.0$，（单线铁路），代入计算得

$$\lambda=\lambda_1\lambda_2\lambda_3\lambda_4=0.645\times1\times1\times1=0.645$$

而$\gamma_{\mathrm{Ff}}=1.0$；$\gamma_{\mathrm{Mf}}=1.15$

受剪疲劳破坏循环次数：$n=2\times10^6$

按 112 类细节（EN 1993-1-9 中构造），$\Delta\tau=0.457\times112\approx51.18\ \mathrm{MPa}$

$$\frac{\Delta\tau}{\gamma_{\mathrm{Mf}}}\approx44.5\ \mathrm{MPa}$$

根据计算焊缝最大切应力$\Delta\tau_{71}=14.84\ \mathrm{MPa}$

$$\gamma_{\mathrm{Ff}}\lambda\varphi_2\Delta\tau=1.0\times0.645\times1.126\times14.84\approx10.78\ \mathrm{MPa}\leqslant\frac{\Delta\tau}{\gamma_{\mathrm{Mf}}}\approx44.5\ \mathrm{MPa}$$

通过。

12.1.2.6 制造与焊缝检验

按照 EN 1090-2 进行制造和验收。根据产品重要性、材料特征，此桥梁的建造等级可以定义为 EX C4。

1. 材料

由于母材为 S255J2，根据 EN 1090-2 表 1，母材的材质证明书应符合 EN 10204 3.1 的要求。

2. 焊接

根据 EN 1090–2 条款 7，焊接质量体系应该根据 EN ISO 3834 系列标准相关部分要求执行。

焊接应根据经过评定认可的 WPS 执行，WPS 应符合 EN ISO 15609 等系列标准的要求。焊接工艺评定和焊接工艺规程应根据 EN ISO 15607 及 EN 1090–2 表 12。

焊工应该取得 EN ISO 9606–1 的相应资格，操作工应取得 EN ISO 14732 资格。焊接责任人应具备适合的资质、相关的焊接经验，焊接责任人的责任根据 EN ISO 14731 确定。

3. 检验

以上述梁主角焊缝为例，根据 EN 1090–2：2018 条款 7 和条款 12，焊缝应进行 100% 的外观检验，焊缝质量等级应达到 ISO 5817 等级 B。

根据 EN 1090–2 条款 12 和表 24，此焊缝为纵向焊缝，应进行至少 5% 的表面裂纹检测。根据材料特点和焊缝质量等级要求（ISO 5817 B），选择磁粉检测，验收等级应满足 ISO 23278–2X。

4. 公差

根据 EN 1090–2 条款 11，对于焊接结构，根据 EN ISO 13920 采用下列等级：①长度尺寸和角度尺寸采用等级 C；②直线度、平面度和平行度采用等级 G。

12.2 国标铁路桥梁焊接结构设计

中国铁路桥梁焊接结构设计按照 TB 10091—2017《铁路桥梁钢结构设计规范》进行。

12.2.1 基本容许应力

根据 TB 10091—2017 3.2 的规定，钢材的基本容许应力应按照表 12.3 的规定确定。

焊缝基本容许应力宜与基材相同，且不应大于基材的容许应力。

根据 TB 10091—2017 3.2 的规定，各种构件或连接的疲劳容许应力幅，应按表 12.4 的规定确定，各种构件或连接基本形式及疲劳容许应力幅类别应符合表 12.5 的规定。

表 12.3 节选 TB 10091—2017 表 3.2.1 基本容许应力

序号	应力种类	单位	钢材牌号								
			Q235qD	Q345qD Q345qE	Q370qD Q370qE	Q420qD Q420qE	Q500qD Q500qE	ZG230 –450 Ⅱ	ZG270 –500 Ⅱ	35 号 锻钢	35CrMo
1	轴向应力［σ］	MPa	135	200	210	240	285	—	—	—	220
2	弯曲应力［σ_w］	MPa	140	210	220	250	300	125	150	220	230
3	切应力［τ］	MPa	80	120	125	145	170	75	90	110	130
4	端部承压（磨光顶紧）应力	MPa	200	300	315	360	425	—	—	—	—

表 12.4　TB 10091—2017 表 3.2.7-1 各种构件或连接的疲劳容许应力幅表

疲劳容许应力幅类别	疲劳容许应力幅 [σ_0] / MPa	构件及连接形式
Ⅰ	149.5	1
Ⅱ	130.7	4.2
Ⅲ	121.7	5.1,5.2,5.3
Ⅳ	114.0	2,18
Ⅴ	110.3	6.1,6.2,6.3,6.4,6.5,7.1,7.2
Ⅵ	109.6	4.1
Ⅶ	99.9	9,15.9
Ⅷ	91.1	3
Ⅸ	80.6	8.1
Ⅹ	72.9	11.1,14,15.7
Ⅺ	71.9	8.2,10,12,15.2,15.3,15.8,16
Ⅻ	60.2	11.2,13.1,15.1,15.4,15.6
XⅢ	60.2	13.2
XⅣ	45.0	15.5,17

表 12.5　节选 TB 10091—2017 表 3.2.7-2 构件或连接基本形式及疲劳容许应力幅类别表

类别	构件或连接形式简图	加工质量及其他要求	疲劳容许应力幅类别	检算部位
1	母材	原轧制表面，侧边刨边，表面粗糙度不得大于$\overset{25}{\triangledown}$；精密切割表面粗糙度不得大于$\overset{12.5}{\triangledown}$；不得在母材上引弧	Ⅰ	非连接部位的母材
5	横向对接熔透焊缝	（1）采用埋弧自动焊 ①定位焊接不得有裂缝、焊渣、焊瘤等缺陷 ②焊缝背面必须清除影响焊接的焊瘤、熔渣和焊根等缺陷 ③多层焊的每一层必须将焊渣、缺陷清除干净再焊下一层 ④必须在距杆件端部 80 mm 以外的引板上起、熄弧 （2）焊缝加强高顺受力方向磨平，焊趾处不留横向磨痕 （3）焊缝需经无损探伤检验，焊缝质量符合附录 D 中Ⅰ级焊缝的要求 （4）横向对接焊缝应一次连续施焊完毕，不得有断弧，如发生断弧，应将断弧处已焊成的焊缝刨成 1 : 5 斜坡后再继续搭接 50 mm 后施焊	Ⅱ	桁梁构件及板梁中横向对接焊缝处

续表

类别	构件或连接形式简图	加工质量及其他要求	疲劳容许应力幅类别	检算部位
5.1	等厚等宽钢板对接 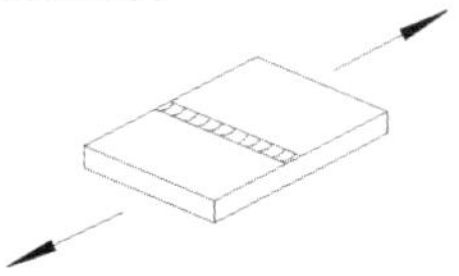	（5）同一位置焊接返修次数不超过两次		
5.2	等厚不等宽钢板对接 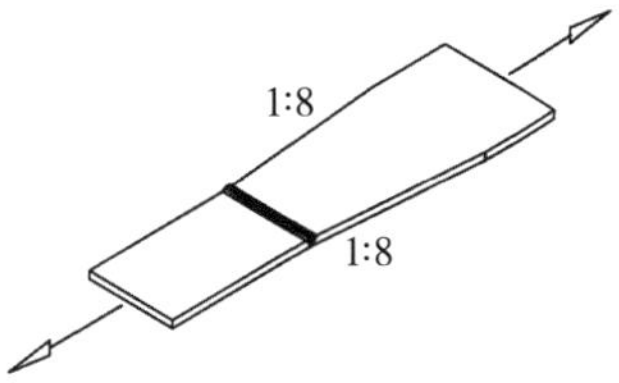 1:8 1:8			
5.3	等宽不等厚宽钢板对接 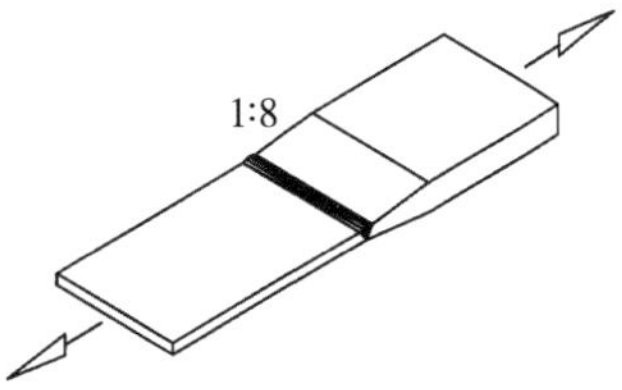 1:8			
6	纵向焊缝	（1）采用埋弧焊、气体保护焊 （2）焊缝必须平整连续 （3）受拉及受疲劳控制的杆，焊缝全长超声波探伤。焊缝质量应符合附录D中Ⅱ类焊缝要求 （4）受压及不受疲劳控制的杆，探伤范围从杆端至工地栓孔外1 m。焊缝质量应符合附录D中Ⅱ类焊缝要求 （5）同一位置焊接返修不得超过二次		（1）工字形、箱形、T形构件、板梁翼缘及纵向加劲肋等处的纵向角焊缝，或棱角焊缝 （2）板梁中腹板及盖板的纵向焊缝
6.1	纵向连续对接焊缝 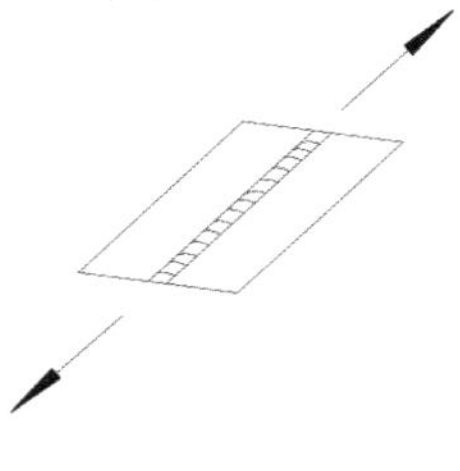	（1）焊缝应一次连续施焊完毕，如果特殊情况而中途停焊时，焊前、焊后需处理。用原定预热温度及施焊工艺继续施焊。焊缝表面要顺受力方向磨修平整，不得有超出《铁路钢桥制造规范》中规定的凹凸不平现象 （2）焊缝两侧不得有大于0.3 mm的咬边或直径大于等于1 mm的气孔。小于1 mm的气孔，每米不多于3个，间距不小于20 mm （3）埋弧自动焊必须在距杆件端80 mm以外的引板上起、熄弧	V	（1）工字形、箱形、T形构件、板梁翼缘及纵向加劲肋等处的纵向角焊缝，或棱角焊缝
6.2	工字形连续角焊缝 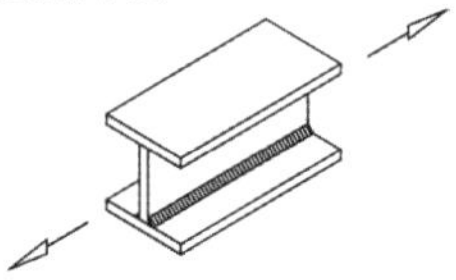	（1）焊缝应一次连续施焊完毕，如果特殊情况而中途停焊时，焊前、焊后需处理，并采用原定预热温度及施焊工艺继续施焊 （2）纵向角焊缝的咬肉不得大于0.3 mm，不得有直径大于等于1 mm的气孔。直径小于1 mm的气孔，每米不多于3个，间距不小于20 mm （3）埋弧自动焊必须在距杆件端80 mm以外的引板上起、熄弧		（2）板梁中腹板及盖板的纵向焊缝 （3）箱形构件板件对接处棱角焊缝 （4）箱形构件在整体节点附近改变熔深部位的棱角焊缝

续表

类别	构件或连接形式简图	加工质量及其他要求	疲劳容许应力幅类别	检算部位
6.3	箱形构件棱角焊缝 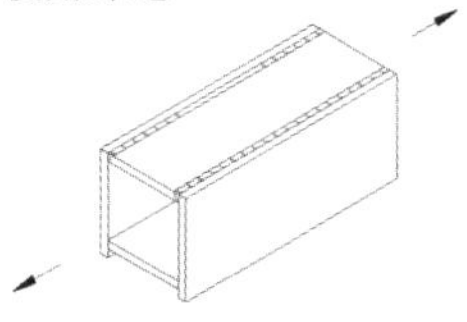	（1）焊缝应一次连续施焊完毕，如果特殊情况而中途停焊时，焊前、焊后需处理，并采用原定预热温度及施焊工艺继续施焊 （2）一根杆件有不同的熔深时，如系焊缝表面高相同，则深熔深的焊缝起弧应该在距杆端 80 mm 以外的引板上，在施焊上一层焊缝前必须将前一道焊缝停弧处的缺陷清除干净，清除长度不小于 60 mm。坡口深度变化过渡区的斜坡不大于 1∶10。最后一道焊缝必须在距杆端 80 mm 以外的引板起、熄弧 （3）一根杆件有不同的熔深时，如系坡口底面高相同，则加高焊缝起弧必须在距杆端 80 mm 以外的引板上，终端必须磨修，将缺陷清除干净。清除熄弧的长度不小于 60 mm，并使高出的焊缝成 1∶10 的坡度匀顺过渡到较低的焊缝。第一道焊缝必须在距杆端 80 mm 以外的板上起、熄弧		
6.4	箱形构件棱角焊缝与水平板对接焊缝交叉 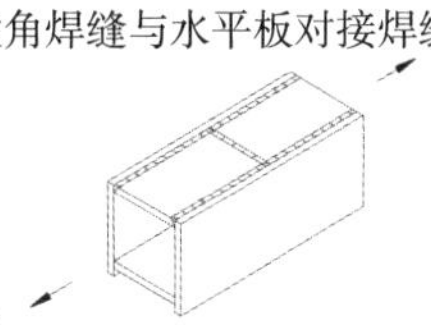 ▲			
6.5	箱形构件棱角焊缝与腹板对接焊缝交叉▲ 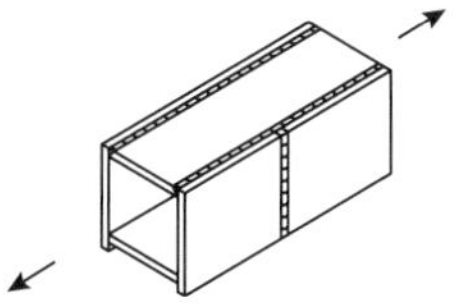			
8	横向附连件角接焊缝	（1）采用成型好的手工焊、CO_2 气体保护焊或半自动焊施焊 （2）焊趾处不得有咬肉，如不满足以上条件可用砂轮顺受力方向打磨 （3）对起、熄弧处进行磨修，严格保证质量	XI	箱形杆件隔板横向连接角焊缝
8.1	附连件无焊缝交叉 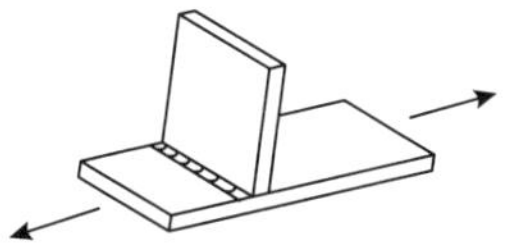			
8.2	附连件有焊缝交叉 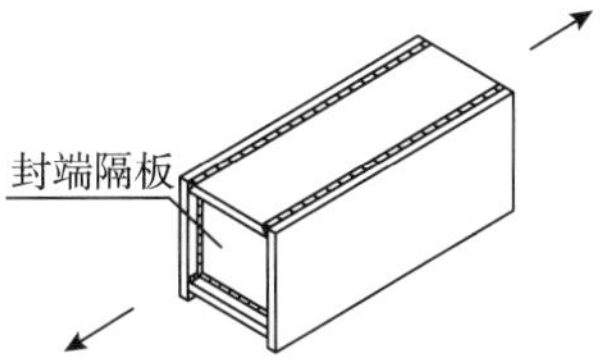　▲ 封端隔板	（1）采用成型好的手工焊、CO_2 气体保护焊或半自动焊施焊 （2）焊趾处不得有咬肉，如不满足以上条件可用砂轮顺受力方向打磨 （3）在焊缝交叉部位不得断弧，严格保证质量		箱形杆件封端板全焊
9	板梁竖向加劲肋与腹板连接焊缝端部 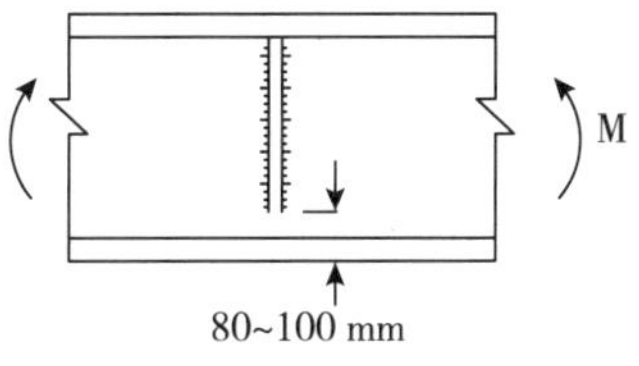 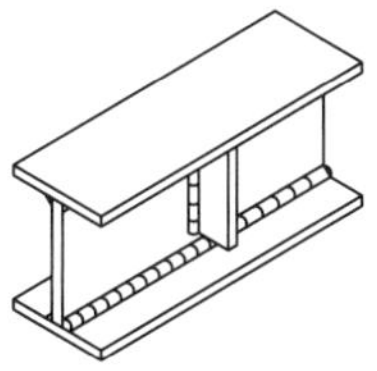 M 80~100 mm	（1）焊缝端部至腹板表面应匀顺过渡 （2）对起、熄弧处进行磨修，严格保证质量 （3）在腹板侧受拉区不得有咬肉 （4）必要时，竖向加劲肋端部 100 mm 内焊趾处锤击	Ⅶ	板梁竖向加劲肋与腹板连接焊缝端部（这里是指检算顺桥轴方向的主拉应力或拉力）

续表

类别	构件或连接形式简图	加工质量及其他要求	疲劳容许应力幅类别	检算部位
15	正交异性钢桥面板			
15.1	整体桥面与主桁不等厚对接 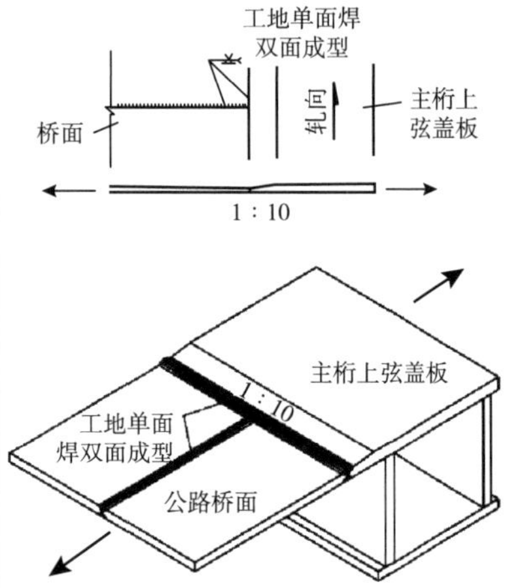　▲ 工地单面焊 双面成型 桥面 轧向 主桁上 弦盖板 1 : 10 主桁上弦盖板 1 : 10 工地单面 焊双面成型 公路桥面	焊趾不得有咬肉、裂纹，成形应良好	Ⅻ	桥面横向荷载，检算截面取变截面处薄板侧截面
15.2	U 肋嵌补段对接 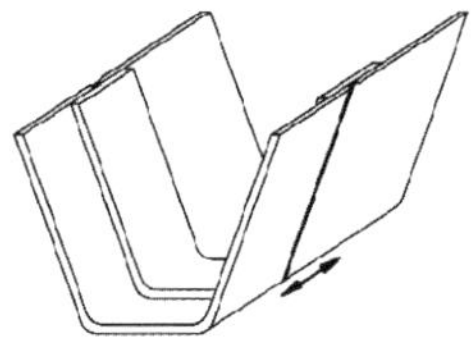　▲	钢衬垫组装间隙≤ 0.5 mm。施焊时不得将焊滴流到焊缝外母材上	XI	U 肋顶板焊缝
15.3	U 肋与桥面板焊接 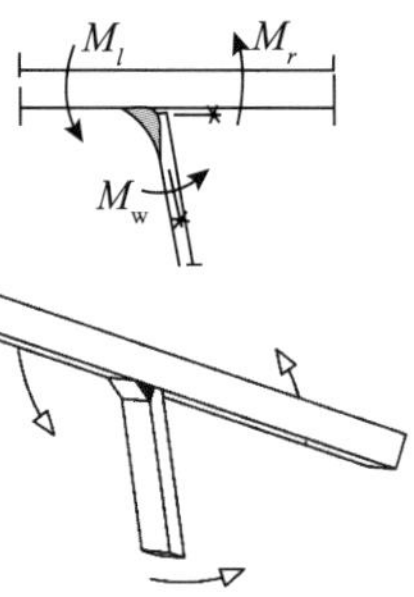　▲ M_l　M_r M_w	部分熔透坡口焊，焊透深度≥ 75% 肋板厚度，焊喉高 a ≥肋板厚度。焊缝通过横隔板时不设过焊孔	XI	两横隔板之间的 U 肋焊缝和与横隔板相交的焊缝。用板弯曲引起的应力幅 $\Delta\sigma$ 验算
15.4	U 肋与桥面板焊接 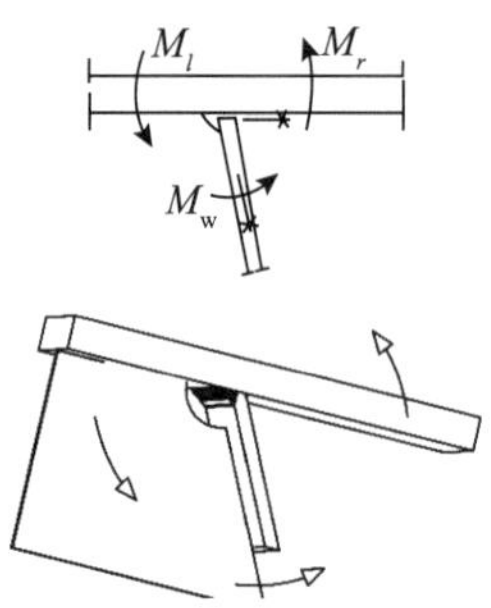　▲ M_l　M_r M_w	部分熔透坡口焊，焊透深度≥ 75% 肋板厚度，焊喉高 a ≥肋板厚度。焊缝通过横隔板时设过焊孔	Ⅻ	U 肋与横隔板相交的焊缝。用板弯曲引起的应力幅 $\Delta\sigma$ 验算

续表

类别	构件或连接形式简图	加工质量及其他要求	疲劳容许应力幅类别	检算部位
15.5	U 肋与横梁腹板焊接　▲	焊趾不得有咬肉、裂纹，焊缝起弧收弧处成形应良好	XIV	因横梁腹板面外变形作用，焊缝边缘处。U 肋在腹板平面内挖空处相对竖向变位，挖空圆弧处

12.2.2 疲劳计算

根据 TB 10091—2017 中 4.3 条规定，焊接及非焊接（栓接）构件及连接均需进行疲劳检算，当疲劳应力均为压应力时，可不进行疲劳检算。

焊接构件及连接疲劳检算公式如下。

（1）疲劳应力为拉—拉构件或以拉为主的拉 - 压构件，$\rho=\dfrac{\sigma_{\min}}{\sigma_{\max}}\geqslant -1$。

$$\gamma_d\gamma_n(\sigma_{\max}-\sigma_{\min})\leqslant\gamma_t[\sigma_0] \qquad (12\text{–}7)$$

式中：$\sigma_{\max}$、$\sigma_{\min}$——分别为最大、最小应力。拉力为正，压力为负（当构件同时承受轴向应力与弯曲次应力时，应将截面所承受的角点应力分解为轴向应力 σ_N 和弯曲次应力 σ_W，并根据最不利叠加折算成轴向疲劳检算应力 σ_{N+W}，$\sigma_{N+W}=\sigma_N+k\sigma_W$，作为最大应力 $\sigma_{\max}$ 或最小应力 $\sigma_{\min}$，k 为次应力折减系数，取 0.65）

$[\sigma_0]$——疲劳容许应力幅（TB 10091—2017 表 3.2.7–1）；

γ_d——多线桥的多线系数（TB 10091—2017 表 4.3.2）。多线桥的横梁及相应的挂杆和单线桥均取 1；

γ_n——损伤修正系数（TB 10091—2017 表 4.3.5–1 ~ 表 4.3.5–4）；

γ_t——板厚修正系数，当板厚 $t\leqslant 25$ mm，$\gamma_t=1$；当板厚 $t>25$ mm，$\gamma_t=\sqrt[4]{\dfrac{25}{t}}$；构造细节为横隔板作为主板附连件焊接构造时，$\gamma_t=1$。

（2）疲劳应力以压为主的拉 - 压构件，$\rho=\dfrac{\sigma_{\min}}{\sigma_{\max}}<-1$。

$$\gamma_d\gamma_n'\sigma_{\max}\leqslant\gamma_t\gamma_p[\sigma_0] \qquad (12\text{–}8)$$

式（12-8）中：γ'_n——损伤修正系数（TB 10091—2017 表 4.3.5-1 ~表 4.3.5-4）；

γ_p——应力比修正系数（见 TB 10091—2017 表 4.3.5-5）。

12.2.3 构件焊接连接

对于主要构件，不得使用间断焊接、塞焊和槽焊。

对接焊缝应保证焊缝根部完全熔透。在受拉和拉压接头中，还应对焊缝表面顺应力方向进行机械加工。不等厚或不等宽的板采用对接焊缝时，为使厚（宽）板向较薄（窄）板均匀过渡，应将厚（宽）板的一侧或双侧做成坡度，该坡度对于受拉或拉压接头不陡于 1∶8；对于受压接头不陡于 1∶4。同时还应对焊缝表面顺应力方向进行机械加工，使之均匀过渡。不应使用具有上述厚度和宽度两种过渡并存的对接接头。

焊缝的计算厚度应符合下列规定：

（1）对接焊缝等于焊接杆件的最小厚度，不计焊缝的加强高（余高）。

（2）角焊缝：①熔透的角接焊等于焊接杆件的最小厚度；②部分熔深的坡口角焊缝等于焊缝根部到焊缝的表面最小距离；③不开坡口的角焊缝等于 $0.7h_f$（h_f 为焊脚尺寸，见图 12.7）。

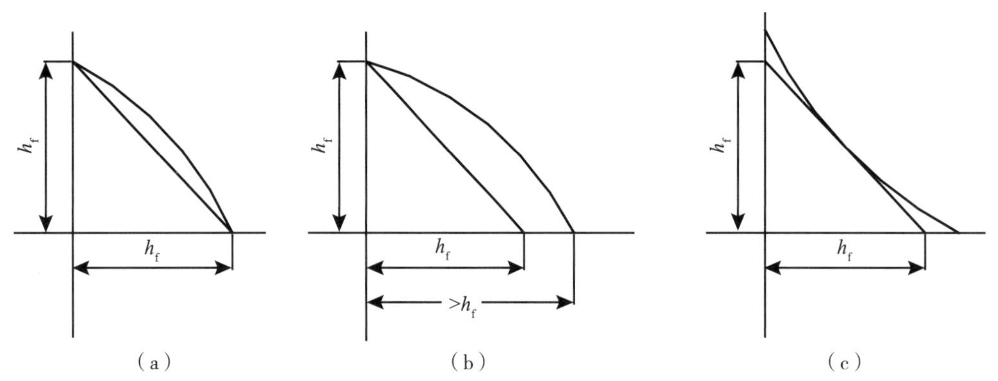

图 12.7 TB 10091—2017 不开坡口的角焊缝截面图

焊缝的计算长度应符合下列规定：

（1）对接焊缝：等于具有设计焊缝厚度的焊缝长度。

（2）角焊缝：采用起熄弧引板施焊的自动埋弧角焊缝，按实际长度计；其他角焊缝按实际长度减去 10 mm 计。

（3）在承受轴向力的连接中，顺受力方向的角焊缝的最大计算长度不得大于焊脚尺寸的 50 倍，并不宜小于焊脚尺寸的 15 倍，且不应大于构件连接范围的长度。

角焊缝的作用力应按被连接构件的内力计算，并假定在焊缝计算长度上的切应力是平均分布的。

用于 T 形截面的组合角焊缝，必须在杆件的两侧焊接。但抵抗横向变形得到保证时，可只进行一侧焊接。

经检算高强度螺栓连接不发生滑移时，可与焊接连接并用。

不开坡口的角焊缝的最小焊脚尺寸不应小于表 12.6 的规定。不开坡口的角焊缝的最小长度：自动焊及半自动焊不宜小于焊缝厚度的 15 倍，手工焊不宜小于 80 mm。

表 12.6 TB 10091—2017 表 6.2.8 不开坡口的角焊缝最小焊脚尺寸（单位：mm）

两焊接板中之较大厚度	不开坡口角焊的最小焊脚尺寸	
	凸形角焊缝	凹形角焊缝
10 及其以下	6	5
12–16	8	6.5
17–25	10	8
26–40	12	10

12.2.4 国标桥梁钢结构设计举例

12.2.4.1 吊装件的设计

某大桥钢梁以桁片为吊装单元进行桥位安装。为保证桁片起吊平稳，在桁片弦杆及腹杆距离重心等间距处设置四个起吊点，桁片形状与吊点分布如图 12.8 所示。吊点位置设置抱箍，环抱钢梁杆件以进行桁片起吊。

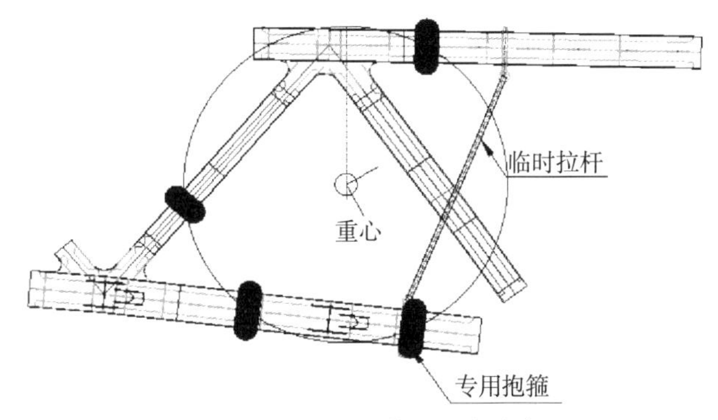

图 12.8 桁片形状及吊点分布

1. 计算荷载

该钢梁最重桁片重 43 t。按 4 个抱箍平均分担，每个抱箍传递竖向力约按 11 t 计，其受力分析如图 12.9 所示。

2. 构造和选材

根据桁片重量和现场现存钢板情况，抱箍均采用材质为 Q235B、厚度 22 mm 的钢板组焊而成。抱箍主要受力板板厚 $T=22$ mm、宽 $b=150$ mm，截面面积 $A=3300$ mm^2。抱箍间连接板与主板采用角焊缝焊接连接，焊角尺寸为 8 mm。查《铁路桥梁钢结构设计规范》（TB 10091–2017）表 3.2.1 得 Q235 级钢基本容许应力 $[\sigma]=135$ MPa，$[\tau]=80$ MPa。焊缝的基本容许应力与基材相同。

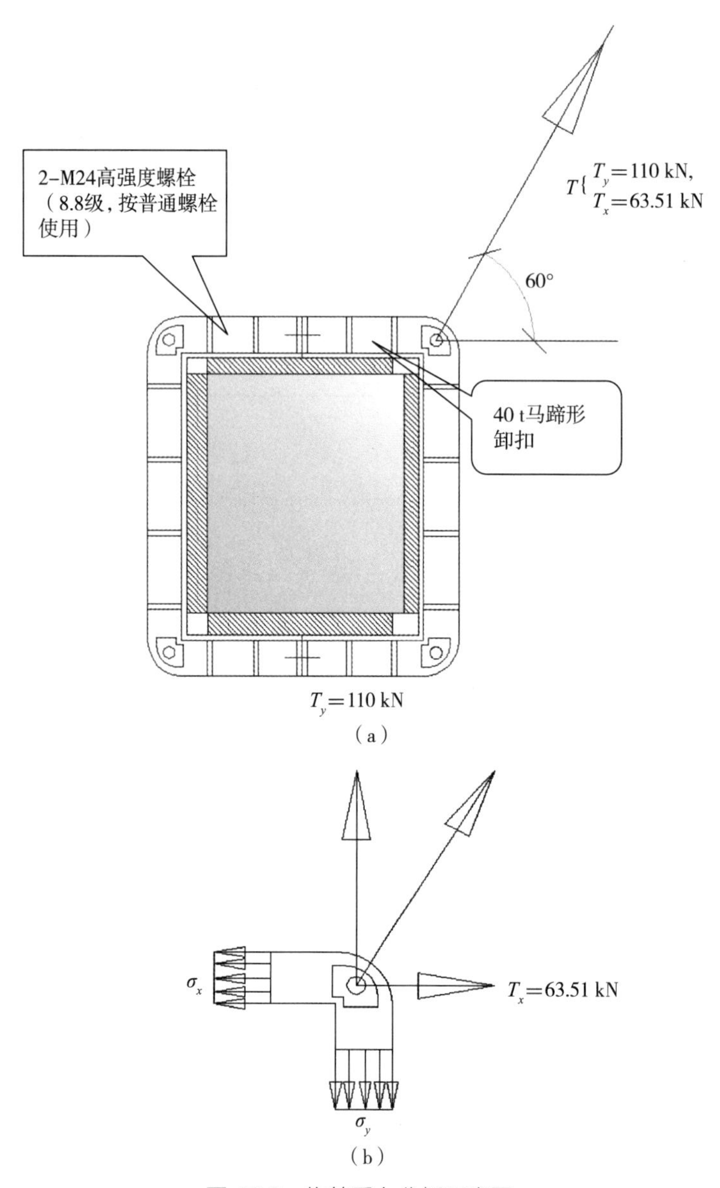

图 12.9　抱箍受力分析示意图

抱箍构造、尺寸见图 12.10。

3. 主板计算

抱箍主受力板截面轴向应力$\sigma_x=\dfrac{T_x}{A}=\dfrac{63.51\times10^3\,\text{N}}{3300\text{mm}^2}\approx19.25\ \text{MPa}<[\sigma]=135\ \text{MPa}$，

$$\sigma_y=\frac{T_y}{A}=\frac{110\times10^3\,\text{N}}{3300\text{mm}^2}\approx33.33\ \text{MPa}<[\sigma]=135\ \text{MPa}$$，满足。

抱箍主受力板变形

$$\delta_x=\frac{T_xL_x}{EA}=\frac{63.51\times10^3\,\text{N}\times0.65\,\text{m}}{2.10\times10^{11}\times3300\times10^{-6}\text{mm}^2}\approx0.06\ \text{mm}$$，可以忽略不计。

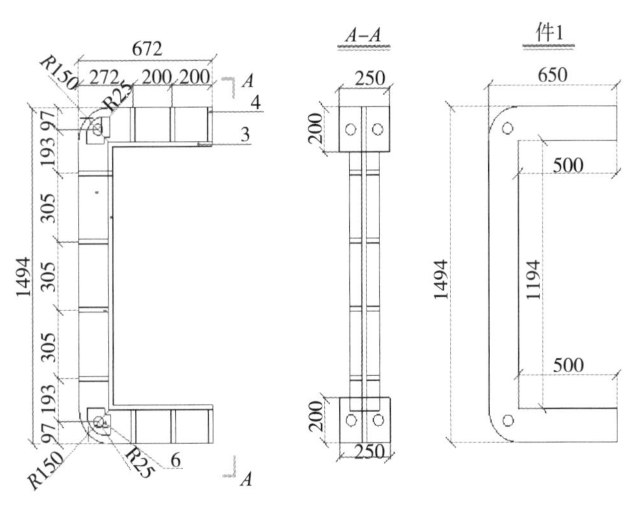

图 12.10　起吊专用抱箍尺寸

$\delta_y = \dfrac{T_y L_y}{EA} = \dfrac{110\times10^3\,\text{N}\times1.3\,\text{m}}{2.10\times10^{11}\times3300\times10^{-6}\text{mm}^2} \approx 0.21\,\text{mm}$，可以忽略不计。

4. 焊缝应力计算

抱箍间连接板与主板采间焊角焊缝以拉为主，其正截面上轴向应力：

$\sigma_\text{w} = \dfrac{T_x}{A_\text{w}} = \dfrac{63.51\times10^3\,\text{N}}{(2\times0.7\times8\times120)\text{mm}^2} \approx 47.25\ \text{MPa} < [\sigma] = 135\ \text{MPa}$，满足。

5. 其他

抱箍间栓接固定承载力满足（计算过程略），临时结构不考虑疲劳问题。

6. 制作和检验要求

抱箍间连接板与主板采用角焊缝为主要受力焊缝，焊接时应按相关焊接工艺执行，焊后进行磁粉探伤。

12.2.4.2 连接耳板的设计

某大桥钢梁安装时在上翼缘焊接吊装吊耳，吊耳尺寸如图 12.11 所示。吊耳板厚 28 mm 加劲板厚 20 mm，均采用 Q345qD 钢板。

1. 计算荷载

单吊耳需要能承受最大竖向力 50 t，竖向计算荷载 $F = 500$ kN。考虑吊装过程中冲击及制动，水平计算荷载 $Q = 50$ kN。

2. 构造和选材

吊耳板与钢梁上翼缘采用角焊缝连接，焊脚尺寸为 12 mm。吊耳板厚 $t = 28$ mm、宽 $b = 400$ mm，

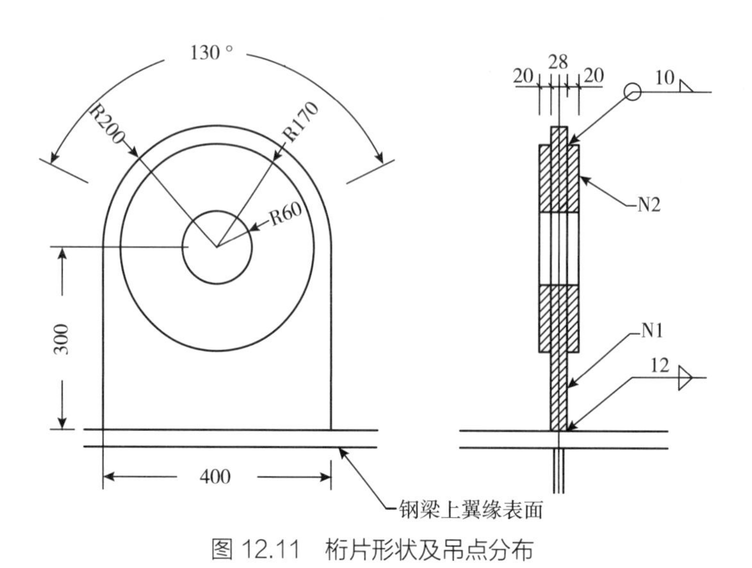

图 12.11　桁片形状及吊点分布

吊耳孔半径 60 mm。吊耳孔处净截面面积 $A=28\times(400-120)=7840\ \text{mm}^2$。

查《铁路桥梁钢结构设计规范》(TB 10091–2017)表 3.2.1 得 Q345qD 级钢基本容许应力 $[\sigma]=200$ MPa，$[\tau]=120$ MPa。焊缝的基本容许应力与基材相同。

3. 主板计算

吊耳板应力：

$$\sigma=\frac{F}{A}=\frac{500\times10^3\ \text{N}}{7840\ \text{mm}^2}\approx63.78\ \text{MPa}<[\sigma]=200\ \text{MPa}，满足。$$

4. 焊缝应力计算

吊耳板与钢梁上翼缘焊角焊缝以拉为主，其正截面上轴向应力：

$$\sigma_{\text{w}}=\frac{F}{A_{\text{w}}}=\frac{500\times10^3\ \text{N}}{(2\times0.7\times12\times400)\text{mm}^2}\approx74.4\ \text{MPa}<[\sigma]=200\ \text{MPa}，满足。$$

考虑吊装过程中冲击及制动，吊耳板与钢梁上翼缘焊角焊缝受剪，切应力：

$$\tau_{\text{w}}=\frac{Q}{A_{\text{w}}}=\frac{50\times10^3\ \text{N}}{(2\times0.7\times12\times400)\text{mm}^2}\approx7.44\ \text{MPa}<[\tau]=120\ \text{MPa}，满足。$$

5. 其他

孔壁承压和销轴承压满足（计算过程略），临时结构不考虑疲劳问题。

6. 制作和检验要求

吊耳板与钢梁上翼缘间角焊缝为主要受力焊缝，焊接时应按相关焊接工艺执行，在吊耳板板厚面处不间断焊（包角焊），焊后 24 h 进行磁粉探伤。

12.3 关于避免脆性断裂

美、英、日三国的规范对钢材及焊接接头的缺口韧性都提出具体的缺口冲击韧性的要求，美国规范还明确规定：未列入规定的缺口韧性要求，由有资格的工程师认可。

我国铁路桥梁设计根据 TB 10091—2017 条款说明 5.2.5，我国将断裂力学引入桥梁钢结构始于九江长江大桥的建设，对 16Mnq 及 15MnVNq 桥梁钢均进行了专题断裂试验研究，随后在桥梁设计规范的修订及芜湖长江大桥的建设中，取得了可喜的成就。此后，又针对 14MnNbq 桥梁钢进行了大量的防断试验研究。使用断裂力学判据 $K_{\mathrm{I}} \leqslant K_{\mathrm{Ic}}$，能够确定结构在各种环境条件下防断安全运行所需要的材料最低断裂韧性要求。

基于大量的试验及借鉴欧美的相关标准，条款说明中规定了受拉焊接构件板件的最大厚度应根据钢材材质、拉应力的大小及最低设计温度等因素确定，以及顺应力及垂直应力方向均有焊缝的构件，设计使用的最大板件厚度见说明表 12.7 及表 12.8 的规定。

仅顺应力方向有焊缝的构件，设计使用的最大板件厚度见说明表 12.9 及表 12.10 的规定。

表 12.7　顺应力及垂直应力方向均有焊缝的构件，设计使用的最大板件厚度

（节选 TB 10091—2017 条款说明）

构件序号	设计拉应力 /MPa（按毛截面计算）			钢材质量等级	最低设计温度 /℃										
	钢材牌号				0	−5	−10	−15	−20	−25	−30	−35	−40	−45	−50
	Q345q	Q370q	Q420q		使用的钢板最大厚度 /mm										
1	—	105	115	E	50	50	50	50	50	50	50	50	50	50	50
	100	—	—	E	40	40	40	40	40	40	40	40	40	40	40

表 12.8　顺应力及垂直应力方向均有焊缝的构件，设计使用的最大板件厚度

（节选 TB 10091—2017 条款说明）

构件序号	设计拉应力 /MPa（按毛截面计算）		钢材质量等级	最低设计温度 /℃										
	钢材牌号			0	−5	−10	−15	−20	−25	− 30	− 35	− 40	− 45	− 50
	Q345q	Q370q		使用的钢板最大厚度 /mm										
1	100	105	D	35	35	35	35	35	35	35	35	35	35	35
2	135	140	D	35	35	35	35	35	35	35	35	35	30	24
3	165	175	D	35	35	35	35	35	35	32	26	20	14	—
4	185	190	D	35	35	35	35	35	30	25	18	14	—	—

注：①此表可根据设计拉应力数值采用内插法推算出板件的最大使用厚度；②最低设计温度为桥址处历年极端最低气温减5℃。；③经过研究和科学试验并得到批准，板厚可不受本表的限制。

表 12.9　仅顺应力方向有焊缝的构件，设计使用的最大板件厚度

（节选 TB 10091：2017 条款说明）

构件序号	设计拉应力 /MPa（按净截面计算）			钢材质量等级	最低设计温度 /℃										
	钢材牌号				0	-5	-10	-15	-20	-25	-30	-35	-40	-45	-50
	Q345q	Q370q	Q420q		使用的钢板最大厚度 /mm										
1	—	105	115	E	50	50	50	50	50	50	50	50	50	50	50
	100	—	—	E	40	40	40	40	40	40	40	40	40	40	40
2	—	140	155	E	50	50	50	50	50	50	50	50	50	50	50
	135	—	—	E	40	40	40	40	40	40	40	40	40	40	40
3	—	175	190	E	50	50	50	50	50	50	50	50	50	50	42
	165	—	—	E	40	40	40	40	40	40	40	40	40	40	40

表 12.10　仅顺应力方向有焊缝的构件，设计使用的最大板件厚度

（节选 TB 10091—2017 条款说明）

构件序号	设计拉应力 /MPa（按净截面计算）		钢材质量等级	最低设计温度 /℃										
	钢材牌号			0	-5	-10	-15	-20	-25	- 30	- 35	- 40	- 45	- 50
	Q345q	Q370q		使用的钢板最大厚度 /mm										
1	100	105	D	35	35	35	35	35	35	35	35	35	35	35
2	135	140	D	35	35	35	35	35	35	35	35	35	35	35
3	165	175	D	35	35	35	35	35	35	35	35	34	26	20

参考文献

[1] DIN Deutsches Institut f ü r Normung e.V. Handbuch Eurocode 1 – Einwirkungen [M]. Berlin: Beuth Verlage GmbH, 2019.

[2] DIN Deutsches Institut f ü r Normung e.V. Handbuch Eurocode 2 – Betonbau [M]. Berlin: Beuth Verlage GmbH, 2012.

[3] DIN Deutsches Institut f ü r Normung e.V. Handbuch Eurocode 3 – Stahlbau – Band 1 [M]. Berlin: Beuth Verlage GmbH, 2021.

[4] DIN Deutsches Institut f ü r Normung e.V. Handbuch Eurocode 3 – Stahlbau – Band 2 [M]. Berlin: Beuth Verlage GmbH, 2021.

[5] DIN Deutsches Institut f ü r Normung e.V. Handbuch Eurocode 3 – Stahlbau – Band 3 [M]. Berlin: Beuth Verlage GmbH, 2016.

[6] Dipl.–Ing. Jochen Mußmann. Schweißen im Stahlbau [M]. Berlin: Beuth Verlage GmbH, 2021.

本章的学习目标及知识要点

1. 学习目标

（1）了解焊缝受力计算的基本内容；

（2）初步了解欧标钢结构设计规范相关内容。

2. 知识要点

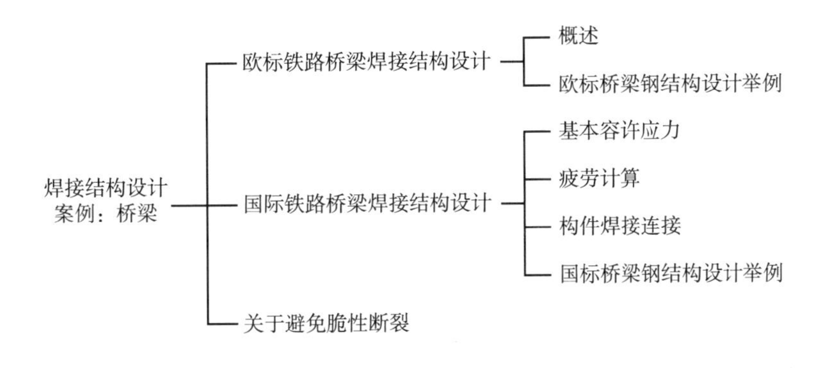

第13章

焊接压力装置

编写：常凤华　审校：钱强

压力装置包括压力容器、换热器、锅炉、管道等不同结构形式和工况条件，安全可靠运行是首要问题。本章主要以压力容器为例介绍其焊接结构设计、制造等方面的知识，以长输管线铺设为例介绍管道设计及安装等方面的知识，同时介绍压力装置国内外相关规程及标准。

13.1 焊接压力装置的特殊性

由于压力装置可能储存含有巨大能量的易燃性、腐蚀性、有毒性气体或液体，或者压力装置的储存介质可能长期处于高温、高压状态，一旦发生泄漏，甚至爆炸，将对人民生命财产安全造成极大危害，后果不堪设想。目前，世界各国均将此类装置列为重要的监检产品，由国家指定的专门机构，按照国家规定的法规和标准实施监督检查和技术检验。我国有关机构已将压力装置列为特殊设备，对相关设备编制了一系列的特殊设备安全技术规范（简称 TSG），以便对压力装置的设计、制造、检验、安装和评审等进行管理和监督，确保产品的安全性和可靠性。

13.1.1 压力装置的结构

压力装置包括锅炉、压力容器、换热器、管道及其连接辅助配件，其外形结构见图 13.1 ~图 13.3。

（1）压力容器的主要结构形式为圆柱形，少数为球形或其他形状。圆柱形压力容器通常由筒体、封头、接管、法兰等零件和部件组成。图 13.1 为核电站反应堆压力容器，是一种典型的圆柱形压力容器。压力容器工作压力越高，它的筒壁就越厚。直径大的压力容器壁厚可达 100 mm ~ 400 mm。

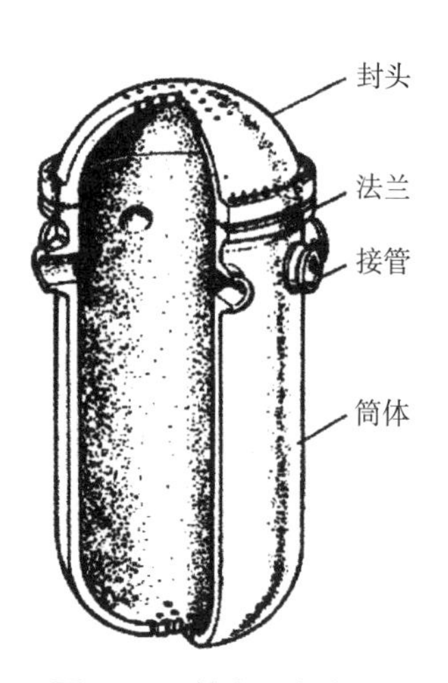

图 13.1　核电压力容器

（2）换热器是将热流体的部分热量传递给冷流体的设备，又称热交换器。管壳式换热器主要由壳体、管束、管板、折流挡板、管箱等部件组成，根据所采用的补偿措施，管壳式换热器可分为固定管板式换热器、浮头式换热器、U 形管式换热器、涡流热膜换热器。图 13.2 是固定管板式换热器，管束两端固定在管板上，管板连同管束都固定在壳体上，管板外圆周和封头法兰用螺栓紧固，封头和壳体上装有输送流体的接管。

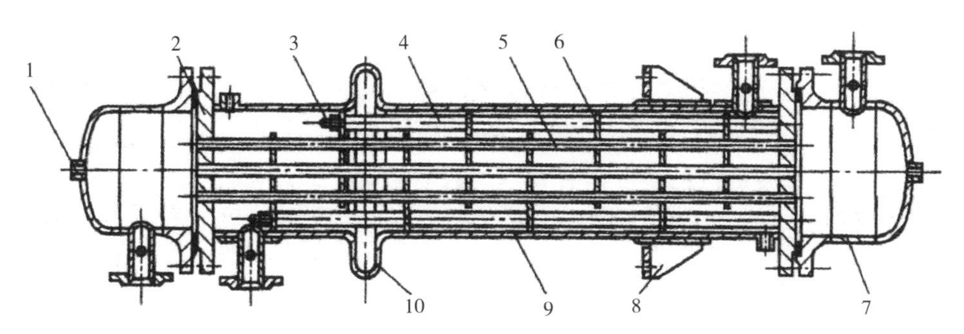

1. 排液孔；2. 固定管板；3. 拉杆；4. 定距管；5. 管束；6. 折流挡板；7. 封头管箱；
8. 悬挂式支座；9. 壳体；10. 膨胀节

图 13.2　固定管板式换热器

（3）连接管道。图 13.3（a）所示为锅炉集箱连接管道，图 13.3（b）所示为锅炉水冷壁管屏。

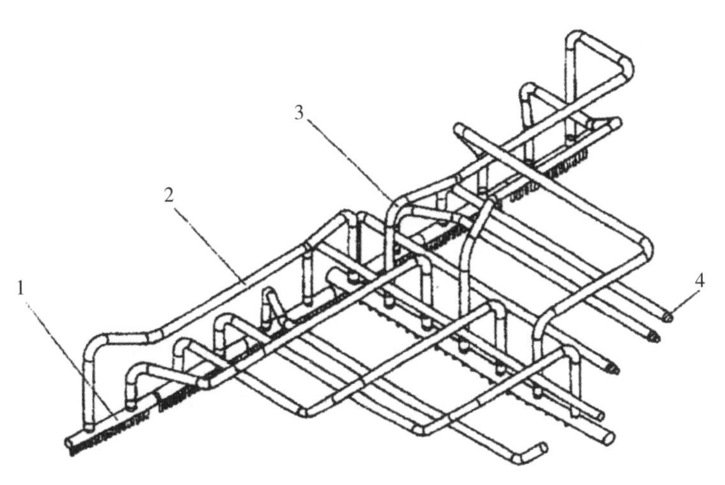

1. 集箱；2. 连接管道；3. 直角锻造弯头；4. 过渡管接头

（a）锅炉集箱连接管道

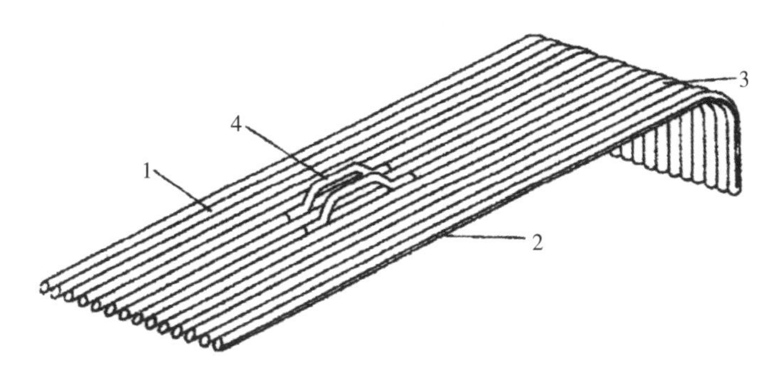

1. 管子；2. 扁钢；3. 成排弯头；4. 空弯管

（b）锅炉水冷壁管屏

图 13.3　连接管道

13.1.2 欧洲承压设备指令（PED）简介

承压设备指令（Pressure Equipment Directive）简称PED，从2002年5月29日起在欧盟（EU）国家强制性执行，PED是欧盟成员国就承压设备安全问题取得一致而颁布的强制性法规，现行版本是2014/68/EU。在PED认证中，指令规定的基本安全要求是强制执行的，而产品的技术标准不是强制执行的。PED是一项指令，凡是设计压力超过0.5 bar的设备，无论其压力、容积多少，必须符合PED规定，也就是说，诸如灭火器、压力表、阀件、安全阀、空气柜、塔槽、管路、管件、蒸汽设备等装载或输送流体的设备都必须符合PED规定。对于欧盟以外的国家，其压力装置进入欧洲市场之前，无论采取何种标准和规程进行设计、制造，都需要进行PED认证，即对产品进行安全认证。PED的基本安全要求是强制性执行的，即对生产厂家产品的安全基本要求是PED的核心部分。

PED适用范围：

（1）最大承受压力高于0.5 bar的压力设备及组件。

（2）承压设备包括压力容器、管道、蒸汽锅炉及压力部件。

（3）适用于欧洲大多数国家，例如奥地利、比利时、丹麦、德国、希腊、西班牙、法国、爱尔兰、意大利、卢森堡、荷兰、葡萄牙、芬兰、瑞典、英国，再加上欧洲自由贸易协议的成员国冰岛、列支敦士登和挪威。

13.1.2.1 基本安全要求

（1）设计：设计承压设备时必须考虑与预期使用相关的所有因素，确保承压设备在整个预期寿命内的安全。必须综合多种因素选择相应的安全系数，针对所有相关的失效模式，考虑足够的安全余量。

设计足够强度，考虑预期和特殊条件下的负荷，以及各种荷载同时发生的情况和概率。计算时采用安全余量，以消除由于制造、实际使用、荷载、计算模式、材料特性所带来的一切不确定因素。

制造厂商应按照PED要求，在开始设计时负责任地进行危险性分析，以便查明该压力装置在有压力条件下的危险性。为此，应防止组件或容器外壳由于机械故障所造成的介质外溢等危险发生。所以，危险性分析是组件设计的基础。

承压设备在设计时首先应考虑安全性，特别是在有预料到的或者已知的运行条件时，应考虑：①危险性的减少或清除（结构总体设计，材料选择，加工）；②在危险性得不到清除时，保护措施的应用（主要采用安全装置）；③在适当情况下，告知使用者残留的危害。

（2）焊接：必须由有资格的人员根据合适的工艺规程来完成。对于Ⅱ、Ⅲ和Ⅳ类承压设备，焊接工艺规程和焊接人员必须由授权机构或成员国认可的第三方机构批准。

（3）无损检测：无损检测必须由有资格的人员执行。对于Ⅲ类和Ⅳ类承压设备，其无损检测人员必须由成员国认可的第三方机构批准。

（4）最终评定：承压设备必须通过最终检验，包括目测检测和对相关文件的检查。最终评定必须包括压力试验和密封性检验，试验压力必须符合规定数值。就安全方面考虑，应在制造阶段对设备的每一部分都进行外部和内部检验，尤其是不可能在最终检验时检验的情况。

（5）材料：制造承压设备的材料必须胜任其预期的寿命。

制造商必须在其技术文件中，采用以下形式之一说明材料规范的要点：①采用符合欧洲标准的材料；②采用取得欧洲批准的承压设备材料；③采用进行专门评定的材料；对Ⅲ类和Ⅳ类承压设备，材料的专门评定必须由授权机构进行。

（6）定量要求：①许用应力，比如对正火（正火轧制）的铁素体钢（不包括细晶粒钢和特殊热处理钢），不得超过计算温度时屈服极限的 2/3 或 20℃时抗拉强度下限的 5/12（较小者）；②接头系数，对设备进行破坏性试验和无损检测证实所有接头均无明显缺陷时为 1，对设备进行随机无损检测为 0.85，对设备只进行外观检查而不做无损检测时为 0.7；③限压装置：瞬时的压力波动必须保持在最大许用压力的 10% 以内；④水压试验压力，承压设备服役中承受的最大荷载的压力，同时考虑最大许用压力和最大许用温度，乘以系数 1.25，或者最大许用压力乘以系数 1.43，取两者之大值；⑤材料性能，除非有特殊要求，在不超过 20℃且不超过最低设定操作温度下做拉伸试验，断裂后延伸率不小于 14%、夏比 V 形试样的冲击功不低于 27J 时，可认为材料满足其塑性韧性要求。

（7）运行指南：有关残留危险性在运行的讲解（运行指南中说明）。

13.1.2.2 安全评估形式

总共有 9 种形式进行安全评估（图 13.4），为弄清各种形式必须按下列规定进行。

1）构件类型

压力容器——形式 1~4；蒸汽发生器——形式 5；管道——形式 6~9；装置配件——形式 10。（从安全观点看，装置配件应纳入压力装置范畴内）

2）T_{max} 规定

T_{max} 为气体或液体的最高许用温度。

3）流体群

流体包括气体、液体、蒸汽，以及它们的混合物。

各种介质按爆炸、易燃、自燃、氧化、毒性等危险性进行分类，分为组群 1 或组群 2。组群 1 指危险流体，组群 2 是除组群 1 外的所有流体。压力容器一般是属于组群 1。

4）能量确定

压力容器产品用 P_{max} 和容积表示；管道产品用 P_{max} 和公称直径表示。

5）类别的确定

PED 对压力装置按照危险程度进行分类，由低到高分为Ⅰ、Ⅱ、Ⅲ、Ⅳ。

分类取决于下列因素：①设备类型，包括锅炉、容器、管道；②流体性质，有危险性流体、非危险性流体；③工作压力（单位：bar）；④容积（单位：L）或公称直径 DN（单位：mm）。

设备种类与之符合的模式如下。

（1）Ⅰ类：模式 A。

（2）Ⅱ类：模式 A2，D1，E1。

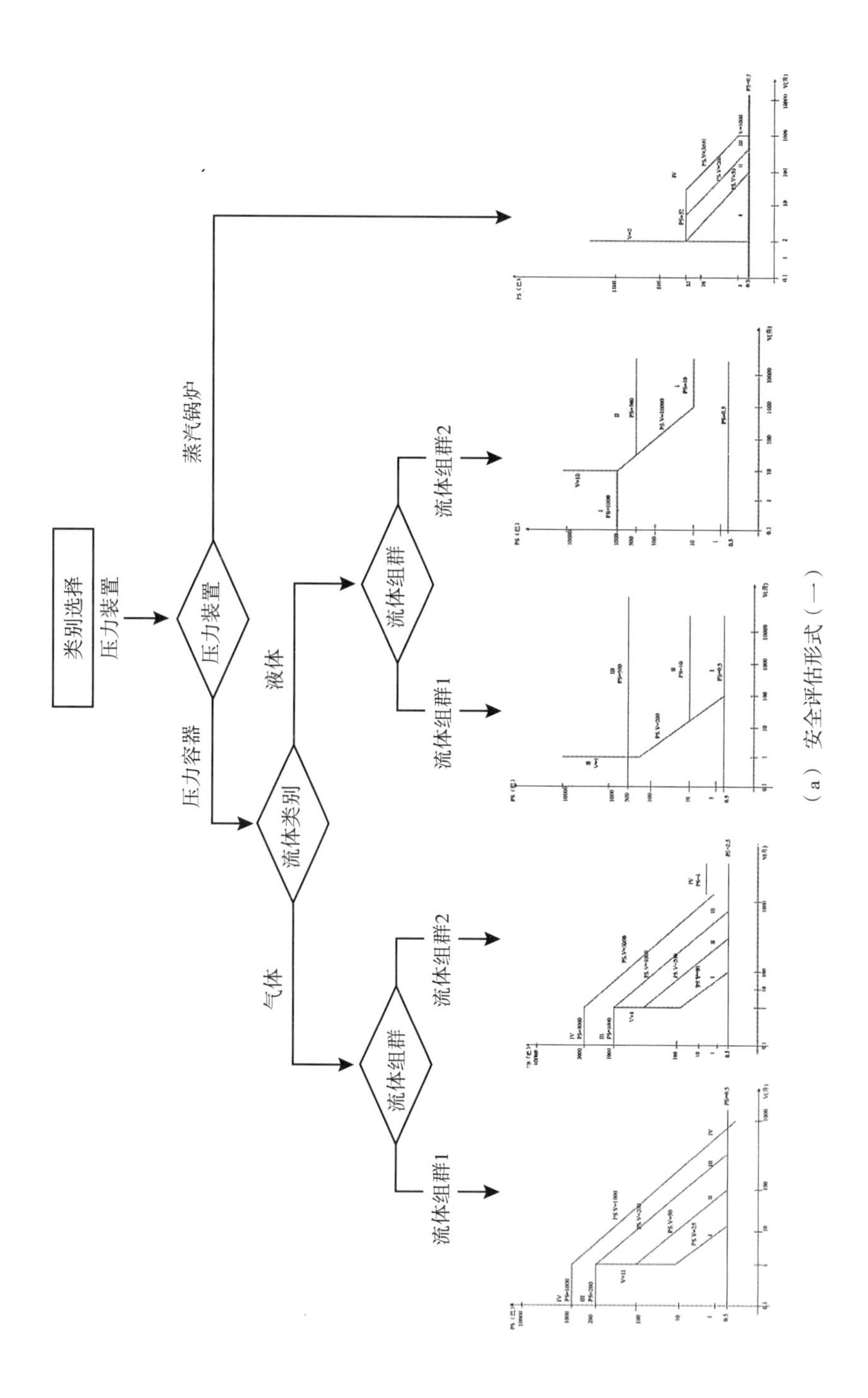
类别选择
压力装置
压力装置
蒸汽锅炉
压力容器
流体类别
液体
气体
流体组群
流体组群
流体组群1
流体组群2
流体组群1
流体组群2

（a）安全评估形式（一）

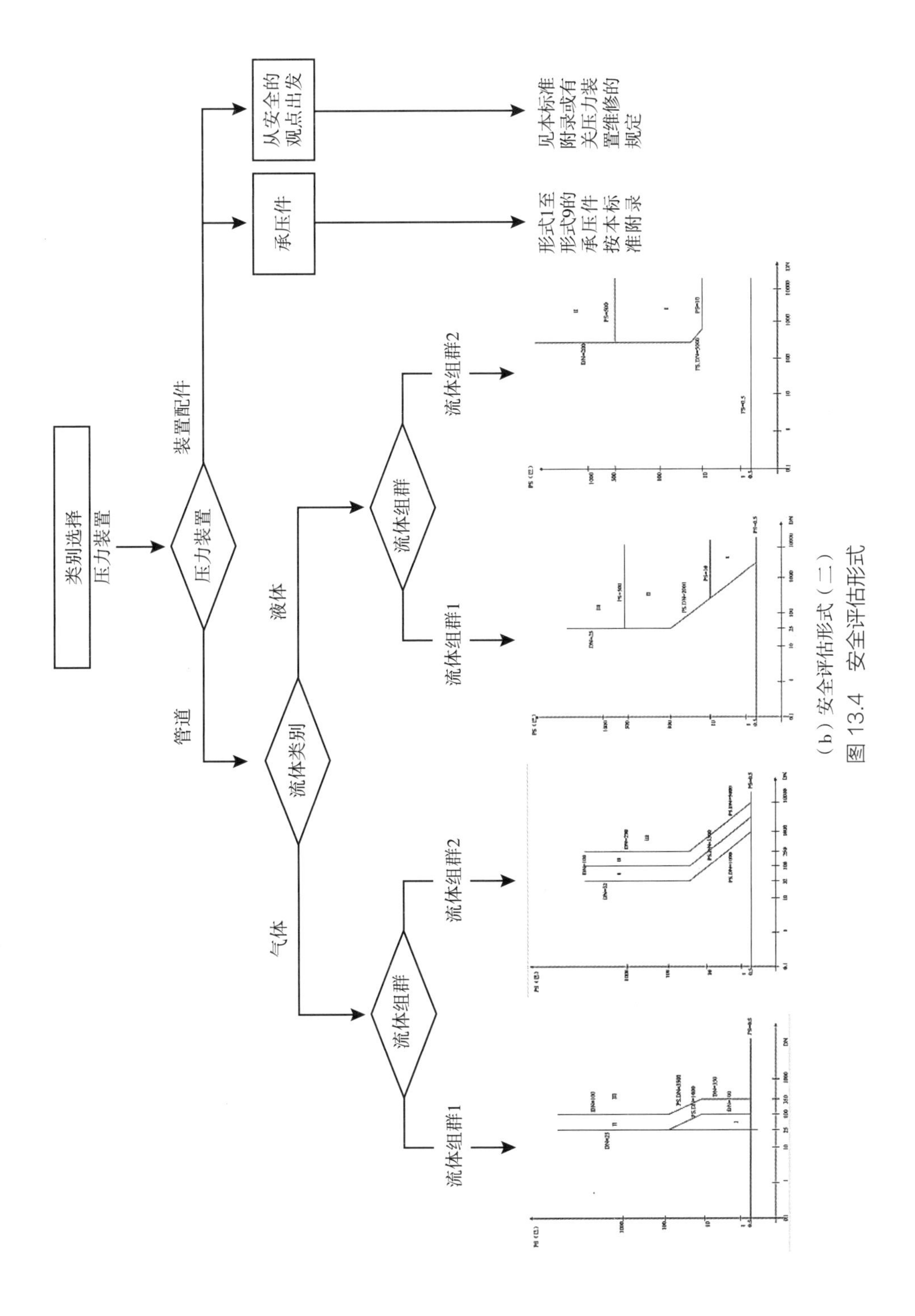

（b）安全评估形式（二）

图 13.4　安全评估形式

（3）Ⅲ类：模式 B+D，B+F，B+E，B+C2，H。

（4）Ⅳ类：模式 B+D，B+F，G，H1。

对于只适用较低要求模式的产品，厂商也可以选择应用较高要求的模式。

以压力容器为例，对危险性流体 $P_s \times V > 1000$（bar.ft）或非危险性流体 $P_s \times V > 3000$（bar.ft）的容器属于Ⅳ类，由此可见，化工压力容器基本上均属于Ⅳ类，对于批量生产的储罐、换热器等通常推荐用 B+F 模式（形式批准 + 产品验证）。按 PED 规定，对Ⅰ和Ⅱ类设备用材料，由厂家执行材料特殊批准；对于Ⅲ和Ⅳ类，由授权机构按 EN-10024-3.1B 进行材料质量认证；此外，则执行 3.1C 质量要求。

模式说明如下：

A——内部生产控制；

A2——基于内部生产控制 + 随机间隔的承压设备检查；

B——欧盟（EC）形式检验；

C2——符合基于内部生产控制 + 随机间隔的承压设备检查；

D——基于生产过程质量保证；

D1——生产过程中质量保证；

E——符合基于承压设备质量保证；

E1——承压设备最终检验和试验的质量保证；

F——符合基于承压设备验证型；

G——符合基于单个设备的验证认可；

H——符合基于全面质量保证；

H1——符合基于全面质量保证 + 设计检查。

13.1.2.3 安全评估程序

安全评估程序如下（图 13.4 为安全评估形式图）：

（1）确定压力装置是压力容器、蒸汽锅炉还是管道。

（2）确定流体类别是气体还是液体，确定是组群 1 或 2，从而确定曲线图。

（3）曲线图确定之后，根据设备的能量（P 和 L）确定类别。

（4）类别（Ⅰ，Ⅱ，Ⅲ，Ⅳ）确定之后，便确定了与之符合的模块。

（5）模块确定了相应的评估方法。

在进行安全评估并实施检验工作以后，制造商在运行之前，必须在各个压力装置的产品上标记“CE”标志并签发书面说明（CE 标记不是质量标记）。

PED 包括了品质保证和技术两方面规定的条款，两者对生产厂商和产品都属强制性的规定，只有两方面都符合规定，所生产的压力设备产品才可以贴上 CE 标志（图 13.5）。

图 13.5　CE 标记

【例】焊接压力装置：见图 13.6。

提供数据：6 bar，200℃，容积 1000 dm^3，介质是气体，流体组群 Gr. Ⅰ。

先检验压力 $\rho > 0.5$ bar——6 bar，符合要求。

再判断是符合 PED 所规定的承压设备？——是承压设备。

对所涉及装置一一进行评估：

（1）例如：供热网，长输管线等。

判断它们是不是具有安全性的装备构件？——不是。

（2）例如：安全阀，MSR- 结构件等，在分类Ⅳ中可能归为保护件。

判断它们是不是供燃料产生蒸汽的压力装置？——不是。

（3）例如：水管锅炉。

确定它是容器还是管道——是容器。

确定它的介质是气体还是液体——是气体。

确定它是流体组群 1 还是组群 2——是组群。

确认类别：最大允许压力 × 容积——Ⅳ类。

选择模块类别——B+D 或 B+F 或 G 或 H。

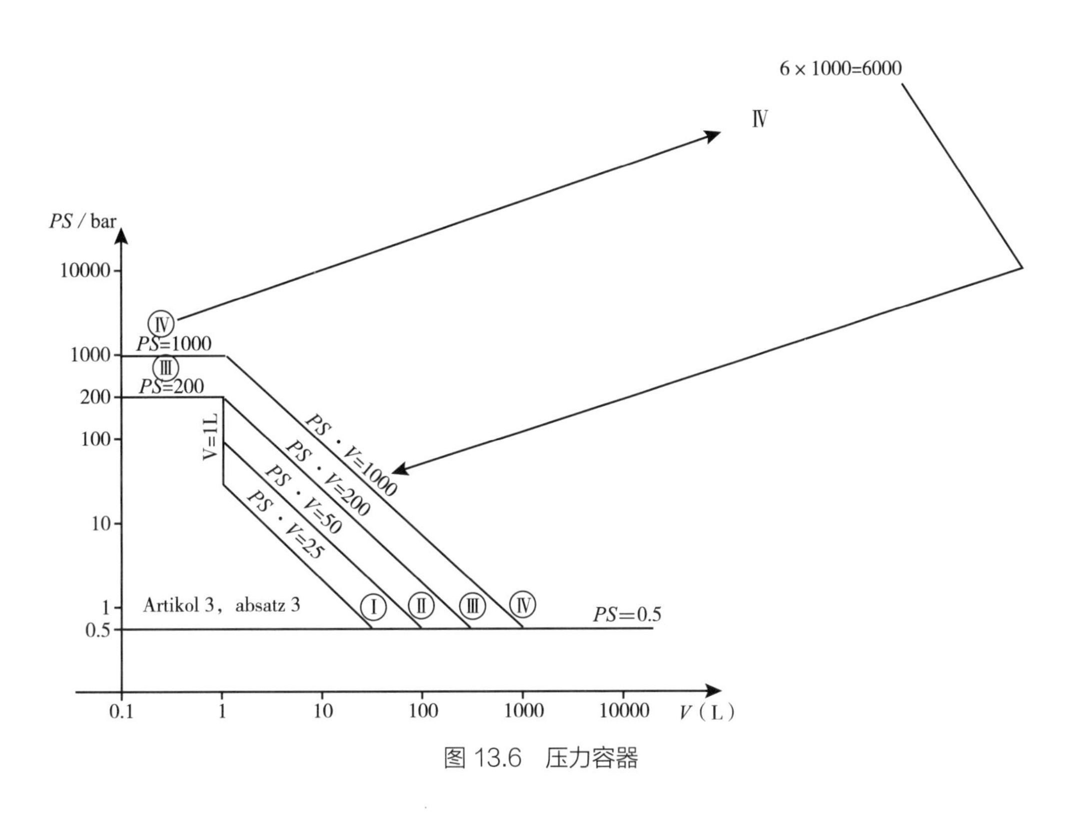

图 13.6　压力容器

13.1.2.4 PED 认证工作程序

（1）设计批准。提供设计制造采用的标准规范清单、企业内部标准、产品图纸、计算书、材料明细表、对 PED“基本安全要求”符合性的对比分析、危害性分析、操作说明书、产品符合性声明等。

（2）材料批准。提供材料质保书，必要时进行的附加试验，外购材料的供应商评审。

（3）焊接工艺及焊工评定：制订评定计划，编制焊接工艺规程（WPS）、准备焊接试板和焊材，进行工艺评定和焊工评定试验。

（4）无损检测人员资格认可。

（5）质量体系批准：提供质量手册，两次年审报告，不一致项及纠正记录，满足 PED 要求的补充程序文件等。

13.1.3 合乎使用

合乎使用（Fitness For Service），简称 FFS 技术，是对含有缺陷带压设备持续运行的安全性进行定量风险评定的技术。从实际上讲，设备在运行中由于荷载、热应力、腐蚀或材质劣化产生了缺陷。对待这些缺陷，是修理、更换、停止还是持续运行，剩余寿命还有多长，能运行到什么时候？这就是 FFS 技术必须解决的问题。

当前欧洲 CEN/TC121 的成员并不打算把“合乎使用”列入欧洲标准而是将英国标准 BS 7910 作为推荐标准，在“合乎使用”评估工作中作为某种依据。

BS 7910《金属结构中缺陷验收评定方法导则》现有 BS 7910-2013+A1-2015 版本，它的工业背景主要是电站（包括核电）以及海洋石油平台，其内容主要反映缺陷的断裂评定技术（包括塑性失效评定）和疲劳评定技术及其发展情况。

合乎使用（FFS）的概念是指：构件质量不符合制造质量标准，但投入使用后却不影响安全使用情况，例如焊接结构存在裂纹，或超过标准允许的其他缺陷被判为不合格产品，不允许使用，如果已探出这些缺陷经断裂力学的缺陷评定认为是安全可靠的，则可继续使用，但应附加一些必要条件后投入使用，这称为不符合“质量控制标准”但符合“合乎使用”标准。

“合乎使用”这一概念可以用于当断裂、缺陷等在下列时间里被发现，某一技术要求不能满足该产品需求时。

（1）在制造和修复时，例如原材料不能满足技术要求、所需求的材料验收标准不能提供、焊接材料不能满足技术要求、尺寸不满足技术条件 / 不满足规定的公差要求、用肉眼或者无损检测发现的缺陷不能满足技术要求等，当然用户或委托人必须同意按照“合乎使用”概念才能继续。

（2）在运行过程中的维修保养时，可以使用“合乎使用”的概念来进行确认，要确认两个问题，一是所认可的故障或缺陷能够在本设备或装置上继续使用而不产生任何问题吗？二是本设备或装置带着这些故障或缺陷还能继续使用多久？当然，上述问题很难回答，需经有关专家评估和确认。

13.1.4 运行过程中的安全问题

制造厂商应按照 PED 负责地进行危险性分析，以便对压力装置运行中所带来的危险作出评估，应当预防由于结构部件或容器整体的机械故障及介质泄漏所引起的主要危险。

危险性分析的基本原则按照压力装置运行方式确定，分为两种情况，一种是独立的压力装置，一种是按照功能区分的机组。必须考虑下面各要点：①危险的消除和避免；②对不可消除的危险采取适当的保护措施；③残留危险的许可及其降低的措施。

出现危险时，需要检查以下几个主要方面。

（1）导致受压壳体的机械故障的原因：设计缺陷，加工缺陷，安装，超压，超温，内部腐蚀，外部腐蚀，外部影响，例如振动等。

（2）导致泄漏的原因：工艺缺陷，例如可以解决和不可解决的连接的密封性，或活动组件连接的密封性。

（3）压力装置的开启和关闭：运行过程中开启和关闭产生的问题。

13.1.5 关于检验范围、检验主管机构和检验专家

13.1.5.1 检验范围

1. 初检

（1）图纸的预检（计算检查，材料和焊接方法的正确使用，正确的设计，热处理和材料证明）。

（2）车间内的制造检验（正确的施工，焊接，热处理，材料，焊工考试，工艺评定，产品试件，无损检验等有效证明的具备，重要构件的安全功能）。

（3）打压试验（容器的密封性）。

（4）现场的验收检验（所有设备部件具备预定工作能力，安全设施适宜性，正确的安装）。

2. 定期检验类别

（1）外部检验。

（2）内部检验。

（3）打压试验。

3. 特殊情况下的检验

例如在重大改变，事故出现后。

13.1.5.2 检验主管机构

德国《设备安全法》§ 14 对检验机构的授权和要求（原行业条例 § 24）中规定的检验主管机构，它们是技术监督组织如技术监督协会（RWTÜV）、黑森地区技术监督协会、里林州技术监督局（TÜA）、汉堡州劳动保护局的检验主管机构。

由主管部门认可的企业的检验主管机构（自行监督，如拜耳 BASF 公司）。

13.1.5.3 检验专家

（1）在其所受培训，理论知识和实际工作中积累经验的基础上，能够保证按照规定要求完成检验。

（2）具备对检验人员要求的可靠性。

（3）在检验工作没有出现失误的记录。

（4）通过参加国家级或国家认可的培训班，获得相应证书，以满足第1点中所列条件，此证书应随时接受主管部门的审查。检验专家应由主管部门根据要求进行认证除液态气体外的气体，蒸汽或液体管道的检验。

13.2 压力容器的设计和制造

13.2.1 AD2000 规范简介

AD2000 规范（Technical Rules for Pressure Vessels）即德国压力容器技术规范，是德国国家标准，它包括压力容器材料、设计、制造装备、检验等部分，是从压力容器制造和使用，以及积累的经验中制定出来的技术规范。

AD 规范每三年出版一次新版本，每年补充和修改一次，近年来为符合 PED 指令，对原 AD 规范进行了修订，本小节即以 AD2000 标准为依据编写而成。

AD2000 规范内容（符号表示）如下：

A——设备、装配和标记；

B——计算；

G——通用规定；

HP——制造和检验；

N——非金属材料；

S——交变荷载；

W——材料；

Z——附加因素。

其中 B 和 S 篇具体为：

AD-B0——压力容器计算；

AD-B1——内部受压时圆柱体和球体；

AD-B2——内外受压的锥形体；

AD-B3——内外受压的凸形封头；

AD-B4——蝶形封头；

AD-B5——无拉紧弯头和板；

AD-B6——外部受压的圆锥体；

AD-B7——螺栓；

AD-B8——法兰盘；

AD-B9——圆柱体，球冠体，半球形体上的支管；

AD-B10——承受内压的厚壁圆柱体；

AD-B13——异形膜组件；

ADS1——交变荷载的简化计算；

ADS2——交变荷载计算；

ADS3/0-S3/7——压力容器可靠性通则；

ADS4——应力评估。

HP 篇具体为：

HP0——设计参数，制造及相关检验的基本准则；

HP1——设计参数和设计；

HP2/1——连接方法的工艺评定，焊接接头的工艺评定；

HP2/2——连接方法的工艺评定，堆焊的工艺评定；

HP2/3——连接方法的工艺评定，钎焊的工艺评定；

HP2/4——连接方法的工艺评定，粘接及其他连接方法的工艺评定；

HP3——焊接监督人员，焊工；

HP4——无损检验监督人员和检验人员；

HP5/1——接头的制造和检验；工作技术准则；

HP5/2——接头的制造和检验；焊缝的产品试件检验，母材热处理后和焊接后的检验；

HP5/3——接头的制造和检验；焊接接头的无损检验；

HP5/3（AD2000 附件 1）——对无损检验方法的工艺技术的最低要求；

HP7/1——热处理；一般准则；

HP7/2——热处理；铁素体钢；

HP7/3——热处理；奥氏体钢；

HP7/4——热处理；铝及铝合金；

HP8/1——钢、铝和铝合金锻件的检验；

HP8/2——筒体的检验；

HP30——打压试验的实施。

13.2.2 通用规定

（1）用 AD 规程序列 B+S 所包括的计算公式对受压元件进行计算。

（2）按序列 B 和 S3 应视为主要静荷载，交变荷载时（循环次数> 1000）应考虑采用序列 S_1 或 S_2。

（3）材料选择时应考虑 AD-W（材料篇），涉及加工时为 AD-HP（加工和检验）序列。

（4）必要时根据压力容器尺寸可对计算方法或运行检验进行选择。下列规程在适合条件下可供选择：① ASME 第Ⅷ卷（美国机械工程师协会规程）；② TEMA 用于管板尺寸计算（美国计算方案）；③ BS5500，WRC107 英国标准用于筒身 / 封头附加负荷计算；④有限单元法，用于热负荷和壁厚优化等；⑤构件的拉长，检查等。

13.2.3 设计参数

1）设计压力

设计压力应考虑内部压力加上静态内部压力（当 $P_{静} > 5\%P_{运行}$），以及可能的附加荷载转换成某一等量的内压，例如风力。在按 ADS3/6 计算时，壳壁的内压应提高 10%。

2）检验压力

检验压力最高值按如下规定：

运行压力 ×1.43，或者运行压力 ×1.25× 修正系数（修正系数与耐压试验时的介质温度有关）。

3）计算温度

容器壳壁的最高温度

下列温度界限应予特别注意：

TS ＜ −10℃

按 ADW10 对计算压力在相应的负载条件Ⅰ、Ⅱ或Ⅲ时，安全系数按 ADW10 表 2 进行修正。

采用低温钢或奥氏体钢时应进行检验。

TS ＞ 300℃

注意材料的应用范围不能超越，不允许使用诸如 S235JRG,（RST37−2），S355J2G3（St52−3），螺栓钢 5.6 等材料。

如果必要应采用持久强度计算（约 380℃以上）。

4）强度特性值 K

铁素体钢：$R_{P0.2}$；奥氏体钢：$R_{P1.0}$。

应取 AD−W 给出的强度特性值。

高温条件下应考虑与时间相关的数值（即蠕变极限或持久强度），低温时（＜ −10℃）应注意 AD−W10 给出的数据并应考虑焊接填充材料的韧性。

5）安全系数 S

考虑使用的产品的承载特性，例如内压 $S=1.5$，外压 $S=1.8$, 塑性变形 $S=1.6$ 等。

6）许用应力 σ_{adm}

许用应力为在计算温度下的强度特性值除以安全系数 $\sigma_{adm}=K/S$。

7）材料

必须满足下列最低要求：最低设计温度时，冲击功≥ 27J，断裂延伸率≥ 16%。

8）焊接接头系数 V

按照许用应力计算，开坡口焊接时，一般 $V=$ 85%、100%，它与焊缝形式、检验范围、材料厚度、是否消除应力热处理等有关。

9）壁厚补偿 c_1+c_2

c_1 为加工时的壁厚补偿（半成品），铁素体钢加工公差补偿，奥氏体钢时 $c_1 = 0$ mm。c_2 为使用时的壁厚补偿。

铁素体钢一般为 1 mm（$s > 30$ mm 除外），奥氏体钢一般为 0 mm。特殊情况根据相应的运行条件要求进行补偿。

影响因素：表面保护，流体性质，机械磨损等。

13.2.4 内部受压的管状或圆柱形筒体壁厚计算

内部受压筒体 3 个方向的应力见图 13.7。

其中：σ_u —— 周向应力，单位：N/mm^2；

σ_l —— 纵向应力，单位：N/mm^2；

σ_r —— 径向应力，单位：N/mm^2。

其他变量表示说明：

A_P —— 压力作用面积，单位：mm^2；

A_σ —— 应力作用面积，单位：mm^2；

F —— 力，单位：N；

P —— 压强，单位：N/mm^2，1N/mm^2 = 10 bar；

σ —— 应力，$\sigma = \dfrac{F}{A}$；

$\hat{\sigma}$ —— σ 的最大值；

$\bar{\sigma}$ —— σ 的平均值。

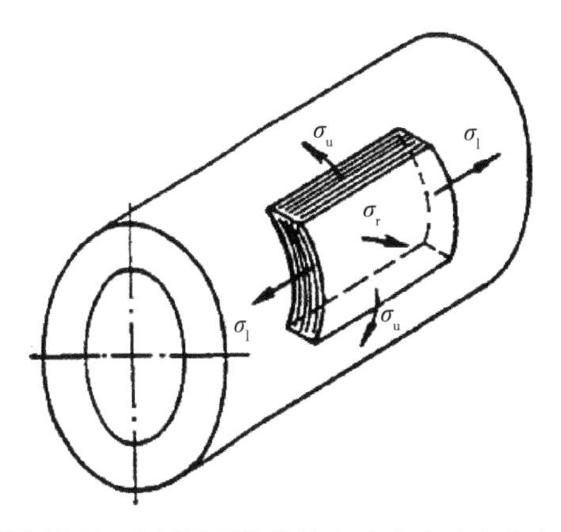

图 13.7　内部受压筒体的 3 个方向应力分布

13.2.4.1 周向应力 σ_u（图 13.8）。

通过面积比较得到的力的平衡条件：

$$A_{P\text{u}} \cdot P = A_{\sigma\text{u}} \cdot \bar{\sigma}_\text{u}$$

$$\bar{\sigma}_\text{u} = \frac{A_{P\text{u}} \cdot P}{A_{\sigma\text{u}}}$$

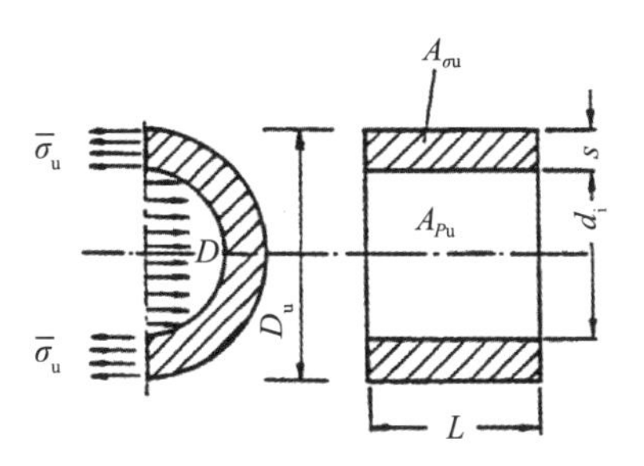

图 13.8　周向应力$\bar{\sigma}_u$与内压 P 的应力分布

其中：$A_{P_u} = L \cdot d_i$；

$A_{\sigma u} = 2 \cdot L \cdot s$。

导出：

$$\bar{\sigma}_u = \frac{d_i \cdot P}{2 \cdot s} \qquad (13\text{-}1)$$

式（13-1）亦称“锅炉公式”。

13.2.4.2 纵向应力 σ_1（图 13.9）

根据力的平衡导出$\bar{\sigma}_1$

$$A_{P1} \cdot P = A_{\sigma 1} \cdot \bar{\sigma}_1$$

$$得：\bar{\sigma}_1 = \frac{A_{P1} \cdot P}{A_{\sigma 1}}$$

其中：$A_{P1} = \frac{\pi \cdot d_i^2}{4}$；$A_{\sigma 1} = \pi \cdot d_i \cdot s$

所以得：

$$\bar{\sigma}_1 = \frac{d_i \cdot P}{4 \cdot s} \qquad (13\text{-}2)$$

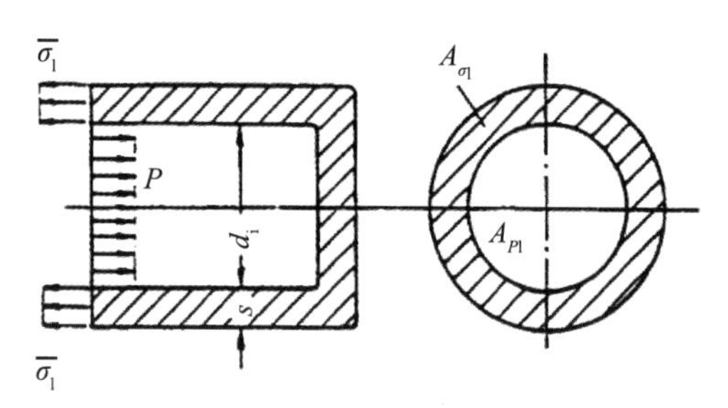

图 13.9 纵向应力$\bar{\sigma}_1$与内压 P 的应力分布

可以看出，通过内部压力的作用，周向应力是纵向应力的两倍。

13.2.4.3 径向应力 σ_r（图 13.10）

内部压力沿径向作用在管的内表面上产生一个压应力 P，至外表面径向应力减少到零，因此平均的径向应力为（$P/2$），表示如下：

$$\bar{\sigma}_r = -\frac{P}{2} \qquad (13\text{-}3)$$

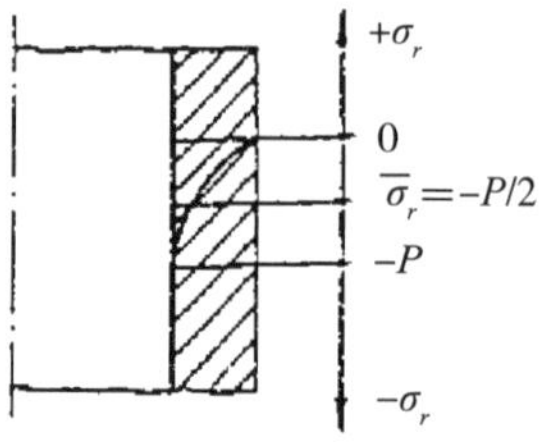

图 13.10 径向应力$\bar{\sigma}_r$与内压 P 的应力分布

13.2.4.4 比较应力

由上述三个应力，通过强度假设可以确定比较应力。

剪切应力强度假设：$\sigma_v = \sigma_1 - \sigma_3$

$$\sigma_{\mathrm{v}} = \sigma_{\mathrm{u}} - \sigma_r = \frac{d_{\mathrm{i}} \cdot p}{2 \cdot s} - \left(-\frac{p}{2}\right)$$

其中许用应力：

$$\sigma_{\mathrm{v}} = \frac{K}{S} \cdot v$$

$$d_{\mathrm{i}} = D_a - 2 \cdot s$$

管状或筒体壁厚计算公式：

$$s = \frac{D_a \cdot p}{20 \cdot K / S \cdot v + p} + c_1 + c_2 \tag{13-4}$$

式（13-4）中：

K——强度特性值，单位：N/mm^2；

S——安全系数；

v——焊缝减弱系数；

c_1，c_2——壁厚补偿系数，单位：mm；

s——要求的壁厚，单位：mm；

p——最大工作压力，单位：bar；

σ_{v}——许用应力，单位：N/mm^2；

σ_1——最大主应力，单位：N/mm^2；

σ_3——最小主应力，单位：N/mm^2。

13.2.5 凸形封头壁厚计算（按 AD-B3）

凸形封头见图 13.11。

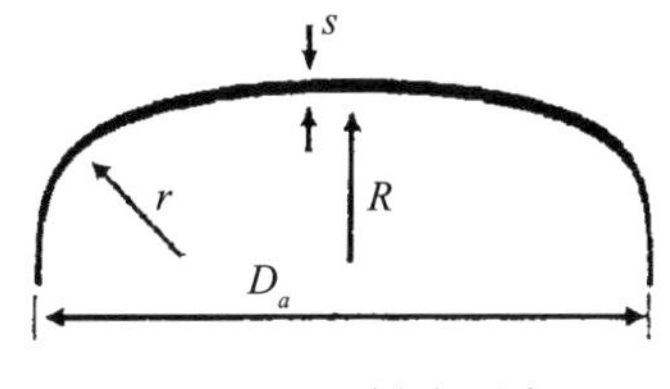

图 13.11　封头形式

凸形封头壁厚计算公式：

$$s = \frac{D_a \cdot p \cdot \beta}{40 \cdot K / S \cdot v} + c_1 + c_2 \tag{13-5}$$

式（13–5）中：

s——计算壁厚，单位：mm；

D_a——外径，单位：mm；

p——最大工作压力，单位：bar；

K/S——许用应力，单位：N/mm^2；

v——焊缝减弱系数；

c_1，c_2——壁厚补偿系数，单位：mm；

β——计算特性值，按照图 13.12 选取。

不同形状的封头外径 D_a 与 R 之间有不同的关系。

（1）球冠形封头：$R=D_a$；$r=0.1D_a$。

（2）蝶形封头：$R=0.8D_a$；$r=0.154D_a$。

（3）半球形封头：$R=0.5D_a$；$r=R=0.5D_a$。

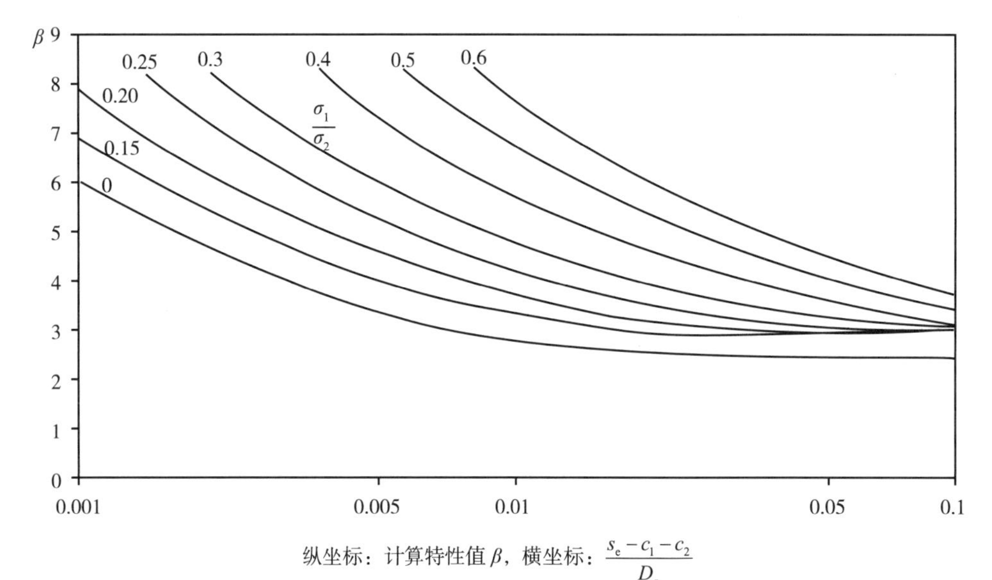

纵坐标：计算特性值 β，横坐标：$\frac{s_e-c_1-c_2}{D_a}$

内半径范围为 0.6 D_a，d_i 为封头支座开孔内径，s_e 为筒身壁厚

图 13.12　不带 / 带支管 d_i 的球冠形封头

13.2.6 开孔补强

由于压力容器的接管部分需要开孔，即筒壁金属被挖去一部分，导致这一部分金属结构强度被削弱，为此建议采取如下措施：①增加此部分筒壁厚度；②增加接管壁厚厚度；③采用补强圈加强。

因稳定性和延伸率等力学性能原因，需要覆盖的补强部分应采用相同材料，图 13.13 为开孔补强措施，在图 13.13 中：$A_{\sigma0}$ 为增加筒壁厚度面积；$A_{\sigma1}$ 为增加接管壁厚面积；$A_{\sigma2}$ 为补强圈壁厚面积；s_s 为接管壁厚。

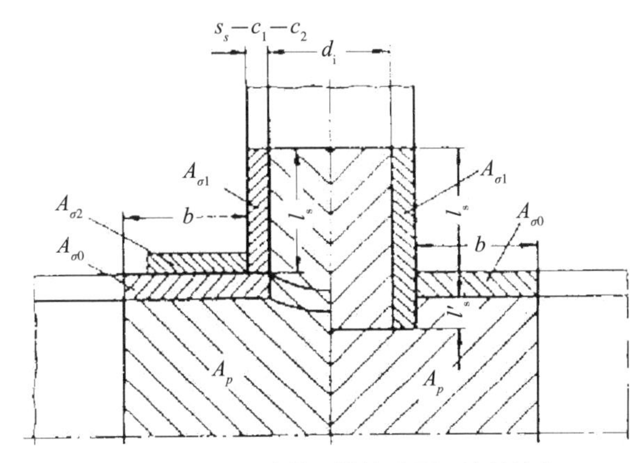

图 13.13　开孔补强措施（面积比较法）

计算方法采用面积比较法。

筒身计算系统公式：

$$\frac{p}{10}\left(\frac{A_p}{A_\sigma}+\frac{1}{2}\right)\leqslant\frac{K}{S} \tag{13-6}$$

筒身分段长度分别为：

$$b=\sqrt{(D_i+s_A-c_1-c_2)\cdot(s_A-c_1-c_2)} \tag{13-7}$$

接管长度为：

$$l_s=1.25\cdot\sqrt{(d_i+s_s-c_1-c_2)\cdot(s_s-c_1-c_2)} \tag{13-8}$$

注：开孔补强部分筒身、接管以及补强圈厚度和面积计算见 AD-B9 部分，开孔部分的筒身壁厚计算见图 13.14 中计算公式，公式中的 s_A 即表示补强后的筒身厚度。

13.2.7 交变荷载有缺口状态的情况

1. 主要说明

（1）ADS1+S2：对交变荷载计算方法的说明。

（2）ADS1：提供最长使用寿命的简化说明。

（3）ADS2：提供最长使用寿命的详细说明。

2. 适用范围

（1）在循环次数大于 1000 的条件下，提供使用寿命 / 检查期限说明。

（2）计算结果得出强度特性值与时间关系。

（3）交变荷载引起的压力波动，按 ADS1/S2 给予说明。

（4）考虑使用寿命为 20 年，365 个运行日 / 年。

（5）某一结构组件的技术记载可作为构件故障或事故的判据。

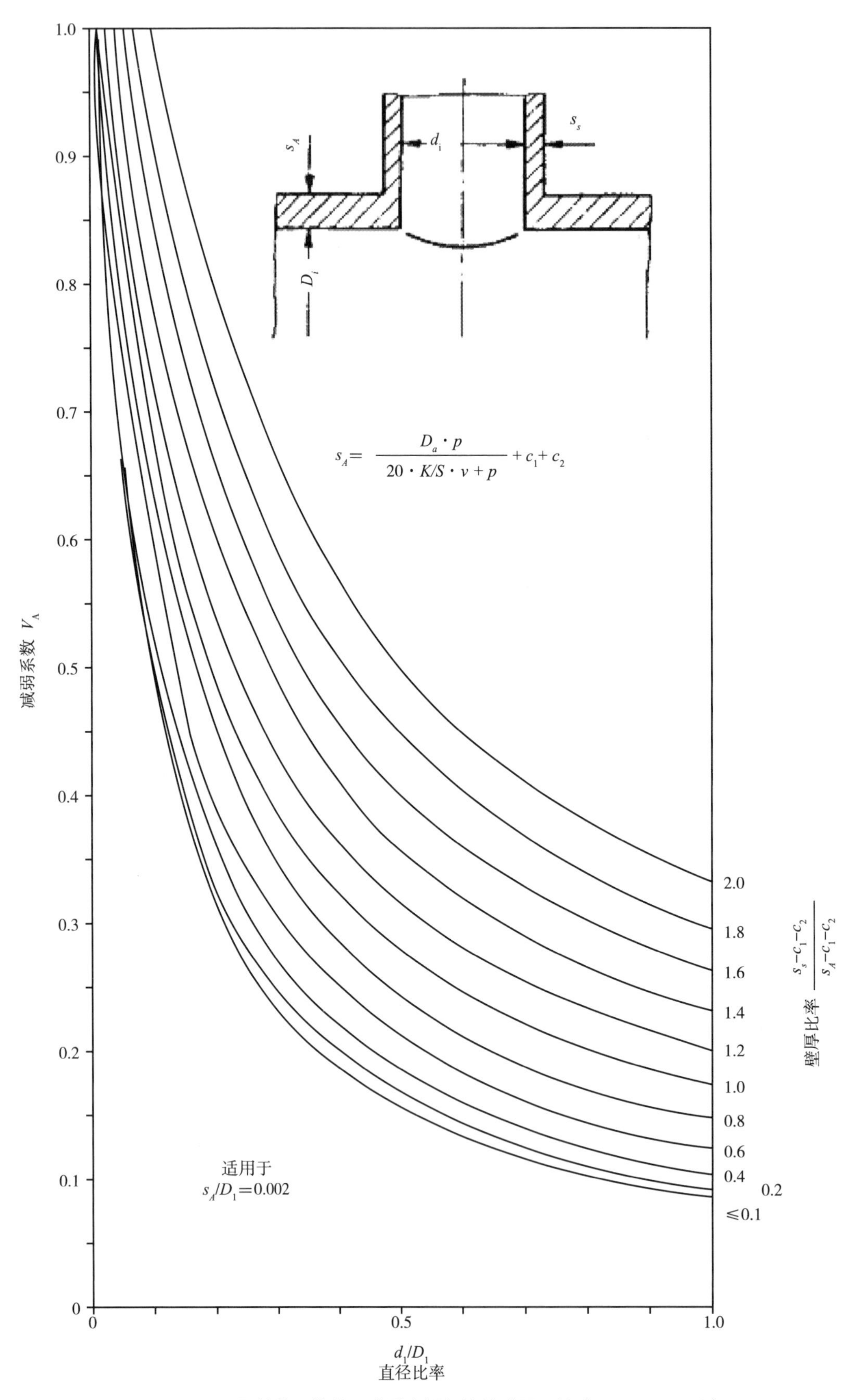

图 13.14　圆柱体和锥体开孔垂直插入接管减弱系数（$s_A / D_i = 0.002$）

3. 交变荷载下，压力容器制作原则

（1）制作时尽可能做到无缺口，例如沟槽、粗糙的断面过渡等应绝对避免。

（2）结构件 / 焊缝表面质量高。

（3）注意在薄壁结构制作时材料的使用。

（4）设计温度应与运行温度相符。

（5）以最薄弱的结构组件的使用寿命确定结构件的总体寿命。

（6）圆柱体切割边缘应去除棱角。

（7）避免有棱角的断面。

（8）法兰端面焊接首选堆焊方法。

虚拟应力波动值：

$$2\sigma_a{}^* = \frac{\eta}{F_{\mathrm{d}} \cdot f_T{}^*} \cdot \frac{(\hat{p}-\breve{p})}{p_r} \cdot \frac{K_{20}}{S} \qquad (13\text{–}9)$$

式中：

η——应力系数；

F_{d}——壁厚修正系数（＞25 mm）；

$f_T{}^*$——温度影响系数（T＞100℃）；

$(\hat{p}-\breve{p})$——压力波动范围；

p_r——许用压力，按 AD–B 为 K20/S；

K_{20}——强度特性值，T=20℃；

S——安全系数，按 AD–BO。

计算公式的虚拟应力波动值 $2\sigma_{\mathrm{a}}^*$，计算得出的数值为图 13.15 中的纵坐标数值，图中四条曲线分别表示如下。

（1）k0：非焊接结构（采用嵌入式接管）。

（2）k1：双面焊或单面焊带封底焊道。

（3）k2：单面焊无封底焊道或双面焊但未焊透。

（4）k3：单面焊或双面焊均未焊透。

接管焊接形式及焊接方式与 k 的关系见表 13.1。

表 13.1　接管焊接形式及焊接方式与 k 的关系

焊接接管示意图	接管说明	焊接方式	k	η
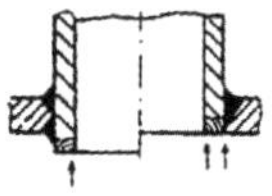	插入式接管	双面焊或 单面焊有封底焊道	k1	3.0
		单面焊无封底焊道	k2	
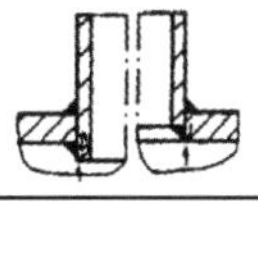	插入式接管（图中左面）	双面焊但未焊透	k2	
	插入式接管（图中右面）		k3	

当图 13.15 中虚拟应力 $2\sigma_{\mathrm{a}}^*$ 确定后，再根据曲线位置，就可最后确定横坐标许用荷载的循环次数。随着压力容器上接头从未焊透到可能焊透直至完全焊透，它所对应许用荷载循环次数逐渐增加，

代表该结构许用寿命的增加。研究表明，接头由于未焊透，造成缺口效应，使该处存在较大应力，甚至远远超过钢的屈服点，在交变应力作用下，这些应力集中处可能造成疲劳裂纹，压力容器应力集中最剧烈处是筒体纵向截面上孔的内转角处及接头未焊透部位。

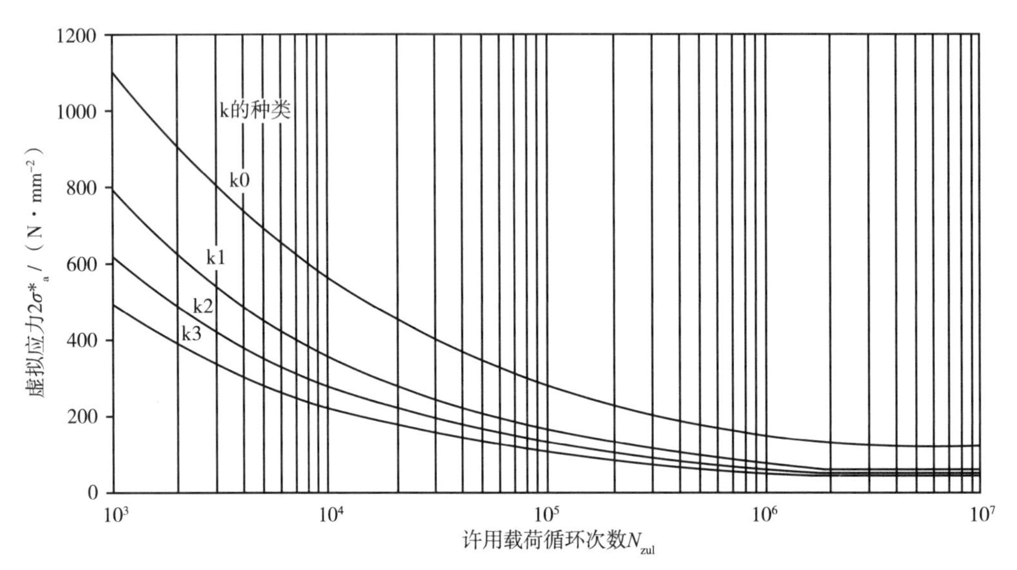

图 13.15 温度 <100℃和壁厚 <25 mm 许用荷载循环次数的测算

13.2.8 压力容器的设计和制造原则

在压力容器的设计和制造中应遵循如下原则。

（1）纵缝和环缝一般用对接接头，且要在整个截面上焊透，特别是纵缝应尽量采用双面焊接，如不可能双面焊，则应通过附加的无损检验来保证与双面焊的质量相同。

（2）两条平行的对接焊缝之间应保证足够的距离。

（3）避免交叉接头，如果焊缝的交叉无法避免，应对焊缝进行消除应力处理和或附加无损检验（如果对构件进行热处理或构件在较高的温度下工作，应在结构决定的封闭空间上开通气孔）。

（4）容器上的开孔不允许在焊缝上，开孔处的焊缝（包括加强板）不应距离焊缝过近，其他焊缝的间距也应保证足够的距离。

（5）不等壁厚对接焊时，注意中心线距离不要太大，否则易产生附加弯矩。相同壁厚对接焊时，对错边量的控制也基于同样的道理。

（6）存在腐蚀的危险时，应避免开放的间隙。

13.3 压力管线的设计和铺设

13.3.1 压力管线的安全评估

首先应对压力管道进行安全性评估，即按 PED 进行。找到对应的曲线图，见安全评估图 13.4 中的形式 6~9，确定下列有关因素：

（1）流体状态（气体、蒸汽、液体）。

（2）流体组群 1 或 2。

（3）公称直径和压力。

安全评估曲线图确定后（图 13.16、图 13.17），再根据该管道的工作压力 *PS* 和公称直径 *DN* 决定类别Ⅰ、Ⅱ或Ⅲ。

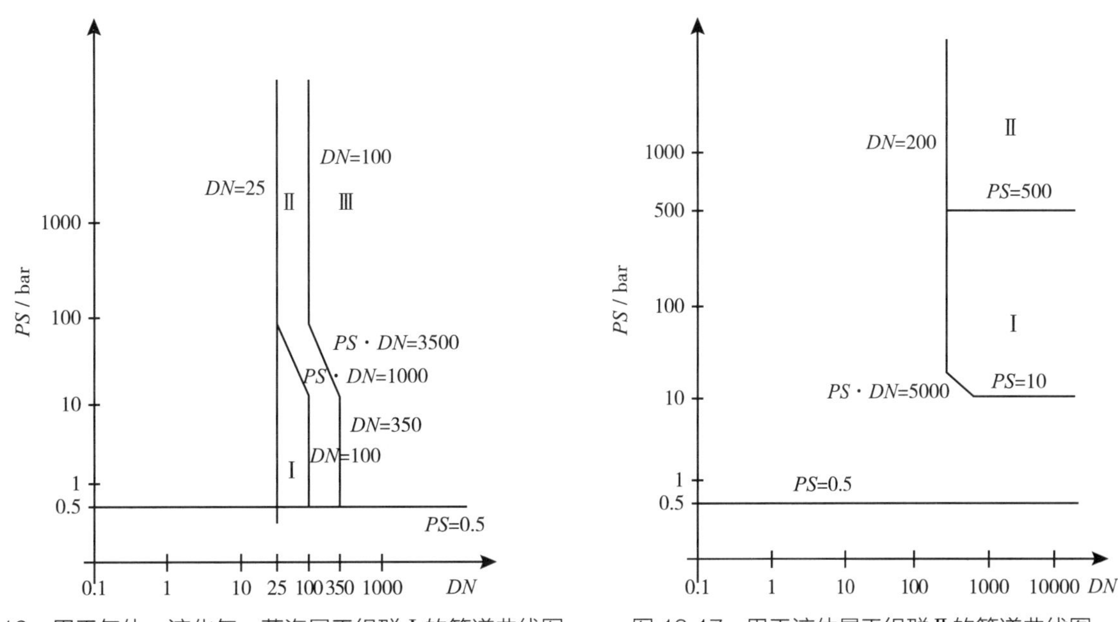

图 13.16　用于气体、液化气、蒸汽属于组群Ⅰ的管道曲线图　　图 13.17　用于液体属于组群Ⅱ的管道曲线图

例如安全评估形式 6，是用于气体、液化气、蒸汽的管道，流体组群 1。安全评估形式 9，是用于液体的管道，流体组群 2。

13.3.2 管道相关尺寸

为使管道安全可靠地运行，需要对管道壁厚进行综合考虑，图 13.18 给出了相关尺寸的规定。

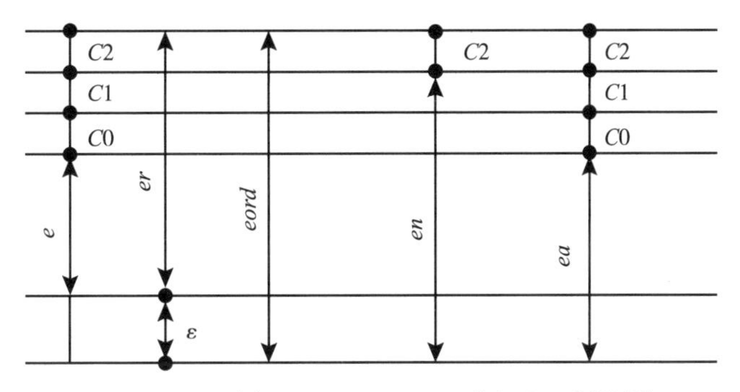

图 13.18　引自 DIN EN 13480“金属工业管道”

在图 13.18 中：*C*0——腐蚀或侵蚀系数；

*C*1——材料标准规定的最低公差值绝对数值或制造商给出的相应规定；

*C*2——加工过程可能产生的壁厚减薄系数（例如：弯管，凹坑，成型切割等）；

e——该压力下的最低壁厚（无补偿和公差按本标准计算时）；

ea——某一结构件进行强度检验时测定的壁厚；

en——公称壁厚（用于标记）；

eord——订货壁厚（此处 *C*2 有时为另例如直管）；

er——最低保证壁厚（包括系数和公差）；

ε——与 *eord* 有关的壁厚系数。

13.3.3 管道计算考虑因素

在 PED 中并没有给出有关管道计算的公式或等式，而只在附录 I 中作了原则性的说明。

计算可以按照新的经协调的标准 DIN EN 13480 等“金属工业管道”，或者 AD2000-HP100R（未经协调的标准）执行。

因为计算方法是根据某一技术规程或某一标准进行的，并不是各个单一的计算结果的综合，所以计算时应考虑到以下因素：①一般运行条件；②总负荷量；③清理管道负荷；④蒸汽吹洗负荷；⑤检验条件。

而且，要确定以下各种负荷：①静态负荷，指所要求的内压；②动态负荷，指冲击负荷，例如蒸汽 / 水的冲击；③动力负荷，指外部负荷，如反作用力，雪或风带来的负荷，温度变化造成的伸缩等。

在地面铺设的管道还应了解下列因素：①承受土地的重量；②伸长阻碍；③山脉坡度影响；④地震。

13.3.4 承受内压的管子 / 弯管计算

承受内压计算时，可参考 AD2000 HP 100R 中的下列标准。

（1）DIN 2413-1，用于直管。

（2）DIN 2413-2，用于弯管。

（3）AD 2000 B9，用于 T 型接管。

（4）AD 2000 B2，用于缩颈管。

（5）AD 2000 B7/8，用于法兰和螺栓。

（6）AD 2000 B13，用于补偿器。

DIN EN 13480（按 PED 经协调的标准）第 3 部分包括了所有管道计算，在 DIN 2413 中有些经证实的公式可以引用，这也是新的计算方法应考虑的。

13.3.4.1 直管在无附加系数时的最低壁厚（计算壁厚）

当$\frac{D_o}{D_i} \leqslant 1.7$：

$$e = \frac{pc \cdot D_o}{2 \cdot f_z + pc} \text{ 或 } e = \frac{pc \cdot D_i}{2 \cdot f_z - pc} \quad (13\text{–}10)$$

当$\frac{D_o}{D_i} > 1.7$：

$$e = \frac{D_o}{2}\left(1 - \sqrt{\frac{f_z - pc}{f_z + pc}}\right) \text{ 或 } e = \frac{D_i}{2}\left(\sqrt{\frac{f_z + pc}{f_z - pc}} - 1\right) \quad (13\text{–}11)$$

式中：

e——所需最低壁厚；

pc——在确定的压力和温度下的计算压力；

$D_{i/o}$——直径（内 / 外）；

f_z——许用应力。

13.3.4.2 弯管壁厚计算（图 13.19）

弯管内侧壁厚：

$$e_{int} = e\frac{(R / D_o) - 0.25}{(R / D_o) - 0.5} \quad (13\text{–}12)$$

弯管外侧壁厚：

$$e_{ext} = e\frac{(R / D_o) + 0.25}{(R / D_o) + 0.5} \quad (13\text{–}13)$$

式（13–12）和（13–13）中，e 为直管壁厚。

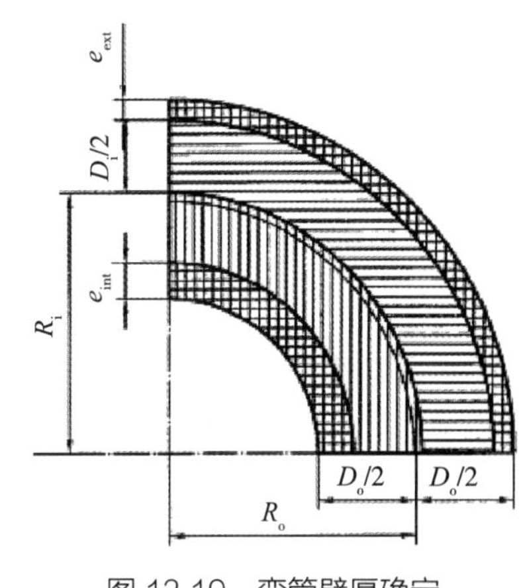

图 13.19　弯管壁厚确定

13.3.5 支撑距离的确定和弹性控制

13.3.5.1 支撑距离的确定

从安全角度出发，在评估某一管道的使用寿命时，还应考虑管道架设时的支撑距离。一个重要的判断标准是“弯距”，即管道架设时可能存在下凹，由此在管壁上会产生应力，此外管子的下凹，使管道内存在水冲击、水滞流、空洞，流体回流亦可造成严重的腐蚀事故等。所有这些问题在确定管道支撑时应给予综合考虑。

确定支撑距离的几个因素：①安装，从安装的角度出发，支撑点越少越经济；②运行，从运行的角度出发，支撑距离越短越能保证流体的输送顺畅；③检验，考虑初检和复检时，支撑点应靠近管线的法兰位置。

13.3.5.2 弹性控制

保证管道具有足够的弹性是管道安装的安全需要。管道存在的热伸长或者与容器连接的热伸长，将使管道系统有弯曲变形或剪切变形的趋势，一般情况是将这种作用转化成某种形式的位移来吸收这种热变形，以保证整个管道系统的安全性。

管道铺设时常用的几种形式见图 13.20。

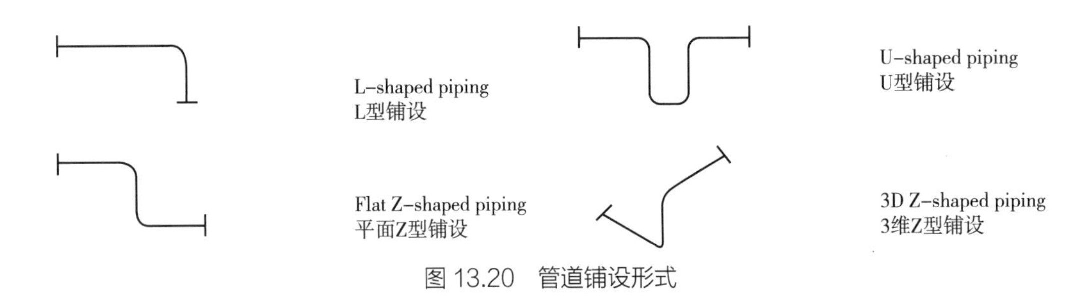

图 13.20　管道铺设形式

对于长输管线，可视为无弯头两端固定的一段直管线，如图 13.21 所示。工程中管线的铺设长度应该是这段管线的实际距离 L_0 再加上补偿长度 L_A。

$$L_A = \sqrt{\frac{3 \cdot E \cdot D_a \cdot f \cdot S}{10^6 \cdot K \cdot v}} \tag{13-14}$$

式中：

L_A——补偿长度；

S——安全系数；

E——弹性模数；

K——强度特性值；

D_a——管子外径；

v——焊接接头系数；

f——位移量（近似为 $\Delta L = \alpha \cdot \Delta t \cdot L_0$）。

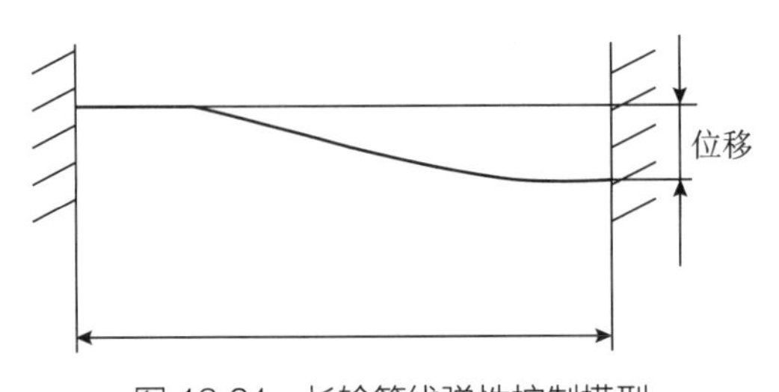

图 13.21　长输管线弹性控制模型

上述补偿长度除了可以计算得出外，还可以利用图 13.22 的坐标图得到。

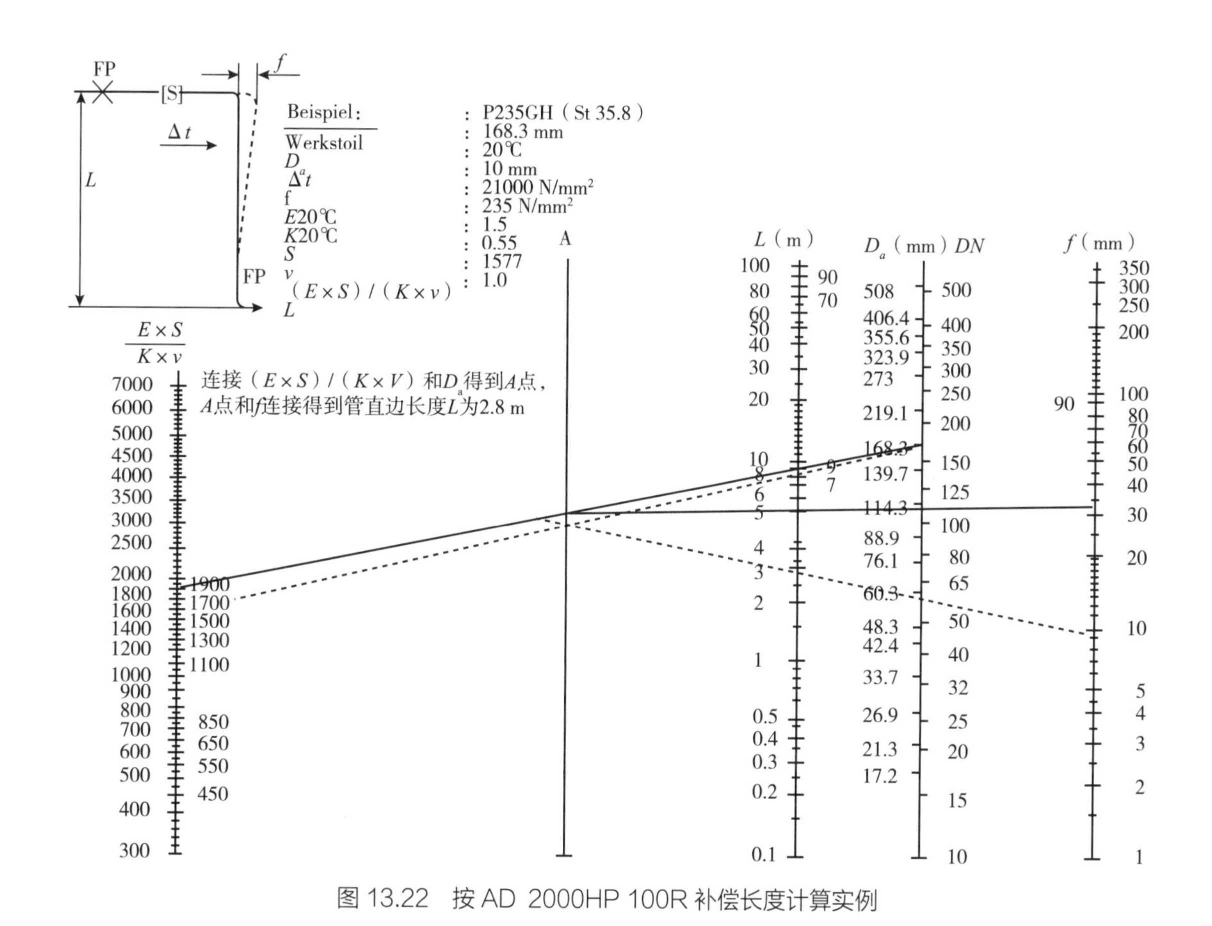

图 13.22　按 AD 2000HP 100R 补偿长度计算实例

【例】按照 L 型铺设管线，如图 13.23（双向管道伸长）。L_1 和 L_2 造成的位移会使得管线自由伸缩而无附加应力，那么铺设管线时应按照环境达到最高温度时来补偿铺设管线的工程长度。

材料　P235GH（St 35.8）

D_a　168.3 mm

Δt　200℃

L　12.3 m

f_1　30 mm（由 L_1 产生的位移）

E200℃　191000N/mm²

K200℃　185N/mm²

S　1.5

V　0.85

$\frac{(E \cdot S) \cdot i_x}{(K \cdot v)}$　1822

α　$12.2 \cdot 10^{-6} K^{-1}$

i_x　1.0

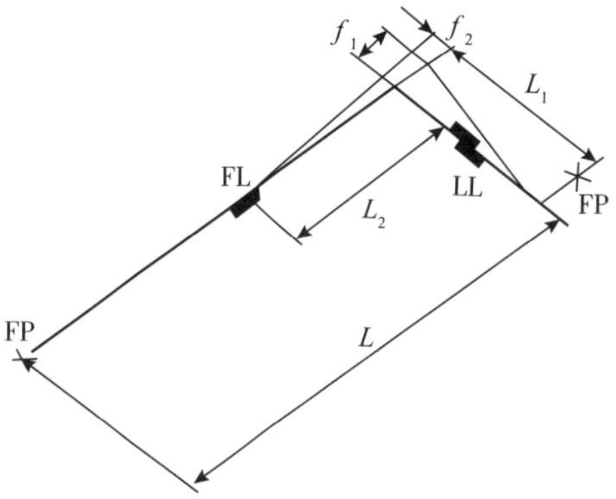

FP—固定支点；FL—滑动支点；LL—活动支点。

图 13.23　L 型铺设示例

1）f_1 管线长度 L_1 产生的位移

连接（$E \cdot S$）·i_x /（$K \cdot v$）轴上的点 1822 和 D_a 轴上的点 168.3，相交到 A 轴上的点，再连接 A

轴上的相交点与 f 轴上的 f_1 点 30，得到要求的管线补偿长度 $L_{1A}=5.3$ m。

2）f_2 管线长度 L_2 产生的位移

$f_2=13$ mm。同样做法，得到要求的管线补偿长度 $L_{2A}=3.5$ m。

工程中共补偿长度 $L_{1A}+L_{2A}=5.3+3.5=8.8$ mm

13.4 焊接接管结构设计

锅炉承压部件和压力容器由于频繁启停，工作应力会出现周期性变化，在使用期限内，应力变化次数不会超过 10^5，但在应力集中部位，比如接管边缘，这里的应力峰值可能会达到平均应力的 3 倍以上，而这足以使这些区域产生局部塑性应变而导致疲劳破坏，这种称为低周疲劳破坏。

实验表明，疲劳裂纹均萌生于壳体与接管内壁转角的纵向截面上，如图 13.24 中的 A 处，该处应力集中系数最大。因此，优化此处的结构设计对提高疲劳寿命非常重要。或者说，压力装置上的接管处是最薄弱部位，采用低应力集中的结构形式会提高整个压力装置的使用寿命。

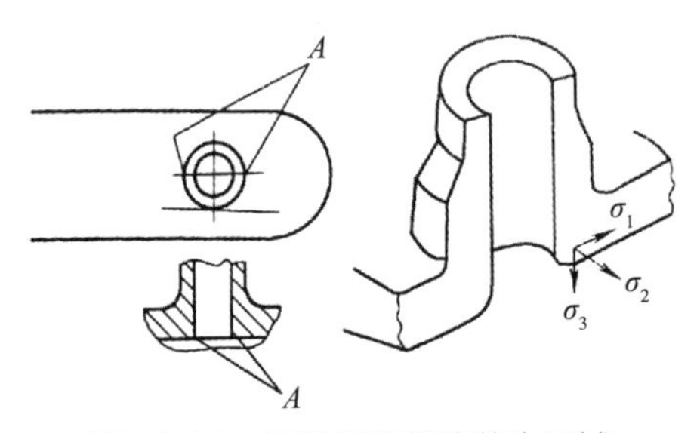

图 13.24 低周疲劳裂纹萌生区域

图 13.25 给出了压力容器中低应力集中的几种接头结构形式，图 13.26 给出了压力容器中高应力集中的几种接头结构形式。应力集中高低除了与接头结构形式的设计有关外，还与制造中采用什么

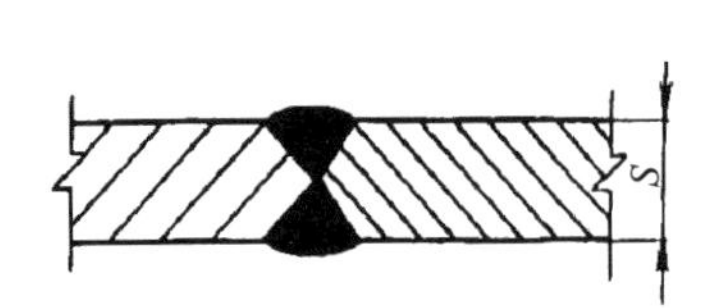

（a）壳体纵环缝全焊透对接

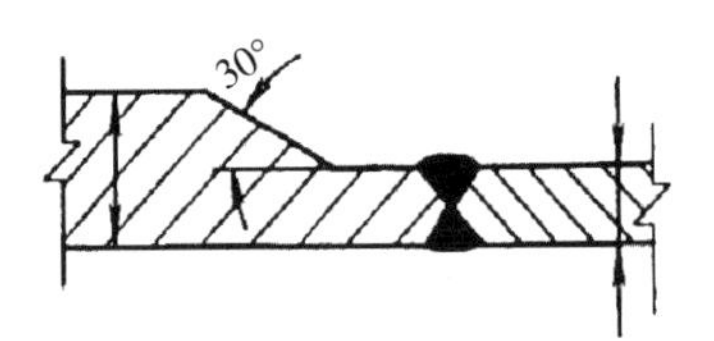

（b）不等壁厚壳体纵环缝全焊透对接

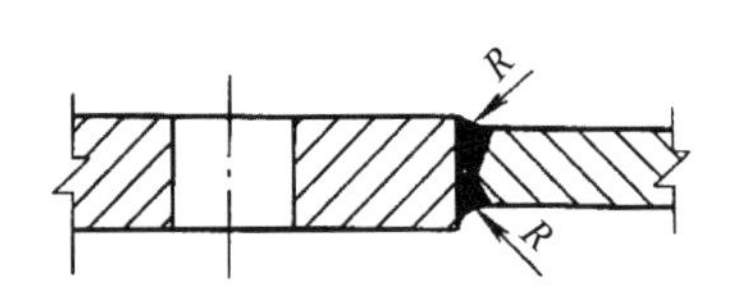

（c）法兰与壳体对接，角焊缝表面修磨成圆弧

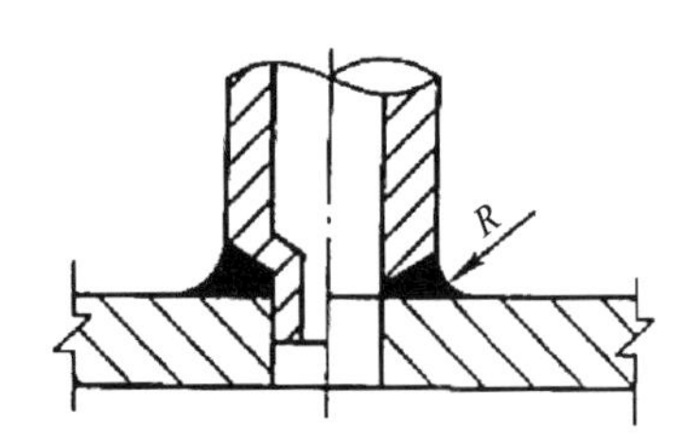

（d）骑座式接管后扩内孔，角焊缝表面修磨

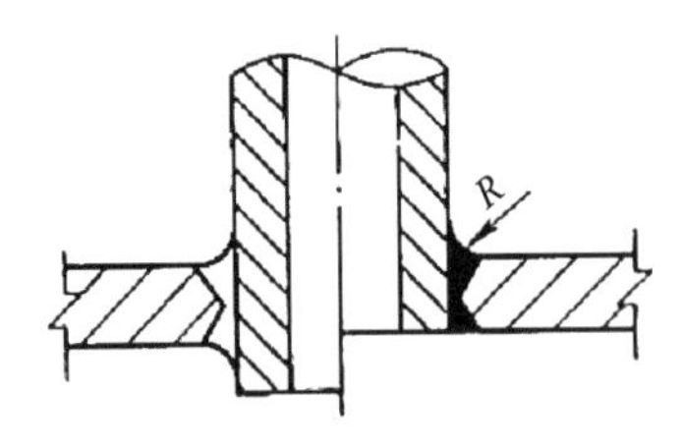

（e）插入式接管全焊透，角焊缝表面修磨

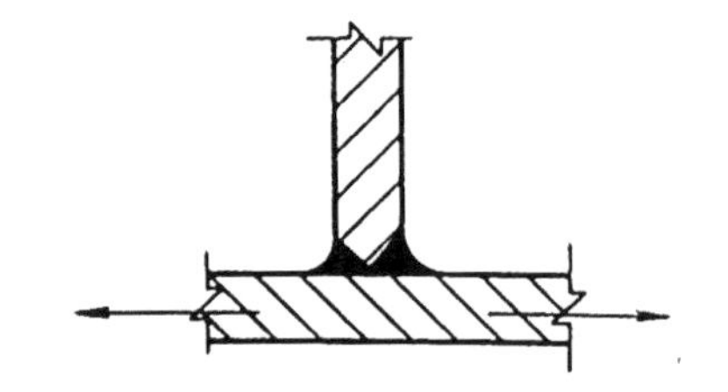

（f）附件与壳体全焊透，角焊缝表面修磨

图 13.25 低应力集中的接头结构形式

焊接工艺有关。在本册第 3 章“焊接接头设计基础”可知，一般全焊透结构的应力集中较低，未焊透结构的应力集中较高。在承受交变荷载的受承压元件中，尽可能不采用非焊透结构。

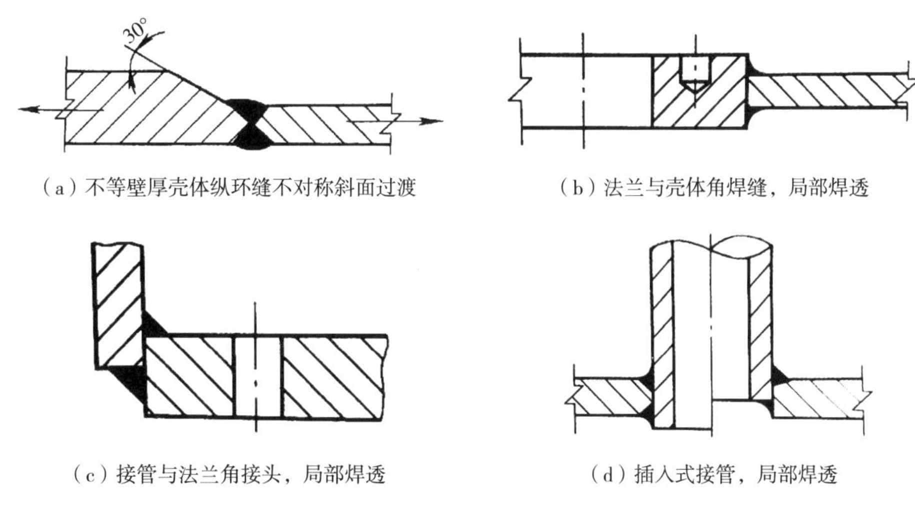

（a）不等壁厚壳体纵环缝不对称斜面过渡　（b）法兰与壳体角焊缝，局部焊透

（c）接管与法兰角接头，局部焊透　（d）插入式接管，局部焊透

图 13.26　高应力集中的接头结构形式

13.4.1 容器上的焊接接管结构

从设计的角度出发，开坡口是为了焊透，无论是插入式还是骑座式接管，只要结构设计上有开坡口且坡口角度足够大，就都属于焊透结构。但制造过程中是否能够保证焊透，还取决于所选用的焊接方法，以及是否双面焊接等因素。

图 13.27 是压力容器中常见的接管结构形式，图 13.27 中（c）图焊接后采用内孔加工是可以保证根部焊透的;（d）图是带加强圈的接管形式，这里既要求壳体与接管焊透，又要求加强圈与接管焊透，图示的结构在设计上看似没有问题，但是制造过程中实现起来有难度，因为壳体与接管的焊缝表面是凸起的，打磨时就需要非常小心，如果将壳体与接管的焊接坡口改成内部的单边 V 型，制造过程会更方便些;（e）图实现焊透也有一定难度，因为焊接角度不是很理想，坡口形式还可以改进得更好;（g）图嵌入式接管和（h）图凸颈式接管都是低应力集中的对接焊缝，完全可以实现焊透，但是这两种结构接管的制造成本会大大增加。

13.4.2 管道上的焊接接管结构

管道上的接管焊接制作难度要比容器上的接管大很多，因为管道的主管与接管直径相差不大，焊缝在三维方向上都要有变化，在不同部位的坡口也会有很大差别，尤其是支管斜接形式。这样不仅增加了焊接操作难度，也增加了坡口加工的难度，所以接管工作对焊工的操作技术和坡口加工精度要求都很高。图 13.28 是管道上常见的接管结构形式。

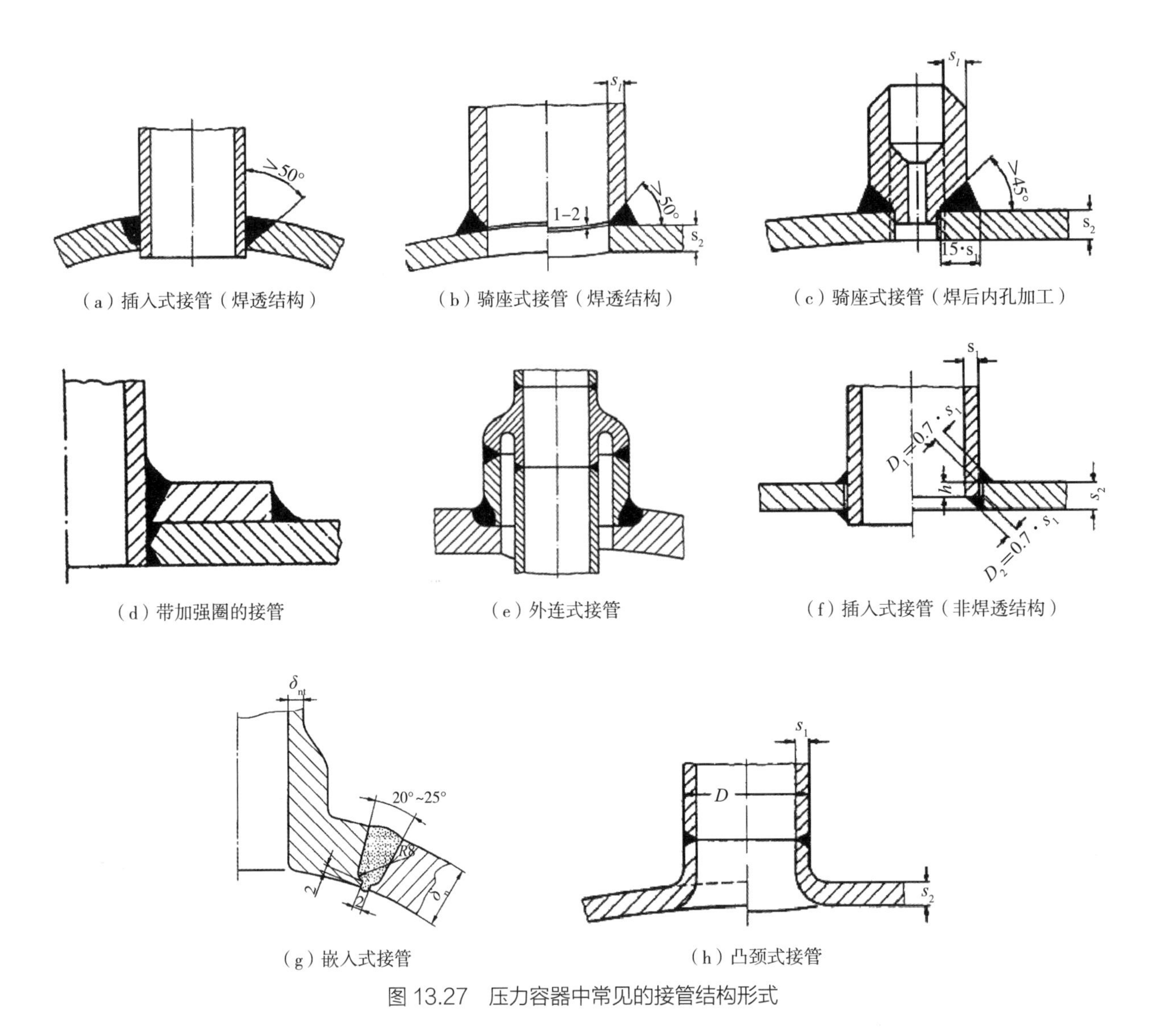

（a）插入式接管（焊透结构）　（b）骑座式接管（焊透结构）　（c）骑座式接管（焊后内孔加工）

（d）带加强圈的接管　（e）外连式接管　（f）插入式接管（非焊透结构）

（g）嵌入式接管　（h）凸颈式接管

图 13.27　压力容器中常见的接管结构形式

13.4.3 管子与管板焊接结构

换热器上特殊的结构是管子与管板之间的焊接，图 13.29 给出了几种常见的管子与管板焊接接头结构形式。在这类结构中，管子与管板之间的缝隙可能会加剧产品的腐蚀，而且焊缝尺寸较小，一般要采用焊接加胀接的工艺实现产品制造。

13.5 我国及其他国家常用压力装置相关标准

我国的压力装置国家标准在主体上都以设计规范为主，不同于包含质量保证体系的 ASME 规范。为保证安全性，政府部门颁布了一系列压力装置安全技术法规，并由法定的压力装置安全检验机构根据承压产品所使用的标准、法规，来监督和控制压力装置所涉及的制造和检验等各个环节。压力容器技术标准和安全技术法规同时实施，以 GB/T 150 为核心的国家质量标准和以“容规”“锅规”

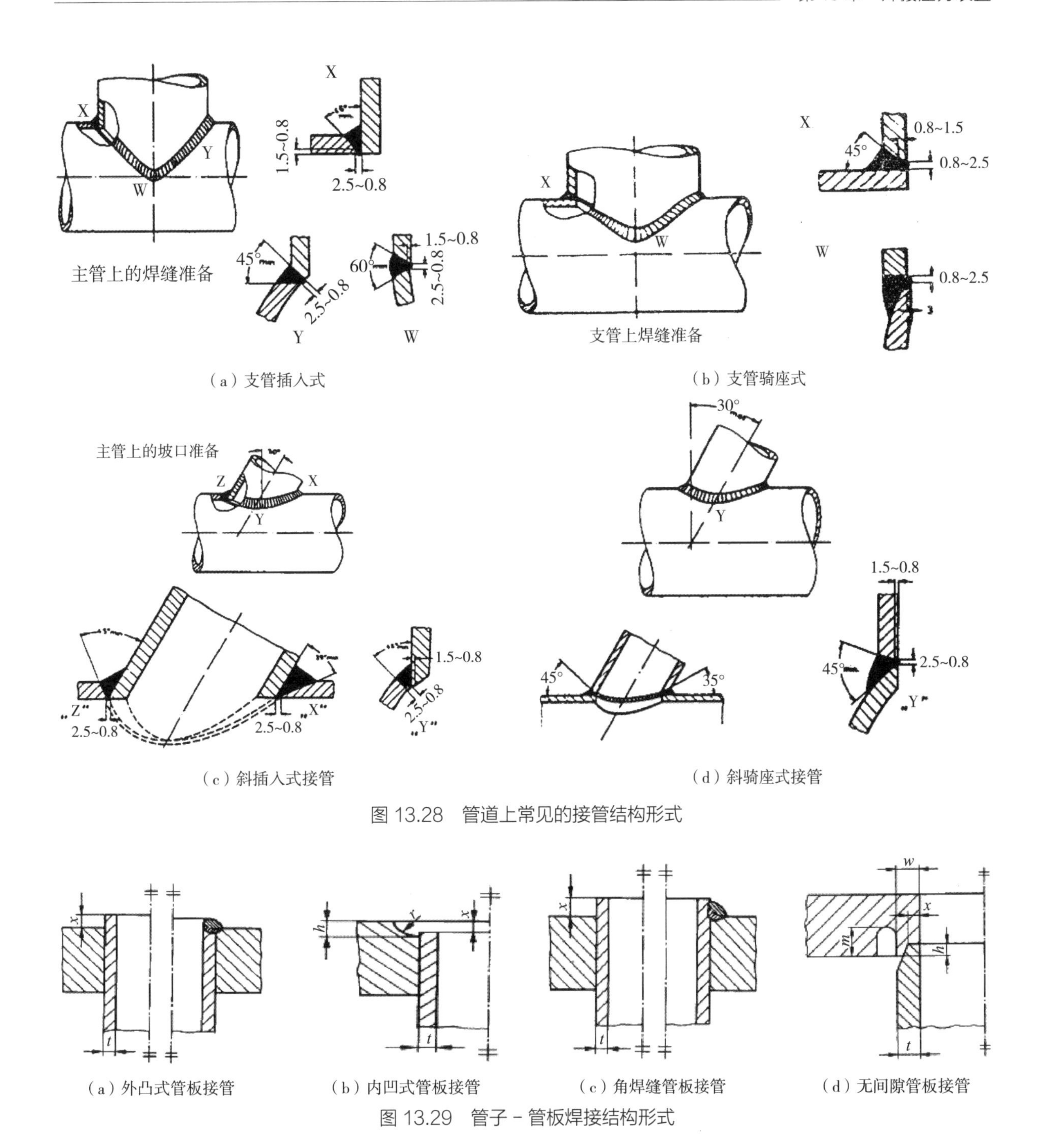

（a）支管插入式　（b）支管骑座式

（c）斜插入式接管　（d）斜骑座式接管

图 13.28　管道上常见的接管结构形式

（a）外凸式管板接管　（b）内凹式管板接管　（c）角焊缝管板接管　（d）无间隙管板接管

图 13.29　管子－管板焊接结构形式

等为核心的安全管理法规形成了一个完整的标准和法规体系，两者往往相辅相成，因为国内很多压力装置制造企业会同时生产锅炉、压力容器及其他压力装置。在实际工作中执行标准和法规时，应有所侧重，遇到两者不一致时，出于安全性考虑，应该执行较严格那个。

13.5.1 GB/T 150–2011《压力容器》

GB/T 150–2011《压力容器》是由《钢制压力容器》更改而来的，并于 2012 年 3 月 1 日实施。

内容由通用要求，材料，设计，制造、检验和验收四部分组成。与 GB/T 150–1998 相比，主要技术变化是：扩大了标准的适用范围；修改了容器建造参与方的资格和职责要求；修订了确定许用应力的安全系数；增加了满足特种设备安全技术规范所规定的基本安全要求的符合性声明；增加了采用标准规定之外的设计方法的实施细则；增加了进行容器设计阶段风险评估的要求和实施细则。

GB/T 150 在编制和修订过程中主要参照了 ASME 规范，标准中大部分与 ASME 规范一致，而不一致部分 GB/T 150 比 ASME 要求更加严格。

GB/T 150 根据压力、介质和 $P \cdot L$ 值将压力容器划分为三大类（Ⅰ、Ⅱ、Ⅲ类），再根据其容器的用途、形式，又分为若干级。

该标准规定了固定式压力容器的设计、制造、检验和验收要求，其适用范围如下：

（1）设计压力：0.1 MPa ≤ P ≤ 35 MPa，其他金属材料制容器按相应引用标准确定。

（2）设计温度：–269℃ ~ 900℃，钢制容器不得超过按 GB 150.2 中列入的材料允许使用温度，其他金属材料制容器按相应引用标准中列入的材料允许使用温度确定。

（3）不适用核能装置中存在中子辐射损伤失效风险的容器，直接火焰加热容器和移动式容器等。

13.5.1.1 焊接接头分类

在 GB/T 150 中，把容器主要受压部分的焊接接头按其受力状态及所处部位分为 A、B、C、D、E 五类，见图 13.30，在实际生产中有一些部位还需要堆焊，可以将这类接头列为 F 类。

A 类接头包括：圆筒部分的纵向接头（包括大直径接管的纵向对接接头），球形封头与圆筒连接的环向接头，各类凸形封头中的所有拼焊接头，球形容器橘瓣之间的对接接头，嵌入式接管与壳体或封头间的对接接头。

B 类接头包括：圆柱形、锥形筒节之间的环向对接接头，锥形封头小端与接管的对接接头，除球形封头外的各种凸形封头与筒体连接的环形对接接头，长颈法兰与接管连接的接头。

C 类接头包括：平封头、端盖、管板、法兰与筒体非对接接头，法兰与接管连接的接头，内凹封头与筒身的搭接接头以及多层包扎容器层板间纵向接头。

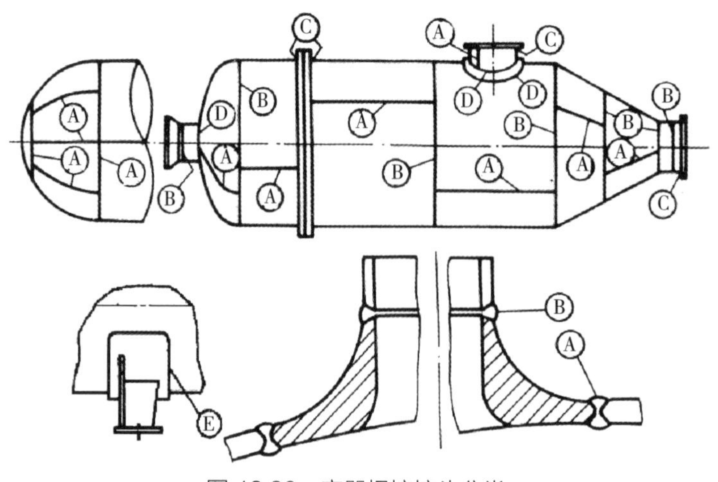

图 13.30 容器焊接接头分类

D类接头是指：接管、人孔圈、凸缘、补强圈等与壳体连接的接头。

E类接头是指：吊耳、裙座、支座及各种内件与筒体或封头连接的角接接头，是非受压元件与受压元件之间的焊接接头。

F类焊接接头是指在筒身、封头、接管、法兰和管板表面上堆焊的接头。

13.5.1.2 焊接接头系数 φ

焊接接头系数根据焊缝形式和无损检测确定。

双面焊对接接头（全焊透）：焊缝100%检测，$\varphi=1$，焊缝部分检测，$\varphi=0.85$。

单面焊对接接头（背面衬垫）：焊缝100%检测，$\varphi=0.9$，焊缝部分检测，$\varphi=0.8$。

13.5.1.3 焊接及检验

1）对焊前准备和焊接工艺的具体要求

比如：环境温度低于-20℃或湿度大于90%等情况下禁止施焊；受压元件的焊缝、受压元件与非受压元件的焊缝、熔入焊缝内的固定焊缝、受压元件表面堆焊和补焊，以及返修焊缝都需要做焊接工艺评定并合格。

2）对焊缝表面形状尺寸及外观的要求

比如：对A、B类焊接接头的焊缝余高做出相应规定；对C、D类接头的焊脚尺寸做出相应规定；对所有焊接接头表面按相关标准进行外观检查；对Cr–Mo低合金钢制造的容器、承受循环荷载的容器、低温容器等的焊缝表面不得有咬边。

3）对射线和超声检测的要求

比如：压力≥1.6 MPa的Ⅲ类容器、焊接接头系数1.0的容器、温度低于-40℃或厚度大于25 mm低温容器等容器，上面的A和B类焊接接头全部（100%）射线或超声检测。

4）对表面磁粉或渗透检测的要求

比如：低温容器上的经修磨的接头表面、复合钢板的覆层焊接接头、堆焊表面等要进行磁粉或渗透检测。

13.5.2 GB/T 151–2014《热交换器》

国家标准化管理委员会2014年发布了国标GB/T 151–2014《热交换器》，实施日期为2015年5月1日。GB/T 151–2014《热交换器》代替GB/T 151–1999《管壳式换热器》，基本参照美国TEMA换热器制造标准，从属压力容器范畴，依托于GB/T 150，理论基础、安全系数、许用应力、材料选择、通用要求等方面与GB/T 150相同，强度设计只针对换热器特定受压元件。

GB/T 151–2014《热交换器》包括：术语和定义，通用要求，材料，结构设计，设计计算，制造，检验与验收，安装，操作和维护共九章和附录A~ M。与GB/T 151–1999相比，主要技术变化是：修改了标准名称，扩大了标准适用范围；提出了热交换器的通用要求；规定了其他结构类型的热交换器所依据的标准；修订了管壳式热交换器的适用参数范围；增加了热交换器传热计算的基本要求；提高了管壳式热交换器管束的尺寸精度要求；修订了换热管与管板的连接，增加了胀接连接的胀度计算公式及胀度控制值，修订了强度焊接的定义及结构形式，增加了内孔焊；修订了单管板设计计算，增加了双管板设计计算。增加了附录中的多项内容。

常用的热交换器主要有：①固定管板式热交换器；②浮头式热交换器；③ U 型管式热交换器等。

适用范围：①公称直径 $DN \leqslant 4000$ mm；②公称压力 $PN \leqslant 35$ MPa；③压力和直径乘积 $PN \times DN \leqslant 2.7 \times 104$。

为适应生产需要，国内对生产较多的换热器实行了标准化，除 GB/T 151 之外，可选用的标准有 JB/T 4714–1992《浮头式换热器和冷凝器式与基本参数》、JB/T41715–1992《固定管板式与基本参数》等。

13.5.3《固定式压力容器安全技术监察规程》

《固定式压力容器安全技术监察规程》简称“容规”，属于特殊设备安全技术规范，编号 TSG 21–2016。2016 年 2 月 22 日质检总局 2016 年第 16 号公告，正式发布《固定式压力容器安全技术监察规程》（大规范，简称大容规），于 2016 年 10 月 1 日起施行，代替 TSG R0001–2004《非金属压力容器安全技术监察规程》、TSG R0002–2005《超高压容器安全技术监察规程》、TSG R0003–2007《简单压力容器安全技术监察规程》、TSG R0004–2009《固定式压力容器安全技术监察规程》及 TSG R5002–2013《压力容器使用管理规则》、TSG R7001–2013《压力容器定期检验规则》、TSG R7004–2013《压力容器监督检验规则》中有关固定式压力容器的内容。

大容规制订的基本原则如下：

（1）以现有的七个规程为基础，进行了合并以及逻辑关系上的理顺，统一并且进一步明确基本安全要求，形成关于固定式压力容器的综合规范。

（2）根据新修订的特种设备目录，调整适用范围，统一固定式压力容器的分类。

（3）根据行政许可改革的情况，调整各环节有关的行政许可要求。

（4）整理国家质检总局近年来针对压力容器安全监察的有关文件，汇总原规程实施中存在的具体问题，增补相应内容，重点解决当前存在的突出问题。

（5）扩展材料范围，重点解决铸钢、铸铁材料技术要求（安全系数、化学成分、力学性能和适用范围），增加非焊接瓶式容器高强钢材料技术要求。

（6）按照固定式压力容器各环节分章进行描述，每个环节的边界尽可能清晰，明确相应的主体责任（如明确耐压试验介质、压力、温度，无损检测方法、比例，热处理等技术要求由设计者提出并且放到相应设计章节）。

（7）理顺法规与标准的关系，整合、凝练固定式压力容器基本安全要求，将一些详细的技术内容放到相应的产品标准中去规定。

新“容规”的适用范围：①工作压力 $\geqslant 0.1$ MPa 的压力容器；② $P \cdot V \geqslant 2.5$ MPa · L。

新“容规”目录如图 13.31 所示。

13.5.4《锅炉安全技术监察规程》

《锅炉安全技术监察规程》简称“锅规”，属于特种设备安全技术规程，编号 TSG G0001-2012，由国家质量安全技术监督局于 2012 年 10 月发布，2013 年 6 月起实施。用于以水为介质的固定式蒸汽锅炉以及锅炉范围内的管道的设计、制造、安装和使用的监督。

根据设计压力和工作温度将锅炉分为 4 级（A、B、C、D），其中 A 级最高。

适用范围：①工作压力≥ 0.1 MPa；②容积≥ 30 L。

“锅规”目录如图 13.32 所示。

第一章　总则
第二章　材料
第三章　设计
第四章　制造
第五章　安装、改造与使用修理
第六章　监督检验
第七章　使用管理
第八章　定期检验
第九章　安全附件及仪表
第十章　附则
附件 A　固定式压力容器分类
附件 B　压力容器产品合格证

图 13.31　新“容规”目录

第一章　总则
第二章　材料
第三章　设计
第四章　制造
第五章　安装、改造、修理
第六章　安全附件和仪表
第七章　燃烧设备、辅助设备及系统
第八章　使用管理
第九章　检验
第十章　热水锅炉及系统
第十一章　有机热载体锅炉及系统
第十二章　铸铁锅炉
第十三章　D 级锅炉
第十四章　附则

图 13.32　“锅规”目录

13.5.5 美国 ASME BPVC 法规简介

ASME 是美国机械工程师协会（American Society of Mechanical Engineers）的英文缩写，它负责编写 ASME BPVC（ASME Boiler and pressure Vessel code），即锅炉和压力容器法规。目前最新版是 2021 版。

它规定了设备再制造和安装中所要求的所有环节的最低要求，但也是强制性执行的标准。

现在国内大多数压力容器制造厂，取得美国 ASME 规范产品授权证书和规范钢印、ASME 规范标准属产品标准，得到了 ASME 授权和钢印后，表示该制造厂在安全、寿命、性能、使用上完全满足了用户的要求。ASME 规范对制造厂家的产品的质量保证起到重要作用。国内有些机构将 ASME 规范编写成实施导则，使得标准在执行时更加便利、更易理解。

ASME 规范的类型包括：①建造规范第Ⅰ、Ⅲ、Ⅳ、Ⅷ、Ⅹ、Ⅻ卷；②参考规范Ⅱ、Ⅴ、Ⅸ；③运行规范Ⅵ、Ⅶ；④检验规范Ⅺ（在役）。

ASME 法规目录如图 13.33 所示。

Ⅰ 动力锅炉建造规则
Ⅱ 材料（A 篇 - 铁基材料、B 篇 - 非铁基材料、C 篇 - 焊接材料、D 篇 - 性能数据）
Ⅲ 核设施组件建造规则
Ⅳ 采暖锅炉建造规则
Ⅴ 无损检测
Ⅵ 采暖锅炉维护与运行推荐规则
Ⅶ 动力锅炉维护推荐指南
Ⅷ -1 压力容器建造规则
Ⅷ -2 另一规则
Ⅷ -3 高压容器建造规则
IX 焊接、钎焊、粘接工艺评定，焊工、钎焊工、操作工评定
X 纤维增强塑料压力容器
XI 核动力部件在役检验规则
XII 运输罐建造和延续使用规则

图 13.33 ASME 法规目录

13.5.6 美国 API 标准

美国石油学会（American Petroleum Institute），简写为 API，是美国工业主要的贸易促进组织，又是集石油勘探、开发、储运、销售为一体的行业协会性质的非营利性机构。API 的主要宗旨是“通过影响公共策略以有力有效的支持美国石油天然气产业”。API 的一项重要任务，就是负责石油天然气工业用设备的标准化工作，以确保所用设备的安全、可靠和互换性。API 现有近 700 多个标准及推荐做法，覆盖石油天然气各个领域。

API 标准主要是规定设备性能，有时也包括设计和工艺规范，标准制订领域包括石油生产、炼油、测量、运输、销售、安全和防火、环境规程等，其信息技术标准包括石油和天然气工业用 EDI、通信和信息技术应用等方面。

API 标准共分三大类：①石油设备设计及制造规范；②石油设备使用及维护推荐做法；③钻井及采油作业推荐做法。

API 是 ANSI 认可的标准制定机构，其标准制定遵循 ANSI 的协调和制定程序准则，API 还与 ASTM 联合制定和出版标准，还参加 ISO 标准的制定工作。API 标准应用广泛，不仅被国内企业采用和被美国联邦和州法律法规以及运输部、国防部、职业与健康管理局、环境保护署等政府机构引用，而且也在世界范围内被 ISO、国际法制计量组织和 100 多个国家标准所引用。

参考文献

[1] 邢晓林．化工设备［M］．北京：化学工业出版社，2019.
[2] 王非．化工压力容器设计［M］．北京：化学工业出版社，2007.
[3] 中国机械工程学会焊接学会．焊接手册［M］．北京：机械工业出版社，2016.
[4] GSI.SFI-Aktuell［M］. Duisburg: Gesellschaft für Schweiβtechnik International mbH, 2010.
[5] ASME BPVC CC BPV:2021［S/OL］．［2021-12］. https://www.beuth.de/en/technical-rule/asme-bpvc-cc-bpv/334048844.

[6] AD 2000 Code in English：2002 [S/OL]. [2002-09]. https://www.beuth.de/en/publication/ad-2000-code-complete-with-ring-binder/48738881.

[7] DIRECTIVE 2014/68/EU OF THE EUROPEAN PARLIAMENT AND OF THE COUNCIL：2014 [S/OL]. [2014-07]. https://eur-lex.europa.eu/legal-content/EN/TXT/PDF/?uri=CELEX:02014L0068-20140717&from=EN.

[8] 全国锅炉压力容器标准化技术委员会. 压力容器相关标准汇编 [M]. 北京：中国标准出版社，2015.

[9] 固定式压力容器安全技术监察规程：TSG21：2016 [S/OL]. [2016-12]. https://www.samr.gov.cn/tzsbj/zcfg/aqjsgf/ 202-006/ P020200622398887241379.pdf.

[10] 锅炉安全技术监察规程：TSG G0001：2012 [S/OL]. [2012-11]. https://www.samr.gov.cn/tzsbj/zcfg/aqjsgf/aqjsgf/ 2019-06/P020190 621529713042595.pdf.

本章的学习目标及知识要点

1. 学习目标

（1）了解各种压力装置的结构特点。

（2）理解压力容器主要部件的设计计算准则。

（3）理解温度对长输管线产生的影响。

（4）熟悉压力装置所用的国内外规程、法规、标准。

（5）知道压力容器设计和制造的基本原则。

2. 知识要点

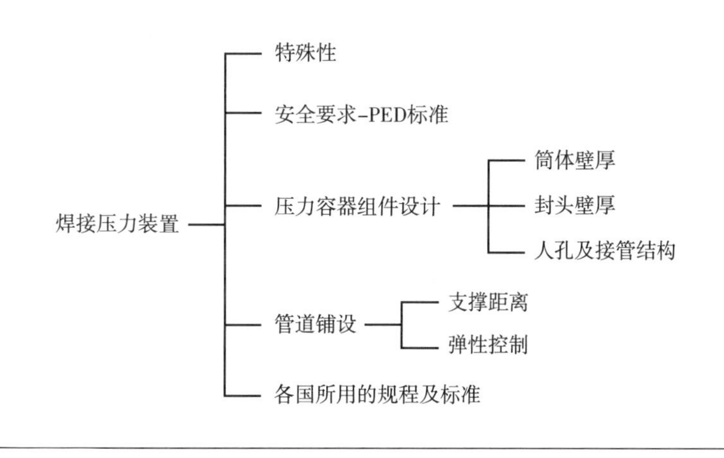

第14章

铝合金焊接结构

编写：吕同辉　审校：钱　强

本章介绍铝及铝合金结构轻型化的特点，并以铝及铝合金材料的物理和力学特点为基础，介绍铝合金焊接结构的设计标准和焊接接头的结构特点。主要关注铝合金焊接接头强度的变化规律、铝合金焊接接头坡口设计特点和铝合金挤压型材在焊接结构设计中的主要优势。

14.1 概述

铝是目前使用量仅次于铁的第二大类金属，其具有重量轻、耐蚀性好和耐低温等优良特性，所以被广泛用于各种应用领域。基于节省能源、降低制造成本等方面的考虑，结构设计和制造一般追求轻量化，所以铝及铝合金因其轻质的特性成为结构用材料也就顺理成章。另外，铝合金焊接技术的不断发展，满足了结构制造高效率的要求也是铝结构使用越来越广泛的原因。选择焊接方法时，可以选择成熟、高效率的 MIG 焊方法，而不仅仅是传统的气焊、TIG 等低效率的传统方法。

14.1.1 主要标准

由于铝结构的应用日益广泛，各国也制订了相关的标准，主要设计和制造标准见表 14.1。

表 14.1　主要设计和制造标准

标准号	主要内容
EN 1999-1-1	铝结构设计——通则
EN 1999-1-3	铝结构设计——疲劳设计
EN 1090-3	钢结构和铝结构的施工 第 2 部分：钢结构用技术要求
AWS D1.2	结构焊接规程——铝
GB 50429	铝合金结构设计规范
DVS 1608	轨道车辆铝结构焊接

14.2 铝结构的应用

14.2.1 铝合金结构设计特点

本章节介绍的是铝结构的设计，但在结构计算和分析方法上，铝结构与钢结构基本相同（使用极限状态设计法，满足强度设计、稳定性设计和刚度设计）。在欧洲结构标准体系中，不管是钢结构还是铝结构，结构设计基础都根据 EN 1990 设计、根据 EN 1991 确定荷载，但其材料的力学性能（表 14.2）、焊接接头性能（焊缝的许用应力）等方面又不同于钢结构，所以在结构和接头的设计和制造上还是有所不同，本章节主要关注以上不同点。

铝与钢相比重要的区别：①铝及其合金的弹性模量低；②铝及其合金焊接热影响区性能变化较大；③铝及其合金挤压成型性好；④使用铝及其合金可以减少轻型结构质量。

铝和钢重要性能的比较见表 14.2。

表 14.2　铝和钢重要性能的比较

性能参数	铝	结构钢
密度	2.7 g/cm^3	7.8 g/cm^3
弹性模量	70000 N/mm^2	210000 N/mm^2
剪切模量	26500 N/mm^2	81000 N/mm^2
延伸率	0.33	0.30
热膨胀系数	23.5×10^{6} 1/K	12×10^{6} 1/K
屈服强度	20~470 N/mm^2	240~960 N/mm^2
抗拉强度	70~520 N/mm^2	360~1100 N/mm^2
热传导系数	235 W/（m・K）	45 W/（m・K）

铝结构重量轻是其重要特点，但重量轻并不仅仅因为其密度小。从表 14.2 的数据中可以看出，铝的密度低于结构钢，但并不能判定其所制造的产品性能一定低于钢结构。由表 14.2 和图 14.1 可看出，图 14.1 中的 3 种梁的共同点是刚度（E.J）相同（3 种梁的承载能力相同）。根据表 14.3 的分析，在承载相同的情况下，图 14.1（b）和图 14.1（c）的重量低于图 14.1（a），图 14.1（c）结构形式的重量远低于图 14.1（a），由此判断，经过合理的设计，铝结构的重量远低于钢结构（达到钢结构的 55%），铝结构属于轻质结构。

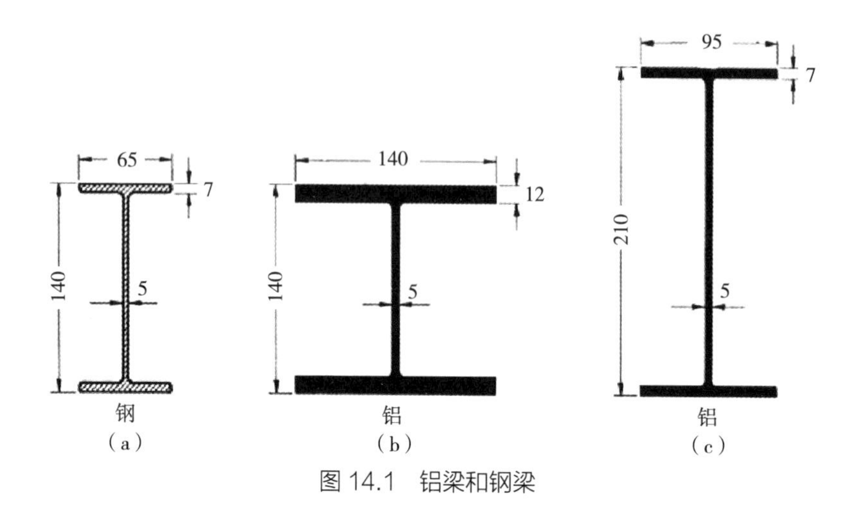

图 14.1　铝梁和钢梁

表 14.3　铝梁和钢梁的区别（根据图 14.1）

	(a)	(b)	(c)
型材	—	宽度增加 b 相近高度 h	相近宽度 b 增加高度 h
刚度 E.J	$E_{St}.J_{St}$	$E_{Al}.J_{Al}=E_{St}.J_{St}$	$E_{Al}.J_{Al}=E_{St}.J_{St}$
惯性矩 /cm^4	J_{St} 483	$J_{Al}\approx 3J_{St}$ 1440	$J_{Al}\approx 3J_{St}$ 1448
静矩 /cm^3	69.5	206	137
正应力 /（$N\cdot mm^{-2}$）	100	34	51
截面积 /cm^2	15.42	39.4	22.6
（质量 / 长度）/（$kg\cdot m^{-1}$）	12.1	11.0	6.3
质量比 /%	100 —	90 100	50 55

注：E 为弹性模量；J 为惯性矩。

14.2.2 实际应用

铝及铝合金具有重量轻、防腐性能好、低温韧性好和易于压力加工等特点，因此在工业领域的各个方面都有大量应用，但不同领域的应用所侧重的方向有所不同。由于其优良的防腐性能和低温韧性好的特点，铝及铝合金在石油、化工、深冷行业得到广泛应用。

在建筑行业，由于铝的重量轻、防腐性能好，因此铝结构代替钢结构也有大量应用。

在交通运输行业，铝的使用量在大幅度增加，比如现在已经大量的使用铝代替钢制造轨道车辆。

航空、电子技术、包装、机器制造、炼钢等其他行业也都在应用铝及其合金材料。

14.3 材料

14.3.1 一般铝及其合金的产品形式

结构中所使用铝及其合金必须既满足强度要求，又满足工艺要求，包括可焊接性、可切割性等，结构常用的锻造铝及合金相关性质见表 14.4。

表 14.4　常用结构用锻造铝及其合金（摘选自 EN 1999-1-1）

标识		供货形式
数字标识	化学成分标识	
EN AW-3004	EN AW AlMn1Mg1	SH, ST, PL
EN AW-3103	EN AW Al Mn1	SH, ST, PL, ET, EP, ER/B
EN AW-5052	EN AW Al Mg2.5	SH, ST, PL, ET①, EP①, ER/B, DT
EN AW-5083	EN AW Al Mg4.5Mn0.7	SH, ST, PL, ET①, EP①, ER/B,
EN AW-5454	EN AW Al Mg3Mn	SH, ST, PL, ET, EP, ER/B
EN AW-5754	EN AW Al Mg3	SH, ST, PL, ET①, EP①, ER/B, DT
EN AW-6061	EN AW Al MgSi	SH, ST, PL, ET, EP, ER/B, DT
EN AW-6063	EN AW Al Mg1SiCu	ET, EP, ER/B, DT
EN AW-6005A	EN AW Al MgSi（A）	ET, EP, ER/B
EN AW-6082	EN AW Al MgSiMn	SH, ST, PL, ET, EP, ER/B, DT
EN AW-7020	EN AW Al Zn4.5Mg1	SH, ST, PL, ET, EP, ER/B, DT
EN AW-8011A	EN AW AlFeSi	SH, ST, PL

注：SH—薄板；ST—带材；PL—板材；ET—挤压管材；EP—挤压型材；ER/B—挤压线材和棒材；DT—冷拔管材。
① 仅制造实心截面和厚壁管材。

与钢结构相比，铝合金结构会大量使用复杂截面的挤压型材，使用型材可以增加材料的利用率、部分结构可一次性成型、可以减少焊接结构焊接接头的数量，而减少焊接量是焊接结构设计的第一原则，其后才是焊接接头的合理设计等。与钢制型材不同，铝合金挤压型材大多属于非标准型材，需要设计者提出截面要求，由制造厂针对用户需求开模生产，所以成本较高，无通用性。另外，不是所有铝合金都适合挤压成型，挤压型材常使用 6××× 铝合金制造（例如 EN AW-6005A）。常见的铝合金材料的挤压性能参见本章后续内容，部分铝合金挤压型材截面形式见图 14.2。

14.3.2 力学性能

非热处理强化的铝合金在焊接状态下的断裂强度和 0.2% 屈服强度与供货状态几乎没有区别，而对可热处理化铝合金则有明显的差别。非热处理强化铝合金的 $\beta_{0.2}/P_z$ 比值在 0.5 ~ 0.6 之间，在焊接状态要稍低一些，对于热处理强化铝合金则在 0.7 ~ 0.8 之间。

AlZn4.5Mg 铝合金的强度值只比 S235 钢低 25%。这种材料由于其自硬化性能，特别适用于高层建筑和车辆制造中的承载焊接构件。

铝合金的断裂延伸率还没有达到 EN 10025 中普通结构钢的一半（S235）大约为 25%，见图 14.3。

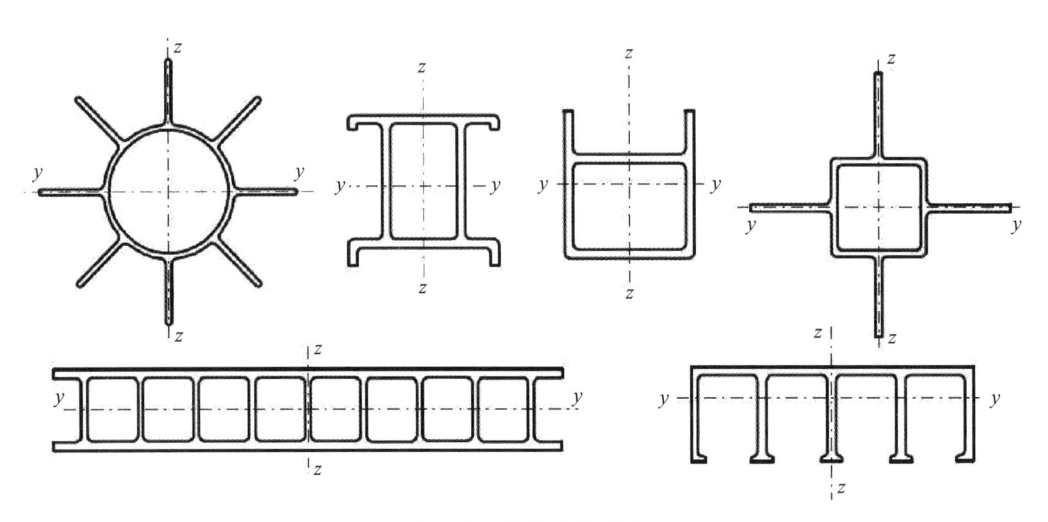

图 14.2 简单挤压型材

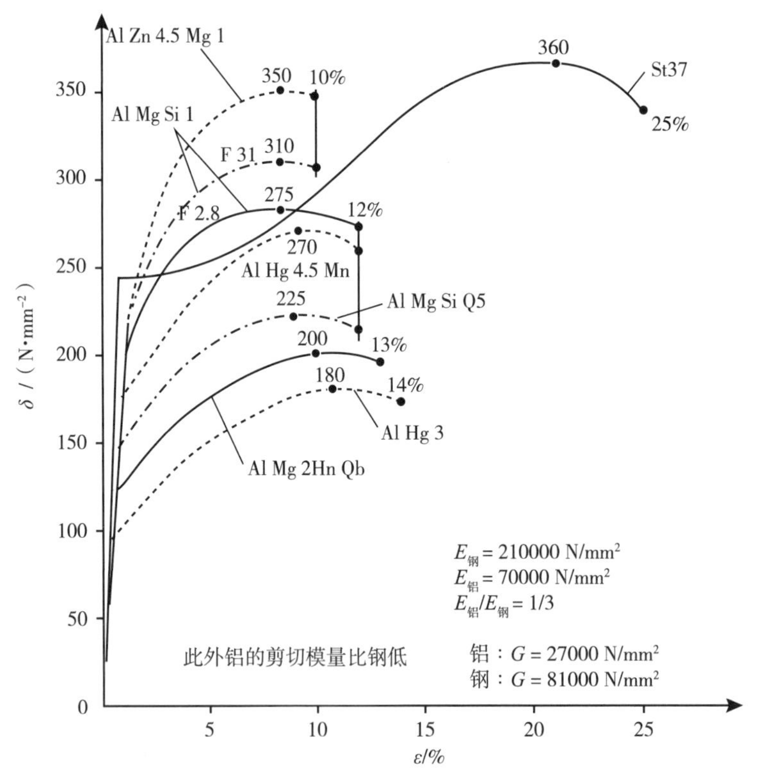

图 14.3 铝及其合金和钢的应力 - 应变图

（1）焊后接头软化——σ_b ↓。

（2）Al-Zn-Mg（7××× 系）合金 σ_b 较高，适于建筑及承载构件。

（3）铝合金的延伸率不到普通结构钢的 1/2。

（4）铝合金基本没有低温脆性问题。

与钢结构不同，铝结构工作的温度高于 80℃时，其强度就有明显下降，根据 EN 1999-1-1，铝结构在 80 ~ 100℃条件下工作时必须通过下面的公式计算其强度：

$$X_{k,T}=[1-k_{100}(T-80)/20]X_k \tag{14-1}$$

式中：X_k——材料的强度值；

$X_{k,T}$——材料在温度 T（80 ~ 100℃）条件下的强度值；

T——工作温度；

k_{100}——系数：对于非热处理强化铝合金（3×××，5××× 和 EN AW 8011A）k_{100} = 0.1；对于热处理强化铝合金（6××× 和 EN AW 7020）k_{100} = 0.2。

14.3.3 常见铝合金的应用

14.3.3.1 热处理强化铝合金

在 6××× 铝合金中，EN AW6082、EN AW6061、EN AW6005A、EN AW6106、EN AW6063、EN AW6060 适合于结构件的焊接；在 7××× 铝合金中，最常用的是 EN AW7020。

1. EN AW6082、EN AW6061

EN AW6082 和 EN AW6061 都是应用最广泛的热处理铝合金，它们既适合于结构件中的焊接部件，也适合于非焊接件。这两类合金具有较高的强度，供货形式包括 T5 和 T6，EN AW6082 越来越多被用于海洋环境条件下。EN AW6082 和 EN AW6061 通常以 T6 条件供货。

这两类合金也具有良好的焊接性。使用时必须注意焊接热影响区强度的下降，但其在焊后会通过自然时效回复部分强度。EN AW6082 和 EN AW6061 制造的复杂截面挤压型材比其他 6××× 铝合金型材的壁厚更厚。

2. EN AW6005A

EN AW6005A 也被推荐用于结构件，具有中等强度，仅以挤压型材形式供货，其可以制造出比 EN AW6082 和 EN AW6061 更为复杂的截面形式，壁厚更薄。此种合金具有良好的焊接性，耐蚀性与 EN AW6082 相似或更好，力学性能与 EN AW6082 相似。

3. EN AW6060、EN AW6063 和 EN AW6106

推荐用于结构件，仅以挤压和冷拔形式供货；强度较低，使用时必须牺牲部分强度要求，但其具有良好的耐久性，并有能力制造出复杂截面的薄壁挤压型材。

4. EN AW7020

推荐用于结构件，该合金具有最高的强度。与 6××× 合金相比挤压成型性差，仅以板材形式供货。它通常以 T6 状态供货。焊接之后自然时效后续的效果最好。EN AW7020 和其他 7××× 合金对环境比较敏感，其效果取决于制造方法和制造商对成分的控制。如果焊接之后不做热处理，必须保护热影响区。

14.3.3.2 非热处理强化铝合金

EN AW5049、EN AW5052、EN AW5754、EN AW5454 和 EN AW5083 推荐用于结构领域，其他非热处理铝合金 EN AW3004、EN AW3005、EN AW3103 和 EN AW5005 可用于低承载结构领域。耐久性强。

EN AW5049、EN AW5052、EN AW5754、EN AW5454 具有良好的焊接性和机械连接性（如使用铆钉）。具有较强的耐蚀性尤其是在海洋性环境下。

EN AW5754 具有此类合金中最高的强度，但必须避免晶间腐蚀和应力腐蚀。退火条件下延展性较强。

EN AW5083 合金是非热处理铝合金中强度最高的，耐蚀性强；EN AW5083 可以以所有状态供货。

14.3.4 焊接接头的强度特点

由于纯铝强度较低，铝结构中可以使用 3×××、5×××、6×××、7××× 和 8××× 的铝合金，但最常用的为 5×××、6×××、7×××，这些铝合金要么是形变强化获得，要么是热处理强化获得，其在焊接之后性能都会发生较大变化，所以焊接接头设计时必须同时考虑焊缝区和热影响区的强度，也就是强度普遍下降的问题。图 14.4 和图 14.5 的强度下降范围为焊缝两侧 30 mm，但不同标准（包括不同的结构设计标准、工艺评定标准）的具体下降数值并不相同，包括强度下降的程度和区域。本章节后续内容将依据 EN 1999-1-1 介绍焊接结构静载计算原则。

通常不会使用后续热处理的方式解决热影响区强度下降的问题，而是利用增加材料厚度的方式解决，包括整体增加板厚或者局部增加板厚。

14.4 焊缝准备及结构形式

14.4.1 电弧焊

因为钢和铝具有较大的物理性能方面的差异，所以在钢和铝的电弧焊焊接接头和焊缝的细节设计上也会有差异，主要有以下几点。

（1）铝由于熔点较低，一般熔深较大。

（2）由于铝的热传导速度较快，相同情况下焊接铝时用于熔化金属的热量低于焊接钢的，所以在坡口设计时铝相对于钢应有更大的坡口角度，这样可以减少需要熔化的母材金属，以避免可能产生的侧壁未熔合，特别在熔化极气体保护焊（如 MIG）时应尤其注意这一点。另外，在多层焊焊接操作时，必须注意前一焊道表面不能突度过大，否则也容易产生层间未熔合。

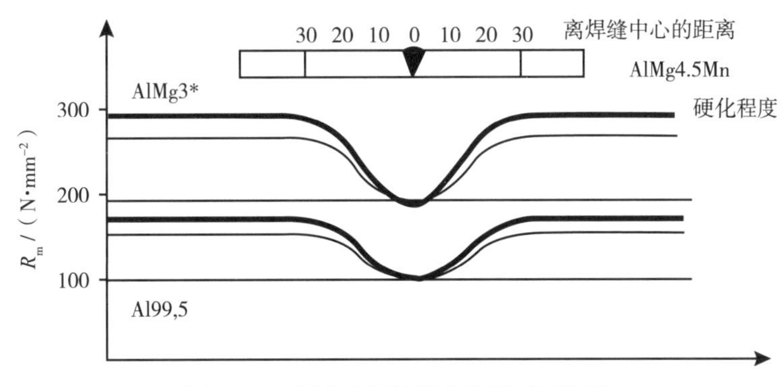

图 14.4 铝合金焊接接头热影响区强度

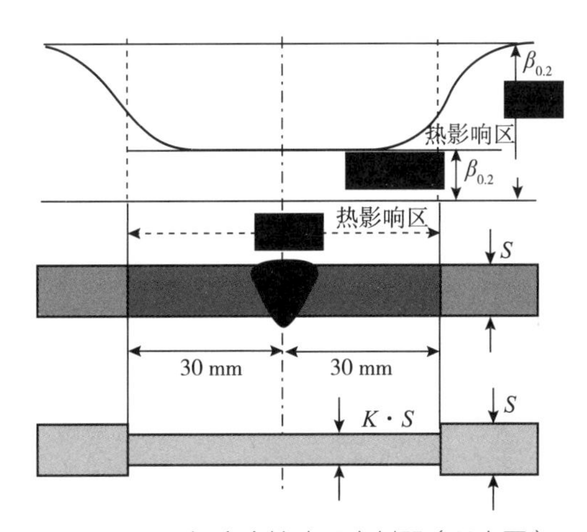

图 14.5 铝合金接头强度削弱（示意图）

例如在 ISO 9692-1 中推荐的对接接头 V 型坡口的角度为 4° ~ 60°（通常以 60°较多），而在表 14.4 中 1.3 推荐为≥ 50°（141）或 60° ~ 90°（131），通常 70°较多。

（3）铝的膨胀系数更大，焊接之后变形大。

（4）对接接头时应尽量使用背面熔池保护，可采用的背面熔池保护形式参见图 14.6。

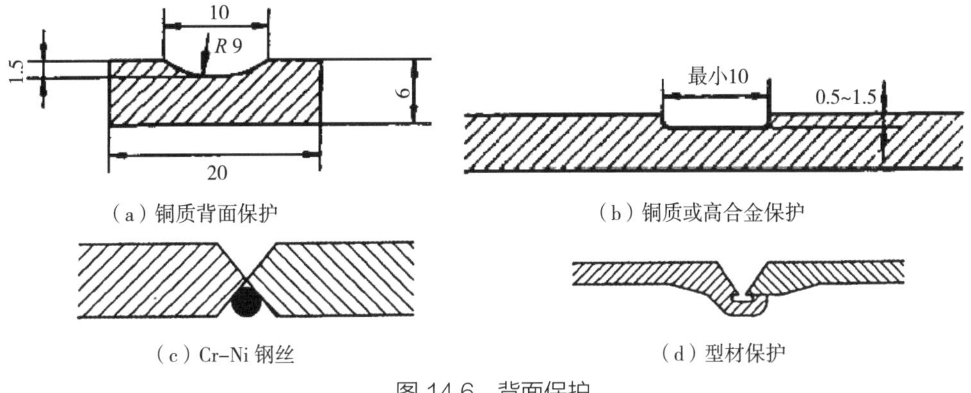

图 14.6 背面保护

铝合金可以实现单面焊双面成型，但其背面成型效果不好（特别是薄板焊接时），背面余高通常较大，见表 14.6 中数值的比较；铝合金高温下强度低，焊接接头在无背面保护时容易下塌。

（5）当使用气体保护焊且要求背面熔透时，为了使根部更好地熔合，应在根部一侧开斜边（图 14.7）。建议使用熔池保护装置。

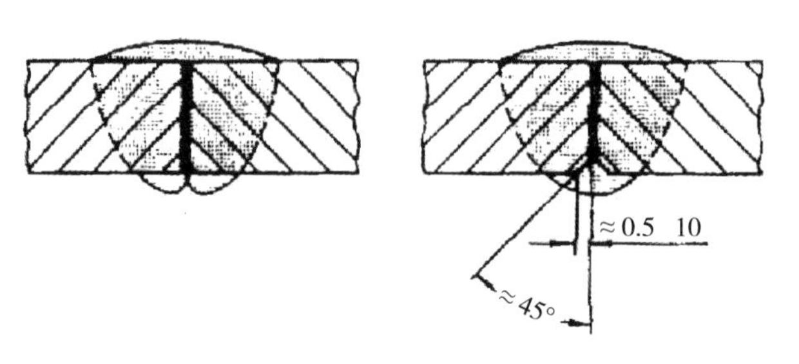

（a）未开斜边 （b）开斜边

图 14.7 根部形式

表 14.5 ISO 9692-3（节选）

焊接接头				坡口形状					工艺方法	说明
序列号	材料厚度 t	名称	符号	示意图	坡口角度 α，β	间隙 B	钝边 c	其他参数		
1.2	$t \leqslant 4$	I 型	||		–	$b \leqslant 2$	–	–	141	推荐背面折边
1.3	$3 \leqslant t \leqslant 5$	V 型	V		$\alpha \geqslant 50°$	$b \leqslant 3$	$c \leqslant 2$	–	141	
					$60° \leqslant \alpha \leqslant 90°$	$b \leqslant 2$			131	
2.5.5	$6 \leqslant t \leqslant 15$	DY 型			$\alpha \geqslant 50°$	$b \leqslant 3$	$2 \leqslant c \leqslant 4$	h_1–h_2	141	
	$t > 15$				$60° \leqslant \alpha \leqslant 70°$		$2 \leqslant c \leqslant 6$		131	
3.4A	$t_1 \geqslant 15$	HV 型 T 型			$\beta \geqslant 50°$	$b \leqslant 2$	$c \leqslant 2$	$t_2 \geqslant 5$	141 131	
3.4.4B	$t_1 \geqslant 8$	DHV 型 T 型	K		$\beta \geqslant 50°$	$b \leqslant 2$	$c \leqslant 2$	$t_2 \geqslant 8$	141 131	

表 14.6　背面余高要求的比较

材料	缺欠形式	板厚	ISO 5817 或 ISO 10042		
			B	C	D
钢	背面余高 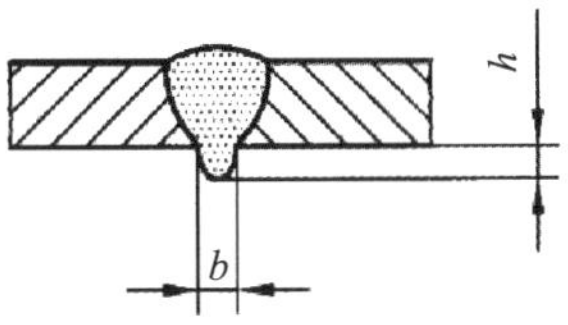	≥ 0.5 mm	1 mm+0.1b	1 mm+0.3b	1 mm+0.6b
铝		0.5~3 mm	≤ 3 mm	≤ 4 mm	≤ 5 mm

14.4.2 其他焊接方法

14.4.2.1 搅拌摩擦焊

如上所述，铝及其合金的焊接还是有较大局限性的，使用电弧焊方法很难完全避免以上问题。因为搅拌摩擦焊（FSW）利用摩擦热及搅拌头的转动使材料塑化并混合形成焊接接头，所以具有热输入量低、对焊缝区的强度影响小和变形小等优点，可以最大限度地克服以上问题。搅拌摩擦焊还具有无须坡口加工、填充材料、保护气体或电弧的优点，因此 FSW 在材料、环境和安全方面具有比传统电弧焊更大的优势。但由于 FSW 不使用填充材料，它无法使用通常所说的“角焊缝”，所以其接头设计形式也有其特点，典型的焊接接头形式见表 14.7。

表 14.7　搅拌摩擦焊焊之前和之后的不同焊接接头（节选自 ISO 25239-2：2021）

接头的设计	焊接之前	焊接之后
搭接和对接接头组合接头	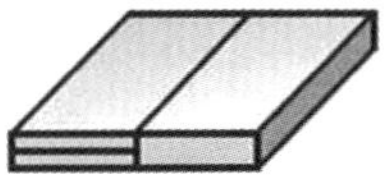	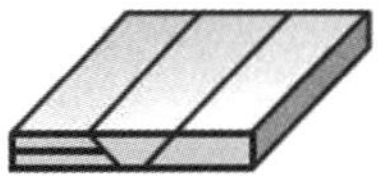
对接接头	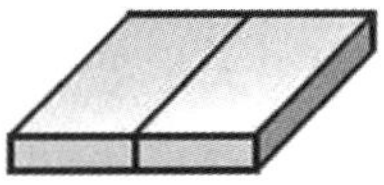	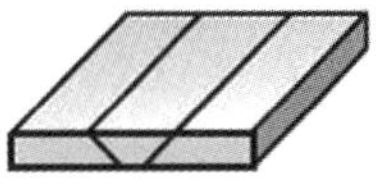 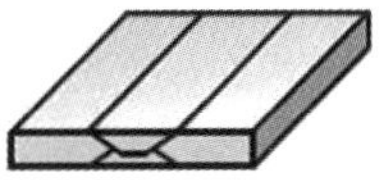
搭接和对接接头组合接头	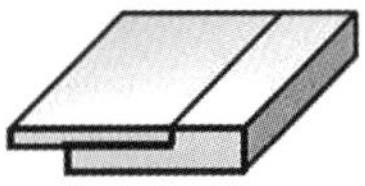	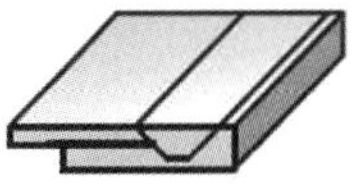
T 型接头	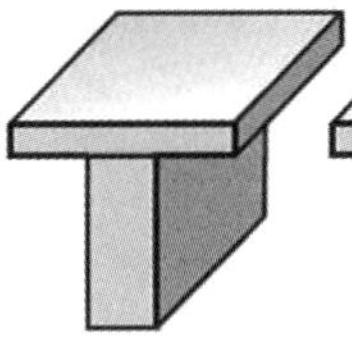 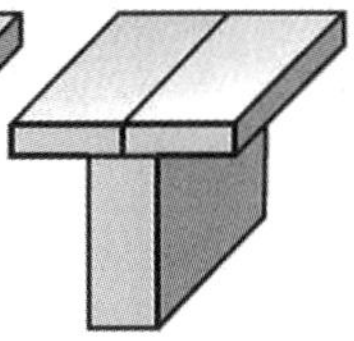	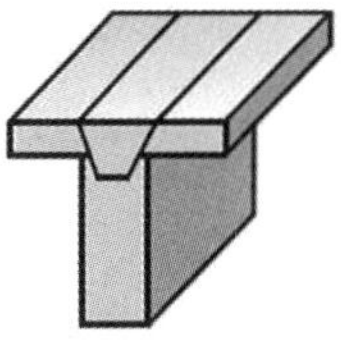
角接接头	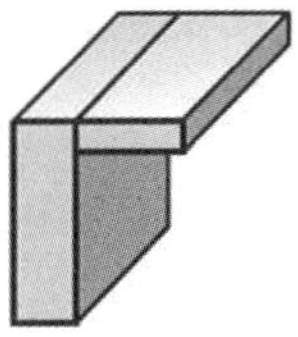	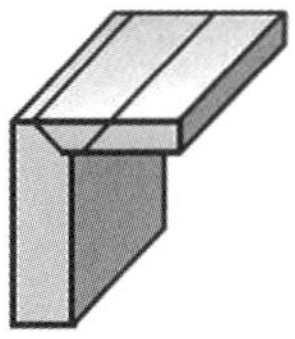

续表

接头的设计	焊接之前	焊接之后
角接接头		

14.4.2.2 激光焊

因为激光焊接具有低热输入、变形小的优点，所以在薄板结构领域的应用越来越广泛。由于铝合金有高反射率，要求激光具有更高的能量密度、更高的功率，这在早期阻碍了其在铝合金焊接领域的应用。然而，随着商用高功率激光系统的出现，激光焊接如今已成为铝合金中常见的焊接工艺方法，当然实际应用还取决于工件的类型和厚度，比如在汽车应制造中，使用的锻造和铸造铝合金部件的厚度都小于 4 mm。激光焊的应用将会越来越普遍。

激光焊接工艺的特点是焊接速度快、熔宽比大、热输入低。这使得激光焊特别适用于焊接搭接接头，高焊接速度也有利于长焊缝的焊接。而且，远程激光焊接中快速而精确的光束移动提供了在所需位置准确进行定位焊的可能性。根据所需的焊缝强度和可接受的最大热输入量，可以连续焊接、短焊缝或单个焊接点焊接。激光焊接还有一个优点是可接近性高，可以在狭窄的地方进行焊接。

所以，从结构和接头设计上，激光焊接提供了接头和结构设计上的更多可能性。例如：相对于电阻点焊（图 14.8），可减少搭接宽度（减少部件尺寸、重量和成本）；激光焊接接头也可以比 MIG 焊接接头小得多，薄得多。与传统焊接相比，如果根据激光焊的特点（典型接头形式见图 14.9）重新设计接头或部件，则可以实现成本和生产率方面的更大优势。

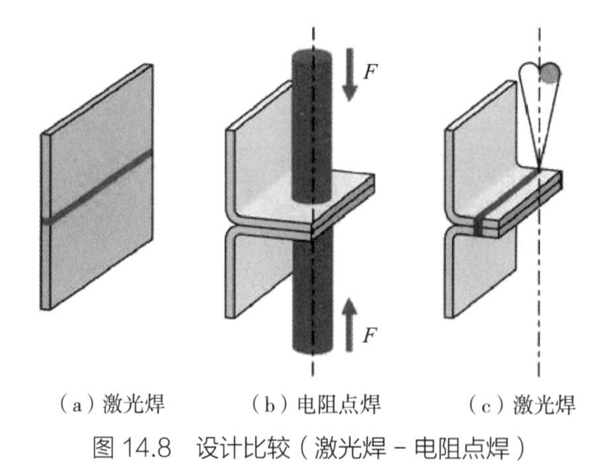

（a）激光焊　（b）电阻点焊　（c）激光焊

图 14.8　设计比较（激光焊－电阻点焊）

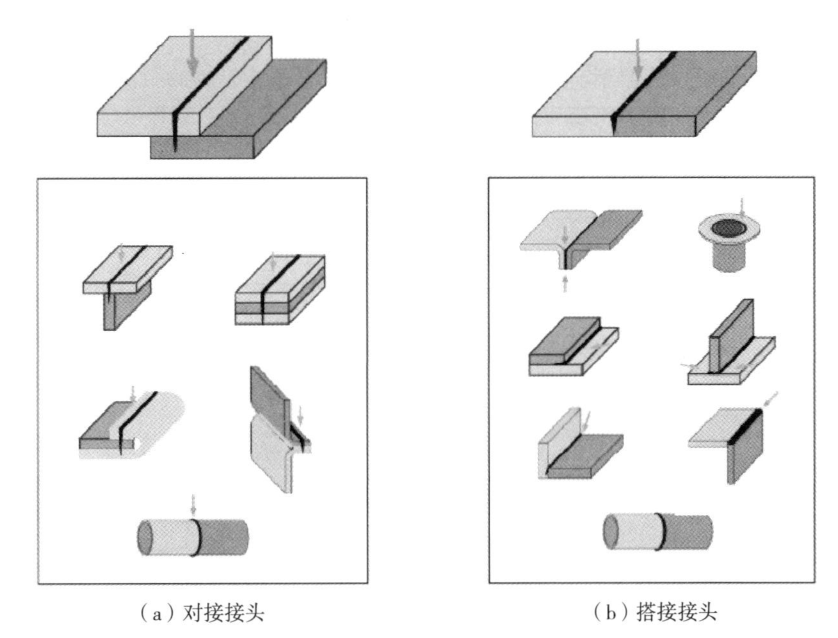

（a）对接接头　　（b）搭接接头

图 14.9　典型激光焊接头形式

14.5 计算准则

14.5.1 焊接热影响区强度下降

在焊接接头设计中，应考虑焊缝强度和热影响区的强度。根据欧洲结构标准，在焊接结构设计中使用形变硬化或人工时效沉淀硬化的铝合金时，在邻近焊缝区强度性能的减弱是允许的。只有在 O 条件（退火状态）下，或者如果材料在 F 条件下和设计强度是基于 O 条件的，其临近焊缝区才无弱化现象出现。

焊接接头的热影响区是从焊缝中点及根部算起向各个方向延伸（图 14.10），其强度下降程度参见表 14.8 和表 14.9。

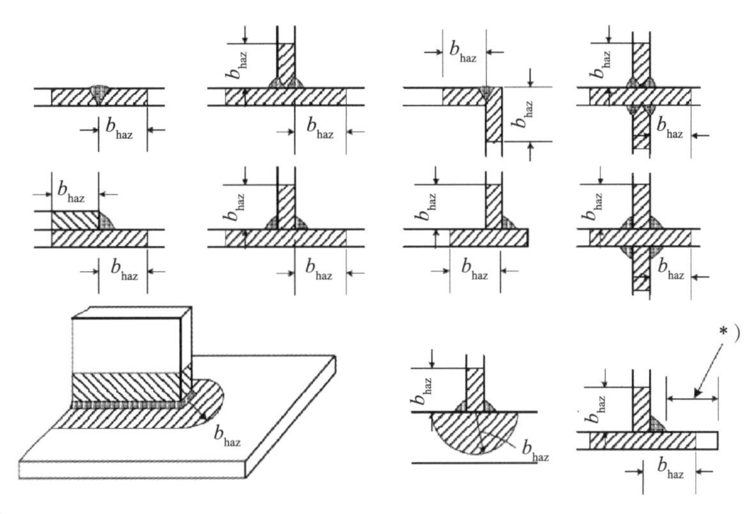

图 14.10　热影响区

表 14.8 对于形变铝合金薄板、带和板产品（节选 EN 1999-1-1 表 3.2a）

	厚度 t/mm	f_o /（N·mm^{-2}）	f_u /（N·mm^{-2}）	$f_{o,haz}$ /（N·mm^{-2}）	$f_{u,haz}$ /（N·mm^{-2}）	HAZ- 因数	
						$\rho_{o,haz}$	$\rho_{o,haz}$
5052 H12	≤ 40	160	210	80	170	0.50	0.81
5052 H14	≤ 25	180	230	80	170	0.44	0.74
5083 O/H111	≤ 50	125	275	125	275	1	1
	50 < t ≤ 80	115	270	115	270		
5083 H34	≤ 25	250	340	155	275	0.62	0.81
6061 T4/T451	≤ 12.5	110	205	95	150	0.86	0.73
6061 T6/T651	≤ 12.5	240	290	115	175	0.48	0.60
6082 T4/T451	≤ 12.5	110	205	100	160	0.91	0.78
6082 T6/T651	≤ 12.5	205	280	125	185	0.61	0.66
7020 T6	≤ 12.5	280	350	205	280	0.73	0.80

注：1. 热影响区值对于 MIG 焊和厚度不超过 15 mm 是正确的。对于 TIG 焊加工硬化合金（3×××，5××× 和 8011A）厚度不超过 6 mm，热影响区采用相同数值，但是对于 TIG 焊沉淀硬化合金（6××× 和 7×××）和厚度不超过 6 mm，热影响区值乘以系数 0.8，参数 ρ 同样如此。对于更厚的部件——除非数据可利用——否则热影响区数值和参数 ρ 对于沉淀硬化铝合金（6××× 和 7×××）应再乘以参数 0.8，对于加工硬化铝合金（3×××，5××× 和 8011A）应再乘以参数 0.9。在 O 状态中不采用以上所说的减少形式。

2. 倘若焊后保存的温度高于 10℃，且满足下述时间要求，则 $f_{o,haz}$ 和 $f_{a,haz}$ 能达到要求：① 6××× 系列合金 3 天；② 7××× 系列合金 30 天。

（1）MIG 焊焊接非热处理强化铝合金，层间温度低于 60℃时，b_{haz}（热影响区宽度）应遵循：① 0 < t ≤ 6 mm：b_{haz} = 20 mm；② 6 mm < t ≤ 12 mm：b_{haz} = 30 mm；③ 12 mm < t ≤ 25 mm：b_{haz} = 35 mm；④ t > 25 mm：b_{haz} = 40 mm。

（2）当厚度 t > 12 mm 时，热影响区的宽度可能会增加。除非有严格的质量控制，否则这层间温度可能超过 60℃。

（3）以上的描述将应用于在加工硬化条件下 6××× 系列或 7××× 系列合金或 5××× 系列合金的对接焊缝（两维传热）或角焊缝连接的 T 型接头中（三维传热）。

（4）TIG 焊热影响区的宽度更大，是因为 TIG 焊的热输入比 MIG 焊大。TIG 焊对于 6××× 系列、7××× 系列或加工硬化的 5××× 系列合金的对接焊缝或角焊缝，给定的 b_{haz}：0 < t ≤ 6 mm 时，b_{haz} = 30 mm。

（5）如果两个或更多的焊缝彼此相邻近，它们热影响区的边界将叠加。对于整个焊缝区存在一个热影响区。如果一个焊缝接近于凸出的自由边，则热量的散失将有效减少。如果焊缝边到自由边的距离小于 3b_{haz}，将利用到这个理论。在这些环境下，假设凸出的整个宽度满足系数 $\rho_{o,haz}$（$f_{o,haz}$/f_o 母材和热影响区 0.2% 非比例强度的比值）。

影响 b_{haz} 值的其他因素如下：

1）温度高于 60℃的影响

当采用多道焊时，层间温度将造成整体温度的增加，这就导致了热影响区宽度的增加。如果层

间温度 T_1，在 60 ~ 120℃之间，对于 6××× 系列、7××× 系列或加工硬化的 5××× 系列合金，假定 b_{haz} 将乘以一个系数 α_2，如下：

——6××× 系列和加工硬化的 5××× 系列合金　$\alpha_2 = 1 + (T_1 - 60)/120$

——7××× 系列合金　$\alpha_2 = 1 + 1.5(T_1 - 60)/120$

如果想要得到较小的恒定值 α_2，则通过硬化试验确定真正的热影响区宽度。对于铝合金焊接来说，温度为 120℃是推荐使用的最高温度。

2）厚度不同

如果采用焊接连接的横截面构件有不同的厚度 t，在上面的表达式中假设 t 为所有构件的平均厚度。只要平均厚度不超过 1.5 倍最小厚度时，都可采用。对于厚度变化更大的构件，热影响区的宽度将取决于试件的硬化试验。

3）传热途径的不同

如果横截面构件用角焊缝连接，但是传热途径与上面的（3）不同，b_{haz} 应乘以 3/n。

14.5.2 焊缝强度

铝合金的焊缝强度计算与钢结构的一致，但承载强度与钢的不同，铝合金的焊缝强度见表 14.9。例如对接焊缝的强度校核公式如下：

$$\sigma_{\perp,Ed} \leqslant f_w / \gamma_{M,w} \tag{14-2}$$

式中：$\sigma_{\perp,Ed}$——焊缝所受应力；

f_w——焊缝强度；

$\gamma_{M,w}$——焊缝安全系数（通常为 1.25）。

表 14.9　焊缝强度特性值 f_w

焊缝强度特性值	填充材料	母材								
		3103	5052	5083	5454	6060	6005A	6061	6082	7020
f_w /（N·mm^{-2}）	5356	—	170	240	220	160	180	190	210	260
f_w /（N·mm^{-2}）	4043	95	—	—	—	150	160	170	190	210

注：1. 对于合金 EN AW-5754 和 EN AW-5049，采用合金 5454 的值；对于合金 EN AW-6063，EN AW-3005 和 EN AW-5005，采用合金 6060 的值；对于合金 EN AW-6106，采用合金 6005A 的值；对于合金 EN AW-3004，采用 6082 的值；对于合金 EN AW-8011A，采用 100 N/mm^2 数值，对于填充材料采用类型 4 和类型 5。

2. 如果采用填充材料 5056A，5556A，或 5183，将采用 5356 的值。

3. 如果采用 4047A 或 3103，采用 4043A 的值。

14.5.3 动载时的计算准则

动载铝结构的设计和计算可按 EN 1999-1-3，轨道车辆产品可按 DVS 1608 规程并结合 DS 952

规程—铁路车辆金属材料焊接规程。受动载的铝结构的应用领域包括车辆，飞机和船舶制造等。

图 14.11 根据计算的特性值结合应力极限比 $\varkappa = +1$ 至 $\varkappa = -1$ 时的荷载特性曲线来给出。荷载循环次数 N 的最大值为 $N = 1 \times 10^7$（许用应力设计法）。

表 14.10 和表 14.11 节选自 EN 1999–1–3 附录 J，确定焊接接头许用应力幅值的接头细节（极限状态设计法）。

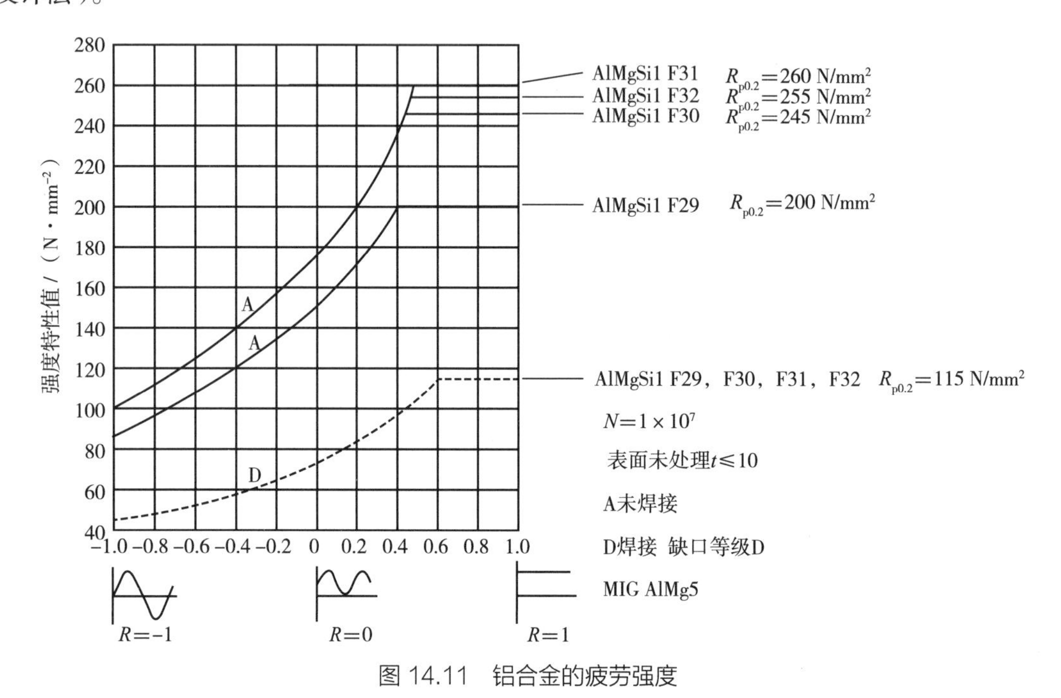

图 14.11　铝合金的疲劳强度

表 14.10　接头细节（节选自 EN 1999–1–3）

序号	细节类别	结构形式	尺寸	制造要求	
					质量等级 ISO 10042
3.6	36–3.4	Δσ　r	$R \geqslant 50$	延受力方向打磨焊趾	C
5.3	45–4.3	Δσ　Δσ 全熔透连续焊接	—	使用连续的背面保护	内部质量 C 表面质量 D
7.1.1	50–4.3	Δσ 全熔透，表面磨平	—	背面清根	内部质量 B 表面质量 B

表 14.11　$\Delta\sigma$（应力幅值）-N 与接头细节

接头细节	1E+05	1E+06	2E+06	5E+06	1E+07	1E+08	1E+09
36–3.4	86.8	44.1	36	27.5	24.2	15.8	15.8
45–4.3	90.2	52.9	45	36.4	32.6	22.6	22.6
50–4.3	100.4	58.7	50	40.4	36.2	25.1	25.1

14.6 铝结构焊接

合理的焊接结构设计的一般要求：① 尽量减小结构或焊接接头部位的应力集中；② 尽量减小结构的刚度，以减小应力集中和附加应力的影响；③ 不采用过厚的截面；④ 对于附件或不受力焊缝的设计，应与主焊缝同样重视；⑤ 焊缝位置应具有可达性——便于施焊和焊前现场清理。

14.6.1 一般结构焊接

焊缝在较小应力区，例如：焊缝处在对称轴上（图 14.12）。

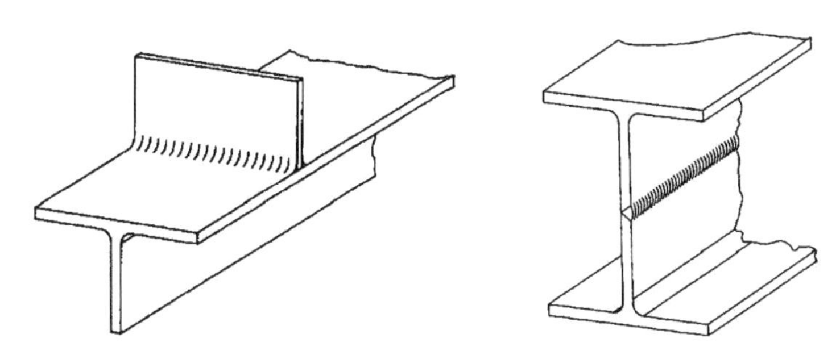

图 14.12　焊缝处在对称轴上

避免附加应力的焊接接头形式，例如：不同板厚的焊接接头（图 14.13）。

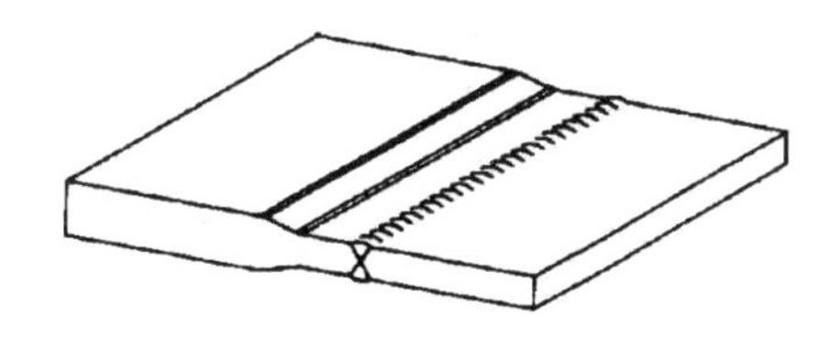

图 14.13　不同板厚的焊接接头

改善焊接热影响区性能下降的接头，例如：增加板厚的焊接接头（图 14.14）。

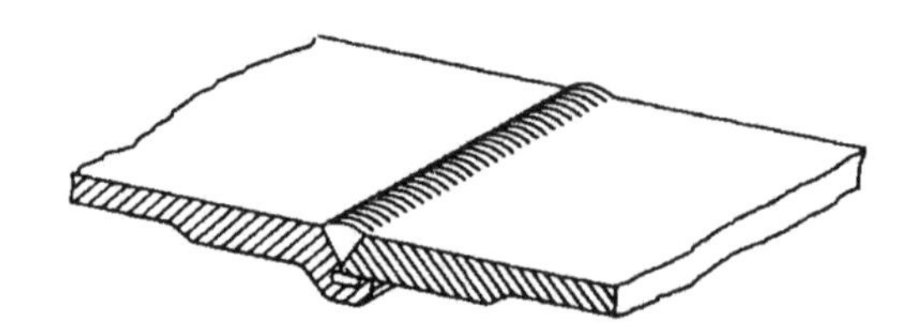

图 14.14 增加板厚的焊接接头

动荷载下，降低缺口效应的接头，例如：减小界面变化的接头（图 14.15）。

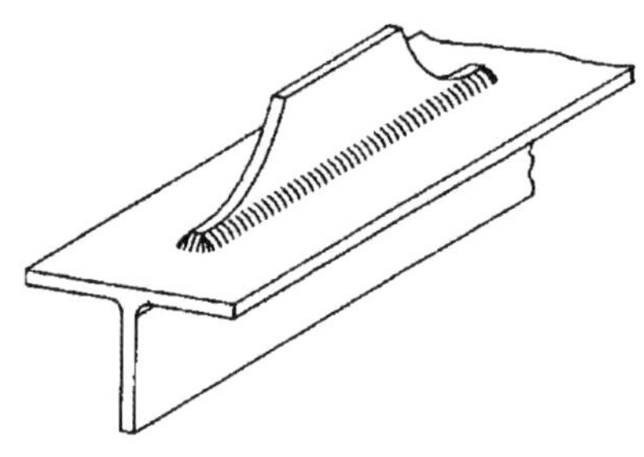

图 14.15 减小界面变化的接头

与板材厚度相适应的焊缝厚度（图 14.16），带背面保护的焊接接头（图 14.17）和节点接头（图 14.18）。

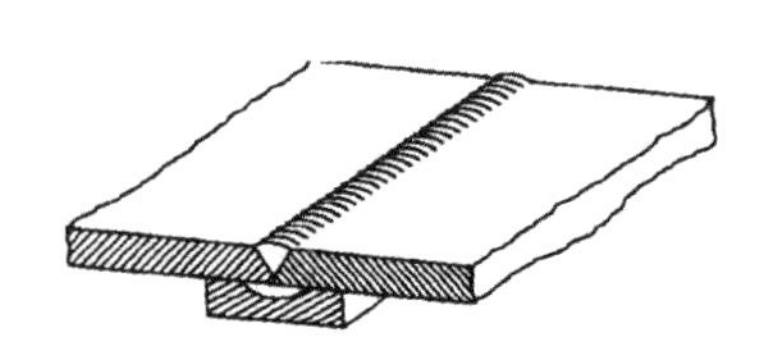

图 14.16 角焊缝厚度图

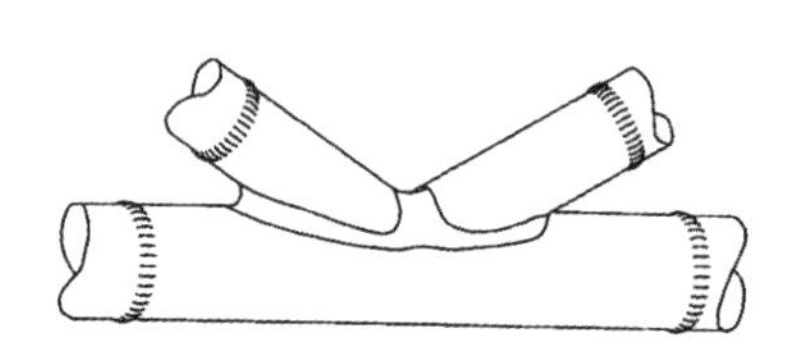

图 14.17 带背面保护的焊接接头

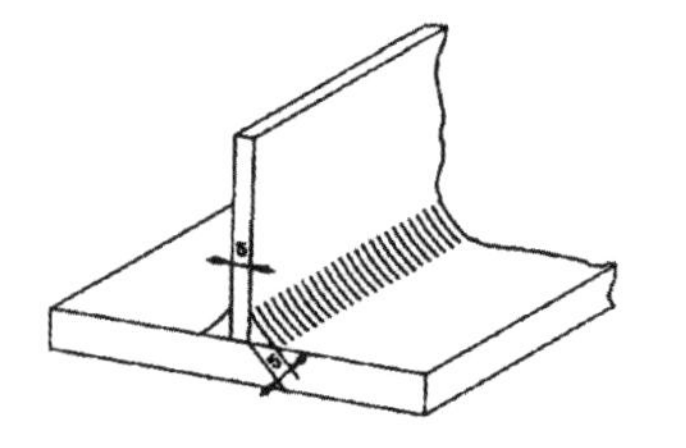

图 14.18 节点接头

14.6.2 挤压型材结构焊接

挤压型材应用在焊接结构中，不仅有利于优化结构形式，还有利于焊接工艺的优化，典型示例见例 1~ 例 3。

【例 1】型材的抗弯梁

如图 14.19，以中心线为界限，左侧使用普通板材和型材拼接而成，右侧使用挤压型材拼接而成。可以明显看出，相对于左侧，使用挤压型材具有以下优点：

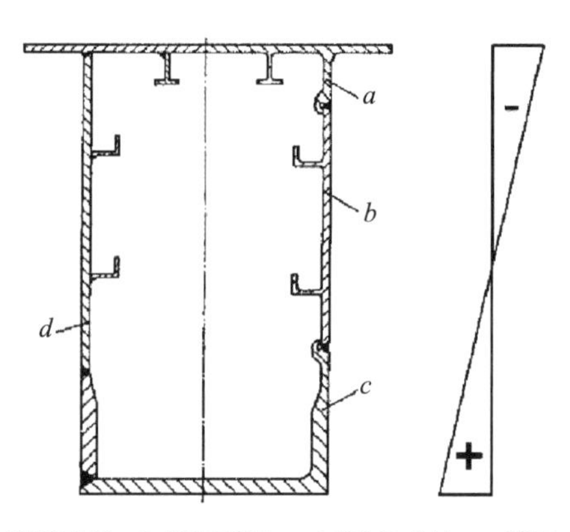

a. 上翼板型材；*b*. 腹板型材；*c*. 下翼板型材；*d*. 腹板型材

图 14.19 抗弯梁横截面

（1）焊缝不在最高应力区。

（2）在挤压型材上已有熔池保护。

（3）在挤压型材上已有刚性加强。

（4）仅 2 种不同的型材，焊缝数量少。

【例 2】抗弯梁（图 14.20）

抗弯梁的优点如下：

（1）腹板增加厚度，改善强度下降。

（2）型材带背面保护。

（3）改变抗弯矩能力。

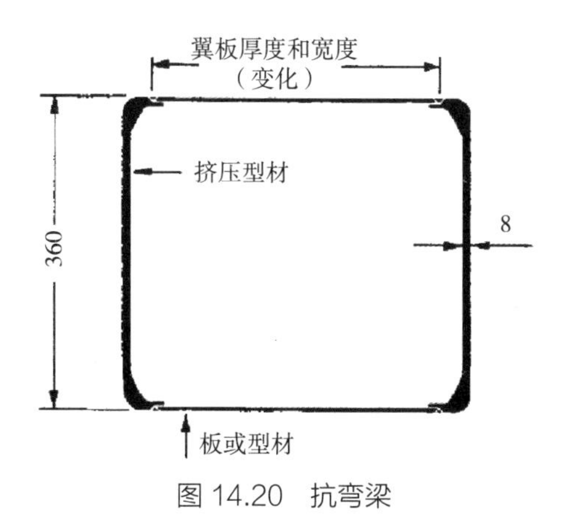

图 14.20　抗弯梁

【例 3】底架纵向支撑（图 14.21）

特点如下：

（1）主承载焊缝为对接焊缝。

（2）型材带背面保护。

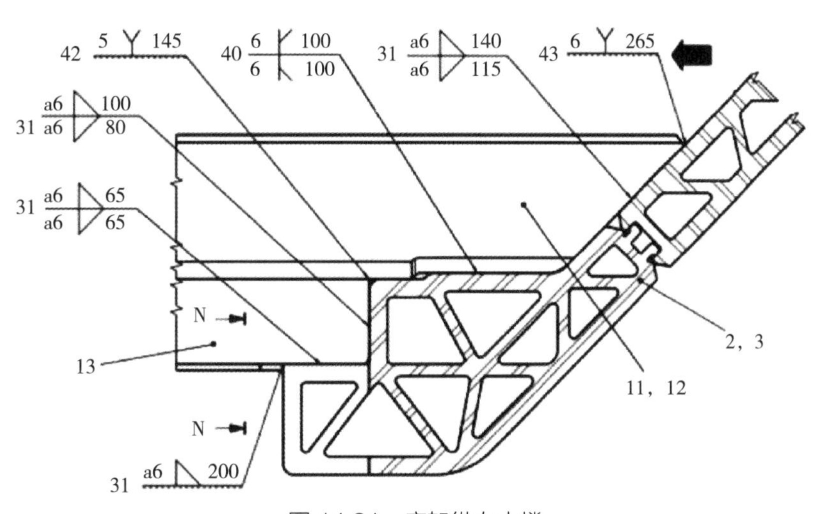

图 14.21　底架纵向支撑

参考文献

[1] GSI.SFI-Aktuell [M]. Duisburg: Gesellschaft für Schweiβtechnik International mbH, 2010.

[2] 卡默（Kammer C.）等. 铝手册 [M]. 卢惠民等，译. 北京：化学工业出版社，2009.

[3] J. Randolph Kissell, Robert L. Ferry. A Guide to Their Specifications and Design JOHN WILEY & SONS, INC. 2002 [M/OL]. https://www.wiley.com/en-us/Aluminum+Structures%3A+A+Guide+to+Their+Specifications+and+Design%2C+2nd+Edition-p-9780471275541.

[4] Eurocode 9: Design of aluminium structures — Part 1-1: General structural rules：DIN EN 1999-1-1: 2014 [S/OL]. [2014-09]. https: //dx.doi.org/10.31030/2077824.

[5] Design of Aluminium Structures: Structures susceptible to fatigue：DIN EN 1999-1-3:2011 [S/OL]. https://dx.doi.org/10.31030/1816555.

[6] Friction stir welding — Aluminium — Part 2: Design of weld joints：ISO 25239-2:2020 [S/OL]. [2020-11]. https://www.iso.org/obp/ui/#iso:std:iso:25239:-2:ed-2:v1:en.

[7] Gestaltung und Festigkeitsbewertung von Schweißkonstruktionen aus Aluminium- legierungen im Schienenfahrzeugbau：DVS 1608:2011 [S/OL]. [2011-12]. https://www.dvs-regelwerk.de/en/content/810/1608-EN.

本章的学习目标及知识要点

1. 学习目标

（1）掌握铝及铝合金结构的特点和应用领域。

（2）掌握铝及铝合金的材料特点。

（3）掌握铝合金接头的力学特点。

（4）掌握铝及铝合金焊接接头的设计要求。

2. 知识要点

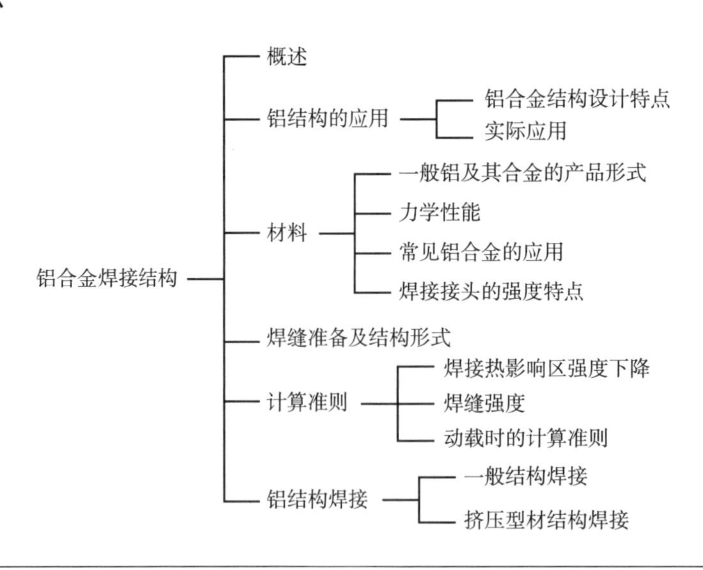